"十四五"时期国家重点出版物出版专项规划项目

材料先进成型与加工技术丛书

申长雨　总主编

高品质特殊钢与大型构件制备技术

李殿中　孙明月　王　培　等　著

科学出版社

北京

内 容 简 介

本书为"材料先进成型与加工技术丛书"之一。特殊钢代表了钢铁工业的制造水平，高品质特殊钢很大程度上决定了基础零部件的质量，特殊钢与大型构件的高品质制造是亟待解决的问题。本书首先简述特殊钢的种类、用途以及制造方法，然后重点介绍作者团队在特殊钢高洁净冶炼与均质化控制方面取得的重要进展。发现钢中氧作用的新机制，高氧含量诱发宏观偏析，同时导致稀土钢的性能剧烈波动，据此提出氧致通道偏析新机制和"双低氧"特殊钢的创新学术思想，开发低氧洁净化与低偏析控制、轴承钢均质化制备、大型构件构筑成形、多尺度模拟仿真等关键技术，在核电大型锻件、水电大型铸件、大型船用曲轴、高端轴承等关键构件中成功应用，取得了十分显著的经济效益和社会效益。全书共七章，内容涵盖特殊钢的高洁净冶炼、偏析形成新机制与控制、稀土在钢中的作用机理与控制技术、特殊钢大型构件的研发与应用、轴承钢制备、特殊钢大型构件制造过程的全流程多尺度模拟计算等。

本书是兼具科学研究、技术开发与应用的专业著作，可供专业科研人员、研究生与工程技术人员学习或参考。

图书在版编目（CIP）数据

高品质特殊钢与大型构件制备技术 / 李殿中等著. -- 北京：科学出版社, 2025. 5. -- (材料先进成型与加工技术丛书 / 申长雨总主编).
ISBN 978-7-03-081752-5

Ⅰ. TG142

中国国家版本馆 CIP 数据核字第 2025PP9129 号

丛书策划：翁靖一
责任编辑：翁靖一　罗　娟 / 责任校对：杜子昂
责任印制：徐晓晨 / 封面设计：东方人华

科学出版社 出版
北京东黄城根北街 16 号
邮政编码：100717
http://www.sciencep.com

北京中科印刷有限公司印刷
科学出版社发行　各地新华书店经销

*

2025 年 5 月第 一 版　开本：720×1000　1/16
2025 年 5 月第一次印刷　印张：24 3/4
字数：476 000
定价：238.00 元
（如有印装质量问题，我社负责调换）

材料先进成型与加工技术丛书

编 委 会

学术顾问：程耿东　李依依　张立同

总 主 编：申长雨

副总主编（按姓氏汉语拼音排序）：

韩杰才　贾振元　瞿金平　张清杰　张　跃　朱美芳

执行副总主编：刘春太　阮诗伦

丛书编委（按姓氏汉语拼音排序）：

陈　光　陈延峰　程一兵　范景莲　冯彦洪　傅正义

蒋　斌　蒋　鹏　靳常青　李殿中　李良彬　李忠明

吕昭平　麦立强　彭　寿　徐　弢　杨卫民　袁　坚

张　荻　张　海　张怀武　赵国群　赵　玲　朱嘉琦

材料先进成型与加工技术丛书

总　　序

核心基础零部件（元器件）、先进基础工艺、关键基础材料和产业技术基础等四基工程是我国制造业新质生产力发展的主战场。材料先进成型与加工技术作为我国制造业技术创新的重要载体，正在推动着我国制造业生产方式、产品形态和产业组织的深刻变革，也是国民经济建设、国防现代化建设和人民生活质量提升的基础。

进入21世纪，材料先进成型加工技术备受各国关注，成为全球制造业竞争的核心，也是我国"制造强国"和实体经济发展的重要基石。特别是随着供给侧结构性改革的深入推进，我国的材料加工业正发生着历史性的变化。**一是产业的规模越来越大**。目前，在世界500种主要工业产品中，我国有40%以上产品的产量居世界第一，其中，高技术加工和制造业占规模以上工业增加值的比重达到15%以上，在多个行业形成规模庞大、技术较为领先的生产实力。**二是涉及的领域越来越广**。近十年，材料加工在国家基础研究和原始创新、"深海、深空、深地、深蓝"等战略高技术、高端产业、民生科技等领域都占据着举足轻重的地位，推动光伏、新能源汽车、家电、智能手机、消费级无人机等重点产业跻身世界前列，通信设备、工程机械、高铁等一大批高端品牌走向世界。**三是创新的水平越来越高**。特别是嫦娥五号、天问一号、天宫空间站、长征五号、国和一号、华龙一号、C919大飞机、歼-20、东风-17等无不锻造着我国的材料加工业，刷新着创新的高度。

材料成型加工是一个"宏观成型"和"微观成性"的过程，是在多外场耦合作用下，材料多层次结构响应、演变、形成的物理或化学过程，同时也是人们对其进行有效调控和定构的过程，是一个典型的现代工程和技术科学问题。习近平总书记深刻指出，"现代工程和技术科学是科学原理和产业发展、工程研制之间不可缺少的桥梁，在现代科学技术体系中发挥着关键作用。要大力加强多学科融合的现代工程和技术科学研究，带动基础科学和工程技术发展，形成完整的现代科学技术体系。"这对我们的工作具有重要指导意义。

过去十年，我国的材料成型加工技术得到了快速发展。**一是成形工艺理论和技术不断革新**。围绕着传统和多场辅助成形，如冲压成形、液压成形、粉末成形、注射成型、超高速和极端成型的电磁成形、电液成形、爆炸成形，以及先进的材料切削加工工艺，如先进的磨削、电火花加工、微铣削和激光加工等，开发了各种创新的工艺，使得生产过程更加灵活，能源消耗更少，对环境更为友好。**二是以芯片制造为代表，微加工尺度越来越小**。围绕着芯片制造，晶圆切片、不同工艺的薄膜沉积、光刻和蚀刻、先进封装等各种加工尺度越来越小。同时，随着加工尺度的微纳化，各种微纳加工工艺得到了广泛的应用，如激光微加工、微挤压、微压花、微冲压、微锻压技术等大量涌现。**三是增材制造异军突起**。作为一种颠覆性加工技术，增材制造（3D 打印）随着新材料、新工艺、新装备的发展，广泛应用于航空航天、国防建设、生物医学和消费产品等各个领域。**四是数字技术和人工智能带来深刻变革**。数字技术——包括机器学习（ML）和人工智能（AI）的迅猛发展，为推进材料加工工程的科学发现和创新提供了更多机会，大量的实验数据和复杂的模拟仿真被用来预测材料性能，设计和成型过程控制改变和加速着传统材料加工科学和技术的发展。

当然，在看到上述发展的同时，我们也深刻认识到，材料加工成型领域仍面临一系列挑战。例如，"双碳"目标下，材料成型加工业如何应对气候变化、环境退化、战略金属供应和能源问题，如废旧塑料的回收加工；再如，具有超常使役性能新材料的加工技术问题，如超高分子量聚合物、高熵合金、纳米和量子点材料等；又如，极端环境下材料成型技术问题，如深空月面环境下的原位资源制造、深海环境下的制造等。所有这些，都是我们需要攻克的难题。

我国"十四五"规划明确提出，要"实施产业基础再造工程，加快补齐基础零部件及元器件、基础软件、基础材料、基础工艺和产业技术基础等瓶颈短板"，在这一大背景下，及时总结并编撰出版一套高水平学术著作，全面、系统地反映材料加工领域国际学术和技术前沿原理、最新研究进展及未来发展趋势，将对推动我国基础制造业的发展起到积极的作用。

为此，我接受科学出版社的邀请，组织活跃在科研第一线的三十多位优秀科学家积极撰写"材料先进成型与加工技术丛书"，内容涵盖了我国在材料先进成型与加工领域的最新基础理论成果和应用技术成果，包括传统材料成型加工中的新理论和新技术、先进材料成型和加工的理论和技术、材料循环高值化与绿色制造理论和技术、极端条件下材料的成型与加工理论和技术、材料的智能化成型加工理论和方法、增材制造等各个领域。丛书强调理论和技术相结合、材料与成型加工相结合、信息技术与材料成型加工技术相结合，旨在推动学科发展、促进产学研合作，夯实我国制造业的基础。

本套丛书于2021年获批为"十四五"时期国家重点出版物出版专项规划项目，具有学术水平高、涵盖面广、时效性强、技术引领性突出等显著特点，是国内第一套全面系统总结材料先进成型加工技术的学术著作，同时也深入探讨了技术创新过程中要解决的科学问题。相信本套丛书的出版对于推动我国材料领域技术创新过程中科学问题的深入研究，加强科技人员的交流，提高我国在材料领域的创新水平具有重要意义。

最后，我衷心感谢程耿东院士、李依依院士、张立同院士、韩杰才院士、贾振元院士、瞿金平院士、张清杰院士、张跃院士、朱美芳院士、陈光院士、傅正义院士、张荻院士、李殿中院士，以及多位长江学者、国家杰青等专家学者的积极参与和无私奉献。也要感谢科学出版社的各级领导和编辑人员，特别是翁靖一编辑，为本套丛书的策划出版所做出的一切努力。正是在大家的辛勤付出和共同努力下，本套丛书才能顺利出版，得以奉献给广大读者。

中国科学院院士
工业装备结构分析优化与CAE软件全国重点实验室
橡塑模具计算机辅助工程技术国家工程研究中心

前　言

　　特殊钢没有专门的定义，本书是指具有特别化学成分、采用特别生产工艺、具备特定的组织和性能、能够满足特定需求的钢。特别成分一般是指在钢中添加一定数量的合金元素，如 Ni、Cr、Mo、V、Nb、Co、W 等；特别工艺一般是指采用真空感应熔炼、钢包精炼、电渣重熔、真空自耗等，对洁净度、均质性等要求高；而特定性能是指特殊钢具有高强、高韧、耐磨、耐热、耐蚀、抗疲劳、抗冲击等性能。特殊钢广泛应用于国防军工、轨道交通、能源电力、冶金机械、石油化工、航空航天、深海深空、工业母机、人工智能与机器人等高端装备制造领域，是国际竞争的焦点。采用特殊钢制造的大型构件，如大型铸锻件、高端轴承等，是代表一个国家装备制造水平的重要标志。特殊钢锭/钢坯通常采用三种方法制造，分别是连铸、模铸和特种冶金方法，之后进行锻轧和系统的热处理，然后进行精密加工、零部件装配与测试评价等；此外，相当多的特殊钢构件还需要焊接。我国特殊钢行业经过多年的技术改造，已拥有国际一流的装备能力，量大面广的通用特殊钢已实现了国产化，成绩斐然。但在基础理论、关键核心技术等方面，还面临诸多挑战，迫切需要提升，主要表现在以下几个方面。

　　（1）特殊钢发展迅速，基本满足了国内高端装备需求，但部分专用的高端特殊钢仍然依赖进口，我国特殊钢年需求量约占钢铁总产量的 7%。据不完全统计，我国每年进口的特殊钢 100 余万吨，这不算以基础零部件和整机进口的特殊钢。因此，专用的高端特殊钢国产化十分重要。特殊钢的价值主要体现在深加工上，1 吨成品特殊钢的产值相当于 20 吨普碳钢，围绕一个 100 万吨产能的特殊钢厂，打造从钢材到高端零部件的产业集群，产值可达到 1000 亿元，大体相当于一个 2000 万吨产能的普通钢厂。因此，大力发展特殊钢对于推动钢铁行业转型升级，实现"双碳"目标具有重要意义。

　　（2）特殊钢生产亟须贯通技术链、打造创新链、对接产业链。特殊钢与普碳钢不同，它的价值主要体现在特殊钢"链"上。从钢的母材到成品构件，技术链条长，亟须有效贯通。特殊钢的热加工，尤其是热处理一直是我国特殊钢行业的短板。需要开发系统的材料与热加工技术，并建设特殊钢全生命周期的研发测试平台，以便对全行业提供强有力的共性技术支撑。

（3）特殊钢面临更洁净、更均质、更强韧性能的挑战。对特殊钢洁净度的追求没有止境。以氧含量为例，轴承钢中的氧含量（质量分数）已经降低到 5×10^{-4}% 以下，但国际上一直致力于开发更低氧含量钢的制备技术，无氧洁净钢是未来发展的重要方向。减轻直至消除宏观偏析一直是行业面临的挑战性技术，也是国际性科学难题。通过热处理优化组织以调控性能是行业努力的方向。

针对上述挑战，作者团队二十多年来，在李依依院士的大力支持和指导下，针对特殊钢与大型构件开展了系统的理论研究和技术攻关。首先将计算机模拟、X 射线实时观察、缩比件与等比例件解剖观察相结合，建立了可视化方法，对大型铸件的浇注系统进行了优化设计，对大型锻件的成形工艺进行了反变形设计；与骨干企业合作，先后解决了三峡水轮机转轮不锈钢大型铸件、船用柴油机曲轴大型锻件、核电压力容器大型锻件的"卡脖子"问题，助推中国重大装备制造达到了全球高端水平；在此基础上，发现铸锻件性能不稳定，常常出现"做二保一、做三保一"的主要原因是大型钢锭的宏观偏析，之后团队对 3 支单重百吨级的大型钢锭进行了实物解剖和系统的模拟计算，提出了氧致偏析的新机制，开发了低氧抑制偏析技术，拓展了经典偏析理论，为偏析控制开辟了一条新途径；在钢液控氧的基础上，发现了稀土金属中氧的关键作用机制，提出了钢液与稀土金属中"双低氧"学术思想，开发了低氧稀土钢的制备技术，解决了多年来稀土在钢中添加所导致的性能时好时坏和工艺不顺行的难题，将轴承钢的拉压疲劳性能提升了一个数量级。在突破稀土特殊钢关键制备技术的基础上，承担了中国科学院的"高端轴承自主可控制造"战略性先导科技专项，从材料源头出发，有效解决了制造大型盾构机主轴承、航空发动机主轴承、高档机床主轴承等主轴承的国产化问题，并具备进口替代能力。研究成果辐射到高铁轴承、风电轴承等。近年来，相关成果获得了国家科学技术进步奖二等奖、中国科学院杰出科技成就奖、中国专利金奖等。

特殊钢是一个相对概念，随着科技进步，有些特殊钢会逐渐转变为普通钢。展望未来，特殊钢与大型构件将向着性能极限化发展，人工智能等新学科将与特殊钢紧密结合，根据性能需求定制组织，进而设计成分，在组织与性能间建立一一对应的关系，将老材料转变为新材料，这是未来的重要发展方向。随着洁净化、均质化的发展，特殊钢的微合金化、素化将成为发展趋势，减少合金加入量，重新制定成分标准，也将成为特殊钢的重要发展方向。因此，我国特殊钢的发展亟须拥有系统的理论和技术指导，然而，面向重大需求开展基础研究的书籍比较少。为满足科研、生产和高校教学需要，作者团队在前期科研成果的基础上，参考国内外研究进展，系统地撰写本书，以期为我国特殊钢与大型构件的高品质制造提供指导。

《高品质特殊钢与大型构件制备技术》共七章。第 1 章是特殊钢和大型构件的概论，第 2 章～第 6 章分别系统阐述低氧稀土钢、低偏析钢、不锈钢大型铸件、大型锻件、高品质轴承钢的制备，第 7 章介绍多尺度模拟计算。本书第 1 章主要由李殿中、李星等撰写；第 2 章主要由李殿中、刘洋、傅排先、胡小强、栾义坤、杨超云等撰写；第 3 章主要由李殿中、曹艳飞、刘宏伟、孙明月、徐斌、傅排先、栾义坤、陈云、谢碧君、张洪林、刘生等撰写；第 4 章主要由王培、董俊华、王长罡、肖纳敏、夏立军、康秀红等撰写；第 5 章主要由孙明月、张洪林、徐斌、王培、蒋中华、曹艳飞、郝露菡、刘东戎等撰写；第 6 章主要由刘宏伟、蒋中华、曹艳飞、胡小强、刘洋、陈响军等撰写；第 7 章主要由陈星秋、陈云、曹艳飞、郑成武、孙明月、徐斌、贾春妮等撰写。本书的很多内容源于作者团队的博士和硕士研究生的工作，郝红日副编审对全书的文字进行了润色、对图表等进行了完善。在此，对大家的辛勤工作表示衷心感谢。

本书的主要特点体现在学术性强、实用性强、脉络清晰。本书的工作均从国家高端装备金属结构材料及加工技术的需求出发，从中凝练基础科学问题，开发关键核心技术，进而指导生产实践。本书层层递进、深入浅出，便于读者理解。研究工作得到了科技部重点研发计划"变革性技术专项"项目、国家自然科学基金委员会重点基金项目群、工业和信息化部工业强基工程项目、中国科学院战略性先导科技专项等的大力支持，出版工作得到国家出版基金资助。

尽管作者多年来一直从事高品质特殊钢与大型构件的研发工作，但由于学术水平有限，书中难免存在疏漏或者不妥之处，恳请读者不吝批评指正。

作　者

2024 年 11 月

目　录

总序
前言

第1章　概论 ·· 1

　1.1　特殊钢基本概念与分类 ·· 1
　　　1.1.1　特殊钢基本概念 ·· 2
　　　1.1.2　特殊钢分类 ·· 2
　1.2　特殊钢的现状与发展趋势 ··· 14
　　　1.2.1　国内外特殊钢现状 ··· 14
　　　1.2.2　特殊钢发展趋势 ·· 16
　1.3　特殊钢制备方法 ··· 21
　　　1.3.1　特殊钢冶炼方法 ·· 21
　　　1.3.2　特殊钢成形方法 ·· 23
　　　1.3.3　特殊钢热处理 ·· 23
　　　1.3.4　特殊钢测试评价 ·· 23
　1.4　大型构件制备 ··· 24
　　　1.4.1　大型构件分类 ·· 24
　　　1.4.2　大型构件制备方法 ··· 30
　　　1.4.3　大型构件缺陷演化与控制技术 ··································· 31
　1.5　特殊钢全生命周期研发测试 ··· 32
　　　1.5.1　解决特殊钢与高端基础零部件制造难题 ····················· 32
　　　1.5.2　提出组织定制学术思想 ·· 33
　　　1.5.3　持久支撑基础零部件自主可控制造 ···························· 34
　参考文献 ·· 37

第2章　低氧稀土钢制备 ··· 43

　2.1　氧在钢中的作用 ··· 43
　　　2.1.1　氧在钢中的作用机制 ·· 43

2.1.2	氧对夹杂物的影响	44
2.1.3	氧对疲劳性能的影响	45

2.2 低氧洁净钢的制备 · 45
2.2.1 低氧洁净钢的冶炼 · 45
2.2.2 全流程控氧工艺 · 49

2.3 低氧稀土钢的制备 · 51
2.3.1 稀土在钢中的作用机制 · 52
2.3.2 稀土对高碳铬轴承钢中夹杂物的影响 · 59
2.3.3 氧对稀土钢的影响机制 · 69
2.3.4 "双低氧"稀土钢的制备 · 71

2.4 低氧稀土钢的夹杂物表征 · 74
2.4.1 低氧稀土钢中夹杂物三维表征方法 · 74
2.4.2 钢中非金属夹杂物全自动提取设备 · 76
2.4.3 国内外轴承钢的夹杂物对比分析 · 78

参考文献 · 79

第 3 章 低偏析钢制备 · 83

3.1 钢中偏析的类型与形成机制 · 83
3.1.1 钢中偏析类型 · 83
3.1.2 自然对流作用下的偏析形成机制 · 85
3.1.3 钢锭负偏析形成机制 · 100

3.2 氧致偏析的机制与控制 · 105
3.2.1 氧对偏析形成的影响机制 · 105
3.2.2 氧致通道偏析的大型钢锭实物解剖 · 120

3.3 全域低偏析钢的制造方法 · 128
3.3.1 低氧钢的浇注与凝固控制 · 128
3.3.2 凝固自补缩与铸锻一体化 · 130
3.3.3 大型锻坯构筑成形技术 · 132

参考文献 · 146

第 4 章 不锈钢大型铸件制备 · 150

4.1 马氏体不锈钢的成分设计 · 151
4.1.1 马氏体不锈钢的化学成分 · 151
4.1.2 镍铬当量比设计与高温铁素体相控制 · 152
4.1.3 不锈钢中氧含量的控制与点状锈蚀 · 153

4.2 三峡水轮机转轮大型铸件的制备工艺 ································ 159
4.2.1 百吨级上冠铸件的铸造工艺设计与缺陷控制 ······················ 159
4.2.2 百吨级下环铸件的浇注系统设计 ·································· 161
4.2.3 大型叶片的变形模拟与反变形控制 ································ 162
4.3 马氏体不锈钢中的逆变奥氏体相控制 ································ 165
4.3.1 回火过程中逆变奥氏体相的演化 ·································· 165
4.3.2 逆变奥氏体热稳定性分析 ··· 172
4.3.3 逆变奥氏体的机械稳定性与 TRIP 效应 ························· 178
4.3.4 不锈钢铸件的热处理工艺 ··· 190
4.4 高强韧马氏体不锈钢的扩展应用 ······································ 190
4.4.1 关键合金元素控制 ··· 191
4.4.2 热处理工艺的影响 ··· 192
参考文献 ·· 193

第 5 章 大型锻件制备 ·· 196
5.1 大型船用曲轴的制备 ··· 197
5.1.1 大型船用曲轴所需钢锭制备 ······································ 199
5.1.2 大型曲拐锻件的弯锻成形 ··· 204
5.1.3 大型曲拐锻件的热处理 ·· 222
5.2 核电大型锻件的制备 ··· 232
5.2.1 核电大钢锭的制备 ··· 232
5.2.2 核电大型锻件的一体化成形 ······································ 236
5.2.3 核电大型锻件的热处理 ·· 242
5.3 低温工程用大型锻件研制 ··· 249
5.3.1 均质化大型锻件近净成形制备 ··································· 250
5.3.2 新型热处理工艺原理及应用 ······································ 251
参考文献 ·· 254

第 6 章 高品质轴承钢制备 ··· 258
6.1 超低氧轴承钢冶炼 ·· 258
6.1.1 氧对轴承钢影响 ·· 258
6.1.2 低氧轴承钢精炼 ·· 259
6.1.3 稀土轴承钢冶炼 ·· 264
6.2 高均质轴承钢制备 ·· 265
6.2.1 GCr15 轴承钢均质化制备 ·· 265

  6.2.2 航空发动机用 M50 轴承钢均质化制备 ⋯⋯⋯⋯⋯⋯⋯⋯⋯⋯⋯⋯⋯ 266

  6.2.3 盾构机用 CrMo 轴承钢均质化制备 ⋯⋯⋯⋯⋯⋯⋯⋯⋯⋯⋯⋯⋯⋯ 270

 6.3 轴承钢热处理 ⋯⋯⋯⋯⋯⋯⋯⋯⋯⋯⋯⋯⋯⋯⋯⋯⋯⋯⋯⋯⋯⋯⋯⋯⋯⋯ 275

  6.3.1 M50 钢全流程热处理 ⋯⋯⋯⋯⋯⋯⋯⋯⋯⋯⋯⋯⋯⋯⋯⋯⋯⋯⋯⋯ 275

  6.3.2 GCr15 钢全流程热处理 ⋯⋯⋯⋯⋯⋯⋯⋯⋯⋯⋯⋯⋯⋯⋯⋯⋯⋯⋯ 280

  6.3.3 高淬透性高碳铬轴承钢的全流程热处理 ⋯⋯⋯⋯⋯⋯⋯⋯⋯⋯⋯ 290

  6.3.4 42CrMo4M 钢热处理 ⋯⋯⋯⋯⋯⋯⋯⋯⋯⋯⋯⋯⋯⋯⋯⋯⋯⋯⋯⋯ 293

  6.3.5 白蚀组织形成机制的新认识 ⋯⋯⋯⋯⋯⋯⋯⋯⋯⋯⋯⋯⋯⋯⋯⋯ 301

 6.4 轴承钢的应力解析与控制 ⋯⋯⋯⋯⋯⋯⋯⋯⋯⋯⋯⋯⋯⋯⋯⋯⋯⋯⋯⋯⋯ 305

  6.4.1 残余应力的检测 ⋯⋯⋯⋯⋯⋯⋯⋯⋯⋯⋯⋯⋯⋯⋯⋯⋯⋯⋯⋯⋯ 305

  6.4.2 表面压应力的形成 ⋯⋯⋯⋯⋯⋯⋯⋯⋯⋯⋯⋯⋯⋯⋯⋯⋯⋯⋯⋯ 311

  6.4.3 残余应力的控制 ⋯⋯⋯⋯⋯⋯⋯⋯⋯⋯⋯⋯⋯⋯⋯⋯⋯⋯⋯⋯⋯ 312

 6.5 轴承钢在高端轴承中的应用与评价 ⋯⋯⋯⋯⋯⋯⋯⋯⋯⋯⋯⋯⋯⋯⋯⋯ 312

  6.5.1 轴承钢全生命周期研发与评价 ⋯⋯⋯⋯⋯⋯⋯⋯⋯⋯⋯⋯⋯⋯⋯ 313

  6.5.2 高端轴承的研发与应用 ⋯⋯⋯⋯⋯⋯⋯⋯⋯⋯⋯⋯⋯⋯⋯⋯⋯⋯ 313

 参考文献 ⋯⋯⋯⋯⋯⋯⋯⋯⋯⋯⋯⋯⋯⋯⋯⋯⋯⋯⋯⋯⋯⋯⋯⋯⋯⋯⋯⋯⋯⋯⋯ 323

第 7 章 多尺度模拟计算 326

 7.1 第一性原理计算 ⋯⋯⋯⋯⋯⋯⋯⋯⋯⋯⋯⋯⋯⋯⋯⋯⋯⋯⋯⋯⋯⋯⋯⋯⋯ 326

  7.1.1 氧致偏析的第一性原理计算 ⋯⋯⋯⋯⋯⋯⋯⋯⋯⋯⋯⋯⋯⋯⋯⋯ 327

  7.1.2 固溶稀土作用机制的第一性原理计算 ⋯⋯⋯⋯⋯⋯⋯⋯⋯⋯⋯⋯ 331

  7.1.3 稀土与碳交互作用的第一性原理计算 ⋯⋯⋯⋯⋯⋯⋯⋯⋯⋯⋯⋯ 336

 7.2 介观尺度组织演化模拟计算 ⋯⋯⋯⋯⋯⋯⋯⋯⋯⋯⋯⋯⋯⋯⋯⋯⋯⋯⋯ 338

  7.2.1 凝固组织演化的介观尺度模拟计算 ⋯⋯⋯⋯⋯⋯⋯⋯⋯⋯⋯⋯⋯ 339

  7.2.2 氧致偏析的介观尺度模拟计算 ⋯⋯⋯⋯⋯⋯⋯⋯⋯⋯⋯⋯⋯⋯⋯ 345

  7.2.3 固态相变介观尺度模拟计算 ⋯⋯⋯⋯⋯⋯⋯⋯⋯⋯⋯⋯⋯⋯⋯⋯ 354

 参考文献 ⋯⋯⋯⋯⋯⋯⋯⋯⋯⋯⋯⋯⋯⋯⋯⋯⋯⋯⋯⋯⋯⋯⋯⋯⋯⋯⋯⋯⋯⋯⋯ 373

关键词索引 376

第1章

概　论

1.1 特殊钢基本概念与分类

　　特殊钢强调一个"特"字，"特"在成分、工艺、组织、性能方面显著区别于普通钢。与普通钢相比，特殊钢虽然体量不大，国内年需求量约为7000万吨，但特殊钢位于金字塔顶尖，十分重要，关乎国家高端钢的制造水平，关乎产业链的安全和高端装备的可靠运行，关乎"双碳"目标的实现。特殊钢制造难度大，工艺链条长，其价值不仅体现在母材上，更体现在精深加工产业链上。从钢材冶炼到终端零部件制造，特殊钢制备工艺流程长，技术环节多，因而特殊钢全生命周期的技术链亟须贯通。迄今，部分专用的高端特殊钢仍然依赖进口，主要从美国、日本、德国、瑞典等发达国家进口，亟须解决进口替代问题。这些国家在面向重大需求特殊钢的基础研究深度、技术链的水平和完整性、产品的质量和稳定性、品牌效应等方面具有一定优势，因此占据了国际市场，控制着价格和供货周期。我国要解决特殊钢的全链条问题，就需要从材料的源头上进行技术创新，从材料入手，贯通技术链，打造创新链，对接产业链，才能实现特殊钢的国产化，产品质量将逐步超越国外。这一目标预计在未来十年将逐步实现，其关键是要解决产业链贯通问题。但特殊钢的发展没有止境，可以预见，至少在未来数百年内，特殊钢都是不可替代的关键基础材料。在高洁净、高均质的基础上，基于人工智能和大数据科学，未来将根据性能需求，实现智能化的组织定制和成分设计，建立性能与组织的一一对应关系。在智能设计的基础上，通过组织调控，一方面，逐步减少Cr、Ni、Mo、Nb、W、V、Co等金属加入量，实现特殊钢的微合金化，直至材料素化，将成分设计主导变革为性能需求主导；另一方面，在现有合金体系的基础上，将实现特殊钢应用的超长寿命和超高可靠性，为"双碳"目标实现做出突出贡献，以上将是特殊钢领域的重要发展方向。

1.1.1 特殊钢基本概念

通常情况下，具有特别化学成分，采用特种生产工艺，具备优异的组织和性能并能够满足特定需求，具备以上一种或几种特征的钢即可称为特殊钢。特别化学成分是指添加了大量合金元素，如 Ni、Cr、Mo、V、Nb、Co、W 等；特种生产工艺是指采用真空感应（vacuum induction melting，VIM）熔炼、钢包精炼、真空处理、电渣重熔（electro slay remelting，ESR）、真空自耗（vacuum arc remelting，VAR）、模锻、自由锻、真空脱气精炼等；特定性能是指制造的钢材及其零部件具有高强、高韧、耐磨、耐热、耐蚀、抗疲劳、抗冲击等性能。在洁净化冶炼方面，需严格控制以下元素总量，如 O、N、H 等气体元素，S、P 等杂质元素，以及 As、Sn、Pb、Bi、Sb 五害元素等；在钢材均质性方面，需进行材料的低偏析制备与组织均匀性控制。

特殊钢广泛应用于国防军工、轨道交通、冶金机械、能源电力、石油化工、航空航天、深空深海、工业母机、机器人、人工智能等高端装备制造领域，是国际竞争的焦点。随着人民生活水平的提高，特殊钢也走进了千家万户，与百姓的日常生活密切相关。例如，很多厨用刀具、剪刀、剃须刀等都是由特殊钢制造而成的。未来百姓生活品质的进一步提高更是离不开特殊钢。

1.1.2 特殊钢分类

特殊钢一般按照钢种成分和冶炼工艺分类，传统的特殊钢主要包括轴承钢、工模具钢、齿轮钢、弹簧钢、耐磨钢、耐热钢、低温钢、耐蚀钢、紧固件用钢、电工钢等。在高端装备制造领域，大型铸锻件也属于典型的特殊钢制品，如水轮机转轮大型铸件、核电压力容器和蒸汽发生器大型锻件、大型盾构机轴承套圈大型锻件等。对于成分不特殊但性能要求特别高的低合金钢，甚至普碳钢，由于需采用真空冶炼、模锻成形等特殊工艺制备，有时还采用电渣重熔工艺生产，因此也可称其为特殊钢。例如，大型盾构机主轴承所用套圈，最大直径达 8 m，使用时承受大载荷，采用铬钼钢制备。但由于洁净度、均质性、硬度均匀性等要求特别高，该套圈用钢需采用微量稀土元素添加、钢包精炼、真空处理以及锻轧相结合成形等调控方法，因此也称其为特殊钢。不锈钢也属于特殊钢，但由于其特殊的属性和广泛的用途，国内消费体量已达到 3000 万吨，且自成体系，本节不将其列入特殊钢分类中。

本节主要以轴承钢、模具钢、齿轮钢、弹簧钢为典型代表对传统特殊钢材料进行简要介绍。

1. 轴承钢

轴承是机械传动轴的支承，是高端装备的关键基础部件，常被誉为"工业关节",广泛应用于精密机床、高档汽车、高速铁路、冶金设备、矿山机械、航空航天、风力发电、舰船等领域。轴承的服役环境极其严苛,通常在高接触应力、高旋转速度、高旋转周次、高温环境等复杂工况下运行,因此轴承钢需具有高洁净度、高强度和表面硬度,以及良好的抗疲劳性能等[1, 2]。由于轴承服役环境的多样性和性能要求的差异性,轴承材料品种丰富,主要包括高碳铬轴承钢、渗碳渗氮轴承钢、不锈轴承钢和高温轴承钢等。

1)高碳铬轴承钢

高碳铬轴承钢是世界上第一代轴承钢,因其具有综合力学性能良好、生产工艺简单以及成本低廉等优点,每年的生产量约占轴承钢总产量的 80%以上[2]。根据 GB/T 18254—2016,高碳铬轴承钢的代表牌号及主要化学成分如表 1-1 所示[3]。GCr15 钢(美国牌号 52100,欧洲牌号 100Cr6,日本牌号 SUJ2)是应用最广泛的高碳铬轴承钢,已有百余年历史,其成分特征是含有 1 wt%[①]C 和 1.5 wt%Cr,淬回火后能够获得 58 HRC 以上的高硬度,具有良好的耐磨性和接触疲劳性能,适用于制造工况温度在 150℃以下的各类轴承。在 GCr15 钢的基础上,适当增加 Si 和 Mn 含量能够改善淬透性,提高轴承钢的强度、硬度和耐磨性。GCr15SiMn 钢可以制造壁厚大于 12 mm、外径大于 250 mm 的轴承套圈,直径大于 50 mm 的钢球,以及直径大于 22 mm 的圆锥、圆柱及球面滚子[4]。添加 Mo 能够进一步提高轴承钢的淬透性,GCr15SiMo 钢可以替代 GCr15SiMn 钢制造壁厚大于 35 mm,尤其是壁厚大于 50 mm 的特大型轴承套圈和大型滚子[5]。GCr18Mo 钢与 GCr15 钢相比,Cr、Mo 含量分别增加约 0.3 wt%和 0.1 wt%,具有高淬透性,适用于制造壁厚不超过 20 mm 的轴承套圈[6]。

表 1-1 高碳铬轴承钢的代表牌号及主要化学成分(单位:wt%)[3]

牌号	化学成分				
	C	Si	Mn	Cr	Mo
G8Cr15	0.75～0.85	0.15～0.35	0.20～0.40	1.30～1.65	≤0.10
GCr15	0.95～1.05	0.15～0.35	0.25～0.45	1.40～1.65	≤0.10
GCr15SiMn	0.95～1.05	0.45～0.75	0.95～1.25	1.40～1.65	≤0.10
GCr15SiMo	0.95～1.05	0.65～0.85	0.20～0.40	1.40～1.70	0.30～0.40
GCr18Mo	0.95～1.05	0.20～0.40	0.25～0.40	1.65～1.95	0.15～0.25

剑桥大学 SKF 研究中心 Szost 等[7]通过向 GCr15 钢中添加 0.5 wt%的 V 开发了一种抗氢脆型高硬度轴承钢,采用优化后的热处理工艺在轴承钢中析出了大

---

① 书中以 wt%表示质量分数单位,vol%表示体积分数单位,at%表示原子分数单位。

量细小 V_4C_3 相，利用纳米级 V_4C_3 相较强的氢陷阱作用，显著提升了轴承钢的抗氢脆能力，并将硬度提高了 20 HV。东北大学 Yi 等[8]设计了 1.2 wt%C-1.5 wt%Cr-5 wt%Al 超高碳低密度轴承钢，其密度比 GCr15 钢低 8%，加入 5wt%Al 能够提高马氏体相变开始温度点（M_s），淬火后硬度可达（860±3）HV，较 GCr15 钢提高 10%。Yang 等[9]采用高纯稀土金属对 GCr15 钢进行处理后，夹杂物的尺寸和体积分数均显著减小，形成的稀土氧硫化物细小、弥散，硬度与钢的基体相匹配，远小于氧化铝的硬度，小尺寸稀土夹杂物能够产生较大的细晶区，稀土轴承钢在 10^9 周次下的疲劳极限提高约 9.4%，超高周疲劳寿命提高 10 倍以上。

2）渗碳轴承钢

高碳铬轴承钢由于碳含量高，冲击韧性较低，无法满足更高冲击韧性和更长弯曲疲劳寿命的要求，因此渗碳轴承钢应运而生。渗碳轴承钢的碳含量为 0.1 wt%～0.3 wt%%，属于低碳合金结构钢，通过固体渗碳、液体渗碳、气体渗碳或离子渗碳等方式使碳原子渗入工件表面，获得一定深度的硬化层，达到强韧化目的[10]。经渗碳、淬回火等热处理后，渗碳轴承钢表面具有高硬度且心部韧性良好。目前，渗碳轴承钢主要包含 Cr-Mo 系、Cr-Ni-Mo 系和 Cr-Mn-Mo 系，根据 GB/T 3203—2016，渗碳轴承钢的代表牌号及主要化学成分如表 1-2 所示[11]。

表 1-2 渗碳轴承钢的代表牌号及主要化学成分（单位：wt%）[11]

牌号	化学成分					
	C	Si	Mn	Cr	Ni	Mo
G20CrMo	0.17～0.23	0.20～0.35	0.65～0.95	0.35～0.65	≤0.30	0.08～0.15
G20CrNiMo	0.17～0.23	0.15～0.40	0.60～0.90	0.35～0.65	0.40～0.70	0.15～0.30
G20CrNi2Mo	0.19～0.23	0.25～0.40	0.55～0.70	0.45～0.65	1.60～2.00	0.20～0.30
G20Cr2Ni4	0.17～0.23	0.15～0.40	0.30～0.60	1.25～1.75	3.25～3.75	≤0.08
G10CrNi3Mo	0.08～0.13	0.15～0.40	0.40～0.70	1.00～1.40	3.00～3.50	0.08～0.15
G20Cr2Mn2Mo	0.17～0.23	0.15～0.40	1.30～1.60	1.70～2.00	≤0.30	0.20～0.30
G23Cr2Ni2Si1Mo	0.20～0.25	1.20～1.50	0.20～0.40	1.35～1.75	2.20～2.60	0.25～0.35

G20CrNi2Mo 钢主要用于铁路货车轴承，具有耐磨、耐冲击、接触疲劳寿命长等优点。与一次淬火相比，G20CrNi2Mo 轴承钢采用二次淬火热处理能够获得尺寸更细小的板条状马氏体组织，从而进一步提高其耐磨性[12]。G20Cr2Ni4 渗碳钢表面具有较高的硬度、耐磨性和接触疲劳强度，且心部韧性良好，能耐强烈的冲击负荷，接触疲劳寿命是 GCr15SiMn 钢的 3.75 倍，常用于制造轧机、矿山机

械、重型车辆、风电主轴的轴承[13-15]。G20Cr2Mn2Mo 钢的渗碳速度快，强度、塑性、韧性等性能与 G20Cr2Ni4 钢相似，能够用于制造耐冲击的特大型和大中型轴承零件[16]。G23Cr2Ni2Si1Mo 钢是燕山大学张福成团队研发的新型纳米贝氏体渗碳轴承钢，通过渗碳淬火、高温回火和低温等温淬火处理后获得纳米贝氏体的表层组织，耐磨性能和滚动接触疲劳寿命均优于常规渗碳的马氏体钢 G20Cr2Ni4，适合制造重载轴承[17]。

3）高碳铬不锈轴承钢

不锈轴承钢主要用于制造在石油、化工等腐蚀环境工作的轴承零件，为满足轴承的硬度要求，多采用高碳铬马氏体不锈轴承钢。根据 GB/T 3086—2019，高碳铬不锈轴承钢的代表牌号及主要化学成分如表 1-3 所示[18]。

表 1-3　高碳铬不锈轴承钢的代表牌号及主要化学成分（单位：wt%）[18]

牌号	化学成分						
	C	Si	Mn	Cr	Mo	Ni	Cu
G95Cr18	0.90~1.00	≤0.80	≤0.80	17.0~19.0	—	≤0.25	≤0.25
G65Cr14Mo	0.60~0.70	≤0.80	≤0.80	13.0~15.0	0.50~0.80	≤0.25	≤0.25
G102Cr18Mo	0.95~1.10	≤0.80	≤0.80	16.0~18.0	0.40~0.70	≤0.25	≤0.25

9Cr18（国标 G95Cr18）和 9Cr18Mo（国标 G102Cr18Mo）是典型的高碳铬不锈轴承钢，C 含量在 0.9 wt%以上，Cr 含量约为 18 wt%，具有较高的硬度和耐磨性，且耐蚀性良好[19]。9Cr18Mo 钢是在 9Cr18 钢的基础上添加适量 Mo 元素，具有更高的硬度和抗回火稳定性[20]。由于含有高质量分数的 C 和 Cr 元素，9Cr18 和 9Cr18Mo 钢在凝固过程中会析出粗大的共晶碳化物，在后续热处理过程中难以消除，易造成应力集中而降低轴承的疲劳寿命。洛阳轴承研究所有限公司和钢铁研究总院通过降低 C 和 Cr 含量研发出 6Cr14Mo（国标 G65Cr14Mo），共晶碳化物含量明显减少，冲击韧性、耐磨性、接触疲劳寿命均优于 9Cr18 钢，在人工海水中的耐腐蚀能力与 9Cr18 钢相当，但耐稀硝酸腐蚀的能力不如 9Cr18 钢[21,22]。

4）高温轴承钢

高温轴承钢的服役温度一般在 200℃以上，以满足航空发动机、燃气轮机等轴承设备在高温环境下的应用需求。美国先后开发出以 M50 和 M50NiL 为代表的第二代轴承钢，国内对应牌号分别为 GCr4Mo4V 和 G13Cr4Mo4Ni4V。高温轴承钢的代表牌号及主要化学成分如表 1-4 所示[23-27]。

表 1-4　高温轴承钢的代表牌号及主要化学成分（单位：wt%）[23-27]

牌号	化学成分							
	C	Si	Mn	Cr	Mo	V	Ni	其他
GCr4Mo4V	0.75~0.85	≤0.35	≤0.35	3.75~4.25	4.00~4.50	0.90~1.10	≤0.25	—
G13Cr4Mo4Ni4V	0.11~0.15	0.10~0.25	0.15~0.35	4.00~4.25	4.00~4.50	1.13~1.33	3.20~3.60	
G115Cr14Mo4V	1.10~1.20	0.20~0.40	0.30~0.60	14.0~15.0	3.75~4.25	1.10~1.30	≤0.25	
CSS-42L	0.10~0.25			13.0~19.0	3.0~5.0	0.25~1.25	1.75~5.25	Co: 5.0~14.0; Nb: 0.01~0.1
Cronidur 30	0.25~0.35	≤1.00	≤1.00	14.0~16.0	0.85~1.10	—	≤0.50	N: 0.3~0.5

M50 钢的成分组成是 0.8 wt%C + 4 wt%Cr + 4 wt%Mo + 1 wt%V，通过添加 Cr、Mo、V 等强碳化物形成元素，在高温回火后析出了大量的 $Cr_{23}C_6$、Mo_2C、VC 等合金碳化物，从而保障 M50 钢具有良好的高温硬度、耐磨性及疲劳性能，能够达到 316℃的服役温度。M50NiL 是在 M50 基础上进一步开发出来的一种高温渗碳轴承钢，钢中 C 含量大幅度降低并添加了 Ni 元素，渗碳性能优良，在保障表面硬度的同时，心部具有良好的韧性。与 M50 相比，M50NiL 轴承的 *DN* 值（轴承内径 *D* 和转速 *N* 的乘积）由不足 2.4×10^6 mm·r/min 提高至 3×10^6 mm·r/min[28]。G115Cr14Mo4V 是在 M50 的基础上提高 Cr 含量至 14.0 wt%~15.0 wt%而开发出的一种高温不锈轴承钢，能够满足轴承在 400℃以下高温腐蚀环境中的使用要求[29]。

为了适应更加复杂的工作环境，美国拉特罗布特殊钢公司（Latrobe Specialty Steel Company）研制了新型高温不锈渗碳轴承钢 CSS-42L。CSS-42L 属于第三代轴承钢，经渗碳淬火热处理后的表面硬度最高可达 67~72 HRC，在 480~500℃的高温下硬度高达 58 HRC，使用寿命和可靠性高于 M50 和 M50NiL 等第二代轴承钢[30,31]。Cronidur 30（X30CrMoN15）是德国采用加压电渣重熔工艺开发制备的一种耐 350℃的高氮马氏体不锈轴承钢，N 含量约为 0.4 wt%，通过氮固溶强化和碳氮化物析出强化等途径来改善轴承钢的性能，耐蚀性能比 440C 不锈钢提高了 100 倍[31-33]。

2. 模具钢

凭借优异的综合力学性能、低廉的价格和便于回收利用等优点，高品质钢材成为制造模具材料的首选。根据服役条件和场景的不同，模具用钢主要分为塑料模具钢、冷作模具钢、热作模具钢三大类。

1）塑料模具钢

塑料模具钢主要应用于制造热塑性塑料模具和热固性塑料模具，约占模具钢总产量的 50%。塑料模具钢既要承受炽热的塑料熔融液的冲刷磨损，又要承受氯、氟等有害气体的腐蚀，因此要求具有一定的强度、硬度、耐磨性、热稳定性和耐蚀性等性能[34]。根据 GB/T 1299—2014，塑料模具钢的代表牌号及主要化学成分如表 1-5 所示[35]。

表 1-5 塑料模具钢的代表牌号及主要化学成分（单位：wt%）[35]

牌号	化学成分						
	C	Si	Mn	Cr	Mo	Ni	其他
3Cr2Mo	0.28～0.40	0.20～0.80	0.60～1.00	1.40～2.00	0.30～0.55	—	—
3Cr2MnNiMo	0.32～0.40	0.20～0.40	1.10～1.50	1.70～2.00	0.25～0.40	0.85～1.15	—
4Cr2Mn1MoS	0.35～0.45	0.30～0.50	1.40～1.60	1.80～2.00	0.15～0.25	—	S: 0.05～0.10
2Cr13	0.16～0.25	≤1.00	≤1.00	12.0～14.0	—	≤0.60	—
4Cr13	0.36～0.45	≤0.60	≤0.80	12.0～14.0	—	≤0.60	—
3Cr17Mo	0.33～0.45	≤1.00	≤1.50	15.5～17.5	0.80～1.30	≤1.00	—
3Cr17NiMoV	0.32～0.40	0.30～0.60	0.60～0.80	16.0～18.0	1.00～1.30	0.60～1.00	V: 0.15～0.35

P20（3Cr2Mo）是一种由美国开发并在国际上广泛使用的预硬型塑料模具钢，属于中碳低合金马氏体钢。P20 预硬化后硬度为 28～35 HRC，可在较大截面上获得均匀硬度，适合制造大中型精密长寿命塑料模具。瑞典在 P20 钢的基础上开发出 718 钢，加入了约 1%的 Ni 元素，显著提升了模具钢的韧性、塑性及耐蚀性，国内对应牌号为 3Cr2MnNiMo[34, 36-38]。此外，在上述牌号的基础上，通过添加 S、Ca 等元素还进一步开发出 4Cr2Mn1MoS 等易切削预硬型塑料模具钢，从而降低塑料模具的制造成本，提高加工效率。

耐蚀塑料模具钢的主要成分特征为 Cr 含量在 13%以上。其中，Cr13 型马氏体不锈钢的 C 含量不超过 0.45%，Cr 含量约为 13%，是最常用的耐蚀塑料模具钢。德国葛利兹钢厂开发的 1.2083 系列（4Cr13）经过电渣重熔后，洁净度高，非金属夹杂物少，组织均匀致密，具有优良的抛光性能，适用于制造耐腐蚀、高镜面的塑料模具[38, 39]。3Cr17Mo 是 Cr17 型马氏体不锈钢的代表牌号，具有优良的强韧性和较高的耐蚀性，该材料在 1000～1040℃淬火、260～300℃或 550～600℃回火时能够获得良好的综合力学性能[40]。

2）冷作模具钢

冷作模具钢是指金属在冷态下变形或成形所使用的模具钢，主要用于将板材或棒材拉延、冲压、冷镦或冷挤成形，约占模具钢总产量的 28%。冷作模具钢要求具有高的硬度、强度、耐磨性，足够的韧性，以及良好的淬透性、淬硬性等性能。以冷挤压模具为例，工况条件下的平均应力约为 2500 MPa，要求冷作模具钢的硬度达到 62~64 HRC[41]。根据 GB/T 1299—2014，冷作模具钢的代表牌号及主要化学成分如表 1-6 所示[35]。

表 1-6 冷作模具钢的代表牌号及主要化学成分（单位：wt%）[35]

牌号	C	Si	Mn	Cr	Mo	V	其他
CrWMn	0.90~1.05	≤0.40	0.80~1.10	0.90~1.20	—	—	W: 1.20~1.60
9CrWMn	0.85~0.95	≤0.40	0.90~1.20	0.50~0.80	—	—	W: 0.50~0.80
Cr12	2.00~2.30	≤0.40	≤0.40	11.5~13.0	—	—	
Cr12MoV	1.45~1.70	≤0.40	≤0.40	11.0~12.5	0.40~0.60	0.15~0.30	
Cr12Mo1V1	1.40~1.60	≤0.60	≤0.60	11.0~13.0	0.70~1.20	0.50~1.10	Co: ≤1.00
Cr8	1.60~1.90	0.20~0.60	0.20~0.60	7.50~8.50	—	—	
5Cr8MoVSi	0.48~0.53	0.75~1.05	0.35~0.50	8.00~9.00	1.25~1.70	0.30~0.55	
Cr8Mo2SiV	0.95~1.03	0.80~1.20	0.20~0.50	7.80~8.30	2.00~2.80	0.25~0.40	

以 Cr、W、Mn 为代表的高碳低合金冷作模具钢的主要特点是 C 含量为 0.65%~1.05%，合金含量小于 5%，性价比较高[42]。W 的碳化物在高温下不易溶解，淬火加热时能够抑制奥氏体晶粒粗化。此外，钢中 Mn 含量较高，因此淬火后残余奥氏体较多，且淬火变形较小[43]。以 Cr12MoV、Cr12Mo1V1 为代表的高碳 Cr12 型钢是高合金冷作模具钢的主要钢种，C 含量为 1.3%~2.3%，Cr 含量为 11%~13%，日本牌号 SKD11 和美国牌号 D2 均属于此类型钢种。Cr12 型钢中形成的 M_7C_3 型共晶碳化物硬度达到 1800~2800 HV，能够保障 Cr12 型钢具有良好的耐磨性；同时钢中添加的 Mo 和 V 元素进一步提高了淬透性、回火稳定性，并使晶粒细化[44]。然而，Cr12 型钢的凝固组织中存在大量网状共晶碳化物，虽然耐磨性好，但是韧性很差，容易引发材料脆断[45]。美国、瑞典、日本等国家通过降低 C 和 Cr 含量，改善了共晶碳化物分布，开发出 Cr8 型冷作模具钢，显著提升了模具钢的冲击韧性[46]。

3）热作模具钢

热作模具钢是消耗最快和要求最高的模具钢之一，主要用于制造再结晶温度以上的固态金属或高温液态金属压制成型的模具，广泛应用于锤锻模具、热挤压模具和压铸模具，约占模具钢总产量的 20%。热作模具钢的工作环境复杂恶劣，与加热的坯料甚至液态金属直接接触，局部温度可达 500~700℃，不仅需要反复地加热和冷却，还受到冲击载荷的作用。因此，热作模具钢要求具有良好的硬度、强度、韧性、抗热疲劳性、抗氧化性能等[47-49]。根据 GB/T 1299—2014，热作模具钢的代表牌号及主要化学成分如表 1-7 所示[35]。

表 1-7 热作模具钢的代表牌号及主要化学成分（单位：wt%）[35]

牌号	化学成分						
	C	Si	Mn	Cr	Mo	V	Ni
5CrNiMo	0.50~0.60	≤0.40	0.50~0.80	0.50~0.80	0.15~0.30	—	1.40~1.80
5CrMnMo	0.50~0.60	0.25~0.60	1.20~1.60	0.60~0.90	0.15~0.30	—	—
4Cr5MoSiV1	0.32~0.45	0.80~1.20	0.20~0.50	4.75~5.50	1.10~1.75	0.80~1.20	—
4Cr5MoSiV	0.33~0.43	0.80~1.20	0.20~0.50	4.75~5.50	1.10~1.60	0.30~0.60	—
QRO90 Supreme	0.38	0.30	0.75	2.60	2.25	0.90	—
Dievar	0.35	0.20	0.50	5.00	2.30	0.60	—

Cr-Mo 系热作模具钢是第一代热作模具钢。其中，5CrNiMo 钢是热锻模具钢的代表牌号。当模具使用温度达到 350~400℃时，5CrNiMo 的屈服强度仍能保持在 980 MPa。然而，5CrNiMo 在 500℃以上的热强性和热稳定性能较差，且由于淬透性有限，不适合制造截面尺寸大于 300 mm 的大型模具[47, 50]。5Cr2NiMoVSi 是在 5CrNiMo 的基础上，通过成分优化提高了模具钢的淬透性。5Cr2NiMoVSi 在回火过程中会析出 M_2C 和 MC 型碳化物，起到二次硬化的作用，因此热稳定性比 5CrNiMo 高出 150℃以上[51]。

AISI 标准的 H 系列钢是当前全球使用量最大的第二代热作模具钢，以 Cr 含量为 5%的 H11、H12 和 H13 为代表牌号。其中，H13 是使用最广泛和最具代表性的一种热作模具钢，占热作模具钢总产量的 50%以上。H13（4Cr5MoSiV1）包含 Cr、Mo、V 等合金元素，具有良好的淬透性、韧性、抗热裂能力、切削加工性、耐磨性等，适用于制造使用温度不超过 600℃的热挤压模具和铝合金压铸模具[50, 52]。

第三代热作模具钢以瑞典研制的 QRO90 Supreme 为代表，在 H13 成分基础上，减少 Cr 含量，增加 Mo 含量，因此 Cr 的碳化物含量减少，钢中 C 元素可以与 V、Mo 充分结合，形成更多的 MC 型和 M_2C 型碳化物。高温回火时，富 V 的 MC 型和富 Mo 的 M_2C 型碳化物的粗化速度比富 Cr 的 $M_{23}C_6$ 型碳化物要慢，因此 QRO90 Supreme 的回火稳定性和热稳定性均优于 H13[53]。Dievar 是瑞典研制的新型压铸模具钢，在 H13 成分基础上，降低 Si、V 含量以提升材料韧性，提高 Mo 含量以保证二次硬化效果，具有比 H13 更优异的综合力学性能[54]。

3. 齿轮钢

齿轮钢是一种用于制造齿轮的钢材，广泛应用于汽车、铁路、工程机械等领域。作为重要的传动部件，齿轮在工作时会承受变载荷冲击力、接触应力、脉动弯曲应力及摩擦力等多种应力的作用，因此要求制造齿轮的钢具有较高的强韧性、疲劳强度和耐磨性等[55, 56]。渗碳齿轮钢是制造齿轮的主要材料，低碳合金结构钢经渗碳、淬回火处理后，能够在齿轮心部保持足够强度和韧性的条件下，齿轮表面还具有很高的硬度和耐磨性，从而可以在巨大冲击载荷、接触应力和摩擦磨损等复杂工况下运行。按照合金系列分类，齿轮钢可分为 Cr 系、Cr-Mn 系、Cr-Mn-Ti 系、Cr-Mn-B 系、Cr-Mo 系、Cr-Ni 系以及 Cr-Ni-Mo 系等。因为淬透性是齿轮钢的重要性能指标，所以齿轮钢的代表牌号可参考 GB/T 5216—2014《保证淬透性结构钢》，如表 1-8 所示[57]。

表 1-8 齿轮钢的代表牌号及主要化学成分（单位：wt%）[57]

类别	牌号	化学成分					
		C	Si	Mn	Cr	Mo	其他
Cr 系	20CrH	0.17～0.23	0.17～0.37	0.50～0.85	0.70～1.10	—	—
	20Cr1H	0.17～0.23	0.17～0.37	0.55～0.90	0.85～1.25	—	—
Cr-Mn 系	16CrMnH	0.14～0.19	≤0.37	1.00～1.30	0.80～1.10	—	—
	20CrMnH	0.17～0.22	≤0.37	1.10～1.40	1.00～1.30	—	—
Cr-Mn-Ti 系	20CrMnTiH	0.17～0.23	0.17～0.37	0.80～1.20	1.00～1.45	—	Ti: 0.04～0.10
Cr-Mn-B 系	15CrMnBH	0.13～0.18	≤0.37	1.00～1.30	0.80～1.10	—	B: 0.0008～0.0035
	17CrMnBH	0.15～0.20	≤0.37	1.00～1.40	1.00～1.30	—	
Cr-Mo 系	20CrMoH	0.17～0.23	0.17～0.37	0.55～0.90	0.85～1.25	0.15～0.25	—
	22CrMoH	0.19～0.25	0.17～0.37	0.55～0.90	0.85～1.25	0.35～0.45	—
	35CrMoH	0.32～0.39	0.17～0.37	0.55～0.95	0.85～1.25	0.15～0.35	—
	42CrMoH	0.37～0.44	0.17～0.37	0.55～0.90	0.85～1.25	0.15～0.25	—
Cr-Ni 系	20CrNi3H	0.17～0.23	0.17～0.37	0.30～0.65	0.60～0.95	—	Ni: 2.70～3.25
	17Cr2Ni2H	0.14～0.20	0.17～0.37	0.50～0.90	1.40～1.70	—	Ni: 1.40～1.70
	12Cr2Ni4H	0.10～0.17	0.17～0.37	0.30～0.65	1.20～1.75	—	Ni: 3.20～3.75
Cr-Ni-Mo 系	20CrNiMoH	0.17～0.23	0.17～0.37	0.60～0.90	0.35～0.65	0.15～0.25	Ni: 0.35～0.75
	18Cr2Ni2MoH	0.15～0.21	0.17～0.37	0.50～0.90	1.50～1.80	0.25～0.35	Ni: 1.40～1.70

1）Cr 系齿轮钢

Cr 系齿轮钢的代表牌号有 20CrH、20Cr1H 等。该系钢的 Cr 含量约为 1%，由于价格便宜，广泛用于制造轻型载重车和轿车等变速箱齿轮。其中，20CrH 的淬火稳定性比 20Cr 更好，不易产生变形，作为高级齿轮钢已应用于汽车行业高转速齿轮[58, 59]。

2）Cr-Mn 系齿轮钢

德国研发的 MnCr5 系列齿轮钢是高标准轿车齿轮用钢,其洁净度高,淬透性良好。根据 C 含量的不同,分为 16MnCr5、20MnCr5 等品种,国内对应牌号为 16CrMnH 和 20CrMnH。MnCr5 系列齿轮钢的冶炼过程要求具有低 Si 含量,当 Si 含量超过 0.12wt%时,齿轮钢渗碳内氧化倾向增加,从而恶化渗碳质量[60]。为了改善切削加工性能,MnCr5 系列齿轮钢中通常还需要将 S 含量控制在 0.020wt%～0.035wt%,并采用适当的冶炼工艺获得细小弥散分布的 MnS 夹杂物[60-62]。

3）Cr-Mn-Ti 系齿轮钢

Cr-Mn-Ti 系齿轮钢的代表牌号是 20CrMnTiH,钢中添加 Ti 元素能够形成 TiC 析出相,起到钉扎晶界的作用,从而有效抑制淬火加热过程中奥氏体晶粒粗化。由于 Ti 含量较高,20CrMnTiH 钢易产生大块不变形的 TiN 硬质夹杂,影响加工精度,同时 TiN 还会成为疲劳源,降低齿轮的疲劳寿命。然而,20CrMnTiH 钢成本的可控性强,生产工艺成熟,晶粒尺寸不易粗化,且杂质元素含量和 TiN 夹杂形态控制水平不断提升,因此 20CrMnTiH 钢仍普遍用于汽车齿轮行业[63-66]。

4）Cr-Mn-B 系齿轮钢

ZF6 和 ZF7 是德国 ZF 公司研发的 Cr-Mn-B 系齿轮钢,国内对应牌号为 15CrMnBH 和 17CrMnBH,此类钢最大的特点是在钢中添加了 B 元素。B 元素易偏聚于奥氏体晶界,降低了奥氏体晶界的界面能,减少了过冷奥氏体分解时的形核率,因而显著提高了淬透性[67]。Cr-Mn-B 系齿轮钢主要用于重型载重汽车和客车的变速箱齿轮和传动齿轮[66]。

5）Cr-Mo 系齿轮钢

Cr-Mo 系齿轮钢的代表牌号是日本研发的 SCM420H、SCM822H,国内对应牌号为 20CrMoH、22CrMoH。Mo 元素的加入,不但细化了奥氏体晶粒,而且部分 Mo 元素能够渗入奥氏体中增加过冷奥氏体的稳定性,从而有效提高齿轮钢的淬透性,进一步提升整齿的抗弯性能。在相同的渗碳淬火工艺下,与 20CrMnTi 相比,20CrMoH 的有效硬化层更深,且心部硬度更高[68]。此外,Cr-Mo 系齿轮钢具有热处理变形小的优点,适用于中重型载重汽车的后桥传动齿轮、发动机齿轮等[69]。

6）Cr-Ni 系齿轮钢

20CrNi3H 是 Cr-Ni 系齿轮钢的代表牌号,强度和韧性都较高,淬透性和低温冲击韧性良好。采用渗碳淬火处理后,20CrNi3H 表面具有较高的硬度和耐磨性,同时心部强韧性匹配较好[70]。与 20CrNi3H 相比,17Cr2Ni2H 的 Cr 含量增加,Ni 含量减少,渗碳层组织为细小马氏体,渗碳层厚度和表面硬度分别可达 1.3mm 和 61.7HRC[71]。Cr-Ni 系齿轮钢主要用于制造重型载重汽车和大型客车的变速箱齿轮和后桥传动齿轮等[66]。

7）Cr-Ni-Mo 系齿轮钢

Cr-Ni-Mo 系齿轮钢的代表牌号是美国 SAE 8620H 和德国 18CrNiMo7-6。其中，SAE8620H 在国内的对应牌号为 20CrNiMoH，具有良好的加工性和焊接性能，主要用于制造各种重型汽车、挖掘机、机床等重型机械的传动齿轮和齿轮轴[72]。18CrNiMo7-6 钢在国内的对应牌号为 18Cr2Ni2MoH，该钢的强度和硬度较高，淬透性良好，广泛用于制造风能发电用齿轴和齿轮，以及高铁列车用高速重载齿轮[73]。

4. 弹簧钢

弹簧钢是具有弹性且用于制造弹簧或弹性元件的钢。弹簧钢的弹性取决于弹性变形的能力，使其能承受一定的载荷，并在载荷去除之后不出现永久变形。弹簧钢广泛应用于汽车、铁路、航天、家电等行业，其中汽车和铁路行业弹簧钢需求量最大。汽车用弹簧扁钢是合金弹簧钢需求量最大的品种[74]。弹簧在机械设备中起到缓冲、减震、支撑、传力等作用，需要在周期交变应力下持续工作，因此要求弹簧钢具有高的抗拉强度、弹性极限，以及良好的抗弹性减退（弹减）性能和疲劳性能等。按照合金系列分类，弹簧钢可分为 Si-Mn 系、Cr-Mn 系、Cr-V 系、Si-Cr 系、Si-Cr-V 系等。根据 GB/T 1222—2016，弹簧钢的代表牌号及主要化学成分如表 1-9 所示[75]。

表 1-9 弹簧钢的代表牌号及主要化学成分（单位：wt%）[75]

类别	牌号	化学成分				
		C	Si	Mn	Cr	V
Si-Mn 系	60Si2Mn	0.56～0.64	1.50～2.00	0.70～1.00	≤0.35	—
Cr-Mn 系	55CrMn	0.52～0.60	0.17～0.37	0.65～0.95	0.65～0.95	—
	60CrMn	0.56～0.64	0.17～0.37	0.70～1.00	0.70～1.00	—
Cr-V 系	50CrV	0.46～0.54	0.17～0.37	0.50～0.80	0.80～1.10	0.10～0.20
	51CrMnV	0.47～0.55	0.17～0.37	0.70～1.10	0.90～1.20	0.10～0.25
Si-Cr 系	55SiCr	0.51～0.59	1.20～1.60	0.50～0.80	0.50～0.80	—
	60Si2Cr	0.56～0.64	1.40～1.80	0.40～0.70	0.70～1.00	—
Si-Cr-V 系	55SiCrV	0.51～0.59	1.20～1.60	0.50～0.80	0.50～0.80	0.10～0.20
	60Si2CrV	0.56～0.64	1.40～1.80	0.40～0.70	0.90～1.20	0.10～0.20

1）Si-Mn 系弹簧钢

Si-Mn 系弹簧钢的代表牌号是 60Si2Mn，Si 含量为 1.5wt%～2.0wt%。Si 不仅具有强烈的固溶强化作用，还能抑制回火过程中渗碳体形核和长大，从而有利于提高回火稳定性,并能大幅提升弹簧钢的抗弹减性能[76-78]。然而,60Si2Mn 淬透性较差,且高 Si 含量会增加奥氏体中碳的活度和化学位梯度,导致表面脱碳倾向大,因此 60Si2Mn 主要用于制造应力在 880 MPa 以下的低档汽车螺旋悬架弹簧、质量要求不高的离合器弹簧、中档摩托车的减震弹簧等[79,80]。

2)Cr-Mn 系弹簧钢

Cr-Mn 系弹簧钢的代表牌号有 55CrMn、60CrMn。Cr 能够显著提高钢的淬透性,因此 Cr-Mn 系弹簧钢淬透性明显优于 60Si2Mn,适合制造较粗的悬挂弹簧、承载负荷较大的板簧,以及中等截面厚度的少片簧等[81]。但 Cr-Mn 系弹簧钢的导热性较差,在轧制加热时需要控制低温区的升温速度,并保证足够的预热段保温时间,轧后还需采用缓冷或堆冷的冷却方式[82]。

3)Cr-V 系弹簧钢

德国牌号 51CrV4 是 Cr-V 系弹簧钢的代表钢种,通过加入微量 V 元素细化晶粒,具有良好的淬透性和力学性能。优化淬回火热处理工艺后,51CrV4 的抗拉强度和屈服强度分别达到 1678 MPa 和 1293 MPa,断后伸长率为 8.9%[83]。此钢种广泛应用于高速列车转向架用弹簧、汽车悬架螺旋弹簧、扭杆弹簧及变截面少片簧等零部件的制造[84]。该系列国内相近牌号为 50CrV 和 51CrMnV。

4)Si-Cr 系弹簧钢

Cr 元素可以降低钢中 C 的扩散系数,减轻弹簧钢的脱碳倾向。因此,Si-Cr 系弹簧钢强度高,抗弹减性能好,不容易产生脱碳,具有较高的抗疲劳性能,既可以加工截面较粗的弹簧,也可以用来生产质量要求较高的细截面弹簧[85]。Si-Cr 系弹簧钢的代表牌号有 55SiCr、60Si2Cr。其中,55SiCr 弹簧钢淬回火后的抗拉强度可达 1750 MPa 以上,主要用于制造汽车悬架弹簧,占汽车悬架弹簧用钢市场份额的 60%以上[86]。60Si2CrA 钢的临界冷却速度为 3~5℃/s,淬透性较高。与常规淬火加中温回火处理相比,采用增压气体氮化与贝氏体等温处理新工艺后,60Si2Cr 钢的抗拉强度提高了近 50%,断后伸长率和冲击吸收功提高近 20%,断面收缩率提高 40%[87]。

5)Si-Cr-V 系弹簧钢

Si-Cr-V 系弹簧钢利用 V 微合金化形成细小弥散的 MC 型碳化物,通过 VC 相的析出强化和晶粒细化作用,进一步提升弹簧钢的性能。其中,55SiCrV 和 60Si2CrV 是 Si-Cr-V 系弹簧钢的代表牌号。55SiCrV 在 55SiCr 弹簧钢成分基础上加入 0.10 wt%~0.20 wt%的 V 元素,回火后可获得大量均匀弥散分布的纳米级含钒析出相,是目前国内强度最高的悬架簧用钢牌号之一,主要用于制作高档轿车用悬挂弹簧和气门弹簧[88,89]。60Si2CrV 在 60Si2Mn 弹簧钢成分基础上加入了 Cr 和 V 两种元素,抗拉强度在 1900 MPa 以上,属于低合金超高强度钢。60Si2CrV 能够承受高载荷,耐冲击,抗弹减性能好,具有良好的综合性能[90]。

作为铁路货车转向架用弹簧钢，60Si2CrVAT 的气体元素含量要求为：$[O]\leqslant 1.2\times 10^{-3}$ wt%，$[N]\leqslant 6.0\times 10^{-3}$ wt%，$[H]\leqslant 1.3\times 10^{-4}$ wt%；同时，力学性能要求满足：抗拉强度≥1900 MPa，屈服强度≥1700 MPa，抗扭强度≥1050 MPa，断后伸长率≥9%，断面收缩率≥30%[91]。

1.2 特殊钢的现状与发展趋势

1.2.1 国内外特殊钢现状

我国粗钢产量超过 10 亿吨。总体表现为普碳钢过剩，特殊钢发展迅速，在量大面广的通用特殊钢的制造方面达到了国际先进水平或者领先水平，而且大量出口国外，但部分专用的高端特殊钢仍然依赖进口。我国每年特殊钢需求总量约为 7000 万吨，约占钢铁总产量的 7%。

我国每年直接进口的特殊钢 100 余万吨，这不算以零部件和整机进口所含的钢。例如，航空发动机轴承钢以前从美国 Carpenter 公司进口，近些年，美国禁止航发轴承钢向中国出口，我国高档机床主轴承和盾构机主轴承大量从德国进口。高端模具钢也长期大量进口，每年几十万吨，包含塑料模具钢、热作模具钢和冷作模具钢等，而高精密、高抛光性模具钢处于禁运状态。顶级模具钢主要从瑞典进口，特别是粉末冶金模具钢，基本被瑞典垄断，其价格昂贵且供货周期长，在中国牢牢占据了主导地位。由于渗碳齿轮钢等牌号的洁净度、晶粒度、硬度均匀性控制不稳定，我国高端齿轮市场被德国亚特兰大、日本 KHK 等公司垄断。大量乘用车所用的高档弹簧钢主要从日本进口，国内正在攻关，但在洁净度指标，特别是五害元素的控制上仍有差距。日本、德国、瑞典、美国在特殊钢制造方面居于国际前列，在洁净度、均质性和组织调控上均达到了国际先进水平。由于拥有高品质钢，这些国家的基础零部件质量稳定、性能可靠。我国主要从上述 4 个国家进口高端基础零部件，但时常遭遇"卡脖子"。在当前国际形势下，诸多高技术和高端产品已经被列入禁运清单，高端轴承、模具、齿轮、丝杠等也位列其中，因此随时面临断供风险。

发达国家高度重视发展特殊钢，瑞典特殊钢的比例占钢铁总量的 40%以上，他们一方面是为了提升钢的附加值，另一方面是为了满足"双碳"战略需要。这些国家将高品质特殊钢的价值融入下游零部件，甚至主机中，围绕特殊钢"链"提升附加值。事实上，外国向中国出口的特殊钢体量逐渐减小，而转为向中国出口大量的基础零部件，如轴承、齿轮、模具等，同时工业母机等主机的出口量也在逐年增大。瑞典的特殊钢制造水平高，同时拥有国际著名的轴承公司 SKF，年产值达 700 亿元。我国从 SKF 公司购买了大量轴承，也是 SKF 公司全球最大的销售市场。家喻户晓的德国双立人某款厨刀所用材料为 C30 轴承钢，一套厨刀销售价格动辄千元以上。如果一套厨刀以 1 kg 用钢计算，折算为钢的价格是 100 万元/t 钢，而 1 t 螺纹钢的价格不足 5000 元。这就意味着，生产 1 t 刀具特殊钢的深加工价值相当于生产了 200 多吨普碳钢，这将导致碳排放大幅度减少。因此，国外高度重视特殊钢的发展，一方面是追求高附加值的需要，另一方面也是出于生态效益的考虑。

在国际上，产业界与科研部门密切合作，依托知名公司建立了完善的材料-加工-评价设施平台，确保高端轴承、模具、齿轮等基础零部件的研发与制造的领导地位，而国内没有完整的类似平台，这也是我国亟须补齐的一个短板。国外高端基础零部件制造企业高度集中，在轴承行业，瑞典 SKF 公司、德国舍弗勒公司、美国铁姆肯公司是各自国家几乎唯一的国际著名企业，日本企业数量稍多，但也仅有 NSK、NTN 等 20 余家知名公司。因此，国外基本以龙头企业为主，高度重视平台建设，产学研用紧密合作，建设材料加工与实物考核平台，在国际上具有垄断地位。而我国轴承制造企业分散，约有 3000 多家，但最大轴承企业规模仅为瑞典 SKF 公司的五分之一，且产品附加值不高。国际上排名前八的公司均来自国外，中国轴承企业除传统的哈尔滨轴承集团有限公司、瓦房店轴承集团有限责任公司和洛阳轴承集团股份有限公司等几大国企，以及后续发展起来的人本股份有限公司、浙江天马轴承集团有限公司、洛阳新强联回转支承股份有限公司等民营企业以外，主要是以中小企业群体参与国际市场竞争，难以投入财力物力进行轴承制备技术研发和平台建设，缺少先进思想引领和关键核心技术支撑，热加工、冷加工链条不贯通，测试平台与大数据缺乏，导致我国出现基础零部件等高端产品制造能力不足、高度依赖进口的严峻现状。

瑞典 SKF 公司与剑桥大学合作建立了轴承材料研发中心，对材料和热加工技术进行系统研发，每年都面向需求部署新的研发课题。SKF 公司为了发展风电轴承，专门在德国建立了风电主轴承台架测试评价中心，研发的轴承经过测试，取得了令人信服的数据，在风电轴承领域居于主导地位。我国大量进口 SKF 公司的轴承，与其高度重视材料平台建设密切相关。同样，几乎垄断我国轧钢机组高端轴承市场的美国铁姆肯公司，也拥有实力雄厚的轴承研究所，为其母公司提供强大的技术支撑。令人震惊的是，在数百人的研究所中，许多科研人员都在从事材料研究，认为材料是根本，这一理念与国内完全不同。

国际上的著名公司注重打破行业壁垒，重视标准体系的形成与完善，在技术链条上严格按照标准执行，关键环节没有短板，技术链条完善。它们既有材料研发、加工制造等部门，又有精密加工与材料评价的完备体系，同时还建立了专业的人才队伍，并且不存在行业界面。基础零部件的未来发展更加依赖大数据，数字化是基础零部件制造领域发展的必然选择。为避免人为干扰，进行精确控制，国际上一直在发展数字化技术，一些公司已经布局智能化制造。为了更好地保障基础零部件的质量，同时为了积累大数据，国外对近服役工况的台架建设尤为重视，几乎每一个新产品投入市场之前，都经过了大量的台架考核。例如，他们针对不同的轴承类型建设了相应的测试台架，进行系统评价和模拟计算；而且通过完备的轴承钢与热加工平台与之相配合，为工艺优化和标准制定提供了保障。相比之下，国内的基础零部件用材料研发测试平台相当缺乏，而且分布零散，不成体系，不能构成完整的热加工链条，未能开发成套的热加工技术与标准，因而无法支撑中国的高端基础零部件制造。国内基础零部件制造企业众多，达到上万家，但是缺少领军企业，亟须建设一个共性的科教基础设施平台，为行业提供核心关键技术支撑。

1.2.2 特殊钢发展趋势

面向基础零部件领域的全链条工艺控制与标准制定、全流程数字化智能化、性能需求驱动的组织与成分设计、近服役工况考核评价是未来特殊钢的发展趋势。在国际上，特殊钢已经形成完善的标准体系，这个体系以成分设计为主导，未来将以性能需求为主导，定制组织和设计成分，这将以合金减量化、微合金化甚至素化为目标导向。

我国特殊钢行业发展迅速，需求旺盛。国内的特殊钢质量水平不断提升，装备制造能力已经达到国际先进水平。在特殊钢连铸连轧方面，国内相关企业的产品质量达到了国际一流水平；在模铸、特种冶炼方面，国内的技术与装备也达到了国际一流水平。因此，在通用的特殊钢材制造方面，国内特殊钢厂生产的产品完全可以满足需求。但在特殊钢后续锻轧和热处理等热加工方面存在短板，亟须补齐。在基础研究方面，注重洁净化冶炼、偏析控制、组织结构调控，我国学者在 Nature、Science 等期刊上发表了多篇具有国际影响力的研究论文[92-95]。在钢的表面处理方面，开发了表面纳米化技术、离子注入技术、渗碳渗氮技术等[96-101]。在洁净度研究方面，作者团队从冶炼的角度而不是凝固的角度，研究了氧的作用机制，在低氧控制夹杂物的基础上，发现了氧致偏析的作用机制，开发了低氧洁净化技术，显著提升了钢的疲劳性能等。以中信泰富特钢为代表的产业界在工业生产的大炉冶炼中，可以将轴承钢的氧含量控制到 5×10^{-4} wt%，甚至更低，已经达到了国际先进水平甚至领先水平，H、N、S、P、Ti 和五害元素的控制水平也同步提高，所以说冶炼的洁净度问题不是当前的主要矛盾。与此同时，日本、瑞典、德国等发达国家为了保持领先地位，在相同氧含量情况下，进一步采用钙处理等方法，控制夹杂物的类型和尺寸。例如，日本山阳（Sanyo）特殊钢公司，在氧含量为 5×10^{-4} wt%时，成功将最大夹杂物的尺寸控制到 9 μm 以下，达到了国际领先水平,如图 1-1 所示[102]。钙处理是在特殊装备条件下开发的技术,一般不容易掌握。钙具有熔沸点低、蒸气压高、活性强等特点,在钢中的溶解度很低。此外,钙的纯度要求也非常高。我国工业界多年尝试发展钙处理技术,由于装备限制,均未获得成功。为了超越国外,在前人大量的研究成果基础上,作者团队持续攻关十余年,开发了微量稀土在钢中的添加技术,使稀土钢的性能显著超越国外的钙处理钢,从而基本解决了多年来稀土添加到钢中导致的水口堵塞和性能时好时坏的难题。稀土不但显著细化变质了夹杂物,而且能够实现固溶,固溶的稀土起到了微合金化作用,具有钙处理所无法比拟的优势。稀土在特殊钢中成功应用,将有望使我国的稀土钢制造技术成为撒手锏。

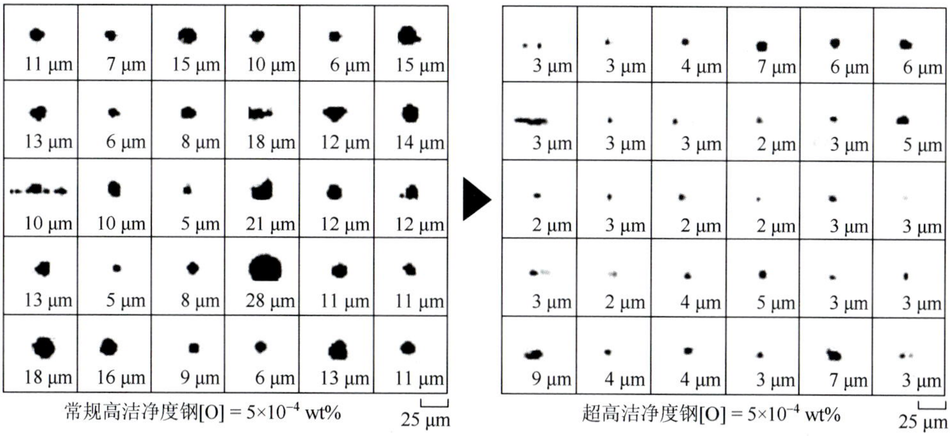

图 1-1　日本山阳特殊钢公司生产的超高洁净度钢的夹杂物控制水平[102]

多年以来,特殊钢在成分和品种方面变化不大,主要的进步在于装备发展、技术变革、品质提升和材料素化。在工艺方面,由于发展了钢包精炼、真空冶炼、真空自耗和防氧化浇注技术,钢的洁净度大幅度提高。在偏析控制方面,作者团队提出了洁净化抑制偏析的学术思想。此外,电磁搅拌、轻压和重压下技术都在工程中获得了应用[103-109],有效改善了钢的偏析。随着压机和轧机能力的提升以及热处理水平的提高,组织细化能力增强,再结晶充分,大断面特殊钢的性能显著提升。伴随"双碳"目标的提出,发展短流程炼钢,采用合金素化的方法以减少贵金属加入量成为特殊钢行业发展的重要方向。一方面,通过工艺手段提升了材料的组织性能,减少了对合金的依赖性。另一方面,通过稀土微合金化,如 C-N-RE 微合金化,将 Cr25Ni20 耐热钢的 Ni 含量由过去的 20%降低到 2%左右,Ni 含量降低了近一个数量级,合金成本降低 60%以上。虽然高端特殊钢仍然进口,但在量大面广的通用特殊钢领域,如轴承钢等,我国完全实现了自主生产,而且大量出口国外。

专用的高端特殊钢位于金字塔塔尖，虽然体量不大，但十分重要。高端特殊钢的国产化仍然是钢铁行业亟待解决的一个重要问题，是当务之急。这不单是钢材问题，还是贯穿特殊钢全生命周期的研发评价问题。从钢锭/钢坯到钢材，再到成品钢，需要贯通冶炼、铸造、锻轧、热处理、精密加工、服役评价等完整的技术链。不能简单认为，钢材质量好，就能保证成品钢的质量一定好；同样，更不能保证基础零部件的质量就会好。应以高端基础零部件和大型构件的需求为牵引，系统解决钢材、锻轧和热处理、精密加工、服役等全生命周期的问题，而不是仅仅立足于解决这个长流程中的一个或者几个环节的问题。特殊钢行业不能仅关注自己擅长的钢材部分，或者只关心体量和规模的大小，而是应该从以往的惯性思维中走出来，着重向下游辐射。为了贯通特殊钢全生命周期的技术链，打造创新链，建立国家级的特殊钢全生命周期的研发测试平台非常必要，它可以强有力地支撑特殊钢与基础零部件、大型构件的制造，该平台也是衔接冶金与机械的桥梁，推动行业间实现无缝对接。目前，国家发展改革委正在中国科学院金属研究所建设特殊钢全生命周期研发测试的科教基础设施平台，这是目前国内唯一、国际一流的以稀土钢为牵引的特殊钢全生命周期研发测试平台，建设意义重大，必将影响深远。

特殊钢是国民经济和国防安全领域中最重要的金属结构材料，对高端基础零部件、大型构件和重大装备的带动作用巨大，对产业链的拉动作用明显。可以说，特殊钢的品质在很大程度上决定了基础零部件的质量。因为"双碳"目标的提出和产业高质量发展的需要，特殊钢未来将在以下几个方面迎来大发展。

1）短流程炼钢技术

由于环保力度的加大，采用电炉加中频炉冶炼特殊钢成为非常有前途的冶炼方式，这有利于减少碳排放。我国现有废钢的保有量约为 2 亿吨，以后将逐年增加，以废钢为原料生产特殊钢合理可行，而且特殊钢的附加值高，成本上能够接受。但是，废钢的筛选和分类也非常重要，需要开发相应的技术与装备。

2）超洁净均质钢技术

钢的疲劳寿命和可靠性受制于夹杂物和宏观偏析，由于受此干扰，很难体现钢的本征性能。只有将钢的洁净度和宏观偏析有效控制后，钢才能体现出自身的本征性能，晶界、相界和滑移带等才可能成为裂纹萌生和扩展的根源。因此，要发展超长服役寿命的特殊钢，洁净度和宏观偏析控制将成为永恒的主题。

3）组织调控技术

通过变形和热处理调控组织与相变，可以充分提高钢的本征性能。热处理的各个环节对组织演化都有重要影响，因此通过热处理调控组织有多种途径，淬火、深冷、回火过程中的加热、保温、冷却过程都有很大的研究空间。例如，为了提高组织的均匀性，球化处理就显得尤为重要。当洁净化和均质化的问题不再是主要矛盾时，通过热处理调控组织便成为进一步优化材料性能的重要手段。未来可根据性能要求，实现组织定制，通过直接对应的组织定制来满足性能要求。这是作者团队提出的新的学术思想，它的技术流程是：根据性能需求，首先进行组织筛选、跨尺度计算与组织要素量化，然后进行组织制备，最后进行组织考核，迭代优化，从而实现靶向性组织定制。技术路线如图 1-2 所示[110]。

图 1-2　特殊钢组织定制技术路线图[110]

材料科学与工程技术的核心在于对材料的成分、加工工艺及组织结构进行设计来满足特定的性能需求。国外高度重视以热处理为主导的材料组织调控技术，而且把技术秘密牢牢地掌握在自己手中，不对外转让，这也是国外在行业拥有话语权的关键。传统的研究范式通过"试错法"来调整"组织结构-服役性能"之间的关系，但这种方法不仅研发周期长，而且研发成本高。一个真正意义上的研究范式转变是 2006 年前后提出的集成计算材料工程（integrated computational materials engineering，ICME）。ICME 将理论、试验与模拟集成为一体化计算工具，为材料的成分和结构设计提供可靠指导。ICME 在 2008 年被美国科学院和美国工程院共同设置的国家研究理事会（National Research Council）认定为能够提高国防实力和国家竞争力的创新学科[111]。美国联邦政府于 2011 年提出了材料基因组计划的概念，期望通过进一步深化 ICME 的研究与结合高通量试验等方法，建立材料数据库，促进跨学科交流，从而进一步缩短新材料的研发周期、降低研发成本[112]。早在 ICME 和材料基因组计划正式提出之前，这些概念就已经应用于材料性能的设计中，材料基因组计划的提出将材料"设计"的理念推广到了更广泛的科研群体，并刺激了以美国麻省理工学院和德国马克斯·普朗克科学促进学会（马普所）为代表、以基础科研为主的一大批正向材料设计成果。例如，德国马普所的 Raabe 教授团队提出了"快速合金定型"的高通量制造方法，通过研究连续铸造与热加工工艺，制备出具有一系列特殊性能的三相 30Mn-1.2C-xAl 钢[113]；美国西北太平洋国家实验室 Devaraj 教授团队通过改进合金成分和热加工工艺研发了一种高强低成本的异质纳米结构钛合金[114]。近期，在材料基因组计划的基础上，美国佐治亚理工学院的研究人员提出了"材料创新生态"的概念，目的是通过架构一条集成高通量试验、跨尺度模拟、数据科学与自动化生产的研发产业链，加速新材料研发到产业化的进程[115]。

就涉及材料性能设计的报道来看，大量的国外合金设计研发工作集中于改变工艺与性能的关系，组织结构的分析只是后期用来解释合理化性能提升的原因。另外，国外研究的主体集中于材料的正向设计，即通过理论计算与实验室工艺研究，发现具有更好性能的备选材料。但是，一个世界范围的难题是以基础研究为导向的新材料设计很难向上扩展应用于工业生产，这种现象被美国工程院国家材料咨询委员会称为材料研发与应用的"死亡峡谷"。这种现象的成因可能是由科研导向而非需求导向引起的。作者团队提出的组织定制这一核心思想，是以组织定制为钢的逆向设计思路，具有务实和可操作性强的特点，需求导向色彩浓重，可以实现在深化机理研究的基础上搭建材料体系创新到工程应用的桥梁。

4）梯度材料技术

很多时候，特殊钢不一定都需要全断面均质化，这样会导致制造难度和成本的增加。例如，为了满足轴承精度寿命和疲劳寿命的要求，需要对轴承钢表层和次表层进行纳米化处理，由于最大剪切应力的深度在百微米量级，只需要将纳米层控制到 500 μm 左右，就可以显著提高钢的寿命。此外，进行表面渗碳渗氮、离子注入等，都是提高耐磨性和使用寿命的有效方法。梯度组织是工程材料的重要发展方向，高端的表面处理装备开发也势在必行。

5）智能定制技术

随着人工智能和大数据的蓬勃发展，在模拟计算的基础上，用智能技术提升传统材料性能，使特殊钢焕发新的生机，将老材料变为新材料，是特殊钢未来需要重点考虑的问题。以 M50 轴承钢为例，碳化物是主要的影响因素，如果大尺寸碳化物出现在表层和次表层，将显著影响轴承的疲劳寿命。为提高轴承的可靠性，需要严格控制碳化物的尺寸和分布。根据载荷谱和使用寿命的具体要求，可以定制碳化物的尺寸，根据性能确定组织，就是上文提到的组织定制。通过计算模拟和大数据建模，可以根据碳化物与基体的储存能密度，计算裂纹的萌生和扩展时间，其总和为疲劳寿命。据此，可以给出碳化物的临界判据值，而根据这一判据值，可以在 M50 钢的热加工流程中进行系统控制。总之，人工智能与特殊钢的结合将有利于提高材料的智能制备能力。

6）增材制造技术

3D 打印可以有效解决偏析、复杂构件的制造难题，在大型构件制造领域已有初步的探索性工作。粉末冶金也是解决偏析问题的有效手段，如顶级模具钢基本采用粉末冶金技术制造，但其成本高、流程长、氧含量难以控制，因此制造技术难度大。为了解决大型锻件的偏析控制问题，作者团队创新性地提出了金属构筑成形技术，改变大型锻件"以大制大"的传统制造方法，即要做一个大型锻件，必须制造一个更大的钢锭，切头去尾后再锻造成大型锻件。创新方法是通过"以小制大"，成功解决了偏析问题，这也是一项广义的增材制造技术，这项创新的技术将在本书后面章节中详细介绍。

长期以来，工程结构材料的性能与实验室样品材料的性能存在非常大的差异，这是一个很大的技术壁垒。通常实验室样品材料的性能很好，但很难在工程材料中再现，最典型的是疲劳性能和性能的可靠性。工程材料的疲劳性能遵循 Weibull 分布，分散度很高，大大降低了可靠性。国内外的研究者和工程技术人员一直尝试解决这一问题，使工程材料的性能接近甚至达到实验室样品材料的性能。作者团队基于稀土钢、构筑成形、组织定制、梯度材料等原创技术，提出工程用特殊钢的发展目标是"双超钢"，即超长疲劳寿命、超高可靠性。这将显著减少特殊钢的性能分散度，实现稳定制造、可靠服役，尽可能使工程材料的性能接近实验室样品材料，这是特殊钢未来发展的一个重要方向，也是工程材料的理想目标。

1.3 特殊钢制备方法

本书中特殊钢制备方法主要指热加工，包括冶炼、铸造、锻造、轧制和热处理，此外，相当多的特殊钢制备还需要焊接。热加工非常重要，它直接关系到材料的组织和性能，如果热加工没有控制好，那么组织和性能靠后续机械加工难以改变。可以说，在特殊钢制备中，热加工是最重要的环节。但是，热加工的工作环境艰苦、污染相对严重、自动化程度低、专业的技术人员和操作人员短缺，这是影响我国特殊钢高质量发展的关键。因此，通过数字化、智能化进行技术改造，稳定热加工流程，制订标准规范，减少人为因素干扰是迫切需要解决的问题。

1.3.1 特殊钢冶炼方法

特殊钢的一个典型特征是采用特殊的冶炼工艺制造，精炼是对特殊钢冶炼的基本要求，这主要是为了提高其洁净度，发挥特殊钢的性能优势。对于量大面广的特殊钢，如轴承钢、齿轮钢、模具钢、弹簧钢等，在大生产中，通常采用电炉或者转炉冶炼、钢包精炼加真空处理的方法（真空脱气法（vacuum degassing，VD）/真空循环脱气法（Ruhrstahl-Heraeus vacuum degassing，RH 真空脱气法））等，可制造高洁净的特殊钢，目前全氧含量可以控制到 5×10^{-4} wt%以下，硫含量可以控制到

2×10^{-4} wt%以下，氢含量可以控制到 1×10^{-4} wt%以下。而对于要求特别高的特殊钢种，需要采用特种冶金工艺进行生产制造，如真空冶炼加真空自耗的方法，有时采用三联工艺生产，即真空冶炼加电渣重熔加真空自耗的方法。对于一些高温轴承钢，国际上采用增压加氮炉制造，提高氮含量到 1×10^{-1} wt%。国内除了从德国引进加氮炉外，也自主研制了相应设备并投入使用。含氮轴承钢不但用于高温耐蚀轴承，而且也用于制造厨用刀具，著名的双立人某款刀具就采用了高氮钢制造。图 1-3 是日本山阳特殊钢公司的特殊钢冶金工艺流程[116]。

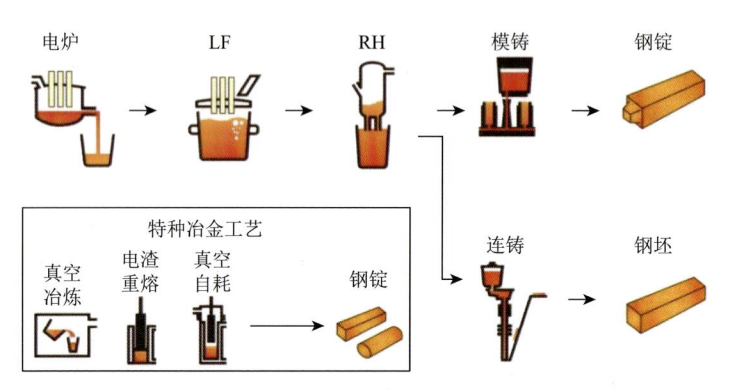

图 1-3 日本山阳特殊钢公司的特殊钢冶金工艺流程[116]

LF：钢包精炼（ladle furnace）

对于含有大量 W、Mo、Co 等合金元素，偏析严重的高合金钢，国际上则采用粉末冶金方法制造。在真空条件下实现粉末制备与压制，需要采用热等静压等特殊装备进行生产，冶炼时需要严格控制气体含量和杂质含量，制粉工艺也颇为复杂。图 1-4 是奥地利 Böhler-Uddeholm 公司的粉末冶金工艺流程[117]。粉末冶金是生产顶级模具钢的一种特殊工艺，通常用于生产汽车模具、造币模具等高端钢材，其疲劳性能显著提升，这是传统制造方法无法比拟的，但其成本高、流程长、工艺复杂，制粉和洁净度控制是其中的关键。

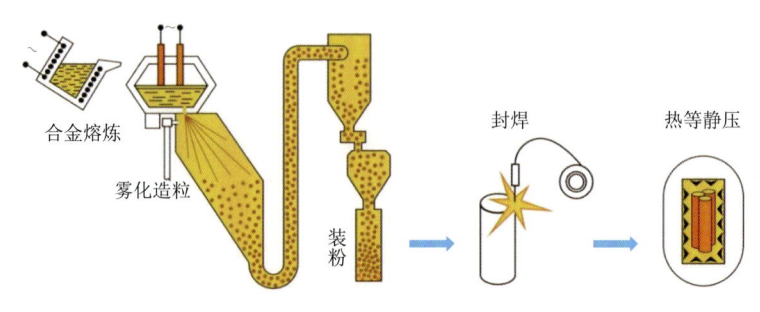

图 1-4 奥地利 Böhler-Uddeholm 公司的粉末冶金生产工艺流程[117]

大型铸锻件用钢也是特殊钢中的一类，在其生产中，通常采用电炉加钢包精炼加真空处理的方法，浇注时需要设计防氧化浇注系统全流程控制气体卷入。百吨级以上大型钢锭，浇注需要在真空室进行。对于一些小型的高合金铸件，偶尔采用中频炉生产，但气体含量难以控制，有时需要先冶炼高纯度坯料，然后采用重熔的方法进行生产。例如，高铁用刹车盘铸件，国内外对洁净化冶炼后的坯料进行中频感应重熔生产，从而控制铸件中的硫、磷含量。

1.3.2 特殊钢成形方法

连铸或者模铸、锻造或者轧制是特殊钢的基本生产方法。在坯料制备方面，通常采用铸坯/铸锭两种方法制造，大生产中往往采用连铸连轧工艺生产，为了提高内在质量，需要采用"两火"材，即先开坯，然后再加热轧制，以确保钢的质量。大断面特殊钢需要采用模铸钢锭制造，然后进行锻造、热处理生产。需要指出的是，模铸不是落后工艺，对于高品质的高合金特殊钢，模铸是不可或缺的技术，它与连铸相比，只是生产效率低、成本高，但质量优异，是长寿命、高品质特殊钢生产的一种主要工艺。

1.3.3 特殊钢热处理

特殊钢的热处理工艺发展很快，热处理工序多而复杂。特殊钢对加热炉的均温区要求很高，有时同样的加热介质但不同的加热炉也会影响热处理效果，如果要保证热处理的稳定性，需针对每台炉子单独制订热处理工艺。热处理主要包括高温扩散退火、球化处理、淬火、深冷以及多次回火等。为了促进奥氏体转变为马氏体，有时采用深冷处理工艺，深冷温度和深冷速度都尤为重要。为了减少脱碳、提高质量，真空热处理也经常使用。热处理是我国特殊钢制造流程中一个明显的短板，这是行业共识。国外公司在中国建立了很多轴承、模具、齿轮等基础零部件制造企业，但热处理都由他们自己完成，技术不对外转让。我国的钢厂只负责钢的成分、洁净度、偏析程度、组织状态控制，也就是控制钢材的质量。而从钢材到成品钢后续的技术链条，钢厂无法把握，不能提供有效支撑，热处理通常交给下游制造企业完成，而下游制造企业也不十分了解热处理工艺，导致最关键的热处理环节与钢厂、精密加工企业之间均存在明显界面，这是亟待解决的问题。国内对特殊钢热处理的重视程度远远不够，值得系统研究，并且形成标准，稳定工艺窗口，需要专业的研究单位才能承担如此重任。

1.3.4 特殊钢测试评价

特殊钢的检测评价十分重要，应对特殊钢进行全生命周期研发评价，这是我国特殊钢行业在未来掌握先机、发力国际高端市场的必然要求。我国的行业企业、科研院所与高校都缺少特殊钢全生命周期研发评价的平台，导致我们的技术链条不完整。系统评价主要包括成分设计、钢材制备、钢的锻轧、热处理、钢的精密加工评价、钢的服役性能评价等。一是对材料的化学成分和钢材的基本性能进行评价，包括化学成分、夹杂物分布、缺陷分布、力学性能、组织状态等。二是对热加工后的钢进行系统评价，包括组织状态、相分布、力学性能、耐蚀性等。三是对冷加工后的表面完整性和内在品质进行评价，包括应力分布、表面组织状态、表面变质层状态、表面粗糙度等。四是对零部件服役性能进行评价，包括疲劳寿命、应力演化、失效方式、耐热、耐蚀、耐磨、抗冲击等。而且根据性能要求，应建立新的标准，推动技术进步。以轴承钢为例，现有的超声无损检测设备只能分辨出当量为 200 μm 的缺陷。而对实际服役的轴承而言，10 μm 以上的当量缺陷对轴承的疲劳性能就具有显著影响。因此，无损检测能力与实际需求之间存在较大差距，需要不断地研发新技术，以便进一步提高检测精度。中国科学院金属研究所针对航空发动机主轴承，结合超声、弱磁等方法，开发了新的检测技术，将检测精度提升到 100 μm 以内，这是一个重要的进步。

  在洁净钢中，夹杂物的数量越来越少，尺寸越来越小，但存在偶发性的大尺寸夹杂物，采用现有的二维夹杂物评价方法很难检测到，需要开发并建立三维的夹杂物检测标准和相应装备。作者团队在三维夹杂物表征方面开展了创新性工作，并开发出夹杂物淘洗装备，正在建立相应的标准，本书后续将详细介绍。借鉴国际上著名公司的经验，我国必须贯通特殊钢全生命周期技术链条，系统解决研发与评价的问题。因此，国家亟须建设相应的研发平台，补齐短板，为行业提供强有力的技术支撑。

1.4 大型构件制备

  本书所介绍的大型构件主要指大型铸锻件，我国年需求量约为 200 万吨。大型铸锻件的制造能力是衡量一个国家装备制造水平的重要标准。我国曾长期依赖进口，并受制于人，大型铸锻件的制造属于典型的"卡脖子"问题。通过产学研用协同攻关，大型铸锻件逐步解决了国产化问题，本书将加以简要介绍。

1.4.1 大型构件分类

  大型构件没有严格定义，本书指重量达到吨级以上或尺寸超过 1 m 的金属零部件，主要特指钢铁领域的大型铸锻件。大型铸锻件广泛应用于能源电力、冶金装备、石油化工、国防军工等领域。

大型铸件主要包括水电、火电、风电、核电等领域的缸体、泵阀等。水轮机转轮所用的上冠、下环、叶片等大型铸件，通过组焊制成了大型转轮。万吨压机所用的上横梁则是用 700 多吨钢液浇注而成的国内最大铸件。部分大型铸件由于节能环保要求严、材料利用率低、制造难度大、稳定性差而被大型锻件所取代。钢锭也属于大型铸件中的一种，是在铁模中浇注凝固而成的，中国一重集团有限公司浇注的最大钢锭达到了 715 t，堪称世界之最。

大型锻件种类繁多，如水轮机大轴、核电转子、核电压力容器、大型船用曲轴等均属于大型锻件，成品大型锻件的单重可达 200 多吨。作者团队与中国原子能科学研究院、太原钢铁集团有限公司、伊莱特能源装备股份有限公司等合作，采用金属构筑成形技术生产了世界上最大的核电不锈钢支承环，直径达 15.6 m，单重达 150 t，如图 1-5 所示。借助计算机模拟仿真等技术，大型锻件的制造更加科学合理，并且由以往的分体锻造发展为一体化成形，减少了焊缝数量，提高了结构稳定性。

图 1-5 采用金属构筑成形技术制造的核电不锈钢支承环

本节主要以水轮机转轮大型铸件、核电压力容器大型锻件、蒸汽发生器大型锻件和轴承套圈大型锻件为典型代表对大型铸锻件的材料与热加工工艺进行介绍。

1. 水轮机转轮大型铸件

水轮机是水电站的核心装备，通过水轮机的运转将水的势能转变为转轮动能，继而再转变成发电机发出的电能。混流式水轮机的转轮由上冠、下环和叶片三大铸件组焊而成，三峡水轮机转轮总重量约为 450 t，直径达 10 m。上下游的最大水位差值超过百米，因此水轮机转轮铸件对材料的综合性能提出了严格要求[118, 119]。以 ZG04Cr13Ni4Mo、ZG04Cr13Ni5Mo、ZG06Cr13Ni4Mo 为代表的 Cr-Ni-Mo 低碳马氏体不锈钢由于具有高强度、高韧性，以及良好的铸造性、焊接性与抗腐蚀性能，广泛应用于制造水轮机转轮大型铸件。根据 GB/T 6967—2009，水轮机转轮大型铸件的代表牌号及主要化学成分如表 1-10 所示[120]。

表 1-10 水轮机转轮大型铸件的代表牌号及主要化学成分（单位：wt%）[120]

牌号	化学成分					
	C	Si	Mn	Cr	Ni	Mo
ZG06Cr13Ni4Mo	≤0.06	≤0.80	≤1.00	11.5～13.5	3.5～5.0	0.4～1.00
ZG06Cr13Ni5Mo	≤0.06	≤0.80	≤1.00	11.5～13.5	4.5～6.0	0.4～1.00
ZG04Cr13Ni4Mo	≤0.04	≤0.80	≤1.50	11.5～13.5	3.5～5.0	0.4～1.00
ZG04Cr13Ni5Mo	≤0.04	≤0.80	≤1.50	11.5～13.5	4.5～6.0	0.4～1.00

在水轮机转轮制造过程中需要大量的焊接工作，早期应用的传统 1Cr13 马氏体不锈钢由于 C 含量较高，焊接性能较差，不适合大型水电设备的制造。因此，在 1Cr13 不锈钢的成分基础上，降低 C 含量以提高焊接性能，添加少量 Mo 以提高回火稳定性，加入 Ni 以获得高温条件下的稳定奥氏体，从而开发出适用于制造大型水轮机转轮的 Cr-Ni-Mo 低碳马氏体不锈钢[121]。

δ 铁素体是转轮铸件中的有害相，容易诱发基体产生脆性断裂。作者团队通过调控 Ni 当量和 Cr 当量的比值 Ni_{eq}/Cr_{eq}≥0.42，并将高温冷却速度控制在 500℃/h 以下，有效消除了转轮铸件中 δ 铁素体。其中，Ni、Cr 当量计算方法分别为：$Ni_{eq} = w(Ni) + 30(w(C) + w(N)) + 0.5w(Mn)$，$Cr_{eq} = w(Cr) + 1.5w(Si) + w(Mo)$。此外，团队还提出了"一次正火加两次回火"的热处理工艺，材料最终的组织状态为回火马氏体和 10%～18%的逆变奥氏体。逆变奥氏体在变形过程中会发生应力/应变诱导相变转化成马氏体，能够增加马氏体基体的位错密度，并提高材料加工硬化指数，有利于改善材料的塑性[122,123]。由中国科学院金属研究所牵头制定的《三峡 700 MW 级水轮机转轮马氏体不锈钢（ZG04Cr13Ni4Mo）铸件技术规范》，被三峡集团列为 700 MW 及以上级水轮机转轮铸件的全球采购规范，且成功用于指导三峡 700 MW 级水电机组和白鹤滩 1000 MW 级水电机组用水轮机转轮大型铸件制造。

2. 核电压力容器大型锻件

核电压力容器是核反应堆中最重要的基础部件之一，长期处于高温高压工况，并承受中子的辐照。功率在 1000 MW 及以上的压水堆核电压力容器设计压力高达 17 MPa，设计温度约为 350℃，直径接近 5 m，厚度超过 200 mm[124]，整个压力容器的重量为 350～400 t。以第三代先进核电技术 AP1000 反应堆压力容器为例，即使采用复杂的仿形锻造技术，仍需要重达 460 t 的特大型钢锭[125]。由于服役环境十分恶劣，且在核电站服役期内不可更换，核电压力容器大型锻件要求具有优良的冶金质量（洁净度、致密度、均匀度）、力学性能（强度、塑韧性）、抗辐照脆化和耐时效老化性能，同时还要兼顾焊接性、耐蚀性、加工性能等[126]。

根据 ASME SA508/SA508M，核电压力容器大型锻件的代表牌号及主要化学成分如表 1-11 所示[127]。

表 1-11 核电压力容器大型锻件的代表牌号及主要化学成分（单位：wt%）[127]

牌号	化学成分					
	C	Si	Mn	Cr	Ni	Mo
SA508 Gr.2	≤0.27	≤0.40	0.50~1.00	0.25~0.45	0.50~1.00	0.55~0.70
SA508 Gr.3	≤0.25	≤0.40	1.20~1.50	≤0.25	0.40~1.00	0.45~0.60
SA508 Gr.4N	≤0.23	≤0.40	0.20~0.40	1.50~2.00	2.75~3.90	0.45~0.60

早期的压水堆压力容器材料经历了从碳素锅炉钢板 A212B 和 Mn-Mo 系 A302B 到美国 ASME 标准 SA508 Gr.2 钢的发展过渡。20 世纪 70 年代，在 SA508 Gr.2 钢成分基础上，通过减少 C、Cr、Mo 等对再热裂纹敏感的元素含量，同时提高 Mn 含量以弥补因减少淬透性元素而降低的强度和淬透性，从而开发出 SA508 Gr.3 钢[124, 126, 128]。美国在 SA508 Gr.3 钢的基础上，一方面减少了 Mn 含量以降低回火脆化敏感性，另一方面增加了 Cr、Ni 含量以提高材料的淬透性，进一步研制出一种淬透性更强、低温韧性更好的钢种 SA508 Gr.4N[129]。然而，目前 SA508 Gr.3 钢仍是应用最广泛的核电压力容器大型锻件材料，成分相似的钢种还包括德国 TUV 20MnMoNi55、日本 JISS-FVV3 以及法国 RCC-M 16MND5。

SA508 Gr.3 钢大型锻件经过常规淬回火后易在表层或次表层局部位置形成异常"块状组织"（Bc 组织），且心部易出现粗大的富碳 M-A 岛，上述两种组织均会造成低温冲击韧性偏低或不稳定问题。作者团队通过优化淬火热处理工艺，采用在临界区构筑铁素体薄膜的复相组织分割方法，降低了块状组织形成温度范围内的淬火应力，进而减少或消除大型锻件中的 Bc 组织。同时，未溶铁素体薄膜的构筑，会使奥氏体在淬火冷却阶段发生粒状贝氏体相变"局域化"，从而抑制大块状富碳 M-A 岛的形成[130, 131]。该项技术已成功应用至我国首台"华龙一号"反应堆主泵泵壳锻件，并进一步推广应用至压力容器等超大厚壁锻件（最大壁厚达 550 mm）。

3. 蒸汽发生器大型锻件

蒸汽发生器是核电机组的核心设备，承担着将反应堆压力容器产生的热能从一回路转换到二回路的重要功能，具有尺寸大且重、设计制造复杂等特点[132, 133]。蒸汽发生器大型锻件主要由封头类、筒体类及管板组成。我国"华龙一号"第三代核电蒸汽发生器不同部位锻件的最大外形尺寸如表 1-12 所示[134]。其中，管板锻件最大外形尺寸为 ϕ3600 mm×870 mm，中心部位厚度为 690 mm，是蒸汽发生器中最厚的大型锻件[134]。

表 1-12 "华龙一号"核电蒸汽发生器不同部位锻件的最大外形尺寸（单位：mm）[134]

类别	直径	高度	壁厚
上封头锻件	4900	2000	—
下封头锻件	3600	2200	—
筒体锻件	3500～5000	2500～4700	170～190
管板锻件	3600	870	690

蒸汽发生器长期在高温高压环境中工作，锻件材料需要具有良好的高温强度和冲击韧性，同时避免在大量交变载荷作用下出现疲劳裂纹导致脆性断裂[135]。目前，第三代核电蒸汽发生器大型锻件的主要材料为法国 RCC-M 18MND5 钢和美国 ASME 标准 SA508/SA508M Gr.3 C1.2 钢，二者成分要求基本一致，均为 Mn-Ni-Mo 低合金钢，主要化学成分如表 1-13 所示[136,137]。

表 1-13 核电蒸汽发生器大型锻件的代表牌号及主要化学成分（单位：wt%）[136,137]

牌号	分析类别	化学成分					
		C	Si	Mn	Cr	Ni	Mo
18MND5	熔炼分析	≤0.20	0.10～0.30	1.15～1.60	≤0.25	0.50～0.80	0.45～0.55
	产品分析	≤0.22	0.10～0.30	1.15～1.60	≤0.25	0.50～0.80	0.43～0.57
SA508M Gr.3 C1.2	熔炼分析	≤0.25	0.15～0.40	1.20～1.50	≤0.25	0.40～1.00	0.45～0.60
	产品分析	≤0.25	0.15～0.40	1.20～1.50	≤0.25	0.40～1.00	0.45～0.60

为减少焊缝中显微缺陷对连接处材料持久性能的威胁，蒸汽发生器中锥形筒体锻件结构逐渐由焊接式结构发展至一体化锻件结构。针对传统锻件锻造方法存在的金属锻造流线被切断从而导致力学性能不稳定的问题，作者团队设计了新型锥形筒体锻件的一体化成形工艺，钢锭经历拔长、镦粗、冲孔、芯棒拔长、马杠扩孔、型砧扩孔步骤，通过有限元模拟探索了锻件在马杠扩孔和型砧扩孔成形过程中的变形规律，优化了平砧宽度和马杠直径之间的比值，实现了锻坯厚度方向上均匀的应变分布，并提高了材料利用率和扩孔效率。该研究成果成功应用于 CPR1000 和 AP1000 的一体化锥形筒体、接管段筒体大锻件的研制，产品合格率达到 100%。

4. 轴承套圈大型锻件

大型轴承是重型设备中的关键承力件，广泛应用于盾构挖掘、风力发电等重要领域。盾构机主轴承是传递掘进动力和运动的核心部件，由于盾构机轴承套圈尺寸大，原始坯料选用大尺寸锻件。一套直径为 3 m 的盾构机主轴承套圈所使用的钢锭单重高达 60 t，而对于直径 16 m 的大型盾构机，其主轴承直径约为 8 m，制备轴承套圈则需要更大规格的大型锻件。盾构机主轴承是典型的低速重载轴承，承载的当量动载荷大于 100 t，转速小于 10 r/min，在工作中承受着巨大的轴向力、倾覆力矩和一定的径向力，因此要求轴承套圈具有良好的接触疲劳强度、抗压强度、弹性极限、硬度均匀性、尺寸稳定性、易加工性能、耐磨性、冲击韧性、耐蚀性能等[138-140]。

42CrMo 系材料是轴承套圈大型锻件的代表牌号，根据 GB/T 3077—2015，其主要化学成分如表 1-14 所示[141]。由于含有 Cr、Mo 高淬透性元素，42CrMo 钢可在较宽的冷速范围内获得马氏体，当冷却速度≥3℃/s 时，显微组织中开始生成马氏体，并在冷却速度≥10℃/s 时完全转变为马氏体组织[142]。随着盾构机和风电机组不断向大型化发展，轴承套圈的尺寸也越来越大，在淬火冷却过程中轴承锻件表面和心部的冷速相差很大，传统 42CrMo 钢有限的淬透性和淬硬性难以满足更大规格轴承套圈的使用要求。40CrMnMo 和 40CrNiMo 钢在 42CrMo 钢成分基础上分别提高了 Mn 和 Ni 元素的含量，使得材料淬透性大幅提升，以满足大型轴承套圈的高淬透性需求。其中，与 40CrMnMo 钢相比，40CrNiMo 钢的冲击韧性更优。

表 1-14　轴承套圈大型锻件的代表牌号及主要化学成分（单位：wt%）[141]

牌号	化学成分					
	C	Si	Mn	Cr	Mo	Ni
42CrMo	0.38～0.45	0.17～0.37	0.50～0.80	0.90～1.20	0.15～0.25	≤0.30
40CrMnMo	0.37～0.45	0.17～0.37	0.90～1.20	0.90～1.20	0.20～0.30	≤0.30
40CrNiMo	0.37～0.44	0.17～0.37	0.50～0.80	0.60～0.90	0.15～0.25	1.25～1.65

作者团队在 CrMo 钢成分的基础上，采用 V、B、RE 综合微合金化的方式冶炼制备出高纯均质的大型轴承套圈用 60 t 钢锭，全氧含量为 8×10^{-4}wt%，夹杂物等级之和小于 1.5 级，滚道面的淬硬层深度为 8～12 mm。通过合理的锭型设计和计算机模拟，钢锭的偏析程度得到有效控制，碳含量的偏差控制在±0.02wt%以内，硬度均匀性控制在±1 HRC 以内。上述钢锭经过进一步的冲孔、扩孔以及辗环锻造加工成轴承套圈大锻件，并已成功应用于国产盾构机主轴承。针对 5 MW 级大型风电偏航轴承套圈，张福成团队开发了具有超高淬透性的 40CrNiMoV 钢，能够获得体积分数为 80%的马氏体组织，抗拉强度达到 1128 MPa，−20℃温度下 V 型缺口冲击吸收功达到 43 J，强韧性匹配明显优于 40CrNiMo 钢[143]。

我国的大型铸锻件曾长期依赖进口并受制于人，通过多年攻关和技术改造，已经具备了大型铸锻件的自主化生产能力。但在核电等领域，仍有一些大型锻件需从日本、法国等国进口，如低压转子和高压、中压转子锻件还主要从日本进口。国内在装备能力上已经达到国际先进水平，但在关键技术掌握和产品质量稳定性上仍有差距，需要持续攻关。

1.4.2 大型构件制备方法

大型铸锻件的制备方法主要包括砂型铸造、自由锻造、锻焊结合等方式。大型铸件通常采用砂型制备，钢锭采用铁模铸造。百吨以上的大型铸件通过多包钢液合浇的方式铸造，浇注系统一般采用底返式浇注，由多个浇注系统组合完成。砂型铸造由于密封程度不好，浇注过程容易增氧卷气。浇注系统的设计十分重要，平稳浇注系统设计可以避免剧烈湍流，有利于夹杂物上浮。图 1-6 是三峡水轮机转轮用下环大型铸件的浇注系统设计与模拟结果。作者团队建立了可视化铸造方法，采用计算机模拟、X 射线实时观察、缩比件/等比例件解剖等，开发了平稳充型浇注系统设计方法，防止金属液的剧烈湍流和卷气等缺陷。通过合理的浇冒口设计，解决了缩孔疏松等缺陷问题。图 1-7 为可视化铸造的原理图。大型铸件的制造周期长、成本高，凭经验设计经常出现废品，导致大型铸件"做二保一"，甚至"做三保一"。而可视化方法的建立，显著减少了铸造缺陷，提高了材料利用率和合格率。

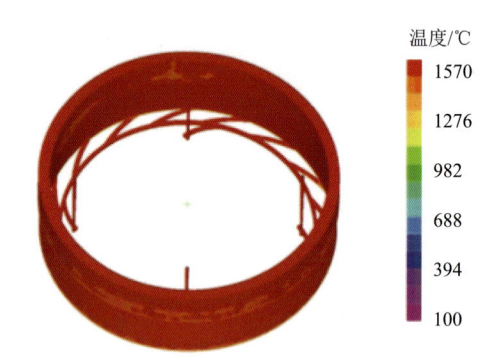

图 1-6　三峡水轮机转轮用下环大型铸件的浇注系统设计与模拟结果

大型锻件的制备主要依靠大型铸锭真空室，大型压机设备包括自由锻压机和模锻压机。我国拥有世界上最大的 800 MN 模锻装备，生产制造了大型钛合金锻件、高温合金涡轮盘、高合金钢锻件等。而自由锻压机锻造压力达到 180 MN，成为世界之最，可生产直径达 7 m、净重为 200 多吨的大型锻件。另外一种方式是采用锻焊复合结构，如大型转子就是采用锻焊结合制造而成的。

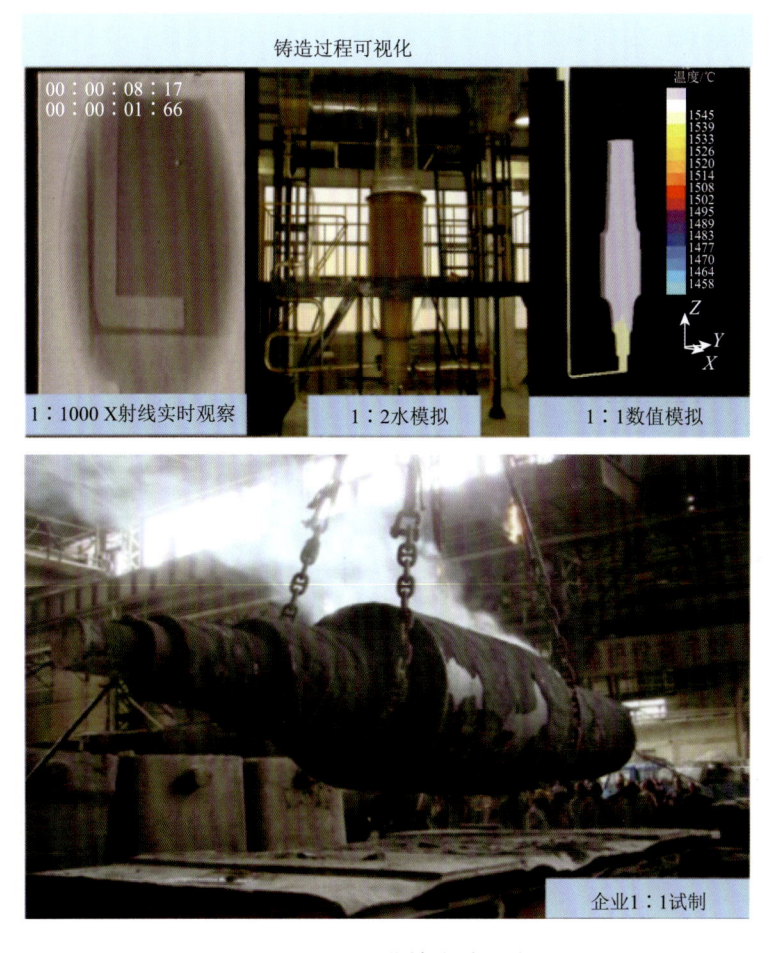

图 1-7 可视化铸造原理图

1.4.3 大型构件缺陷演化与控制技术

大型铸件的主要缺陷形式是缩孔疏松、热裂纹、宏观偏析等缺陷。由于冒口设置不合理，补缩不到位，从而形成缩孔疏松等缺陷。随着计算机模拟仿真技术的普及，缩孔疏松的缺陷可以得到良好控制，冒口的尺寸和形状也能够实现正确选择，因此材料利用率获得大幅度提升。裂纹的问题主要是收缩受阻导致的，如大型铸钢支承辊，凝固过程中在辊颈处产生热裂纹，主要是高度方向凝固收缩受到模具阻力，拉应力过大导致开裂。作者团队联合中国一重集团有限公司开发了滑动辊颈技术，实现了自由收缩，热裂纹得以消除。当然，缺陷的形核长大也与钢液的洁净度相关，一般来说钢液越洁净，越难以产生上述缺陷。英国皇家工程院 Campbell 院士指出[144]，缺陷的形核主要是基于卷入的双层氧化膜，氧化膜是缺陷形核的基底，因此避免氧化膜卷入是解决此问题的关键。

大型锻件的主要缺陷是宏观偏析和混晶等。其中，宏观偏析来源于大型钢锭的制备过程，如夹杂物漂浮驱动了通道偏析的形成，自然对流主导了顶部正偏析和中心偏析的形成，"结晶雨"主要驱动了底部负偏析的形成等。作者团队的研究表明，通道偏析主要是由以氧化物为核心的夹杂物漂浮所导致的。为此，提出了氧致偏析的新机制，并开发应用了低氧洁净化技术，有效解决了通道偏析缺陷[145]。正偏析是冒口设置不当导致的，负偏析主要是结晶雨与杂质结合形成的，正负偏析可以采用切头去尾的方法解决。中心偏析的控制主要有两种方法：一是采用冒口补缩技术，二是在后续锻造过程中采用宽砧大压下量工艺。作者团队发明了金属构筑成形技术[146]，这是一项原创技术，可以显著改善钢的偏析，提高材料利用率。

混晶是大型锻件中经常出现的缺陷，主要指金相组织中同时存在细晶粒和粗晶粒的现象。压机能力不足，压下量小，难以充分再结晶，导致在锻件心部等部位产生混晶组织，只能通过后续的热处理进行改善。例如，对于34CrNi3MoV钢锻件的混晶问题，可在650℃去氢退火后，于700~730℃进行低温退火，获得较为平衡的索氏体组织，然后再进行调质，则可避免组织遗传性和混晶现象[147]。上海交通大学对室温压缩变形后的316LN试样进行加热和静态再结晶试验后，发现材料中原有的毫米级粗晶被有效细化，这为大型锻件混晶组织的修复提供了新的方法[148]。

1.5 特殊钢全生命周期研发测试

要摆脱高端基础零部件依赖进口的被动局面，关键是解决特殊钢基础材料的问题，实现核心技术的自主化，贯通技术链和打造创新链是当务之急。因此，基于前期国内的研究基础，建设具有显著国际影响力的特殊钢全生命周期研发测试平台，以组织定制为基础引领材料学科的发展方向，这对于解决特殊钢及其基础零部件"卡脖子"问题，持久支撑其自主可控制造，实现从跟跑到领跑的跨越都具有极为重要的意义。

1.5.1 解决特殊钢与高端基础零部件制造难题

我国普碳钢过剩、部分特殊钢及其高端基础零部件仍然大量进口，这已形成行业共识。基础零部件面临的"卡脖子"问题，钢是其源头，这主要不是钢材的问题，而是以高洁净、低偏析、组织调控为代表的特殊钢全流程热加工的问题。工业和信息化部调研报告显示，当前我国高端轴承大量依赖进口，高端轴承在技术、采购、供货周期与价格等方面受制于人，严重威胁我国高端制造产业链、供应链的安全稳定，属于"卡脖子"问题。例如，盾构机主轴承（是轴承齿轮共同体）、高速列车轴承/齿轮、风电主轴承、微型轴承基本依赖进口，高端数控机床主轴承大量依赖进口，航空发动机中有近300种轴承依赖进口。而这些进口轴承主要由美国、瑞典、德国、日本等发达国家的公司所控制，进口渠道单一。

轴承、模具和齿轮等基础零部件"卡脖子"问题的背后主要是关键核心技术受制于人。近年来，我国精密加工技术水平显著提高，基本能够满足上述三类零部件的加工需求，但其主要问题还是出在特殊钢热加工和热处理流程方面，需要系统的全流程技术突破才能打破国外封锁。由于冶金与机械行业存在明显界面，产业链不贯通，零部件的制造质量不稳定、不可靠、不一致，因而难以形成国产知名品牌。一方面认为冷加工有问题，而另一方面认为材料有问题，以往难以跨越的壁垒是：在材料与冷加工之间有一个明显的界面，如热处理基本是一个"灰色地带"，热处理问题是行业公认的共性问题。这个"灰色地带"归属不明晰，其技术链、产业链就会出现不畅通问题。

国外企业在我国成立了大量的轴承、模具、齿轮等制造公司，有些钢材直接从国内公司购买，但是，其热处理技术对外保密，都是在国外公司单独组建的工厂中进行热处理，不对外交流，甚至不接受参观。因此，要以组织定制为指导思想，建立特殊钢组织设计、热加工和热处理装备以及零部件考核评价的科研中试线。以数字化为基础，亟须解决从组织设计到钢材、锻轧、热处理以及零部件考核评价等全链条成套关键技术开发与技术标准制订问题。在钢材冶炼方面，需要持续开发稀土钢撒手锏技术，替代国外的钙处理各向同性质量钢（isotropic quality steel，IQ 钢）。更重要的是，围绕稀土钢特性，亟须开发材料热加工全流程的高洁净、低偏析、高致密、细晶化、残余应力控制、精度寿命与疲劳寿命预测等成套技术。这一集成技术是行业亟须开发的关键技术，若没有技术支持，三类基础零部件就难以摆脱长期依赖进口的被动局面。

因此，承载特殊钢组织定制技术的"特殊钢全生命周期研发测试平台"的建立，将全面提升我国特殊钢热加工软硬件能力，加快研发核心技术，从研发能力的深层次建设上，保障基础零部件研发的自主可控以及稳定性、可靠性、一致性，让客户"用得安心、用得放心"，可以彻底打破我国特殊钢与高端基础零部件受制于人的被动局面。

1.5.2　提出组织定制学术思想

通常材料的化学成分、显微组织、加工工艺共同影响和决定材料的性能，它们之间的相互关联构成了材料科学领域的四面体架构。然而，目前的研究和应用中存在一个关键问题，即材料不洁净，这一问题对人们清晰理解上述四面体关系造成了极大困扰。夹杂物作为直接影响性能的强干扰因素，导致很多情况下材料的失效是从夹杂物处开始的，并非典型的显微组织处失效。

因此，在特殊钢中添加稀土，为去除夹杂物影响而专注于理解和调控材料显微组织奠定了坚实的基础。在细化夹杂物的同时，稀土促进了钢的洁净化，也有效改善了钢的偏析问题。作者团队在理解夹杂物诱导偏析的基础上，针对特厚特大尺度构件，又开发了金属构筑成形技术，显著改善了钢的宏观偏析问题。在有效解决材料的洁净度、宏观偏析等问题的前提下，清晰地理解和构建材料的化学成分、加工工艺、显微组织和材料性能四面体关系，对于提高特殊钢基础零部件的服役性能至关重要。但很显然，依靠传统的观点和思路开展相关工作仍很难达到理想的效果，这是因为传统四面体中的"工艺"通常指温度、压力、应变等宏观参量，很难根据实际服役需求，尤其是零部件的服役需求，对材料的成分和显微组织进行精准的设计和制备。

此外，从工程应用角度来讲，"料要成材、材要成器、器要好用"是一个从材料到零部件的完整攻关链条。前期的高洁净低偏析技术促进了"料要成材"，使后续的组织定制成为可能；在"材要成器"方面，需要将传统的宏观参量调控转变为介观尺度的定制；而在"器要好用"的层面，需要根据零部件的具体服役性能要求，建立材料显微组织与性能直接甚至一一对应的关系。唯有如此，在"料—材—器"的全生命周期彻底贯彻组织定制主线，才能推动我国的特殊钢基础零部件由跟跑到并跑再到领跑的转变。

材料的组织定制建立在深入理解零部件与材料性能关系、材料成分与显微组织和性能关系、全链条多尺度精准调控材料显微组织、多尺度准确评测材料和零部件近服役工况性能的基础上。从科技进步角度来看，材料科学的发展必然会从宏观调控成分/工艺等迈入介观组织定制；从需求牵引角度来看，亟需精准建立组织与服役性能的直接对应关系；从材料设计与性能评价来看，近些年快速发展的超算与检测评价能力使得组织定制成为可能。

因此，在稀土钢与组织定制"双核"驱动的学术思想指导下，研发建设能够承载和实现稀土钢组织定制的科教基础设施平台，从传统的以成分设计为主导发展到以服役性能需求为主导，根据性能需求定制组织、设计成分、减少合金含量，以微合金或者成分素化为牵引，未来必将引领材料学科发展方向，在国际竞争中占据先机。

1.5.3　持久支撑基础零部件自主可控制造

轴承、模具、齿轮属于机械行业的精密加工领域，其问题的根源均在于材料，而材料领域尚缺少完整的基础零部件热加工研发测试平台。国内在轴承钢、模具钢、齿轮钢等领域，无论是科研部门还是产业部门，都没有完善的制备与评价平台。即便是产业部门，热加工设备分布也非常分散，一个企业不具备完整的热加工链条，经常是"缺东少西"。例如，要做好一个高端轴承，由于冶炼、铸坯、锻轧、热处理分布在多个省份，制造过程通常需要跑遍半个中国，可控性差。而且因为没有掌握各环节的关键要素，缺乏详细的技术规范，上下游厂家之间的产品质量控制要求缺乏针对性，经常导致产品性能不稳定、残余应力难以控制，服役时经常出现微变形问题，导致零部件过早失效。对模具来讲，特殊钢企业生产的国产模具钢现阶段基本上以退火态或热轧状态供货，缺乏严格的技术规范细则，导致钢材质量、性能稳定性较差，且对下游模具制造企业的后续热加工过程不了解，导致模具钢生产专业化、定制化程度低。由此可见，如果特殊钢热加工的流程不打通，不能够做到建立完整的热加工技术链、开发系统的集成技术、形成技术标准、明确的工艺窗口，那么组织定制只能成为空谈，必然导致后续精密加工的基础零部件质量稳定性、可靠性、一致性难以保证，服役寿命难以满足要求，因而基础零部件水平基本不具备与国外抗衡的能力。

虽然我国当前高端轴承等零部件仍然存在受制于人的问题，但经过国内科研院所、高校和企业的共同努力，我国在高端轴承、模具、齿轮等领域也取得了重要突破[149]。例如，汽车轴承基本实现了国产化，铁路机车轴承、国防军工轴承等基本实现了自主制造。作者团队依托前期的技术积累和刻苦攻关，在三类典型轴承上都取得了重要进展和突破。同时，中国科学院战略性先导科技专项的立项实施又激发了国内各方研究力量开展高端轴承研发的热情，取得了良好的发展。模具钢在国家的支持下也取得了快速发展，如上海大学联合钢铁研究总院、中国科学院金属研究所、宝钢特钢有限公司和东北特殊钢集团股份有限公司开发了超厚（1000 mm）的高均匀改进型 SW718 塑料模具钢预硬化模块，替代了进口轿车保险杠的模具材料；高强韧冷作模具钢 SDC90 成功应用于汽车后悬挂架成形模具，AG4 法兰模具寿命达 16 万次；H13 热作模具钢在中国第一汽车集团有限公司铸造的大型压铸模上实现了国产化。作者团队通过和常州林洪特钢有限公司合作，推动了国产稀土齿轮钢通过 GE、西门子公司认证，并形成了批量供货。

由于高端轴承、模具、齿轮在重大装备中属于核心零部件，其性能直接关系到重大装备的安全服役，因此不可回避的是用户在选择使用国产品牌时还存在诸多顾虑，而这些顾虑又会导致国产高端零部件丧失应用机会，从而给刚刚起步的国产品牌推广应用造成极大困难。对比国外著名企业的研发体系和国内行业发展现状可以清晰地看到，我国尚缺少面向基础零部件行业的特殊钢热加工装备平台、系统的模拟计算和寿命预测平台以及基于性能测试台架的特种材料研发测试平台，使得我国基础零部件从设计到材料到制造再到评价缺少持久的技术支撑能力和权威性以及开放共享的特种材料评价机构。由于缺乏令人信服的可靠数据支持，国产零部件常常面临不可靠、不敢用、不能用的尴尬局面。在更深层次上，这些被动局面背后是国内产品缺乏独立自主的制备思想，缺乏从微观组织设计、制备到评价的全寿期思路，缺少承接从实验室到工业界成果转化的公共平台。因此，建设高端特殊钢材料研发测试平台的基础设施，对于促进正在起步阶段的高端基础零部件国产化进程，促使国产化研究成果走出实验室，无缝对接骨干企业，强有力支撑基础零部件产业，并获得市场认可，实现与国外品牌抗衡，具有极其重要的意义。并且，时间异常紧迫，机会稍纵即逝。

因此，为实现组织定制和合金减量化设计，必须贯通热加工技术链、创新链，对接产业链，需要建设物理空间，购置成套装备。在国家发展改革委的特殊钢全生命周期研发评价科教基础设施平台的支持下，基于中国科学院金属研究所现有洁净钢冶炼的平台，建设钢锭开坯锻造设备、特殊钢棒材的可逆轧制设备、零部件的高速锻造和冷碾扩设备以及三类零部件（轴承、模具、齿轮）的成套热处理设备（包括真空热处理、表面渗碳渗氮设备等）。同时，以数字化为基础，开发系统的热加工技术，形成技术标准，指导全行业。一旦这些装备建设完成后，将成为国际一流成套成链的特殊钢热加工技术装备中心，为行业科技进步和高端零部件稳定加工制造提供系统的技术支撑。并且，其外溢的社会效应十分显著，将极大地提升我国基础零部件领域的自主保障能力，为高端轴承、模具、齿轮等基础零部件实现进口替代提供强有力支撑。

通过这一平台的建立，可以破解我国轴承、模具、齿轮等行业各自为战，数据难以共享，缺乏权威评价，缺少工艺标准和领军企业的困局，为三类基础零部件自主可控制造提供持久的技术支撑和保障，对于解决"卡脖子"问题意义重大。同时，平台还可为其他基础零部件的全产业链攻关提供范式，培养人才队伍。此外，本科教学平台与国内材料和基础零部件研发、生产单位以及应用领域的优势单位开展全产业链合作，在贯穿轴承、模具、齿轮的设计、研发、生产制造以及最终应用的全寿期研究评价过程中发挥各自优势，避免关键设备重复投入，这将大大促进产业链密切合作、协同发力，全面提升上下游协同创新能力，形成产业链、供应链共生发展的良好生态循环。

同样重要的是，由于稀土钢技术中主要使用丰度高、成本低的镧、铈稀土，而这些轻稀土资源不像重稀土广泛应用于光电磁、制冷、信息等领域，往往是铁矿石或者重稀土矿的伴生产物，在我国一直没有得到有效利用，导致轻稀土资源大量浪费，一直呈现"白菜价"局面，使得"稀"的资源成为"土"的价格，让人心痛。因此，稀土钢的广泛应用，将为镧、铈轻稀土资源利用提供最佳出口，稀土得到充分利用的同时也彰显了稀土的价值，大大提高了特殊钢的性能，一举两得，合作双赢。基于高洁净、低偏析、组织定制的学术思想，开发添加微量稀土的钢，一方面有望逐步降低合金钢中铬、镍、钼、钒等贵金属的含量，实现钢铁材料微合金化直至素化，以节约资源；另一方面，在现有基础上，通过组织定制，在人工智能等支撑下，大幅度提升现有钢种的品质，有望制造超长寿命、超高可靠性的特殊钢。因此，稀土钢的研发和应用，既有利于发挥我国的稀土资源优势，将资源优势转化为经济优势，将"稀"的资源转化为"贵"的产品，使"土"的价格转化为"金"的价值，还能促进稀土资源的平衡利用。

参考文献

[1] 付悍巍，崔一南，张弛，等. 轴承钢滚动接触疲劳研究进展. 中国冶金，2020，30（9）：11-23.

[2] 钟顺思，王昌生. 轴承钢. 北京：冶金工业出版社，2000.

[3] 中华人民共和国国家质量监督检验检疫总局，中国国家标准化管理委员会. GB/T 18254—2016 高碳铬轴承钢. 北京：中国标准出版社，2016.

[4] 杨亮. 电渣重熔 GCr15SiMn 轴承钢 TiN 夹杂物形成机理及控制工艺. 北京：北京科技大学，2017.

[5] 闫光成，叶健熠. GCr15SiMo 钢等温淬火的组织与性能. 轴承，2006，（9）：21-22.

[6] 朱祖昌，杨弋涛. 第一、二、三代轴承钢及其热处理技术的研究进展（二）. 热处理技术与装备，2019，40（1）：67-72.

[7] Szost B A，Vegter R H，Rivera-Díaz-del-Castillo P E J. Developing bearing steels combining hydrogen resistance and improved hardness. Mater. Design，2013，43：499-506.

[8] Yi H L，Cai H L，Hou Z Y，et al. Low density steel 1.2C-1.5Cr-5Al designed for bearings. Mater. Sci. Technol.，2014，30（9）：1045-1049.

[9] Yang C Y，Luan Y K，Li D Z，et al. Very high cycle fatigue behavior of bearing steel with rare earth addition. Int. J. Fatigue，2020，131：105263.

[10] 于兴福，王士杰，赵文增，等. 渗碳轴承钢的热处理现状. 轴承，2021，（11）：1-9.

[11] 中华人民共和国国家质量监督检验检疫总局，中国国家标准化管理委员会. GB/T 3203—2016 渗碳轴承钢. 北京：中国标准出版社，2016.

[12] 付明，王智勇. 渗碳淬回火工艺对 G20CrNi2Mo 钢组织与性能的影响[J]. 金属热处理，2020，45（4）：166-170.

[13] 董福元，蒙昭静，张明旭. 热处理对 G20Cr2Ni4A 钢性能影响的正交试验研究[J]. 钢结构，2021，36（11）：22-27.

[14] 张玲，陈卉珍，陈小超，等. 深冷处理对 G20Cr2Ni4A 渗碳轴承钢力学性能的影响[J]. 热处理技术与装备，2016，37（3）：41-46.

[15] 刘晶. 轴承钢 GCr15SiMn 试片与渗碳钢 G20Cr2Ni4A 试片接触疲劳寿命分析[J]. 哈尔滨轴承，2020，41（1）：16-19.

[16] 虞明全. 轴承钢钢种系列的发展状况. 上海金属，2008，30（3）：49-54.

[17] 王艳辉. 大功率风电轴承用纳米贝氏体钢化学成分设计与组织性能调控. 秦皇岛：燕山大学，2017.

[18] 国家市场监督管理总局，国家标准化管理委员会. GB/T 3086—2019 高碳铬不锈轴承钢. 北京：中国标准出版社，2019.

[19] 王坤，胡锋，周雯，等. 轴承钢研究现状及发展趋势. 中国冶金，2020，30（9）：119-128.

[20] 俞峰，魏果能，许达. 不锈轴承材料的研究和发展. 钢铁研究学报，2005，17（1）：6-9.

[21] 雷建中，叶健熠，杨巧玲，等. 新型不锈轴承钢 6Cr14Mo 的组织与性能. 轴承，2002，（2）：25-27.

[22] 叶健熠, 仇亚军, 高元安, 等. 新型不锈轴承钢 6Cr14Mo 冲击韧性与显微亚结构. 特殊钢, 2004, 25（1）: 29-31.

[23] 国家市场监督管理总局, 国家标准化管理委员会. GB/T 38886—2020　高温轴承钢. 北京: 中国标准出版社, 2020.

[24] 国家市场监督管理总局, 国家标准化管理委员会. GB/T 38936—2020　高温渗碳轴承钢. 北京: 中国标准出版社, 2020.

[25] 国家市场监督管理总局, 国家标准化管理委员会. GB/T 38884—2020　高温不锈轴承钢. 北京: 中国标准出版社, 2020.

[26] 田勇, 宋超伟, 葛泉江, 等. 航空用高温轴承钢 CSS-42L 热处理技术及其展望. 轧钢, 2019, 36（6）: 1-5.

[27] 林桐震, 郝雪玲, 杨红卫, 等. 高氮不锈钢 Cronidur 30 轴承套圈锻造工艺设计. 轴承, 2019, (4): 23-25.

[28] 谷臣清, 罗启文, 卢正欣. 航空发动机轴承钢高温碳氮共渗的渗层组织与性能. 金属热处理学报, 1998, 19（1）: 27-31.

[29] 俞峰, 陈兴品, 徐海峰, 等. 滚动轴承钢冶金质量与疲劳性能现状及高端轴承钢发展方向. 金属学报, 2020, 56（4）: 513-522.

[30] 刘耀中, 侯万果, 王玉良, 等. 滚动轴承材料及热处理进展与展望. 轴承, 2020, (1): 55-63.

[31] 李昭昆, 雷建中, 徐海峰, 等. 国内外轴承钢的现状与发展趋势. 钢铁研究学报, 2016, 28（3）: 1-12.

[32] Berns H, Lueg J. Corrosion behavior and mechanical properties of martensitic stainless steels containing nitrogen. Proceedings of the First International Conference on High Nitrogen Steels-HNS 88, Lille, 1988: 288.

[33] Trojahn W, Streit E, Chin H A, et al. Progress in bearing performance of advanced nitrogen alloyed stainless steel, Cronidur 30 [J]. Materialwiss. Werkstofftech., 1999, 30: 605-611.

[34] 陈再枝, 马党参. 塑料模具钢应用手册. 北京: 化学工业出版社, 2005.

[35] 中华人民共和国国家质量监督检验检疫总局, 中国国家标准化管理委员会. GB/T 1299—2014　工模具钢. 北京: 中国标准出版社, 2014.

[36] 罗毅, 吴晓春. 预硬型塑料模具钢的研究进展. 金属热处理, 2007, (12): 22-25.

[37] 倪亚辉, 丁义超. 常用塑料模具钢的发展现状及应用. 塑料工业, 2008, 36（9）: 5-8.

[38] 韩永强, 吴晓春. 国内外塑料模具钢研究现状与发展趋势. 模具工业, 2018, 44（9）: 1-7.

[39] 管迎春, 唐国翌, 叶强. 耐蚀镜面塑料模具钢 4Cr13 (1.2083) 质量的分析. 特殊钢, 2006, 27（5）: 55-57.

[40] 赵亮, 马党参, 刘建华, 等. 淬回火工艺对马氏体不锈钢 3Cr17Mo 组织和力学性能的影响. 特殊钢, 2006, 27（2）: 58-60.

[41] 陈再良, 陈蕴博, 佟晓辉, 等. 典型冷作模具钢性能与失效关系的探讨. 金属热处理, 2006, 31（2）: 87-93.

[42] 邱凌, 吴晓春. 国内外冷作模具钢发展综述. 模具制造, 2017, 17（11）: 89-96.

[43] 刘先兰, 张文玉. 冷作模具钢的选择及应用. 锻压技术, 2007, 32（6）: 13-17.

[44] 张先鸣. Cr12 型冷作模具钢及热处理工艺. 模具制造, 2011, 11（6）: 82-85.

[45] 赵昌胜. 国内模具钢的选用及发展. 金属加工（热加工）, 2012, (3): 38-42.

[46] 吴晓春, 谢尘. 国内外冷作模具钢发展动态. 模具工业, 2013, 39（12）: 1-11.

[47] 张洪奎, 刘笑莲. 国内热作模具钢发展概况. 热处理, 2003, 18（2）: 52-58.

[48] 于波, 谢迎庆, 王霆. 新型热作模具用钢的发展现状及应用. 热处理技术与装备, 2008, 29（6）: 6-8.

[49] 李星. H13 热作模具钢冶金质量和成分优化研究. 沈阳: 东北大学, 2020.

[50] 崔崑. 国内外模具用钢发展概况. 金属热处理, 2007, 32（1）: 1-11.

[51] 周敬恩. 模具材料选用、热处理与使用寿命. 金属热处理, 1999, (5): 3-11.

[52] 潘晓华, 朱祖昌. H13 热作模具钢的化学成分及其改进和发展的研究. 模具制造, 2006, (4): 78-85.

[53] 施雯, 刘以宽. QRO 90 Supreme 热作模具钢的性能研究[J]. 机械工程材料, 1996, (6): 27-29.
[54] 夏书文, 左鹏鹏, 吴晓春. 国内外压铸模具钢发展概述. 模具制造, 2017, 17 (7): 93-99.
[55] 张贵. 我国齿轮钢生产技术发展状况. 工业加热, 2015, 44 (5): 46-48.
[56] 陈纪民. 不同材质的齿轮发展现状. 热加工工艺, 2013, 42 (12): 36-40.
[57] 中华人民共和国国家质量监督检验检疫总局, 中国国家标准化管理委员会. GB/T 5216—2014 保证淬透性结构钢. 北京: 中国标准出版社, 2014.
[58] 许树勤. 20CrH 钢热变形流动应力的研究. 塑性工程学报, 2003, 10 (1): 16-19.
[59] 冯向阳. 20CrH 钢奥氏体连续冷却转变曲线的研究. 冶金设备, 2015, (S1): 12-13.
[60] 江国利. 新型轿车用 MnCr5 系列齿轮钢冶炼工艺研究. 沈阳: 东北大学, 2001.
[61] 申景霞, 李智峥, 吴苏州, 等. MnCr 系列齿轮钢冶炼工艺的技术进展. 炼钢, 2011, 27 (3): 74-78.
[62] 曹小军, 方光锦, 杨国, 等. 汽车齿轮用高品质 20MnCr5 (SH) 钢生产工艺实践. 铸造技术, 2019, 40 (12): 1303-1306.
[63] 张海. 20CrMnTi 钢中钛含量控制的研究. 物理测试, 2001, (1): 1-6.
[64] 杨勇, 刘浏, 崔京玉. 转炉生产 20CrMnTi 齿轮钢中夹杂物及相分析研究. 钢铁, 2010, 45 (10): 41-46.
[65] 亓海全. 20CrMnTi 钢成分优化对组织及接触疲劳寿命的影响研究. 昆明: 昆明理工大学, 2010.
[66] 李茂林, 郭德朋, 焦殿辉, 等. 汽车用齿轮钢国内外概述及其发展趋势. 现代制造技术与装备, 2013, (4): 13-16.
[67] 王玉玲, 李文卿, 许洪新. 渗碳硼钢淬透性的研究[J]. 钢铁, 1993, 28 (12): 47-51.
[68] 王毅. 20CrMoH 齿轮用钢热处理工艺研究. 哈尔滨: 哈尔滨理工大学, 2005.
[69] 樊贺新. 汽车齿轮钢 SCM822H 的研制. 沈阳: 东北大学, 2005.
[70] 金林奎, 邓永玖, 赵建国, 等. 20CrNi3H 钢汽车后桥主动齿轮的工艺改进. 理化检验 (物理分册), 2015, 51 (5): 342-345.
[71] 高平, 狄石磊, 邸建辉, 等. 17Cr2Ni2 钢渗碳后的组织及力学性能[J]. 钢铁研究, 2012, 40 (3): 28-29.
[72] 张海霞, 梁建国, 杜显彬, 等. 美标 SAE8620H 齿轮钢的研制. 冶金丛刊, 2008, (3): 4-5.
[73] 王荣. 风能发电机组结构件的失效分析与预防 (待续) 第 2 讲 齿轮的失效分析与预防. 理化检验 (物理分册), 2019, 55 (10): 667-675.
[74] 霍咚梅, 肖邦国. 我国弹簧钢生产现状及发展展望. 冶金经济与管理, 2015, (5): 8-11.
[75] 中华人民共和国国家质量监督检验检疫总局, 中国国家标准化管理委员会. GB/T 1222—2016 弹簧钢. 北京: 中国标准出版社, 2016.
[76] 项程云. 合金结构钢. 北京: 冶金工业出版社, 1999.
[77] 徐德祥, 尹钟大. 高强度弹簧钢的发展现状和趋势. 钢铁, 2004, 39 (1): 67-71.
[78] 洪国华, 杨顺虎, 肖波, 等. 国内外弹簧钢的生产现状和发展前景. 现代冶金, 2009, 37 (1): 1-4.
[79] 田兴, 黄威. 60Si2Mn 和 5160H 弹簧钢的脱碳行为[J]. 大连铁道学院学报, 2002, 23 (2): 66-70.
[80] 邢献强. 国产汽车用低合金弹簧钢线材的现状. 金属制品, 2010, 36 (6): 34-39.
[81] 张炜, 柳超, 胥洲, 等. 55CrMnA 钢在变截面少片簧产品中的应用研究. 汽车工艺与材料, 2018, (5): 1-6.
[82] 周建明, 胡早勇, 陈三芽, 等. 55CrMnA 弹簧扁钢产品开发[J]. 冶金标准化与质量, 2004, 42 (6): 32-33.
[83] 李元元, 蔡东东, 程晓敏, 等. 热处理工艺对 51CrV4 弹簧钢组织与性能的影响[J]. 材料热处理学报, 2018, 39 (7): 55-63.
[84] 张炜, 胥洲, 高东宏, 等. 热处理工艺对 51CrV4 钢组织及性能的影响. 金属热处理, 2020, 45 (2): 100-104.
[85] 李居强. 合金弹簧钢丝的发展及其在军工领域的应用. 金属制品, 2015, 41 (1): 6-9.
[86] 孙俊喜, 郝志超, 申文军, 等. 汽车悬架弹簧用 55SiCr 热轧盘条的研发. 河北冶金, 2021, (3): 12-15.

[87] 孙淑华，涂小龙，刘嘉庆，等. 增压氮化及等温处理对 60Si2CrA 钢组织和性能的影响[J]. 燕山大学学报，2021，45（2）：129-133.

[88] 蒙坚. 弹簧钢 55SiCrV 的微合金化及热处理工艺研究[J]. 钢铁钒钛，2021，42（3）：187-192.

[89] 姜婷，汪开忠，于同仁，等. 热处理工艺对弹簧钢 55SiCrV 力学性能和组织的影响. 金属热处理，2019，44（10）：96-99.

[90] 姜云. 冷卷用 60Si2CrVAT 超高强度弹簧钢冷变形行为研究. 贵阳：贵州大学，2018.

[91] 中国特钢企业协会团体标准化工作委员会. T/SSEA 0079—2020　铁路货车转向架用弹簧钢. 北京：中国特钢企业协会，2020.

[92] Jiang S H，Wang H，Wu Y，et al. Ultrastrong steel via minimal lattice misfit and high-density nanoprecipitation. Nature，2017，544：460-464.

[93] Gao J H，Jiang S H，Zhang H R，et al. Facile route to bulk ultrafine-grain steels for high strength and ductility. Nature，2021，590：262-267.

[94] He B B，Hu B，Yen H W，et al. High dislocation density-induced large ductility in deformed and partitioned steels. Science，2017，357：1029-1032.

[95] Liu L，Yu Q，Wang Z，et al. Making ultrastrong steel tough by grain-boundary delamination. Science，2020，368：1347-1352.

[96] Yin F，Hu S，Hua L，et al. Surface nanocrystallization and numerical modeling of low carbon steel by means of ultrasonic shot peening. Metall. Mater. Trans. A，2015，46A：1253-1261.

[97] Wang C Y，Luo K Y，Wang J，et al. Carbide-facilitated nanocrystallization of martensitic laths and carbide deformation in AISI 420 stainless steel during laser shock peening. Int. J. Plasticity，2022，150：103191.

[98] Wang F F，Zhou C G，Zheng L J，et al. Improvement of the corrosion and tribological properties of CSS-42L aerospace bearing steel using carbon ion implantation. Appl. Surf. Sci.，2017，392：305-311.

[99] Wang H J，Wang B，Wang Z D，et al. Optimizing the low-pressure carburizing process of 16Cr3NiWMoVNbE gear steel. J. Mater. Sci. Technol.，2019，35（7）：1218-1227.

[100] Wang E B，Yang H，Wang L. The thicker compound layer formed by different NH_3-N_2 mixtures for plasma nitriding AISI 5140 steel. J. Alloy Compd.，2017，725：1320-1323.

[101] Li G M，Liang Y L，Sun H，et al. Nitriding behavior and mechanical properties of carburizing and nitriding duplex treated M50NiL steel. Surf. Coat. Tech.，2020，384：125315.

[102] 山陽特殊製鋼株式会社. 超高清净度鋼：SP 鋼の鋼種特性と部品展開. 山阳特殊鋼技报，2006，13（1）：77-78.

[103] Wu C L，Li D W，Zhu X W，et al. Experimental study of macrostructure and segregation by a novel electromagnetic nozzle swirling flow combined with electromagnetic stirring in continuous casting. Metall. Mater. Trans. B，2021，52（3）：1207-1212.

[104] Lu H B，Li B，Li J X，et al. Numerical simulation of in-mold electromagnetic stirring on slide gate caused bias flow and solidification in slab continuous casting：Casting and solidification. ISIJ Int.，2021，61（6）：1860-1871.

[105] Wang P，Xiao H，Chen X Q，et al. Improved in-mold metallurgical behavior for slab casting of IF steels by a novel multi-poles electromagnetic stirring. Metall. Mater. Trans. B，2022，53（3）：1691-1702.

[106] Li Y J，Li L，Zhang J Q. Study and application of a simplified soft reduction amount model for improved internal quality of continuous casting bloom. Steel Res. Int.，2017，88（12）：201700176.

[107] Han Y S，Yan W，Zhang J S，et al. Optimization of thermal soft reduction on continuous-casting billet. ISIJ Int.，2020，60（1）：106-113.

[108] Jiang M，Yang E J，Hou Z W，et al. Decreasing porosities in continuous casting thick slab by soft reduction technology. Metall. Mater. Trans. B，2021，52（4）：2753-2759.

[109] Wu C H，Ji C，Zhu M Y. Closure of internal porosity in continuous casting bloom during heavy reduction process. Metall. Mater. Trans. B，2019，50（6）：2867-2883.

[110] 李殿中，王培. 金属材料的组织定制. 金属学报，2023，59（4）：447-456.

[111] National Research Council. Integrated Computational Materials Engineering：A Transformational Discipline for Improved Competitiveness and National Security. Washington DC：National Academies Press，2008.

[112] 赵继成. 材料基因组计划简介. 自然杂志，2014，36（2）：89-104.

[113] Springer H，Raabe D. Rapid alloy prototyping：Compositional and thermomechanical high throughput bulk combinatorial design of structural materials based on the example of 30Mn-1.2C-xAl triplex steels. Acta. Metall.，2012，60（12）：4950-4959.

[114] Devaraj A，Joshi V V，Srivastava A，et al. A low-cost hierarchical nanostructured beta-titanium alloy with high strength. Nat. Commun.，2016，7：11176.

[115] Kalidindi S R，Medford A J，McDowell D L. Vision for data and informatics in the future materials innovation ecosystem. JOM，2016，68（8）：2126-2137.

[116] Sanyo Special Steel Co.，Ltd. Special steel manufacturing process manual. https：//www.sanyo-steel.co.jp/technology/img/process01_2012.pdf.

[117] Grinder O. The HIP way to make cleaner，better steels. Metal Powder Report，2007，62（9）：16-22.

[118] 张洪生，付晓虎，张苏星. ZG04Cr13Ni4Mo 马氏体不锈钢力学性能研究. 一重技术，2018，（1）：43-47.

[119] 周双超，张立先，黄华，等. 解读三峡巨型机组. 中国三峡建设，2003，(Z1)：46-49.

[120] 中华人民共和国国家质量监督检验检疫总局，中国国家标准化管理委员会. GB/T 6967—2009 工程结构用中、高强度不锈钢铸件. 北京：中国标准出版社，2009.

[121] 宋蕾，赵岭，高云保，等. ZG06Cr13Ni4Mo 不锈钢的强韧化研究现状. 铸造，2021，70（11）：1259-1264.

[122] 王培. 13Cr4Ni 不锈钢组织性能控制及其在三峡水轮机转轮上的应用. 北京：中国科学院研究生院，2011.

[123] 张盛华，王培，李殿中，等. ZG06Cr13Ni4Mo 马氏体不锈钢中 TRIP 效应的同步辐射高能 X 射线原位研究. 金属学报，2015，51（11）：1306-1314.

[124] 李承亮，张明乾. 压水堆核电站反应堆压力容器材料概述. 材料导报，2008，22（9）：65-68.

[125] 李传维. 核电压力容器大型锻件组织与性能研究及热处理数值模拟. 上海：上海交通大学，2016.

[126] 朱正清. 现代大型反应堆压力容器材料的研制与发展. 核动力工程，2011，32（S2）：1-4.

[127] ASME 锅炉及压力容器材料委员会. ASME 锅炉及压力容器规范（2015 版）国际性规范Ⅱ材料 A 篇 铁基材料. 中石协 ASME 规范产品专业委员会，译. 北京：中国石化出版社，2016.

[128] 李云良，张汉谦，彭碧草，等. 核电压力容器用钢的发展及研究现状. 压力容器，2010，27（5）：36-43.

[129] 李昌义，刘正东，林肇杰. 核电站反应堆压力容器用钢的研究与应用. 特殊钢，2010，31（4）：14-17.

[130] 蒋中华. 厚壁低合金钢锻件冲击功波动机制及控制方法研究. 合肥：中国科学技术大学，2019.

[131] 蒋中华，杜军毅，王培，等. M-A 岛高温回火转变产物对核电 SA508-3 钢冲击韧性影响机制. 金属学报，2021，(57)：891.

[132] 张跃，王岩，张灵宇，等. 第三代核电蒸汽发生器管板锻件制造工艺. 锻压技术，2021，46（10）：44-48.

[133] 刘锐，李铁萍，褚倩倩，等. 核电蒸汽发生器一次侧应力分布研究. 压力容器，2017，34（1）：30-34.

[134] 王晓芳，张智峰，雷雪. 华龙一号核电反应堆蒸汽发生器大型锻件热处理实践. 热处理，2020，35（5）：36-41.

[135] 关晖，李磊，毛辉辉. 百万千瓦级核电站蒸汽发生器大型锻件工艺评定. 中国核电，2014，7（3）：229-233.

[136] 张文广, 焦殿辉, 郭德朋, 等. AP1000 蒸汽发生器水室封头锻件制造工艺. 金属加工（热加工）, 2013,（17）: 65-68.

[137] 段红玲, 杜军毅, 孙嫘. 第三代大型核电 18MND5 锥形筒体研制. 大型铸锻件, 2017,（6）: 30-34.

[138] 刘雅政, 黄斌, 蒋波, 等. 盾构机轴承用钢的开发与质量控制. 钢铁, 2014, 49（5）: 1-6.

[139] 祝燮权. 实用滚动轴承手册. 上海: 上海科学技术出版社, 2002.

[140] 刘源洞. 低速重载滚动轴承的状态监测与寿命预测方法研究. 武汉: 武汉科技大学, 2006.

[141] 中华人民共和国国家质量监督检验检疫总局, 中国国家标准化管理委员会. GB/T 3077—2015 合金结构钢. 北京: 中国标准出版社, 2015.

[142] 张宇, 刘仁东, 王科强, 等. 42CrMo 钢动态 CCT 曲线及组织转变[J]. 金属热处理, 2012, 37（12）: 37-40.

[143] 陈晨, 杨志南, 张福成. 40CrNiMoV 钢在大尺寸轴承中的应用. 金属热处理, 2017, 42（4）: 6-11.

[144] Campbell J. The Mechanisms of Metallurgical Failure: The Origin of Fracture. Oxford: Butterworth-Heinemann, 2020.

[145] Li D Z, Chen X Q, Fu P X, et al. Inclusion flotation-driven channel segregation in solidifying steels. Nat. Commun., 2014, 5: 5572.

[146] 李殿中, 孙明月, 徐斌, 等. 金属构筑成形方法: 中国, CN201511027492.4. 2015-12-31.

[147] 刘宗昌, 李琳, 王海燕. 网状碳化物和粗晶的辨识及其消除工艺. 热处理技术与装备, 2018, 39（3）: 1-7.

[148] Li Y Q, Shen P, Zhang H M, et al. Deformation heterogeneity induced coarse grain refinement of the mixed-grain structure of 316LN steel through limited deformation condition. Mater. Design, 2021,（210）: 11005.

[149] 钱刚. 中国特殊钢. 北京: 冶金工业出版社, 2021.

第2章

低氧稀土钢制备

2.1 氧在钢中的作用

除氧化物冶金、氧化物弥散强化（oxide dispersion strengthened，ODS）钢等极少数钢中需要利用氧，发挥氧的正面作用外，在绝大多数情况下，钢中应尽可能地降低氧含量。因为氧在钢中主要以氧化物形式存在，氧化物是夹杂物的一种，对钢来讲这是必须去除的有害物质。而且，从理论上讲，钢中氧含量越低越好，这是洁净钢发展的必然趋势。在工业大生产中，钢中全氧含量达到 5×10^{-4} wt% 是一个重要标志，而在世界范围内，率先将全氧含量降低到 1×10^{-4} wt% 无疑是衡量超洁净钢冶炼水平的一项变革性技术。当然，其检测水平也亟须同步提高，我们期待这一目标早日实现。

2.1.1 氧在钢中的作用机制

人离不开氧，而钢与氧也密不可分，但本质上，钢却厌氧。通常情况下，尽量减少钢液中的氧含量，以使钢更洁净，因为洁净钢的性能更好。Taylor 和 Chipman 计算表明[1]，在高温情况下，氧在铁液中固溶。但在室温下，铁中氧几乎不固溶。如图 2-1 所示[2]，铁液凝固后氧在固态铁中的溶解度显著降低，此时，铁液中的溶解氧几乎要全部从铁中析出，这意味着氧在铁中主要以氧化物等夹杂物的形式存在。钢液和凝固后钢中氧的溶解度与铁液和凝固后铁中的有所不同，但它们与图 2-1 所示的氧溶解度的变化趋势一致。低氧含量钢意味着钢中的夹杂物减少了，特别是低氧状态下难以形成大尺寸夹杂物，这对钢的性能影响至关重要。在轴承钢等高洁净钢中[3, 4]，全氧含量可以稳定地控制到 5×10^{-4} wt% 以下，甚至达到 2.5×10^{-4} wt%，这是目前国际上工业生产中已知的最高水平。全氧含量总共包括溶解氧和氧化物中的氧两部分，用这个指标衡量钢中氧的整体控制水平。当然，如有特别需要，工业生产中通过冶炼、浇注全流程控制，也可以将全氧含量控制在 2.5×10^{-4} wt%以下。作者团队采用 50 kg 真空感应炉，通过在 GCr15 轴承钢中添加微量稀土，进行深度脱氧，已经将真空冶炼的轴承钢中的全氧含量控制到了 1.7×10^{-4} wt%，这是已知的国际最好水平。在目前大生产中，钢中一般采用铝脱氧或者硅钙脱氧。铝脱氧效率高、经济性好，但在脱氧、降低氧含量的同时，氧与铝结合，也产生了相当数量的氧化铝夹杂物，残留在钢液中。同时，以氧化铝为基底，吸附大量的硫化物，这种复合夹杂物造成了钢的基体与夹杂物间的应力集中，直接影响了钢的冲击、疲劳性能等。

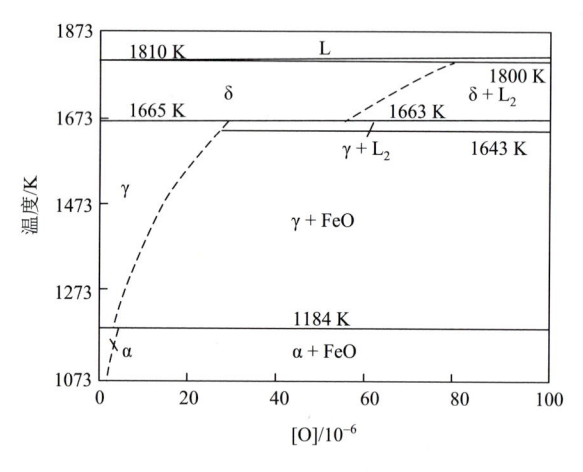

图 2-1　Fe-O 状态图[2]

2.1.2　氧对夹杂物的影响

氧在钢中通常以氧化物形式存在，典型的是氧化铝、氧化铝加硫化锰以及钙铝酸盐等复合夹杂物。氧含量越高，夹杂物尺寸越大、数量越多、形状越不规则，对钢的性能影响越大，所以工业界要尽量降低氧含量。国际上的研究成果表明[5]，在同样的低氧含量条件下，夹杂物的尺寸、形貌与分布也十分重要，因为低氧含量也可能产生偶发性的大尺寸夹杂物，严重恶化钢的性能，这也是洁净钢发展到今天，精炼中令人头疼的事情。在低氧条件下，如何对夹杂物改性是一项重要课题。国外采用钙处理技术，显著细化改性了氧化物，改变其类型，形成细小弥散分布的夹杂物[6]。日本山阳特殊钢公司报道称生产了超洁净钢，在二维尺度上观察，最大夹杂物尺寸小于 9 μm，相当于三维条件下的 13 μm，达到了国际领先水平[5]。如图 1-1 所示，这是一项非常重要的成果，对于轴承钢、工模具钢等高端特殊钢，必将大幅度提升钢的洁净性、均质性和使役性能。

2.1.3 氧对疲劳性能的影响

氧对疲劳性能的影响主要通过氧化物体现出来。如果氧含量高，钢的疲劳性能就会大幅度下降。对轴承钢的研究发现，在拉压疲劳试验中，当夹杂物尺寸大于 10 μm 时，夹杂物通常成为裂纹萌生的源头，如图 2-2 所示。而将夹杂物尺寸降低到 5 μm 以下时，夹杂物对疲劳失效基本不再起主导作用。在特殊钢冶炼过程中，钢中氧含量的降低具有重要价值，随着人们认识的深入，氧含量越控越低。逐步由以前的 20×10^{-4} wt%，降低到 10×10^{-4} wt%以下，迄今，在超洁净钢中，氧含量降低到 5×10^{-4} wt%以下，而且随着冶炼技术的发展还在降低。这从根本上讲是为了减少氧化物类型的复合夹杂物，实现提高钢的韧塑性和疲劳寿命等目标。

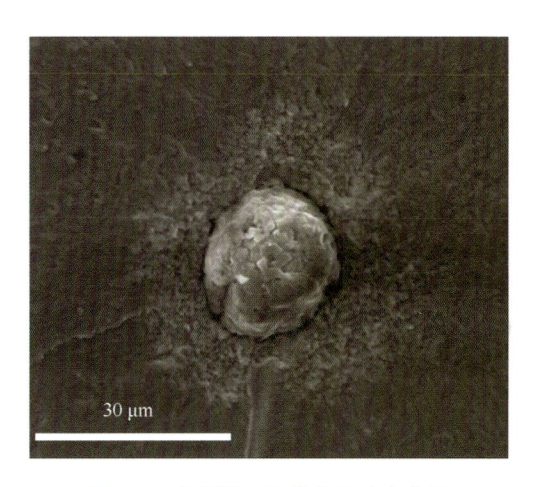

图 2-2　疲劳断口处的大尺寸夹杂物

2.2　低氧洁净钢的制备

如果要成功制备低氧洁净钢，就要进行冶炼和浇注过程的全流程控氧，同时在耐火材料选择、废钢和辅材等原材料选择与防氧化浇注方面做到最佳。

2.2.1 低氧洁净钢的冶炼

低氧钢的冶炼就是要做到电炉冶炼、钢包精炼、真空处理（VD 或者 RH）等全流程低氧控制。在特种冶炼工艺中，应对真空熔炼、电渣重熔、真空自耗加以重点关注。研究和工程实践表明，低氧钢的冶炼应主要从以下几个方面入手，进行系统控制。对于电炉或转炉冶炼、钢包精炼、真空 VD 或 RH 等工艺流程中低氧的控制主要包括以下内容。

第一个关键环节是原材料的准备：①分选原材料、提高铁水质量，设定好加入量，计算电炉石灰用量以及加入方式等；②优选高品质的废钢，提高废钢的收得率，重点监测废钢中五害元素的含量（As、Sn、Bi、Pb 与 Sb），高品质钢一般要求五害元素的总含量在 0.035 wt%以内，对于特殊领域的材料，如核电用钢要求在 0.015 wt%以内，甚至更低，日本在超纯丝材的制备中五害元素的总量控制达到 0.003 wt%以内，对于铁水的品质要求也是一样；③需要重点关注废钢或铁水放射性元素含量的监测，常规的可以采用辐射剂量报警仪，此外，还要关注废钢中 P、S、Cu 等含量，成分监测方法与标准可以依照 GB/T 20066—2006 等标准；④在原材料中，还需重点关注石灰的品质，高质量的石灰有利于进行脱磷以及降低能耗，石灰的含量一般控制在 85%以上，高品质的在 95%以上，同时要求石灰块的尺寸均匀。对上述所有的辅材、废钢等进行预热干燥，这有利于提升钢液的洁净度，减少气体元素含量。

第二个关键环节是控制电炉金属熔化过程。采用电炉吹氧工艺，确保快速升温以及脱碳。碳粉喷粉控制包括碳流量与位置，这有利于形成泡沫渣和快速流渣，同时防止过氧化，也防止增氮。电炉需要全程控制吹氧工艺，其中包括吹氧枪的位置、角度、氧气流量以及氧气压力等关键参数，同时控制喷碳粉的速度与流量，主要作用在于快速切割废钢、快速提升温度以及快速降低金属液中的碳含量，同时增加金属液的氧化性，氧化去磷。在吹氧进行氧化过程中还可以将钛等以氧化物的方式去除，氧化过程产生一氧化碳形成泡沫渣，有利于流渣去磷，关键点在于控制温度以及渣的流动性。通过炉体的控制实现自动流渣去磷，最终控制电炉出钢的碳含量，进而控制金属液中的氧含量。不同钢种终点碳的含量也不相同，对于中碳钢或高碳钢，终点碳的含量可以相对较高，而对于低碳钢，终点碳的含量一般较低，但一般要求终点碳的含量不小于 0.05 wt%（超低碳钢除外）。出钢前可采用测氧仪进行氧含量的监测，便于了解金属液中氧的含量。此外，应注意出钢温度的控制以及防止电炉下渣等电炉操作的关键技术点。

总之，低氧控制的关键点在于废钢或铁水的控制、电炉全流程吹氧工艺的控制、吹氧降氮氧化过程、除磷、脱碳工艺的控制，以及出钢温度、出钢方式与终点碳含量的控制等。具体技术路线应基于不同冶炼阶段采取相应的措施，进行全流程氧含量控制。

1. 电炉出钢

电炉出钢过程应进行严格控制。通常对电炉出钢过程重视不够，出钢的方式一般采用偏心底出钢，出钢过程都没有采取任何保护措施，导致出钢过程容易出现增氧现象。电炉出钢过程建议采用氩气保护以及炉后添加合金、石灰、脱氧剂等方式减少增氧和增氮。此外，合金、石灰、脱氧剂、合成渣等加入方式以及加入量、加入时间都应进行严格控制，避免二次氧化。同时，应特别注意脱氧剂与石灰的质量，以及对出钢过程下渣的控制。

2. 钢包精炼

钢包精炼（ladle furnace，LF）首先应优化钢包的耐材成分、钢包结构以及钢包保温层的设计。优选高品质钢包砖将有利于避免钢包的侵蚀，提高钢包寿命与金属液纯度，钢包砖的氧化镁含量一般不少于70%。此外，还要控制钢包砖中的钛含量，避免钢包侵蚀造成金属液中钛含量增加，形成氮化钛夹杂物。钢包的设计要充分考虑钢包的高径比、耐材尺寸、永久层、保温层及耐火层。建议加强钢包保温，可以采用增加保温层的方式，如采用类似"夹心饼干"的设计，采用纳米保温板或热导率低的保温材料，这有利于提高钢包的保温效果。一般的钢包温降应小于0.5℃/min，好的钢包保温效果可在 0.3℃/min 以下，甚至更低。良好的钢包保温有利于提高包内温度的均匀性，有利于金属液快速升温以及夹杂物上浮等。

钢包氩气口的位置以及氩气透气砖的类型对金属液的洁净度影响较大，这方面可以采用计算机模拟技术进行优化设计，如图 2-3 所示。通过模拟计算以便确定钢包吹氩口的数量以及分布，同时还需要控制不同温度、不同工艺条件下的氩气流量。

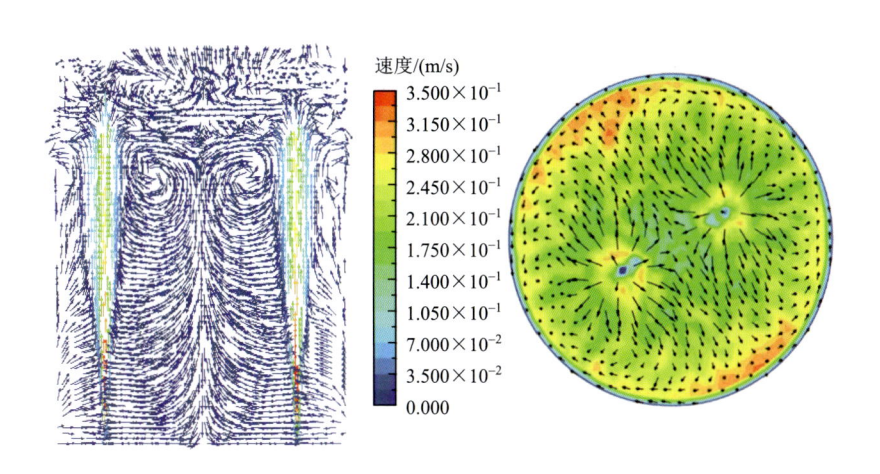

图 2-3　钢包吹氩优化设计的模拟结果

氩气透气砖的结构类型对金属液的洁净度影响较大，采用弥散型透气砖有利于氩气气泡的弥散分布，便于夹杂物上浮与去除。

精炼阶段应主要确保钢包的保温效果、钢包的耐侵蚀性以及钢包内金属液温度的均匀性，确保氩气搅拌无死区以及做到有利于夹杂物上浮等关键点。

除了确保钢包耐侵蚀、保温效果好、氩气搅拌合理外，还需考虑钢包预热工艺控制。钢包的烘烤原则是确保钢包温度不低于 900℃，甚至达到 1100℃以上。

LF 精炼工序是低氧洁净化的关键，重点在于合金的添加，其中包括合金的烘烤、合金的加入顺序等方面，要求 Al 含量高的合金可以提前加入，合金烘烤温度不低于 400℃。精炼过程需要快速升温，从而通过高温进行脱硫；脱氧方式以扩散脱氧为主，脱氧剂可以采用 Al 粒或 Al 粉、SiC 粉、工业纯 Si 粉以及 C 粉等。精炼过程可以采用合成渣，所有的脱氧剂、合成渣等加入材料均需要干燥处理，建议采用 Ti 含量低的材料。

此外，炉渣控制也是 LF 精炼过程的关注点，不同的钢种对钢渣的成分要求也各不相同。但是，为达到低氧洁净的控制效果，除关注钢渣的流动性、钢渣熔点、钢渣吸附夹杂物能力等方面外，还应保证白渣保持时间不少于 20 min，甚至大于 25 min。白渣的关键指标在于，渣中的氧化铁含量要求小于 0.5 wt%，更高标准要求氧化铁与氧化锰含量之和小于 0.5 wt%，甚至小于 0.3 wt%。

建议添加稀土来改性夹杂物与深脱氧。采用低成本的高纯稀土，尤其要求控制稀土金属中的氧含量，要在 6×10^{-3} wt%以下，稀土应密封保护储存。为节约成本，建议以轻稀土 La、Ce 等为主。稀土的加入对钢液条件要求严格，加入稀土之前要求钢液中的硫含量小于 3×10^{-3} wt%，甚至小于 1×10^{-3} wt%；全氧含量小于 2×10^{-3} wt%，甚至小于 1×10^{-3} wt%。

由此可见，在钢包精炼过程中，应特别注重合金加入工艺、脱氧剂加入工艺、渣系优化、沉淀脱氧与扩散脱氧控制、深脱硫技术、氩气搅拌控制技术、稀土夹杂物改性技术以及全流程控氧、控铝等关键点。

3. 真空精炼

真空处理包括 VD 或 RH 等，关键技术有高真空除氢技术、氩气搅拌防卷渣工艺、深脱氧、脱氮和脱硫技术等。重点在于高真空，真空度应保持在 30 Pa 以内，甚至低于 20 Pa，以便达到深脱气的目的。脱气过程应避免钢液剧烈搅拌，严格杜绝卷渣。VD 或 RH 后保持软吹尤为重要，通常应保证软吹时间不短于 30 min。软吹的氩气流量以观察钢包内的渣面做到微微波动即可。此外，控制要点还包括以下方面。

（1）残余元素的控制。主要通过废钢原料及高炉铁水的精选和不同原材料的优化匹配来实现。

（2）磷含量的控制。主要通过低磷原料的选取，电炉强化脱磷控磷、电炉下渣控制、炉后扒渣工艺、精炼炉控制回磷、采用低磷合金等手段来实现。

（3）低氢含量的控制。通过对冶炼过程原料和辅料严格控制来实现，包括废钢预热、辅材、耐材烘干、高效真空精炼等。

（4）低钛的控制。这是冶炼过程的难点与重点，需要全流程控制。首先采用低钛的渣料以及钢包的包衬材料，其次通过选用低钛合金、低钛脱氧剂，并结合电炉等强氧化脱钛,辅以电炉出钢扒渣、精炼炉控制增钛以及精炼炉二次精炼等工艺来实现。

(5)氮的控制。氮在钢中的作用不能一概而论,有的钢种需要增加氮的含量。而对于要求低氮的钢种,需要控制电炉的碳当量配比,控制脱碳速度,实现电炉低氮控制。精炼过程应防止二次氧化,添加合金过程等要注意防止增氮,VD过程需要采用高真空,增大氩气量进行搅拌,这有利于降低氮的含量。

4. 特种冶炼

在特种冶炼工艺中,应对真空熔炼、电渣重熔、真空自耗等进行系统控制。主要包括采用优质坩埚,根据钢种选择坩埚材料,如中性的氧化铝、氧化镁,甚至氧化钙坩埚等,保证坩埚打结工艺和烘烤工艺质量,确保干燥、放气量低。优选洁净且没有氧化的纯铁、合金等原材料,严格控制纯铁中的钛、氧、氮、磷、硫以及五害元素含量,同时,合金中的杂质元素含量原则上越低越好,但需要兼顾经济性。采用真空冶炼保证冶炼温度与速度,优先采用真空碳脱氧与微量脱氧剂添加等方式,进行长时间洁净化冶炼,确保钢液中氧含量低于 5×10^{-4} wt%,再进行合金化,最后添加稀土进行深脱氧。应注意稀土的加入量与加入方式,确保分散加入,添加稀土后确保镇静 15 min 以上再进行浇注。浇注流钢槽的材质建议采用耐侵蚀的莫来石材料,设置挡渣过滤装置以防止外来夹杂进入。钢锭模应注意打磨光亮、烘烤干燥,此措施确保氧含量稳定控制在 5×10^{-4} wt%以内,甚至低于 3×10^{-4} wt%。当全氧含量低于 3×10^{-4} wt%时,常规的氧氮氢分析仪不能给出准确的检测数据。前期研究结果表明,采用上述技术可以将全氧含量稳定控制在 3×10^{-4} wt%以内,最低的氧含量达到 1.7×10^{-4} wt%,这只能采用辉光放电质谱(glow discharge mass spectrometry,GDMS)法进行分析。

采用真空自耗有利于进一步降低氧含量,从而提高洁净度。关键在于自耗坯料的控制,坯料的氧含量要低于 5×10^{-4} wt%,甚至更低,表面要处理干净,不能存在氧化皮等表面缺陷;其次,应控制好熔化速度与熔化温度,一般情况下,建议采用高真空、慢熔化的工艺方案。

2.2.2 全流程控氧工艺

在完成低氧钢冶炼的同时,浇注过程也要控氧,采取防氧化浇注技术,以避免增氧,其中包括中间包保护、模铸过程全惰性气体保护等。如果此技术运用得好,模铸过程可以做到不增氧或者只增加不超过 5×10^{-5} wt%的氧。作者团队[7]开发了模铸钢锭气密保护浇注系统和自动浇钢车,成功实现了液面平稳浇注,不出现剧烈湍流,并且在液面上浮过程中进行渣面保护。浇注前对钢锭模进行预热和打磨,去除铁锈和结晶水,基本做到了浇注过程不增氧。

为解决大型钢锭浇注过程极易造成吸气、冲刷、卷渣、二次氧化严重和夹杂物超标等问题，针对钢锭浇注过程钢液温度高、劳动强度大、危险系数高、人为因素干扰等实际情况，设计了平稳充型浇注系统和自动浇钢车。通过浇钢车上下升降、左右平移与前后走行等钢包水口调节技术，与钢锭浇注坑工位深度、中注管高度、氩气保护套管等工艺相结合，将高纯惰性气体切入氩气保护罩包裹的高温钢液，形成局部正压空间，使高温钢液完全与大气隔绝，实现了钢锭的全气密惰性气体保护浇注，如图 2-4 所示。并且通过重量计与流量计实时监测高温钢液的浇注参数，以此为参考变量，借助无线传感和手柄遥控，远程控制钢锭的浇注过程，实现了高温钢液平稳浇注的远程实时动态监控，监控现场如图 2-5 所示。在此基础上，成功研制出国内首台套全气密保护控氧浇钢车，如图 2-6 所示。该浇注系统显著减少了钢锭浇注过程产生的缺陷，提升了钢锭内部质量，同时，钢锭浇注的远程控制可避免工人高温作业和人为不确定因素，大幅度提高了钢锭质量稳定性，实现了大型优质钢锭制备"安全、稳定、高效"。

图 2-4　大型钢锭全气密保护浇注

图 2-5　全气密保护控氧浇钢车远程遥控浇注

图 2-6　自主研制首台套全气密保护控氧浇钢车

采用全气密保护控氧浇钢车生产的大型钢锭，全氧含量稳定控制在不超过 1.2×10^{-3} wt%，其中轴承钢、轧辊钢等高碳合金钢品种，全氧含量可达到 5×10^{-4} wt%，如图 2-7 所示。

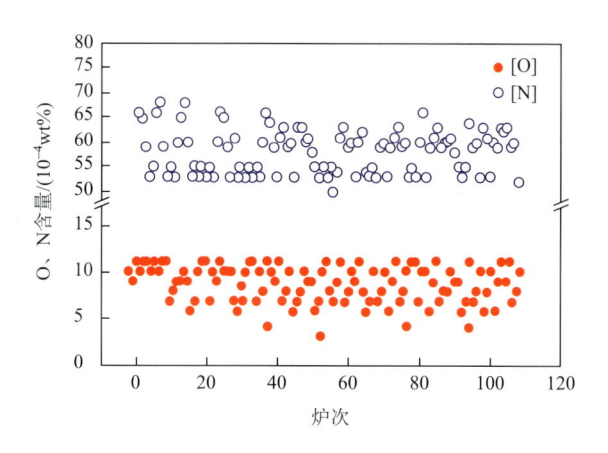

图 2-7　大型钢锭内部的全氧含量和氮含量分布

2.3　低氧稀土钢的制备

中华人民共和国成立以来，我国几代科研工作者对于稀土在钢中的添加（简称稀土钢）进行了持续研究[8-10]。结果表明，钢中添加稀土，将显著提高钢的强韧性、耐热、耐磨、抗疲劳、抗冲击等性能。但在工业生产中，钢中添加稀土后，发现钢的性能时好时坏、剧烈波动，而且发生浇注水口严重堵塞现象[11-13]。这一瓶颈问题一直未能解决，导致稀土钢的研发与应用由热变冷，逐步陷入低谷。到

21世纪初，稀土钢的产量不足百万吨。当时，中国科学院金属研究所老所长李薰先生对稀土钢的研究有个半开玩笑的总结：稀土稀土、稀里糊涂。作者团队经过十多年的研究发现，产生上述问题的根源是氧含量，包括钢液中的氧含量和稀土金属中的氧含量。特别是稀土金属中的氧，一直未能发现其严重的危害性。

本章将对低氧稀土钢进行简要论述。

2.3.1 稀土在钢中的作用机制

稀土元素也称为镧系元素，是镧系17种元素的总称。国际纯粹和应用化学联合会（International Union of Pure and Applied Chemistry）规定镧系元素包括原子序数为57～71的15个元素（La、Ce、Pr、Nd、Pm、Sm、Eu、Gd、Tb、Dy、Ho、Er、Tm、Yb和Lu），以及另外两个与这些元素的化学特性非常相似的元素（Sc和Y）。这些元素在元素周期表中占据了非常特殊的位置，位于第六周期第三副族（ⅢB族）。其中钪（Sc）、钇（Y）和镧（La）均为长周期中过渡元素序列的首个元素。稀土元素以[Xe]4f^{n}6s^2 或[Xe]4f^{n-1}5d^{1}6s^2 为基层组态，具有完全相同的电子层结构，只是其4f过渡电子的数量为0～14不等。外层电子由d轨道的1个电子和s轨道的两个电子组成。稀土元素的原子半径显著大于Fe原子，镧和铈分别为2.74 Å[①]和2.70 Å，铁为1.24 Å。它们的电负性比碱土金属稍强，因此更易于失去电子变成正离子。因此，稀土元素具有很强的化学活性。

稀土是我国的优势资源，邓小平同志讲："中东有石油，中国有稀土"。我国稀土的主要产地是内蒙古包头和江西赣州，此外，福建、广东、山东等也有稀土资源。包头以镧、铈、镨、钕等轻稀土为主，赣州以中重离子型稀土为主。镧、铈等轻稀土往往是副产品，伴随矿产资源开采而来。因此，将这些轻稀土用于关键材料中，形成独有独创的关键核心技术，提升稀土的附加值和材料性能具有战略意义。稀土在钢中应用的研究已有上百年的历史，始于美国。在20世纪80年代，稀土在钢中应用达到高峰。美国的稀土钢年产量最高接近本国钢铁总产量的10%，年产量高达1000万吨[14]。20世纪，由于冶炼手段有限，钢的纯度不高，脱氧能力不足，主要利用稀土元素的脱氧、脱硫功能。后来在精炼水平提高后，美国不再采用稀土元素来脱氧，而是在特殊钢中利用稀土元素的微合金化功能，开发新钢种、提升钢的品质。同时，由于资源保护和资源节约，美国不再大规模发展稀土钢。同样，欧洲由于缺乏相应的稀土资源，设立专项，研究从材料中去稀土化。欧美等国家和地区尽量摆脱对稀土的依赖，在关键材料中尽量不加稀土元素。例如，欧洲发展钙处理钢代替稀土钢[6]等。但是，在关键钢种中，他们仍然通过添加稀土元素来提高性能。例如，在盾构机的刀圈中，为了提高耐磨性，

---

① 1 Å = 10^{-10} m。

欧洲企业在钢中添加了 4×10^{-2} wt%的稀土元素 Ce，转而向中国高价出口。我国自 1949 年以来就从事稀土元素在钢中应用的研究工作，中国科学院金属研究所、钢铁研究总院、北京科技大学、东北大学、内蒙古科技大学等以及众多骨干企业都参加了研发和应用工作[15-22]。研究表明，稀土元素添加在钢中主要有三大关键作用，分别是深度净化钢液[23-25]、细化改性夹杂物[26-28]和强烈微合金化[29-31]。①深度净化钢液。微量稀土元素添加后，可以进一步与氧、硫结合，包括进一步还原已形成的氧化铝中的氧，形成稀土氧硫化物等，在氩气软吹过程中，部分大尺寸的稀土夹杂物上浮到渣层，被钢渣吸附，从而使钢液中的氧进一步降低。这个效果很明显，在精炼过程中，如果稀土元素加入前钢液中的氧含量为 1×10^{-3} wt%，则通过吨钢加入百余克微量稀土元素，可以深度脱氧达到 5×10^{-4} wt%以内。研究表明[14]，稀土元素添加后，大尺寸夹杂物减少 50%以上，而且 10 μm 以上的夹杂物基本消除，如图 2-8 所示。②细化改性夹杂物。低氧钢中加入微量稀土元素后，主要形成稀土氧硫化物，这些稀土氧硫化物细小、弥散、与基体匹配良好，基本呈球形，尺寸只有几微米甚至亚微米。图 2-9 所示为稀土钢中的氧硫化物夹杂物的尺寸形貌，与不加稀土元素的钢中氧化铝和硫化锰相比，夹杂物的尺寸显著减小。由于与钢液润湿性好，稀土夹杂物不易团聚长大。此外，由于稀土氧硫化物的硬度远小于氧化铝的硬度，在外力作用下，可以发生形变，减少位错塞积，应力集中较小，不容易导致裂纹的萌生和扩展，大幅度提高钢的服役寿命。图 2-10 所示为稀土氧硫化物的硬度与氧化铝的硬度对比。③强烈微合金化作用。稀土元素添加后，少量稀土元素将固溶到钢中，在一般的钢种中，稀土元素的固溶量仅为 1×10^{-3} wt%左右，但是在含镍的钢中，稀土元素的溶解度增大。即便这样少的固溶量，也显著提高了钢的耐热、耐蚀、耐磨、抗疲劳、抗冲击等典型特性。Li 等[14]通过球差校正电镜，首次观察到了稀土元素的固溶现象，如图 2-11 所示。

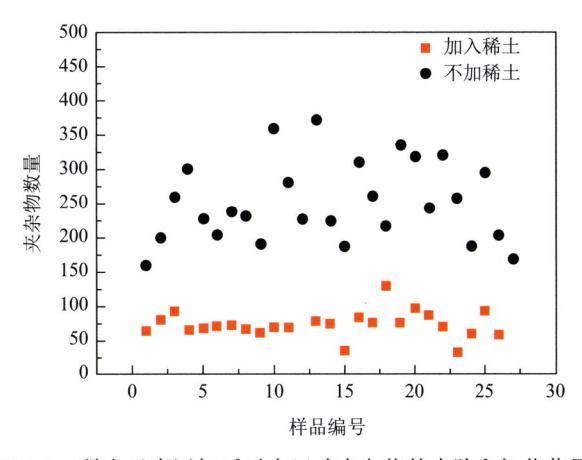

图 2-8 稀土元素添加后对大尺寸夹杂物的去除和细化作用

图 2-9 稀土钢中典型的夹杂物尺寸形貌

（a）稀土轴承钢；（b）常规轴承钢

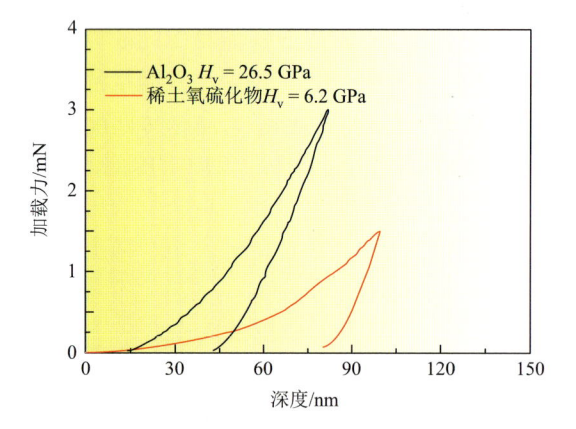

图 2-10 氧化铝与稀土氧硫化物的硬度对比

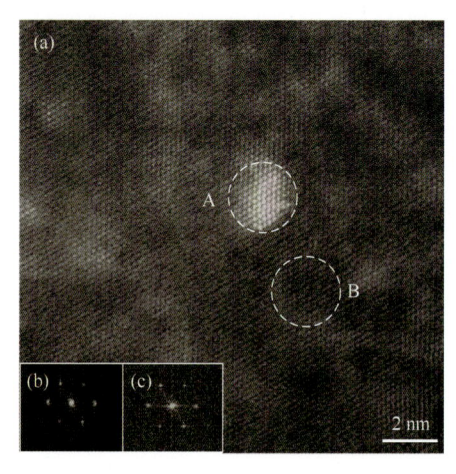

图 2-11 高分辨球差校正电镜观察富稀土纳米团簇固溶的试验证据

（a）稀土低碳钢的透射电子显微镜（transmission electron microscope，TEM）高角环形暗场像：由于样品中只有稀土元素具有比铁元素更高的原子序数，图中纳米簇的衬度差可归因于稀土原子富集；（b）图（a）中选区 A 的快速傅里叶变换结果；（c）图（a）中选区 B 的快速傅里叶变换结果已有大量研究表明[32-34]，稀土元素能影响钢中碳的扩散，但研究结果仍存在较大争议。大多数学者认为，稀土元素添加能促进钢中碳的扩散，如 Wang 等[35]研究了稀土元素对 20CrMo 钢渗碳过程的影响，发现添加稀土可以提高渗碳效率，节约渗碳时间达 30%以上。而包括作者团队在内的研究表明[36]，稀土微合金化显著降低了低碳钢的铁素体和贝氏体相变点，通过理论计算和碳扩散试验也发现，固溶稀土除了偏聚晶界降低界面能外，对碳扩散也具有强烈的抑制作用（图 2-12）。造成以上差异的可能原因是：①稀土在钢中通常包括稀土氧硫化物和固溶稀土两种赋存状态，其对碳扩散行为的影响可能存在差异。②现有文献仅通过渗碳试验推算稀土元素添加对碳扩散的影响，而渗碳通常包括分解、吸附、扩散等复杂过程，一些学者主要基于稀土元素添加能提高渗碳效率，提出稀土元素对钢中碳扩散影响的"催化扩散机制"[37-39]。例如，Yang 等[40]利用第一性原理计算揭示了稀土原子在 α-Fe 表层对渗氮的吸附和扩散的"催化扩散机制"。③涉及稀土元素影响碳扩散的试验设计、结果表征和数据处理方法仍有待改进。例如，现有碳扩散试验均没考虑稀土元素和碳含量对扩散系数的影响、利用电子探针显微分析（electron probe microanalysis，EPMA）线扫描测定碳元素分布精度受限以及平行样本数过少等问题，最终不能精确测定稀土元素对碳扩散系数的影响。针对上述问题，重新审视稀土元素对碳扩散影响的试验，具体研究方法如下所述。

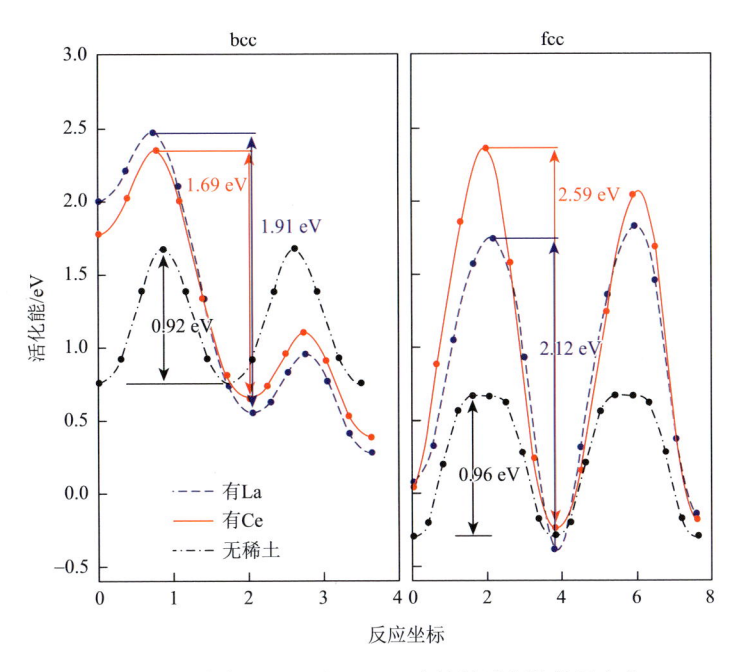

图 2-12 碳在 bcc-Fe 和 fcc-Fe 中扩散过程的能量变化

采用"双低氧稀土钢技术"冶炼 Fe-0.14wt%C、Fe-0.14wt%C-RE、Fe-0.6wt%C、Fe-0.6wt%C-RE 共 4 支钢锭，稀土元素添加量均控制在 3×10^{-2} wt%左右。将这 4 支钢锭进行高温均匀化退火后，锻造成 45 mm×45 mm 的方棒，然后取样将其制备成 7 mm×7 mm×6 mm 的方块，并采用"构筑成形技术"（利用 Gleeble 在 1000℃ 进行热压缩，以 0.01 s^{-1} 变形速率压缩 17%）制备成如下 2 种扩散偶：Fe-0.14wt%C/Fe-0.6wt%C 和 Fe-0.14wt%C-RE/Fe-0.6wt%C-RE，得到冶金界面完全焊合的扩散偶，如图 2-13 所示，避免了渗碳或脱碳扩散试验的界面反应干扰。

图 2-13　扩散偶热压缩后的界面形貌

将上述两种扩散偶置于 920℃ 真空下扩散处理 5 h，扩散完成后立即采用盐水淬火，尽量获得全马氏体组织，避免先共析铁素体或碳化物的析出，减轻后续电子探针测试结果的分散性；最后扩散偶沿着中心线切开制备成 EPMA 样品，如图 2-14 所示。碳元素分布采用岛津 EPMA-1720 进行测试（加速电压为 10 kV，束流为 100 nA），由于碳为易污染元素且原子序数低，为了避免样品污染问题和提高 EPMA 测试准确性，首先对 EPMA 测定前试样进行离子刻蚀和标样的标定工作（标样分别为 Fe-0.088wt%C、Fe-0.187wt%C、Fe-0.280wt%C、Fe-0.49wt%C、Fe-0.673wt%C），如图 2-15 所示，用标样对 EPMA 测碳元素进行标定，其误差控制在 0.015 wt%以内。

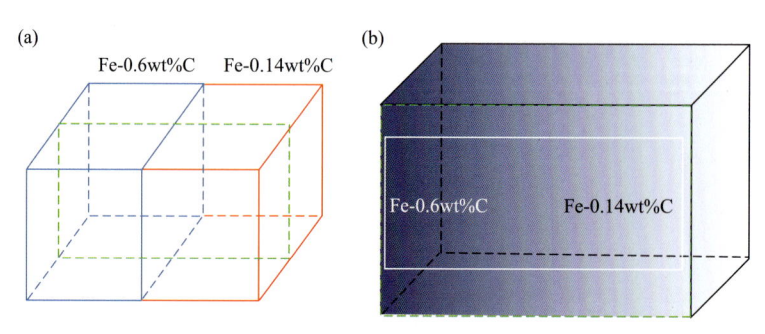

图 2-14　稀土元素对碳扩散影响的扩散偶试验示意图（a）和 Fe-0.6%C/Fe-0.14%C 扩散偶制备的 EPMA 样品（b）

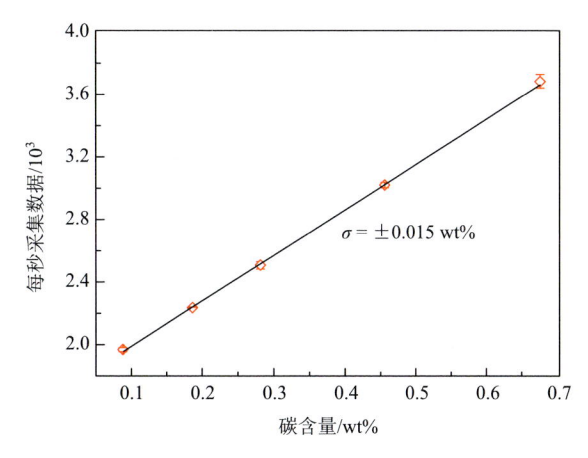

图 2-15 岛津 EPMA-1720 标样校正测量结果

σ 是实际检测结果与标样碳含量之间的误差范围

沿着扩散偶界面附近位置进行 EPMA 选区面扫描，如图 2-16（a）所示，并将面扫描结果垂直碳扩散方向进行积分（降低淬火过程碳分配或析出引起碳含量的波动），得到如图 2-16（c）所示的曲线。为了提高测试的精度，将扩散偶样品按上述方法进行抛磨、离子刻蚀后和 EPMA 面扫描，每个扩散偶得到 5 组以上的数据。

将上述得到的碳含量梯度曲线进行拟合，根据菲克第二定律以及文献[41]报道的碳扩散系数随碳含量（C）变化关系，即 $D=0.47\exp(-1.6C)\times\exp\left[-\dfrac{(37000-6600C)}{RT}\right]$ (cm²/s)[在 920℃下，该公式可以改写成 D_C（920℃）= $7.8348\times10^{-8}\exp(1.184C)=D_0\times10^{-8}\exp(1.184C)$ (cm²/s)]，对上述测得的碳含量随位置分布曲线进行拟合，得到如图 2-17 所示的典型曲线，进而可求得 920℃下不同碳含量曲线的拟合参数 D_0 和方差，具体拟合结果如表 2-1 所示。

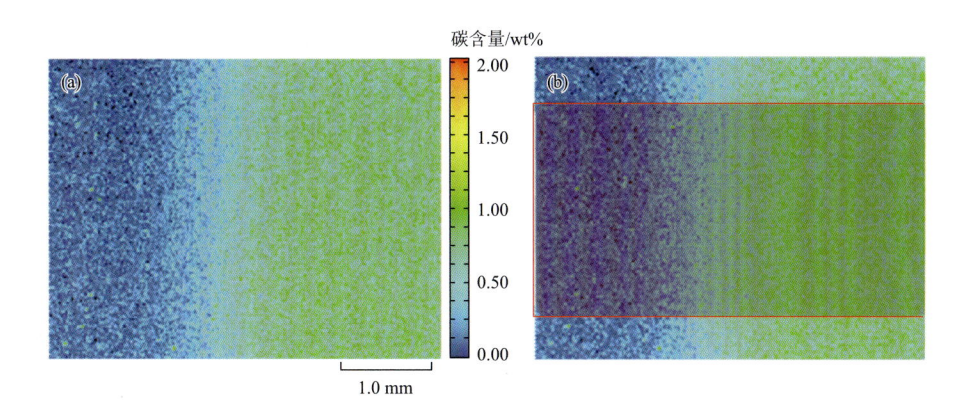

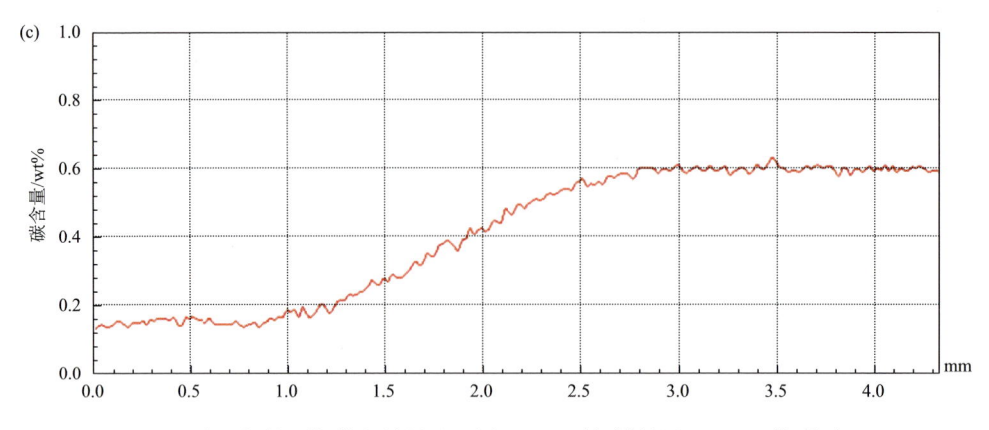

(c) 图表：横轴 距离/mm (0.0–4.5)，纵轴 碳含量/wt% (0.0–1.0)

图 2-16 电子探针面扫描与结果处理图：（a）面扫描结果；（b）面扫描选区；（c）碳含量积分曲线

图示曲线图例：
- Fe-0.6wt% C/Fe-0.14wt% C 试验
- Fe-0.6wt% C/Fe-0.14wt% C 拟合
- Fe-0.6wt% C-RE/Fe-0.14wt% C-RE 试验
- Fe-0.6wt% C-RE/Fe-0.14wt% C-RE 拟合

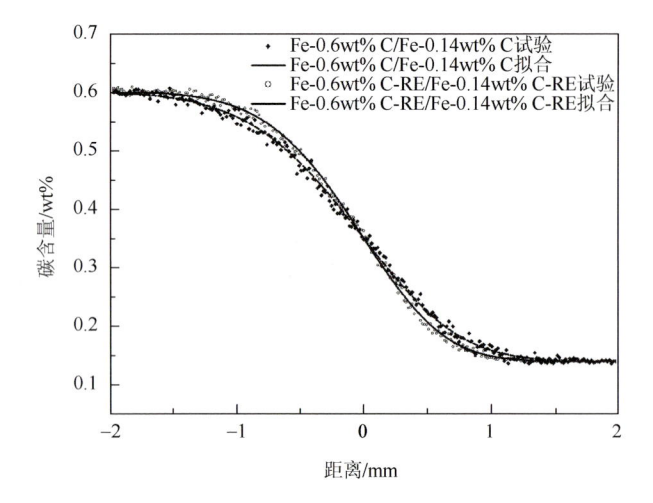

横轴：距离/mm，纵轴：碳含量/wt%

图 2-17 碳扩散拟合曲线示意图

表 2-1 920℃下不同碳含量曲线的拟合参数 D_0 和方差

扩散偶	编号	$D_{0.6\ wt\%C}/(10^{-11}\ m^2/s)$	$D_{0.14\ wt\%C}/(10^{-11}\ m^2/s)$	碳含量标准差/$(10^{-2}\ wt\%)$
Fe-0.6 wt%C-RE/ Fe-0.14 wt%C-RE	1	1.24	0.72	0.89
	2	1.14	0.66	0.73
	3	1.12	0.65	0.97
	4	1.24	0.72	0.91
	5	1.10	0.64	1.02

续表

扩散偶	编号	$D_{0.6\text{ wt\%C}}/(10^{-11}\text{ m}^2/\text{s})$	$D_{0.14\text{ wt\%C}}/(10^{-11}\text{ m}^2/\text{s})$	碳含量标准差/$(10^{-2}\text{ wt\%})$
Fe-0.6 wt%C/ Fe-0.14 wt%C	1	1.61	0.93	1.01
	2	1.53	0.89	0.83
	3	1.51	0.87	0.98
	4	1.38	0.80	0.77
	5	1.51	0.87	0.86

从以上测量结果可见，在添加稀土元素的扩散偶中 0.14 wt%C 和 0.6 wt%C 两端碳扩散系数分别为：$D_{0.14\text{ wt\%C-RE}} = 6.78 \times 10^{-12}$ m^2/s；$D_{0.6\text{wt\%C-RE}} = 1.17 \times 10^{-11}$ m^2/s。相较于不添加稀土的扩散偶中 0.14 wt% C 和 0.6 wt% C 两端碳扩散系数 $D_{0.14\text{ wt\%C}} = 8.72 \times 10^{-11}$ m^2/s 和 $D_{0.6\text{ wt\%C}} = 1.51 \times 10^{-11}$ m^2/s）均变小了，这证实了稀土元素强烈抑制 Fe-C 合金中碳元素扩散。

稀土元素起到微合金化作用的另外一个突出案例是耐热钢，在耐热钢中每吨钢添加数百克的微量稀土，可以显著提高组织的高温稳定性。作者团队[42-45]提出 C、N、RE 共合金化理念，开发了新的钢种。其中，除了发挥共合金化的作用外，还部分以 Mn 代 Ni，成功将 25Cr20Ni 钢中的 Ni 含量由 20 wt%降低到 2 wt%左右，降低了一个数量级，大幅度降低了合金含量和制造成本，为钢铁材料的素化提供了典型范例。

研究发现[14]，吨钢添加数百克的微量稀土元素，可以使钢的拉压疲劳寿命提高 1 个数量级；在苛刻的球盘测试试验中，滚动接触疲劳寿命提高约 40%，效果非常显著。

2.3.2 稀土对高碳铬轴承钢中夹杂物的影响

作者团队[46-48]对低 S/O（质量比）（≤2∶1）和高 S/O（质量比）（≥4∶1），GCr15 高碳铬轴承钢中稀土改性夹杂物进行了系统研究。

1. 稀土对低 S/O 轴承钢中夹杂物的影响

在无稀土处理时，高洁净的低 S/O 轴承钢（L1 钢）中的夹杂物主要是 Al$_2$O$_3$ 和 MnS，它们在钢中可以独立存在，也能以复合夹杂物的形式存在。图 2-18 给出了无稀土处理时轴承钢中典型夹杂物的扫描电子显微镜（scanning electron microscope，SEM）图像和对应的能量色散 X 射线谱（X-ray energy dispersive spectrum，EDS）分析结果。从图 2-18 中可以看出，轴承钢中的氧化物主要是 Al$_2$O$_3$，同时也含有少量 MgO，氧化物呈颗粒状和矩形条片状两种形态独立存在。图 2-18（c）为单独存在的 MnS 夹杂物，较低的 S 含量导致其较小的尺寸及其在锻造后样品纵截面上较小的长宽比。图 2-18（d）显示出复合夹杂物的特征，根据 EDS 分析结果，复合夹杂物应为少量的 MnS 完全包裹 Al_2O_3 的状态，2 点的 EDS 分析结果中较低的 Mn 和 S 含量应是 EDS 检测的范围扩大至外缘的 MnS 所致。考虑到硬脆的 Al_2O_3 不会参与高温锻造时复合夹杂物的变形以及两种夹杂物紧密结合的界面，轴承钢冶炼时析出的矩形条片状 Al_2O_3 可以作为 MnS 析出的形核核心，促进 MnS 夹杂物的析出。

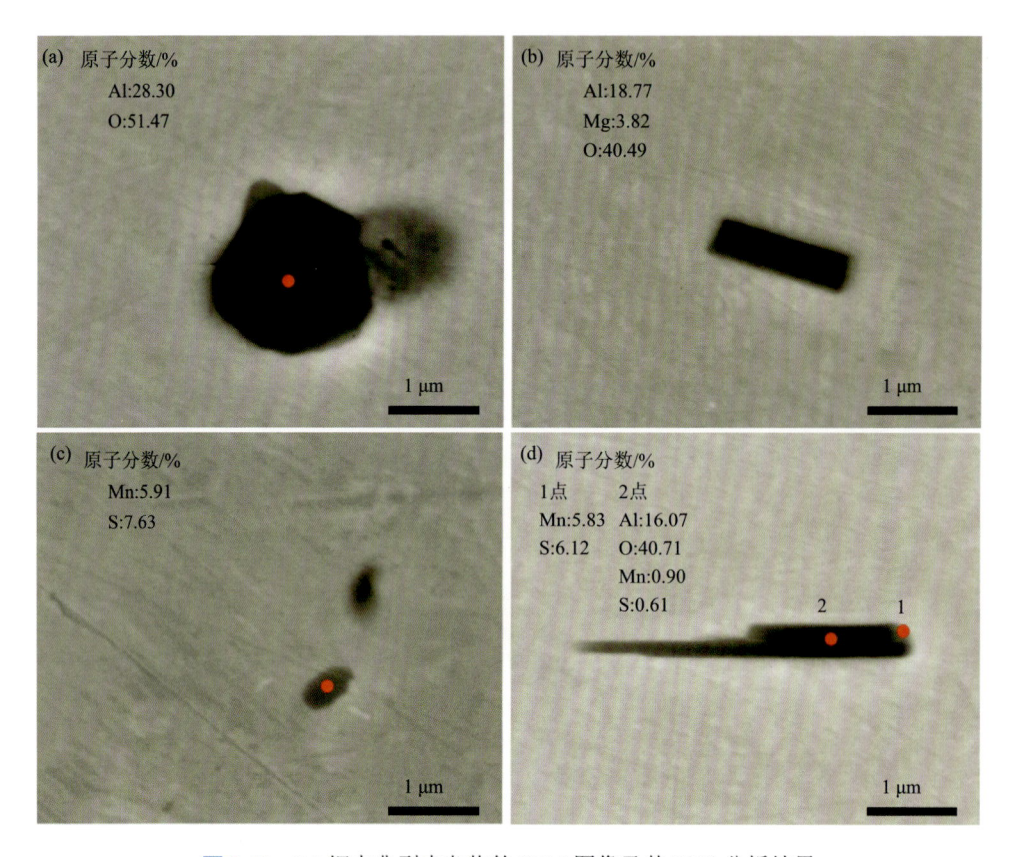

图 2-18 L1 钢中典型夹杂物的 SEM 图像及其 EDS 分析结果

（a、b）单独存在的氧化物；（c）单独存在的 MnS；（d）Al_2O_3 和 MnS 的复合夹杂物

图 2-19 为稀土元素含量 1.05×10^{-2} wt% 时 L2 钢中稀土夹杂物的 SEM 图像和 EDS 分析结果。图 2-19（a）和（b）的 EDS 分析结果表明，钢中存在稀土氧化物和稀土硫化物。根据 Zhang 等[49]对铈元素在低 S/O 钢中夹杂物变质过程的作用规律研究和 EDS 分析中各原子分数的比较，图 2-19 中的稀土氧化物和稀土硫化物应为 RE_2O_3 和 RES。图 2-19（c）的夹杂物 EDS 面分析结果显示，该复合夹杂物由内部的 RE_2O_2S 和外部的 RE-S-As 夹杂物组成，两种类型的夹杂物具有明显的

颜色差异和密切配合的界面，RE_2O_2S 应先于 RE-S-As 夹杂物形成并可以作为其形核核心，这与 Xin 等[50]的分析结果一致。因此，L2 钢中少量稀土元素加入后可与 O 和 S 元素结合形成 RE_2O_3、RES 和 RE_2O_2S，还能与 As 元素反应形成含 As 的稀土夹杂物，同时参考 Pan 等[51]的热力学计算分析结果，L2 钢中夹杂物的生成序列应依次为 RE_2O_3、RE_2O_2S、RES 和 RE-S-As。

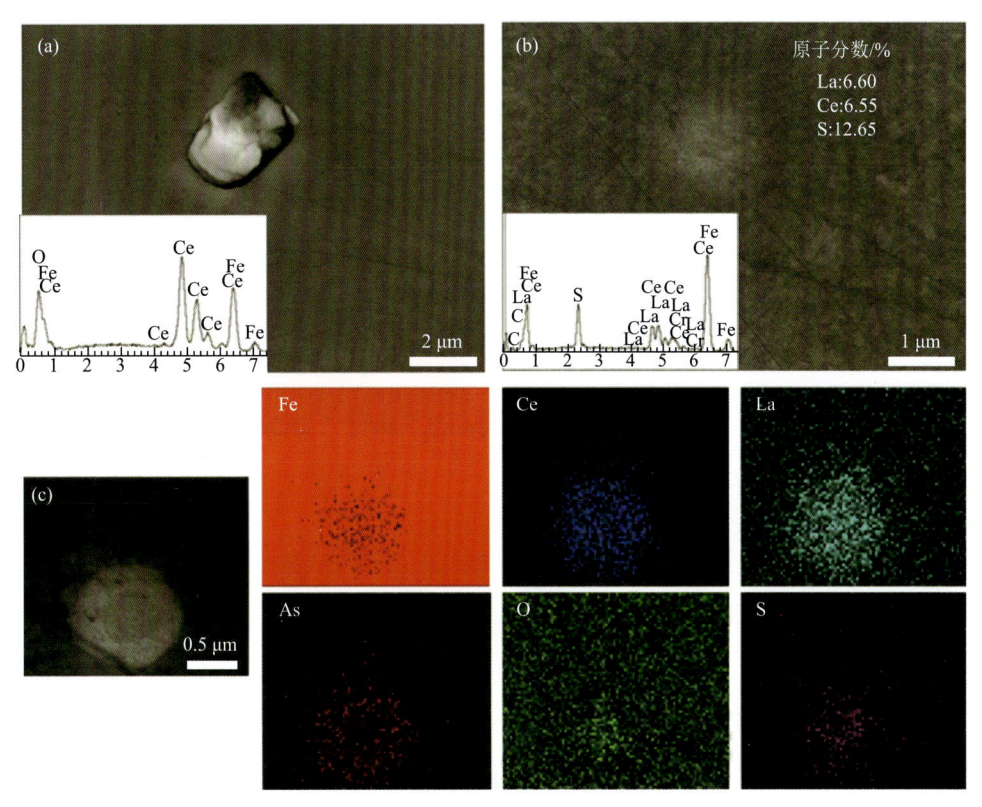

图 2-19　L2 钢中典型夹杂物的 SEM 图像及其 EDS 分析结果

（a）RE_2O_3；（b）RES；（c）RE_2O_2S 和 RE-S-As 复合夹杂物

当稀土含量从 L2 钢中的 $1.05×10^{-2}$ wt%增至 L3 钢中的 $1.60×10^{-2}$ wt%时，钢中同样存在 RE_2O_3 和 RES，如图 2-20（a）中的 1 点和图 2-20（b）的分析结果所示。图 2-20（a）中 2 点的 EDS 结果表明，L3 钢中也存在独立的 RE-S-As 夹杂物。图 2-20（c）中夹杂物的线扫描结果及其对应的图 2-20（d）的 EDS 面扫描结果进一步证实了独立的 RE-S-As 夹杂物的存在，即 RE-S-As 夹杂物可以直接从钢中析出；而图 2-20（b）中插图为夹杂物的分析结果，说明 RE-S-As 夹杂物也能以先形成的稀土夹杂物为核心析出，最终以复合夹杂物的形式存在。与 L2 钢中复合夹杂物相比，该复合夹杂物的线扫描和面扫描结果显示，其内部稀土夹

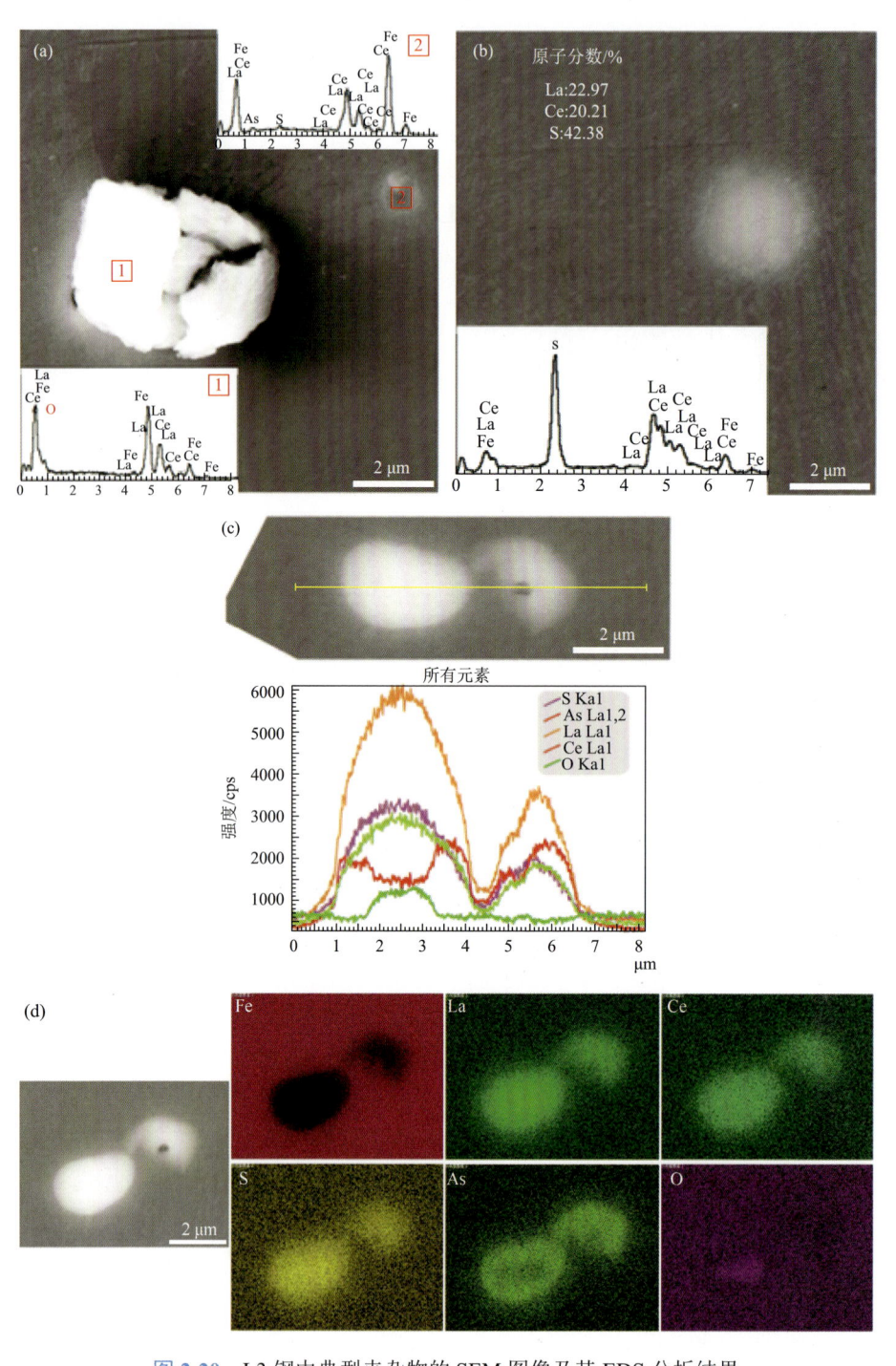

图 2-20 L3 钢中典型夹杂物的 SEM 图像及其 EDS 分析结果

（a）RE$_2$O$_3$ 和 RE-S-As 夹杂物；（b）RES；（c，d）RE-S-As 夹杂物及其与 RE-O-S-As 的复合夹杂物

杂物除富集 O 和 S 元素外，还有较为明显的 As 元素富集，该复合夹杂物是由内部的 RE-O-S-As 夹杂物外包裹 RE-S-As 夹杂物组成的。需要说明的是，尽管复合夹杂物的内部和外部都有 S 元素和 As 元素的富集，但复合夹杂物内部具有较高的 S 元素富集和较低的 As 元素富集，具有较高含量的 S/As，而外部相反，此与从夹杂物形成自由能角度得到的稀土应先与 S 元素反应而后与 As 元素结合的基本规律相一致；此外，含 As 稀土夹杂物的存在应是在 S 元素不足以供应与稀土元素结合的前提下形成的，因此 RES 应在含 As 的 RE-O-S-As 夹杂物之前形成。与 L2 钢中的稀土夹杂物相比，微量稀土元素的增加提高了稀土元素与 As 元素的结合能力，使得钢中的 RE_2O_2S 逐渐转变为 RE-O-S-As 夹杂物，且出现独立的 RE-S-As 夹杂物。

2. 稀土对高 S/O 轴承钢中夹杂物的影响

与 L1 钢中夹杂物的分析结果一致，在稀土变质夹杂物之前，高 S/O 的 H1 钢中的夹杂物同样主要为 Al_2O_3 和 MnS，两者既可单独存在，又能够以复合夹杂物的形式存在。图 2-21 为 H1 钢中典型夹杂物的 SEM 图像及其相应的 EDS 分析结果。从图 2-21（a）可以看出，颗粒状夹杂物主要是 Al_2O_3，同时存在微量的 MgO。由于试验钢中 O 含量较低，单独存在的氧化物具有较小的尺寸。与此相比，塑性较好的 MnS 经过锻造变形后在钢中常沿变形方向以条带状存在，且较高的 S 含量导致较多大尺寸的 MnS 形成，如图 2-21（b）所示。图 2-21（c）和（d）显示出复合夹杂物两种不同的存在状态。前者为长条状 MnS 完全包裹颗粒状 Al_2O_3，冶炼时先析出的 Al_2O_3 作为 MnS 析出的形核核心形成复合夹杂物，复合夹杂物的变形依赖塑性的 MnS；后者为 MnS 半包裹矩形条状 Al_2O_3 的状态，紧密结合的界面同样说明，矩形条片状 Al_2O_3 可作为 MnS 形核核心。由于硬脆的 Al_2O_3 不会参与复合夹杂物的变形，H1 钢冶炼时生成的 Al_2O_3 能够以颗粒状和矩形条片状两种形式存在。与低 S/O 的 L1 钢中夹杂物相比，高 S/O 的 H1 钢中夹杂物的主要差异为高 S 含量导致较大尺寸 MnS 的存在。

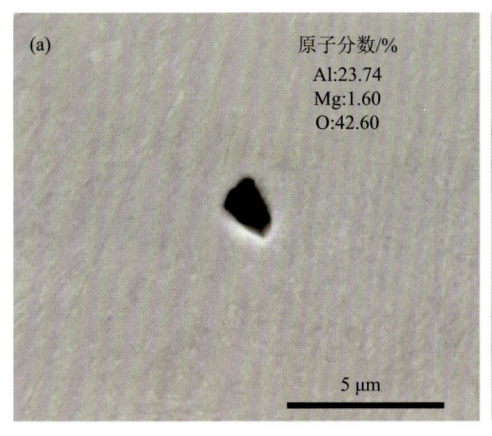

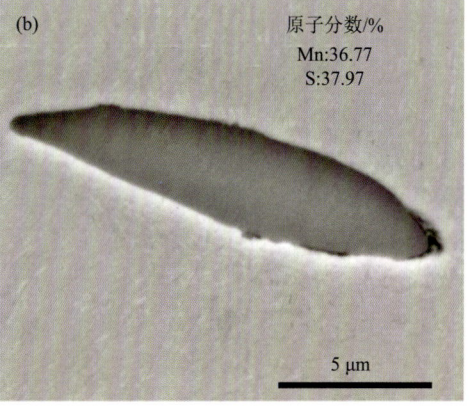

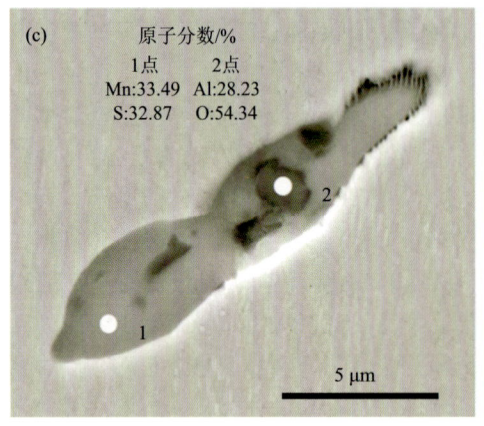

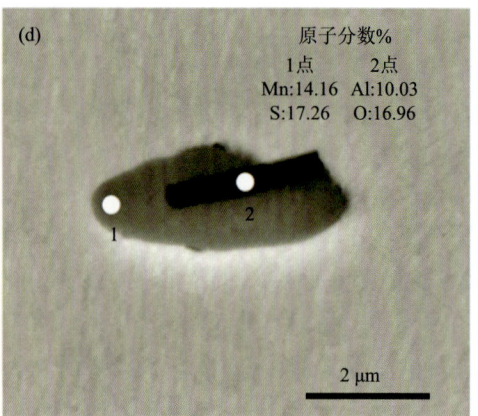

图 2-21 H1 钢中的典型夹杂物 SEM 图像及其 EDS 分析结果
(a) 单独存在的氧化物；(b) 单独存在的 MnS；(c，d) Al₂O₃ 和 MnS 的复合夹杂物

图 2-22（a）为 5.4×10^{-3} wt%稀土含量的 H2 钢中稀土夹杂物的背散射电子（back scattered electron，BSE）图像及其 EDS 分析结果。显然，微量稀土元素的加入可以改性 H1 钢中长条状 MnS 形成颗粒状的稀土硫化物。然而，较低的稀土含量不能完全改性钢中的夹杂物，H2 钢中仍存在未改性的 MnS，如图 2-22（b）所示。图 2-22（c）给出了稀土硫化物的 EPMA 和 EDS 的分析结果，结合文献[52]中的稀土硫化物类型，H2 钢中的稀土硫化物应主要是 RE_3S_4。在 H2 钢中，RE_3S_4 主要以复合夹杂物形式存在，图 2-23 为其典型复合夹杂物的 BSE 图像及其 EDS 面扫描结果。可以看出，该复合夹杂物中除 RE_3S_4 外，还包括未改性的 MnS 和 Al_2O_3。由于稀土元素具有较高的原子序数，RE_3S_4 在 BSE 图像中呈现为明显的亮白色，而 MnS 和 Al_2O_3 因其组成元素的原子序数较低而显示为黑色。鉴于复合夹杂物中 Al_2O_3 的存在和稀土部分改性 MnS 的特点，H2 钢中的微量稀土元素倾向

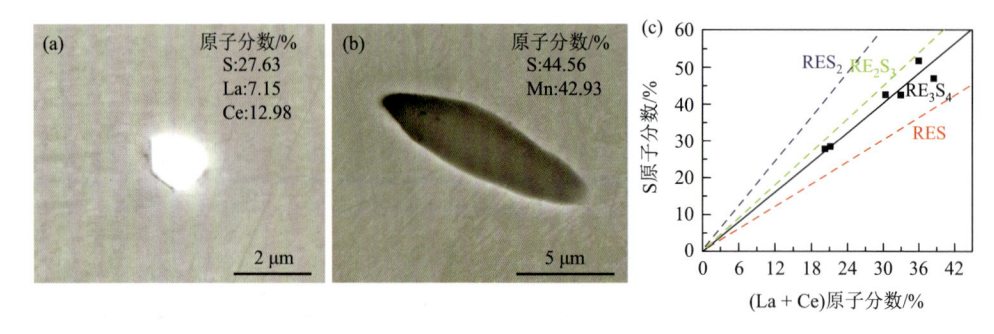

图 2-22 H2 钢中稀土夹杂物的 BSE 图像及其 EDS 分析结果（a）、H2 钢中 MnS 的二次电子图像及其 EDS 分析结果（b），以及稀土硫化物的原子分数比（c）

于优先改性高 S/O 轴承钢中的部分 MnS 形成 RE$_3$S$_4$，而 Al$_2$O$_3$ 因钢中较高的 Al 含量和较低的 RE 含量很难被改性，这与 Pan 等[51]的热力学计算结果一致。同长条状的 MnS 相比，含有 RE$_3$S$_4$ 的复合夹杂物尺寸和形态比较小，且 RE$_3$S$_4$ 和 MnS 具有密切配合的界面，说明冶炼时先形成的 RE$_3$S$_4$ 可以作为凝固过程中 MnS 析出的形核核心。Al$_2$O$_3$ 颗粒位于图 2-23 中复合夹杂物的边缘，很难判断稀土元素处理前已存在的氧化物是否能够促进 RE$_3$S$_4$ 的形成，因为冶炼过程中形成的 RE$_3$S$_4$ 通过与 Al$_2$O$_3$ 颗粒的碰撞聚合很容易形成图 2-23 中复合夹杂物的结合状态。

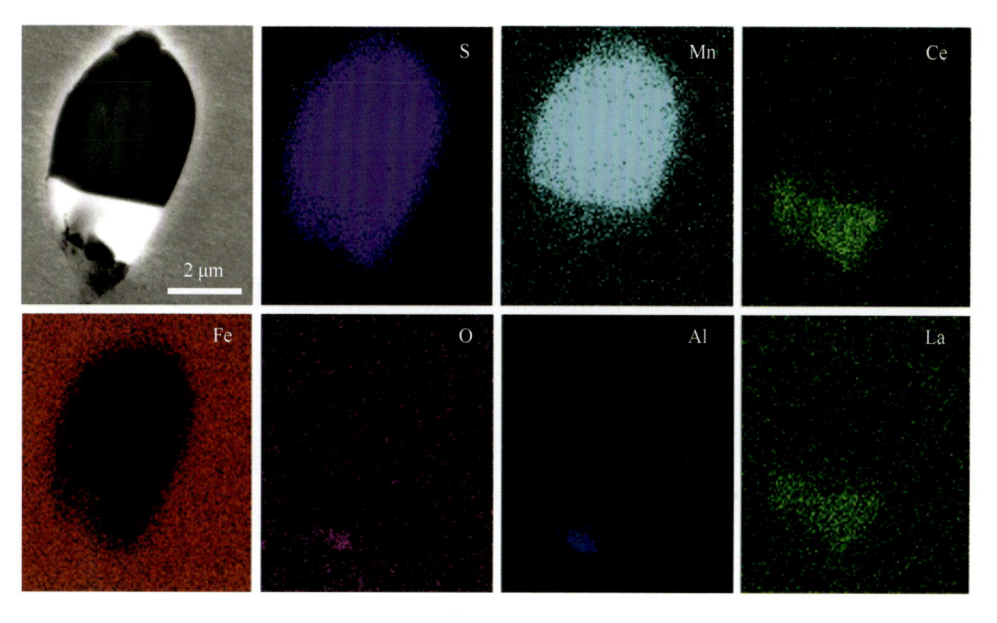

图 2-23　H2 钢中的典型复合夹杂物的 BSE 图像及其 EDS 面扫描结果

为详细阐明不完全改性时 RE$_3$S$_4$ 的析出行为和存在状态，图 2-24 对比给出了三种不同的典型复合夹杂物的 SEM 图像及其 EDS 面扫描结果，与图 2-23 的分析结果相似，图 2-24（a）中的复合夹杂物是由 RE$_3$S$_4$、MnS 和 Al$_2$O$_3$ 组成的，且 RE$_3$S$_4$ 与已脱落 MnS 界面匹配良好。根据 EDS 分析的结果和组成颗粒脱落后复合夹杂物的形貌，RE$_3$S$_4$ 呈半包裹 Al$_2$O$_3$ 颗粒的状态存在，说明 RE$_3$S$_4$ 能够以稀土处理前已存在的 Al$_2$O$_3$ 颗粒为形核核心析出，最终以复合夹杂物的形式存在。图 2-24（b）中的复合夹杂物呈现出 RE$_3$S$_4$ 颗粒被 Al$_2$O$_3$ 和微量 MnS 不完全包围的状态。考虑到 Al$_2$O$_3$ 在稀土元素加入之前已经形成，此复合夹杂物中的 RE$_3$S$_4$ 应是在冶炼过程中从钢液中直接独立析出的，然后与钢中的 Al$_2$O$_3$ 碰撞聚合，并在凝固过程中附着微量 MnS 后形成。钢液中直接独立析出的 RE$_3$S$_4$ 颗粒易于碰撞结合钢中

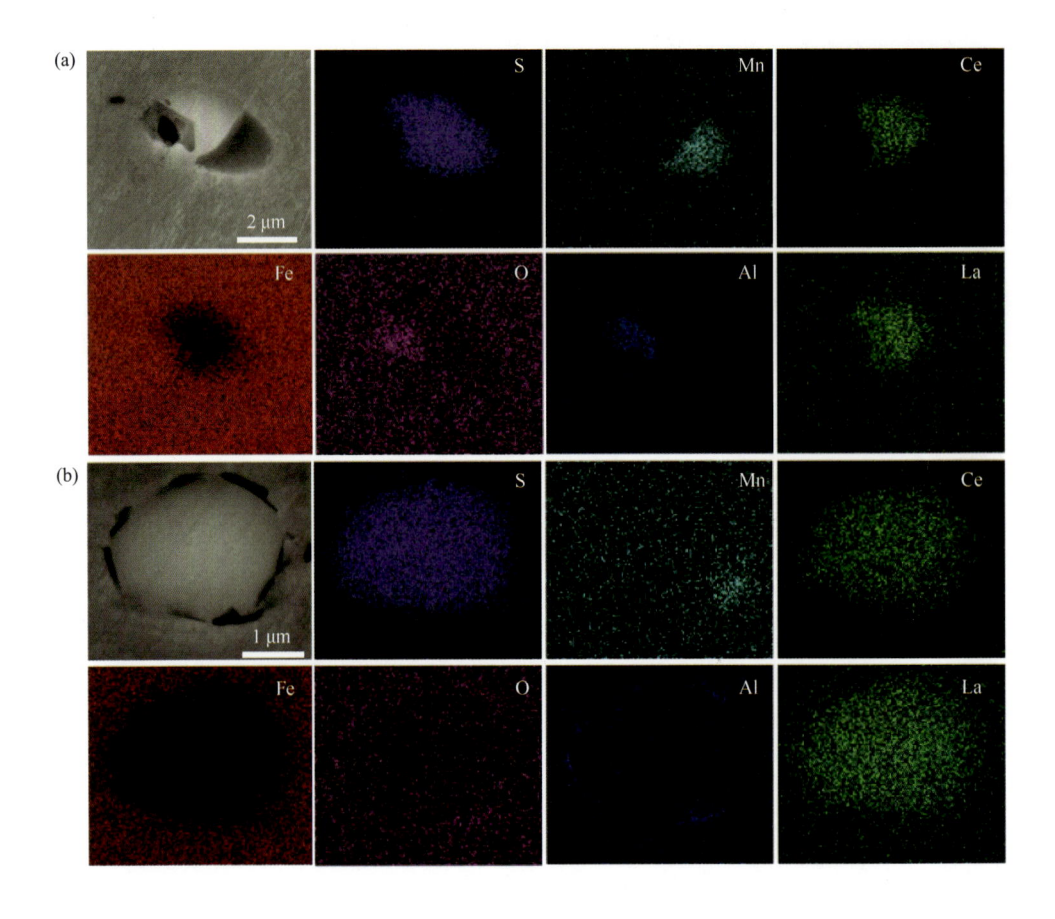

的 Al_2O_3，并作为凝固过程 MnS 析出的基底，形成复合夹杂物，少数也可独立存在。除冶炼过程析出外，稀土硫化物也可在凝固过程中析出。正如图 2-24（c）所示，BSE 图像中黑色的 Al_2O_3 外围出现了亮白色的含稀土夹杂物，S、Mn、Ce 和 La 元素的外围富集说明：该含稀土夹杂物由稀土硫化物和 MnS 组成。鉴于 Ce 元素在夹杂物处的高富集程度以及 Mn 元素的低富集浓度，含稀土夹杂物应以稀土硫化物为主。然而，MnS 的存在表明该含稀土夹杂物是在凝固过程中析出的。根据凝固过程析出的含稀土夹杂物的原子分数分析结果，凝固过程中析出的稀土硫化物同样应为 RE_3S_4。此外，考虑到 Al_2O_3 颗粒被以 RE_3S_4 为主的含稀土夹杂物完全包裹的形貌，含稀土夹杂物在凝固过程中是以 Al_2O_3 为基底形成的，Al_2O_3 可以作为其凝固过程析出的形核核心，这也佐证了图 2-24（a）所示的冶炼过程形成的 RE_3S_4 以 Al_2O_3 为形核核心析出的可能性。因此，在微量稀土不完全改性的 H2 钢中，RE_3S_4 可在凝固过程中以 $RE_3S_4·yMnS$（$y<1$）复杂夹杂物的形式与 MnS 共同在 Al_2O_3 核心上析出。

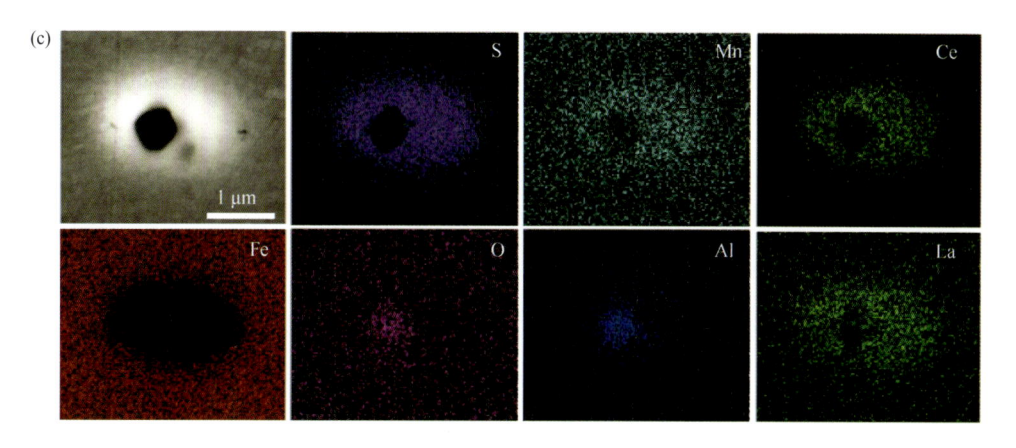

图 2-24　H2 钢中三种不同的典型复合夹杂物的 SEM 图像及其 EDS 面分析结果

（a）RE$_3$S$_4$ 半包裹 Al$_2$O$_3$ 颗粒复合夹杂物；（b）RE$_3$S$_4$ 颗粒被 Al$_2$O$_3$ 和微量 MnS 不完全包围的复合夹杂物；
（c）独立析出的 RE$_3$S$_4$ 颗粒

随着稀土含量增加至 1.75×10^{-2} wt%，高 S/O 轴承钢中的夹杂物进一步被改性，H3 钢中没有发现 Al$_2$O$_3$ 和 MnS 夹杂物，得到完全变质的稀土夹杂物。与未完全改性时 H2 钢中得到的 RE$_3$S$_4$ 不同，H3 钢中稀土硫化物 [图 2-25（a）] 的 EPMA 和 EDS 分析结果表明，钢中的稀土硫化物应为 RES，如图 2-25（d）所示。图 2-25（b）和（c）显示出 H3 钢中存在稀土氧化物和 RE$_2$O$_2$S。根据 Waudby[53] 的计算分析结果，当钢中 S 与 O 的活度满足 $a_S/a_O<10$ 时，稀土处理钢中会首先形成 RE$_2$O$_3$，而后是 RE$_2$O$_2$S 和稀土硫化物。该计算分析结果被 Adabavazeh 等[54] 的试验结果所证实，

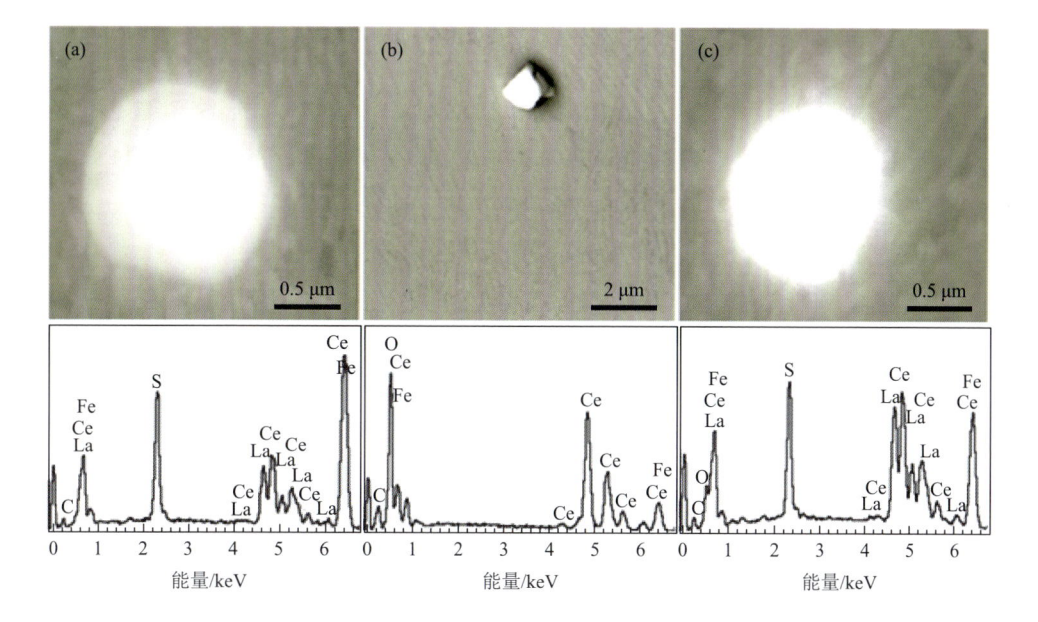

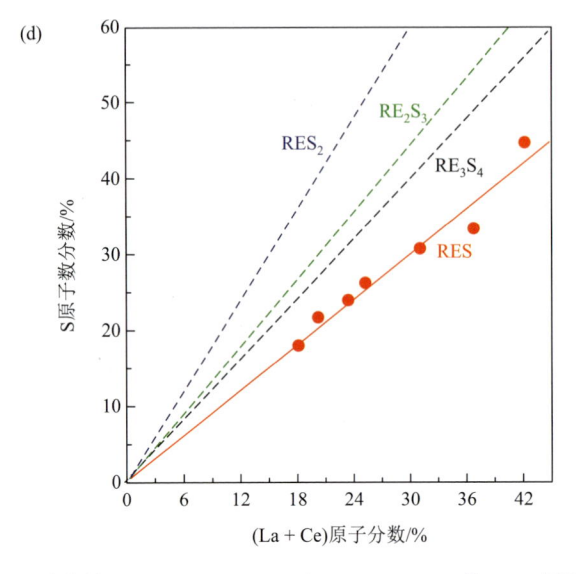

图 2-25　H3 钢中稀土硫化物（a）、RE$_2$O$_3$（b）和 RE$_2$O$_2$S（c）的 SEM 图像及 EDS 分析结果以及稀土硫化物的原子分数比（d）

也适用于 H3 钢的成分检测及夹杂物分析的结果。因此，在 H3 钢中较低的 Al 含量下，稀土元素将优先结合钢中的 O 和 S 元素并依次形成 RE$_2$O$_3$、RE$_2$O$_2$S 和 RES。同稀土添加低 S/O 的轴承钢相似，除与 O 和 S 元素结合外，H3 钢中富余的稀土元素还可与有害的 As 和 P 元素反应形成稀土夹杂物。

图 2-26（a）和（b）表明 H3 钢中存在 RE-S-As 和 RE-As-P 系夹杂物。稀土与 As 元素结合形成的夹杂物具有较高的 Gibbs 形成自由能，倾向于在凝固过程中析出[52]，而与 O 元素结合后形成的复杂类型稀土夹杂物则具有很低的 Gibbs 形成自由能[51]。考虑到 P 和 As 为同族元素，两者的化学性质相似，因此，H3 钢中的 RE-As-P 系夹杂物易于结合钢中的氧元素形成部分 RE-O-As-P 系的夹杂物，正如图 2-26（c）和（d）分析得到的 RE-O-As 夹杂物和 RE-O-As-P 夹杂物所示。

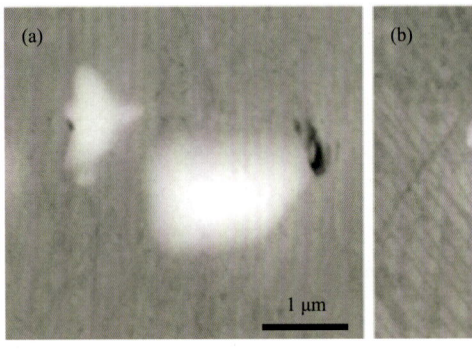

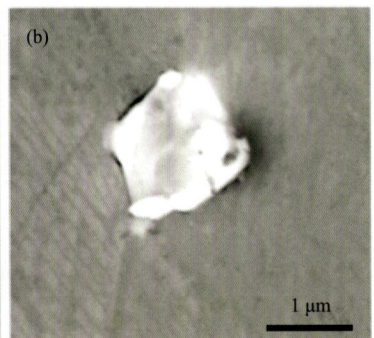

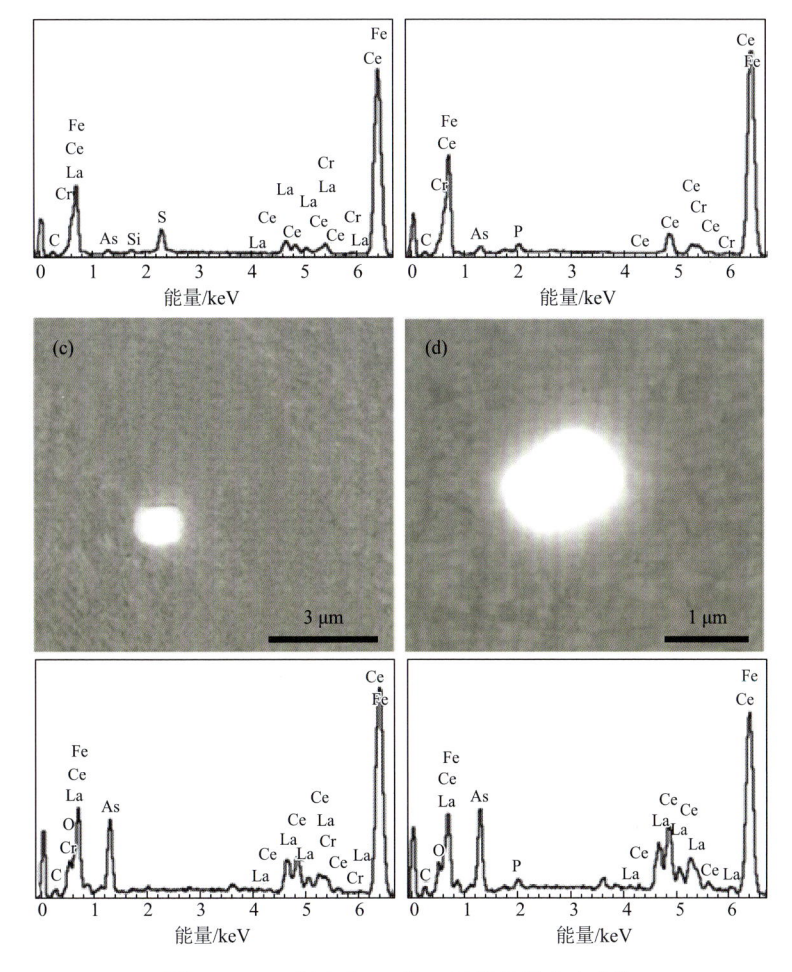

图 2-26　H3 钢中含 As 和 P 元素的稀土夹杂物

（a）RE-S-As 夹杂物；（b）RE-As-P 夹杂物；（c）RE-O-As 夹杂物；（d）RE-O-As-P 夹杂物

2.3.3　氧对稀土钢的影响机制

在持续十余年的攻关中，作者团队发现氧是问题的根源，在高氧含量条件下，一是氧与稀土反应，堵塞水口；二是高氧含量导致钢的性能剧烈波动。近年来，随着钢铁行业的技术进步和冶炼水平的提高，钢液中的氧含量逐步降低，当钢液中的氧含量降低到 $2×10^{-3}$ wt%以下时，大量研究和实践表明，稀土的添加使工艺顺行，消除水口堵塞。前期采用 50 t 钢包进行了精炼和浇注的工业化试验，发现当钢液中氧含量不超过 $3×10^{-3}$ wt%时，钢液浇注过程基本顺利，但后期有轻微堵塞现象；当钢液中氧含量上升到 $5×10^{-3}$ wt%时，开始浇注几吨钢液后，钢包浇口完全堵塞，浇注无法继续。根据试验结果，将稀土添加前的钢液中氧含量控制到 2×10^{-3} wt%以下。从此，理解了为什么 20 世纪稀土无法在钢中添加，这主要是因为钢液的洁净度不足，所以实验室的结果无法在工业界再现。随着钢铁行业的技术进步，氧、硫等杂质元素和气体元素的控制水平大幅度提高，客观上具备在钢中加入稀土的条件。而且研究的重点不再是利用稀土来脱氧，而是深度脱氧、改性夹杂物和强烈微合金化。然而遗憾的是，在实验室和工业化大量试验中，采用购买的商业稀土丝线，还有商业稀土镧、铈，相对纯度为 99%或者 99.9%，在低氧钢中加入稀土，稀土钢的性能虽有好转，但仍然波动。即便进一步降低钢中的氧含量到 1×10^{-3} wt%以下，稀土添加后钢的性能仍然波动。这个结果困扰了作者团队多年，由于钢的性能时好时坏，团队几乎放弃了稀土钢的研究工作。之后，随着对洁净度的深度研究，把重点逐步聚焦在稀土金属本身上。作者团队仔细研究了购买的商业稀土，并到包头、赣州等稀土产地，深入稀土生产现场，仔细了解稀土的制备过程，最终将目标锁定在稀土金属本身的纯度上。在针对镧、铈商业纯稀土的研究发现[55]，现有工艺进行稀土电解后，稀土中的氧含量甚至超过 1×10^{-1} wt%，这些氧在稀土中是以稀土氧化物的形式存在的，当含有这些稀土氧化物的稀土金属加入钢液中后，由于稀土氧化物与液态钢液的密度接近，难以有效上浮，这些大的夹杂物留在钢中就引起了钢的性能波动。如图 2-27 所示，对加入商业纯稀土的钢中夹杂物淘洗分离后，发现其中的夹杂物尺寸大，而且形状极不规则。事实上，稀土金属中的氧含量难以得到行业专家关注的另外一个原因是吨钢只添加百余克稀土，即使稀土金属中氧含量达到 1×10^{-1} wt%，也只是使钢液中总氧含量变化量不到 1×10^{-5} wt%，几乎可以忽略不计。然而，正是由于稀土金属中的氧化物密度大、尺寸大、与钢液密度相近的特性，引发了钢的性能恶化。至此，终于发现了稀土钢性能波动的根源，就是氧的问题，特别是稀土金属中的氧，其有害作用一直未被发现，但影响重大。接下来，着手研究钢液中和稀土金属中的控氧技术，称其为"双低氧"技术。

图 2-27　加入商业稀土金属的钢中大尺寸簇状夹杂物

2.3.4 "双低氧"稀土钢的制备

通过深入系统地研究发现，要使稀土有效发挥作用，必须做到钢液中和稀土金属中的氧含量都要低，称为"双低氧"，据此提出了双低氧稀土钢的学术思想[14]。在精炼过程中，通过控氧洁净化冶炼，氧含量可以降低到 $2×10^{-3}$ wt%以下，甚至到 $1×10^{-3}$ wt%以下，这在大生产中不是十分困难的事情，也基本不增加成本。在轴承钢、模具钢、齿轮钢、弹簧钢中，氧含量甚至可以降低到 $5×10^{-4}$ wt%以下。在这样的工业背景下，就具备了稀土在钢中添加的客观条件。解决问题的关键放在稀土金属本身的控氧方面。

研究发现[55-57]，以前工业界采用喂丝、喂线添加稀土的工艺本质上是错误的，因为制备丝线的过程很难控制氧含量不增加，导致丝线稀土中的氧含量甚至可达到 $1×10^{-1}$ wt%，这些数量多、尺寸大的氧化物进入钢液中难以去除。此外，现有稀土金属的生产工艺过程也可造成稀土金属中氧含量居高不下，究其原因主要有以下两方面。其一，国内稀土企业均采用氟盐体系电解氧化物制备镧、铈等轻稀土金属，其所用电解槽结构如图 2-28 所示。由于稀土氧化物在氟盐中的溶解度较低[58-62]，电解过程中稀土氧化物人工加入过程不连续、不均匀，使稀土氧化物沉积在电解槽底部，造成底部液态稀土金属氧含量增高。其二，稀土金属出炉主要采用人工舀出的方式，出炉过程均在大气环境下进行，而液态稀土金属极易与大气中的氧反应，造成稀土金属中氧含量升高。目前，国内商业稀土熔盐电解生产线仍处于"作坊式"水平，如图 2-29 所示，生产线自动化程度低，操作环境较恶劣，工人劳动强度大，对工人技术的依赖程度较高，因此也不利于稀土金属的质量稳定[63]。

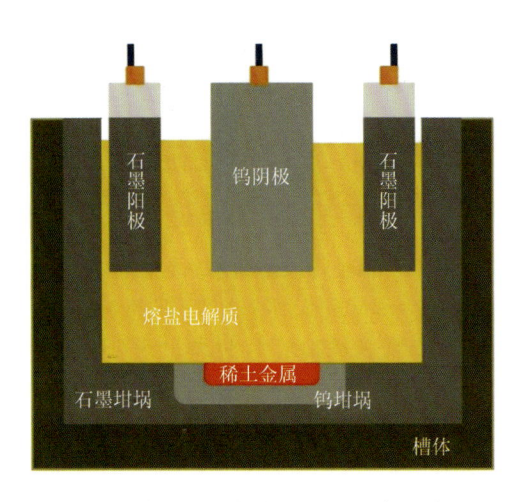

图 2-28 氟盐体系中氧化物电解槽示意图

图 2-29　商业稀土的熔盐电解生产线
(a) 传统电解线；(b) 表面缺乏有效保护的电解过程

基于商业稀土熔盐电解生产现状，为满足稀土钢对低氧含量稀土金属的需求，作者团队建设了一条高纯稀土金属熔盐电解制备自动化示范线，如图 2-30 所示。发明了稀土金属熔盐电解全流程控氧制备技术，包括熔盐电解制备过程、稀土金属浇注成形过程与稀土金属储存、运输、使用过程等，实现了全流程氧含量的控制[64]与低氧稀土金属批量化制备[65]，如图 2-31 所示。

图 2-30　高纯稀土金属的熔盐电解示范线

结果发现，稀土金属中氧含量由过去的高于 3×10^{-2} wt% 降低到目前的低于 1×10^{-2} wt%。工程应用结果表明，当稀土金属中全氧含量控制到 6×10^{-3} wt% 以下时，稀土添加后，稀土钢的性能稳定并显著提升。由于只是在钢液精炼过程加入微量稀土，操作方法简单，因此不改变工艺流程。吨钢只需要添加几百克的镧、铈轻稀土，稀土钢的性能就会明显改善。图 2-32 中所示为轴承钢中不加稀土、

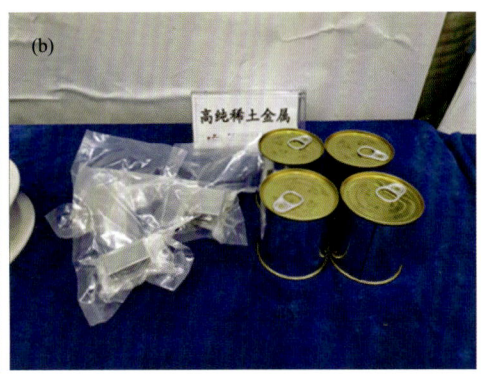

图 2-31 自主研制的高纯稀土金属
（a）采用自研技术电解的洁净稀土金属；（b）稀土在惰性气体中封装

添加商业稀土和洁净稀土的疲劳寿命对比。从图中可以看出，添加商业稀土的轴承钢疲劳性能剧烈波动，而添加洁净稀土的轴承钢疲劳性能稳定且显著提升。在±800 MPa 载荷下，拉压疲劳性能与不加稀土相比提高了 40 多倍。在 4.2 GPa 赫兹应力下，采用球盘测试方法，滚动接触疲劳性能稳定提高了 40%以上。在制造成本基本不增加、工艺流程不改变的条件下，微量的稀土添加使稀土钢的性能得到显著提升，从而基本解决了多年以来稀土钢应用的瓶颈问题。好钢用在刀刃上，稀土是珍贵资源，应该用到亟须提升性能的特殊钢上，这具有重大意义，稀土特殊钢技术也将成为我国特殊钢领域的撒手锏。在力学性能方面，稀土钢超越了国外研发的钙处理钢，这使我国航空轴承钢、顶级模具钢、齿轮钢、重大装备用钢等自主可控制造成为现实。

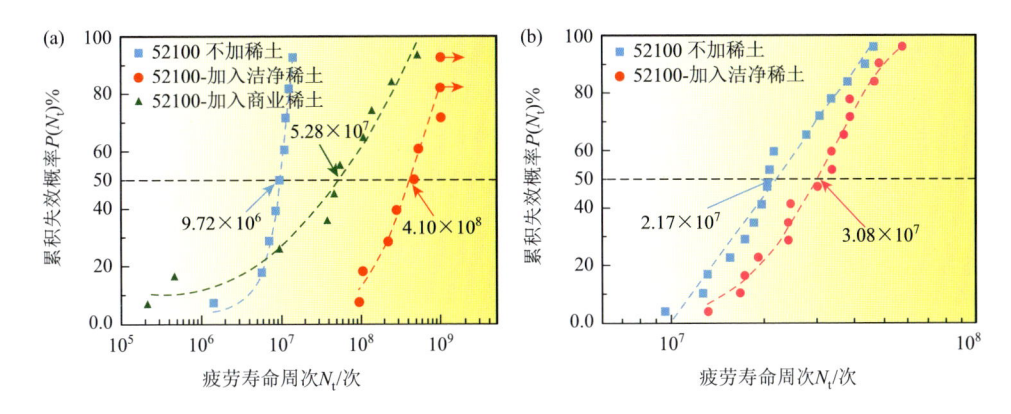

图 2-32 稀土添加显著提高 GCr15 轴承钢疲劳性能
（a）拉压疲劳寿命对比（右上角箭头表示疲劳寿命达到 10^9 周次后，试样没有断裂失效）；
（b）滚动接触疲劳寿命对比

2.4 低氧稀土钢的夹杂物表征

钢的洁净度逐步提高，与之相应的夹杂物控制水平也越来越高。在二维视场下，很难准确地比较夹杂物，对于洁净钢中出现的偶发性大尺寸夹杂物无法识别。例如，一个长条状硫化锰的二维截面形貌往往是椭球形，而真实形貌是长条形，二维分析很难表征它的真实尺寸。因此，基于洁净钢，发展与之相匹配的三维夹杂物表征技术势在必行。

2.4.1 低氧稀土钢中夹杂物三维表征方法

针对钢中非金属夹杂物三维或准三维的表征，已发展多种成熟方法，包括以酸溶、电解萃取等为主的基体完全侵蚀方法，以酸侵蚀、电解侵蚀等为代表的基体部分侵蚀方式，以及三维显微断层扫描（Micro-CT）、三维 X 射线成像等非破坏式观察手段。技术原理是基于粒子与材料基体的性质差异，借助特定试验方法，实现两者的有效区分，进而展示夹杂物的完整形貌。目前，各类方法均受适用性限制，需要根据目标对象来针对性地选择试验方法，以确保最优的表征效果。尽管如此，方法万变不离其宗，其技术关键可总结如下：①非金属夹杂物粒子的无损化提取（或展示）；②非金属夹杂物粒子的高纯度、统计意义数量的获取；③表征方法的效率及推广应用性。长期以来，钢铁材料领域的研究者也在致力于上述几个方面的研发，以期达到理想的试验效果。

目前，作者团队在钢中非金属夹杂物的三维表征领域已取得新进展[66]。基于前人技术成果和自主开展试验的海量数据，针对稀土钢中的夹杂物开发了淘洗技术，实现了夹杂物无损提取与三维表征，这是一项创新性工作。这一方法的基本原理是：在经典的非水溶液电解法基础上（以待测钢样为阳极，洁净不锈钢片为阴极，将有机溶剂与弱酸碱性盐按比例配制电解液，在直流电条件下试验），收集阳极泥并在无水乙醇中进行超声波分散。将含有夹杂物粒子的分散阳极泥乙醇溶液转移到表面皿中，通过表面皿的变速旋转离心运动，汇聚夹杂物粒子。在此过程中，采用滴管将远离粒子聚集位置的溶液从表面皿中移除，再向表面皿内部补充等量无水乙醇，此操作定义为淘洗。重复淘洗操作，直至表面皿内溶液澄清后，采用磁铁吸附溶液内的磁性颗粒，再向表面皿中加入少许去离子水溶解表面皿里颗粒中的有机物；继续淘洗，直至表面皿底部有可见的聚集颗粒，即为目标夹杂物粒子。当容器内的无水乙醇挥发后，以导电胶为载体，即可在 SEM 下完成粒子三维形貌观察。值得注意的是，淘洗法需要根据粒子类型、尺寸和数量进行运动参数的针对性调整，该方法利用液体、粒子和壁面结构的特性，基于阳极泥中夹杂物粒子与杂质粒子的性质差异，使其有效分离；淘洗过程的旋转离心速率一般低于 5 圈/s，以保证粒子不会由于高速旋转而造成碰撞损伤。

  本方法的技术保障在于：小样电解法采用有机电解液配方和低电流密度参数，能够最大限度地降低电解过程对夹杂物粒子的损伤，特别是对于硫化物、氮化物等脆弱的夹杂物粒子起到很好的保护作用；结合优化的全新提取方法，可以实现粒子无损提取和高纯度汇聚效果。特别地，针对易损伤的大尺寸长条状夹杂物，对比本方法与 X 射线三维成像系统的表征效果，如图 2-33 与图 2-34 所示。样品中典型的大尺寸长条状 MnS 夹杂物能够被完整表征，同时还可观察到许多棒状和块状的 MnS 夹杂物。将对应样品进行 X 射线三维成像分析，能够发现两种方法表征的最大夹杂物尺度相差不大。X 射线三维成像是采用高能 X 射线，应用断层扫描方式采集试验数据，根据采集到的切片信息重构样品内的粒子三维形貌。X 射线三维成像效果与样品厚度、光源强度等密切相关，为获取无损三维成像的高分辨率结果（微米级），常常需制备厚度小于 0.5 mm 的样品进行检测。尽管 X 射线三维成像存在制样难度大、效率较低、检测样品尺寸有限、检测分辨率受限及无法判定粒子类型等问题，仍然不失为一种极好的无损观察方式。与 X 射线三维成像的对比结果表明，本方法能够实现夹杂物的无损提取和三维表征，并有效规避了 X 射线三维成像观察方式的诸多弊端，具备成为一种全面评价钢中非金属夹杂物特征的新方法。

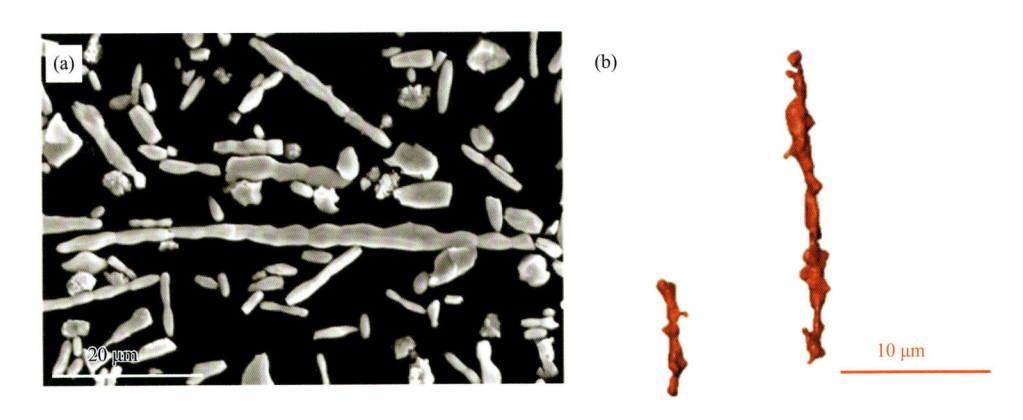

图 2-33 淘洗法与三维 X 射线成像观察的夹杂物结果对比
（a）淘洗法提取的钢中典型大尺寸 MnS 夹杂物；（b）对应样品的 X 射线三维成像结果

  利用上面所述的夹杂物三维表征方法，发现二维视场下夹杂物的差别小，但在三维视场下差异很大,三维表征中一些长条状的硫化锰夹杂物被完整地再现出来,见图 2-34(a)和(b)。此外,本方法的夹杂物观察数量具有统计意义,能够有效突破二维视场的局限性并弥补容易漏掉偶发性大尺寸夹杂物的不足。因此,这项技术对于进一步提高钢的洁净度和夹杂物控制水平具有重要价值。

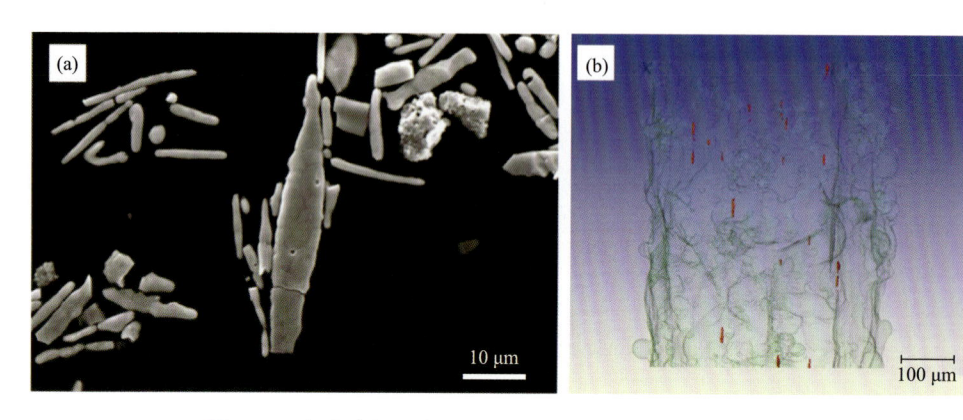

图 2-34　淘洗法与三维 X 射线成像的夹杂物提取结果对比
(a)淘洗法提取的钢中典型大尺寸 MnS 夹杂物;(b)对应样品的三维 X 射线成像结果

2.4.2　钢中非金属夹杂物全自动提取设备

2.4.1 节介绍的钢中非金属夹杂物提取技术具有无损提取钢中夹杂物粒子的特点,可开展具有统计意义的粒子三维形貌表征工作。目前,针对高品质特殊钢中夹杂物的表征与评价取得了非常理想的效果。淘洗技术显著提升了钢中非金属夹杂物的提取水平。然而,由于存在技术要点复杂、操作精细化程度高等情况,对于试验人员的技术素养要求高,需要通过大量试验积累操作经验,人员培训周期较长。此外,该技术对操作技巧依赖性强,也成为其推广应用的难题。

对此,在原创夹杂物提取技术的基础上,梳理操作技术要点,固化工艺参数,并结合高精度伺服电机、高品质导轨丝杠传动机构、液体精准吸取等精密硬件设施和设计编写的软件定制程序,完成针对不同类型夹杂物提取的多种运动模式参数设置,实现技术功能的模块化操作,自主研发了钢中非金属夹杂物全自动提取设备[67]。该设备融合了现阶段成熟的技术成果,采用一键操作模式,实现钢中非金属夹杂物的全自动无损提取,有效解决了技术的应用与推广问题。

钢中非金属夹杂物全自动提取设备的结构如图 2-35 所示。具体结构如下。

控电柜 2 与控制面板 1 和机械部分通过线路相连,机械部分的机械室 12 设置在控电柜 2 顶部,控制面板 1 设置在控电柜 2 的前端,在控电柜 2 内封装控制元件、电路和真空泵。

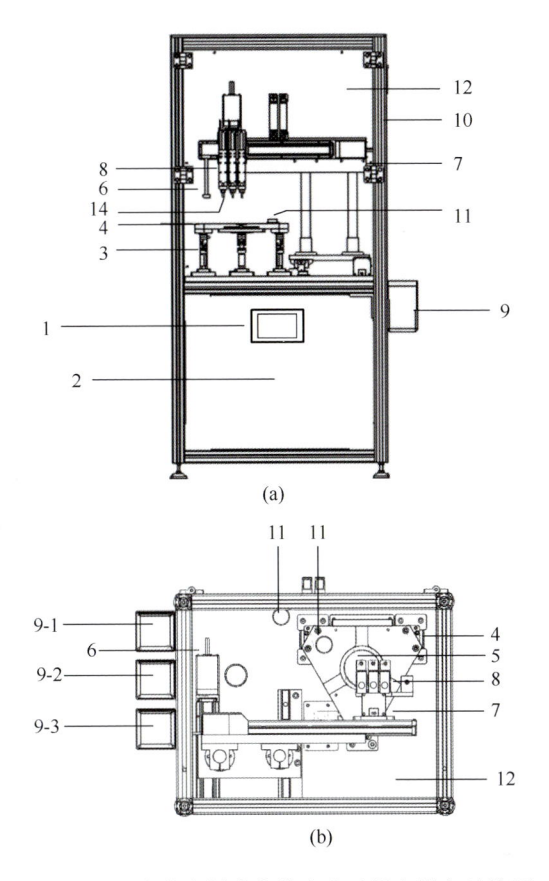

图 2-35　钢中非金属夹杂物全自动提取设备结构图

(a) 正视图；(b) 俯视图

1-控制面板；2-控电柜；3-伺服电机电动推杆；4-支撑平台；5-表面皿；6-电磁铁；7-三轴直角坐标系机构；8-传感器；9-储液缸（废液储液缸 9-1、有机溶剂储液缸 9-2、无机溶剂储液缸 9-3）；10-密封罩；11-水平指示器；12-机械室；13-塑料软管

机械部分设有伺服电机电动推杆 3、支撑平台 4、表面皿 5、电磁铁 6、三轴直角坐标系机构 7、传感器 8、储液缸 9（废液储液缸 9-1、有机溶剂储液缸 9-2、无机溶剂储液缸 9-3）、密封罩 10、水平指示器 11、机械室 12，伺服电机电动推杆 3 位于机械室 12 内底部的中前处，其上依次设置支撑平台 4、表面皿 5，其下与控电柜 2 内的伺服电机相连，支撑平台 4 上设置水平指示器 11。在机械室 12 内中后部，安装有三轴直角坐标系机构 7，三轴直角坐标系机构 7 的运动轨迹能够覆盖机械室 12 内的所有空间位置，其上安装有传感器 8、塑料软管 13，其下与控电柜 2 内的伺服电机相连，塑料软管 13 的一端与控电柜 2 内真空泵的一端相连，塑料软管 13 的另一端与表面皿 5 相对应，真空泵的另一端通过塑料软管通向机械室 12 侧面的储液缸 9。传感器 8 与控电柜 2 通过线路相连，传感器 8 的作用是：

将信号传递至三轴直角坐标系机构 7 和真空泵，实现动作执行。

在机械室 12 侧面，分别设置废液储液缸 9-1、有机溶剂储液缸 9-2、无机溶剂储液缸 9-3，各储液缸分别对应各自塑料软管 13。

在机械室内 12 的三轴直角坐标系机构 7 上设置电磁铁 6，电磁铁 6 的作用是吸附溶液内的磁性颗粒。机械室 12 的正面设置对开的密封罩 10，密封罩 10 的作用是保持试验空间内清洁。

使用时，通过控制面板 1 来调节机械部分的运动模式和运动参数，盛装有目标溶液的表面皿 5 固定在支撑平台 4 上，由伺服电机电动推杆 3 的动作来实现表面皿 5 内部溶液的目标运动模式，由三轴直角坐标系机构 7、塑料软管 13 和真空泵协同作用来实现液体的滴入与吸出。

控制面板包括两种预设运动模式：运动模式Ⅰ是以表面皿最低点为转动中心，由三个伺服电机电动推杆协同运动，实现支撑平台和表面皿做转速可调的圆周运动，旋转方向为顺时针和逆时针两个选项，振幅范围可调，振动频率与转速正相关，使表面皿中的溶液能够绕转动中心点旋转，并保证溶液不会溢出表面皿；运动模式Ⅱ的转动中心点是匀速变化的，其运动轨迹在以表面皿最低点为圆心、直径范围可调的圆周上，由三个伺服电机电动推杆协同控制，实现支撑平台和表面皿能够保持一定的倾斜角度做倾斜旋转运动，再叠加转速可调的圆周运动，旋转方向为顺时针和逆时针两个选项，振幅范围可调，使表面皿中的溶液能够绕转动中心的运动轨迹旋转，并保证溶液不会溢出表面皿。

本设备作为夹杂物无损提取技术的载体，是技术机械化、智能化的集成，可实现全自动操作。同时，也将推动行业标准的建立，成为匹配洁净钢快速发展节奏、客观真实评价钢材洁净度的标准化装备。以此为基础，建立钢中三维夹杂物评价标准，作为高品质钢中非金属夹杂物评价的全新方法，将对特殊钢的评价和发展产生深远的影响。另外，本技术也可拓展应用于金属材料中析出相和碳化物的表征与评价，具有良好的应用前景。

2.4.3　国内外轴承钢的夹杂物对比分析

以轴承钢为例，对比国内外钢中的夹杂物分布。发现进口的著名品牌轴承所使用的钢存在很多大尺寸的硫化锰等夹杂物，尺寸达 100 μm。如图 2-36（a）所示，在三维条件下，出现了很多粗大的夹杂物。而对国外制备的钙处理钢进行夹杂物表征，发现钙处理后的夹杂物细小、弥散、均匀，基本没有超过 10 μm 的大尺寸夹杂物，结果如图 2-36（b）所示，可见钙处理的夹杂物呈椭球形，非常圆整。这充分说明，国外卖给中国的轴承没有采用最好的钙处理钢，而是采用常规的精炼钢。通过对稀土处理的钢进行夹杂物三维表征发现，稀土氧硫化物细小、弥散、均匀，尺寸集中在微米、亚微米级，没有超过 10 μm 的夹杂物，如图 2-36（c）所示。而且稀土夹杂物可变形，这有利于减少应力集中；而氧化铝的硬度高，受力时只能发生脆断，导致裂纹萌生。氧化铝也是轴承钢中经典缺陷"白蚀"产生的根源之一，以稀土氧硫化物代替氧化铝，大幅度提高了钢的疲劳性能。

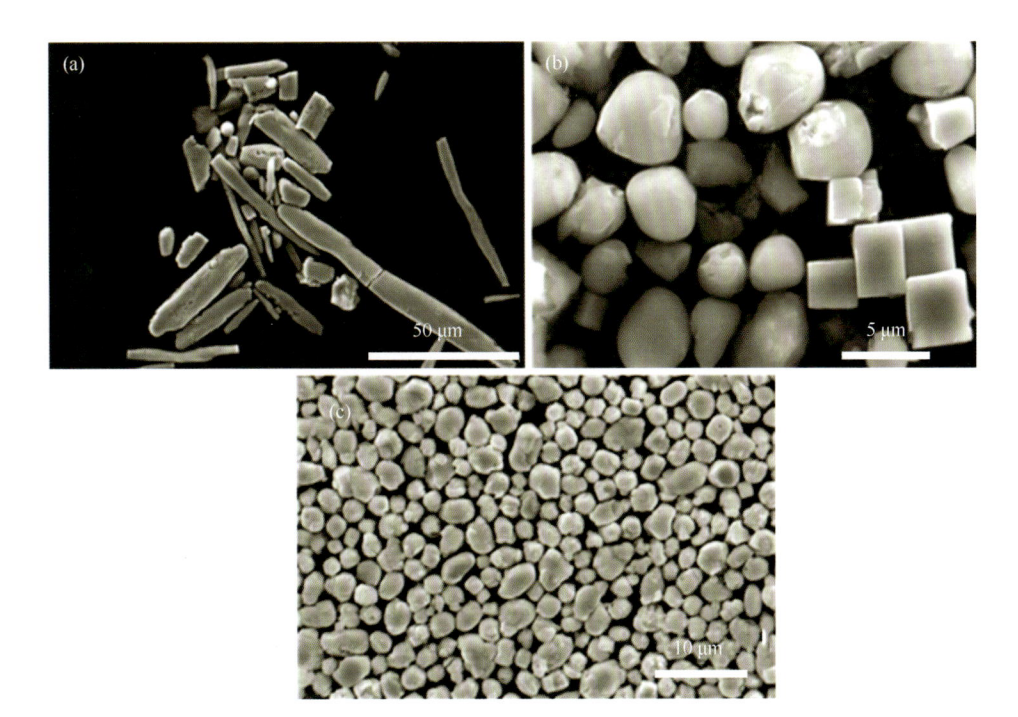

图 2-36 轴承钢中典型夹杂物的三维形貌分布
（a）进口精炼轴承钢；（b）钙处理钢；（c）稀土轴承钢

稀土钢超越国外钙处理钢的根本原因在于：两者对于夹杂物的改性效果都很明显，改性后的夹杂物细小、弥散、均匀、呈椭球状，但稀土夹杂物可与基体协同变形，而钙处理钢的夹杂物不易变形。最重要的是，稀土可固溶，固溶的稀土起到了微合金化作用，而钙处理的钢基本不能实现钙的固溶，因而不能起到强烈的微合金化作用。

参 考 文 献

[1] Taylor C R，Chipman J. Equilibrium of liquid iron and simple acid slags in a rotating induction furnace. Trans AIME，1943，154：228.

[2] 王新华. 钢铁冶金：炼钢学. 北京：高等教育出版社，2007：197.

[3] Toriyama T，Murakami Y，Yamashita T，et al. Inclusion rating by statistics of extreme for electron beam remelted

super clean bearing steel and its application to fatigue strength prediction. Tetsu-to-Hagane, 1995, 81 (10): 1019.

[4] Kato Y, Masuda T, Kawakami K, et al. Recent improvements in cleanliness in high carbon chromium bearing steel. ISIJ Int., 1996, 36: 89.

[5] 製品紹介. 超高清浄度鋼: SP 鋼の鋼種特性と部品展開. 山阳特殊鋼技報, 2006, 13 (1): 77.

[6] Olund P. IQ-Steel: A closer look at the isotropic quality process. OVAKO Publication Materials, 2013, 1.

[7] 刘宏伟, 胡小强, 栾义坤, 等. 一种钢锭智能浇注系统: 中国, CN106270469B. 2015.

[8] 李春龙. 稀土在钢中应用与研究新进展. 稀土, 2013, 34 (3): 78.

[9] Lin Q, Guo F, Zhu X. Behaviors of lanthanum and cerium on grain boundaries in carbon manganese clean steel. J. Rare Earths, 2007, 25 (4): 485.

[10] 王龙妹. 稀土元素在新一代高强韧钢中的作用和应用前景. 中国稀土学报, 2004, 22 (1): 48.

[11] Kojola N, Ekerot S, Andersson M, et al. Pilot plant study of nozzle clogging mechanisms during casting of rem treated stainless steels. Ironmaking Steelmaking, 2011, 38 (1): 1.

[12] 陈继志, 闻英显, 严铄, 等. 16MnRE 钢液口结瘤问题的研究. 钢铁, 1982, 17 (5): 14.

[13] 钟德惠, 韩云龙, 陈继志, 等. 两个典型结瘤水口中稀土夹杂物的聚集. 钢铁, 1985, 20 (3): 1.

[14] Li D Z, Wang P, Chen X Q, et al. Low-oxygen rare earth steels. Nat. Mater., 2022, 21 (10): 1137.

[15] 瞿伟, 金自力, 任慧平, 等. 基于 CSP 工艺稀土冷轧钢板退火过程中第二相析出对组织织构及演变的影响. 稀土, 2015, 36 (4): 44.

[16] 方琪, 李春龙, 勤牧, 等. 稀土对低碳高铌钢相变行为及组织的影响. 稀土, 2015, 36 (5): 35.

[17] 刘承军, 姜茂发, 李春龙, 等. 稀土对不同洁净度高碳钢力学性能的影响. 东北大学学报, 2005, 26 (11): 1078.

[18] 陈佩芳. 稀土金属在钢中的应用. 金属学报, 1978, 14 (2): 188.

[19] 余景生, 陈继志, 陈希颖. 稀土处理钢发展前途的探讨. 稀土, 1983, 1 (2): 53.

[20] 王龙妹, 杜挺, 王跃奎. 09CuPTi (RE) 耐候钢中稀土作用机制研究. 中国稀土学报, 2003, 21 (5): 491.

[21] 韩其勇, 项长祥, 董元篪. 纯铁液中稀土元素-氧-硫平衡的研究. 钢铁, 1984, 19 (7): 9.

[22] 戢景文. 用稀土发展 21 世纪钢的重要途径. 稀土, 2001, 22 (4): 7.

[23] Wang L, Lin Q, Ji J, et al. New study concerning development of application of rare earth metals in steels. J. Alloys Compd., 2006, 408: 384.

[24] 林勤, 郭锋, 朱兴元. 碳锰洁净钢中镧和铈在晶界的行为. 中国稀土学报, 2006, 24 (6): 5.

[25] 沙爱学, 王福明, 吴承建, 等. 稀土与残余元素的固定作用. 稀土金属, 2000, 24 (4): 287.

[26] 何杨, 刘建华, 韩志彪, 等. 稀土镧对 FeCrAl 不锈钢高温力学性能的影响. 连铸, 2015, 40 (4): 1.

[27] Liu H, Liu C, Jiang M. Effect of rare earths on impact toughness of a low-carbon steel. Mater. Des., 2012, 33 (2012): 306.

[28] 李春龙, 王云盛, 陈建军, 等. 稀土在 BNbRE 重轨钢中的作用机制. 钢铁研究学报, 2005, 17 (3): 47.

[29] 林勤, 宋波, 郭兴敏, 等. 钢中稀土微合金化作用与应用前景. 稀土, 2001, 19 (4): 31.

[30] 林勤, 叶文, 李栓禄. 钢中稀土固溶规律及作用研究. 中国稀土学报, 1989, 7 (2): 55.

[31] 金泽洪. 合金钢的稀土金属微合金化研究. 特殊钢, 1997, 18 (4): 5.

[32] Yan M F, Liu Z R. Effect of rare earths on diffusion coefficient and transfer coefficient of carbon during carburizing. J. Rare Earths, 2001, 19 (2): 122.

[33] Li G, Jin H. The influence of additive rare earths on ion carburization. Surf. Coat. Technol., 1993, 59 (1): 117.

[34] Yuan Z X, Yu Z S, Tan P, et al. Effect of rare earths on the carburization of steel. Mater. Sci. Eng. A, 1999, 267 (1): 162.

[35] Wang D L, Li J W, Zhong M P. Microstructure and property of 20CrMo steel with the process of rare earth element carburization. Advanced Materials Research，2011，317-319：479.

[36] Jiang Z, Wang P, Li D, et al. Effects of rare earth on microstructure and impact toughness of low alloy Cr-Mo-V steels for hydrogenation reactor vessels. J. Mater. Res. Technol.，2020，45（10）：1.

[37] Yan M F, Zhang C S, Sun Z. Study on depth-related microstructure and wear property of rare earth nitrocarburized layer of M50NiL steel. Appl. Surf. Sci.，2014，289：370.

[38] Yan M F, Liu R L. Influence of process time on microstructure and properties of 17-4PH steel plasma nitrocarburized with rare earths addition at low temperature. Appl. Surf. Sci.，2010，256（20）：6065.

[39] Liu R L, Yan M F, Wu D L. Microstructure and mechanical properties of 17-4PH steel plasma nitrocarburized with and without rare earths addition. J. Mater. Process. Technol.，2010，210（5）：784.

[40] Yang Y, Dai X Z, Yang X R, et al. First-principles analysis on the role of rare-earth doping in affecting nitrogen adsorption and diffusion at Fe surface towards clarified catalytic diffusion mechanism in nitriding. Acta Mater.，2020，196：347.

[41] Tibbetts G. Diffusivity of carbon in iron and steels at high temperatures. J. Appl. Phys.，1980，51（9）：4813.

[42] 胡小强, 郑雷刚, 夏立军, 等. 一种链箆机箆板用高强度、抗氧化 CNRE 稀土耐热钢及其制备方法：CN114058952B. 2023.

[43] 胡小强, 王琨, 郑雷刚, 等. 一种高 Cr-高 Co 型稀土耐热钢合金材料及其制备方法：中国, CN114480953B. 2023.

[44] 胡小强, 封少波, 李殿中. 一种高纯、均质稀土冷轧辊用钢合金材料及制备方法：中国, CN11015798813. 2020.

[45] 胡小强, 郑雷刚, 夏立军, 等. 一种热处理吊具用抗变形 CNRE 稀土耐热钢及其制备方法：中国, CN114086057B. 2022.

[46] 杨超云. 稀土对高碳铬轴承钢夹杂物-组织-性能的影响机理研究. 合肥：中国科学技术大学, 2020.

[47] 杨超云, 庄权, 刘航, 等. 稀土变质高洁净轴承钢中夹杂物的行为分析. 中国冶金, 2020, 30（9）：45.

[48] 董大西, 杨超云, 郭云生, 等. 高洁净轴承钢中稀土变质夹杂物行为分析. 中国冶金, 2020, 30（6）：30.

[49] Zhang S, Yu Y, Wang S, et al. Effects of cerium addition on solidification structure and mechanical properties of 434 ferritic stainless steel. J. Rare Earths，2017，35（5）：518.

[50] Xin W, Song B, Song M, et al. Effect of cerium on characteristic of inclusions and grain boundary segregation of arsenic in iron melts. Steel Research Int.，2015，86（12）：1430.

[51] Pan F, Zhang J, Chen H, et al. Thermodynamic calculation among cerium, oxygen, and sulfur in liquid iron. Sci. Rep.，2016，6（2016）：35843.

[52] Wang H, Xiong L, Zhang L, et al. Investigation of RE-O-S-As inclusions in high carbon steels. Metall. Mater. Trans. B，2017，48（6）：2849.

[53] Waudby P E. Rare earth additions to steel. Metall. Rev.，1978，23（1）：74.

[54] Adabavazeh Z, Hwang W S, Su Y H. Effect of adding cerium on microstructure and morphology of Ce-based inclusions formed in low-carbon steel. Sci. Rep.，2017，7（2017）：46503.

[55] Mimura K, Sato T, Isshiki M. Purification of lanthanum and cerium by plasma arc zone melting. Mater. Sci.，2008，43（8）：2721.

[56] 姚永宽, 朱明伟, 王德永, 等. 中间包喂稀土水口结瘤机理的研究. 稀土, 2004, （5）：17-19.

[57] 魏志庆, 刘海东, 梁玉山. 混合稀土金属丝、棒材的热挤压加工. 稀土, 1991, （6）：66-69.

[58] 李荣锋, 龚桂仙. 稀土处理钢用混合稀土金属丝（棒）金相试样制备与观察. 稀土, 1993, （1）：50-51.

[59] 吴文远, 孙金治, 海力, 等. 氧化钕在氟盐体系中的溶解度. 稀土, 1991, 12（3）：34.

[60] Pshenichny R, Omelchuk A. Interaction of rare-earth oxides with binary molten mixtures of zirconium and alkali metal fluorides. Russ. J. Inorg. Chem., 2012, 57 (1): 115.

[61] Ambrová M, Jurišová J, Danielik V, et al. On the solubility of lanthanum oxide in molten alkali fluorides. J. Therm. Anal. Calorim., 2008, 91 (2): 569.

[62] Stefanidaki E, Hasiotis C, Kontoyannis C. Electrodeposition of neodymium from LiF-NdF$_3$-Nd$_2$O$_3$ melts. Electrochim. Acta, 2001, 46 (17): 2665.

[63] 庞思明, 颜世宏, 李宗安, 等. 我国熔盐电解法制备稀土金属及其合金工艺技术进展. 稀有金属, 2011, 35 (3): 440.

[64] 李殿中, 栾义坤, 杨超云, 等. 一种高纯稀土金属及其制备方法和用途: 中国, CN105908218B.5.2016.

[65] 刘航, 张耀, 乔晓辉, 等. 熔盐电解法制备低氧低钛稀土金属研究. 稀有金属与硬质合金, 2021, 49 (2): 5.

[66] 刘洋, 李殿中, 王培, 等. 一种旋转离心提取溶液中微小粒子的装置和方法: 中国, CN110411798B.2019.

[67] 刘洋, 李殿中. 一种变速旋转离心方法自动提取溶液中微小粒子的装置: 中国, CN211303432U.2019.

第3章

低偏析钢制备

3.1 钢中偏析的类型与形成机制

钢中偏析一般以碳等元素的名义成分为基准进行比较，涉及宏观偏析和显微偏析两部分，本章以钢锭宏观偏析的研究为主。钢锭的宏观偏析类型通常包括正偏析、负偏析、通道偏析（channel segregation，也称为 A 偏析）、中心偏析（有时也称为 V 型偏析）等。在钢的凝固过程中，上述偏析类型以一种或者几种形式同时存在。偏析的形成机理主要基于 Flemings 等提出的经典自然对流理论[1]。但研究发现，最难以去除的通道偏析主要由氧化物为基底的复合夹杂物上浮驱动导致。据此，作者提出了氧致通道偏析的学术思想，开发出低氧抑制通道偏析的新技术，在工程中获得广泛应用，"控氧可有效控制偏析"取得行业共识。针对通道偏析以外的其他偏析形式，发明了金属构筑成形技术，"以小制大"，对全域偏析进行有效控制，提高了大型钢锭的均质性和材料利用率。本章将重点介绍氧致通道偏析新机制和金属构筑成形技术等原创工作。

3.1.1 钢中偏析类型

本书所说的偏析主要是指钢中的宏观偏析，当然也会涉及显微偏析的形成机制与控制技术。钢中的偏析类型在大型钢锭中最具代表性，它包括最典型的几种偏析——顶部正偏析、底部负偏析、中心偏析、两侧的通道偏析等。如图 3-1 所示，这是 20 世纪法国企业针对 65 t 钢锭的实物解剖结果，图中再现了 4 种典型的偏析形式[2]。连铸坯中最典型的偏析是通道偏析和中心偏析，如图 3-2 所示，这是针对厚板坯解剖再现的偏析形式[3]。宏观偏析形成机理是国际性科学难题，为了减轻甚至消除偏析，需要系统地控制凝固过程。顶部正偏析与冒口补缩能力有关，通常采用合理的冒口设计将偏析引入冒口中，然后切除冒口和冒口以下锭身中的一定高度来减少顶部正偏析。底部负偏析的形成与顶部扰动形成的结晶雨下沉密切相关，同样也主要通过切除钢锭尾部来解决，俗称"切头去尾"，当然这主要以牺牲材料利用率为代价。中心偏析与溶质富集、凝固收缩、应力作用等相关，主要通过设计合理的冒口高度与形状进行补缩、优化钢锭模设计进行调控冷却速度和应力等解决，如果难以消除，后续通过锻造也能在一定程度上得到改善。而通道偏析是最难解决的偏析问题，一旦形成就难以改善，基本无法消除，因为通道偏析起源于钢锭的锭身横断面的次表面，以一定角度倾斜向上、向内分布，而且左右面基本对称，几乎贯穿钢锭整个断面，无法切除，如图 3-3 所示[3]。因此，通道偏析最好在凝固阶段予以减轻直至消除。

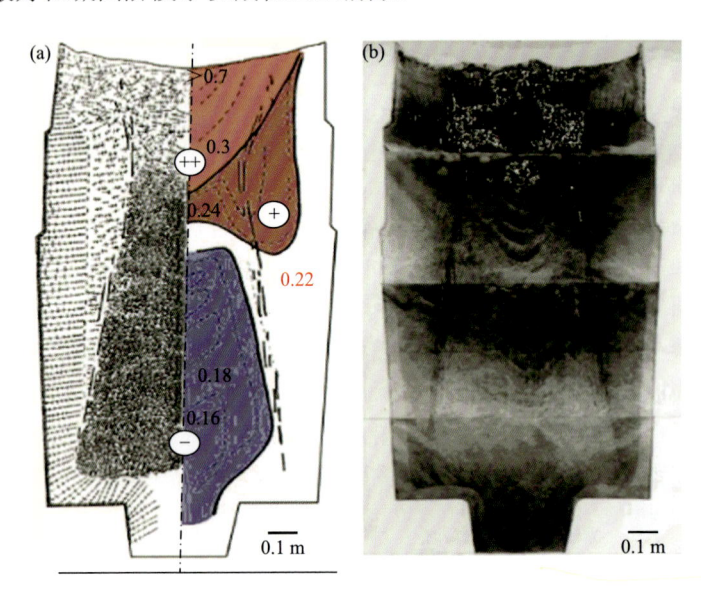

图 3-1　65 t 钢锭的纵向截面

（a）宏观偏析类型和碳分布；（b）偏析的硫印图[2]

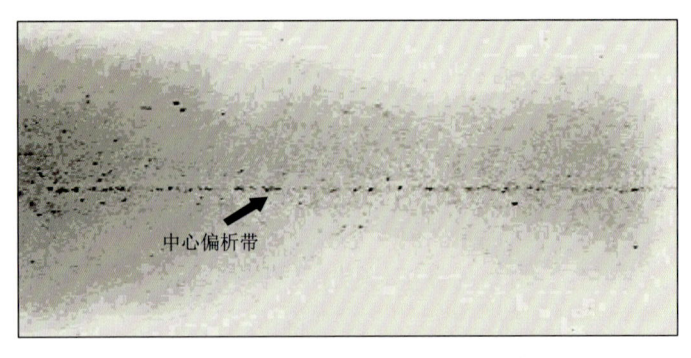

图 3-2　硫印显示了连铸板坯的中心偏析带（箭头所示）

此偏析带的宽度只有几毫米[3]

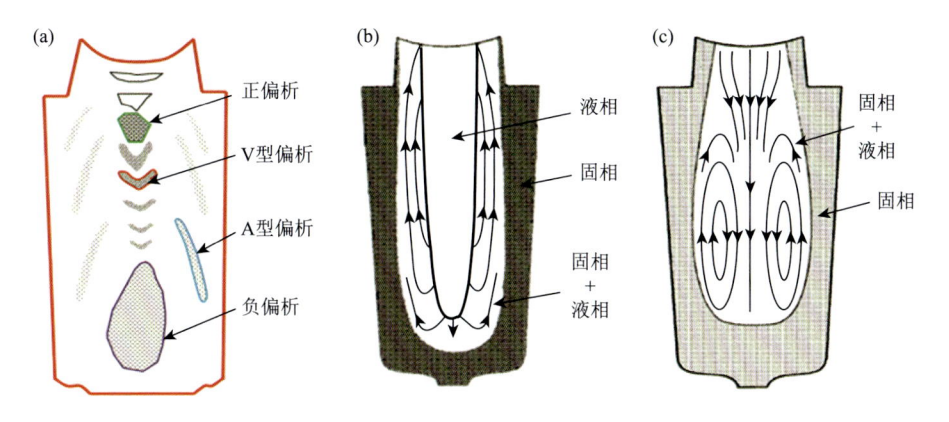

图 3-3 钢锭中常见的宏观偏析类型和流场示意图[4]
（a）宏观偏析类型示意图；（b）中心区域为全液相时的流场；（c）凝固后期的流场

3.1.2 自然对流作用下的偏析形成机制

经典偏析理论认为，凝固过程中由温度差与溶质浓度差引起的自然对流是偏析形成的主要原因。多年的研究结果表明：正偏析、负偏析、中心偏析形成符合自然对流理论[3-5]。正偏析和中心偏析由溶质富集导致，特别是正偏析，碳的浮力流导致正偏析形成。中心偏析除冒口补缩不足外，还伴随着凝固收缩、应力作用所产生。但对于钢中的通道偏析，经典理论认为，由于自然对流使枝晶间的溶质富集液流动速度高于枝晶尖端生长速度，从而形成通道偏析，但是模拟计算与试验都很难再现这一偏析形式[6]。之后的研究表明，只有极少数的钢，如高 Si 含量的钢，会出现自然对流导致的通道偏析，绝大多数钢种的通道偏析形成机理不符合自然对流理论[7]。

以碳钢为例，由于凝固过程中轻的溶质元素不断排出，聚集在枝晶间，糊状区流动速度具有向上的分量。在钢锭中心液体凝固之前，枝晶间流速向上且指向外侧，但在钢锭上部的糊状区由于母液和凝固前沿具有更高的渗透率，再加上钢锭形状和流线闭合的特点，流动方向转向内侧，见图 3-3（b）。随着凝固的进行，当糊状区前沿抵达钢锭中心处时，液体沿中心轴线形成向下的流动，见图 3-3（c）。由于冒口下方及中心轴线上部流动方向与温度梯度方向相同，溶质富集，形成正偏析。

进一步的理论计算揭示了顶部正偏析的形成过程以及合金元素对其的影响规律。结果表明，$d\rho_l/dT_l$ 或 $d\rho_l/df_l$（ρ_l：液体密度，T_l：液相线温度，f_l：液相体积分数）的变化对顶部正偏析的产生具有决定性作用：由于 $d\rho_l/dT_l>0$，枝晶间液体在糊状区上升并在顶部转向中心后，并没有和大体积液相的液体对流混合，而是继续漂浮在其上部并形成一个相对较弱的单独对流区域。随着凝固的进行，会有更多的液体进入该区域，使其逐渐往下扩展，且成分和枝晶间溶质富集液基本一致。由于钢中元素引起的液相线变化 $dT_l/dC_l<0$，溶质会在此区域逐渐富集，凝固结束后，形成顶部正偏析。应该注意到，糊状区液体进入单独对流区域的难易程度，不仅和 $d\rho_l/dT_l$ 相关，还和液体渗透率紧密相连，针对这两种影响因素可考虑在工程实践中分别通过调节合金成分、冒口设计以及控制枝晶形貌减轻顶部正偏析的产生。

当忽略晶粒移动、凝固收缩和扩散时，糊状区局部溶质浓度变化可表示如下：

$$\frac{\partial C}{\partial t} = -f_l \mathbf{V}_l \cdot \nabla C_l \tag{3-1}$$

可以看出，局部溶质浓度 C 不仅取决于流动速度 $\mathbf{V}_l$，还与液相浓度梯度 ∇C_l 有关。当两者方向相反时（两矢量夹角>90°），浓度变化值为正。随着时间的推移，局部溶质含量逐渐增加，形成正偏析。在这种情况下，离开此区域的液体相对于进入的液体溶质含量要少，即富含溶质的液体替代了溶质匮乏的液体，造成此处溶质富集。当情况相反时，负偏析产生。

除正偏析外，在 20SiMn、27SiMn 等 Si 含量较高的少数钢中，通道偏析也是由热溶质对流驱动产生的，这和后续章节重点介绍的大多数钢中氧致偏析机制不同。下面详细说明自然对流驱动的通道偏析形成机制、特征和条件。

首先，采用"真空碳脱氧（vacuum carbon deoxidation，VCD）+真空浇注"的工艺方法制备了 500 kg 的 27SiMn 砂模冷却钢锭，并进行通道偏析、夹杂物和组织的表征分析。图 3-4 是 27SiMn 锭身的宏观腐蚀结果。可以看出，锭身中心轴线上部（冒口与锭身结合处下方）存在严重的缩孔疏松缺陷，在锭身两侧观察到了轻微的 A 型偏析通道，如黑色箭头所示。解剖结果表明，在 27SiMn 钢中即便把氧含量控制得很低（约 8×10^{-4} wt%），仍然可以单纯依靠热溶质对流驱动产生通道偏析，这和解剖的 1045 钢锭等完全不同。这是因为过高含量的轻元素 Si 会造成凝固过程中糊状区与大体积液体间存在较大的密度差，产生较强的枝晶间自然对流。这些富集大量轻溶质的液体（具有低的液相线温度）上升过程中会遇到温度更高的上层液体，使得此处钢液由于成分过冷而长时间无法凝固或者凝固速度相对于周围区域变慢，最终造成该处糊状区失稳，诱发通道偏析。通过 ProCAST 软件计算发现，考虑溶质回扩散（back diffusion）后，27SiMn 钢的固液两相区宽度达到 122℃，而 1045 钢仅为 82℃，较宽的固液两相区增加了流动速度和糊状区失稳的概率。此外，较高的 Si 含量还使得枝晶粗大，糊状区渗透率增高，枝晶间流动增强，这也对通道偏析的形成极为有利。另外，Si 含量增加后也会降低钢液黏度，从而使得流动阻力减小，进一步增强热溶质对流程度，诱发了通道偏析的产生。最终，由于通道内组织结构和成分均与正常基体有差异，表现出不同的抗腐蚀能力，见图 3-4 中通道偏析处的宏观形貌。

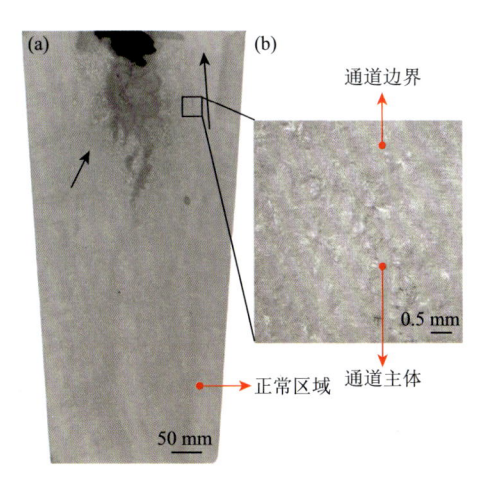

图 3-4　500 kg 级 27SiMn 钢锭中心纵剖面低倍腐蚀结果和通道偏析宏观组织形貌
图（b）为图（a）中通道偏析区域（黑色箭头所示）的放大结果

图 3-5 显示了通道偏析区域及正常区域的金相组织结果。正常区域主要为珠光体 + 铁素体组织，符合亚共析钢的组织特征（碳名义成分为 0.26 wt%）。在通道偏析区域，虽然也是珠光体 + 铁素体组织，但珠光体（灰色区域）含量增加，反映了此处碳元素有明显的富集现象。此外，通道偏析处存在明显的"黑色缺陷"。

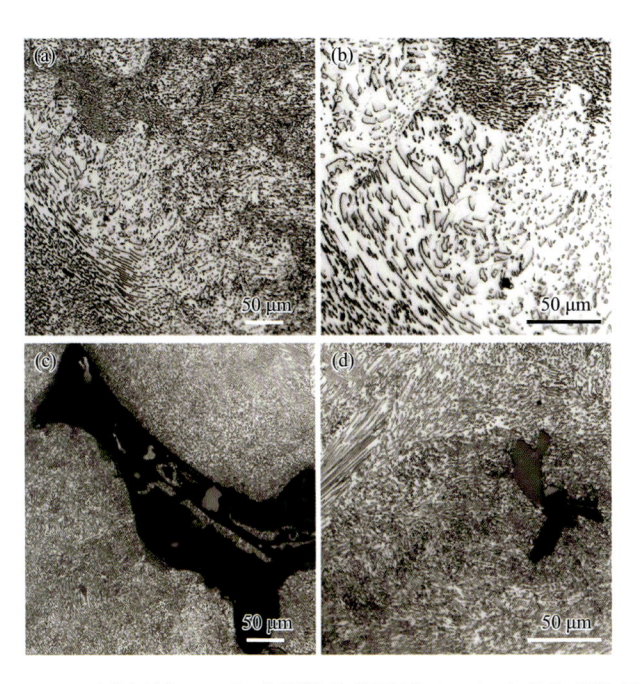

图 3-5　正常区域（a, b）和通道偏析区域（c, d）金相组织特征

图 3-6 为不同缺陷区域的放大照片，可以看出，除了紧邻正常组织的下凹"黑色区域"外，缺陷处还存在一些不同于黑色区域衬度的孤立块状小岛。SEM 面扫描结果显示，黑色区域存在明显的轻元素富集，如 C、O，这主要是由于两者的平衡分配系数较小。考虑到此区域氧含量极高（点分析显示质量分数约为 20%）而其名义成分又极低（约 0.00088 wt%），不能排除过高的氧含量是由制样或者腐蚀过程中样品发生氧化造成的。而大部分岛状区域则表现为其他主元素的富集，如图 3-6（a）和（d）中分别存在 Si 和 Mn 元素的富集，只是富集形态与 C 元素有所差别，呈岛状。图 3-6（b）和（c）中岛状区域不存在元素富集现象，可认为是正常基体，这可能是凝固过程中枝晶碎片漂移或者等轴晶粒的移动所致。富集 Si 或 Mn 的小岛由于易腐蚀，呈现黑色，无富集现象的小岛仍然为灰色，与基体保持一致。

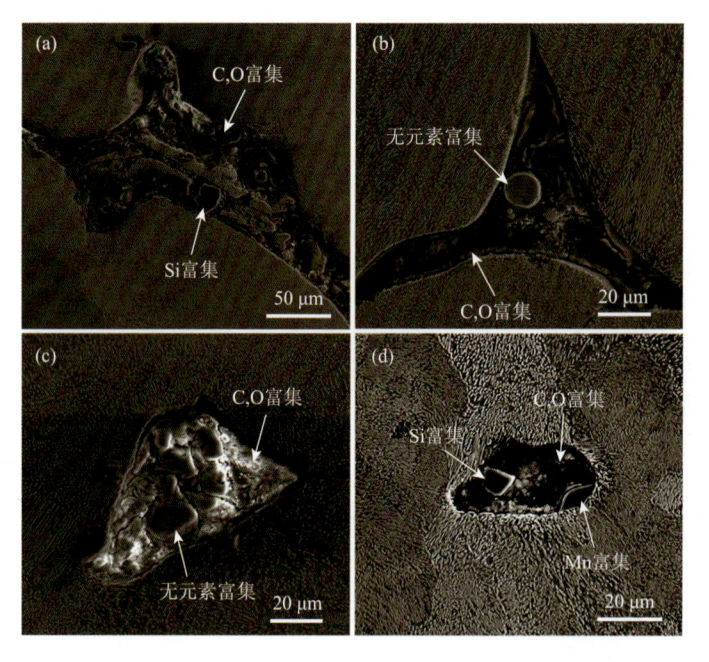

图 3-6 通道偏析区域缺陷特征：C 元素（a～d）、Si 元素（a，d）和 Mn 元素分布（d）

EPMA 面扫描分析验证了上述结果的正确性，在通道偏析区域确实存在主元素 C、Si、Mn 的严重偏析，正常区域则无明显的元素富集现象，如图 3-7 所示。需要注意的是，从 EPMA 图像以及 SEM 结果可以看出，缺陷区和基体之间存在明锐清晰的界面，呈现缩孔特征，因此缺陷区域应该是在周围基体正常凝固之后形成的。在凝固过程中，由于元素富集，缺陷区凝固速度变慢或者已凝固枝晶发生重熔，而周围继续凝固区域仍会不断排出溶质，加剧此处偏析程度。随着凝固的进行，若大体积液体始终无法有效稀释或者补缩此处富集溶质的残余液体，凝固结束后便会形成富含偏析元素和缩孔的区域。

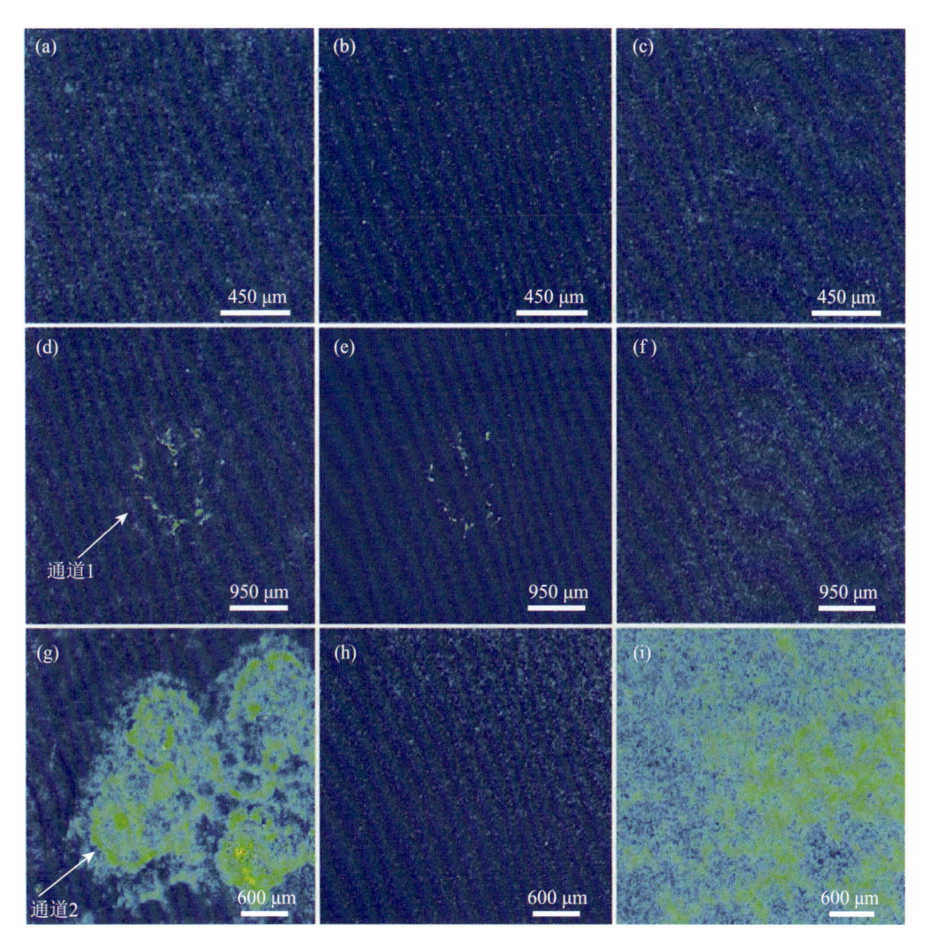

图 3-7　正常区域（a～c）和通道偏析（d～i）主元素分布

（a, d, g）C 元素分布图；（b, e, h）Si 元素分布图；（c, f, i）Mn 元素分布图

从图 3-8 夹杂物形貌和 EDS 成分分析可以看出，27SiMn 钢中夹杂物类型主要为单个的 Al_2O_3 或者 MnS 夹杂物，尺寸较小，数量不多。根据 Stokes 定律，由于这些夹杂物比较细小，不能在凝固过程中充分上浮，最终会滞留在钢中。为了得到通道偏析和正常区域夹杂物的定量信息，分别采用二维和三维表征手段进行对比分析。通过显微计算机断层成像（micro computed tomography，Micro-CT）高分辨透射 X 射线成像系统进行三维扫描后，结果如图 3-9 所示。由两种试验表征结果可以看出，无论在通道处还是在正常区域内，夹杂物颗粒均较细小，且形状

规则，近弥散分布，无明显的夹杂物偏聚现象，这和大气浇注下的 1045 钢中夹杂物的特征截然不同，但与洁净化冶炼、真空浇注的 1045 钢锭行为相似。

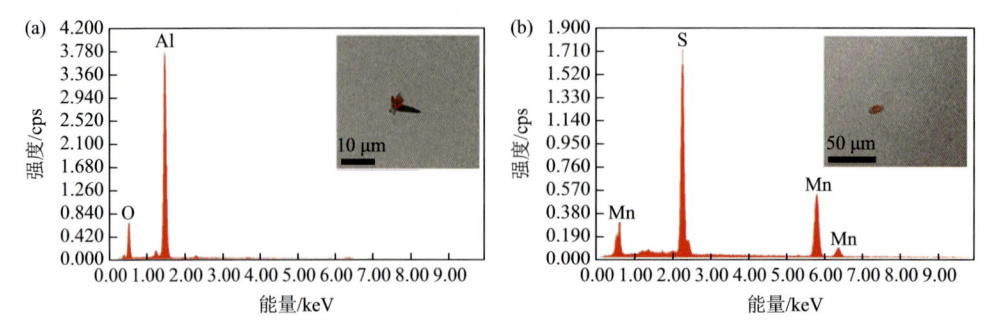

图 3-8　27SiMn 钢中夹杂物 EDS 分析结果

（a）Al$_2$O$_3$；（b）MnS；其中的 SEM 图给出了分析位置以及相应的夹杂物形貌

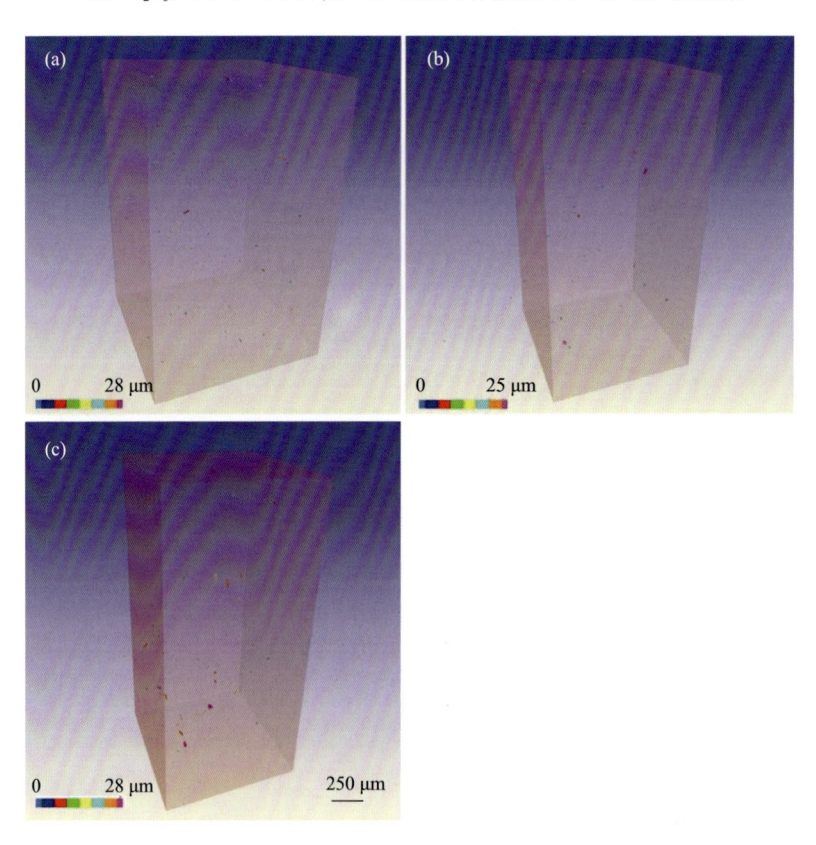

图 3-9　27SiMn 钢夹杂物表征

（a）通道边缘；（b）通道内部；（c）正常区域

（a）、（b）和（c）重构区域体积分别为 1470 μm×1470 μm×2125 μm、1150 μm×1150 μm×2150 μm 和 1150 μm×1150 μm×2150 μm

表 3-1 进一步给出了两种方式得到的不同区域（通道内部、通道边缘和正常区域）夹杂物的定量表征结果。两种统计结果均表明，27SiMn 钢中不同位置的夹杂物体积/面积分数相似且均较少，处于约 0.001% 级别，比大气下浇注的 1045 钢（0.07%～0.35%）少一个数量级以上。相比于正常区域，通道处的夹杂物平均尺寸和最大尺寸也基本无差别，说明在 27SiMn 钢的通道偏析演化过程中，不存在明显的夹杂物聚集长大现象。尽管夹杂物尺寸因统计方式不同而在数值上有所差异，如二维和三维表征中夹杂物平均尺寸分别为 3.5 μm 和 11 μm，但其均要比大气浇注下的 1045 钢中夹杂物尺寸（10～50 μm）小很多。可以看出，27SiMn 钢中由于夹杂物尺寸较小，凝固过程中夹杂物会随着大体积液体或枝晶间液体流动或容易被已凝固枝晶捕捉，从而无法对局部流场产生有效干扰，通道偏析难以形成。同时，因为夹杂物含量极低，即便初始扰动存在，夹杂物和糊状区的相互作用或者扰动行为仍然无法持续。事实上，这种微小扰动会因为自然对流的影响而很快消除，诱发的微通道难以继续生长，也就无法依赖这种夹杂物的漂浮运动形成宏观尺度的通道偏析。

表 3-1　27SiMn 钢中不同位置夹杂物的数量和尺寸统计结果

位置	二维表征			三维表征		
	f_a/%	d_{ave}/μm	d_{max}/μm	f_v/%	d_{ave}/μm	d_{max}/μm
非通道区域	0.004	3.0	10.0	0.0033	11.0	27.0
通道边缘	0.006	4.1	12.2	0.0035	11.2	25.5
通道内	0.004	3.1	9.8	0.0027	10.5	27.0

注：f_a 和 f_v 分别为夹杂物（表 3-2 中为孔洞）的面积分数和体积分数；d_{ave} 和 d_{max} 分别为夹杂物（表 3-2 中为孔洞）的平均直径和最大直径。

除夹杂物外，继续对通道处孔洞信息进行三维表征，结果如图 3-10 所示。通过孔洞三维分布信息可知，通道处孔洞明显大于正常区域，且形状极不规则。进一步的定量统计发现（表 3-2），正常区域、通道边缘和通道内部的孔洞体积分数分别为 0.035%、0.040% 和 0.620%，呈递增趋势；且孔洞的直径也逐渐增加，在通道处平均尺寸和最大尺寸分别达到了 34.8 μm 和 374 μm。通道处较大的孔洞体积和尺寸与其存在极大的三维贯穿孔（类似缩孔）有关，如图 3-10（a）中最大的一个品红色标识的孔洞，这样大尺寸且形状复杂的孔洞不是由凝固过程中的气泡聚集长大形成的。由于此区域富集了大量的低熔点物质，凝固极为缓慢并逐渐形成了一个较大的封闭区域，在凝固结束时外界液体补缩不足而形成缩孔。当此孔洞不参与统计时，通道处孔洞的体积分数、平均尺寸和最大尺寸分别降到了 0.047%、25.6 μm 和 119 μm，与通道边缘及正常区域几乎相同。这说明实际工艺中控制大尺寸缺陷的重要性。在洁净化冶炼的基础上再辅助冒口优化设计，不仅可有效增加凝固过程中钢液补缩能力，还可减少孔洞类缺陷，钢锭偏析也大大减轻。

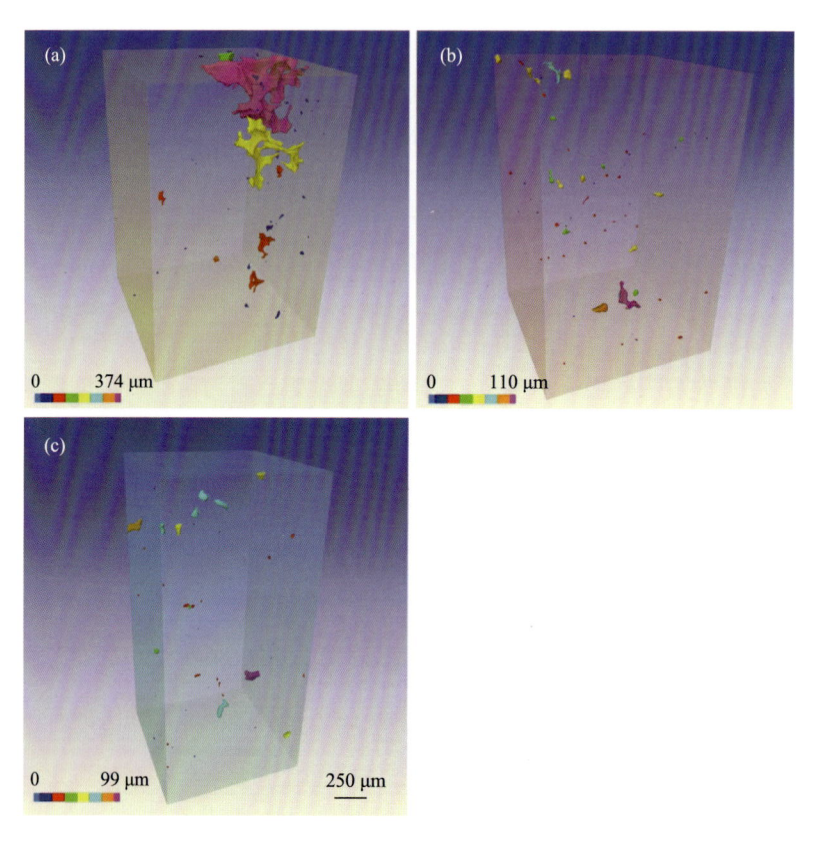

图 3-10　27SiMn 钢中不同区域孔洞的三维分布信息

（a）通道边缘；（b）通道内部；（c）正常区域

图中重构区域与图 3-9 一致

表 3-2　27SiMn 钢中不同位置孔洞的数量和尺寸统计结果

位置	f_v/%	d_{ave}/μm	d_{max}/μm
非通道区域	0.035	24.8	102
通道边缘	0.040	26.5	110
通道内	0.620	34.8	374

从上述结果可知，对于 27SiMn 钢，由于全氧含量非常低，在通道区域和基体内，夹杂物含量都很少，因此其通道偏析产生过程与夹杂物无关。而因为通道处存在明显的元素富集，所以在 27SiMn 钢中，通道偏析的形成依然遵循经典的

热溶质梯度引发的自然对流理论。为此，进一步从通道处取屑进行化学成分分析，以定量揭示元素偏析程度，并与 1045 钢中的主元素偏析进行对比，结果如表 3-3 所示。可以看出，除 C 元素偏析比 1045 钢略小外，27SiMn 钢中 Si 和 Mn 偏析均要严重得多，特别是 Si 元素。这也使得 27SiMn 钢凝固过程中由主元素引起的枝晶间液体和总液体之间的密度差较大，能够显著提高枝晶间液体对流强度，造成糊状区失稳，进而诱发通道偏析。

表 3-3 1045 钢和 27SiMn 钢中主元素偏析化学成分分析结果

钢种	$\Delta C^C/C_0^C$	$\Delta C^{Si}/C_0^{Si}$	$\Delta C^{Mn}/C_0^{Mn}$
1045 钢	0.06%/0.47%	0.01%/0.3%	0.02%/0.53%
27SiMn	0.05%/0.26%	0.13%/1.17%	0.08%/1.19%

注：ΔC^C、ΔC^{Si} 和 ΔC^{Mn} 分别为 C、Si 和 Mn 元素的偏析量；C_0^C、C_0^{Si} 和 C_0^{Mn} 分别为 C、Si 和 Mn 元素的名义成分。

接下来，继续从理论上说明合金元素对钢中宏观偏析的影响机制。首先建立糊状区和母液间密度差模型，热溶质效应引起的糊状区和总液体间密度差 $\Delta\rho$ 可描述如下：

$$\Delta\rho = \frac{\partial \rho_1}{\partial T}\Delta T_1 + \sum_i \frac{\partial \rho_1}{\partial C_1^i}\Delta C_1^i \tag{3-2}$$

式中，$\Delta T_1 = T_1 - T_0$；C_1、T_1、ρ_1、i 分别为液相浓度、温度、密度和组元。当把各个溶质元素引起的线性温降直接叠加之后，钢液的液相线温度 T_1 可以表示为

$$T_1 = T_0 + \sum_i \frac{\partial T_1}{\partial C_1^i}\Delta C_1^i \tag{3-3}$$

式中，T_0 为初始成分下的液相线，将式（3-3）代入式（3-2）中，有

$$\Delta\rho = \sum_i \left(\frac{\partial \rho_1}{\partial T}\frac{\partial T_1}{\partial C_1^i} + \frac{\partial \rho_1}{\partial C_1^i} \right)\Delta C_1^i \tag{3-4}$$

将溶质和温度膨胀系数 β_C^i 和 β_T 分别代入上式并变换后，得到相对密度差表达式如下：

$$\frac{\Delta\rho}{\rho_0} = \sum_i (\beta_T m^i + \beta_C^i)\Delta C_1^i \tag{3-5}$$

式中，$\Delta C_1^i = C_1^i - C_0^i$，代表糊状区某组元 i 的液相成分 C_1 和母液名义成分 C_0 之差，ρ_0 和 m 为初始液相密度和液相线斜率。对于置换型溶质元素，采用 Scheil 定律；对于间隙型溶质元素，采用杠杆定律。将这两个定律代入式（3-5），有

$$\frac{\Delta\rho}{\rho_0} = \sum_i \left(\beta_T m^i + \beta_C^i\right)\left(C_1^i - C_0^i\right)$$

$$= \sum_{j=1}\left\{C_0^j\left(\beta_T m^j + \beta_C^j\right)[(1-f_s)^{k^j-1}-1]\right\} + \sum_{n=1}\left[C_0^n\left(\beta_T m^n + \beta_C^n\right)\frac{f_s(1-k^n)}{(1-f_s)(1-k^n)+k^n}\right]$$

$$= \sum_{q=1}\left(C_0^q \beta^q \lambda^q\right)$$

（3-6）

式中，$\beta^q = \beta_T^q m^q + \beta_C^q$，$q = j, n$；$\lambda^q = \begin{cases} (1-f_s)^{k^q-1}-1, & q=j \\ \dfrac{f_s(1-k^q)}{(1-f_s)(1-k^q)+k^q}, & q=n \end{cases}$。

其中，j、n 分别为置换型元素和间隙性元素；f_s、k 分别为固相分数（质量分数）和平衡分配系数。可以看出，相对密度差主要与原始成分、热-溶质膨胀系数和显微偏析参数（包括平衡分配系数 k 和凝固程度 f_s）等有关；β 为膨胀参数；λ 为显微偏析参数。对于特定的钢种，元素初始含量保持不变，因此接下来主要讨论不同合金元素的 β、λ 和 $\beta\lambda$ 大小情况。通常认为，钢中通道偏析起始于固相分数为 0.3 时[8, 9]，结合相关文献[10, 11]中的 k、m、β_T 和 β_C 等物性参数，可得到此固相分数下各个元素的 β、λ 和 $\beta\lambda$，其中 C 显微偏析符合杠杆定律，Si 和 Mn 偏析符合 Scheil 定律，结果如表 3-4 所示。

表 3-4 各个元素的 β、λ 和 $\beta\lambda$ 等物性参数

参数	C	Si	Mn	S	P	Mo
$m/(K/wt\%)$	−80.45	−17.1	−3.32	−30.4	−27.1	−3.25
k	0.36	0.59	0.75	0.024	0.09	0.56
$\beta_C/wt\%^{-1}$	−0.011	−0.0119	−0.00192	−0.0123	−0.0115	0.00192
β_T/K^{-1}	\multicolumn{6}{c}{−0.000107}
$\beta/wt\%^{-1}$	−0.00239	−0.0119	−0.00192	−0.0123	−0.0115	0.00192
λ	0.2376	0.157	0.093	0.416	0.383	0.17
$\beta\lambda/wt\%^{-1}$	−0.000568	−0.00187	−0.000178	−0.00512	−0.00440	0.000326

从表 3-4 可以看出，C、Si、Mn、S 和 P 均会降低糊状区的密度，而重元素 Mo 则相反，会增加糊状区的密度，意味着在实际工业生产中可以通过平衡重元素和轻元素之间的配比来减小钢液总的密度差，从而减轻宏观偏析。各个轻元素对密度差的贡献可以通过 $\beta\lambda$ 来衡量，即 S＞P＞Si＞C＞Mn。需要指出的是，在以前的研究[12-14]中多以膨胀参数 β 为标准，而忽略了显微偏析参数 λ 的影响。考虑到各个元素 $\beta\lambda$ 的相对大小与膨胀参数 β 趋势相同（表 3-4），这样的处理有一定的合理性，但使用过程中仍须谨慎。例如，若仅以膨胀参数 β 为标准，Si 元素的作用要比

C 元素大得多（β 值约为 5 倍关系），而 C 元素又与 Mn 元素作用相当（β 值差别不大）。但事实上，通过 $\beta\lambda$ 的计算结果可知，C 元素的 $\beta\lambda$ 值相对于 Si 元素并没有低到可以忽略的程度（约为 3 倍），且 C 元素也明显大于 Mn 元素的 $\beta\lambda$ 值（约为 3 倍）。

尽管 S、P 元素对密度差的影响很大，但考虑到当今冶炼水平和特殊钢实际生产工艺，这些有害的杂质元素含量会被控制在极低数值，因此对糊状区和母液间密度差 $\Delta\rho$ 的影响不是主要因素。同时，Si 元素的增加引起的密度差比较大（表 3-4），特别是考虑到密度差大小正比于初始含量而又没有重密度元素平衡这种密度差别时［式（3-6）］，在某些高 Si 含量的钢中，糊状区会在凝固过程中产生足够强的密度反转和热溶质自然对流，从而加剧最终的宏观偏析。

为了定量对比 27SiMn 和 1045 钢的密度差，将两种钢的初始成分（wt%）（27SiMn：Fe-0.26C-1.17Si-1.19Mn；1045 钢：Fe-0.47C-0.3Si-0.53Mn）和其他相关物性参数（表 3-4）代入式（3-6）中，得到此时 27SiMn 和 1045 钢中相对密度差分别为 0.0021 和 0.00082，可见前者要比后者大很多。这意味着 27SiMn 钢中主元素引起的自然对流驱动力确实要比 1045 钢大得多，与模型合金（Ga-In、Sn-Pb、Sn-Bi、Al-Cu 等）相当，因此能够诱发通道偏析产生。

需要强调的是，27SiMn 钢中较大的密度差主要是由于轻元素 Si 的初始含量较高而又没有其他重元素来抵消这种密度差别。其次，钢中自然对流强度除与密度差密切相关外，还取决于枝晶形貌和枝晶骨架对钢液的阻碍能力，如 27SiMn 钢中高含量的 Si 不仅会使枝晶臂间距增大，从而提高糊状区的渗透率，还会降低钢液黏度，两者均会增强枝晶间自然对流。所以，密度差只能作为衡量不同钢种宏观偏析趋势的初步判据。接下来以 500 kg 砂型冷却钢锭为例，分别利用数值模拟方法和耦合了上述多因素的判据因子——瑞利数（Rayleigh number）综合衡量不同钢种宏观偏析，特别是通道偏析的差异。

根据试验测量结果，将 27SiMn 钢和 1045 钢分别简化为多元体系 Fe-0.26C-1.17Si-1.19Mn 和 Fe-0.47C-0.3Si-0.53Mn（wt%）。模拟中用到的主要热物性参数如表 3-5 所示，部分数据由 ProCAST 软件计算获得。采用均匀化网格，网格尺寸为 4 mm×4 mm。为了考虑不同合金元素特别是 Si 含量对二次枝晶臂间距 d_s 的影响，采用 Cabrera-Marrero 等[15]在连铸坯试验基础上获得式（3-7）：

$$d_{\mathrm{s}} = t_{\mathrm{f}}^{1/3}(70C_0^{\mathrm{C}} + 50C_0^{\mathrm{Si}} - 0.178C_0^{\mathrm{Mn}} - 430C_0^{\mathrm{Al}} + 0.755C_0^{\mathrm{Ni}} - 3.42C_0^{\mathrm{Cr}}) \quad (3\text{-}7)$$

式中，t_f 为局部凝固时间，可由公式 $t_\mathrm{f} = (T_\mathrm{l}-T_\mathrm{s})/(RG) = (T_\mathrm{l}-T_\mathrm{s})/\varepsilon$ 近似计算获得，T_l 和 T_s 分别为液相线和固相线温度，R 为凝固速度，G 为温度梯度，ε 为冷却速度。将 t_f、T_s、T_l 表达式[15]联立，并代入式（3-7）中：

$$\begin{aligned}d_{\mathrm{s}} =& [(2 + 112C_0^{\mathrm{C}} + 4.3C_0^{\mathrm{Si}} + 1.8C_0^{\mathrm{Mn}})/\varepsilon]^{1/3}(70C_0^{\mathrm{C}} + 50C_0^{\mathrm{Si}} - 0.178C_0^{\mathrm{Mn}} \\ & - 430C_0^{\mathrm{Al}} + 0.755C_0^{\mathrm{Ni}} - 3.42C_0^{\mathrm{Cr}})\end{aligned} \quad (3\text{-}8)$$

表 3-5　两种钢模拟用到的主要热物性参数

热物性参数	Fe-0.26C-1.17Si-1.19Mn		Fe-0.47C-0.3Si-0.53Mn	
密度 ρ/(kg/m³)	6800		6900	
热导率 λ[W/(m·K)]	34		34	
比热容 c_p/[J/(kg·K)]	500		500	
温度膨胀系数 β_T/K⁻¹	0.000107		0.000107	
溶剂熔点 T_m/K	1805.15		1805.15	
凝固潜热 ΔH/(J/kg)	271000		271000	
黏度 ν/(m²/s)	6×10^{-7}		6×10^{-7}	
二次枝晶臂间距 d_s/μm	650		430	
溶质膨胀系数 β_C/(wt%)⁻¹	C	Si		Mn
	−0.011	−0.0119		−0.00192
液相线斜率 m/(K/wt%)	−80.45	−17.1		−3.32
平衡分配系数 k	0.36	0.59		0.75

通过式（3-8）可知，为了计算 d_s，除了需要各个元素的初始含量外，还需确定凝固过程中的冷却速度 R_c。因此，进行宏观偏析模拟之前首先对凝固过程中的热传输行为进行预模拟，预模拟过程中只考虑热传递和热辐射行为，忽略对流传热以及溶质场影响。并在凝固过程中提取锭身处各个位置 $f_s = 0.3$ 时的冷却速度并进行平均化处理，最终得到 27SiMn 和 1045 钢中冷却速度分别约为 0.064 K/s 和 0.077 K/s。将该冷却速度和各元素名义成分代入式（3-8）中，并忽略 Al、Ni 和 Cr 等元素的影响，得到 27SiMn 和 1045 钢中的二次枝晶臂间距分别为 650 μm 和 430 μm。可以看出，27SiMn 钢中由于 Si 含量高，凝固过程中枝晶比较粗大，如二次枝晶臂间距要大于 1045 钢，这与前面分析一致。在得到这两种钢的二次枝晶臂间距之后，通过模拟，研究这两种钢中自然对流强度以及通道偏析产生情况。

凝固结束后，两支钢锭最终碳元素分布结果如图 3-11 所示。可以看出，两支钢锭均出现了正常的顶部正偏析和底部锥状负偏析，但 27SiMn 钢正负偏析的区域要明显大于 1045 钢，反映了前者凝固过程中较强的枝晶间热溶质对流。两种钢的冒口两侧均出现了窄小的偏析通道，这主要与冒口处存在复杂的热场和几何尺寸突变有关。锭身-冒口连接处发生的锥度和尺寸的突变以及冒口有别于锭身的保温条件都会促使流场改变，使得凝固开始后不久，冒口两侧糊状区便出现流动失稳现象，从而改变糊状区凝固速度甚至凝固顺序，使得通道偏析萌生，而从锭身不断上浮的富集溶质的液体更是加剧了此处通道偏析的进一步发展。此外，27SiMn 钢的锭身部位还出现了明显的 A 型偏析通道，而 1045 钢则没有发生，这说明前者确实可以单纯依靠热溶质浮力诱发通道偏析形成，而后者则不能。相对于 1045 钢，27SiMn 钢中糊状区与大体积液相间的密度差更大，而且枝晶粗大（二次枝晶臂间距较大），这均使 27SiMn 钢中自然对流强烈，造成糊状区失稳，通道偏析产生。

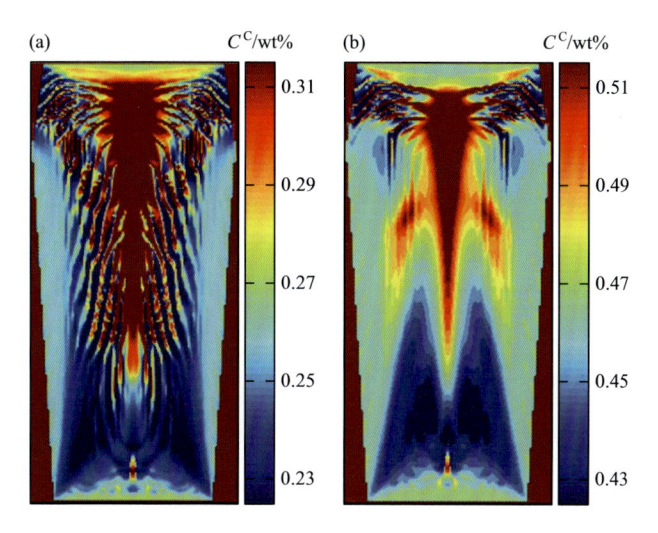

图 3-11　27SiMn 钢（a）和 1045 钢（b）凝固结束后碳元素分布

为了揭示 27SiMn 钢通道偏析形成过程，图 3-12 进一步展示了两支钢锭不同时刻碳元素的分布和固相分数等值线演化规律。凝固初期（t = 300 s），由于枝晶间没有足够的溶质排出，且热梯度引起的相反的作用力会进一步削弱溶质效应，糊状区的热溶质对流很小，碳偏析也较小，两种钢此时均表现为顺序凝固。随着凝固的进行（t = 2200 s），枝晶间溶质进一步积累，使得糊状区向上的热溶质对流增强，容易引起局部流场失稳，导致糊状区变形，表现为波浪状的固相分数等值线分布，而不是失稳前的近乎平行的直线，此时通道偏析开始启动。而当 $V_1 \cdot \nabla T > 0$，即枝晶间流动速度和温度梯度夹角为锐角时，糊状区失稳现象得以持续存在（t = 2900 s）。因为在这种情况下，局部流速增加可使固相分数增加速度变慢甚至为负（发生重熔），而这两种情形均可导致此处相对于周围流动阻力更小，渗透率更大，流动扰动继续增强，而不是逐渐削弱直至失稳现象消失[16]。最终，失稳初期诱发的微通道便可发展成为宏观尺度上的通道偏析（t = 4200 s）。作为对比，1045 钢凝固过程中锭身则没有出现流动失稳现象，锭身处固相分数等值线一直比较平直，糊状区也未发生变形，最终通道偏析也就无法形成。

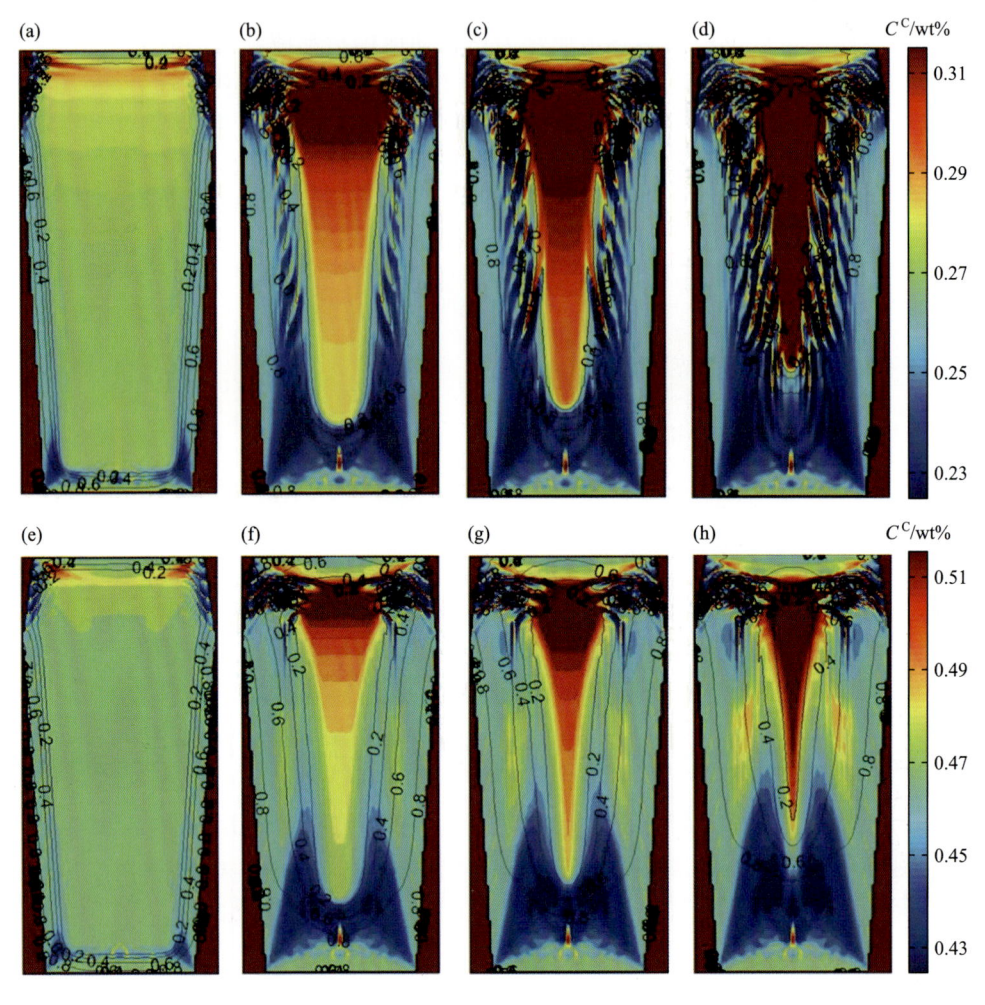

图 3-12　27SiMn 钢（a, b, c, d）和 1045 钢（e, f, g, h）不同时刻碳元素与固相分数分布
(a, e) 300 s；(b, f) 2200 s；(c, g) 2900 s；(d, h) 4200 s

为了进一步说明两种钢凝固过程中的流场特点，图 3-13 给出了凝固约一半时的流场分布（t = 2000 s）。此时，两支钢锭流场方向均是沿着糊状区向上，中心轴线向下，表明溶质效应完全主导了流场的演化，而 27SiMn 钢中糊状区的流动速度又要明显强于 1045 钢。通过对固相分数处于 0.15～0.45 间的单元格进行定量统计发现，1045 钢糊状区最大流动速度和平均流动速度分别为 0.0179 cm/s 和 0.0056 cm/s，27SiMn 钢两者则分别提高到了 0.0638 cm/s 和 0.0164 cm/s。后者糊状区流动速度之所以会比前者大几倍，是 27SiMn 钢中密度差和渗透率均增加的共同作用结果。

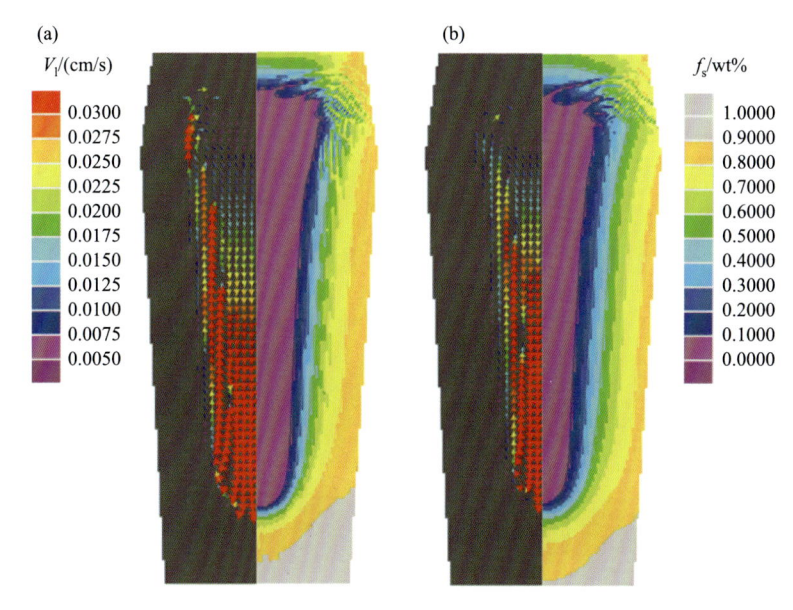

图 3-13 27SiMn 钢（a）和 1045 钢（b）凝固约一半时的流场 V_l（左）和固相分数 f_s（右）分布（$t = 2000$ s）

在图 3-14 中，继续给出了两支钢锭的 Ra（瑞利数）分布云图，计算 Ra 所需要的各个参数［式（3-9）］同样是在固相分数为 0.3 时获取的，计算公式如下：

$$Ra = \frac{\Delta \rho}{\rho_0} \frac{gK}{R\nu} = \left[\sum_{i=1} \beta_C^i \left(C_1^i - C_0^i\right) + \beta_T (T - T_0)\right] \frac{g(1-f_s)^3 d_s^2 G}{180 \nu f_s^2 \varepsilon}$$

$$= 1.375 \times 10^{-3} \left[\sum_{i=1} \beta_C^i \left(C_1^i - C_0^i\right) + \beta_T (T - T_0)\right]$$

$$\times \frac{G(1-f_s)^3 \exp[-0.562 C^C + 0.35 C^{Mn} - 0.126 C^{Cr} - 0.272 C^{Mo} - 0.182 C^{Ni}]}{f_s^2 \varepsilon^{1.66}} \quad (3\text{-}9)$$

式中，K 为渗透率；ν 为黏度；g 为重力加速度。

对 27SiMn 钢而言，Ra 最大值出现在 1/2 半径至中心轴线之间，且高达 55 以上；冒口处局部位置的 Ra 也较大，而最小值处于锭身中心轴线和底部负偏析锥形区域。然而，1045 钢中 Ra 分布规律却存在很大不同，最大值出现在冒口端约 1/2 半径处，而整个锭身区域 Ra 均较小（<10）。进一步与最终通道偏析产生位置（图 3-14）对比可知，Ra 大小与通道偏析产生位置存在很好的正相关性，即通道起始处均对应较大的 Ra，说明只有当糊状区存在足够大的驱动力（与密度差和渗透率密切相关）时，才能克服钢液所受到的阻力（枝晶网络的阻碍和钢液自身的黏性），从而诱发通道偏析的产生。在锭身的侧壁和底部区域，由于凝固速度较快，且此时凝固处于起始阶段，因而无法产生足够强的溶质驱动力，根据式（3-9）可知，此时 Ra 很小。而对于锭身中心轴线处，此时处于凝固末期，未凝固的大

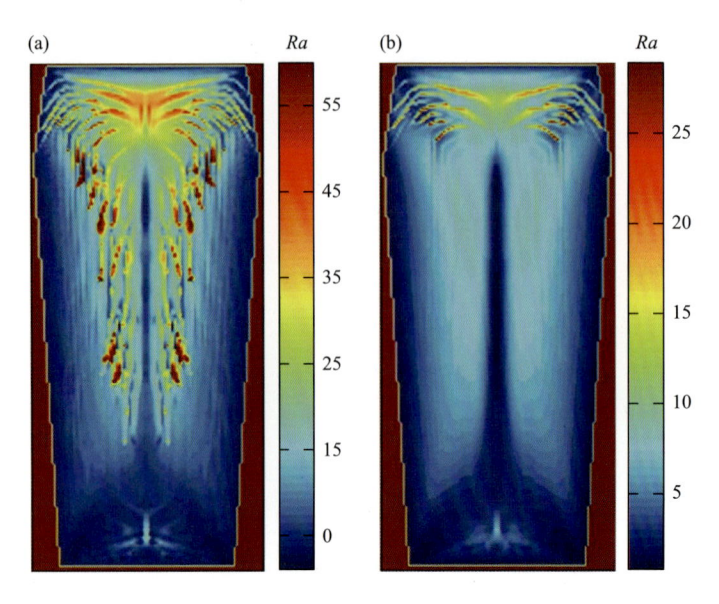

图 3-14 500 kg 27SiMn 钢（a）和 1045 钢（b）的 *Ra* 分布

体积液体的热传递比表面积（表面积与体积之比）反而增加，使得凝固速度提高，*Ra* 较小，也不足以驱动通道偏析。结合 27SiMn 和 1045 钢中 *Ra* 分布和最终通道偏析产生位置可以看出，当 *Ra*＜20 时，通道无法形成。巧合的是，此临界值 Ra_c 也处于由 Torabi Rad 等[17]提出的 17±8 这一区间，而相比于他们提出的 Ra_c 区间，本节给出的 20 这一数值更具实际意义，也更受工程师青睐，因为实际生产过程中厂家总是希望给出单一数值，而不是用区间来预测通道偏析的产生位置[18]。

3.1.3 钢锭负偏析形成机制

不同于上述自然对流驱动的正偏析以及某些高 Si 含量钢中通道偏析的形成机制，关于钢锭中负偏析的形成机制，普遍认为是顶部结晶雨下沉主导。对负偏析开展系统的研究工作，证实了结晶雨下沉主导负偏析观点的合理性。

当只考虑钢液自身的凝固而忽略外在因素的干扰时，凝固初期固相移动（枝晶碎片或者等轴晶粒等）是造成底部负偏析锥形成的根源。对钢中绝大多数溶质而言，其平衡分配系数均小于 1，使得凝固后固相相对于液相总是表现为溶质贫瘠；而钢中大多数溶质元素又比 Fe 轻，所以早期凝固的固相比周围液体密度更大，沿着柱状晶前沿或者从大体积液相中不断向钢锭底部沉积，形成负偏析区域[19]。进一步研究发现，通过建立包含液体对流和晶粒沉积的等轴晶凝固模型[20-22]，发现晶粒沉积对宏观偏析存在两种影响方式（图 3-15）：一种是富含溶质的液体替代已凝固晶粒而产生正偏析，另一种是溶质贫乏的晶粒取代溶质富集液而产生底部负偏析。式（3-10）给出了等轴晶和液体相对运动引起的溶质浓度变化。

$$\frac{\partial C}{\partial t} = (C_l - C_s)\nabla \cdot (f_s V_s) \tag{3-10}$$

式中，C_l 为液相溶质浓度；C_s 为固相溶质浓度；V_s 为固相运动速度。

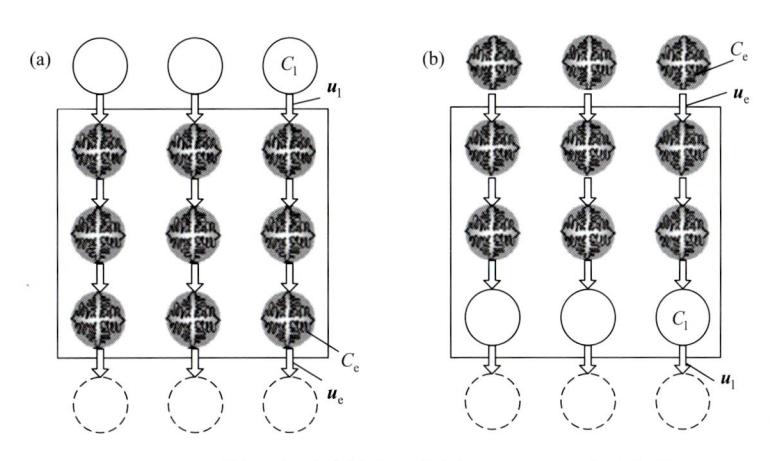

图 3-15 晶粒沉积导致的宏观偏析（$k<1$）形成示意图

C 和 u 分别表示溶质浓度和速度，下标 e 和 l 分别代表等轴晶和液相；(a) 溶质富集液替代溶质贫乏的晶粒而形成的正偏析；(b) 溶质贫乏的晶粒替代溶质富集液而形成的负偏析[20]

当 $C_l > C_s$ 时，负的 $\nabla \cdot (f_s V_s)$ 会导致负偏析的产生。此处，$\nabla \cdot (f_s V_s)$ 代表固相移动引起的体积通量平衡：其值为正时，代表离开单位体积的固相比进入的固相要多，此处局部溶质浓度升高，见图 3-15（a）；相反，其值为负时，意味着将有更多溶质匮乏的晶粒进入此单元，引起负偏析，见图 3-15（b），这也是钢中底部负偏析锥产生的原因。不断下落的晶粒造成固相在底部堆积，当局部固相分数超过堆积极限时，晶粒停止运动，而晶粒形核、长大和沉积过程会一直持续到凝固后期，直至负偏析区域最终形成。

在此基础上，当同时考虑柱状晶-等轴晶转变（columnar-equiaxed transition，CET）[23-27]，可解释为何钢锭底部的负偏析总是表现为锥形分布。随着凝固的进行，从侧壁和上部柱状枝晶前沿不断下沉的等轴晶会逐渐在钢锭底部区域累积，从而阻碍底部柱状枝晶的进一步生长，造成 CET 现象的出现，因此形成了具有特征性的由 CET 轮廓线包裹的锥形等轴晶区。最终，在 CET 线包含的区域内只有等轴晶存在，表现为负偏析，而在 CET 轮廓线外附近则表现为柱状晶和等轴晶共存现象。这个过程也同时解释了钢锭中组织形貌的分布规律，即钢锭上部和两侧主要包含柱状枝晶，而在底部区域则出现了大量等轴晶粒。

值得注意的是，除上述钢液凝固导致的密度较大晶粒下沉外，还继续拓展了结晶雨下沉理论，把结晶雨下沉与夹杂物捕获相结合，详细分析其形成机制，提出了解决方案。在钢锭凝固过程中，为防止失温和表面氧化，当钢液上升时，操作者采用吊装的形式将保温覆盖剂均匀撒在钢液表面，当钢液面到达顶部时，在冒口表面均匀覆盖保温剂或者发热剂。需要注意的是，当添加发热剂时，冒口中钢液表面首先发生瞬时降温现象，然后才发生化学反应逐步升温，达到补充热量、防止降温的目的，但人们往往忽略了这一初始阶段瞬态降温过程的影响。这一降温过程，使冒口中保护渣下表面形成结晶核心，添加过程如果出现扰动将促使这些晶核脱落，由于与周围钢液存在密度差，这些先结晶的晶体捕获晶体周围的夹杂物一起下落，形成结晶雨，下沉到钢锭底部，导致钢锭底部形成负偏析。因此，经常观察到钢锭底部的负偏析区域常常伴随夹杂物富集。

以某厂生产的 70 t 12Cr2Mo1 钢锭为例，分别在锭身上部、底部各取一处大试块进行夹杂物分析，如图 3-16 所示。首先，使用 SEM 和 EDS 对锭身上部试块中的夹杂物进行检验。发现锭身上部夹杂物尺寸小于 10 μm，主要是 Al_2O_3-MnS 复合夹杂物，如图 3-17 所示。锭身上部夹杂物含量较少，分布较均匀。然而，在底部试块的中心位置存在大型夹杂物的聚集区域，夹杂物的尺寸大于 20 mm，如图 3-18（a）所示。

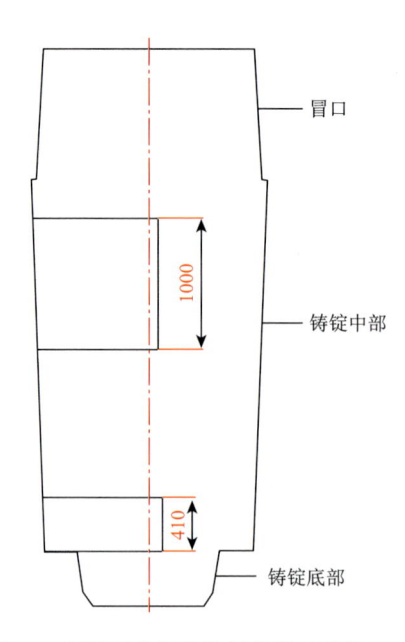

图 3-16　钢锭示意图及取样位置（单位：mm）

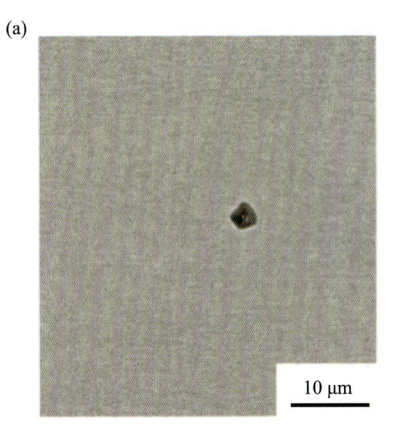

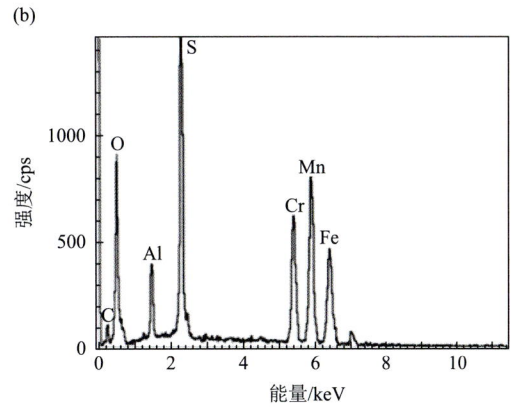

图 3-17 夹杂物的形貌（a）与化学成分（b）

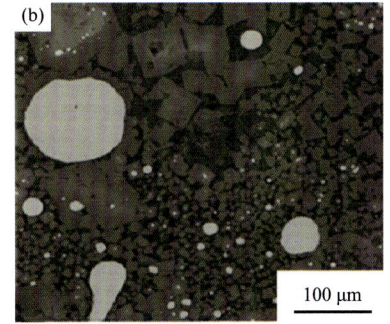

图 3-18 钢锭底部大型夹杂物
（a）冷酸蚀结果；（b）高倍形貌观察

为了对底部试块进行详细分析，进一步在底部试块上切取小试样进行夹杂物及化学成分分析，小试样的切取位置如图 3-19 所示。从表 3-6 中可见，钢锭底部试块都处在钢锭的负偏析区域，也就是钢锭沉积锥处。对小试样中的大型夹杂物进行分析，其高倍形貌如图 3-18（b）所示。图 3-18（b）夹杂物中包含白色、灰色、黑色不同成分区域，每个区域的化学成分见表 3-7。从表中可以看到，白色的区域为铁颗粒，灰色区域为含 Al_2O_3、MgO 及 Cr_2O_3 的尖晶石夹杂物，而黑色区域除了包括灰色成分外，还含有 Si、Ca、Na 的氧化物。

图 3-19 底部大块试样化学成分及夹杂物取样位置

表 3-6 钢锭底部试样的碳成分（单位：wt%）

位置	碳含量	位置	碳含量
1	0.078	6	0.085
2	0.088	7	0.110
3	0.100	8	0.110
4	0.100	9	0.10
5	0.110	—	—

表 3-7 钢锭底部大型夹杂物的化学成分（单位：wt%）

元素	O	Na	Mg	Al	Si	Ca	Cr	Mn	Fe	总量
白色区域	—	—	—	—	—	—	—	—	100	100
灰色区域	49.85	—	9.10	16.13	—	—	23.44	—	1.48	100
黑色区域	47.75	5.74	3.04	7.68	18.02	12.28	0.50	4.71	0.28	100

根据夹杂物统计分析结果，在钢锭底部沉积锥区域内，尺寸大于 50 μm 的夹杂物主要由 CaO、SiO$_2$、Al$_2$O$_3$ 和 MgO 组成。而这些夹杂物是钢液浮渣和发热剂的主要成分，在夹杂物中还发现了 Na$_2$O 成分，更进一步证明钢液表面添加的发热剂是此类夹杂物的一个主要来源。大型钢锭都是在真空条件下浇注的，当钢液全部浇入钢锭模后，会立刻破真空。当真空去除后，发热剂被大量加入。除了液面失温较多外，新加入的发热剂还会吸收大量的热量，致使钢锭表面凝结。如果有大量的浮渣被钢锭表面固体壳凝结，发热剂燃烧的产物会与之反应，被发热剂放出的热量熔化的钢锭表面固体壳，当振动失稳时，可能携带它们一起进入钢锭内部，在此刻会有大量的结晶雨产生，最终掉落到钢锭的底部。

综上可知，如果让冒口中钢液表面不迅速降温，则冒口表面难以形成晶核。即便部分晶体形核，如果不进行扰动，结晶雨也很难形成。由此可见，如果想抑制结晶雨，较好的办法是使冒口顶部的温度不要过低，防止结晶雨过早形成，可以加入保温效果良好的覆盖剂。应注意的是，添加保温覆盖剂而不是发热剂，加入发热剂的初始过程容易使冒口中的钢液面温度迅速下降，形成结晶核心，如果发生扰动，容易促发结晶雨形成。所以，在大型钢锭中，冒口处钢液面应较慢地降温，建议加入覆盖剂。另外，需保持液面稳定，不要扰动。例如，在添加保温覆盖剂时，应轻轻加入，不要将整袋覆盖剂重重地砸到液面，导致已结晶的晶体剥离而形成结晶雨，结晶雨下落形成负偏析。有时需要将液面温度提升起来，必须加入发热覆盖剂时，也一定要做到轻拿轻放。扰动液面的案例在工业界时有发生，导致负偏析一直难以去除。综上所述，底部负偏析的问题根源在顶部，"脚痛医头"可有效解决负偏析问题。

3.2 氧致偏析的机制与控制

以往对偏析的研究工作主要基于凝固阶段的温度演化、溶质浓度演化、应力演化、固相沉降、凝固收缩等影响因素进行讨论，就凝固问题而研究凝固。控制手段主要包括优化控制化学成分、冷却速度，提高补缩能力，借助外场处理等，这样的研究工作虽然有效但也有一定的局限性。作者团队研究了上游冶炼过程中钢液洁净度的影响作用，将冶炼过程引入对凝固过程的影响中来，发现氧是诱导通道偏析形成的主要因素，并提出了氧致偏析的新机制，拓展了经典的偏析形成理论。在此基础上，发明了低氧抑制通道偏析的新技术，并确定了诱发通道偏析形成的氧含量临界值。"控氧可有效控制偏析"已成为行业共识，在钢铁行业获得了大量应用。

3.2.1 氧对偏析形成的影响机制

如前文所述，经典理论认为，偏析主要由自然对流和固相沉降导致，元素密度差和凝固温差是形成偏析的主因。这一理论对于大多数偏析类型是正确的，但对通道偏析这一类最严重的偏析形式来说，自然对流驱动偏析只在少数钢种中成立，如前文提到的高硅含量的钢种 20SiMn、27SiMn 等[28]，但绝大多数钢种的通道偏析形成规律并不符合经典理论。虽然通道偏析在工程实践中非常容易出现，但基于自然对流的计算机模拟能够再现正偏析、负偏析、中心偏析，然而始终未能准确再现通道偏析。关于通道偏析的模拟有多篇文章发表，分析原因时大多认为计算网格划分是主要问题，粗大的网格单元掩盖了通道偏析的形成过程，这一论点后来被证明是不正确的[6, 29]。图 3-20 是利用更精细的网格得到的 3.3 t 钢锭的模拟结果。可以看出，即使模拟所用的网格非常细，也仅能在钢锭上部观察到通道偏析，这与试验中通常观察到的通道偏析位置、形状和数量均有相当大的差异。

另外，按照经典偏析理论，解决通道偏析问题的方法主要聚焦在提高冷却速度上，有时利用外场处理。但是，对厚大断面的钢锭来说，冷却能力有限，快速冷却无法实现。钢锭模一般为铸铁模，开始阶段冷却速度快，但很快冷却速度会下降，心部向表面传热主要依靠热传导进行。另外，随着凝固进行，钢锭模与钢锭之间会出现收缩缝隙，辐射也成为一种主要散热方式。作者团队和骨干企业合作，曾设想从缝隙处通入气体加快冷却，但由于收缩不均匀，很难操作。由于钢锭模厚度接近 500 mm，电磁搅拌很难进行。之前与乌克兰的科学家以及企业合作，采用顶部冒口部位搅拌的方法引进大量晶核，扰动凝固过程，抑制通道偏

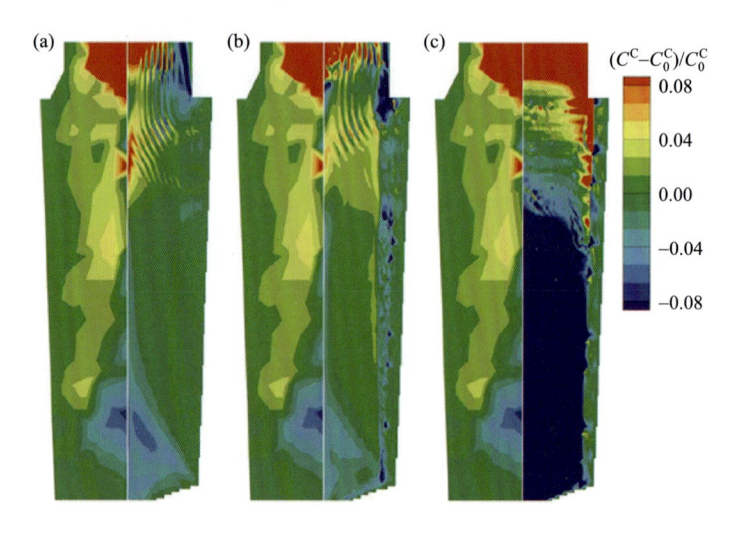

图 3-20 采用不同偏析模型得到的 3.3 t Fe-0.36 wt% C 钢锭宏观偏析结果（左：试验结果，右：模拟结果）

(a) 固相静止；(b) 包含自由移动的树枝状等轴晶；(c) 包含自由移动的球状等轴晶

析的形成，针对 5 t 钢锭的试验具有一定效果，但是扰动冒口顶部液面导致了严重的负偏析，后来实践证明这个方法不可操作。如果控制通道偏析，就必须清楚它的形成机制。

对模铸钢锭开展系统研究，首先在实验室中，选择 500 kg 砂型铸造钢锭进行研究。结果令人惊奇地发现，如果采用中频炉冶炼，然后在常压下浇注低碳钢，500 kg 钢锭出现了明显的通道偏析。而采用同样的砂型，将钢液在真空下冶炼，然后在常压下浇注，通道偏析消失了。这引起了我们的深入思考，两者的差异主要是气体含量不一样，特别是氧含量降低到 $1×10^{-3}$ wt%左右时，结果完全不同。图 3-21 是解剖的不同试验条件下 500 kg 的 1045 钢的砂模铸锭中心纵截面低倍腐蚀结果。当采用铝脱氧（AD）和大气下浇注，在全氧含量（T.O.）很高时，两侧的 A 型偏析通道几乎可以从下到上贯穿整个钢锭，如图 3-21（a）所示。但是当采用真空碳脱氧（VCD）、常压浇注且随着全氧含量降低时，钢锭中的通道偏析明显减轻，甚至消失，如图 3-21（d）所示。

接下来通过对系列钢锭（0.5 t、5 t、20 t、100 t 等）的模拟计算和实物解剖发现，在相同的锭型和合金成分下，由于夹杂含量明显不同，出现了截然不同的结果。特别值得注意的是，这些试验结果显示通道偏析对全氧含量的变化最为敏感。依据自然对流主导的偏析形成理论，由于杂质元素总含量不到主元素碳的百分之一，对钢液内溶质对流的影响会非常有限，通道偏析形成结果变化应该不大，但试验结果却表明其对通道偏析形成有着决定性影响。

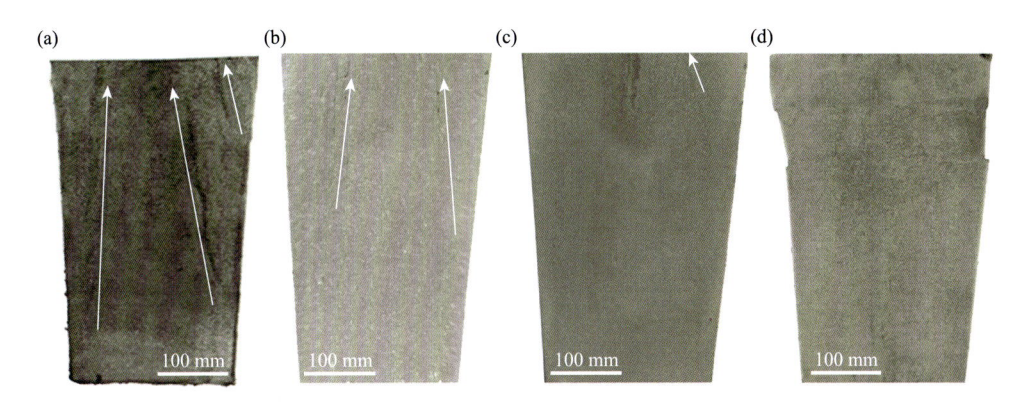

图 3-21 不同条件下解剖的 1045 钢 0.5 t 砂模铸锭中心纵截面通道偏析产生情况：（a）采用铝脱氧；（b～d）采用真空碳脱氧

（a）T.O. = 5.6×10^{-3} wt%，通道明显；（b）T.O. = 2×10^{-3} wt%，通道轻微；（c）T.O. = 1.5×10^{-3} wt%，通道大大减少；（d）T.O. = 7×10^{-4} wt%，通道消失

由于溶解氧在钢中的含量极低，氧在钢中主要以氧化物形式存在，氧化物与硫化物结合，形成氧硫化物团簇，由于其密度比钢液小，上浮过程扰动凝固界面，造成固液界面失稳，从而形成通道偏析。模拟结果表明，万分之一体积分数的夹杂物团簇，夹杂物尺寸介于 5～30 μm 即可驱动通道偏析形成[30]。这将在第 7 章模拟计算部分详细介绍。深入研究发现，形成通道偏析的氧含量存在临界值。在绝大多数钢中，当氧含量超过 1×10^{-3} wt%时，容易驱动通道偏析形成，这一点也被试验反复证实，涉及螺栓、螺柱、转子、叶片、模具、法兰、焊料、轴承、主轴、压力容器等特殊钢应用的各个领域。之后，建立了氧致偏析的氧临界值模型，揭示了在大多数钢种中，当氧含量小于 8×10^{-4} wt%时，在量大面广的钢中不会产生通道偏析，而当氧含量大于 1.6×10^{-3} wt%时，非常容易触发通道偏析的形成[31]。

接下来详细介绍临界氧含量模型和判据的建立过程。在后续章节氧致偏析的介观尺度模拟计算中，将系统阐述夹杂物漂浮驱动通道偏析的条件，可知氧化物夹杂驱动钢中通道偏析的临界体积分数约为 0.01%。在这一结果的基础上，为了建立均质钢制备的临界氧含量模型，还需要解决夹杂物复合模式、氧化铝/硫化锰临界黏附状态以及普适性验证几个关键问题。

在应用最广泛的铝脱氧工艺中，钢液里必然存在固体氧化铝颗粒这一脱氧产物。由于氧化铝颗粒与钢液的润湿性较差，容易聚集和生长。此外，第一性原理计算表明，在初始阶段，Al_2O_3 和 MnS 之间的强电子杂化（图 3-22 和图 3-23）导致了负的界面形成能，因此 α-MnS 的（110）薄层可以在 α-Al_2O_3（1$\bar{1}$02）上自发生长。正如图 3-24 所示，展示了界面附近 Al、O、Mn 和 S 原子的电子态密度，费米能级为 0 eV。可以看出，在费米能级附近存在轨道重叠，特别是在 O 和 Mn 原子之间。也就是说，Al$_2$O$_3$ 与 MnS 之间存在很强的轨道杂化，导致 MnS 自发地吸附在 Al$_2$O$_3$ 表面。然而，形成能随着 α-Al$_2$O$_3$（1$\bar{1}$02）上 α-MnS（110）薄层厚度的增加而增加，甚至当 α-Al$_2$O$_3$（110）薄层厚度超过 3 时变为正值。热力学计算表明，块状 MnS 很容易在 α-Al$_2$O$_3$（1$\bar{1}$02）表面脱落（图 3-22）。超过这个临界厚度，虽然在能量上有利于 MnS 的继续生长，但在原子尺度上 MnS 不可避免地会有从 α-Al$_2$O$_3$（1$\bar{1}$02）表面脱附的趋势。根据图 3-22（b）所示的临界厚度，可以估计出临界吸附比 $L_{Al_2O_3}/L_{Al_2O_3+MnS}$ 为 0.68。

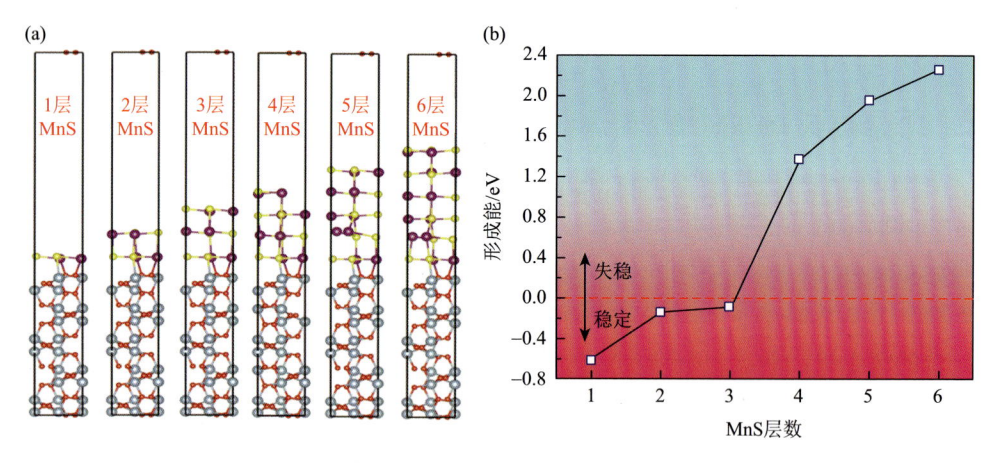

图 3-22 （a）遵循 α-Al$_2$O$_3$（1$\bar{1}$02）/α-MnS（110）的界面取向关系时不同厚度的 MnS 层（1~6）界面模型（红色、蓝色、紫色和黄色原子分别为 Al、O、Mn 和 S）；（b）α-MnS（110）薄层数量与 Al$_2$O$_3$/MnS 界面形成能的关系

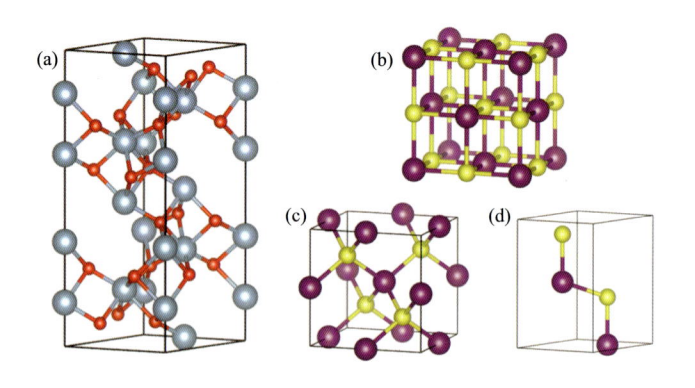

图 3-23 Al$_2$O$_3$ 和 MnS 的晶体结构
（a）α-Al$_2$O$_3$；（b）α-MnS；（c）β-MnS；（d）γ-MnS

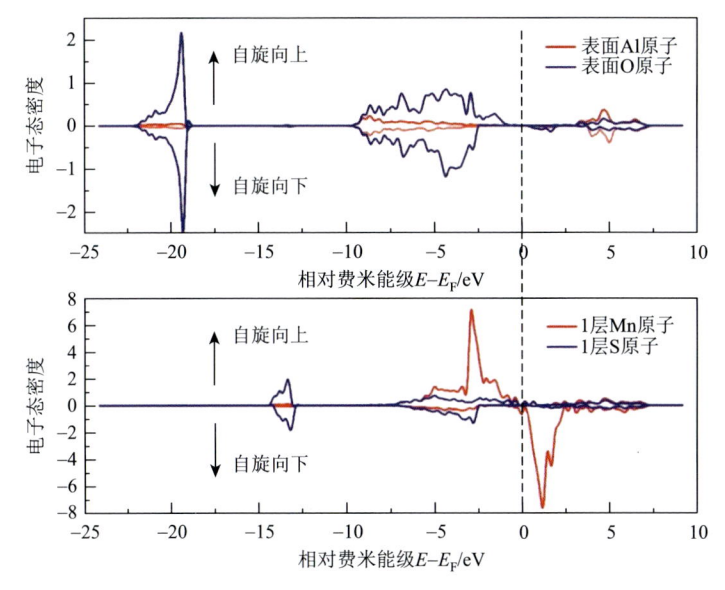

图 3-24 界面处原子的总电子态密度

在试验方面，可以采用三维原位电解法获得 Al_2O_3 和 MnS 之间的黏附结构，结果表明，在通道偏析开始形成时，Al_2O_3 和 MnS 之间存在两种典型的共存形式：并排型和包裹型 [图 3-25 （a）和（b）]。黏附形式主要取决于硫氧比（S/O）和局部凝固条件。一方面，当 S/O 很大时，MnS 的含量增加，从而完全包裹 Al_2O_3。否则，MnS 将会沿着 Al_2O_3（1$\bar{1}$02）表面择优取向形核生长（表 3-8），最终表现为两者之间的并排形貌。另一方面，当钢液快速凝固时，预先存在的 Al_2O_3 很容易被凝固的枝晶干束缚。与此同时，由枝晶间糊状区中 S 和 Mn 偏析引起的 MnS 的形成将变得更加困难，并且倾向于在局部暴露的 Al_2O_3 表面上形核。相反，Mn 和 S 在糊状区富集严重，MnS 也可以停留更长时间，从而在热力学和动力学条件下包裹 Al_2O_3。

表 3-8 Al_2O_3 和 MnS 的结构参数

化学计量	原型	空间群		晶格参数/Å		Wyckoff 位置	
α-Al_2O_3	Al_2O_3	R-3c	计算值	$a = b = 4.7653$ $c = 12.9994$	Al	12c	0，0，0.1478
			试验值	$a = b = 4.7589$ $c = 12.9919$	O	18e	0.3062，0，0.25
α-MnS	NaCl	Fm-3m	计算值	$a = b = c = 5.061$	Mn	4a	0，0，0
			试验值	$a = b = c = 5.219$	S	4b	0.5，0.5，0.5
β-MnS	ZnS	F-43m	计算值	$a = b = c = 5.65$	Mn	4a	0，0，0
			试验值	$a = b = c = 5.59$	S	4c	0.25，0.25，0.25
γ-MnS	ZnO	P6₃mc	计算值	$a = b = 4.0143$ $c = 6.4629$	Mn	2b	0.333，0.667，0.381
			试验值	$a = b = 3.988$ $c = 6.433$	S	2b	0.333，0.667，0

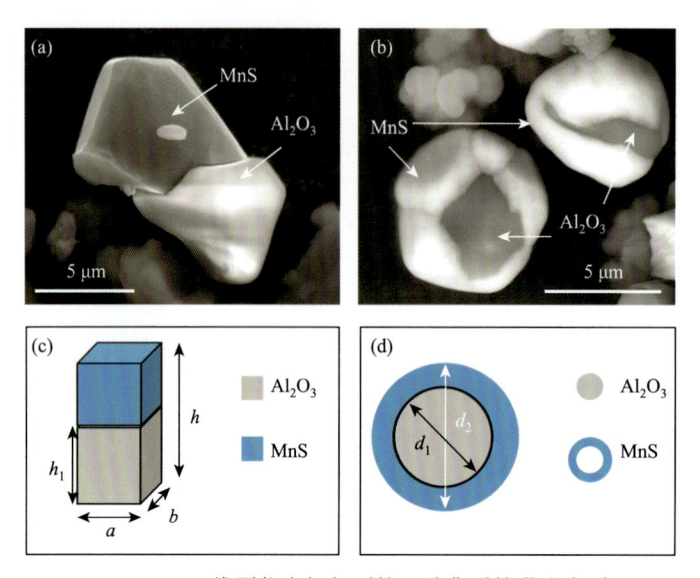

图 3-25 三维原位电解得到的两种典型的黏附类型

（a）并排型；（b）包裹型。为从理论上计算消除通道偏析的临界氧含量，分别提出了并排型（c）和包裹型（d）的两种简化黏附模型

针对上述 Al_2O_3 和 MnS 之间的两种典型黏附结构，可以进一步简化几何关系，以建立氧含量与通道偏析萌生之间的定量关联 [图 3-25（c）和（d）]。单位质量钢中的 Al_2O_3 质量表示如下。

并排型：

$$m_{[Al_2O_3]} = \frac{1}{\rho_{[steel]}} V(abh_1/(abh))\rho_{[Al_2O_3]} \tag{3-11}$$

包裹型：

$$m_{[Al_2O_3]} = \frac{1}{\rho_{[steel]}} V(d_1/d_2)^3 \rho_{[Al_2O_3]} \tag{3-12}$$

式中，$\rho_{[Al_2O_3]}$ 和 $\rho_{[steel]}$ 分别为室温下氧化铝和钢的密度；V 为引起通道偏析的夹杂物的体积分数。上面两个方程式可以统一为

$$m_{[Al_2O_3]} = \frac{1}{\rho_{[steel]}} V\left(r_{[Al_2O_3]}/r_{[Al_2O_3+MnS]}\right)^\varepsilon \rho_{[Al_2O_3]}, \quad \varepsilon = 1\sim3 \tag{3-13}$$

式中，r 为特征尺度，与式（3-11）中的 h 和式（3-12）中的 d 相同。$r_{[Al_2O_3]}/r_{[Al_2O_3+MnS]}$ 的比值是 Al_2O_3 对 MnS 的临界吸附比。参数 ε 是黏附指数，表示 MnS 和 Al_2O_3 之间的黏附形式，$\varepsilon = 1$ 和 $\varepsilon = 3$ 分别代表并排型和包裹型。

此外，$m_{[Al_2O_3]}$ 也可以写成

$$m_{[Al_2O_3]} = ([O]-[O]_r)\frac{M_{[Al_2O_3]}}{M_{[O]}} \tag{3-14}$$

式中，[O]和[O]_r 分别为总氧含量和溶解氧含量；$M_{[O]}$ 和 $M_{[Al_2O_3]}$ 为 Al_2O_3 中氧和氧化铝的摩尔质量。结合式（3-13）和式（3-14）可以得到总氧含量：

$$[O] = \left(r_{[Al_2O_3]} / r_{[Al_2O_3 + MnS]} \right)^\varepsilon V \frac{\rho_{[Al_2O_3]}}{\rho_{[steel]}} \frac{M_{[O]}}{M_{[Al_2O_3]}} + [O]_r, \quad \varepsilon = 1 \sim 3 \quad (3\text{-}15)$$

考虑到 Al_2O_3 和 MnS 的密度基本相同，并将 $V = 0.01\%$ 和 $r_{[Al_2O_3]}/r_{[Al_2O_3+MnS]} = 0.68$ 以及其他物性参数（表 3-9）代入式（3-15），当黏附指数 ε 为 3 和 1 时，触发通道偏析的临界氧含量[O]_c 的值分别为 0.0008 wt%和 0.0016 wt%。当 ε 从 3 变化到 1 时，[O]_c 处于中间状态，范围为 0.0008 wt%～0.0016 wt%。即当并排型夹杂物增加时，临界值升高，需要更高的氧含量来诱导通道偏析形成。这一结果表明，通过调整钢的成分和工艺参数可以使复杂的夹杂物以这种并排的方式存在，这对消除通道偏析是有利的。因此，为了完成均质钢的生产，在工程实践中氧含量应低于 0.0008 wt%。虽然临界氧含量[O]_c 的波动范围是由 Al_2O_3 和 MnS 之间不同的黏附方式引起的，但它实际上反映了通道偏析形成对不同冶炼工艺和合金成分的敏感性。

表 3-9 用于计算临界氧含量的主要物理参数

符号	单位	数值
V	—	0.0001
$\rho_{[Al_2O_3]}$	kg/m^3	3990
$\rho_{[steel]}$	kg/m^3	7826
$M_{[O]}$	g/mol	48
$M_{[Al_2O_3]}$	g/mol	102
$r_{[Al_2O_3]} / r_{[Al_2O_3+MnS]}$	—	0.68
$[O]_r$	wt%	0

需要注意的是，目前从钢中的 Al_2O_3 得到的氧含量模型和解决方案也可以推广到其他常用的脱氧工艺中，如 Mn、Si、Ca、La（Ce）等。根据式（3-15）的理论计算，这些脱氧元素初始化通道偏析的临界氧含量与目前用 Al 处理的结果非常接近。

为了验证所提出的夹杂物模型和临界氧含量标准的可靠性和准确性，解剖了两支 500 kg 在砂模中凝固的 1045 钢锭。宏观腐蚀结果和夹杂物分布如图 3-26（a）和（b）所示。通过三维高分辨透射 X 射线成像技术，即 micro-CT，确定了铸锭 Ⅰ 中大夹杂物的数量和尺寸（>5 μm）均远大于铸锭 Ⅱ［图 3-26（c）和（d）］。它们在铸锭 Ⅰ 和 Ⅱ 中的体积分数分别为 0.06%和 0.0087%。根据式（3-15）计算的两种极端情况下（$\varepsilon=1$ 或 3）的总氧含量平均值分别达到 0.0059 wt%和 0.001 wt%，这与 0.0056 wt%和 0.001 wt%的试验测量结果非常吻合。由于钢锭Ⅰ中的氧含量远高于临界值，最终出现了严重的通道偏析。相反，在钢锭Ⅱ中，由于其极低的氧含量，并未观察到通道偏析。

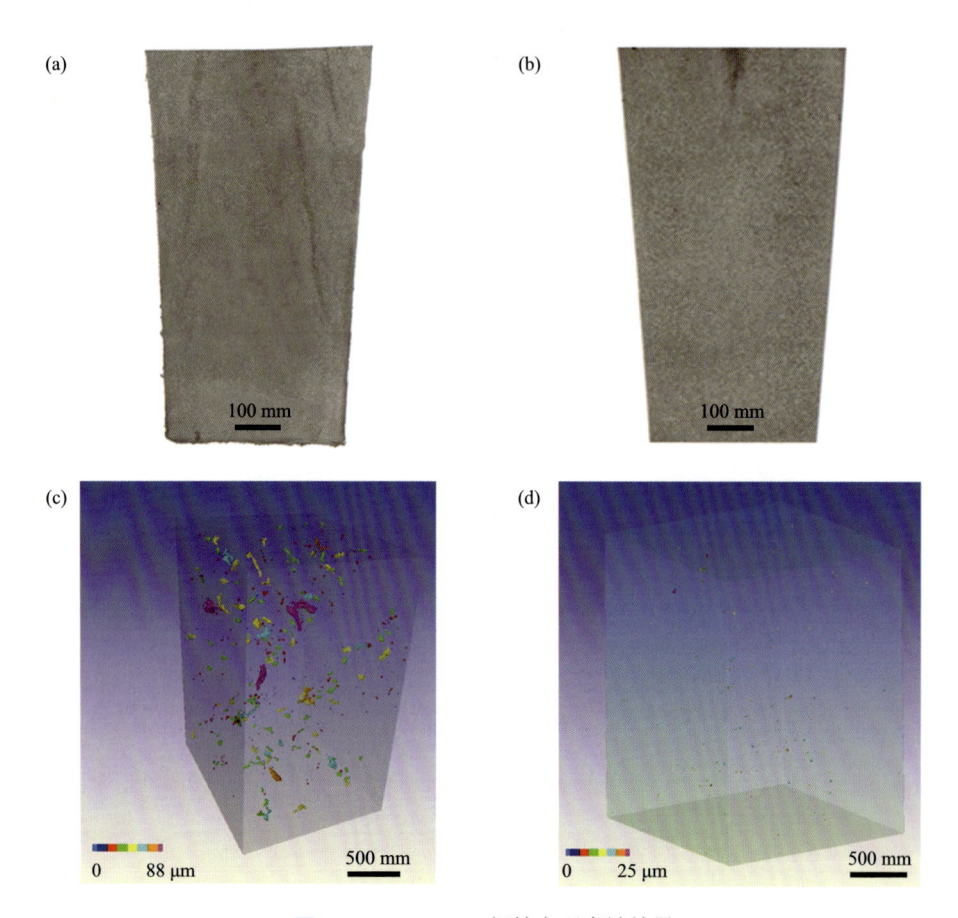

图 3-26　0.5 t 1045 钢锭宏观腐蚀结果

钢锭Ⅰ（a）和钢锭Ⅱ（b）的氧含量分别为 0.0056 wt%和 0.001 wt%，由 micro-CT 技术得到钢锭Ⅰ（c）和钢锭Ⅱ（d）的夹杂物分布

继续利用解剖的 16 支不同重量、尺寸、成分和加工工艺的钢锭验证临界氧含量模型和判据的合理性与可行性。进一步统计分析表明，氧含量与通道偏析的形成之间存在很强的正相关（图 3-27）。当氧含量低于 0.0008 wt%时，通道消失；当氧含量高于 0.0016 wt%时，通道形成；在 0.0008 wt%＜[O]＜0.0016 wt%的中间范围内，通道可能出现也可能消失。这些大量且完整的钢锭解剖试验结果验证了在均质钢制造过程中提出的临界氧含量模型和判据的准确性与普适性。

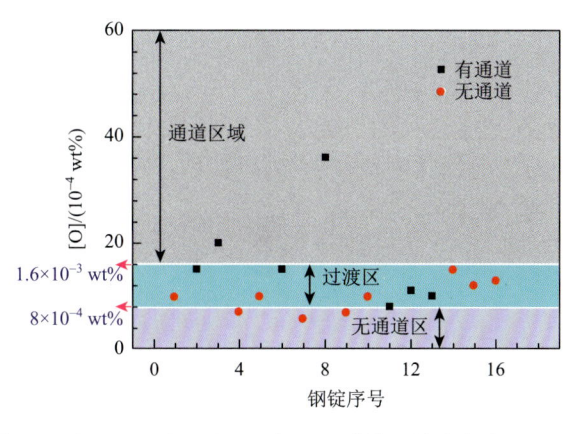

图 3-27 统计 16 支不同重量、尺寸、成分和加工方法的钢锭中氧含量与通道形成的对应关系

灰色、蓝色和紫色区域分别代表有通道偏析区[O]>$1.6×10^{-3}$ wt%、过渡区 $8×10^{-4}$ wt%<[O]<$1.6×10^{-3}$ wt%和无通道偏析区[O]<$8×10^{-4}$ wt%

接下来，从热力学和动力学方面进一步阐述均质钢中存在临界氧含量的原因。当夹杂物颗粒较小时（图 3-28），它们的漂浮微弱而缓慢，并随热溶质对流漂移，很容易被相对快速移动的固相捕获。因此，它们对溶质富集的影响可以忽略不计。在初始夹杂物数量较少的情况下（图 3-29），局部集中的夹杂物颗粒也较少，由于它们的浮力较弱，抑制了枝晶间对流的扰动。由夹杂物拖曳力引起的较弱对流，导致局部溶质不易在大范围内产生偏析。此外，减少初始夹杂物颗粒的数量也会降低糊状区不稳定的可能性。例如，这种情况使得不稳定现象不能同时在多个位

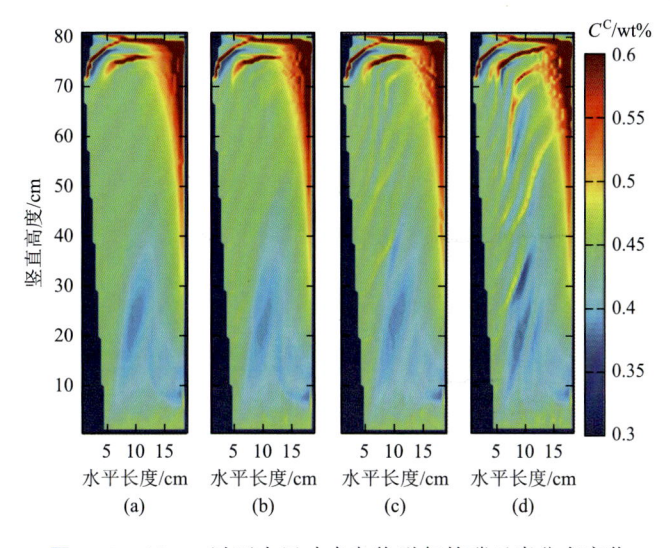

图 3-28 10 μm 以下小尺寸夹杂物引起的碳元素分布变化

（a）~（d）的直径分别为 2 μm、4 μm、6 μm 和 10 μm，初始夹杂物数量为 30000

置上触发，抑制了宏观通道的形成。另外，考虑到必须触发钢液的流动不稳定性和糊状区失稳来诱导微观通道形成，即糊状区钢液要达到不稳定状态，需要夹杂物颗粒引起的动量增量应大于临界值 A^{cri}。根据式（3-16）和式（3-17），夹杂物的大小和数量是决定动量增量的两个关键因素，这还解释了为什么在凝固过程中存在引发通道偏析的氧含量临界值。

$$A^{cri} = Nmv_p = 1/\rho_{steel}^{HT} \cdot V^{cri} \cdot \rho_p^{HT} \cdot v_p^{bal} \tag{3-16}$$

$$A^{cri} = 1/\rho_{steel}^{HT} \cdot V^{cri} \cdot \rho_p^{HT} \cdot \frac{gd_p^2(\rho_{steel}^{HT} - \rho_p^{HT})}{18v_l} \tag{3-17}$$

式中，ρ_{steel}^{HT} 为钢基体的高温密度；V^{cri} 为夹杂物临界体积分数；ρ_p^{HT} 为夹杂物的高温密度；v_p^{bal} 为夹杂物运动的平衡速率；d_p 为夹杂物的等效直径；v_l 为黏度。

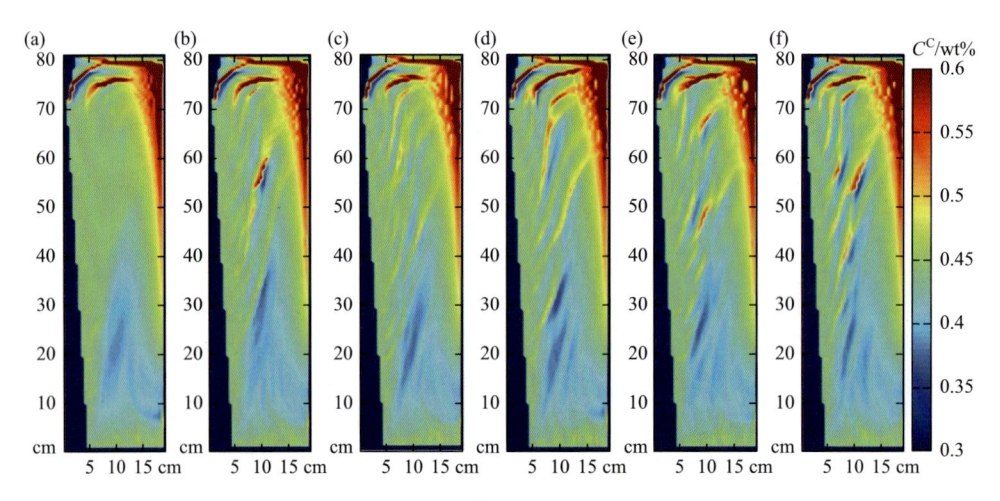

图 3-29　不同夹杂物数量引起的碳元素分布变化

(a)～(f) 的夹杂物数量分别为 1500、7500、15000、30000、75000 和 150000，夹杂物直径为 10 μm

基于上述临界氧含量模型和判据，成功制造了核电低压转子用 100 t 均质钢锭，这在 3.2.2 节会详细介绍。当氧含量提高到 0.0015 wt%时，钢锭的两侧出现了多条通道偏析。当氧含量低于 0.001 wt%时，钢锭锭身的通道在第二个钢锭中完全消失（图 3-30）。更重要的是，通过控制氧和夹杂物的含量，枝晶间对流在夹杂物漂浮过程中被显著削弱。因此，除有效改善通道偏析之外，全域偏析也变得更小（图 3-31～图 3-33）。在氧含量为 0.0015 wt%的钢锭中，最大碳含量达到约 0.28 wt%。作为对比，另一个氧含量为 0.001 wt%的钢锭中的碳含量均在 0.21 wt%～0.24 wt% 的合理范围内。如此高的成分均匀性将显著提高最终产品的力学性能，并降低核电运行中由大钢锭成分不均匀引起的风险。

图 3-30　两支不同氧含量单重 100 t 30Cr2Ni4MoV 钢锭的纵截面

（a）0.0015 wt%；（b）0.001 wt%

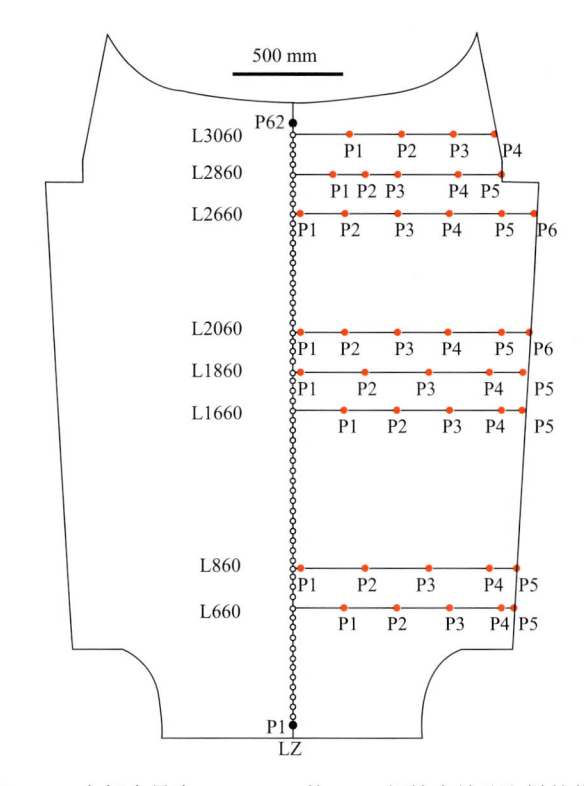

图 3-31　在氧含量为 0.001 wt% 的 100 t 钢锭中钻孔取样的位置

沿 LZ 纵向线的相邻点间距为 50 mm，沿 L660、L860、L1660、L1860、L2060、L2660、L2860 和 L3060 的横向线上进行不均匀取样 P1～P4 或 P1～P5 或 P1～P6

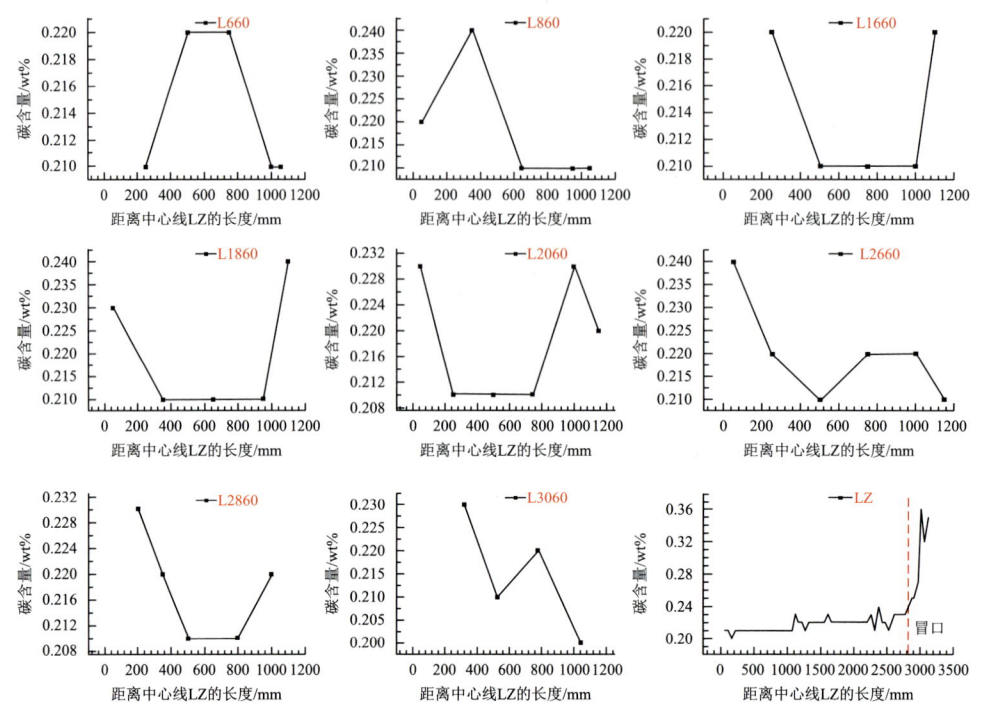

图 3-32　氧含量为 0.001 wt% 的 100 t 钢锭沿纵向和横向的碳含量分布

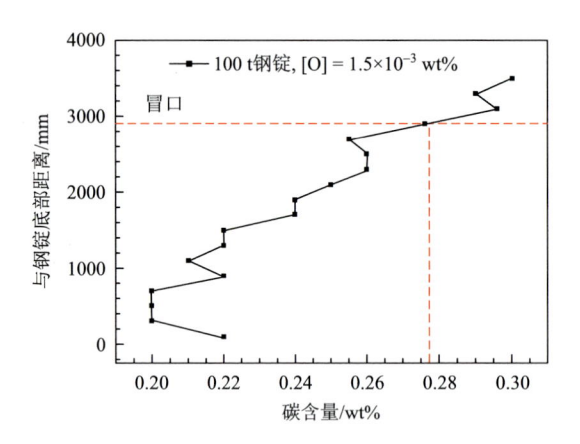

图 3-33　氧含量为 0.0015 wt% 的 100 t 钢锭纵向碳元素分布（相邻点间隔为 200 mm）

至此，阐明了氧含量模型及其临界值的普适性，适用于机械、能源、装备等重点领域广泛应用的特殊钢及关键零部件。该模型所涉及特殊钢材料的成分范围很广，从低碳钢到中碳钢，从低合金钢到高合金钢。值得注意的是，该模型虽然从铝脱氧钢中获得，但同样可以将铝脱氧钢中氧含量模型合理扩展到其他常用脱氧工艺中，进一步为均质钢制备提供了广泛的判据模型。因此，在目前广泛使用的钢中，通过严格控制氧及其夹杂物可以保证成分的均匀分布，从而提升最终产品性能的稳定性。目前，按照这一控氧思路，工业界普遍采用低氧技术路线，低氧可有效抑制偏析已形成行业共识，在特殊钢厂和重机厂广泛应用。

在科学原理上，为了阐明氧致偏析的新机制，通过多尺度计算，模拟了通道偏析的形成过程。通过第一性原理计算发现，氧化物和硫化物具有强烈的黏附关系，氧化铝形成后，会黏附硫原子，硫原子将进一步与锰原子结合，形成硫化锰，氧化物和硫化物结合形成的团簇是通道偏析的根源。在介观尺度上，基于相场方法的模拟结果表明，如果按照经典理论，枝晶间的液体流动速度要高于枝晶尖端生长速度，富集溶质的液体流动才能形成偏析通道。但模拟结果表明，在通常情况下，枝晶间的液体流动速度小于枝晶尖端生长速度，所以根本无法形成通道偏析。但是如果考虑夹杂物团簇的影响，枝晶间富集溶质引起的对流速度远大于枝晶尖端生长速度，诱导了通道偏析的形成。通过样品尺度的模拟计算，揭示了夹杂物诱导偏析的行为，发现枝晶间夹杂物的浮力流将扰动界面，使界面失稳，从而形成通道偏析。不考虑夹杂物的影响，通道偏析不能形成，如果考虑了一定数量和尺寸夹杂物的影响，就产生了通道偏析。这再次说明通道偏析的形成主要起源于夹杂物。关于氧致通道偏析形成的多尺度模拟计算工作，在本书的第 7 章将进行详细介绍。下面简单介绍其形成过程。

首先，为了说明夹杂物是如何诱发通道偏析产生的，图 3-34 分别给出了考虑夹杂物与否的情况下，HH 标准件型腔右半部分凝固过程中各种物理场的分布和对比结果，此时凝固时间为 65 s。其中，图 3-34（c）和（d）中初始夹杂物直径和数目分别为 15 μm 和 500 个。可以看出，当忽略夹杂物作用时，在大体积液体和糊状区只存在一个相同的逆时针方向的环流圈，凝固前沿流动方向竖直向上，且流线很规则［图 3-34（b）］，该种流动模式会一直保持稳定直至凝固结束。此外，在凝固过程中固相分数等值线一直保持平滑，凝固方式为顺序凝固，不存在糊状区变形，这说明该凝固条件下热溶质浮力引起的对流很弱，不能诱发糊状区失稳。而通过对相同凝固条件下的其他模型合金（Sn-Pb、Sn-Bi、Al-Cu、Ga-In 以及镍基高温合金）的模拟发现[32]，即便是单纯依靠热溶质自然对流，模型合金凝固结束后仍然存在明显的通道偏析，这点与目前的模拟结果完全不同。这是因为在 Fe-0.36 wt% C 体系中碳溶质元素含量非常低，由此引发的自然对流较弱，在这种情况下，只有同时考虑其他驱动力的作用，如夹杂物漂浮，通道偏析才能诱发。而在模型合金中，溶质含量至少比 Fe-C 体系高一个数量级，使得凝固过程中糊状区和母液间密度差较大，由此导致的自然对流会很强烈，以至于在凝固过程中能够很容易诱发流动失稳，造成糊状区凝固行为发生变化，导致糊状区变形，最终在一定的对流-凝固相互作用下驱动通道偏析产生。

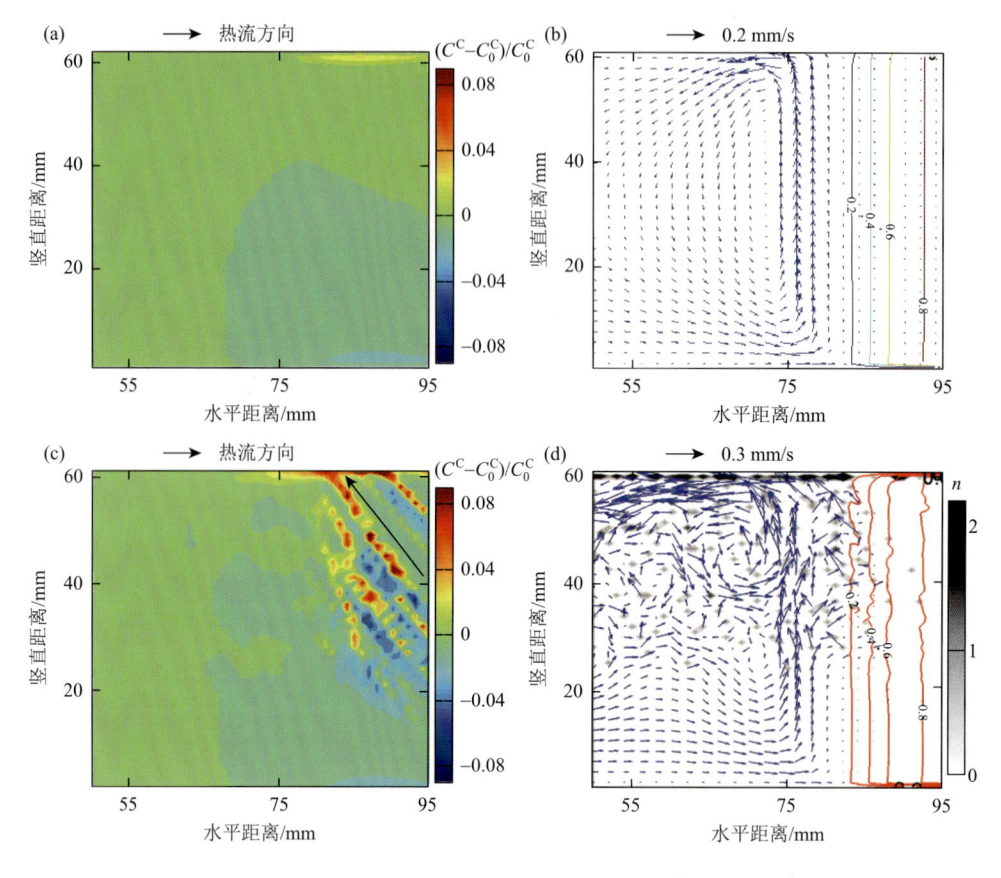

图 3-34　HH 标准件钢液的凝固过程（65 s）局部区域的流场、固相分数、碳元素和/或夹杂物分布情况

(a, c) 不包含与包含夹杂物时的相对碳元素分布；(b, d) 不包含与包含夹杂物时的流场和固相分数等值线分布，且 (d) 中嵌入了夹杂物颗粒分布结果，右侧色标 n 代表颗粒数目

其次，当考虑夹杂物的作用时，连续液相的流动和凝固行为均发生了明显变化。由于夹杂物密度较钢液小，它们会自发向上漂浮。而在夹杂物上浮过程中，也会拖拽着周围液体向上流动，从而增强局部钢液流动强度甚至改变其流动方向。由于凝固刚开始时夹杂物是随机放置在型腔内的，凝固进行一段时间后［图 3-34（d）］，流场变得很紊乱，特别是在型腔的上半部分。随着夹杂物的聚集，此处的夹杂物会产生整体富集，从而有能力改变该区域的连续相流场。这样的流动类型显然与不考虑夹杂物效应时完全不同，如图 3-34（c）所示。而糊状区附近流动速度的突然增加又会改变此处溶质的宏观传输和后续的凝固行为，造成局部溶质富集并减缓甚至阻止其继续凝固。因此，整个糊状区的前进速度在空间上会发生变化，这一点可以从图 3-34（d）中凝固前沿固相分数等值线变得弯曲得以证实。凝固前沿

的这一非顺序凝固也意味着糊状区失稳现象的发生。最终，在夹杂物漂浮的驱动下，糊状区开始变形，通道偏析得以诱发。具体演化行为见图 3-35。

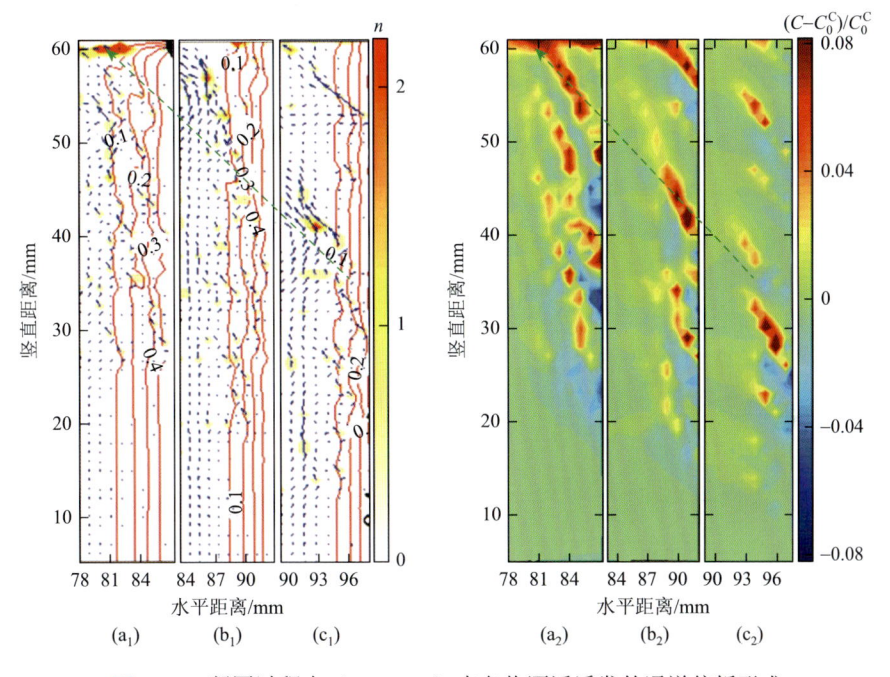

图 3-35 凝固过程中（15～65 s）夹杂物漂浮诱发的通道偏析形成

（a₁～c₁）65 s、35 s 和 15 s 下的糊状区流场、固相分数和颗粒分布图；（a₂～c₂）相应时刻的碳元素分布图（绿色虚线箭头给出了图 3-34（c）中所选通道的演化路线）

在上述初始微通道萌生的基础上，宏观通道的最终形成还必须依靠夹杂物引起的糊状区的连续变形才能完成。为了能够维持初始通道继续发展，夹杂物颗粒移动速度和熔体的凝固速度应该基本同步，又或者在糊状区前进过程中总是存在足够多的夹杂物颗粒。对于前一种情况，因为夹杂物漂浮速度主要是由其自身尺寸（如直径）决定的，所以对于特定的凝固条件，夹杂物颗粒尺寸应该处于一个合适的范围，如本模拟中给出的 5～30 μm。而对于后一种情况，本模型中并未考虑小尺寸夹杂物的形核和长大，因此在凝固早期糊状区必须有足够数量相对大的夹杂物颗粒以保证夹杂物、液体以及糊状区相互作用可以持续存在。但无论哪一种情况，当初始偏析通道诱发后，由于热场和凝固的共同作用，通道里的夹杂物受到周围液体的影响择优倾斜向上漂浮。随着凝固过程的进行，这些漂浮的夹杂物不仅会拖拽着溶质富集液一起流动，还会使得周围的夹杂物向萌生的通道内富集。此外，即便部分夹杂物在漂浮的过程中会再次被枝晶捕捉，但伴随着通道的逐渐发展，沿途的夹杂物同样可以起到扰动糊状区的作用。这些微观过程确保了夹杂物和糊状区之间持续不断的相互作用，使得扰动的流场和失稳的糊状区得以继续保持，直到宏观尺度上的偏析通道最终形成。追踪凝固过程中（15～65 s）的夹杂物分布和连续相凝固行为，如图 3-35 所示，夹杂物漂浮和失稳的糊状区间的持续相互作用能够得到很直观的证明。另外，从图 3-35 中夹杂物和溶质偏析通道的分布规律可以看出，随着通道的不断发展，两者始终保持同步，即夹杂物和偏析溶质形成一致的线性分布，如图中绿色箭头所示，这也再次确认了夹杂物漂浮是驱动偏析通道形成的根源。

对于上述氧致偏析形成机制的新发现，美国两院院士、经典凝固偏析理论的创始人、麻省理工学院的 Flemings 教授认为我们发现了第四种力，即夹杂物浮力流驱动的偏析（inclusion flotation driven channel segregation formation）。他到中国科学院金属研究所交流，仔细观察了百吨级大型钢锭的解剖结果和模拟计算结果，并做了关于凝固偏析的学术报告。他对偏析研究成果表示热烈祝贺，认为该研究解决了通道偏析形成机理的问题。同时，他也指出，在 20 世纪，全世界的钢液洁净度都不高，因此，研究者很难注意到氧和氧化物夹杂的影响。所以，这一新机制的提出，也得益于全球钢铁行业的技术进步[33]。

3.2.2 氧致通道偏析的大型钢锭实物解剖

在实验室分别针对 500 kg 砂型铸造、5 t 和 20 t 铁模铸锭进行了系统的试验、模拟计算和实物解剖，都发现了氧含量的变化对通道偏析的重要影响，初步确定氧是诱导通道偏析的根源，统计结果如表 3-10 所示。

表 3-10 18 支不同成分、不同吨位钢锭的试验条件和通道偏析产生情况

试验序号	钢种	质量/t	浇注方法	脱氧工艺	T.O.	C	S	P	通道偏析产生情况
I	1045	0.5	大气	AD	5.6	0.47	0.016	0.020	严重
II	1045	0.5	真空	VCD	1.0	0.47	0.005	0.005	消失
III	1045	0.5	真空	VCD	1.5	0.44	0.013	0.006	很轻微
IV	07Cr10W2V	0.5	真空	VCD	2.0	0.07	0.005	0.007	轻微
V	1045	0.5	大气	VCD	0.7	0.45	0.008	0.009	消失
VI	1045	5.0	大气	AD	3.6	0.49	0.018	0.026	严重
VII	45CrMoV	5.8	大气	AD	0.7	0.45	0.003	0.010	很轻微
VIII	42CrMo	14	大气	AD	1.0	0.41	0.003	0.009	消失
IX	42CrMo	16	大气	AD	0.8	0.42	0.002	0.015	轻微
X	42CrMo	16	大气	AD	1.1	0.45	0.002	0.008	轻微
XI	34CrNiMo6	20	大气	AD	1.0	0.35	0.004	0.005	很轻微
XII	12Cr2Mo1	69	真空	VCD	1.5	0.15	0.005	0.010	消失

含量/(10^{-3} wt%)

续表

试验序号	钢种	质量/t	浇注方法	脱氧工艺	含量/(10⁻³ wt%) T.O.	C	S	P	通道偏析产生情况
XIII	30Cr2Ni4MoV	100	真空	VCD	1.0	0.22	0.005	0.006	消失
XIV	30Cr2Ni4MoV	100	真空	AD	1.5	0.22	0.002	0.005	轻微
XV	30Cr2Ni4MoV	100	真空	VCD	1.2	0.22	0.003	0.005	消失
XVI	2.25Cr1Mo0.25V	234	真空	VCD	1.2	0.14	0.004	0.007	消失
XVII	30Cr2Ni4MoV	535	真空	AD	1.3	0.22	0.002	0.003	消失
XVIII	3.5NiCrMoV	650	真空	VCD	低氧	0.23	0.001	0.003	很轻微

如果在 500 kg 钢锭试验中还有其他因素干扰，那么从吨级到几十吨级的试验，边界条件是稳定的，如改变钢中氧含量，通道偏析可以反复再现，据此，初步提出氧致通道偏析的学术思想。接下来，按照实际生产条件下大型钢锭的真实制造过程，进一步验证和深化该学术思想。选择单重百吨级钢锭进行试验，为了验证在百吨级大型钢锭中氧致偏析的影响规律，也为了检验钢锭模的设计水平，团队着手对单重 100 t 级的钢锭进行实物解剖验证。前后用两年半的时间完成了 3 支单重 100 t 级钢锭的解剖试验，这是一个壮举，为国内外大型钢锭的偏析形成、缺陷演化、组织演化、钢锭模设计等研究提供了第一手资料，这也是国内和国际上钢锭的全断面解剖最具完整性的资料。

采用的钢种为低压转子用钢 30Cr2Ni4MoV，因为低压转子是核电装备中最重要的大型锻件，通过解剖分析为低压转子制造提供指导。首先完全采用工业大生产中的实际工艺进行冶炼和浇注，以检测现有工艺的制造质量。通过钢包精炼和真空处理，在真空室完成了第一支单重 100 t 钢锭的浇注，全氧含量控制在 1×10^{-3} wt%，采用保温冒口加覆盖剂的形式，凝固后形成了锅底形冒口。传统上认为锅底形冒口形状能够实现良好补缩，这对于小的铸件或者铸锭可能是成立的，但对于大型钢锭，后续解剖发现，锅底形冒口不足以消除心部缩孔疏松。然后开始进行钢锭的解剖分析，结果如图 3-36 所示。

图 3-36　第一支单重 100 t 级大型钢锭实物图

为了保持凝固状态的真实形貌，没有采用高温扩散退火处理，担心会改变凝固组织形态，从而不能反映钢锭的真实情况。钢锭脱模后，温度降低到500℃左右时，用火焰枪将钢锭沿中心断面切割，在厚度方向上，保留距离钢锭中心200 mm的高度，以免火焰切割形成的热影响区影响心部组织。而保留的200 mm厚度则通过车床直接冷加工到中心断面，见图3-37。这样就完整地保留了全断面形态，包括冒口和底部也全部保留，结果如图3-38所示。

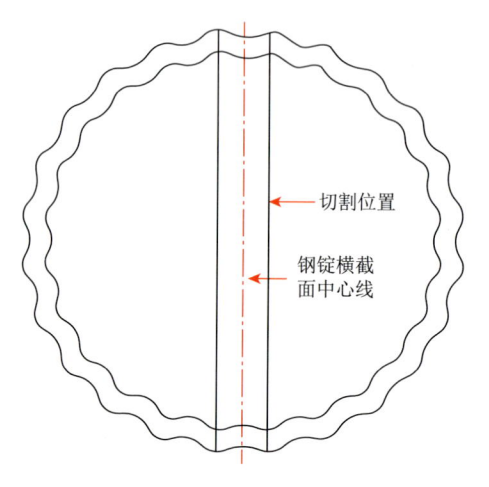

图3-37 百吨级钢锭大断面热切位置

图3-38 第一支100 t级钢锭中心纵剖面冷酸侵蚀检验结果

这样的解剖结果完整真实地再现了钢锭的凝固过程，这与国内外以往的解剖方法不一样。以往国内解剖，一般是将切割后的冒口进行检测，分析偏析产生的原因，或者在报废钢锭中切割几块进行研究。这样做虽然节省了成本，但不能全面反映钢锭的真实凝固状态。在国际上，日本室兰公司对 600 t 钢锭进行了解剖分析，也是将钢锭分解为多块，然后拼接到一起进行分析。除了中国科学院金属研究所的 3 支 100 t 钢锭实物解剖外，在国际上法国对 65 t 钢锭、日本对 600 t 钢锭进行了实物解剖，这为偏析形成机理的研究提供了第一手资料。中国科学院金属研究所的盖秀颖研究员带领检测分析团队提供了大力帮助，发挥了中国科学院金属研究所在材料方面的平台优势。

中国科学院金属研究所通过开发专有技术，对 6 m² 的钢锭进行全断面一次性腐蚀和硫印，断面非常清晰，可以用于观察宏观偏析、缩孔疏松、组织状态、冒口形态、底部形态等。观察发现，当钢液中全氧含量控制到 1×10^{-3} wt%时，在钢锭中心的两侧没有发现条带，也就是没有形成通道偏析。在底部，明显有负偏析出现，而且伴随有夹杂物。冒口端距离钢锭的锭身 100 mm 以上存在正偏析，而且有通道偏析存在。令人意想不到的是，在中心线位置，发现长度达 1700 mm 左右的缩孔疏松带，如图 3-39 所示。

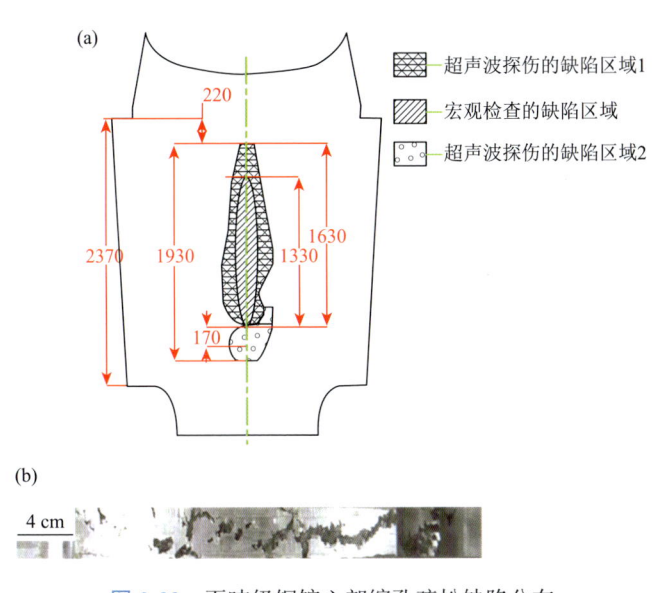

图 3-39　百吨级钢锭心部缩孔疏松缺陷分布
（a）缺陷位置示意图（单位：mm）；（b）缩孔疏松宏观照片

根据常规成熟的冒口设计经验，一般认为，如果冒口凝固后形状为锅底形，就是比较理想的形状，钢锭内部会非常致密，不会存在明显的缩孔疏松缺陷。按照 Niyama 缩孔疏松判据，凝固模拟结果也判断不会出现中心缩孔疏松缺陷，但解剖结果发现缩孔疏松非常严重，超出常规认识。证明传统的凝固结束后形成的锅底形冒口设计不合理，疏松判据也需要修改，这样的设计和判据不足以解决大型钢锭的凝固缩孔疏松等缺陷问题。根据缩孔疏松的分布和位置，重新建立了大型钢锭凝固的 Niyama 判据，给出了临界值[34]。如图 3-40 所示，依据这个临界值，比较准确地模拟了缩孔疏松的位置和形状。顶部正偏析的产生属于正常现象，主要是碳偏析，符合经典的偏析形成理论。而底部负偏析的产生是由于添加覆盖剂时，操作人员直接将装满保温覆盖剂的大袋子用力投掷到冒口上，剧烈扰动使结晶雨裹挟着夹杂物下沉。对于典型的通道偏析，证实了低氧含量不能引发通道偏析。下面通过氧含量变化考察其对通道偏析的影响。

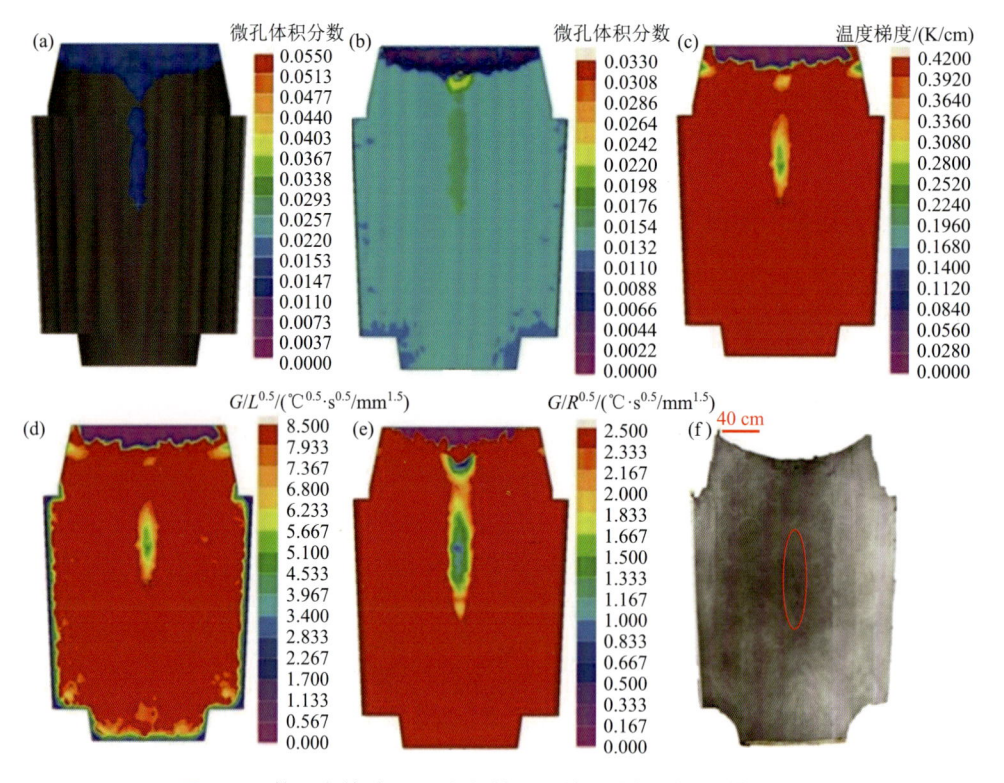

图 3-40 第一支单重 100 t 级钢锭不同缩孔疏松判据的模拟结果

（a）ProCAST 默认的缩孔疏松判据；（b）ProCAST 默认的缩孔疏松判据，中心剖面图；（c）温度梯度 G 判据；（d）Niyama（$G/L^{0.5}$）判据（G 为温度梯度，L 为冷却速度，R 为凝固速度）；（e）新判据 $G/R^{0.5} < 2.5$ ℃·$s^{0.5}$/$mm^{1.5}$；（f）实际钢锭解剖结果

在着手进行第二支单重 100 t 级钢锭的冶炼、浇注和解剖试验前，设计的方案中确定了拟解决的三个问题：一是增加氧含量再现通道偏析的形成；二是将

冒口的凝固形状由锅底形转化为平底形，强化补缩；三是改善底部负偏析，在冒口液面轻轻加入保温覆盖剂。因此，第二支 100 t 钢锭在钢锭模设计上进行了修改，主要采取对保温冒口进行预热的方法，增加热容量，同时在表层耐火砖后面放置一层绝热材料，增加保温效果，以便消除中心缩孔疏松。浇注后，保温覆盖剂轻轻加入冒口顶部，以免扰动形成结晶雨而引发底部负偏析。同时，对第二支钢锭的工艺方案进行模拟计算，初步认为冒口的优化设计可以消除缩孔疏松。

原锭型与优化后的锭型设计具有明显的区别，见图 3-41。从图中可见，新锭型不仅冒口锥度发生了很大改变，而且冒口中的保温材料设计也发生了变化，将由原来的两层保温材料变成三层保温材料。另外，新锭型还对钢锭的底部进行了形状优化，增加了整个钢锭的定向凝固能力，降低因应力而引起的钢锭底部产生晶间裂纹缺陷的风险。

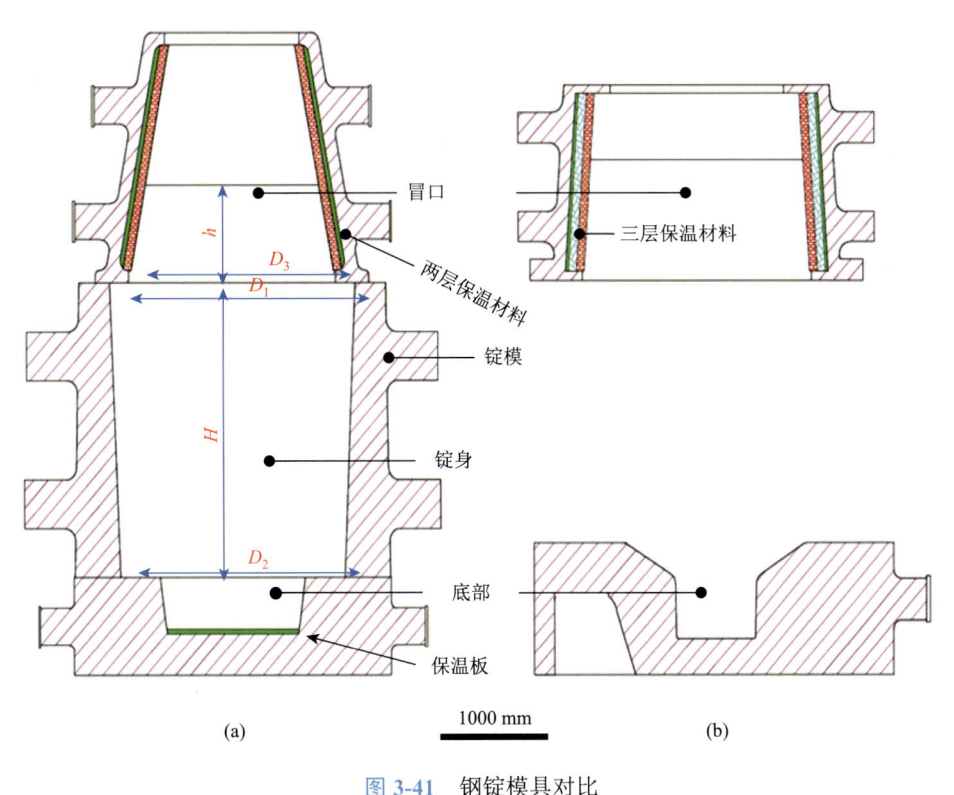

图 3-41 钢锭模具对比
（a）原锭型；（b）优化锭型

在优化的新冒口中，中间层保温材料采用了多孔砖，多孔砖的热导率为 0.3～

0.5 W/(m·K)，密度为 800 kg/m³，显然比原冒口耐火砖［热导率为 0.7～0.9 W/(m·K)，密度为 2000 kg/m³］保温性能好。通过对以上冒口保温材料的优化设计，建立起梯度保温条件，提高冒口保温能力。通过冒口和底部优化设计，对新锭型中钢锭的凝固过程进行了计算机模拟。由图 3-42（b）可知，采用多梯度新型保温冒口显著提高了冒口保温能力，能够将钢锭心部缩孔疏松缺陷大幅度降低，但从模拟结果来看，心部依然存在缩孔疏松缺陷。为了彻底解决心部缩孔疏松问题，使用冒口预热措施，最终结果如图 3-42（c）所示，可见，采用多梯度稳态热冒口基本可以消除心部缩孔疏松缺陷。以上模拟结果所使用的缩孔疏松判据为新提出的 $G/R^{0.5}$＜$2.5℃·s^{0.5}/mm^{1.5}$。

图 3-42　缩孔疏松预测结果对比

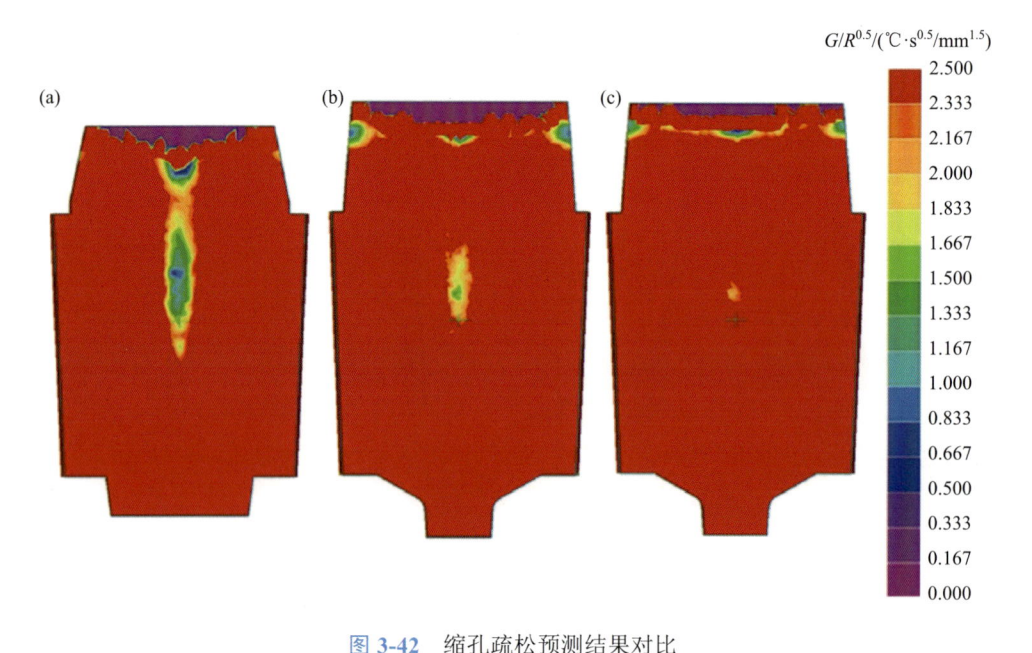

（a）原锭型；（b）多梯度保温冒口新锭型；（c）多梯度稳态热冒口新锭型

在精炼过程中调整氧含量，第二支钢锭的全氧含量检测为 $1.5×10^{-3}$ wt%。按照第一支钢锭进行冷却、切割和解剖，解剖结果如图 3-43 所示。研究发现，冒口呈现平面收缩状态，钢锭中心线部位没有出现缩孔疏松，非常致密，第一支钢锭中近 1700 mm 长度的缩孔疏松缺陷完全消除了。经仔细检查，底部包裹夹杂物的负偏析也消失了，由此判断，结晶雨下沉是底部负偏析形成的主要原因。正如所预见的，增加氧含量后，在中心线两侧，出现了多条典型的通道偏析，具备通道型偏析的所有特征，在中心线两侧呈对称分布，而且从距离钢锭表面 1/4 厚度处起源，倾斜向上生长。当然，顶部正偏析依然存在，而且在冒口处存在多条通道偏析。通道偏析的出现再次证明氧致偏析新机制的正确性。

图 3-43 第二支 100 t 钢锭中心纵剖面冷酸侵蚀检验结果

平均 T.O.≈1.5×10^{-3} wt%，超声波探伤表明锭身不存在 $\phi3$ mm 以上当量缺陷，钢锭中上部存在多条通道偏析

为了制造一支完美的钢锭，为工业界提供示范，也为钢锭模的设计和钢锭凝固提供指导，同时验证新机制，开始按照新的工艺路线浇注第三支 100 t 级钢锭。在第三支钢锭中期望实现以下目标：一是降低氧含量到理想的 1×10^{-3} wt% 以内，从而消除通道偏析；二是继续形成平底形冒口，以便消除缩孔疏松缺陷；三是消除底部包裹夹杂物的负偏析。与第二支钢锭相比，其他条件都没有改变，只是将全氧含量重新降低到 1.0×10^{-3} wt% 以内。由解剖结果发现，通道偏析再一次戏剧性地消失了，如图 3-44 所示。这充分揭示了氧对通道偏析的决定性影响，高氧含量可导致通道偏析，低氧含量可有效抑制其形成。中心缩孔、疏松缺陷也消除了，证明了平底形冒口设计的重要性。底部包裹夹杂物的负偏析也消除了，充分说明了保持液面平稳的重要性，这也充分证明了结晶雨是导致底部负偏析的主要原因，这个结果与模拟计算结果符合良好。诱导通道偏析的氧含量存在临界值，这个值约为 1×10^{-3} wt%，也与试验结果相符合[31]。

图 3-44　第三支 100 t 钢锭中心纵剖面冷酸侵蚀检验结果

锭身平均 T.O.≈1.0×10^{-3} wt%，超声波探伤检测结果为锭身缺陷的当量小于 ϕ3 mm，锭身通道偏析消失

3.3　全域低偏析钢的制造方法

二十余年的系统研究表明[7, 28, 30-32]，通过控制氧含量可有效控制通道偏析，通道偏析这个困扰行业多年的难题终于得到有效解决。其他偏析类型，如正偏析、负偏析、中心偏析的形成机制已经比较清楚了，也有相应的改善方法。但是改善方法的成本高、风险大，如设计大冒口、制造大铁模等，而且材料利用率很低，对于核电用钢，大型钢锭切头去尾后，材料利用率不足 60%。为了发挥冷却速度的作用，制造出高品质、高利用率、质量稳定的大型钢锭，提出了基元构筑成形的学术理念，发明了金属构筑成形技术，采用这一原创技术，较好地解决了大锻坯全域偏析控制和材料利用率等问题，应用效果显著。

3.3.1　低氧钢的浇注与凝固控制

研究发现，钢液中氧含量降低后，对正偏析、中心偏析和负偏析也有一定的改善作用，原因是流动驱动力减弱了，模拟结果证明了这一点。选取单重 100 t 的 30Cr2Ni4MoV 钢作为模拟对象，图 3-45 计算了不同夹杂物数量（代表不同氧含量）下的碳偏析对比结果。可以看出，低氧除了显著减少夹杂物以外，还能减轻锭身的通道偏析；相反，随着氧含量及其大尺寸夹杂物的增加，凝固前沿失稳的驱动力加强，通道偏析加剧。这是一个新机制和新的研究成果，通过冶炼降低氧含量，通过浇注流程防止增氧，这样就能有效控制氧含量。当氧含量控制到 1×10^{-3} wt%以内时，通道偏析就能显著减轻直至消除，这一点已经被中试试验和工业化生产反复证明。

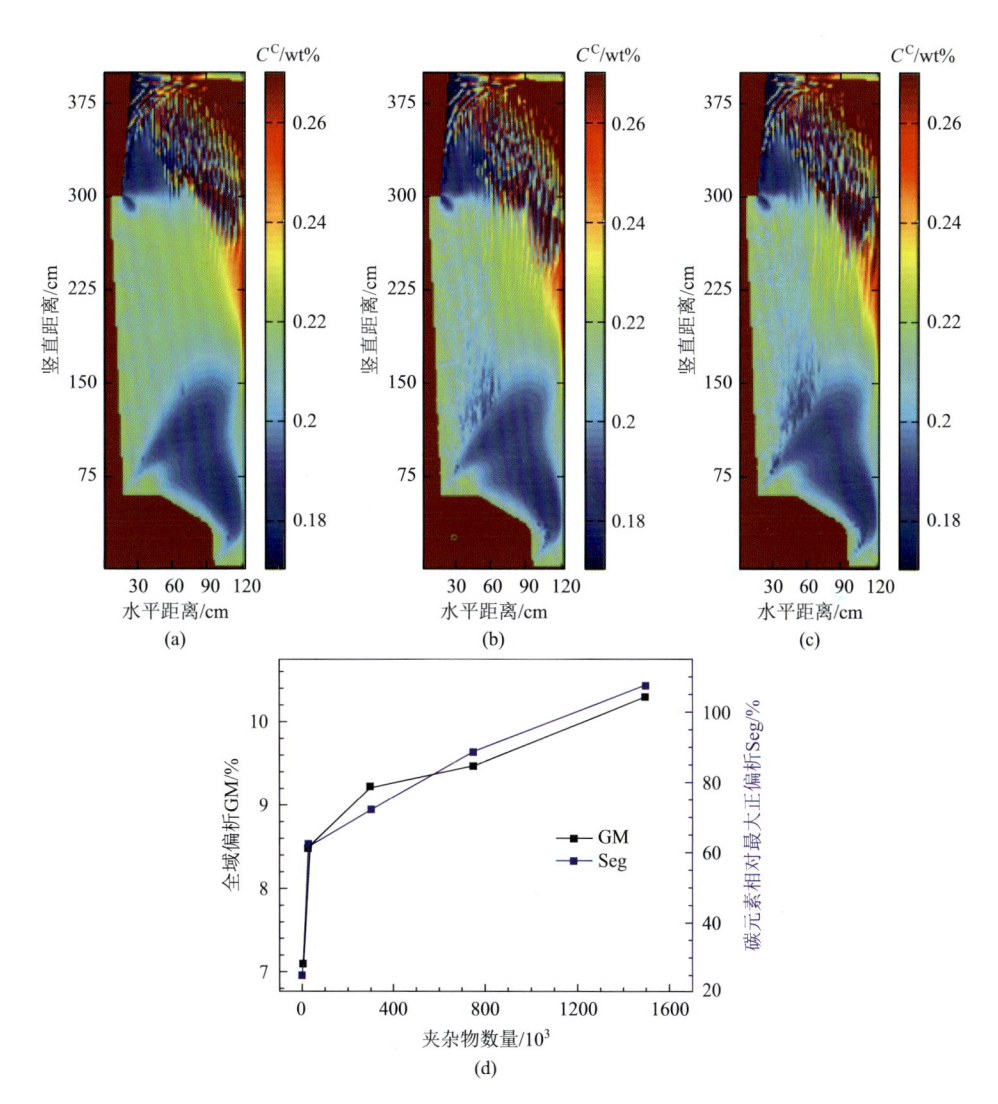

图 3-45 100 t 低压转子钢锭不同初始夹杂物含量下的碳偏析对比结果
（夹杂物等效直径 15 μm）

（a）3000；（b）75000；（c）150000；（d）全域偏析 GM 和相对最大正偏析 Seg 的变化规律

因此，通过控制冶炼和浇注过程中的氧含量，开发低氧洁净化技术可控制通道偏析。而其他偏析类型，虽然降低氧含量也有一定的作用，但不能从根本上改善。例如，由图 3-45（d）可知，当初始的夹杂物数量从 150000 降到 3000 时，碳元素全域偏析（global macro segregation，GM）从 12%降低到 8.5%，碳元素相对最大正偏析（maximun carbon segregation，Seg）从 108%降低到 65%。为有效控制正偏析、负偏析等其他类型偏析，需要在低氧洁净化的基础上结合冒口设计、覆盖剂添加等共同实现[35]。

3.3.2 凝固自补缩与铸锻一体化

在凝固过程中，铸坯/铸锭表层先凝固，如果凝固后的表层温度足够高，心部在后续凝固过程中会对表层形成拉应力，这个拉应力将使表层发生蠕变，向心部发生收缩，这个微小的形变就能够减少心部缩孔疏松缺陷，使组织致密，称其为凝固自补缩[36]，以区别于传统的冒口液态补缩。利用这一原理，一方面解决垂直连铸大断面铸坯的心部疏松问题，通过对表面凝固层进行保温处理，随后在心部凝固收缩过程中，带动表层向心部移动，从而有效解决了心部疏松问题。通过在直径 $\phi 800 \sim 1200$ mm 的垂直连铸圆坯上进行试验，解剖结果发现缩孔缺陷消失，疏松缺陷明显变小，这为后续锻轧打下了良好的基础，非常容易愈合显微缺陷。

以直径 $\phi 800$ mm 的连铸圆坯为例，理论计算显示，如果能够实现铸件表面向铸锭中心 0.1 mm 的塑性变形移动，即可消除中心将近 $\phi 10$ mm 的孔洞。基于提出的"降低铸件在凝固过程中的温度梯度，来增强铸件固态补缩能力"的工艺方法，在二冷区对铸坯进行保温处理，使铸件外表面凝固层回升到高温变形区，同时保温处理导致铸件散热变慢，降低了凝固过程中的温度梯度，增加了铸件内部糊状区域，降低了固相发生屈服变形所需的临界拉应力，促进了固态补缩的发生。最终的试制结果见图 3-46，铸坯中心的缩孔疏松缺陷得到消除，超声波探伤结果显示铸件内部疏松级别达到 1 级。固态自补缩机制在生产实践中的成功应用，不仅消除了厚大断面、大高径比铸件内部的缩孔疏松缺陷，为企业创造了可观的经济效益，对凝固理论和补缩机制的发展同样具有重要意义。

在凝固自补缩学术思想的基础上，结合强制补缩理念，进一步形成了铸锻一体化技术路线，一个典型案例是特厚板坯的制造。国内先后装备了宽度 5 m 与 5.5 m 的宽厚板轧机，可以轧制厚度为 200 mm 的特厚板。如果采用传统的钢锭开坯锻造，材料利用率不足 65%，需要切头去尾，造成材料极大的浪费，而且开坯的成本高，需要在大压机上开坯，制造成可以供轧机使用的锻坯，因此制造周期长、成本高。采用自补缩原理，提出开发小冒口厚板坯直接进行轧制的技术路

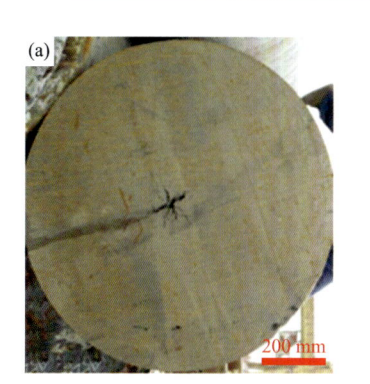

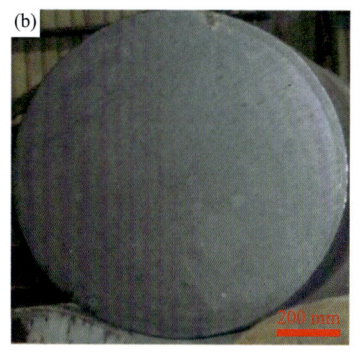

图 3-46 ϕ800 mm 连铸坯自补缩技术在实施前（a）和实施后（b）铸坯断面缩孔疏松结果

线，利用钢锭独特的慢冷速特征，发明了特厚板坯凝固自补缩技术。该技术的操作要点是：首先采用锭模铸造 900 mm 厚、单重 58 t 的特厚板坯，冒口高度不超过 300 mm，比传统的冒口设计至少减少了 500 mm 的高度。在浇注后凝固 2 h 左右即进行超高温带液芯脱模，铸坯表面温度超过 1100℃，然后给大铸坯加入保温罩，使铸坯进行保温缓冷，如图 3-47（a）所示。这样，铸坯表面与心部保持小温差，使铸坯趋于同时凝固，促进成分均匀。同时，铸坯外表面在高温保持时，在心部拉应力作用下，高温坯壳的塑性变形补充芯部凝固收缩，凝固过程发生自补缩，实现了铸坯高致密性。在中试取得成功后，合作企业采用自补缩技术生产了厚度在 170 mm 以上的特厚板，材料利用率高达 90%，较模铸钢锭材料利用率提高了 15% 以上，在实现节能减排的同时，大幅提高了成形质量。

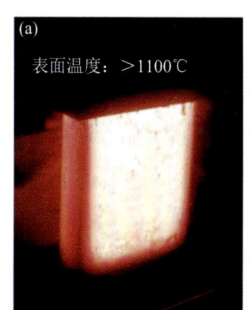

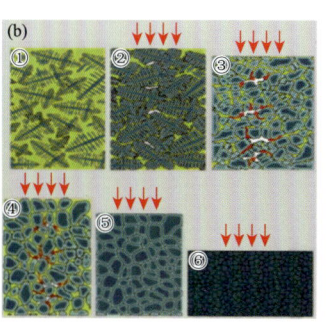

图 3-47 宽厚板坯凝固自补缩技术验证
（a）宽厚板坯实施自补缩技术进行高温带液芯脱模；（b）液芯锻造过程组织演化图；（c）利用铸锻一体化方法制备的大锻件

自补缩技术的另一个典型应用是均质化大型钢锭制备。如前文所述，在钢锭凝固末期，在锭身和冒口的结合处，溶质富集容易形成正偏析，同时心部也容易产生缩孔疏松缺陷。如何解决正偏析和心部缩孔疏松问题也是行业的经典问题，单纯依靠冒口补缩不但材料利用率低，而且难以消除冒口与锭身结合处的正偏析。为了减少正偏析，不得不加大在锭身靠近冒口部位的切除率，降低了材料利用率。基于自补缩＋强制补缩的铸锻一体化思路提供新的解决方案[37]，即在铸锭自然冷却过程中，当表面形成硬壳，而心部仍处于固液两相区时，利用发明的凝固自补缩技术，提前脱模，将小尺寸冒口进行气雾冷却，结壳封闭，防止钢液外溢，然后直接锻造成形。新技术突破了铸锭完全凝固后再锻造的传统方法，将凝固与变形两个过程巧妙结合，通过施加大应变破碎粗大树枝晶获得细小等轴晶，促进同时凝固进而显著减轻中心偏析，利用压力下凝固实现孔洞补缩，大幅提升了锻件的探伤合格率。如图3-47（b）所示，"软芯"铸锻一体化使得心部缩孔疏松缺陷、正偏析缺陷都显著改善，同时细化了晶粒。该技术显著缩短了工艺流程，减少了钢锭重新加热的火次，大幅降低了制造成本。研究成果在相关企业应用后，相比传统工艺生产效率提升90%以上，吨钢制造成本降低1000元以上，见图3-47（c）。

3.3.3　大型锻坯构筑成形技术

通过低氧洁净化有效解决了通道偏析问题，这是一项自主创新的技术，在工程上取得了很好的应用效果。但是，对于其他偏析类型，如正偏析、负偏析、中心偏析，很难通过洁净化完全解决。本质上，大型钢锭断面尺寸大，凝固时间长，冷却速度慢，导致偏析加重[38-40]。如果能够借助冷却速度这个物理量，实现较快冷却，解决偏析问题非常有效。但是只有小断面的坯料，如连铸坯或者小锭型可以加快冷却，较好地抑制偏析，同时提高材料利用率。设想将小断面均质化的坯料组合成大的坯料，然后进行锻造，使之成为一体化，就可以制造出大的均质化母材。因此，作者团队提出了金属构筑成形理念，发明了大型锻坯构筑成形技术，也就是"以小制大"的技术，即用小的均质化坯料组合制造出大的均质化母材。这是一项原创技术，颠覆了传统上"以大制大"的方法，即先做更大的钢锭然后"切头去尾"生产大型锻件的方法。金属构筑成形也是广义增材制造[41]的方法之一，核心技术是需要解决界面的连接问题。在实施时，可以选择钢厂生产的连铸坯，其厚度可根据钢种的偏析程度和缩孔疏松缺陷程度进行选择。首先对钢坯表面进行加工、清洗，去除氧化膜。然后对多块钢坯在真空下进行封焊，根据锻件的重量需求进行多块组装，确保层与层之间呈现真空态，之后在常压下加热到锻造温度、保温，在压机下进行大变形。首次压下量最好超过30%，确保界面完全结合成一体，再进行多向形变，以便使界面充分再结晶，使界面与基体性能一致，实现无痕构筑。构筑成形过程如图3-48所示。

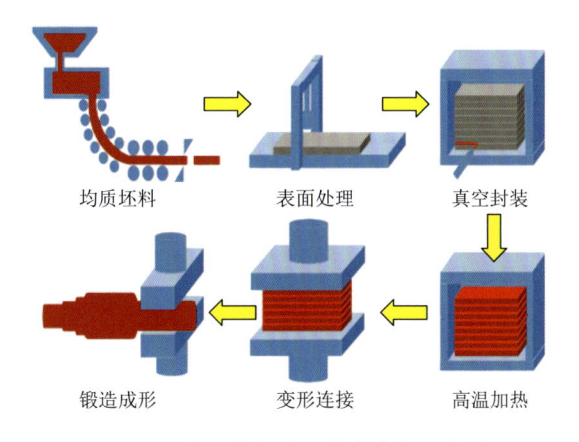

图 3-48　金属构筑成形技术流程示意图

为了验证上述学术思路,作者团队分别在实验室样品、中试试验和工程件中做了大量试验工作。首先在实验室 Gleeble 热模拟机上做了系统研究,考察不同压下量、温度和压下速率、保温时间对 Q345 钢界面结合的影响。从力学性能测试、疲劳试验、界面解剖后的组织、界面状态分析发现,基体与界面完全结合成一体。

实验室研制成功后,接着开展了从百千克级到吨级的中试试验,为了确保界面与基体性能一致,也为了观察界面在多向变形中的演化规律,性能试验的样品包含了界面,开展了界面示踪试验,如图 3-49 所示。同时进行了两组构筑试验,一组在界面加一层薄薄的 304 不锈钢板进行示踪,称为示踪件。另外一组不加薄钢板,称为原始件。采用同样的工艺将原始件和示踪件锻造成形,之后对两件进行解剖分析。解剖后对剖面进行低倍腐蚀,示踪件的界面移动演化规律如图 3-49 所示。随着多向形变的进行,界面呈弯曲形状,不在同一直线上。原始件上界面已实现完全愈合,低倍腐蚀结果无法分辨界面位置。根据界面的示踪位置,对原始件进行取样,如图 3-50 所示,取样参照示踪件以确保取到了界面,之后对试样进行了大量的力学性能、疲劳性能等测试。

图 3-51 所示是拉伸性能的表征结果。其中,1~9 是界面位置试样性能,10~13 为基体试样性能。由拉伸性能表征结果可以看出,界面位置的拉伸性能与基体材料的拉伸性能几乎完全一致。拉伸强度均处在 480~490 MPa,屈服强度均在 (280±6) MPa 范围内,断后伸长率处在 32(±4)%范围内,断面收缩率为 76%~78%。可见,原始件界面结合良好,拉伸性能与基体材料无差别。拉压疲劳的试验结果显示,1~9 是界面位置试样的疲劳极限,与 10~13 基体试样的疲劳寿命均能超过 200 万次而不发生疲劳断裂,表明界面处的疲劳性能也达到了基体材料水平。

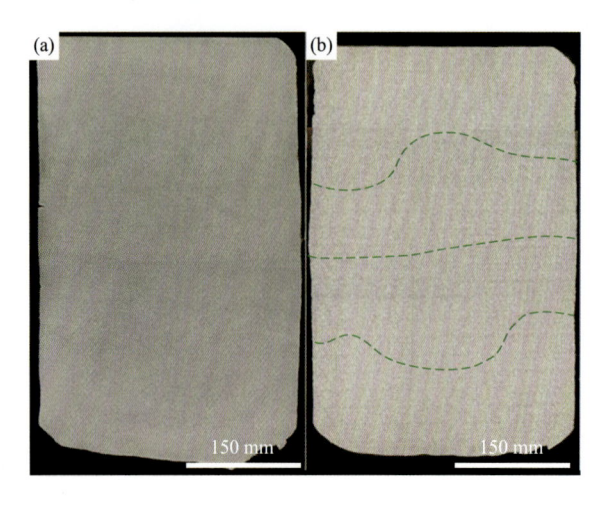

图 3-49 原始件（a）与示踪件（b）界面的表征结果

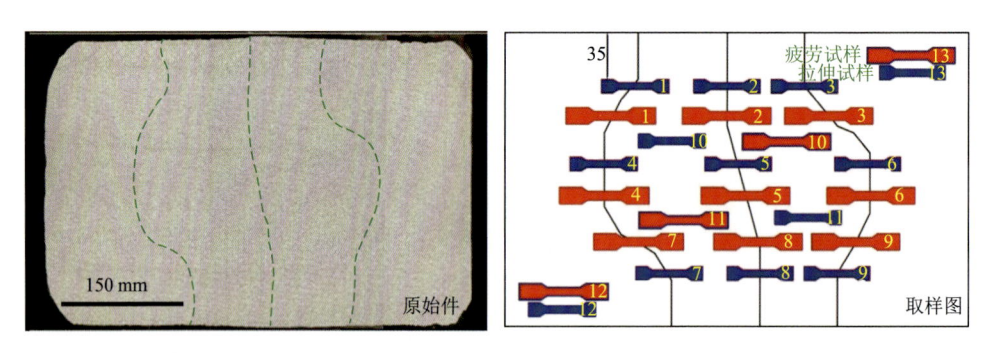

图 3-50 原始件拉伸与疲劳性能取样图

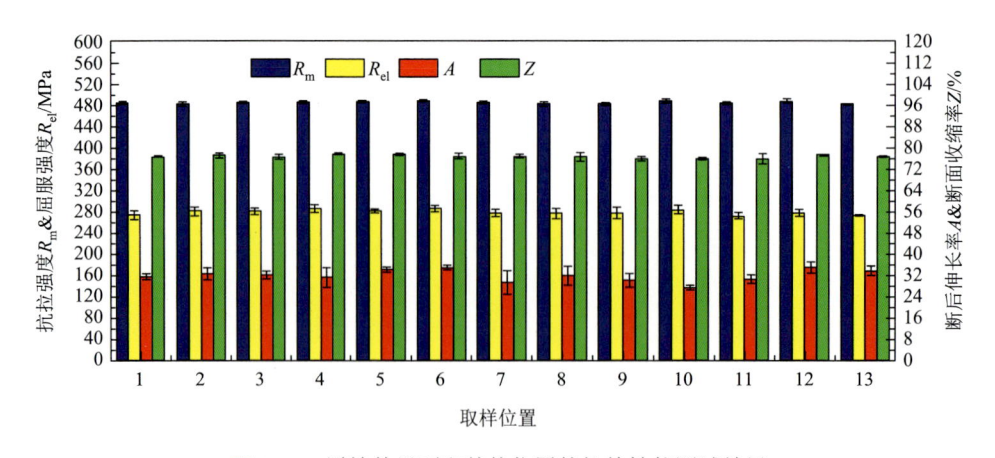

图 3-51 原始件界面和基体位置的拉伸性能测试结果

在中试试验的基础上，对大型锻件的构筑成形方法进行了工程验证。采用四块规格为 370 mm×1400 mm×1500 mm 从大生产获得的 16Mn 连铸坯进行了表面处理、真空封焊组合，然后在辽宁铁岭 125MN 的压机上进行了多向锻造，锻压成 26 t 重的转子锻件。热处理后将锻件精加工至成品后，总长度为 6.5 m，最大直径为 1100 mm。对成品锻件进行全断面解剖，一半进行酸洗硫印，进行观察，如图 3-52 所示；另一半进行系统的取样分析，共选取上千支试样，进行力学性能和疲劳性能等试验。性能的测试结果如图 3-53 所示。结果表明，工程件完全实现了无痕构筑，肉眼观察看不到界面，构筑后的大型锻件无宏观偏析、无缩孔疏松、组织致密、性能均匀，证明金属构筑成形技术路线合理可行。这是一项原创技术，在国际上未见报道。

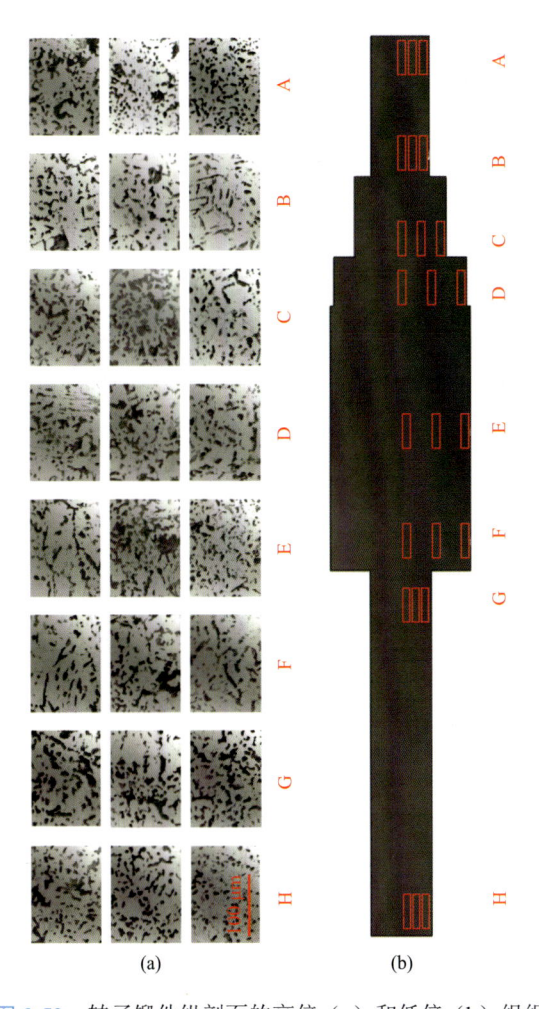

(a) (b)

图 3-52　转子锻件纵剖面的高倍（a）和低倍（b）组织

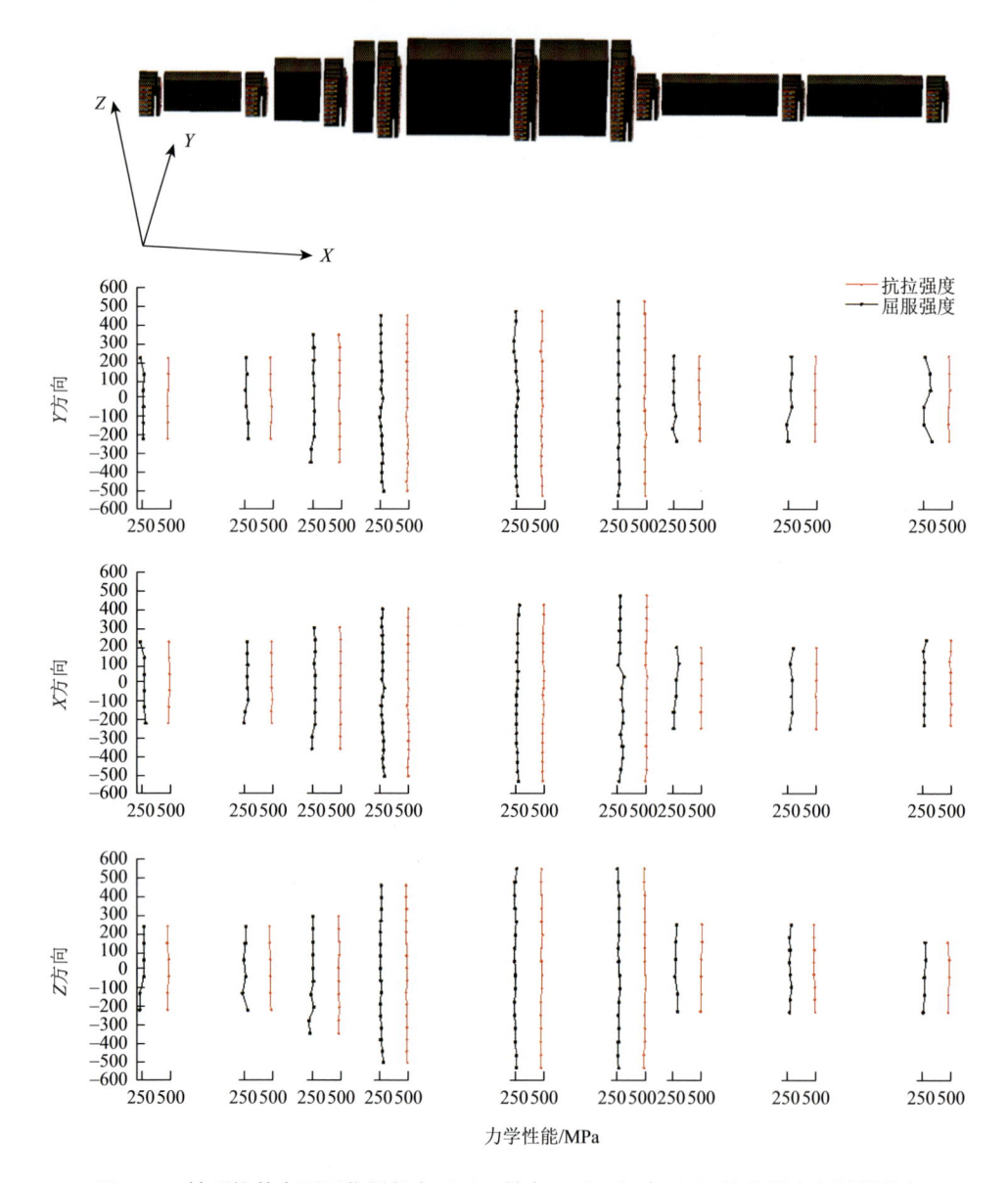

图 3-53 转子锻件在不同位置径向（Y）、轴向（X）、切向（Z）抗拉强度和屈服强度

在构筑成形过程中，基材表面质量、清洁程度将直接影响变形后的冶金结合质量，高效、稳定的真空封装技术能保障焊缝在加热、锻造过程中不会开裂，防止因破真空而导致构筑界面严重氧化失效。因此，必须通过合适的技术保证坯料之间界面的清洁化和真空化，才能确保后续的变形连接有效进行。

为解决表面清洁化处理问题，对坯料表面铣削、打磨、清洁等关键过程进行系统研究，揭示了表面粗糙度、油污残留、颗粒物残留等对界面连接的影响规律，确定了表面粗糙度、清洁度等指标的工艺窗口。基于以上研究，提出了表面洁整化加工、表面清洁化处理以及表面活化等多项关键技术，实现了铣削过程中最低程度的表面污染和堆垛组坯前污染物的有效去除。金属构筑成形技术被科技部列入变革性技术专项，作者团队因此牵头承担了重点研发计划项目：大型锻件均质化构筑成形基础。合作单位之一大连理工大学加工团队开发了高效加工方法，使基材表面的加工效率提高了 50%。

为解决坯料真空封装问题，针对合金钢、不锈钢、钛合金、高温合金等多种材质进行试验，确定了真空度、加速电压、焊接电流、焊接速度等关键参数，实现了焊缝表面规整、熔深大于 20 mm、无裂纹。大连理工大学团队对铝合金的界面愈合进行了系统研究，考察了超声波等外场处理对界面愈合的影响规律[42]。众所周知，铝合金氧化膜致密，难以去除，在外场的作用下，促进了界面活化，有利于氧化膜去除。试验表明，铝合金界面同样可以很好地愈合，但与其他合金相比，难度增大，需要更好的变形工艺参数控制。在此基础上，发明了高效、稳定的真空封装技术，完成了百吨级合金钢、不锈钢坯料的真空封装，通过工程应力加载试验证实了焊缝的有效性，为后续热变形连接打下了良好基础。

1. 大型锻坯构筑成形的界面演化行为

将坯料经过表面加工和清洗后，将板坯按顺序堆放并经过真空电子束焊接封装，再将若干板坯封焊成一个整体，然后对整体坯料进行加热并锻造，通过高温下多火次锻造变形，将板坯之间通过再结晶、扩散作用实现完全冶金结合。这种方法显著区别于传统扩散焊[43]和爆炸焊[44]，该过程具有高温-高压-高真空、大塑性变形以及长时间保温等特点。针对不锈钢[45-47]、钛合金[48-49]、高温合金[50-54]及氧化物弥散强化钢[55-56]等开展系统研究，将多尺度 Gleeble 热压缩界面组织表征与模拟计算相结合，深入研究了构筑成形表面状态对界面结合的影响，界面氧化物演化及再结晶为主的界面愈合机制，以及不同变形参数对界面愈合效率的影响规律。本节将主要介绍以上典型研究成果，这将从科学原理上有力证实界面区域的力学性能达到了与基体一致的水平，实现了构筑界面的"无痕"连接。

构筑坯料表面的原始状态是构筑界面的初始条件，需要掌握坯料表面在大气环境下的状态，以及表面在高真空、高温条件下的变化规律，才能为后续变形连接过程的研究奠定基础。以 Ti80 合金为例，详细研究了无氧化膜阻碍的钛合金构筑连接初始过程界面结合机制[48]。利用 EBSD 系统分析了 Ti80 合金粗糙表面/粗糙表面和光滑表面/光滑表面各自的界面结合特征，进而解释界面结合机制以及钛合金 α 相和 β 相对界面结合的影响。结果表明，粗糙表面与粗糙表面结合时，界面形成与基体取向不一致的细小再结晶晶粒。这是因为当粗糙表面结合时，由于界面区域应变不协调，界面组织发生晶格旋转，促进界面发生旋转动态再结晶（图 3-54）。相比于低粗糙度（Ra 0.561 μm），当高粗糙度（Ra 1.481 μm）界面区域分布较高的位错密度时，表面结合会导致界面区域产生更大的应变梯度，从而引入更多额外的几何必须位错。

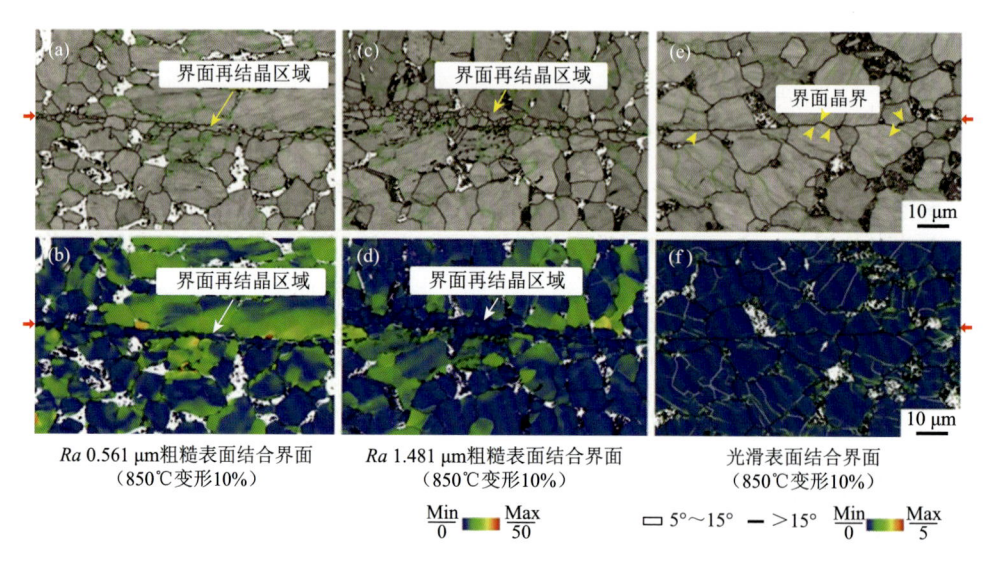

图 3-54 Ti80 合金不同粗糙度表面在 850℃/s 变形 10%后结合界面取向成像图（a, c, e）及晶粒参考取向偏差图（b, d, f）

对核电用 14Cr 铁素体钢，研究不同变形参数下构筑成形连接行为[55, 56]，发现该合金在低应变速率条件下（0.01 s^{-1}）难以成功构筑，连接接头均呈现脆性断裂模式。这是因为该条件下其软化机制为连续动态再结晶（continuous dynamic recrystallization，CDRX），即再结晶晶粒主要通过亚晶持续转动原位形成，未发生大角度晶界长程迁移。而且应变诱导析出的 Ti（C, N）富集在连接界面处而形成致密的第二相夹层，进一步阻滞晶界迁移及界面愈合过程。在高应变速率条件下（10 s^{-1} 及 30 s^{-1}）构筑时，可以实现界面有效愈合，连接接头具有与基体材料相当的拉伸力学性能（图 3-55）。这是由于应变速率的增大促使材料的再结晶机制由 CDRX 转变为不连续动态再结晶（discontinuous dynamic recrystallization，DDRX）。快速变形过程中，极短的变形时间导致动态回复过程来不及发生，变形引入的位错不断累积使得再结晶晶粒的形核及生长的驱动力大幅增加，而 DDRX 晶核长大主要通过大角度晶界长程迁移实现，该过程可以有效消除原始界面处的高密度缺陷，从而有效愈合连接界面（图 3-56）。

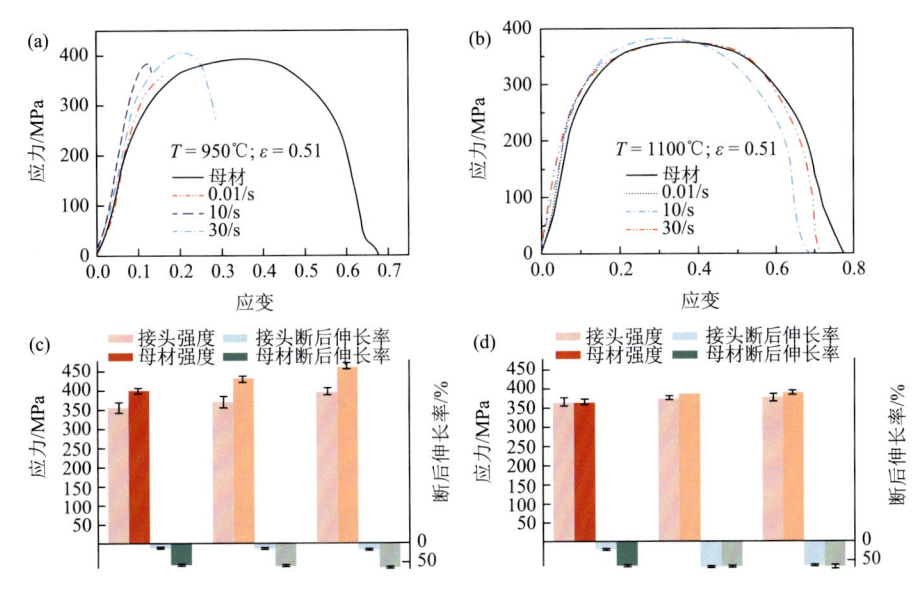

图 3-55 14Cr 铁素体钢构筑接头拉伸性能随应变速率的变化

（a, c）950℃；（b, d）1100℃；其中变形量均为 0.51

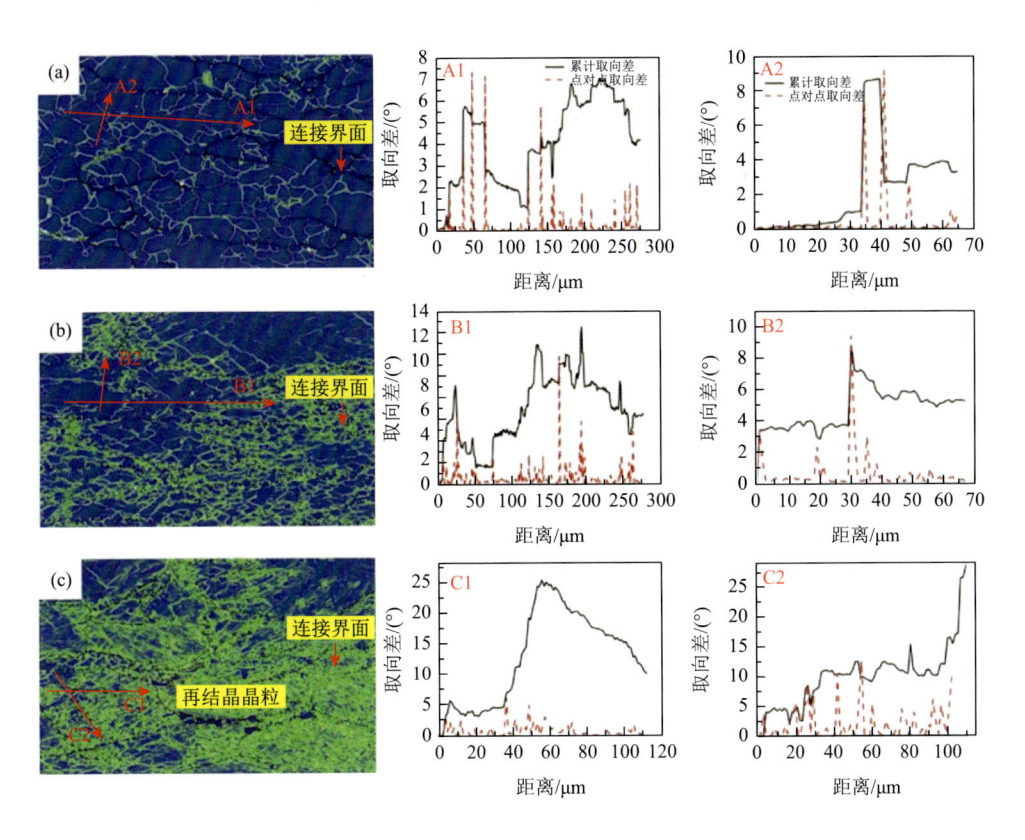

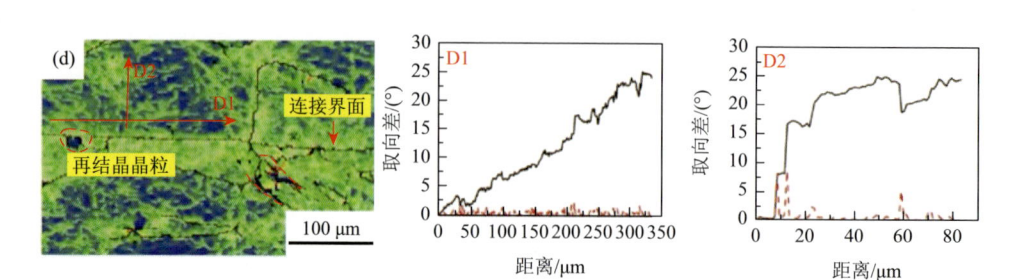

图 3-56　14Cr 铁素体钢在不同应变速率下界面处局部取向差分布图（a~d）及对应的取向差变化曲线（A1~D1，A2~D2）

(a) 0.01 s^{-1}；(b) 1 s^{-1}；(c) 10 s^{-1}；(d) 30 s^{-1}

针对重型燃气轮机涡轮盘用 IN718 合金，研究了构筑成形过程中界面组织演变行为[53]。结果表明，在高温变形过程中，界面晶粒与基体晶粒均发生了动态再结晶，且随着变形温度提高，或变形速率的降低，平直的界面晶界逐渐被弯曲的晶界所取代。EBSD 分析表明，界面上弯曲晶界是由晶界逐渐弓出迁移导致的（图 3-57）。TEM 表征显示，由于界面变形不均匀，界面两侧晶粒内存在位错密度差是界面弓出的主要驱动力（图 3-58）。因此，在高温变形过程中，界面处位错累积引起存储的能量差异是界面处晶界迁移的主要因素。接头的力学性能取决于再结晶微观结构和界面愈合过程发生的晶界迁移程度。

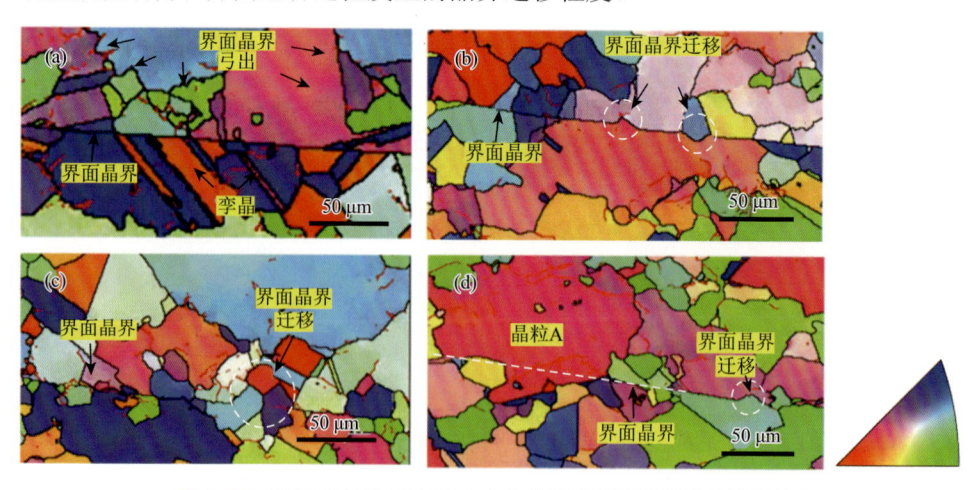

图 3-57　不同应变量下 IN718 合金构筑成形界面组织的反极图

(a) 0.05；(b) 0.10；(c) 0.15；(d) 0.20

虽然高温大变形能使界面处的绝大部分金属实现冶金结合，但由于初始氧化膜的影响，破碎的氧化物将残存于界面，这些氧化物会对界面的力学性能产生不利影响。然而，将变形后的试样进行高温保温发现，随着保温时间的延长，未完全愈合的界面逐渐新生出再结晶小晶粒[45]。随着保温时间进一步延长，界面新生

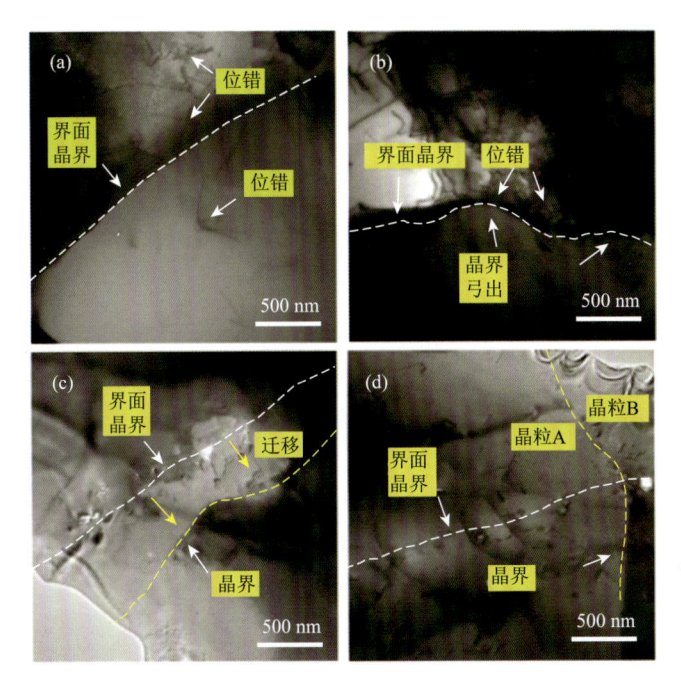

图 3-58 不同应变量下 IN718 合金构筑成形界面组织的 TEM 图像
(a) 0.05；(b) 0.10；(c) 0.15；(d) 0.20

的再结晶晶粒逐渐长大，使得晶界跨越原始界面，促进界面愈合。当保温足够长时间后（约 24 h），界面区域发生完全再结晶，且长大的再结晶晶粒跨越界面，使得最终的界面组织与基体无差异（图 3-59）。

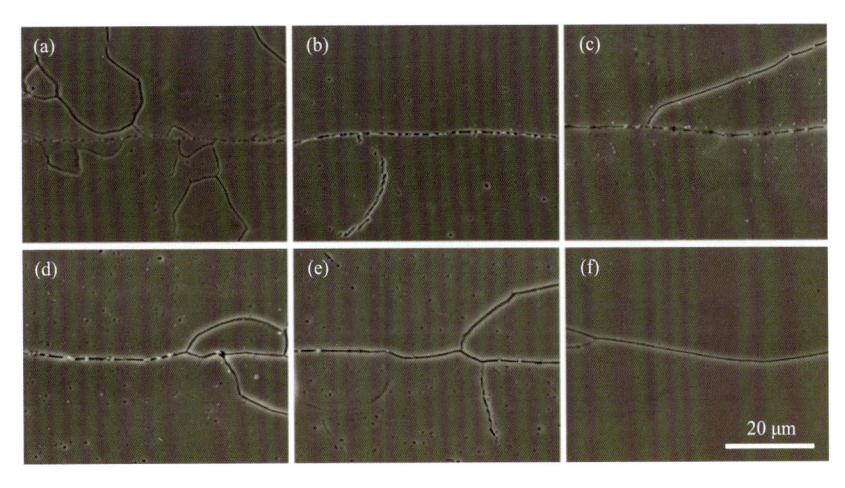

图 3-59 变形量为 30%的界面在 1200℃下保温过程的形态演化
(a) 不保温；(b) 10 min；(c) 6 h；(d) 12 h；(e) 18 h；(f) 24 h

从界面组织演化可以清楚地看到，316 不锈钢构筑连接过程中，复杂氧化膜转变为单一的界面氧化物 $MnCr_2O_4$ 残存于结合界面。在 1200℃长时间保温中，界面氧化物 $MnCr_2O_4$ 逐步分解消失，并在界面两侧的基体中析出细小氧化物颗粒。随着保温时间的延长，析出颗粒区域的宽度逐渐增加，且氧化物析出相类型也发生改变（图 3-60）。经过长时间的保温，氧化物将彻底分解，氧固溶到基体中，并进行长程扩散，使界面完全消失[47]。这一重要发现突破了氧化物在钢中稳定存在而不发生分解的传统观点，使构筑后界面实现"无痕"连接成为可能。

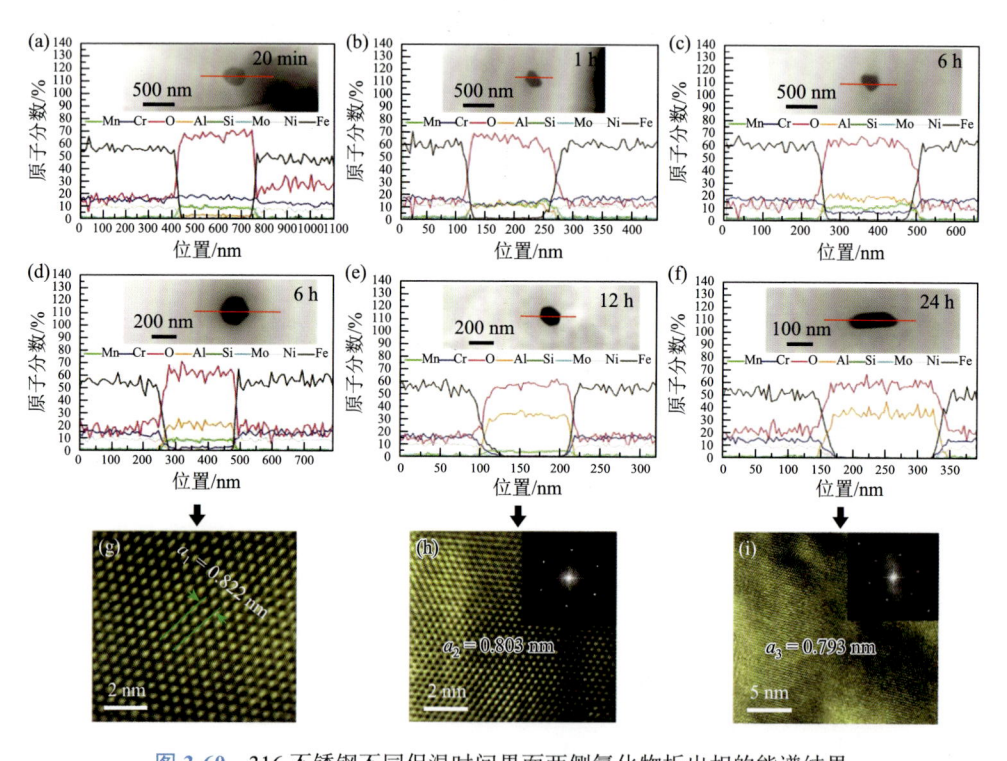

图 3-60 316 不锈钢不同保温时间界面两侧氧化物析出相的能谱结果
（a）20 min；（b）1 h；（c，d）6 h；（e）12 h；（f）24 h；（g）～（i）对应于（d）～（f）的高分辨透射电镜图像

316L 不锈钢构筑成形界面典型氧化物 $MnCr_2O_4$ 在长时间高温扩散过程中发生失稳分解，对该现象的物理机制进行深入研究。首先，基于密度泛函理论及经典热力学方法，采用 VASP 软件包计算不同氧化学势下的 Mn-Cr-O 相图，并预测不同环境温度及氧分压条件下 $MnCr_2O_4$ 的稳定性，如图 3-61 所示。该计算表明，当环境氧的化学势下降到 –4.0 eV 以下时，$MnCr_2O_4$ 完全分解为单质组元，对应的分解表达式为 $MnCr_2O_4 \longrightarrow [Mn] + 2[Cr] + 4[O]$，解离后的氧固溶在界面附近，随保温时间的延长，固溶氧向基体中扩散，最终界面氧化物完全消失[57]。

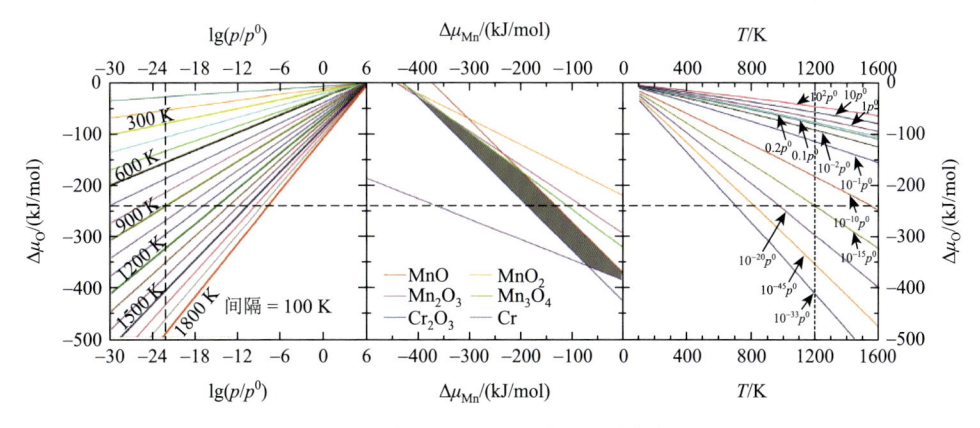

图 3-61 第一性原理预测的相图（中间），两侧图像显示将氧的化学势（μ_O）转变为氧分压（p/p^0）（左侧）及温度（右侧）等环境参量

另外，将第一性原理计算与 TEM 表征相结合，研究了 12Cr-10Ni-Mo-Ti 马氏体不锈钢构筑连接界面氧化物种类及分解动力学过程（图 3-62）。该连接界面氧化物类型为刚玉结构 Cr_2O_3，并固溶 Ti 及 Mn 元素。在 1200℃长时间保温处理后，该氧化物逐渐溶解消失，并残留未闭合的界面孔洞。基于 Cr_2O_3/fcc-Fe 界面构型，过渡态计算表明界面氧化物溶解是由基体氧化物中氧原子向界面扩散主导的，需要克服 3.97 eV 能垒。高温下氧原子剧烈热激活运动有利于跨越该能垒，这为构筑界面连接后保温处理提供了理论依据[58]。

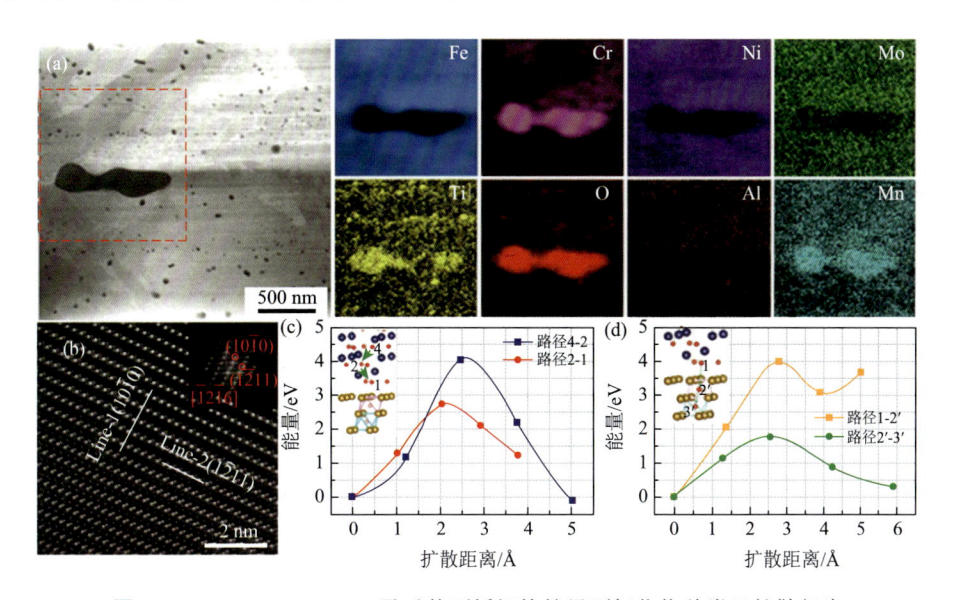

图 3-62 12Cr-10Ni-Mo-Ti 马氏体不锈钢构筑界面氧化物种类及扩散行为

（a）界面氧化物及能谱；（b）高分辨结构；（c）氧化物侧氧原子扩散势垒；（d）氧原子跨越界面进入基体扩散能垒

2. 大型锻坯构筑成形的工程应用

金属构筑成形技术已进入产业化阶段。该技术已获授权发明专利十余项，其中核心专利"金属构筑成形方法"[59]（专利号：ZL201511027492.4，发明人：李殿中，孙明月，徐斌，刘宏伟，李依依）获第二十二届中国专利金奖。作者团队研制出金属构筑成形原型装置，支撑伊莱特重工公司完成首台套单重 200 吨级示范线建设。研究成果在辽宁、山东等多家重工企业数万吨锻件上应用，合作企业研制出环类、筒类、轴类、管类、盘类大型锻件产品，解决了水电、核电、风电等重点工程关键材料的"卡脖子"问题。2019 年研制出四代核电直径 15.6 m、重 150 t 整体无焊缝不锈钢环形锻件并实现装机应用[60]，成果入选"壮丽 70 年奋斗新时代"共和国发展成就巡礼和中国科学院 2019 年度科技成果转化亮点工作。利用辽宁省铁岭北祥重工机械制造有限公司的万吨压机，研制出百吨级水轮机大轴，成功解决了高 Si 含量钢的宏观偏析问题，2021 年成功应用于白鹤滩百万千瓦水电机组，这也是建党百年的献礼工程。可见，该技术有望成为国际上大型锻件均质化制造的重要方法。

相比于采用"钢液冶炼—铸锭—锻造"的传统技术路线，使用金属构筑成形技术制造的大型锻坯具有以下技术优势。

（1）实现大型锻坯的均质化制造。使用构筑基元的尺寸小、均质性好，因此构筑而成的大尺寸金属构件不存在明显的宏观偏析。

（2）实现大型锻坯的低成本制造。使用连铸坯作为构筑基元，没有传统钢锭的冒口、水口损耗，对于百吨级大型钢锭，可提升材料利用率 30%以上，吨钢制造成本降低 1000 元以上，铸锭、锻造综合能耗降低 30%。

（3）实现大型锻坯的清洁化、稳定化制造。原材料为钢厂大生产获得的连铸板坯，环境污染小、便于集中控制。构筑生产过程可实现完全自动化，将大幅改善劳动环境，减少人为因素影响，产品质量更加稳定。

（4）突破超大型锻件的制造极限。传统上不锈钢的最大制造能力为百吨级，钛合金和高温合金为十吨级。采用金属构筑成形技术，可以突破超大型锻件的重量极限，将解决若干关键装备核心构件从无到有的问题。

以核电不锈钢支承环为例，介绍大型锻件的构筑成形过程。在上面研究的基础上，将原材料洁净化、均匀化制造、基材表面高效洁整化加工、低残余应力真空封装、高效变形连接、界面氧化物调控、高精度成形制造、热处理性能调控等方面的研究成果应用于直径 15.6 m、单重 150 t 的 316H 不锈钢支承环制造（图 3-63）。结合设备能力，提出分级构筑成形方法，将支承环制造过程分为三级构筑。首先，将均质化 316H 不锈钢连铸坯等尺寸锯切为 1500 mm×1500 mm×200 mm 的 4×14 = 56 块构筑基元，经表面清洁、真空电子束封边焊接、加热锻造、高温扩散等工序，使板坯界面充分愈合，完成 316 H 不锈钢一级构筑成形，然后将两个一级构筑坯进行二级构筑,最后将两个二级构筑坯进行三级构筑,从而实现 150 t 级 316 H 不锈钢构筑坯制造。三级构筑坯制造完成后,进行冲孔、扩孔、轧环等,完成直径 15.6 m 支承环的制造。经整形调圆,使得直径 15.6 m 支承环轧制后椭圆度为 39 mm、平面度为 8 mm、锻件加工余量仅为 36.5 mm,达到了很高的成形精度。这验证了 316H 不锈钢环形大型锻件可以采用金属构筑成形技术制造,进一步明确了连铸坯焊接参数,表面清洁处理、锻造和轧制工艺的可行性,使用这些工艺方法制造环形大型锻件的外观尺寸满足了设计要求。

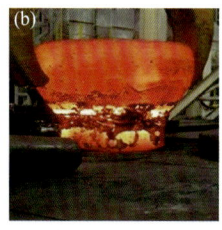

图 3-63 直径 15.6 m 支承环热加工流程

(a) 初始构筑坯封焊;(b) 分级构筑基材;(c) 环轧构筑坯;(d) 扩孔;(e) 环轧;(f) 支承环锻件

支承环大型锻件轧制后,为了能有效地稳定组织及尺寸,进一步消除锻件内应力,对工件进行固溶热处理(图 3-64)。经机加工后无损探伤,支承环内部未发现直径 8 mm 以上的缺陷,满足探伤标准要求。同时,对直径为 15.6 m 的不锈钢支承环进行全面解剖评价,分别在支承环 0°、120°、240°位置的中心沿轴向、径向、周向取样进行性能测试,等同位置取样任意两点室温拉伸的屈服强度周向偏差为±11 MPa,径向偏差为±10 MPa,轴向偏差为±5 MPa,均小于目标偏差值(≤20 MPa);等同位置取样任意两点冲击吸收功周向偏差为±8 J,径向和轴向偏差为±13 J,均小于目标偏差值(≤25 J)。相同位置周向、径向和轴向室温屈服强度 0°、120°、240°位置偏差分别为±8 MPa、±12 MPa、±7.5 MPa,均小于目标偏差值(≤20 MPa)。在 0°、120°、240°方向位置分别取全截面低倍试样,显示界面组织与基体组织均无明显差异。支承环的力学性能达到考核指标要求。

图 3-64 支承环锻件的固溶热处理

(a) 吊装入池；(b) 完成固溶

金属构筑成形技术兼具颠覆性、可操作性和经济性，是基于工程实践的原创技术。应用该技术，已完成合金钢、不锈钢、钛合金、高温合金、铜合金、高熵合金等多种材料的研究工作，制造了轴类、管类、环筒类、盘类、复杂异形件等多种类型锻件，锻件性能满足设计要求，且均匀性显著提升，证明该技术具有良好的通用性和适应性，可用于制造各种合金成分和形状的锻件[61]。部分已实现工程应用的产品如图 3-65 所示。

图 3-65 采用金属构筑成形技术制造的代表性样件

(a) 110 t 水轮机主轴；(b) 直径 715 mm 大口径不锈钢压力管；(c) 直径 15.6 m 不锈钢环形锻件；(d) 直径 720 mm 高温合金涡轮盘；(e) 直径 5 m 级封头异形件；(f) 直径 5 m 核电厚壁筒体

参 考 文 献

[1] Flemings M C. Solidification processing. Metall. Mater. Trans. B，1974，5（10）：2121-2134.

[2] Lesoult G. Macrosegregation in steel strands and ingots: Characterisation, formation and consequences. Mater. Sci. Eng. A, 2005, 413: 19-29.

[3] Beckermann C. Modelling of macrosegregation: Applications and future needs. Int. Mater. Rev., 2002, 47(5): 243-261.

[4] Jie W, Zhou Y. Formation of hot-top segregation in steel ingot and effect of steel compositions. Metall. Mater. Trans. B, 1989, 20(5): 723-730.

[5] Radovic Z, Lalovic M, Tripkovic M. Forming of positive macrosegregations during steel ingot solidification. ISIJ Int., 1999, 39(4): 329-334.

[6] Pickering E J. Macrosegregation in steel ingots: The applicability of modelling and characterisation techniques. ISIJ Int., 2013, 53(6): 935-949.

[7] Li D Z, Chen X Q, Fu P X, et al. Inclusion flotation-driven channel segregation in solidifying steels. Nat. Commun., 2014, 5(1): 5572.

[8] Mehrabian R, Keane M, Flemings M C. Interdendritic fluid flow and macrosegregation-influence of gravity. Metall. Mater. Trans. B, 1970, 1(5): 1209-1220.

[9] Suzuki K, Miyamoto T. Direct observation of "A" segregation by dump test. Tetsu to Hagane., 1977, 63(1): 45-52.

[10] Li J, Wu M, Ludwig A, et al. Simulation of macrosegregation in a 2.45-ton steel ingot using a three-phase mixed columnar-equiaxed model. Int. J. Heat Mass Transfer., 2014, 72(100): 668-679.

[11] Schneider M C, Beckermann C. Formation of macrosegregation by multicomponent thermosolutal convection during the solidification of steel. Metall. Mater. Trans. A, 1995, 26(9): 2373-2388.

[12] Moore J J, Shah N A. Mechanisms of formation of A-and V-segregation in cast steel. Int. Mater. Rev., 1983, 28(1): 336-356.

[13] Mori N, Ogi K. Study on the formation of channel-type segregation. Metall. Trans. A, 1991, 22(7): 1663-1672.

[14] Fujii T, Poirier D R, Flemings M C. Macrosegregation in a multicomponent low alloy steel. Metall. Trans. B, 1979, 10(3): 331-339.

[15] Cabrera-Marrero J M, Carreno-Galindo V, Morales R D, et al. Macro-micro modeling of the dendritic microstructure of steel billets processed by continuous casting. ISIJ Int., 1998, 38(8): 812-821.

[16] Li J, Wu M H, Hao J, et al. Simulation of channel segregation using a two-phase columnar solidification model-Part II: Mechanism and parameter study. Comput. Mater. Sci., 2012, 55: 419-429.

[17] Torabi Rad M, Kotas P, Beckermann C. Rayleigh number criterion for formation of A-segregates in steel castings and ingots. Metall. Mater. Trans. A, 2013, 44(9): 4266-4281.

[18] Pickering E J, Al-Bermani S S, Talamantes-Silva J. Application of criterion for A-segregation in steel ingots. Mater. Sci. Technol., 2015, 31(11): 1313-1319.

[19] Flemings M C. Principles of control of soundness and homogeneity of large ingots. Scand. J. Metall., 1976, 5(1): 1-15.

[20] Wu M H, Konozsy L, Ludwig A, et al. On the formation of macrosegregations in steel ingot castings. Steel Research Int., 2008, 79(8): 637-644.

[21] Wu M H, Ludwig A. Modeling equiaxed solidification with melt convection and grain sedimentation-I: Model description. Acta Mater., 2009, 57(19): 5621-5631.

[22] Wu M H, Ludwig A. Modeling equiaxed solidification with melt convection and grain sedimentation-II. Model verification. Acta Mater., 2009, 57(19): 5632-5644.

[23] Ahmadein M, Wu M H, Li J H, et al. Prediction of the as-cast structure of Al-4.0 wt pct Cu ingots. Metall. Mater. Trans. A, 2013, 44（6）：2895-2903.

[24] Wu M H, Ludwig A, Fjeld A. Modelling mixed columnar-equiaxed solidification with melt convection and grain sedimentation-Part II: Illustrative modelling results and parameter studies. Comput. Mater. Sci., 2010, 50（1）：43-58.

[25] Wu M H, Fjeld A, Ludwig A. Modelling mixed columnar-equiaxed solidification with melt convection and grain sedimentation-Part I: Model description. Comput. Mater. Sci., 2010, 50（1）：32-42.

[26] Wu M H, Ludwig A. An idea to treat the dendritic morphology in mixed columnar-equiaxed solidification. Int. J. Cast Met. Res., 2009, 22 (1-4): 323-326.

[27] Wu M H, Ludwig A. Using a three-phase deterministic model for the columnar-to-equiaxed transition. Metall. Mater. Trans. A, 2007, 38（7）：1465-1475.

[28] Cao Y F, Chen Y, Fu P, et al. The experimental characterization and numerical simulation of A-segregates in 27SiMn steel. Metall. Mater. Trans. A, 2017, 48（5）：2260-2273.

[29] Combeau H, Založnik M, Hans S, et al. Prediction of macrosegregation in steel ingots: Influence of the motion and the morphology of equiaxed grains. Metall. Mater. Trans. B, 2009, 40B（3）：289-304.

[30] Cao Y F, Chen Y, Li D Z. Formation mechanism of channel segregation in carbon steels by inclusion flotation: X-ray microtomography characterization and multi-phase flow modeling. Acta Mater., 2016, 107：325-336.

[31] Cao Y F, Li D Z, Chen X Q, et al. Inducing mechanism and model of the critical oxygen content in homogenized steel. Mater. Des., 2021, 205: 109723.

[32] Cao Y F, Chen Y, Li D Z, et al. Comparison of channel segregation formation in model alloys and steels via numerical simulations. Metall. Mater. Trans. A., 2016, 47A（6）：2927-2939.

[33] Balasubramanian N. Low oxygen content eliminates channel segregation in cast steels. MRS Bull., 2015, 40（2）：101.

[34] Wang J Q, Fu P X, Liu H W, et al. Shrinkage porosity criteria and optimized design of a 100-ton 30Cr2Ni4MoV forging ingot. Mater. Des., 2012, 35：446-456.

[35] Qian S W, Hu X Q, Cao Y F, et al. Hot top design and its influence on feeder channel segregates in 100-ton steel ingots. Mater. Des., 2015, 87: 205-214.

[36] 陈龙飞, 栾义坤, 李殿中, 等. 固态补缩机制及其在大高径比铸件上的应用. 金属学报, 2016, 52（12）：1510-1516.

[37] 赵子文, 曹艳飞, 秦卓, 等. 大型钢锭铸锻一体化液芯锻造数值模拟及工艺实践. 锻压技术, 2019, 44（5）：21-28.

[38] Mehrabian R, Keane M A, Flemings M C. Experiments on macro-segregation and freckle formation. Metall. Trans., 1970, 1：3238-3241.

[39] Kerr R C, Woods A W, Worster, M G. Disequilibrium and macro-segregation during solidification of a binary melt. Nature, 1989, 340：357-362.

[40] Flemings M C. Our understanding of macro-segregation: Past and present. ISIJ Int., 2000, 40（9）：833-841.

[41] 卢秉恒, 李涤尘. 增材制造（3D打印）技术发展. 机械制造与自动化, 2013, 42（4）：1-4.

[42] 王宇钊, 孟令刚, 亚斌, 等. 超声场对2219铝合金连铸坯晶粒尺寸的影响. 特种铸造及有色合金, 2021, 41（10）：1245-1250.

[43] Kazakov N F. Diffusion Bonding of Materials. New York: Pergamon Press, 1985.

[44] 史长根, 王耀华, 蔡立艮, 等. 爆炸焊接界面的结合机理. 焊接学报, 2002,（2）：55-59.

[45] Xie B J, Sun M Y, Xu B, et al. Evolution of interfacial characteristics and mechanical properties for 316LN stainless steel joints manufactured by hot-compression bonding. J. Mater. Process. Technol., 2020, 283: 116733.

[46] Xie B J, Sun M Y, Xu B, et al. Oxidation of stainless steel in vacuum and evolution of surface oxide scales during hot compression bonding. Corros. Sci., 2019, 147: 41-52.

[47] Xie B J, Sun M Y, Xu B, et al. Dissolution and evolution of interfacial oxides improving the mechanical properties of solid state bonding joints. Mater. Des., 2018, 157: 437-446.

[48] Xie B J, Yu Z X, Jiang H Y, et al. Effects of surface roughness on interfacial dynamic recrystallization and mechanical properties of Ti-6Al-3Nb-2Zr-1Mo alloy joints produced by hot compression bonding. J. Mater. Sci. Technol., 2022, 96: 199-211.

[49] Jiang H Y, Zhang J Y, Xie B J, et al. Impact toughness anisotropy of TA31 titanium alloy cylindrical shell after ring rolling. Materials (Basel), 2020, 13 (19): 4332-4332.

[50] Zhang J Y, Xu B, Tariq N U H, et al. An innovative approach for grain refinement in Ni-based super alloys: Modification in the classical delta process through γ'' pre-aging treatment. J. Alloys Compd., 2020, 818 (C): 152827.

[51] Zhang J Y, Xu B, Tariq N U, et al. Effect of strain rate on plastic deformation bonding behavior of Ni-based super alloys. J. Mater. Sci. Technol., 2020, 40 (C): 54-63.

[52] Zhang J Y, Xu B, Tariq N H, et al. Microstructure evolutions and interfacial bonding behavior of Ni-based super alloys during solid state plastic deformation bonding. J. Mater. Sci. Technol., 2020, 46: 1-11.

[53] Zhang J Y, Sun M Y, Xu B, et al. Interfacial microstructural evolution and metallurgical bonding mechanisms for IN718 superalloy joint produced by hot compressive bonding. Metall. Mater. Trans. B, 2018, 49 (5): 2152-2162.

[54] Liu S, Wang J Q, Zhang J Y, et al. The high temperature oxidation behavior of IN718 alloy in vacuum. Corros. Sci., 2022, 200: 110216.

[55] Zhou L Y, Feng S B, Sun M Y, et al. Interfacial microstructure evolution and bonding mechanisms of 14YWT alloys produced by hot compression bonding. J. Mater. Sci. Technol., 2019, 35 (8): 1671-1680.

[56] Zhou L Y, Chen W X, Feng S B, et al. Dynamic recrystallization behavior and interfacial bonding mechanism of 14Cr ferrite steel during hot deformation bonding. J. Mater. Sci. Technol., 2020, (43): 92-103.

[57] Zhang H L, Chen X Q, Xu B, et al. First-principles investigation of thermodynamic decomposition of interfacial oxides in hot compression bonding. Metall. Mater. Trans. B, 2020, 51 (2): 874-886.

[58] Zhang H L, Zhou G, Sun M Y, et al. Revisiting dissolution behavior of interfacial oxides in hot-compression bonding of stainless steel by combination of experiments and first-principles calculations. Appl. Surf. Sci., 2022, (581): 152297.

[59] 李殿中, 孙明月, 徐斌, 等. 金属构筑成形方法: 中国, ZL201511027492.4. 2015-12-31.

[60] Sun M Y, Xu B, Xie B J, et al. Leading manufacture of the large-scale weldless stainless steel forging ring: Innovative approach by the multilayer hot-compression bonding technology. J. Mater. Sci. Technol., 2021, (71): 84-86.

[61] 孙明月, 徐斌, 谢碧君, 等. 大型锻件均质化构筑成形研究进展. 科学通报, 2020, 65 (27): 3044-3058.

第4章

不锈钢大型铸件制备

三峡水电站用混流式水轮机转轮由一个上冠、下环和 13~15 个叶片三大马氏体不锈钢铸件分别经过铸造、热处理、机加工，然后再组焊而成。上冠铸件单件毛重约 200 t，下环铸件单件毛重近 130 t，具有复杂曲面型线的叶片铸件单件毛重约 30 t。在三峡工程建设初期，其电站水轮机转轮三大铸件曾全部依赖进口，并受制于人[1-4]。国产铸件存在缺陷控制难、形状控制难、性能控制难等问题。以叶片为例，为使其满足水力学设计要求，叶片具有十分复杂的几何曲面且厚薄不均，导致其在热加工过程中极易发生变形，依赖传统经验难以准确预测。由于没有掌握变形规律，国内产品最初设计的加工余量大，后续主要靠五轴机床加工成形，这样不但加工周期长，而且叶片表面由于激冷而形成的性能优异的细晶层也被加工掉了，导致叶片品质不佳。而国内试制首个下环时，出现了多条裂纹缺陷，因此缺陷控制是转轮铸件亟须解决的问题。此外，由于对转轮铸件用马氏体不锈钢的相变规律掌握不清，无法对该材料中的两个关键相（高温铁素体相和逆变奥氏体相）进行定量控制，导致铸件由于性能不合格而报废。

为解决水轮机转轮三大标志性铸件的"卡脖子"问题，在三峡三期工程重大设备制造检查组的领导下，三峡集团组织水轮机转轮制造主机厂、铸件制造重机厂、中国科学院金属研究所、清华大学和沈阳铸造研究所等优势单位进行了多年攻关，成功解决了转轮大型铸件国产化问题，而且实现了出口，使中国水轮机转轮制造能力和水平达到了全球高端。这些单位研究了转轮用马氏体不锈钢中两个关键合金相的形成和作用机制，以及三大件的铸造工艺，牵头制订了水轮机转轮铸件制造技术规范[5]，后来该规范作为三峡集团水轮机转轮铸件全球采购的技术规范，并进一步成为后续三峡集团企业标准[6]和行业标准[7]的源头。

本章主要介绍在三大铸件方面的科研工作。针对三大铸件的特征，系统地模拟了上冠、下环、叶片铸造和热处理过程缺陷演化情况，通过模拟优化了工艺设计。在大型水轮机转轮用马氏体不锈钢材料和热处理工艺方面，研究了高温铁素体相和逆变奥氏体相的形成及作用机制，提出了调控镍铬当量比的成分控制方法和"一次正火加两次回火"的热处理制度，对两个关键相进行了量化控制。在铸件材料研究工作的基础上，对其服役过程中夹杂物诱导的局部点蚀及其控制方法进行了研究；还进一步发展了该材料，使其在保持高韧性的同时大幅提升了强度，并进行了扩展应用。

4.1 马氏体不锈钢的成分设计

4.1.1 马氏体不锈钢的化学成分

本书谈到的这一类不锈钢，专门指用于大型水轮机转轮以及其他重要耐蚀环境的 0Cr13Ni4-6Mo 不锈钢以及在此基础上优化的钢种。该钢种于 1959 年底由瑞士 George Fischer（GF）公司最先发明，与传统的 13Cr 马氏体不锈钢相比，由于使用 Ni 代替 C，材料铸造性、焊接性都得到了显著改善，同时使该材料具有优良的强度、塑韧性及耐蚀性能。因此，该钢种在铸造界享有"铸造者梦寐以求的成功之举"的说法[8]。在铸件上获得成功应用之后，该材料又被发展成锻件用钢，并被多个国家纳入标准，获得了更为广泛的应用。

虽然 0Cr13Ni4-6Mo 不锈钢在不同国家的标准中成分不尽相同[3,4]，但整体上主要合金成分范围差别不大，表 4-1 中列举了美国和我国相关标准对该材料的成分限定。在标准规定的成分范围内，淬火处理后该材料的基体是低碳板条状马氏体，但在一定的成分范围内可能含有高温铁素体。淬火组织经过合适的两相区回火处理后含有少量的逆变奥氏体，在合理调控高温铁素体和逆变奥氏体的情况下，该系列材料具有很好的强韧性匹配，且焊接性能优异。

表 4-1　中国和美国标准中 0Cr13Ni4-6Mo 钢的成分（单位：wt%）

国别	牌号	C	Si	Mn	S	P	Cr	Ni	Mo
美国	CA6NM[9]	≤0.06	≤1.0	≤1.0	≤0.03	≤0.04	11.5～14.0	3.5～4.5	0.4～1.0
中国	ZG06Cr13Ni4Mo[10]	≤0.06	≤1.0	≤1.0	≤0.03	≤0.035	11.5～13.5	3.5～5.0	0.4～1.0

如表 4-1 所示，0Cr13Ni4-6Mo 钢的合金体系相对简单，主要合金元素有 C、Si、Mn、Cr、Ni、Mo 等元素。其中，C 是该材料中非常关键和敏感的一个元素，其含量显著影响淬火态和低温回火态材料的强度、韧性，同时作为强奥氏体稳定化元素，对于两相区回火处理后材料中逆变奥氏体含量和稳定性有非常关键的影

响。Si 是钢中常用的脱氧元素，也是强烈的铁素体稳定化元素，因此在该钢中可以用 Si 来调节 Cr 当量，从而影响高温铁素体含量；同时对于低温回火态下使用的材料，Si 还有明显的固溶强化作用。Mn 是奥氏体稳定化元素，有利于扩大奥氏体相区，因此一方面通过影响材料中的 Cr 当量影响高温铁素体的含量，另一方面影响两相区回火过程中逆变奥氏体的含量和稳定性。Cr 是不锈钢中必不可少的元素，提高 Cr 含量会提升材料耐蚀性能；同时 Cr 在 Fe 中形成置换型固溶体，提高 Cr 含量会提高材料的淬火态强度，但对两相区回火之后强度的影响不大。此外，值得注意的是，Cr 是铁素体稳定化元素，过高的 Cr 含量可能使材料中含有高温铁素体相。Ni 是奥氏体稳定化元素，可以扩大奥氏体相区，同时也会提高材料的低温韧性，然而当 Ni 含量过高时会导致材料的 M_f 点降低，正火结束时有残余奥氏体存留，导致材料的强度不足。Mo 是提高材料耐蚀性的重要元素之一，还是较为强烈的固溶强化元素，为提高材料耐蚀性能和强度，Mo 含量不能过低，但过高的 Mo 含量会损害材料的冲击韧性。

4.1.2　镍铬当量比设计与高温铁素体相控制

高温铁素体（又称 δ 铁素体）是多种马氏体不锈钢和耐热钢中常出现的一种高温残留相，虽然行业内对其作用进行了大量的研究，但是针对不同类型的马氏体不锈钢，其作用机制可能存在很大差异，导致学术界和工业界对其作用存在长期的争议。在三峡水轮机转轮铸件国产化过程中，部分研究者认为高温铁素体的存在对材料性能影响不大，甚至认为铁素体塑性好，有利于提升材料的焊接性能。针对该问题，有学者对 0Cr13Ni4-6Mo 马氏体不锈钢中高温铁素体的作用及其微观机制开展了系统的研究[3, 4, 11]，本书仅简要介绍。

马氏体不锈钢中高温铁素体含量、尺寸和分布受其成分影响显著，因此以往研究者通过调整材料成分获得具有不同高温铁素体特征的试样，而后对比分析材料性能，进而研究高温铁素体的影响，但这种处理方式不可避免地引入了材料基体组织和性能的变化，使相关研究复杂化。为研究高温铁素体含量与材料力学性能之间的关系，同时消除材料化学成分差异引起的性能差别，在不改变材料化学成分的前提下，通过高温扩散退火工艺调整材料中的高温铁素体含量和分布形貌。在扩散退火处理后，对所有试样进行了统一的正火+回火热处理，使基体组织具有相类似的性能。

经过统一的性能热处理后，研究了不同高温铁素体含量下样品的室温拉伸性能，并使用示波冲击仪测试了材料的夏比 V 型缺口冲击性能。发现在所研究的含量范围内，高温铁素体相的出现对材料的室温拉伸性能，以及冲击吸收功随温度变化曲线的冲击吸收功上下平台值影响不大，但在韧脆转变温度区间内含高温铁素体试样的冲击吸收功明显低于不含高温铁素体试样的冲击吸收功，说明高温铁素体相的出现显著提高了材料的韧脆转变温度，损害了材料的韧性。由于高温铁素体的出现对材料在室温下的拉伸性能和冲击吸收功上平台值的影响较小,很多只关注室温性能的研究者错误地认为高温铁素体不会影响材料的性能。但实际上高温铁素体的出现显著提高了材料的韧脆转变温度,降低了部件的服役安全性。

针对高温铁素体不影响材料冲击吸收功上下平台值,却显著影响韧脆转变温度区间冲击吸收功的微观机制,使用示波冲击结合断口分析对其进行了详细的解释[3,4,11]。

由于0Cr13Ni4-6Mo钢中高温铁素体相和基体马氏体组织之间存在显著的性能差别,高温铁素体相的出现恶化了材料的韧性,因此必须消除转轮铸件中的高温铁素体相。高温铁素体相出现与否主要受材料热力学(化学成分)和动力学(从固相线至奥氏体单相区的高温阶段冷却速度)的影响。其中化学成分的影响尤为重要,当材料中铁素体稳定化元素含量较高时,可能导致材料在平衡状态下仍然存在高温铁素体相;与此同时,如果材料平衡状态下不存在高温铁素体相,而高温阶段冷却速度较快,也可能导致高温铁素体相以非平衡相的形式存留至室温。因此消除0Cr13Ni4-6Mo钢中的高温铁素体相,必须从化学成分和高温阶段冷却速度两个方面进行控制。

针对0Cr13Ni4-6Mo钢铸件的制造过程特征,提出通过综合控制0Cr13Ni4-6Mo钢中铁素体稳定化元素等效的Cr当量(Cr_{eq})和奥氏体稳定化元素等效的Ni当量(Ni_{eq}),可以有效消除铸件中的高温铁素体,具体处理方法请参考文献[3]和[4]。镍铬当量比的设计目的是控制高温铁素体含量,通过调整镍铬当量比和高温阶段冷却速度,可以消除高温铁素体。与铸件相比,锻件在锻造前的高温加热和保温过程中,可以进行长时间高温扩散,因此高温阶段冷却速度影响较小,主要是在热力学上保证材料中不存在高温铁素体,相对铸件而言其消除高温铁素体的临界Ni_{eq}/Cr_{eq}数值要略低一些。综上所述,在0Cr13Ni4-6Mo钢的材料内控成分设计方面,需要在综合控制Ni_{eq}/Cr_{eq}的基础上再进行单个元素含量的优化调控。

除了主合金元素影响铸件的力学性能之外,还发现0Cr13Ni4-6Mo钢中的杂质元素对转轮铸件的服役性能有重要的影响,下面以氧为例进行介绍。

4.1.3 不锈钢中氧含量的控制与点状锈蚀

早期一些马氏体不锈钢转轮在服役后的年度例行检修时,转轮过流面上偶发性地随机出现一些点状的锈蚀现象,如图4-1所示。从宏观形貌上看,局部锈蚀外围有烧灼痕迹,而内部有黑色核心。为了对后续合理处理缺陷及改进提供理论支撑,下面系统揭示局部锈蚀的产生原因。

根据现场调研对局部点状锈蚀的观察以及上冠、下环、叶片的制造工艺分析,初步判断可能原因是铸件中的夹杂物在转轮运行过程中或者在静水中长期浸泡诱发点蚀,随着点蚀的发生,转轮铸件在后续的运行过程中发生局部区域的流态改变,进而诱发空蚀,导致点蚀坑尺寸的增加和点蚀坑周围出现烧灼的痕迹。根据

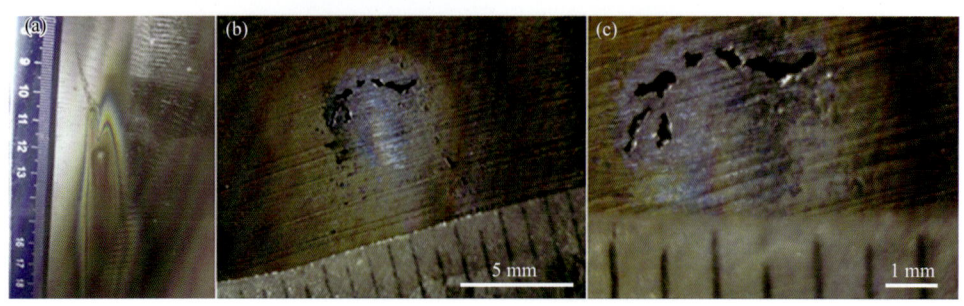

图 4-1 转轮典型局部点状锈蚀形貌

(a) 宏观照片；(b) 和 (c) 不同比例尺的放大形貌

上述初步分析，在实验室对转轮材料的夹杂物-点蚀演化-烧灼痕迹的局部腐蚀行为进行了系统研究。

在对国内某水轮机转轮铸件生产企业实际生产的 0Cr13Ni4-6Mo 马氏体不锈钢铸件附铸试块中的夹杂物进行详细分析后发现，在使用钢包精炼加真空氧脱碳（LF＋VOD）方式冶炼的马氏体不锈钢中的夹杂物主要以 Al、Ti、Mg 的氧化物为核心外围包裹 MnS 的形式存在。原子力显微镜测得夹杂物的电子表面逸出功显著低于周围基体电子表面逸出功，说明夹杂物将优先发生电子逸出并腐蚀，从而与基体形成大阴极小阳极的腐蚀结构，诱发局部腐蚀。

对 0Cr13Ni4-6Mo 马氏体不锈钢的动电位及恒电位极化行为测量显示，在极化电位正扫描的过程中，电极表面的亚稳态过程频率较小、步长较大，但亚稳态过程极易转变为稳态过程，且点蚀电位较低，说明在该材料中亚稳态点蚀坑一旦形成很难修复。

通过使用电位脉冲制备点蚀坑（电化学电解质为 0.1 mol/L 的 NaCl 溶液，利用硼酸缓冲溶液调节 pH 为 10），使用 SEM 对试样表面发生点蚀后不同阶段的形貌进行观察分析，提出了某一典型夹杂物诱发点蚀过程的演化路径，如图 4-2 所示。由图可见，在未发生点蚀时，夹杂物主要由 MnS（浅色）和 Al 的氧化物（深色）组成。图 4-3 为马氏体不锈钢中 Al_2O_3-MnS 夹杂物诱发点蚀机理图。

当发生亚稳态点蚀时，MnS 部分优先溶解，形成点蚀诱发区。当发生稳态点蚀之后，夹杂物中仍含有较多的 Al 的氧化物，而 MnS 含量极少。由此可见，0Cr13Ni4Mo

测试参数	腐蚀前	腐蚀后	元素含量/wt%
亚稳态点蚀： 0.1 mol/L NaCl 25℃ −80 mV/SCE 10 min	(a)	(b)	(c) 元素 | A | B | A′ | B′ O K | 38.85 | 16.63 | 35.17 | 38.85 Al K | 30.79 | 8.73 | 25.74 | 25.42 Cr K | 4.57 | 8.89 | 6.25 | 7.99 Fe K | 23.53 | 45.67 | 29.06 | 25.85 Ni K | 0.79 | 1.78 | 2.38 | 1.89 Mn K | 0.68 | 10.01 | − | 0.25 S K | − | 8.28 | − | 0.66

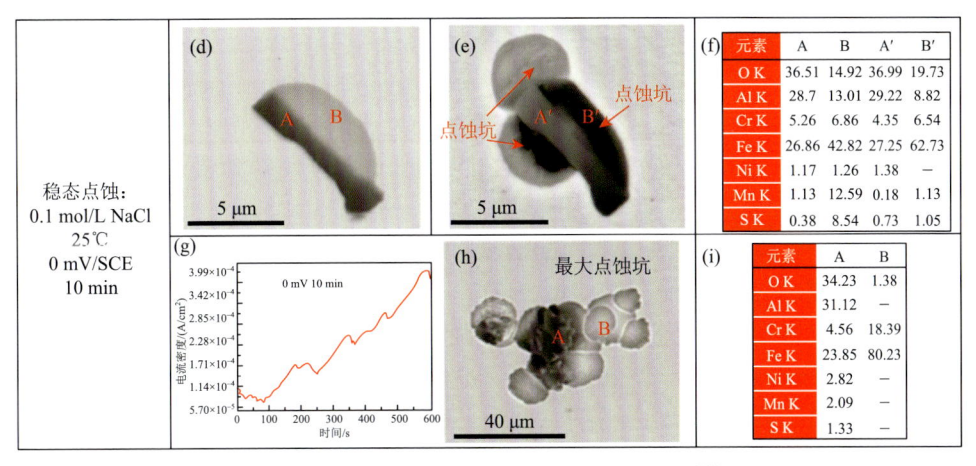

图 4-2 某典型夹杂物诱发点蚀过程的演化[12]

（a）在-80 mV/SCE 10 min 之前的夹杂物形态；（b）-80 mV/SCE 10 min 后的夹杂物形态；（c）对应于（a）和（b）的 EDS 分析结果；（d）0 mV/SCE 10 min 前的夹杂物形态；（e）0 mV/SCE 10 min 后的夹杂物形态；（f）对应于图（d）和图（e）的 EDS 分析结果；（g）恒电位极化测试过程中的电流密度-时间曲线；（h）电极表面最大稳定点蚀坑的形态；（i）对应于图（g）的 EDS 分析结果

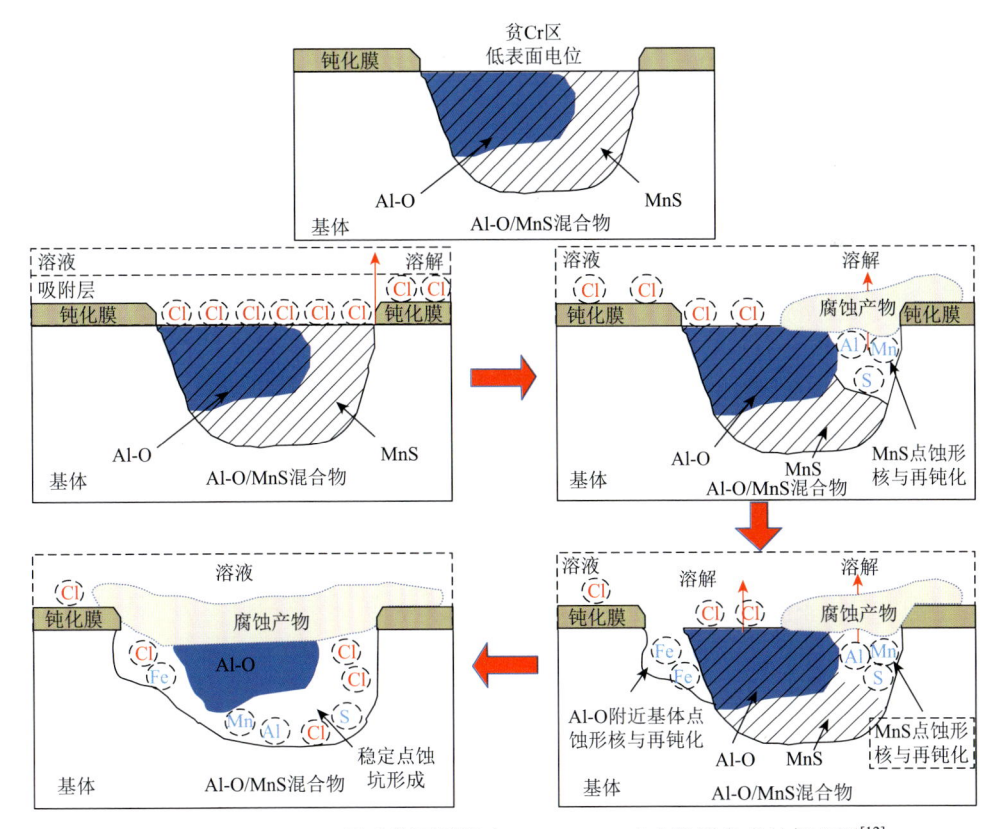

图 4-3 0Cr13Ni4Mo 马氏体不锈钢中 Al_2O_3-MnS 夹杂物诱发点蚀机理图[12]

马氏体不锈钢中的夹杂物诱发点蚀的过程为：夹杂物中的 MnS 作为阳极相优先溶解，Al 的氧化物作为半导体相构成微区缝隙结构促进点蚀。在点蚀坑内的自催化作用下，点蚀坑不断长大，剩余 Al 的氧化物随之脱落。

为复现实际转轮中发现的局部锈蚀特征，进一步研究了流动水环境下 0Cr13Ni4Mo 钢的点蚀行为，以及点蚀发生后在水流冲刷作用下的演化行为。试验通过设定一定流速的水流（0.6 mol/L NaCl 溶液）以 30°角冲刷电化学电极试样表面，同时测试其电化学行为。

通过对腐蚀电位的测量发现，在无水流冲击电极表面的浸泡初期（前 5 min 内），不锈钢电极表面处于钝化状态。当以 7 m/s 的速度对电极表面进行冲刷时，腐蚀电位迅速下降，而后略有上升，随后又缓慢下降，当冲刷时间为 12 h 时，腐蚀电位处于−470 mV 左右，说明当被测不锈钢电极表面有流体冲刷时，表面的钝化膜被破坏，钝化能力下降。当停止冲刷时，腐蚀电位迅速升至−220 mV 左右，说明不锈钢电极表面恢复初始的钝化状态。图 4-4 为以 7 m/s 流速对电极进行 12 h 冲刷后的不锈钢电极表面腐蚀形貌。由图可见，其表面出现明显的点蚀迹象。

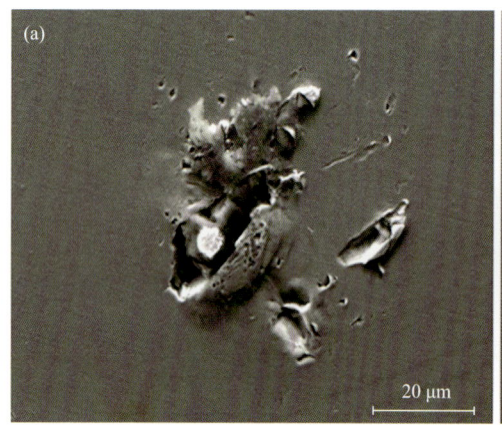

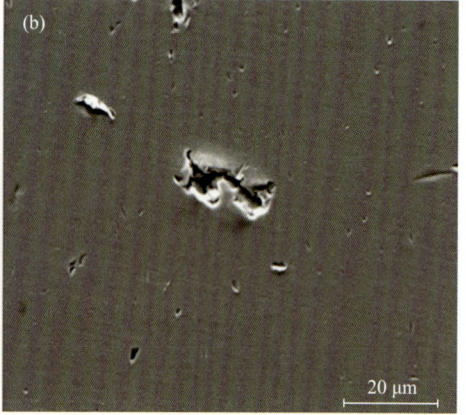

图 4-4　以 7 m/s 流速冲刷 12 h 后的 0Cr13Ni4Mo 马氏体不锈钢电极表面腐蚀形貌图
（a）大点蚀坑；（b）小点蚀坑

通过分析不同流速冲刷条件下 0Cr13Ni4Mo 马氏体不锈钢的极化曲线及其点蚀电位细节发现，在不同的冲刷状态下，极化曲线发生了显著的变化。冲刷过程可提高维钝电流密度达两个数量级，显著破坏 0Cr13Ni4Mo 马氏体不锈钢表面钝化膜的保护作用，在此基础上亚稳态点蚀过程变得活跃。

为了进一步研究 0Cr13Ni4Mo 马氏体不锈钢在维钝状态、亚稳态点蚀状态和稳态点蚀生长状态下的点蚀动力学行为，设计了如图 4-5 所示的冲刷试验过程。

首先在无水流冲刷的情况下,给 0Cr13Ni4Mo 马氏体不锈钢电极分别施加–155 mV（维钝阶段）、–65 mV（亚稳态点蚀阶段）和 0 mV（稳态点蚀生长阶段）三个电位持续 0.5 h。此后,对电极表面进行水流冲刷,冲刷速度由 2 m/s 逐渐提高到 20 m/s,每隔 5 min 升高一次冲刷流速。最后,停止水流冲刷,在整个过程期间监测其腐蚀电流密度走势。

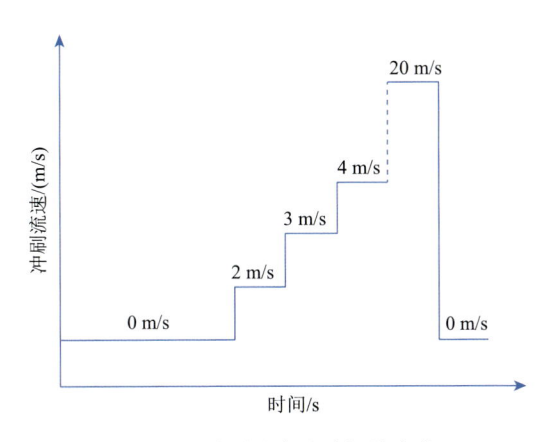

图 4-5　冲刷速度随时间的变化

图 4-6 为不同恒电位下,0Cr13Ni4Mo 马氏体不锈钢腐蚀电流密度随冲刷速度的变化趋势。如图 4-6（a）所示,当恒电位为–155 mV（维钝阶段）时,在初期无水流冲刷的 0.5 h 内,腐蚀电流密度极小,几乎为 0 A/cm²,可见此时电极表面处于维钝状态,且钝化膜维钝能力较强。当表面冲刷水流速度为 2 m/s 时,电流密度有一个小幅度的跳变,跳变幅度为 2×10^{-5} A/cm²,随后电流密度稍有提高。当冲刷速度升高到 6~20 m/s 区间时,腐蚀电流密度在 $10^{-5} \sim 8 \times 10^{-5}$ A/cm² 规律性浮动且电流密度呈小幅度增加的趋势,说明在维钝区间维钝电流密度将随着冲刷速度增加而小幅度提高。当水流冲刷停止后,腐蚀电流密度恢复到 0 A/cm²。如图 4-6（b）所示,在恒电位为–65 mV（亚稳态点蚀阶段）时,在初期无水流冲刷的 0.5 h 内,腐蚀电流密度极小,可见此时电极表面处于维钝状态。当表面冲刷水流速度为 2~8 m/s 时,电流密度无明显的变化。当冲刷速度升高到 8~20 m/s 区间时,电流曲线出现了明显的电流起伏,最大电流密度可达 6×10^{-3} A/cm²,但电流未形成稳定的上升趋势,说明此时 0Cr13Ni4Mo 马氏体不锈钢表面发生了大量、剧烈的亚稳态点蚀。当水流冲刷停止后,电流密度恢复到冲刷前的水平,说明该阶段亚稳态点蚀坑未发展成为稳态点蚀。如图 4-6（c）所示,当恒电位为 0 mV（点蚀稳态生长阶段）时,在初期无水流冲刷阶段,腐蚀电流密度便逐渐增大,在恒电位极化 0.5 h 时,腐蚀电流密度已经达到 6×10^{-4} A/cm²。说明在该电位下,

0Cr13Ni4Mo 马氏体不锈钢表面已经进入点蚀稳态生长阶段。当对电极表面进行 2 m/s 的水流冲刷时，其电流密度迅速下降至 4×10^{-4} A/cm², 随着冲刷速度的增加，电流逐渐降低。说明水流的冲击可以抑制稳态点蚀坑的生长，其原因主要与水流的冲击破坏点蚀坑内的局部酸化和局部阴离子聚集环境有关。当停止对电极表面进行水流冲击时，电流密度逐渐升高，说明此时稳态点蚀坑已经形成，在无水流冲击的情况下继续生长。

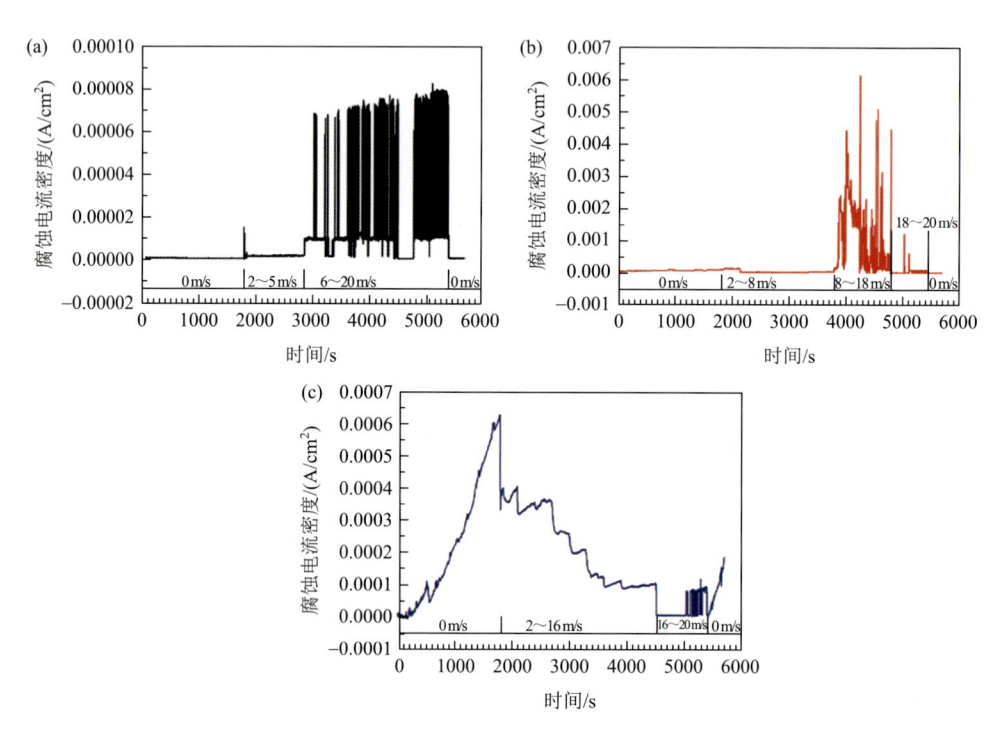

图 4-6 0Cr13Ni4Mo 马氏体不锈钢在不同恒电位下腐蚀电流密度随冲刷速度的变化
(a) –155 mV; (b) –65 mV; (c) 0 mV

图 4-7 为在高速冲刷下稳态生长点蚀坑的腐蚀形貌。由图可见，在稳态生长的点蚀坑附近有烧灼状拖尾迹象，该现象与现场调研转轮叶片表面的腐蚀形貌一致。因此，可以认为水电站中的转轮叶片的坑状缺损均由不锈钢的点蚀造成。推测在产生点蚀坑之后，水流的高速冲击可在腐蚀坑附近造成空蚀，从而产生烧灼状的拖尾现象。

上述研究成功重现了转轮服役过程中出现的局部锈蚀现象，证实了夹杂物在点蚀形成并诱发后续点状空蚀中的关键作用。因此，为避免这种局部锈蚀，需要在转轮铸件钢液精炼和铸件浇注过程中控制夹杂物。尤其是为了减少夹杂物的形

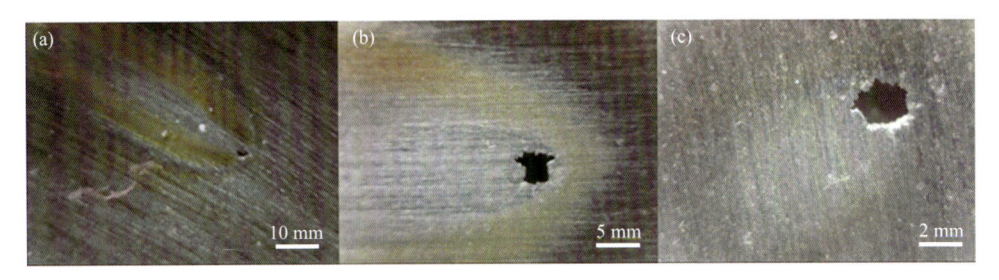

图 4-7　在高速冲刷下稳态生长点蚀坑的腐蚀形貌（烧灼状拖尾）

(a) 点蚀坑 1；(b) 点蚀坑 2；(c) 点蚀坑 3

核核心，需要减少氧含量，并使氧化铝充分上浮，避免使其作为硫化锰的形核核心；同时进一步研究发现，利用"双低氧"稀土钢技术，在 0Cr13Ni4Mo 钢中加入适量的稀土，可有效改性夹杂物的类型和减少夹杂物含量，进而提高该材料的耐蚀性能[12]。

4.2 三峡水轮机转轮大型铸件的制备工艺

如前所述，混流式水轮机转轮由上冠、下环和叶片三类大型铸件分别铸造、热处理、机加工后再组焊到一起而形成。这三类铸件虽然材质均为 0Cr13Ni4-6Mo 马氏体不锈钢，力学性能要求也相同，但由于几何结构特征差别较大，从制造角度来看还存在各自的特点和难点。上冠是三类铸件中最重、结构最为复杂的铸件，在铸造过程中最大的难点在于法兰面和止漏环之间的过流面区域疏松的准确预测与控制；下环是一个典型的薄壁环件（壁厚相对于直径很小）且高度较大，铸造最大的难点在于浇注系统的设计要避免卷气、冲刷以及变形等；叶片是厚薄不均且空间曲面极为复杂的铸件，制造过程中最大的难点在于对整个热加工过程中变形的准确预测与控制。因此，下面分别从铸造疏松缺陷预测与控制、浇注系统设计与热加工变形预测几个方面介绍相关工作。

4.2.1 百吨级上冠铸件的铸造工艺设计与缺陷控制

上冠是转轮三大件中最重的不锈钢铸件，其结构虽然不复杂，但由于其法兰面和止漏环之间的过流面区域几乎呈平板状，且壁厚较薄，不利于铸造凝固过程的补缩，极易产生铸造疏松缺陷。在以往铸造过程计算机模拟中，缺陷尺寸相对铸件尺寸太小，往往由于计算网格较大而无法准确预测该区域缺陷的存在，导致设计铸造工艺忽视了此处缺陷。因此，在上冠的铸造工艺设计中，采用可视化方法，主要围绕铸件中疏松缺陷的预测和解决方案开展相关研究。

图 4-8（a）是传统铸造工艺下设计的上冠冒口系统，在法兰面和止漏环平面上分别放置大小冒口。模拟计算结果显示，虽然该冒口设计方案可以有效地对法兰面和止漏环进行补缩，但在法兰面和止漏环之间的过流面区域正好处于两圈冒口补缩后的凝固补缩不足的区域，容易形成铸造疏松。

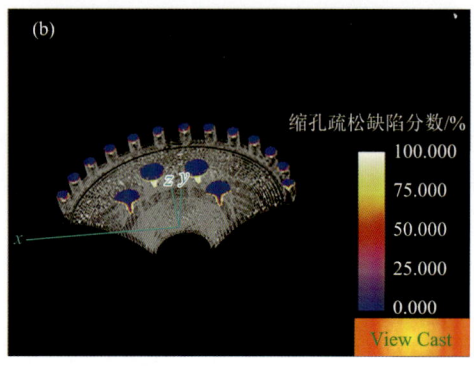

图 4-8 上冠铸造工艺设计与缺陷预测
（a）上冠冒口设计的三维图；（b）上冠缩孔疏松缺陷预测结果

由于上冠尺寸大，模拟计算网格划分太细时计算量过大，效率低下，而网格划分较粗时，难以对上述凝固补缩不足区域的疏松进行准确预测。作者进一步根据凝固前沿的温度梯度 G 和凝固速度 R 对疏松形成的影响，确定使用 $G/R^{0.5}$ 来预测疏松，并与实际生产相结合确定了预测疏松的临界值为 $G/R^{0.5} \leqslant 8℃·s^{0.5}/mm^{1.5}$。根据相关判据预测的上冠中疏松的分布如图 4-8（b）所示，准确预测出在当前的冒口设计方案下，法兰面和止漏环之间的过流面区域易出现疏松，需要进一步优化设计冒口补缩系统。图 4-9 为优化冒口设计后上冠凝固过程的温度场模拟结果。可

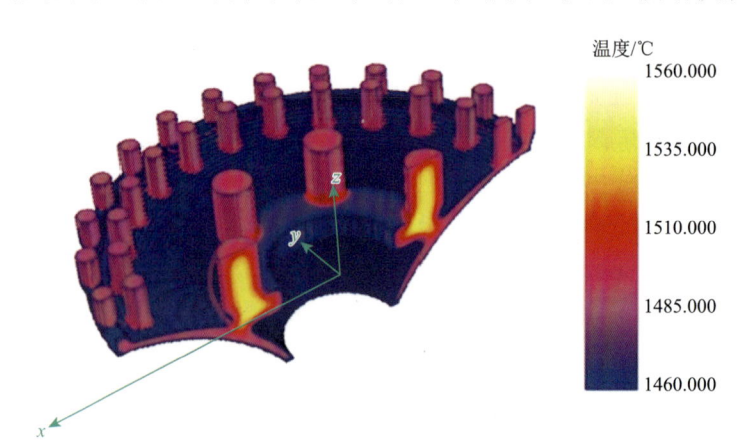

图 4-9 优化冒口设计后的上冠温度场模拟结果

以看出，新的设计方案下止漏环和法兰面之间过渡区得到了有效补缩，可以避免凝固疏松的出现。

4.2.2 百吨级下环铸件的浇注系统设计

下环铸件是一个环形件，其壁厚相对于直径非常小，且高度较大，因此极易在浇注过程中产生卷气、冲刷砂型，以及凝固后变形等问题，所以浇注系统设计非常重要。根据前期研究结果，采用集模拟计算、X射线实时观察、缩比件和等比例件解剖相结合的可视化方法，针对下环铸件设计了底返式浇注系统，特别在直浇道的设计上采用了双曲线型的随流式直浇道，使金属液和直浇道壁之间无气隙存在，从而避免了高速流动的液体吸入气体；同时设计了环形的横浇道和切向进入型的内浇道，引导金属液沿切线方向进入环状的下环型腔内，从而保证金属液进入时不直接冲刷铸件型腔，而是以一定的速度在型腔内旋转上升，有效避免了金属液对横浇道和铸件型腔壁的冲刷作用。在直浇道和横浇道过渡方面采用了在直浇道底部添加浇口窝的方式来减轻卷气和脉缩现象。为了实现顺序凝固，设计了环形冒口和金属补贴，使下环从底部到顶部呈梯度变化[13]。

采用铸造模拟软件 ProCAST 对上述浇冒口系统的下环充型过程进行计算，发现在金属液刚充满直浇道时，由于下环高度较大，液流前沿流动速度较大，约为 1.5 m/s，在直浇道和横浇道相接处会出现较小的紊流 [图 4-10（a）]；但随着金属液进入横浇道，其流动速度迅速降低至 0.5 m/s 以下 [图 4-10（b）]，而这一速度一般认为是金属液流动过程中不破坏金属液表层氧化膜的临界速度；在金属液由内浇道进入型腔的瞬间，速度会显著增加 [图 4-10（c）]；在金属液充满整个型腔底部后，整个型腔内金属液上升的速度会再次下降到 0.5 m/s 以下 [图 4-10（d）]，而后金属液以平稳的方式逐渐充满整个型腔。对金属液刚进入铸件型腔时的速度分量进一步分析发现，在金属液刚进入下环型腔时，其沿竖直方向和切向方向的速度最大，是速度的主要组成部分，而沿径向方向的速度较小。这说明虽然此时金属液的整体速度较大，但其方向主要是沿铸件型腔的切线方向，所以金属液不会直接冲击铸件型腔壁从而产生冲刷现象。这说明在下环铸件中利用上述浇注系统可以有效避免卷气和冲刷现象。

浇注过程完成后，下环进入冷却阶段，用 ProCAST 软件对此过程的温度场和应力应变场进行模拟计算，并根据计算结果对其变形趋势和变形量进行合理的预测。结果显示，下环沿径向方向的收缩是不均匀的：其中，下环中下部壁厚较小区域的变形量最大，而下环底部和顶部冒口区域沿径向变形量很小。这将使下环由初始的近似直筒状变形成为中下部分直径较小、上下两端直径较大的"束腰"形状。为减小后续加工余量，在下环初始造型时需要适当给予合适的反变形量。

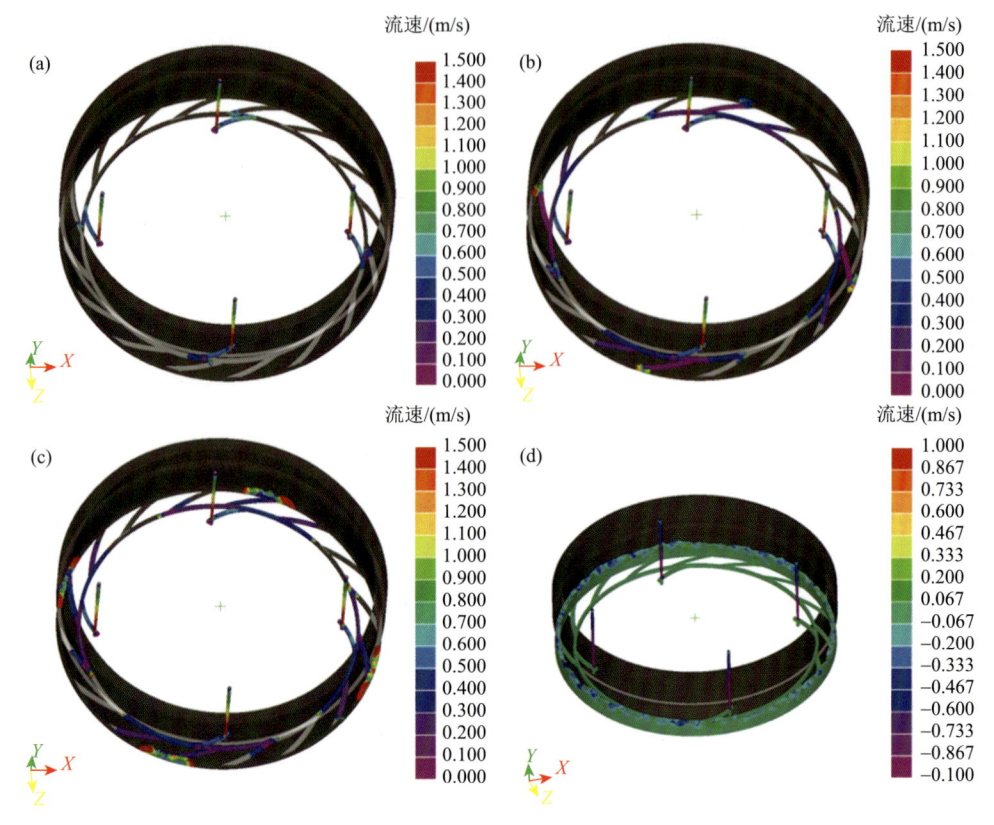

图 4-10 下环浇注过程中的金属液流速云图[13]

(a) 刚充满直浇道时；(b) 进入横浇道时；(c) 由内浇道进入型腔时；(d) 充满整个型腔底部时

4.2.3 大型叶片的变形模拟与反变形控制

大型叶片是厚薄不均、空间曲线复杂的结构件，除力学性能必须达到苛刻的要求之外，热加工过程的另外一个核心问题是减小加工余量，这需要掌握其在铸造以及随后热处理过程中的变形规律，并采用合适的反变形措施优化设计铸型。首先利用计算机模拟手段，对叶片在热加工过程的变形进行分析和预测。计算机模拟材料在热加工过程各种物理冶金现象的基础是对该过程建立相应的数学模型，并对其进行求解。当前针对某一具体热加工工序（如铸造过程或热处理过程）的理论模型和计算软件都相对成熟，可计算某一具体热加工工序中叶片的变形情况。但实际生产中最终叶片的形状是所有热加工工序共同影响的结果，在热加工过程中，下一道工序的初始条件是由前一道工序决定的，前一工序的残余应力和应变会对后续工序产生重要影响。因此为准确预测叶片的最终形状，需要建立一个能将叶片在铸造、打箱、切割冒口及热处理等各个工序连接起来的整合模型，其基本方法即为提取前一工序最后一个计算步内各个计算节点的特征数值（主要包括温度、应力、应变等）作为下一工序模拟计算的初始条件。同时，在打箱、切割冒口和补贴的过程中，涉及将系统中的部分组元从计算体系中删除，在此过程中，将会打破上个计算步中内应力的平衡，因此需要将取出组元的内应力等效为一个外加载荷施加到存留组元上。存留组元在外加载荷的作用下，根据具体约束条件和本构方程将外加载荷转变成残余应力和应变，作为下一步计算的初始条件[14]。在完成对叶片全流程变形的预测之后，进一步提出根据叶片变形规律进行变形量补偿，反推热处理和凝固前的形状，进而优化设计叶片铸型形状。在此过程中，提出了通过设置反变形因子的思路，实现了对叶片铸型反变形量一体化设计的目标，从而有效解决了以往叶片加工余量过大的问题，应用到实际生产过程中，将叶片的加工余量控制到单面 25 mm 以内。

以某型水轮机转轮叶片为例，根据补缩需求，在铸造工艺设计上，叶片上端放置两个明冒口，下部正压面和负压面各有两个暗冒口对叶片下部进行补缩。通常叶片在浇注后需要在砂箱中冷却至约 150℃时开始打箱落砂，而后将带冒口和补贴的叶片铸件进行软化退火，软化退火后进行冒口和补贴的切割，再进行正火和回火热处理。

叶片在砂箱中冷却至 150℃时沿 x 方向的变形云图如图 4-11 所示。图 4-11（a）为上冠侧叶片沿 x 方向的变形云图，图 4-11（b）为下环侧叶片沿 x 方向的变形云图，图 4-11（c）为从出水边看叶片沿 x 方向的变形云图。图中的白色直线为 $x = 0$ 的直线。可以看出，无论是在上冠侧还是在下环侧，叶片处在 x 负半轴的部分具有朝 x 正向的变形位移，而处在 x 正半轴的部分具有朝 x 负向的变形位移。由此可以清楚地看到，叶片在砂箱中冷却至 150℃时的整体扭曲变形趋势为叶片由弯曲向平板方向变形，其中出水边厚度薄，两角处变形最大。

叶片冒口根部在砂箱中冷至约 150℃时开始打箱，实际打箱过程为逐层剥除砂箱，叶片靠重力稳定竖立，此时从模拟角度来看，叶片底部部分计算节点被约束不动，其余部分可自由变形。打箱过程中，将上步计算的砂箱内应力转化为外加载荷施加到叶片上，而后通过本构方程计算在外加应力作用下叶片的应力应变分布，经重新计算平衡后，叶片应力应变场得到改变，并作为随后空冷的初始应力应变场。叶片打箱后继续在空气中冷却至室温时，沿 x 方向上的变形趋势与其在砂箱中冷却的趋势相同，但是变形程度有所减小。

叶片打箱后在空气中冷却至室温，而后进行软化退火切割冒口和补贴。切割完冒口和补贴，叶片将进行一次正火 + 两次回火的热处理，其中正火过程的温度较高，对叶片的变形影响较大，主要针对此过程进行了模拟计算。对比铸造后的变形云图可以看出，叶片在正火处理后的变形趋势和铸造态的变形趋势相同，即在扭曲变形方面，叶片有从弯曲向平板变形的趋势；在收缩变形方面，在大平面

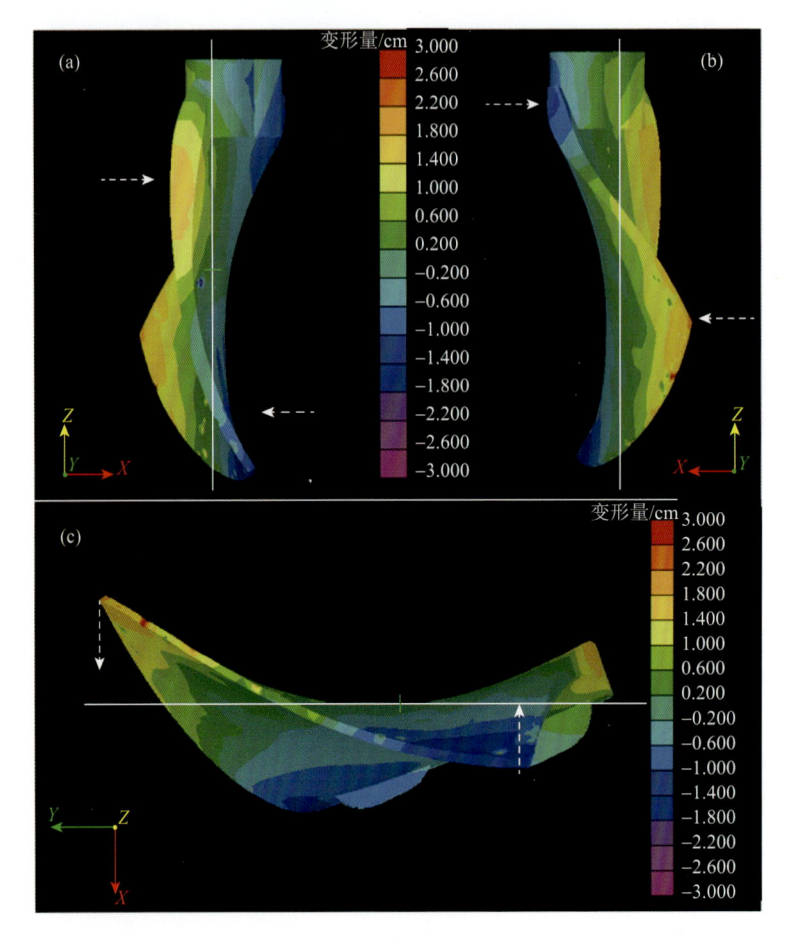

图 4-11 叶片在砂箱中冷却至 150℃时沿 x 轴的变形云图
(a) 上冠侧叶片；(b) 下环侧叶片；(c) 叶片出水边

方向的收缩比较明显。在正火处理后叶片的整体变形趋势和铸态相比没有改变，但是变形量相对铸造过程较小。

在计算出叶片全流程的变形趋势后，即可对叶片的初始铸型进行反变形设计。比较常用的反变形处理是直接给预测的变形量一个负的矢量，然而这样添加反变形量会引发与之相邻区域的再次变形，导致其他区域出现加工余量大或不足的问题。因此，对反变形铸型的设计开展了进一步的深入研究：根据铸件各部分的应力水平确定不同区域的拘束度，进而对不同区域设置不同的反变形松弛系数。拘束度越大的区域应力水平越高，反变形松弛系数越小，而自由变形区域反变形松弛系数为 1。根据反变形松弛系数和变形量的乘积定量地给出不同区域的反变形量，将反变形量叠加到原始铸件模型上，形成新的铸件模型，从而实现了对反变形铸型的一体化设计。将上述全流程变形模拟预测和一体化反变形设计在实际生产中应用后,优化设计了叶片铸型,显著降低了叶片铸件的加工余量。

4.3 马氏体不锈钢中的逆变奥氏体相控制

与以往的中小型转轮相比,三峡大型水轮机转轮不仅提高了材料强度指标,还提高了材料的塑性和韧性指标,给转轮研发制造带来了极大的技术挑战。相关研究发现[15, 16],在消除高温铁素体之后,通过热处理在0Cr13Ni4-6Mo马氏体钢中引入适量的逆变奥氏体,可以改善钢的强韧性,同时能够稳定铸件的综合力学性能。前期研究发现,针对大型水轮机转轮铸件的性能要求,逆变奥氏体的含量存在最佳范围,当控制逆变奥氏体的体积分数为8%~15%时,0Cr13Ni4-6Mo马氏体钢的强韧性能够稳定,满足三峡技术指标要求[3, 4]。

在前期研究工作中,对不同加热速度下0Cr13Ni4-6Mo马氏体不锈钢在两相区回火过程中逆变奥氏体的产生机制进行了详细分析,认为低加热速度下(加热速度<10℃/s)两相区回火过程中马氏体向奥氏体的相变为扩散型相变,在合适的温度区间内回火后会有部分逆变奥氏体存留至室温,逆变奥氏体能稳定存在至室温的主要原因是其中富集了大量的奥氏体稳定化元素[15]。逆变奥氏体在变形过程中会发生应力/应变诱导相变转化成体心正方(立方)马氏体,从而提高材料的加工硬化能力,改善材料的塑韧性。一次回火试样中含有的条状奥氏体机械稳定性较差,易发生应力诱导相变,提高了材料的屈服强度;二次回火试样不仅含有条状奥氏体,也含有块状奥氏体,其机械稳定性较好,多数奥氏体发生应变诱导相变,可有效提高材料的均匀塑性变形能力[16]。基于上述研究,设计了三峡大型水轮机转轮铸件一次正火加两次回火的热处理工艺,使铸件中逆变奥氏体含量稳定控制在8%~15%,达到三峡技术标准的性能要求[3, 4]。

在上述研究的基础上,继续系统研究两相区回火过程中逆变奥氏体产生与碳化物析出之间的交互作用,逆变奥氏体的含量、形貌与回火冷却速度之间的关系,以及逆变奥氏体通过形变诱导相变改善材料强韧性匹配的微观机制,进一步揭示了两相区回火过程中逆变奥氏体的演化特征、稳定机制,以及其影响材料力学性能的微观机制,丰富了本领域的研究,加深了对该材料的理解和认识。

4.3.1 回火过程中逆变奥氏体相的演化

如前所述,0Cr13Ni4-6Mo马氏体不锈钢中逆变奥氏体是在两相区回火过程中产生的,并能够在回火冷却至室温后稳定存在。所以研究回火工艺对逆变奥氏体含量、分布和结构的影响是研究回火过程逆变奥氏体相演化的基础。

使用工厂实际生产铸件时的试块材料,系统研究了两相区回火工艺对逆变奥氏体热稳定性的影响。为避免铸造过程中凝固显微偏析可能对逆变奥氏体产生的影响,在热处理试验前首先对试验材料进行扩散退火和多次正火处理,并使用电子探针测量分析铸态和正火态的马氏体不锈钢化学成分分布,发现经过扩散退火和多次正火处理后,材料中每个元素均未出现明显的偏析。因此,认为后续试验中逆变奥氏体的演化不受材料原始成分不均匀性的影响。

1. 回火温度的影响

使用热膨胀法测量试验材料(材料成分如表 4-2 所示)的 A_{c1} 和 A_{c3} 温度分别为 580℃ 和 830℃,在对试验材料分别进行 580~700℃ 回火处理(回火保温结束后空冷至室温)后,室温下使用 X 射线衍射(X-ray diffraction,XRD)方法测得的不同温度回火后样品中逆变奥氏体体积分数变化曲线如图 4-12(a)所示。随着回火温度的升高,室温下逆变奥氏体体积分数先增大后减小。众所周知,回火温度的升高可促进高温下更多的马氏体转变成奥氏体,使得高温阶段的奥氏体体积分数不断增加,直至完全奥氏体化,但室温下逆变奥氏体体积分数到达峰值后反而逐渐下降,这表明随着回火温度上升,虽然高温下奥氏体含量增加,但这些奥氏体热稳定性逐渐降低,在冷却过程中重新发生马氏体相变。使用热膨胀仪测量试样进行不同温度回火后冷却过程发生的马氏体相变开始点(M_s 点)温度曲线,如图 4-12(b)所示。可以看出,随着回火温度的升高,M_s 逐渐上升,这表明奥氏体热稳定性随着回火温度的升高逐渐减弱,致使室温下逆变奥氏体体积分数逐渐下降。

表 4-2　研究使用的马氏体不锈钢化学成分(单位:wt%)

C	Si	Mn	Cr	Ni	Mo	S	P
0.037	0.28	0.75	12.7	4.1	0.53	0.008	0.019

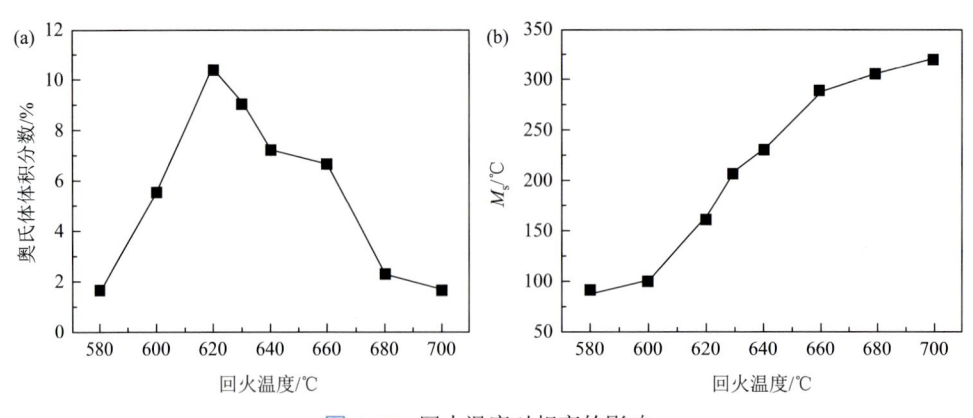

图 4-12　回火温度对相变的影响

(a)逆变奥氏体体积分数的变化曲线;(b)M_s 的变化曲线

不同回火温度下得到的逆变奥氏体的微观形貌以往已有较多的研究[3, 4, 15]，本书不再详细介绍。

2. 回火保温时间的影响

为了研究回火保温时间对逆变奥氏体体积分数的影响，选择将回火温度固定为图 4-12 中室温下逆变奥氏体体积分数最高的 620℃，改变回火保温时间，研究回火保温时间对逆变奥氏体的影响。

图 4-13（a）是不同保温时间下逆变奥氏体体积分数变化曲线，其呈抛物线特征。室温下逆变奥氏体体积分数随着保温时间的延长先逐渐增加，其最大值出现在保温 5 h 时，约为 9.5%，继续延长保温时间却导致室温下逆变奥氏体体积分数下降，说明回火保温时间对马氏体不锈钢中逆变奥氏体存在显著的影响。该现象与现有文献[17]和[18]及传统机理中对马氏体不锈钢中逆变奥氏体体积分数的预测并不一样。Nakada 等[17]认为逆变奥氏体体积分数开始阶段均随着保温时间的延长而增加，当材料达到热力学平衡时，高温下和室温下的逆变奥氏体含量均趋向稳定不再变化。

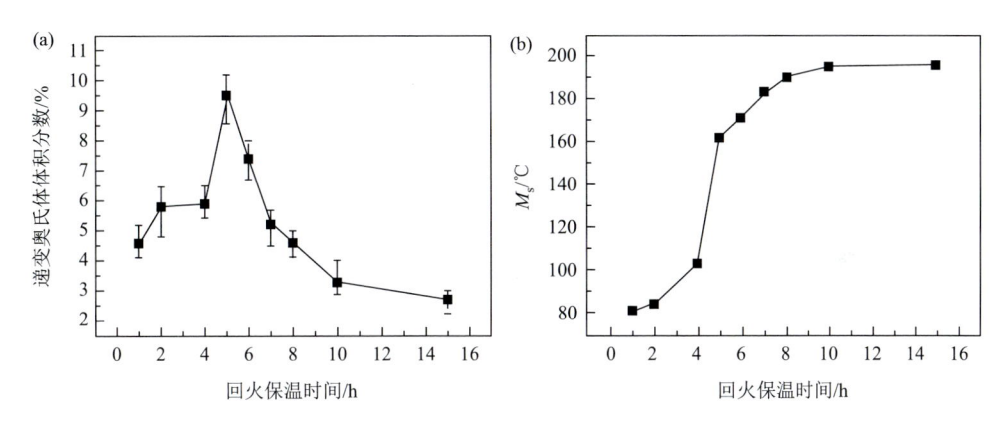

图 4-13 经 620℃不同时间回火处理后回火保温时间对相变的影响
（a）逆变奥氏体体积分数的变化曲线[19]；（b）M_s 的变化曲线

同样，利用热膨胀仪测量经不同保温时间回火处理的 M_s 点，如图 4-13（b）所示。与回火温度影响相同，保温时间的延长也导致 M_s 逐渐升高。这说明在回火温度不变的情况下，逆变奥氏体热稳定性随着保温时间的延长逐渐减弱。

根据图 4-13（a）所示的逆变奥氏体体积分数随着保温时间延长的变化曲线，选取逆变奥氏体体积分数相同的保温 1 h 与 8 h 的样品，以及逆变奥氏体体积分数最高的保温 5 h 样品对其微观组织进行分析。图 4-14 是保温 1 h、8 h 和 5 h 样品的光学显微镜（optical microscope，OM）和 SEM 显微组织形貌。从图 4-14（a）和（b）中可以看出，保温 1 h 样品具有典型的回火板条马氏体微观结构，从 OM

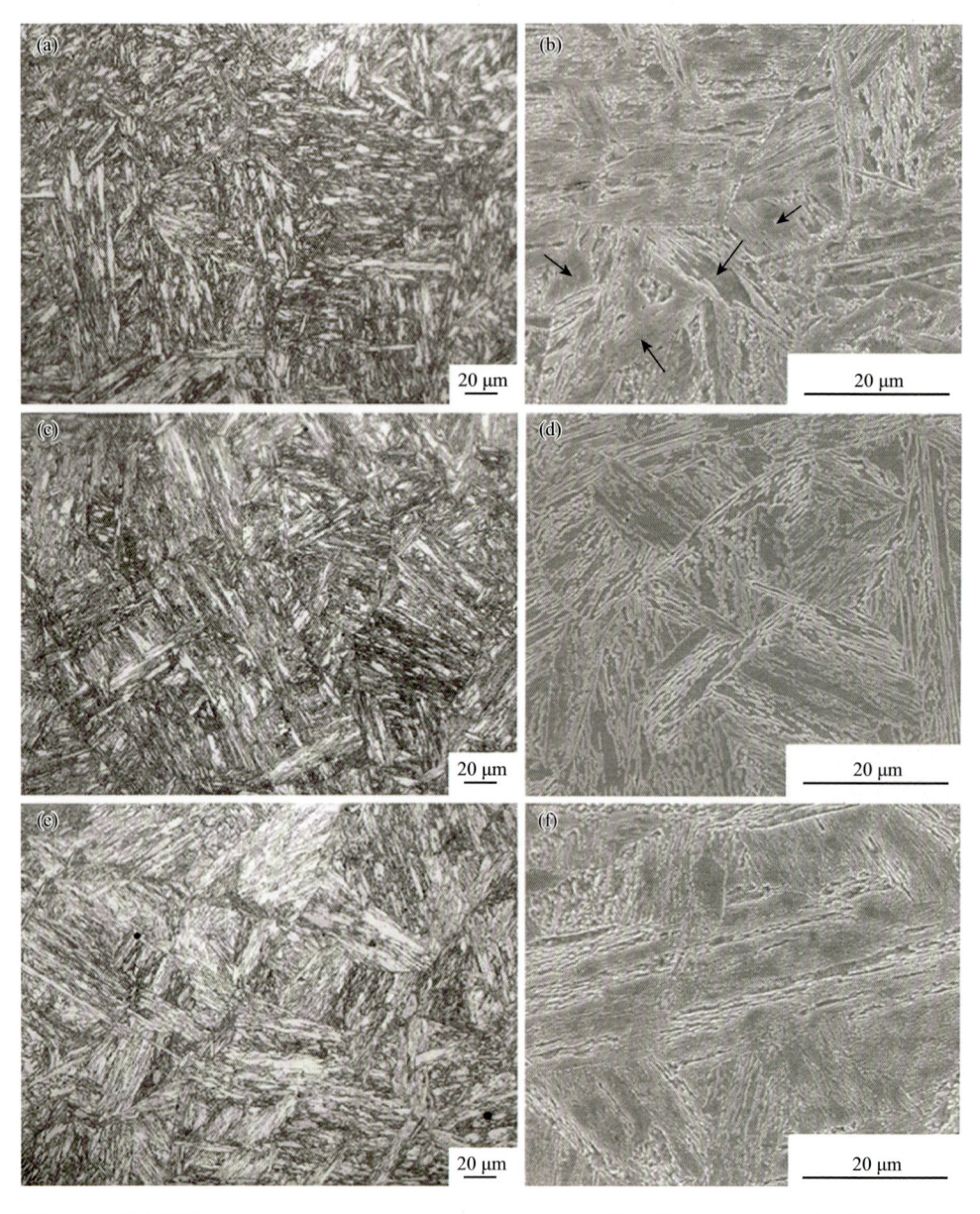

图 4-14 回火保温 1 h（a，b）、8 h（c，d）和 5 h（e，f）样品的 OM（a，c，e）和 SEM（b，d，f）[19]

黑色箭头指代回火程度低的马氏体板条

和 SEM 形貌中均能发现大量马氏体板条束。从图 4-14（c）和（d）中可以看出，保温 8 h 样品的 OM 形貌特征与保温 1 h 样品相似，同样存在回火板条状马氏体组织结构。然而，从 SEM 形貌来看，保温 8 h 样品回火马氏体基体的回火程度更深，其中马氏体板条束的边界已经能够明显地区分出来，甚至一些马氏体板条束在回复或再结晶的作用下融合在一起，如图 4-14（d）所示。图 4-14（e）和（f）所示的是保温 5 h 样品的 OM 和 SEM 显微组织形貌，由于其回火程度介于保温 1 h 和 8 h 样品之间，在 OM 显微组织形貌上与保温 1 h 样品无明显区别，但 SEM 显微组织形貌上还是可以观察到区别。

图 4-15 是三个样品的 TEM 明场像。从图 4-15（a）可以看出，保温 1 h 样品中板条状逆变奥氏体（γ）在马氏体（α'）板条界间，逆变奥氏体宽度约为 150 nm，长度有数百纳米，另外在板条状逆变奥氏体内存在一些颗粒状析出相。选区衍射

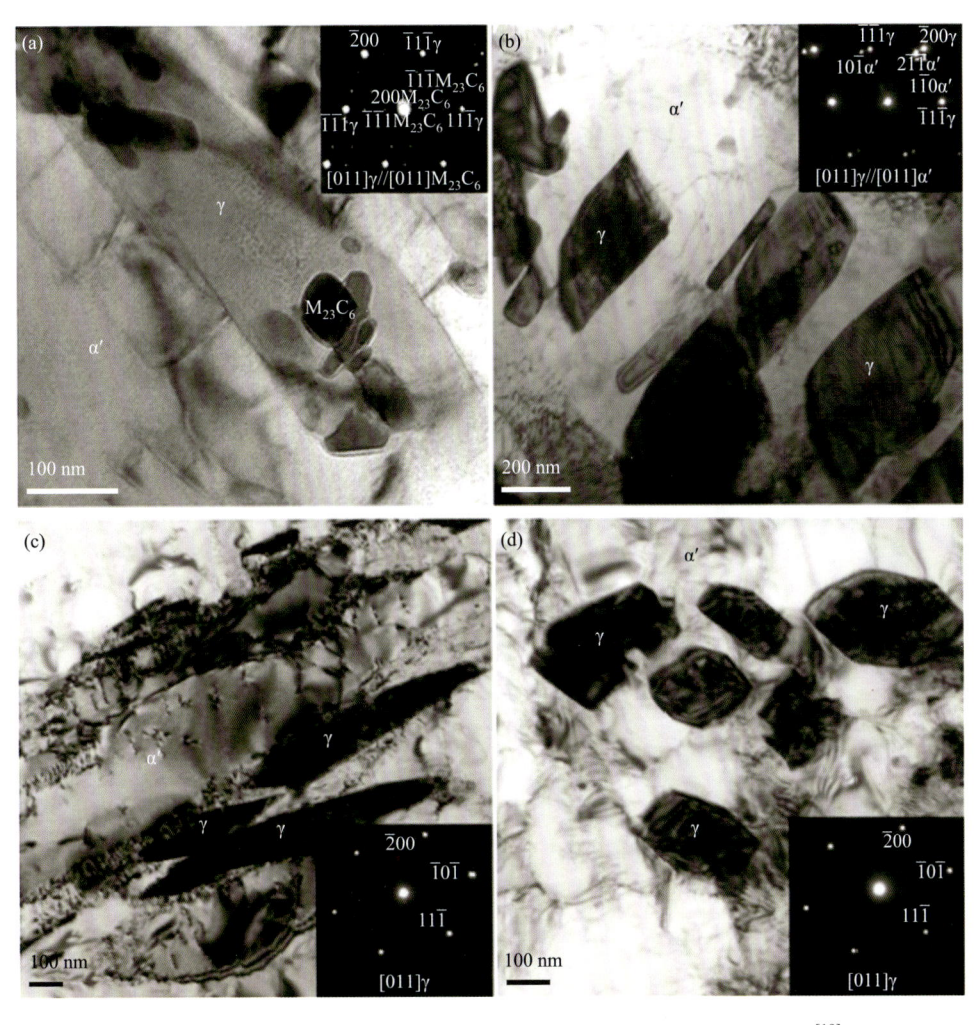

图 4-15　回火保温不同时间样品的 TEM 形貌明场像及选区衍射图[19]

（a）保温 1 h，板条状逆变奥氏体；（b）保温 8 h，块状逆变奥氏体；（c）保温 5 h，板条状逆变奥氏体；（d）保温 5 h，块状逆变奥氏体

［图 4-15（a）嵌入图］显示这些析出相为具有面心立方结构的 $M_{23}C_6$ 型碳化物。图 4-15（b）为保温 8 h 样品中块状逆变奥氏体的形貌及其选区衍射花样，保温 8 h 样品中块状逆变奥氏体宽度约为 250 nm，大于保温 1 h 样品中板条状逆变奥氏体宽度，这意味着在回火保温过程中，随着保温时间的延长，逆变奥氏体晶粒逐渐长大并发生球化现象，由板条状球化成了块状，以降低其界面能而稳定存留下来。从选区衍射花样可以看出，逆变奥氏体与回火马氏体基体之间存在西山关系。与保温 1 h 和 8 h 样品不同，保温 5 h 样品中同时具有板条状和块状这两种特征的逆变奥氏体，如图 4-15（c）和（d）所示。该保温时间介于 1 h 和 8 h 之间，因而逆变奥氏体的形貌特征呈现出由板条状向块状演变的一种过渡状态。从尺寸上来看，保温 8 h 样品中逆变奥氏体尺寸大于保温 1 h 样品中逆变奥氏体，接近保温 5 h 样品中逆变奥氏体，这表明在回火保温阶段的前 5 h 中逆变奥氏体长大比较显著，随后其长大速率开始缓慢下降。

3. 回火冷却速度的影响

一般认为，钢铁材料的回火冷却过程对材料的显微组织影响不大，这是因为通常回火加热和保温过程中材料的组织转变已经完成，冷却过程显微组织不再发生显著变化，因此对回火冷却速度的研究较少。图 4-12（b）和图 4-13（b）均显示在 0Cr13Ni4-6Mo 材料两相区回火冷却过程中奥氏体会因稳定性不足而再次发生马氏体相变，这个过程可能受回火冷却速度的影响，而之前相关领域内对该问题的研究很少，但针对大型水轮机转轮铸件的特性，本书对此问题进行了专门研究。

基于上述回火温度和保温时间影响的结果，研究了在 620℃下保温 2 h 回火工艺下，冷却速度在 0.03～20℃/s 变化时，对逆变奥氏体含量和热稳定性的影响。

图 4-16 为逆变奥氏体体积分数随冷却速度的变化曲线，同样具有抛物线的特征，甚至出现当冷却速度达到 20℃/s 时逆变奥氏体消失的现象。上述现象表明，回火冷却速度对 0Cr13Ni4-6Mo 马氏体不锈钢中逆变奥氏体体积分数存在显著的影响。有研究认为[20]，逆变奥氏体的体积分数随着回火冷却速度的加快而减小，这是因为较高的冷却速度会产生较大的热应力以及高浓度的空位，这些都会降低逆变奥氏体的稳定性，从而使其在冷却过程中更容易发生马氏体相变。然而，从试验结果可以看出，存在一个临界冷速，只有当冷却速度超过临界冷速时，逆变奥氏体的体积分数才会随着回火冷却速度的增大而减小，而当冷却速度低于临界冷速时，逆变奥氏体体积分数则会随着回火冷却速度的增大而增大。在 620℃下保温 2 h 回火处理时，这个临界冷速为 0.1℃/s。对比临界回火冷速试样与峰值两侧的两个冷却速度工艺对应样品（0.03℃/s，20℃/s）的热膨胀曲线（图 4-17）可以看出，三个试样的热膨胀曲线在加热阶段和保温阶段均出现体积收缩迹象，这是因为部分马氏体向逆变奥氏体发生转变导致体积收缩[21]。同时可以发现，三者的热膨胀曲线在冷却阶段出现了显著的不同，其中 0.03℃/s 和 20℃/s 的样品分别

在 90℃和 180℃开始出现体积膨胀，而 0.1℃/s 样品在整个冷却过程中不存在体积膨胀的特征。该现象意味着 0.03℃/s 和 20℃/s 的样品在冷却过程中部分逆变奥氏体转变成了马氏体，而 0.1℃/s 样品在高温下形成的逆变奥氏体在冷却过程中未发生马氏体相变而稳定存留至室温，由此导致了 0.1℃/s 样品中的逆变奥氏体体积分数高于其他冷却速度的样品（图 4-16）。

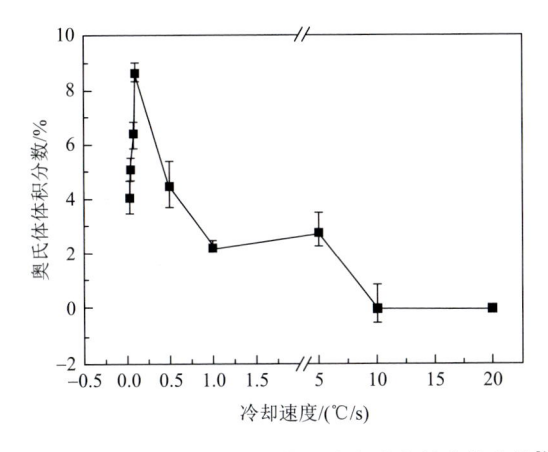

图 4-16 逆变奥氏体体积分数随冷却速度的变化曲线[19]

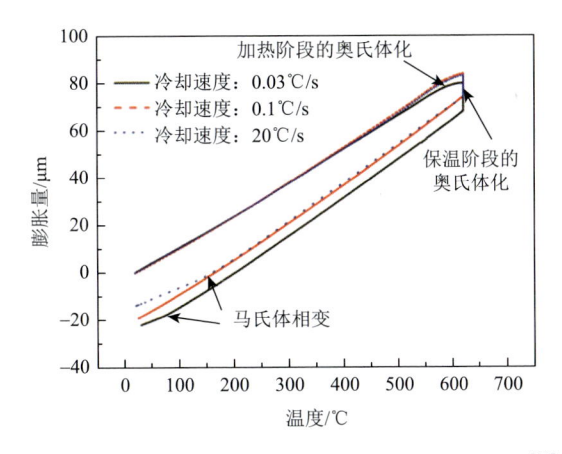

图 4-17 三个不同回火冷却速度样品的热膨胀曲线[19]

图 4-18 是不同回火冷却速度下试样的马氏体相变开始点 M_s 变化曲线（由于热膨胀试验的终冷温度为 25℃，而 0.1℃/s 样品在冷却过程中未发生马氏体相变，在图 4-18 中将其 M_s 标定为 25℃，以便进行对比分析）。与回火温度、保温时间不同，在冷却速度的影响下 M_s 的变化不再是单调地递增，而是呈现先降低后升高的趋势。这主要是由于临界冷速的存在，当低于临界冷速时，M_s 随着冷却速度的加

快而降低，当高于临界冷速时，M_s 随着冷却速度的加快而升高。由此可见，冷却速度对逆变奥氏体热稳定性存在影响，通过调整回火冷却速度可实现改变室温下逆变奥氏体体积分数的目的。

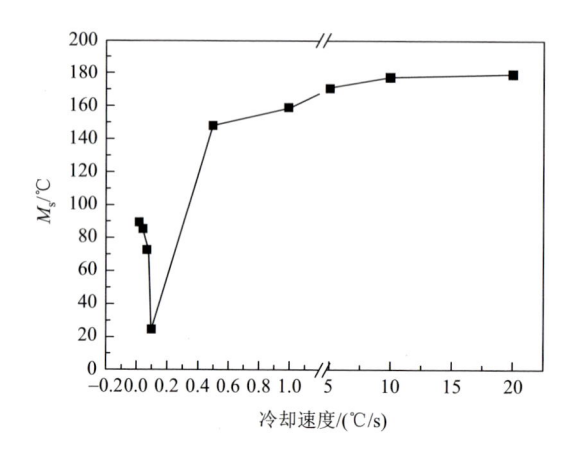

图 4-18　在 620℃下保温 2 h 回火处理后以不同速度冷却时 M_s 的变化曲线

4.3.2　逆变奥氏体热稳定性分析

如前所述，有关研究认为，0Cr13Ni4-6Mo 马氏体不锈钢经两相区回火后，室温下逆变奥氏体体积分数取决于升温和保温过程的工艺参数以及材料化学成分[22-24]。其中，在两相区回火升温过程和保温过程中马氏体向逆变奥氏体发生的相变被认为是一种扩散型相变[15,25]。扩散型相变与保温时间存在对应关系，因此高温形成的逆变奥氏体和室温下残余的逆变奥氏体体积分数首先随着保温时间的延长不断提高，当保温时间足够长后，马氏体向逆变奥氏体的相变逐渐达到热力学平衡状态，最终逆变奥氏体的体积分数与化学元素不再变化[17]。与本书试验结果［图 4-13（a）］比较发现，在回火处理的初始阶段同样存在逆变奥氏体体积分数随保温时间延长而提高的现象，然而，当保温时间超过 5 h 后，室温下逆变奥氏体体积分数并没有保持不变，反而下降。结合图 4-19 中 620℃回火保温 7 h 的热膨胀曲线可以看出，在保温阶段前 2 h 热膨胀样品长度出现明显的收缩，随着保温时间的延长，收缩速率逐渐减缓，最后在保温时间 5 h 时样品长度保持不变，如图中箭头标识。这表明马氏体向逆变奥氏体的转变在保温 5 h 后基本达到了平衡状态，使得保温阶段形成的逆变奥氏体体积分数达到了峰值状态而不再随着保温时间的继续延长而增加。由此可推断，室温逆变奥氏体体积分数在保温时间超过 5 h 后下降，表明其他影响因素在保温时间延长时降低了逆变奥氏体的热稳定性，使得更多高温形成的逆变奥氏体在冷却过程中失稳并重新转变为马氏体。

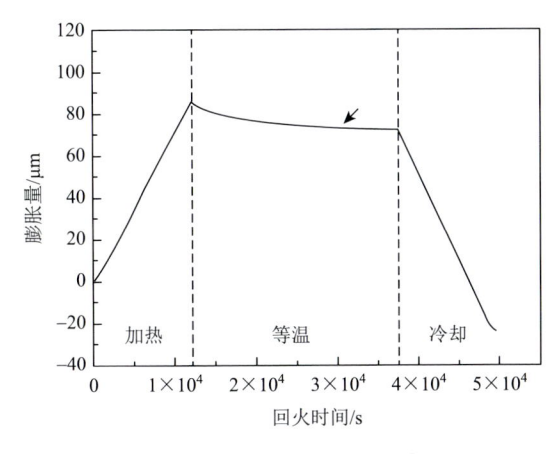

图 4-19　回火温度 620℃，保温 7 h 的膨胀量变化曲线[19]（黑色箭头指代保温时间 5 h）

固态相变过程中伴随着吉布斯自由能的变化，即

$$\Delta G = -V\Delta G_V + A\gamma + V\Delta G_s \tag{4-1}$$

式中，V 为新相体积；ΔG_V 为新、旧相的单位体积自由能差；A 为新相表面积；γ 为新、旧相界面上单位面积界面能；ΔG_s 为新单位体积弹性应变能。$V\Delta G_V$ 为相变驱动力；$A\gamma$ 和 $V\Delta G_s$ 为相变的阻力。根据两相区回火冷却过程中逆变奥氏体发生的马氏体相变分析可知，相变驱动力来源于逆变奥氏体的化学成分，相变阻力来源于逆变奥氏体的形貌尺寸（影响界面能）以及回火马氏体基体强度（影响弹性应变能）。

1. 化学成分的影响

Fultz 等[26]在研究 9Ni 钢中逆变奥氏体热稳定性时指出，马氏体转变成逆变奥氏体后逆变奥氏体内的碳含量有所降低，致使逆变奥氏体随着回火时间的延长而发生失稳。这意味着经马氏体转变成逆变奥氏体后，逆变奥氏体内碳含量可能会在两相区回火的保温过程中发生变化，从而改变逆变奥氏体的热稳定性。

从图 4-15 可知，0Cr13Ni4-6Mo 马氏体不锈钢经两相区回火后逆变奥氏体内析出一些 $M_{23}C_6$ 型碳化物。$M_{23}C_6$ 型碳化物的析出会消耗掉逆变奥氏体内部的碳，从而降低逆变奥氏体的热稳定性。图 4-20 所示的是经不同保温时间的回火处理后马氏体不锈钢中 $M_{23}C_6$ 型碳化物的析出情况。可以发现在不同保温时间的样品中均存在 $M_{23}C_6$ 型碳化物，同时 $M_{23}C_6$ 型碳化物的尺寸随着保温时间的延长（1～10 h）逐渐由约 50 nm 增大到 100 nm 以上。进一步通过观测不同保温时间下逆变奥氏体和回火马氏体基体的化学成分和晶格常数的变化来推测碳化物的演变。通过 TEM-EDS 测量了不同回火保温下的逆变奥氏体和回火马氏体基体中 Cr、Ni 含量，结果如图 4-21 所示。随着回火保温时间的延长，有少量的 Ni 元素扩散到逆变奥氏体中，使得逆变奥氏体内的 Ni 含量由开始的 8.5 wt% 增长至 10 wt%，证实了在两相区回火保温甚至加热过程均出现了 Ni 从回火马氏体基体向逆变奥氏体内偏聚的现象[27]。而逆变奥氏体内 Cr 含量在回火保温时间小于 5 h 时先随着回火保温时间的延长缓慢增至约 15 wt%，当回火保温时间继续延长时，逆变奥氏体内 Cr 含量降低至约 10 wt%。与逆变奥氏体不同，回火马氏体基体中的 Cr、Ni 含量随着回火保温时间的延长变化不大，分别约为 12 wt%、2.5 wt%。

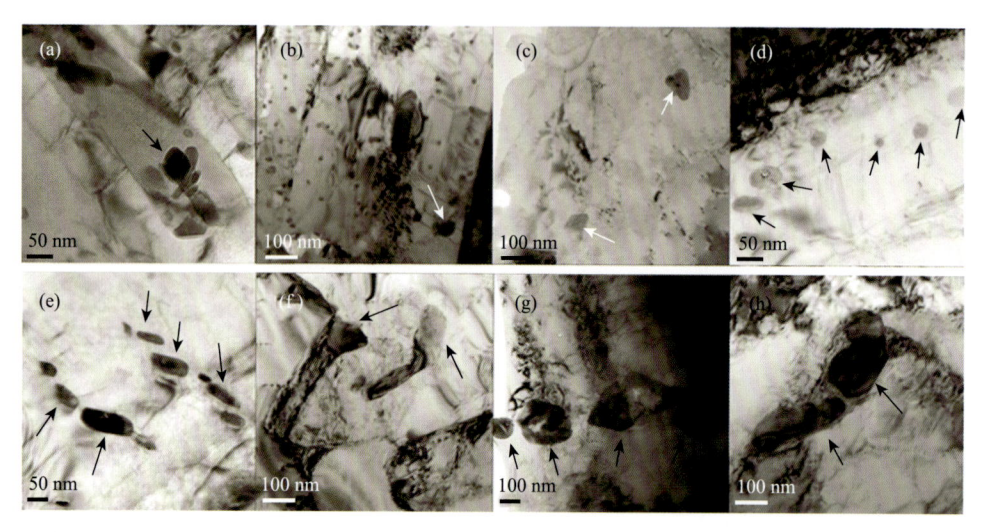

图 4-20 $M_{23}C_6$ 型碳化物在不同回火保温时间下的 TEM 像[19]（箭头指代不同尺度碳化物）
(a) 1 h；(b) 2 h；(c) 4 h；(d) 5 h；(e) 6 h；(f) 7 h；(g) 8 h；(h) 10 h

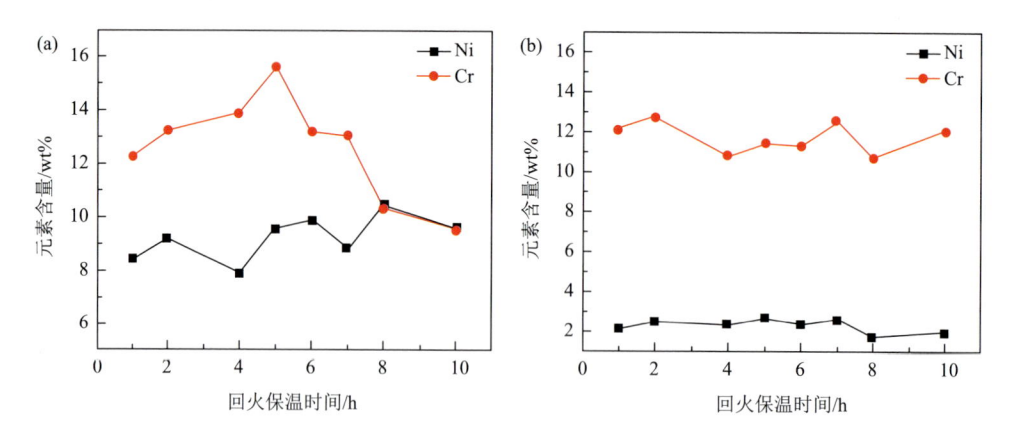

图 4-21 逆变奥氏体（a）和回火马氏体基体（b）中 Cr 和 Ni 含量随着回火保温时间延长的变化曲线[19]

通过 XRD 测得不同回火保温时间下逆变奥氏体和回火马氏体基体的晶格常数。结果显示，逆变奥氏体的晶格常数首先随着回火保温时间的延长不断增大，在回火保温时间为 5 h 时达到最大值，然后随着回火保温时间的继续延长而减小。与逆变奥氏体不同，回火马氏体基体的晶格常数在不同的回火保温时间下并未发生明显的变化（图 4-22）。已有学者利用原子探针技术证实了逆变奥氏体的 C 含量和 Cr、Ni 含量一样对逆变奥氏体的晶格常数存在重要影响[28]。Song 等[29]发现逆变奥氏体内含有 $M_{23}C_6$ 型碳化物，认为 $M_{23}C_6$ 型碳化物的析出导致相邻区域出现富 Ni 现象，由此为逆变奥氏体的产生提供了优先形核位置。虽然很难分辨出逆变奥氏体的形成是否由 $M_{23}C_6$ 型碳化物的析出引起，但从图 4-20 中可以发现，$M_{23}C_6$ 型碳化物随着回火保温时间的延长不断地粗化长大，$M_{23}C_6$ 型碳化物的粗化长大势必要消耗逆变奥氏体内的碳元素和铬元素，由此导致逆变奥氏体的晶格常数［图 4-22（a）］随着回火保温时间的延长呈减小趋势。因为碳元素是主要的奥氏体稳定化元素，所以当回火保温时间超过 5 h 时，逆变奥氏体因 $M_{23}C_6$ 型碳化物的长大消耗碳而热稳定性逐渐下降，导致更多的逆变奥氏体在冷却过程中发生马氏体相变。同时值得注意的是，在回火保温时间 1 h 的样品中可以观察到逆变奥氏体内存在大量细小的 $M_{23}C_6$ 型碳化物析出相，而在回火保温时间 8 h 的样品中发现尺寸更大的 $M_{23}C_6$ 型碳化物析出相并未出现在逆变奥氏体内，而是嵌入马氏体中，且包裹着 $M_{23}C_6$ 型碳化物的马氏体位错比基体更多（图 4-23）。通过对这部分马氏体进行 EDS 化学元素分析发现，其 Ni 含量高达约 9 wt%。这表明该部分马氏体是逆变奥氏体经冷却后转变而成的新生马氏体。这意味着正是由于 $M_{23}C_6$ 的析出长大，逆变奥氏体内碳含量降低，最终导致逆变奥氏体热稳定性不断降低，从而在回火冷却过程中转变成马氏体。

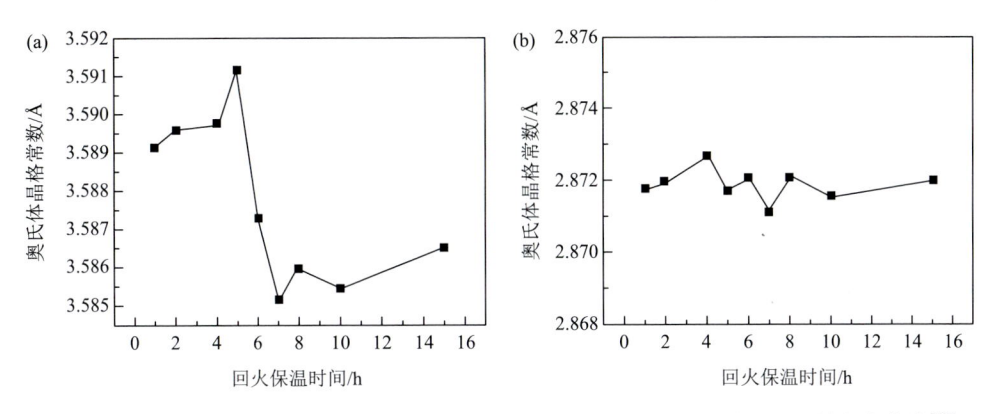

图 4-22 逆变奥氏体（a）和回火马氏体（b）晶格常数随回火保温时间延长的变化曲线[19]

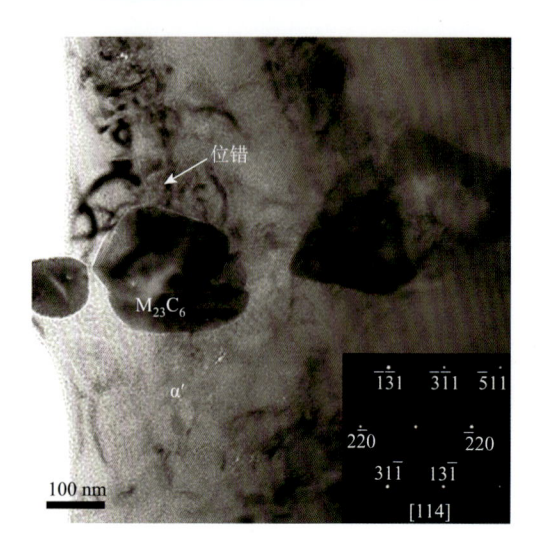

图 4-23　回火保温时间 8 h 时 $M_{23}C_6$ 型碳化物的 TEM 形貌[19]

2. 回火马氏体基体的影响

通过同步辐射高能 X 射线衍射技术原位观测变形过程中回火马氏体基体的微观力学行为，测量回火马氏体基体的强度，进一步分析基体强度通过畸变能对逆变奥氏体热稳定性的影响。分别选取逆变奥氏体含量相同、保温 1 h 和保温 8 h 的样品进行基体马氏体强度的检测。

图 4-24 所示的是两个样品中回火马氏体基体在 {110} 和 {211} 晶面族上的晶格应变随工程应力的变化曲线。可以看出，在初始阶段两个样品的回火马氏体基体晶格应变都随着工程应力的增大而呈线性增加，当工程应力达到 425 MPa 时，晶格应变均出现了偏离线性的特征，这归因于逆变奥氏体的屈服以及应力诱

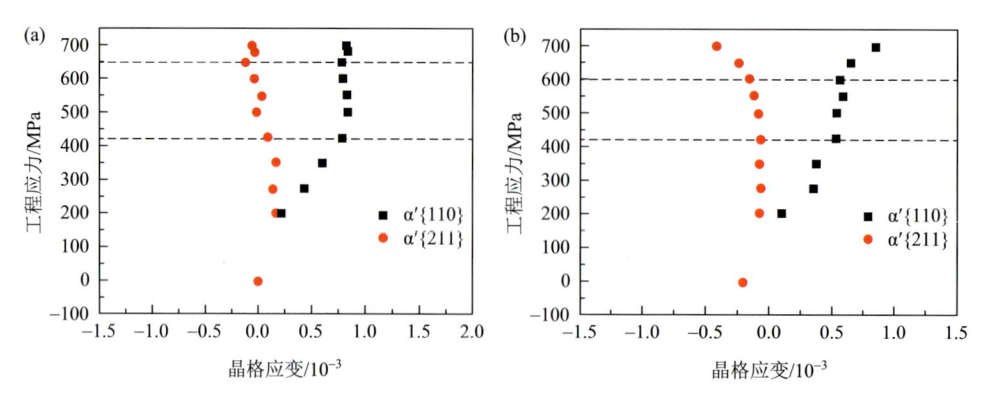

图 4-24　不同回火保温时间下回火马氏体基体的晶格应变曲线[19]
（a）回火保温 1 h 样品；（b）回火保温 8 h 样品

导马氏体相变的发生[30]。当工程应力继续增加时，回火马氏体基体的晶格应变又重新线性增加，当工程应力达到某一个临界值时，回火马氏体基体的晶格应变再次开始出现非线性变化，这个临界值被定义为回火马氏体基体的强度[30, 31]。如图 4-24 中虚线标识，回火 1 h 和 8 h 样品中回火马氏体基体强度分别为 650 MPa 和 600 MPa。由此可见，两相区回火过程的长时间保温降低了回火马氏体基体强度，这主要是保温过程中马氏体基体发生的回复所致。

奥氏体向马氏体转变时伴随着体积膨胀，因此当逆变奥氏体在冷却过程中转变成马氏体时，来自周边回火马氏体基体束缚而产生的弹性应变能会对该相变产生阻碍作用。Raabe 等[32]观察了 Fe-9Mn 合金在 450℃退火时马氏体向逆变奥氏体发生的相变过程，发现不仅奥氏体稳定性元素的界面偏聚促进相变的发生，奥氏体周边的马氏体发生的弹性应力释放同样能够促进相变的发生。一般来说，回火马氏体基体强度越高，产生的弹性应变能越大，从而导致在冷却过程中逆变奥氏体向马氏体发生相变的阻力越大。从图 4-24 中可以看出，回火保温 8 h 样品的回火马氏体基体强度低于回火保温 1 h 样品中的回火马氏体基体强度，从而使逆变奥氏体在冷却过程中承受更小的相变阻力，这也是逆变奥氏体热稳定性随回火保温时间延长而下降的原因之一。

3. 逆变奥氏体形貌的影响

从界面能的角度分析，逆变奥氏体的比表面积越大，在回火冷却过程中发生向马氏体的相变时要克服来自界面能的阻力越大，从而逆变奥氏体的热稳定性越高。由图 4-15 可以看出，不同回火保温时间下逆变奥氏体的形貌发生了显著的变化。随着保温时间的延长，逆变奥氏体形貌从板条状逐渐转变为块状。为了进一步验证逆变奥氏体形貌随着回火保温时间的延长出现的演变，通过 TEM 观察不同回火保温时间下逆变奥氏体的形貌特征，结果如图 4-25 所示。可以看出，在回火保温时间为 1～5 h 的样品中逆变奥氏体的形貌主要是细板条状，而在回火保温时间为 6～10 h 的样品中逆变奥氏体的形貌主要是块状，说明逆变奥氏体形貌在回火保温过程中存在球化现象。相比于细条状逆变奥氏体，块状逆变奥氏体具有更低的比表面积，因此块状逆变奥氏体在发生马氏体相变时所承受的来自界面能的阻力更小，更容易发生马氏体相变。

上述研究表明，除化学成分外，其他因素同样对逆变奥氏体的热稳定性和逆变奥氏体体积分数具有重要影响，这合理解释了逆变奥氏体体积分数随着回火保温时间的延长先增后减的原因。一般来说，在回火过程中降低冷却速度的作用等同于延长保温时间。因此，当回火冷却速度低于临界冷速时，回火冷却速度越小，等效于大于临界保温时间的回火保温时间越长，导致逆变奥氏体体积分数随着冷却速度的减小而逐渐减小；当回火冷却速度高于临界冷速时，过快的冷却速度引起更大程度的过冷，提高了马氏体相变发生所需要的驱动力，因此更多的逆

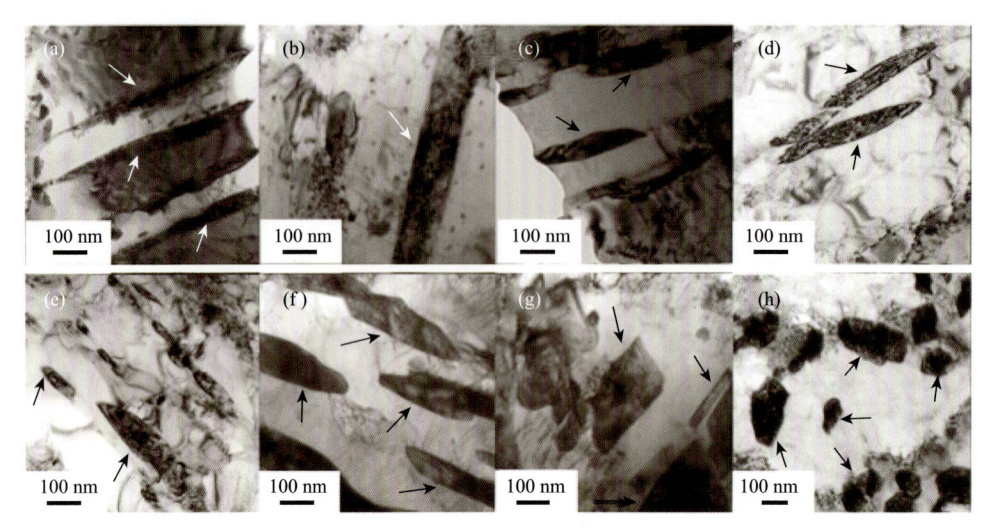

图 4-25 不同回火保温时间下逆变奥氏体的 TEM 像[19]（箭头指代不同尺度奥氏体）

(a) 1 h；(b) 2 h；(c) 4 h；(d) 5 h；(e) 6 h；(f) 7 h；(g) 8 h；(h) 10 h

变奥氏体在较大冷却速度下发生马氏体相变，从而导致室温下逆变奥氏体的体积分数随着冷却速度加快而减小。

上述研究解释了大型马氏体不锈钢铸件中的逆变奥氏体体积分数比预期值更小的原因，并且基于对逆变奥氏体热稳定性的理解，可以通过设计不同的两相区回火工艺，实现对马氏体不锈钢中逆变奥氏体的定量控制。

4.3.3 逆变奥氏体的机械稳定性与 TRIP 效应

作为一种亚稳奥氏体相，0Cr13Ni4-6Mo 马氏体不锈钢中的逆变奥氏体在变形过程中可能发生形变诱导马氏体相变，从而影响材料的强度和韧塑性匹配。这也是为什么逆变奥氏体相是影响 0Cr13Ni4-6Mo 马氏体不锈钢强塑性匹配的关键相。逆变奥氏体的形变诱导马氏体相变对材料性能的作用受逆变奥氏体的机械稳定性的影响。机械稳定性较低的逆变奥氏体会在变形前期（甚至包括弹性变形阶段）全部或部分发生形变诱导马氏体相变，不利于充分发挥相变诱导塑性（transformation induced plasticity，TRIP）效应改善材料塑韧性；相反，机械稳定性过高的逆变奥氏体则可能在断裂前的整个变形过程中只发生少量的，甚至不发生形变诱导马氏体相变，因而不具备相变诱导塑性的特征。正是由于逆变奥氏体在 0Cr13Ni4-6Mo 马氏体不锈钢中的重要作用，许多学者针对逆变奥氏体改善材料韧塑性的机制展开了大量研究工作，并推测在变形过程中逆变奥氏体会发生形变诱导马氏体相变来产生相变诱导塑性效应。然而，多数关于 0Cr13Ni4-6Mo 马氏体不锈钢及同类型马氏体钢中逆变奥氏体相变诱导塑性的研究仅局限于对现象的描述，缺乏对相变诱导塑性作用机制的研究。之前有研究使用实验室 X 射线衍射技术离线分析了不同变形量下逆变奥氏体含量的变化,结合相变特征指出逆变奥氏体的形变诱导马氏体相变提高了材料的加工硬化率[16]。然而,变形过程的离线研究存在卸载等因素,材料经历了循环加载和多次加工硬化,因此难以准确地将逆变奥氏体的形变诱导相变和材料强韧性变化关联起来。

本书进一步通过同步辐射高能 X 射线衍射技术对 0Cr13Ni4-6Mo 马氏体不锈钢中逆变奥氏体的机械稳定性和单轴拉伸过程中的形变诱导马氏体相变动力学进行原位观测和研究。通过原位拉伸试验在相尺度上分析回火马氏体基体和逆变奥氏体的微观应力应变行为;同时对变形过程中逆变奥氏体的形变诱导马氏体相变行为进行原位观测,并在此基础上探讨 0Cr13Ni4-6Mo 马氏体不锈钢中形变诱导马氏体相变的微观机制;然后结合逆变奥氏体的相变特征和单轴拉伸过程中材料的加工硬化行为,研究形变诱导相变对材料强塑性的影响。

1. 同步辐射原位拉伸试验简介

通过同步辐射原位拉伸试验研究 0Cr13Ni4Mo 马氏体不锈钢中物相在变形过程中微观应力应变行为和逆变奥氏体机械稳定性原位表征,以揭示逆变奥氏体机械稳定性的微观机制,以及相变诱导塑性对材料性能的作用机制。

原位单轴拉伸试验在一个自研的螺旋杆传动加载装置上进行,如图 4-26 所示。该装置根据上海光源 BL14B 线站的衍射仪样品台要求,基于 X 射线反射式光路原理而设计。同步辐射原位拉伸试验在上海同步辐射光源 BL14B 线站完成。根据上海光源同步辐射高能 X 射线能量特点,试验采用反射式的 X 射线衍射技术。根据试验目的差异,部分试验通过如图 4-27 所示的一维探测器采集样品表面法向方向的衍射信息进行分析,部分试验通过如图 4-28 所示的方式,采用探测器 MarCDD 采集试样包括表面法向(ND)和拉伸方向(LD)在内多个方向的二维衍射信息进行分析。

图 4-26 小型拉伸装置在同步辐射衍射仪上的装配实体图[33]

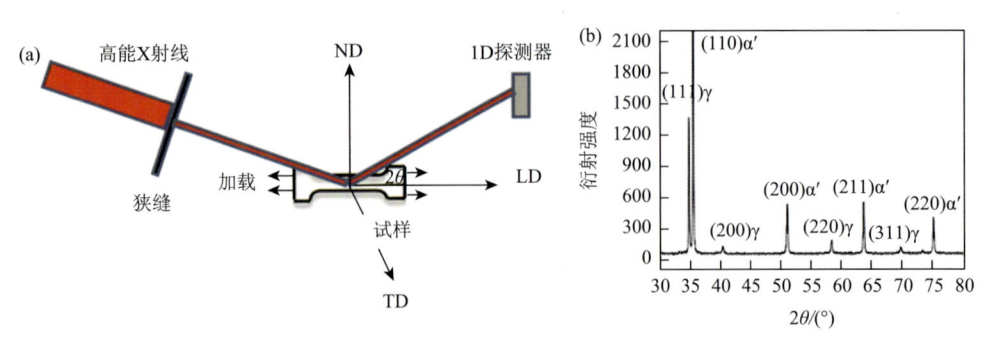

图 4-27 一维探测采集的样品衍射信息

（a）一维 X 射线衍射原理；（b）结果图[33]

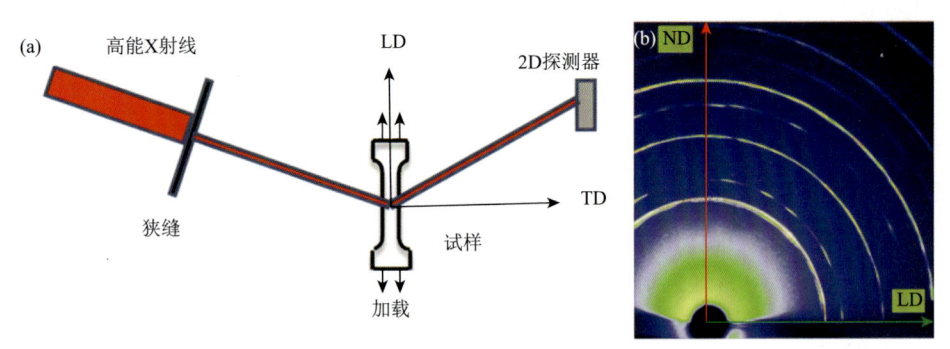

图 4-28 二维探测采集的样品衍射信息

（a）二维 X 射线衍射原理；（b）结果图

2. 单轴拉伸过程中含逆变奥氏体的 0Cr13Ni4Mo 钢微观力学行为

在单轴拉伸变形过程中，物相在应力作用下发生晶格畸变，从而导致其衍射峰峰位发生偏移。在弹性阶段，晶粒的晶格应变与外加载荷之间呈线性变化特征。一旦滑移系在某些晶粒内开动，一些晶粒将会发生塑性变形，同时应力发生松弛现象，导致这部分晶粒的晶格应变与外加载荷之间的关系曲线出现非线性变化特征。此时，载荷被分配到其他仍未发生屈服的晶粒上，显著提高未发生屈服晶粒的晶格应变，使之出现非线性变化，最终反映到晶格应变和外加载荷的曲线上，即晶粒发生屈服时，晶格应变和外加载荷之间的线性关系会发生改变。因此，可以通过晶格应变-外加载荷之间的曲线来判断材料组成相何时发生屈服[30,31]。

样品材料的热处理制度为 620℃ 回火，3 h 空冷。首先对钢中回火马氏体基体和逆变奥氏体的微观力学行为进行分析，为后续分析逆变奥氏体的形变诱导马氏体相变行为奠定基础。样品中回火马氏体基体和逆变奥氏体的晶体结构信息可通过同步辐射高能 X 射线衍射采集的二维衍射花样获得。图 4-29（a）～（c）分别为试验材料在 0 MPa、500 MPa 和拉伸失效后的二维衍射花样。由此看出，随着变形的不断增加，逆变奥氏体的衍射峰强度逐渐减弱直至消失，回火马氏体基体衍射峰的强度有所提高，这说明在变形过程中逆变奥氏体发生了形变诱导马氏体相变，逆变奥氏体含量逐渐降低，从而导致逆变奥氏体衍射峰的强度逐渐降低。同时，变形也导致回火马氏体基体和逆变奥氏体的晶体结构发生畸变，使得两相的衍射峰峰位发生了偏移，通过衍射峰峰位的偏移量可计算出两相不同方向的晶格应变。

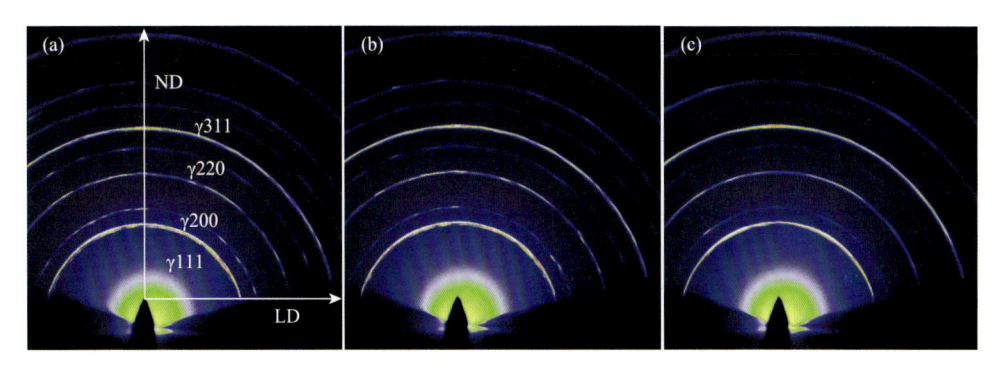

图 4-29 不同变形状态试验材料的二维衍射花样
（a）0 MPa；（b）500 MPa；（c）失效

衍射谱经 Rietveld 全谱精修后计算回火马氏体基体和逆变奥氏体的晶格常数，进而得出工程应力-晶格应变的变化曲线如图 4-30 所示。在变形的过程中，回火马氏体基体与逆变奥氏体共同承受应力的作用，其中每一相的应变分布与晶粒取向相关，如衍射晶面法向与 LD 方向一致的晶粒处于拉伸变形状态，衍射晶面法向（ND）方向与 LD 方向垂直的晶粒处于压缩变形状态。两相在 LD 和 ND 方向上的晶体结构衍射信息如图 4-29 中箭头标示。

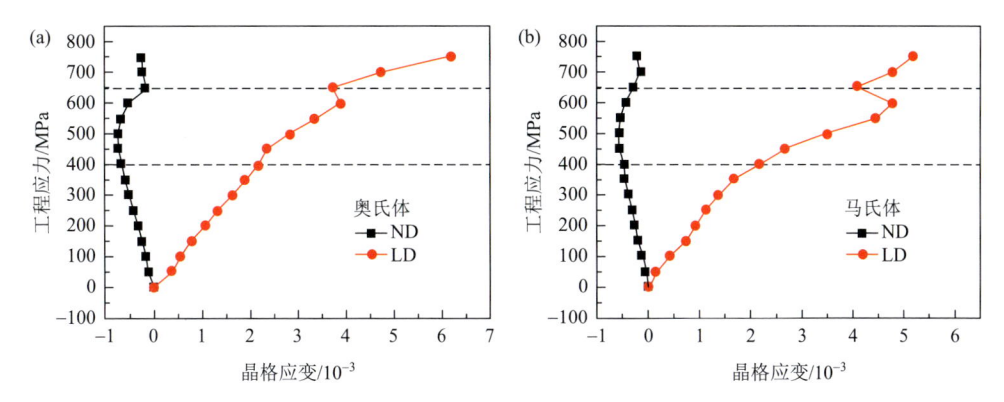

图 4-30 逆变奥氏体（a）和回火马氏体基体（b）在不同应力状态下沿着 LD 方向和 ND 方向的晶格应变曲线

从图 4-30 中两相的晶格应变曲线可以看出，ND 方向的晶格应变呈压缩状态，LD 方向的晶格应变呈拉伸状态。图 4-30（a）是逆变奥氏体沿着 LD 方向和 ND 方向的晶格应变曲线，在弹性变形阶段中，逆变奥氏体沿着 LD 方向和 ND 方向的晶格应变均呈线性变化，当应力达到 400 MPa 时，两个方向晶格应变的增长均偏离了线性特征，这表明强度较低的逆变奥氏体晶粒开始屈服。逆变奥氏体晶粒的屈服伴随着应力的重新分配，因此在外加载荷持续增加的条件下，更多的应力被分配到仍处于弹性变形状态马氏体晶粒上，使得回火马氏体基体沿着两个方向的晶格应变出现非线性变化，如图 4-30（b）所示。当应力达到 650 MPa 时，回火马氏体基体开始发生屈服，因此出现了回火马氏体基体的两个方向晶格应变曲线的第二次非线性变化 [图 4-30（b）]。回火马氏体基体的屈服会引起周边逆变奥氏体晶粒的变形增加，增加了逆变奥氏体的塑性应变[34]，如图 4-30（a）所示。根据逆变奥氏体和回火马氏体基体晶格应变曲线的非线性变化特征，可以确定逆变奥氏体和回火马氏体基体的屈服强度分别为 400 MPa 和 650 MPa。

通过同步辐射高能 X 射线衍射试验不仅能够测量回火马氏体基体和逆变奥氏体相在不同方向上的应变特征，还能够获取每一相在不同晶面上的微观应力应变信息。试验材料中回火马氏体基体和逆变奥氏体不同晶面的晶格应变随着工程应力的变化如图 4-31 所示。回火马氏体基体和逆变奥氏体不同晶面的晶格应变的分布及其随着宏观载荷的变化不同，这主要是受各个晶面间不同刚度的影响，这也说明了回火马氏体基体和逆变奥氏体存在明显的弹塑性各向异性。对比图 4-31（a）和（b）可以发现，相同的工程应力条件下，逆变奥氏体的晶格应变大于回火马氏体基体的晶格应变，不同相的晶面对应的晶格应变量不同，必然引起变形过程中各相的晶粒间存在相互作用力。在应力低于逆变奥氏体的屈服强度 400 MPa 时，两相均处于弹性变形阶段，其晶格应变曲线呈线性增加；当应力高于逆变奥氏体的屈服强度 400 MPa 时，从图 4-31（a）可以看出逆变奥氏体各个晶面的晶格应变曲线逐渐呈现非线性变化，而且不同晶面的逆变奥氏体晶粒出现了不同的屈服现象，逆变奥氏体的屈服导致应力更多地分配到仍处于弹性变形状态的回火马氏体基体中，使得回火马氏体基体不同晶面晶格应变出现不同程度的非线性变化；当应力高于回火马氏体基体的屈服强度 650 MPa 时，回火马氏体基体各个晶面晶格应变出现第二次非线性变化，同时导致周边逆变奥氏体各个晶面的积分强度出现了不同程度的增加。可见，两相在各个晶面的晶格应变曲线变化趋势与两相晶格应变曲线的变化趋势（图 4-30）一致。值得注意的是，随着工程应力的提高，逆变奥氏体在晶面 $\{200\}_\gamma$ 的晶格应变不断增加，呈拉伸变形状态，而晶面 $\{220\}_\gamma$ 的晶格应变先增加后逐渐减小再增加，呈压缩变形状态；回火马氏体基体在晶面 $\{200\}_\alpha$ 的晶格应变不断增加，呈拉伸变形状态，晶面 $\{110\}_\alpha$ 和 $\{211\}_\alpha$ 的晶格应变先增加后逐渐减小，呈现压缩变形状态。这表明逆变奥氏体和回火马氏体基体分别与理想的各向异性面心立方晶体和体心立方晶体在各个晶面晶格应变的变化上相同,验证了本节同步辐射原位拉伸试验结果的准确性。

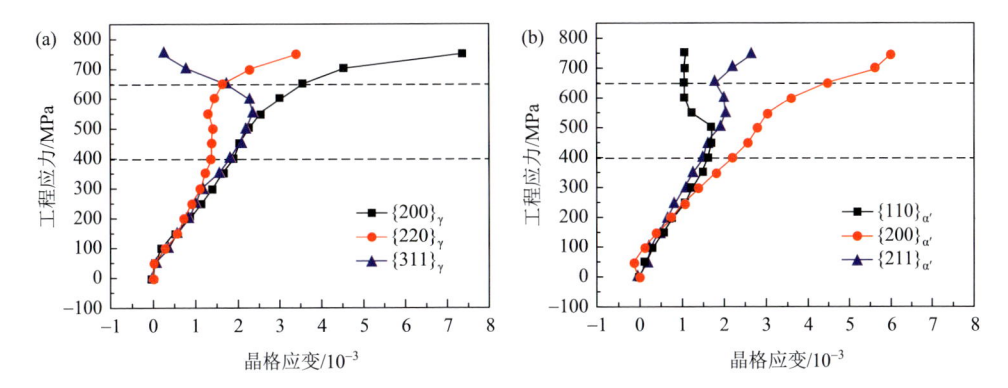

图 4-31 逆变奥氏体(a)和回火马氏体基体(b)各个晶面在拉伸方向上的晶格应变随外加载荷的变化曲线

3. 逆变奥氏体的形变诱导马氏体相变机制探讨

在上述微观变形行为研究的基础上,通过同步辐射原位拉伸试验对 0Cr13Ni4Mo 马氏体不锈钢中逆变奥氏体的形变诱导马氏体相变行为进行原位表征,进一步探究 0Cr13Ni4Mo 马氏体不锈钢中逆变奥氏体的形变诱导相变机制。

对不同应力状态下的二维衍射花样进行 Rietveld 全谱精修拟合后定量分析,测得在不同应力状态下试验材料中逆变奥氏体的体积分数如图 4-32 所示。在起始的弹性变形阶段,随着工程应力的增大,逆变奥氏体的体积分数几乎保持不变;当工程应力高于 400 MPa 时,逆变奥氏体体积分数开始下降,意味着逆变奥氏体

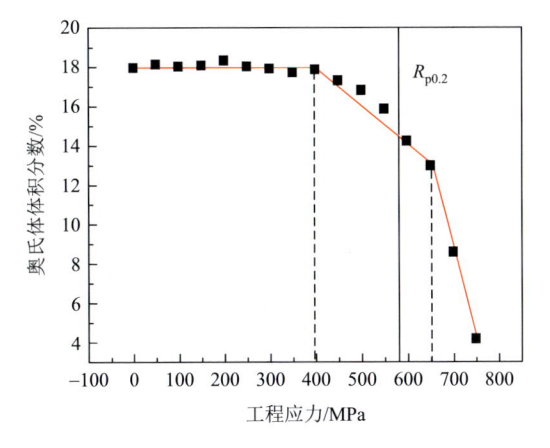

图 4-32 试验材料的逆变奥氏体体积分数随工程应力的变化曲线($R_{p0.2}$ 为屈服强度)[35]

开始发生形变诱导相变；随着工程应力继续增加，逆变奥氏体的体积分数以恒定的速率下降；当应力高于 650 MPa 时，逆变奥氏体体积分数加速下降。因为试验材料的宏观屈服强度为 580 MPa，因此试验材料中逆变奥氏体的形变诱导马氏体相变开始于材料的宏观弹性变形阶段。

形变诱导马氏体相变开始点和加速点如图 4-32 虚线标示。将相变开始点和加速点分别与逆变奥氏体和回火马氏体基体的相屈服点对比发现，两者均一致。该现象表明逆变奥氏体的屈服开启了形变诱导马氏体相变，同时回火马氏体基体的屈服促进了相变的加速发生。

根据逆变奥氏体和回火马氏体基体先后屈服的特点，可将 0Cr13Ni4Mo 马氏体不锈钢拉伸变形过程划分为三个阶段[36, 37]：①变形阶段 1，逆变奥氏体和回火马氏体基体都处于弹性变形状态（工程应力≤400 MPa）；②变形阶段 2，逆变奥氏体处于塑性变形状态，回火马氏体基体处于弹性变形状态（400 MPa≤工程应力≤650 MPa）；③变形阶段 3，逆变奥氏体和回火马氏体基体都处于塑性变形状态（工程应力≥650 MPa）。利用逆变奥氏体和回火马氏体基体最强峰$\{111\}_\gamma$、$\{110\}_{\alpha'}$半高宽计算两相在三个阶段中的位错密度，结果如图 4-33（a）所示，并且利用 TEM 观察试样显微组织的变化特点，如图 4-33（b）～（d）所示。

变形阶段 1 中，两相的变形均处于弹性状态，两相的晶格应变和外加载荷呈线性增长关系（图 4-30 和图 4-31）。外加载荷在两相之间均匀分布，两相之间的应力较小[38]，因此回火马氏体基体和逆变奥氏体板条界面清晰，不存在应力集中的迹象，如图 4-33（b）所示。另外，由于这个阶段的弹性应力较低，不足以驱动逆变奥氏体发生形变诱导马氏体相变，变形对两相的最强衍射峰$\{111\}_\gamma$ 和$\{110\}_{\alpha'}$半宽高的影响不显著，因此计算得到的两相位错密度随着工程应力的增加呈现缓慢增长的趋势。

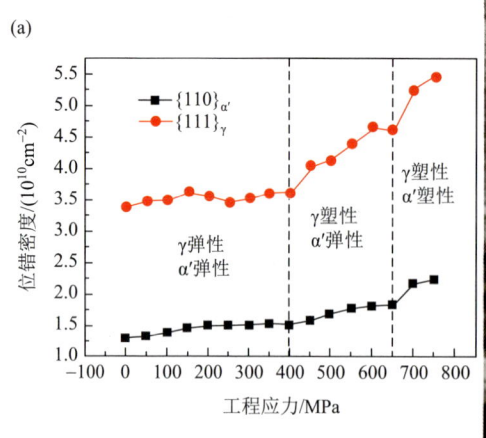

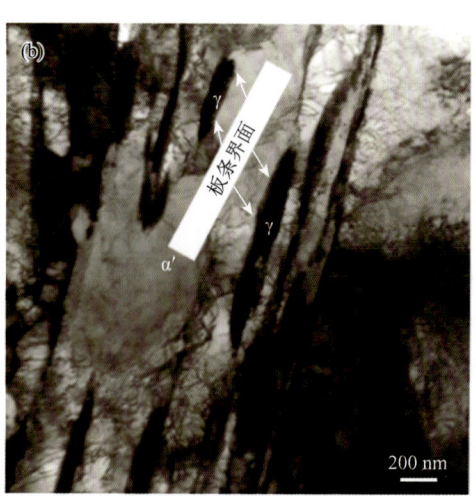

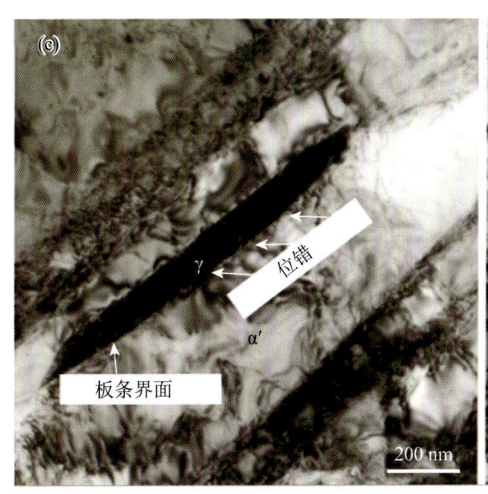

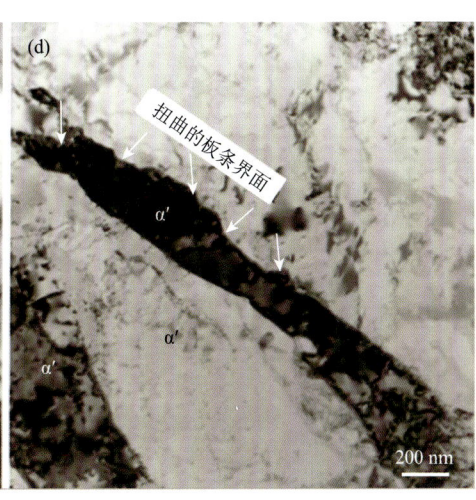

图 4-33　逆变奥氏体{111}$_\gamma$和回火马氏体基体{110}$_\alpha$在三个变形阶段中位错密度变化曲线（a）及变形阶段 1～3 显微组织变化的 TEM 像（b）～（d）[35]

变形阶段 2 中，外加载荷高于强度较低的逆变奥氏体相的屈服强度，部分逆变奥氏体晶粒开始屈服，此时强度较高的回火马氏体基体仍处于弹性变形状态。逆变奥氏体的屈服伴随着形变诱导马氏体相变的开始，这归因于逆变奥氏体塑性应变的作用。一旦逆变奥氏体晶粒开始屈服，逆变奥氏体内的塑性变形就产生了大量的位错，为形变诱导马氏体相变提供了形核位置。因此，尽管从宏观角度来看 0Cr13Ni4Mo 马氏体不锈钢中逆变奥氏体的形变诱导马氏体相变开始于材料的宏观弹性阶段，然而该相变是在逆变奥氏体相塑性变形的作用下被诱发产生的，因此在微观尺度上看，该相变为应变诱导马氏体相变[39]。另外，逆变奥氏体发生屈服和切变型相变，导致更多的应力转移到周边回火马氏体基体上[38,40]，使得回火马氏体基体的晶格应变发生非线性变化（图 4-30 和图 4-31），同时伴随着回火马氏体基体位错密度的增加，如图 4-33（a）所示。此时，逆变奥氏体的屈服使得未发生屈服的马氏体与逆变奥氏体的界面处出现不连续的塑性应变，在界面处出现了大量的位错堆积，如图 4-33（c）所示。在这个阶段中，尽管材料工程应力达到宏观屈服强度（本材料无明显屈服现象，以残余 0.2%变形对应应力为宏观屈服强度），但逆变奥氏体的微观应力状态并未发生大的改变，因此逆变奥氏体体积分数随着外加载荷的增加而保持线性降低。

变形阶段 3 中，在由逆变奥氏体的塑性变形和形变诱导马氏体相变引起的内应力与不断增加的外加载荷的共同作用下，回火马氏体基体也开始屈服，两相的位错密度均出现了大幅度的增长，如图 4-33（a）所示，同时马氏体的塑性变形导致马氏体板条轮廓发生了扭曲，如图 4-33（d）所示。马氏体的屈服促使更多逆变奥氏体发生形变诱导马氏体相变。当马氏体进入塑性变形状态后，马氏体内位错随着滑移系的开动发生增殖和运动，由于马氏体与逆变奥氏体之间存在特殊的位向关系，马氏体中滑移系的开动进一步带动了周边逆变奥氏体中滑移系的开动，诱发周边逆变奥氏体产生塑性变形[16, 41]，导致逆变奥氏体的塑性应变随着外加载荷的增加而快速增加，从而形成更多的形核位置，加快了逆变奥氏体向马氏体的相变。该相变通过逆变奥氏体的塑性应变来完成，因此也属于应变诱导马氏体相变。由此可见，0Cr13Ni4Mo 马氏体不锈钢中回火马氏体基体的屈服为逆变奥氏体提供了额外的塑性应变，从而加快了逆变奥氏体的应变诱导马氏体相变的发生。

0Cr13Ni4Mo 马氏体不锈钢中回火马氏体基体的屈服能够加速逆变奥氏体的应变诱导马氏体相变，因此屈服强度越低的回火马氏体基体在变形过程中更容易提前加速应变诱导马氏体相变的发生。这意味着通过调控回火马氏体基体的屈服强度，可实现对逆变奥氏体应变诱导马氏体相变的控制，有利于优化应变诱导马氏体相变动力学，从而可有效改善材料的强韧性匹配。

4. 逆变奥氏体的 TRIP 效应分析

在变形过程中，亚稳奥氏体被诱导发生马氏体相变，这种相变可显著提高材料塑性，称作相变诱导塑性效应（TRIP 效应）。针对 0Cr13Ni4Mo 钢中的逆变奥氏体，很多研究者指出其可能具有 TRIP 效应，从而影响材料的强度和塑韧性匹配，但缺少直接的证明。通过同步辐射原位拉伸试验证实了逆变奥氏体在变形过程中会发生形变诱导马氏体相变，本节通过对比分析逆变奥氏体的形变诱导马氏体相变与材料的加工硬化率之间的关系，从而揭示逆变奥氏体的 TRIP 效应机制。

为对比研究逆变奥氏体的 TRIP 效应，基于对回火温度、保温时间和回火冷却速度对逆变奥氏体含量影响的研究，分别通过 620℃保温 1 h 水冷（以下简称样品 1）、620℃保温 1 h（以下简称样品 2）和 2 h（以下简称样品 3）空冷回火处理，得到三种不同热处理状态的样品，测得其中逆变奥氏体含量分别为 2.1%、9.3%和 13.5%。由于样品 1 的逆变奥氏体含量很低，可近似将其看成全回火马氏体组织；样品 2 和样品 3 中逆变奥氏体含量较高，用以通过同步辐射原位拉伸试验研究逆变奥氏体在拉伸过程中的形变诱导马氏体相变及其对材料性能的影响。三个样品的真应力-真应变曲线如图 4-34 所示，可以看出三者强度相近，但断后伸长率存在差异。原位试验中，样品被沿着 LD 方向变形至不同的应力状态，当加载应力达到设定值后，载荷保持恒定，样品绕着 TD 方向连续旋转，衍射仪完成对该应力状态下衍射信号的采集。

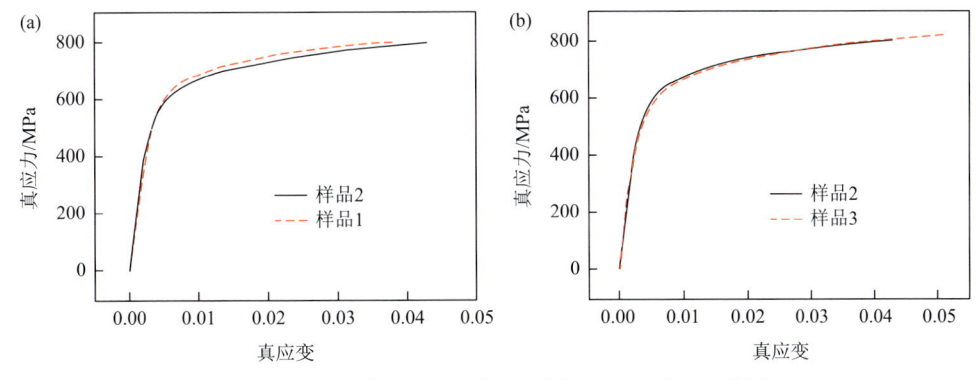

图 4-34 三个样品室温下单轴拉伸的真应力-真应变曲线

(a)样品1和样品2；(b)样品2和样品3

样品 2 和样品 3 中逆变奥氏体含量在不同应力状态下的动态变化如图 4-35 所示。样品 2 和样品 3 中逆变奥氏体分别在工程应力达到 500 MPa 和 350 MPa 时开始下降。样品 3 中逆变奥氏体在更低的应力作用下即开始失稳，发生相变，说明其

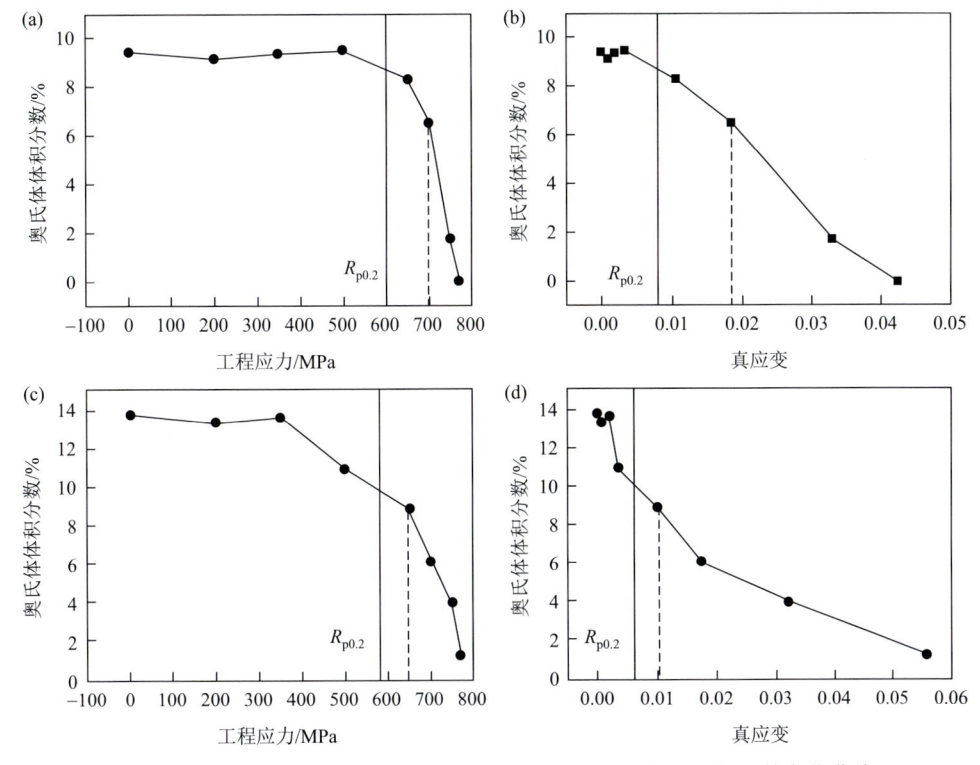

图 4-35 样品 2（a，b）和样品 3（c，d）中的逆变奥氏体相分数变化曲线

(a，c)随工程应力变化曲线；(b，d)随真应变变化曲线[33]

$R_{p0.2}$ 表示开始屈服的应变点

逆变奥氏体稳定性低于样品 2。这是因为较长的回火时间使 $M_{23}C_6$ 型碳化物析出长大，消耗了逆变奥氏体内的碳，降低了逆变奥氏体的稳定性。因此样品 2 和样品 3 的屈服强度（$R_{p0.2}$）分别为 600 MPa 和 580 MPa，所以从宏观尺度上看，两者逆变奥氏体的形变诱导马氏体相变均开始于材料的弹性变形阶段。

对比分析样品 2 和样品 3 中逆变奥氏体相分数在不同应力状态下[图 4-35（a）、(c)] 或应变状态下 [图 4-35（b）、(d)] 的变化特征，可以发现在宏观尺度上逆变奥氏体的相变行为是由材料的弹性应力诱发的，同时后续应变的增大也会继续促进相变的快速发生，如图中虚线所示，样品 2 和样品 3 的相变速率分别在工程应力达到 700 MPa 和 650 MPa 时开始突然增加。这是由于回火马氏体基体的屈服驱使更多的逆变奥氏体发生了应变诱导马氏体相变。

选择回火马氏体基体最强的衍射峰$(110)_\alpha$来计算变形过程中马氏体中的位错密度，如图 4-36 所示。可以看出，在相变发生前回火马氏体基体位错密度随着应力增加基本呈现线性变化，而在相变开始后回火马氏体基体位错密度快速增加（图中实线标示），当逆变奥氏体相变速率进一步增加时，马氏体位错密度增加速率也进一步提高（图中虚线标示），说明样品 2 和样品 3 中逆变奥氏体的相变导致了回火马氏体基体位错密度的增加。逆变奥氏体被诱导发生马氏体相变时，相变引起的体积膨胀提高了周边回火马氏体基体的位错密度。因为位错密度的增加会对材料的加工硬化行为产生促进作用，所以逆变奥氏体的形变诱导马氏体相变会对材料变形过程的加工硬化行为产生重要影响。

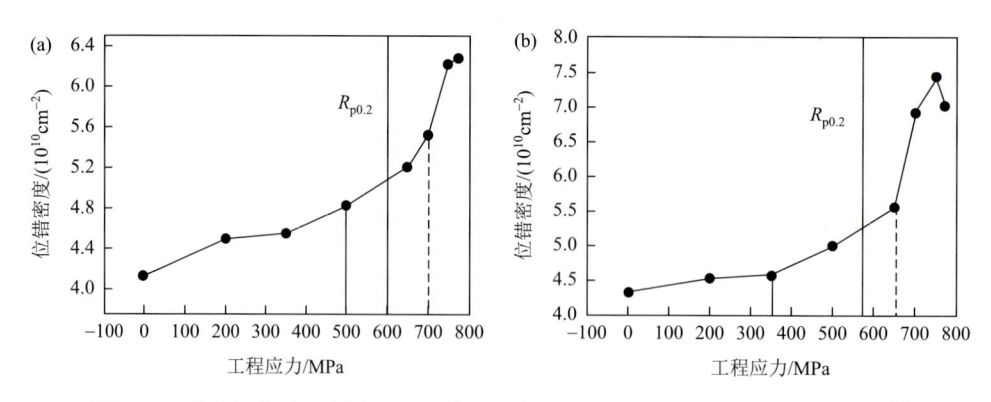

图 4-36 单轴拉伸过程中样品 2 和样品 3 中回火马氏体基体位错密度变化曲线[33]

（a）样品 2；（b）样品 3

样品 1～3 在塑性变形阶段的加工硬化指数变化曲线如图 4-37 所示。样品 1 的加工硬化指数在塑性变形阶段的前期急剧下降，但随着变形量的增大，开始出现加工硬化行为，导致加工硬化指数不再急剧下降，而是以一种平缓的方式过渡到颈缩的出现，不存在形变诱导马氏体相变的马氏体钢加工硬化指数的典型变化特征。样品 2 的加工硬化指数在塑性变形阶段的前期也发生急剧下降，也随着变形量的增大呈现平缓的特征。定量分析样品 2 中形变诱导马氏体相变对加工硬化指数的影响：第Ⅰ阶段 [图 4-37（a）]，样品 1 的加工硬化指数高于样品 2 的加工硬化指数，这是因为样品 1 在回火冷却过程中逆变奥氏体全都发生了马氏体相变，引起回火马氏体基体位错密度增加，从而提高了材料本身的加工硬化指数，而在此阶段样品 2 仅有 0.5%逆变奥氏体发生相变，不足以显著提高样品 2 的加工硬化指数；第Ⅱ阶段，样品 2 的加工硬化指数开始高于样品 1 的硬化指数，这是由于样品 2 中约 2.2%逆变奥氏体发生了相变，相变开始起到提高加工硬化指数的作用；第Ⅲ阶段，样品 2 中约 4.8%逆变奥氏体发生了相变，相变速率的快速增加致使样品 2 的加工硬化指数在这个区间内急剧增加；第Ⅳ阶段，样品 2 中仅有剩余的 1.7%逆变奥氏体发生了相变，因此样品 2 的加工硬化指数也逐渐下降至样品失效。由此可见，逆变奥氏体的相变量与材料加工硬化率之间存在明显的对应关系。

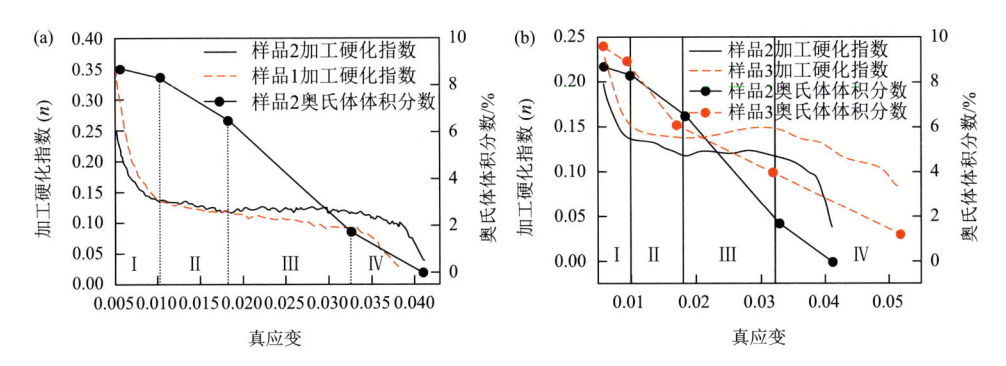

图 4-37　不同样品单轴拉伸变形时的加工硬化指数曲线

（a）样品 1 和样品 2；（b）样品 2 和样品 3[33]

对样品 2 和样品 3 的加工硬化指数曲线进行对比分析 [图 4-37（b）]：第Ⅰ阶段，样品 2 和样品 3 的加工硬化指数均发生下降，尽管在此阶段两者的真应变量 $\Delta\varepsilon = 0.005$ 和相变量 $\Delta\gamma = 0.6\%$ 相近，但从弹性变形阶段至此阶段样品 3 中已有 4%逆变奥氏体发生了相变，而样品 2 中仅有不到 1%逆变奥氏体发生相变，因此样品 3 的加工硬化指数要高于样品 2；第Ⅱ阶段，样品 2 和样品 3 的真应变量 $\Delta\varepsilon$ 均为 0.008，相变量分别为 2.2%、3%，其中样品 3 的加工硬化指数不再下降反而逐渐增加，样品 2 的加工硬化指数下降趋势逐渐消失，形变诱导马氏体相变的发生不同程度地强化了它们的加工硬化行为；第Ⅲ阶段，样品 2 和样品 3 的真应变量 $\Delta\varepsilon$ 均为 0.014，相变量 $\Delta\gamma$ 分别为 4.8%、2.2%，两者的加工硬化指数均发生了增长，因为样品 2 的相变量更大，所以样品 2 的增长幅度更大；第Ⅳ阶段，两样品的真

应变量 Δε 分别为 0.008、0.02，相变量 Δγ 分别为 1.7%、2.7%，这一阶段的变形逐渐过渡到颈缩的出现，两者的加工硬化指数均发生了下降，尽管两者的相变量相近，但样品 3 在之前的变形阶段中有更多的逆变奥氏体发生了相变，提高了样品 3 的硬化指数，使得真应变量要远大于样品 2 的真应变量，变形能力更强。总体而言，样品 3 在变形过程中发生相变的逆变奥氏体含量高于样品 2，有效提高了样品 3 的加工硬化指数，从而导致样品 3 的延伸率要高于样品 2［图 4-34（b）］。因此，在真应变相同的情况下，发生相变的逆变奥氏体越多，越有利于提高材料的加工硬化指数，同时硬化指数的提高有利于提升材料的变形能力。

结合图 4-36 中样品 2 和样品 3 马氏体基体中位错密度动态变化，可看出相变在提高材料加工硬化指数的同时伴随着位错密度的增加。这也说明了形变诱导马氏体相变在 0Cr13Ni4Mo 马氏体不锈钢的作用机制与 TIRP 钢、双相钢的相似，形变诱导马氏体相变的出现引起体积膨胀和剪切应变，导致材料基体位错密度增加，强化了加工硬化，有效推迟了颈缩的出现，进而提高了材料的抗变形能力。

4.3.4 不锈钢铸件的热处理工艺

上述研究中注意到马氏体钢中两个合金相起到重要作用，一个是高温铁素体相，另一个是逆变奥氏体相，只有将这两相定量控制，大型水轮机转轮铸件的性能才稳定。针对高温铁素体，提出通过调控镍铬当量比，消除铸件中的高温铁素体，在实际生产中获得证实，并写入相关技术标准进行推广应用。

针对逆变奥氏体，在前期研究的基础上，进一步系统阐述了两相区回火温度、保温时间以及回火冷却速度对逆变奥氏体含量的影响，逆变奥氏体机械稳定性以及形变诱导马氏体相变对材料宏观力学性能的影响，提出了综合控制逆变奥氏体含量和形貌特征提升材料力学性能的思路，并设计了一次正火加两次回火的热处理工艺，将逆变奥氏体含量稳定控制在 8 vol%～15 vol%范围内，同时获得不同机械稳定性的条状和粒状逆变奥氏体，使材料强韧性达到良好匹配[3, 4]。

4.4 高强韧马氏体不锈钢的扩展应用

如前所述，0Cr13Ni4-6Mo 钢是一种低碳马氏体不锈钢，在该材料最初的发明专利中指出通过两相区回火处理可以得到良好的强韧性匹配[42]，究其主要原因：一是较高的回火温度可以有效降低基体中的位错密度，提高基体马氏体的韧塑性；二是引入逆变奥氏体，逆变奥氏体在变形过程中产生 TRIP 效应，提升材料韧塑性。基于这种思路，科研人员在使用该材料时通常进行较高温度的回火处理（在 A_{c1} 以上温度回火处理），并指导该类型材料在大型水轮机转轮、低温泵阀、海洋工程等方面获得了广泛应用。但随着回火温度的提高,材料的强度会不可避免地降低,在两相区回火后,0Cr13Ni4-6Mo 钢的抗拉强度为 780～900 MPa,在一些对强度要求更高的应用场景中难以满足相关要求。例如,在一些应用场合中希望有屈服强度在 900 MPa 以上、抗拉强度在 1100 MPa 以上的不锈钢可供选用。通常这个强度级别的不锈钢材料主要有 PH15-5、PH17-4 等[43],但这些材料由于析出强化、热处理工艺复杂、成本高,给实际应用带来很大困难。

通过对 0Cr13Ni4-6Mo 钢的研究发现,该钢种主要通过马氏体相变强化,其淬火态强度可以达到 1000 MPa 以上;且其化学成分中间隙原子(C、N)含量较低,置换原子(Cr、Ni、Mo)含量也不太高,因此其淬火获得马氏体时,晶格畸变和位错密度都不算太高,有望保持较好的塑韧性。同时,该材料不含 Nb、V、Ti 等弥散析出相形成元素,在低温下不易产生微观尺度的应力集中。因此,从理论上讲,该材料具有通过合适的位错增殖强化在更高的强度级别上实现强度、塑韧性良好匹配的潜力。

基于上述分析和对该材料的理解,在此钢种基础上,进一步优化其成分范围,并提出综合调控淬火组织和回火热处理工艺的思路,在保持优异韧塑性的情况下,显著提升了材料强度,开发出更高强度等级的钢种,实现了扩展应用。

4.4.1 关键合金元素控制

1. 间隙元素含量的影响

在 0Cr13Ni4-6Mo 马氏体不锈钢中,碳和氮是两种间隙原子。间隙原子的加入一方面使马氏体相变时相变应变增加,另一方面碳和氮都是奥氏体稳定化元素,增加其含量会显著降低材料的马氏体相变点,使马氏体相变在更低的温度下发生。综合上述两方面的作用,提高间隙原子元素的含量会使马氏体相变产生的位错密度更高,进而提升材料的强度,但同时也可能会损害材料的韧塑性,因此需要对其上下限进行限定。

为明确间隙元素含量对材料强度和韧塑性的影响,使用真空感应炉冶炼不同间隙元素含量(其他合金元素含量尽量保持一致)的系列材料,经统一锻造和淬火处理后,测试其拉伸性能和冲击性能。数据显示,材料的屈服强度和抗拉强度呈现出很好的规律性,即随着间隙原子含量的增加,材料的屈服强度和抗拉强度均呈现上升的趋势,尤其是抗拉强度提升更为明显。当间隙原子含量在 0.02 wt%～0.07 wt%变化时,淬火后材料的强度可以达到 1000 MPa 以上,且材料的室温冲击韧性和低温冲击韧性都非常优异。尤其是当间隙原子元素含量超过 0.05 wt%时材料的强度可以达到与 PH15-5 和 PH17-4 相当的强度,同时保持了良好的韧性,更为重要的是与沉淀强化型马氏体不锈钢相比，0Cr13Ni4-6Mo 材料的生产工艺简单，性能更加稳定。

2. 置换型元素 Mo 的影响

除 Cr 和 Ni 之外，0Cr13Ni4-6Mo 钢中还添加了 Mo 元素，国内外标准对其范围均限定在 1.0wt%以下，这些标准通常是从抗腐蚀角度考虑 Mo 的添加，且通常是用在之前所述的高温回火条件下。对于本节所述的高强度等级下 Mo 对材料的力学性能有何影响尚不清楚（对抗腐蚀性能的影响较为清晰，即 Mo 含量越高，材料的抗点蚀能力越强）。为研究 Mo 对材料力学性能的影响，设计冶炼了系列其他合金元素含量基本维持不变而 Mo 含量逐渐变化的材料，经实验室锻造后，进行油冷淬火处理，而后测试其拉伸性能和冲击性能。结果显示，随着 Mo 含量的增加，材料的屈服强度和抗拉强度均呈现上升的趋势，但当 Mo 含量超过 0.5wt%时上升趋势不太明显，同时 Mo 含量过高可能会略微降低材料的低温韧性。

4.4.2 热处理工艺的影响

淬火温度是 0Cr13Ni4-6Mo 马氏体不锈钢热处理极为重要的工艺参数。淬火温度对材料性能影响要显著大于保温时间。淬火温度过高时，奥氏体晶粒极易粗化，冷却后转变成粗大板条状马氏体组织，力学性能下降。淬火温度过低时，碳或合金元素未能完全或均匀溶入基体，将导致材料成分不均匀，淬火后强度不够或性能不均匀等。为了实现合金元素充分溶解的同时确保晶粒细小以获得良好的力学性能，0Cr13Ni4-6Mo 马氏体不锈钢淬火处理温度应在 A_{c3} 以上某一温度区间保温一定时间以充分奥氏体化。因此，分别在 950℃、980℃、1000℃和 1020℃对材料进行奥氏体化，而后进行淬火，分析淬火温度对材料显微组织和力学性能的影响。发现在 950~1020℃奥氏体化后淬火可以得到 100%的马氏体组织，无残余奥氏体，且随着淬火温度的升高，原奥氏体平均晶粒逐渐长大，而且晶粒尺寸均匀性降低。因此，在保证奥氏体均匀化的前提下，应适当降低淬火温度，以避免奥氏体晶粒粗化。

0Cr13Ni4Mo 马氏体不锈钢在不同温度淬火后抗拉强度均达 1080 MPa 以上，低温冲击吸收功均达到了 130 J 以上，材料的断后伸长率和低温冲击性能较好。随着淬火温度的升高，抗拉强度先升高而后降低。淬火温度对材料力学性能的影响非常复杂，一方面影响奥氏体晶粒大小，另一方面则影响碳及合金元素的溶解及分布均匀性，力学性能将受此影响。

图 4-38 为优化材料成分和热处理后的新型 0Cr13Ni4-6Mo 材料的显微组织 SEM 观察和 TEM 观察结果。其显微组织主要由高密度位错马氏体组成，不含高温铁素体和逆变奥氏体，仅通过位错的调控就能获得超过 1100 MPa 的抗拉强度和良好的低温韧性。

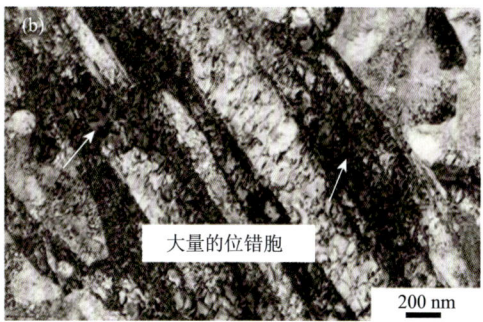

图 4-38 高强度等级 0Cr13Ni4-6Mo 的显微组织

(a) SEM 形貌；(b) TEM 形貌

参 考 文 献

[1] 梁维燕. 三峡水轮机转轮制造. 北京：中国电力出版社，2011.

[2] 国务院三峡工程建设委员会三峡三期工程重大设备制造检查组. 大型水电机组铸锻件. 成都：中国东方电气集团有限公司中央研究院，2012.

[3] 陆善平，王培. 三峡大型水轮机转轮材料与焊接. 北京：科学技术出版社，2014.

[4] 王培. 13Cr4Ni 不锈钢组织性能控制及其在三峡水轮机转轮上的应用. 北京：中国科学院研究生院，2011.

[5] 三峡 700 MW 级水轮机转轮马氏体不锈钢（ZG04Cr3Ni4Mo）铸件技术规范. 沈阳：中国科学院金属研究所，2008.

[6] 中国长江三峡集团公司. 大型混流式水轮机转轮马氏体不锈钢铸件技术条件：Q/CTG 1—2017. 中国长江三峡集团公司，2016.

[7] 国家能源局. 大型混流式水轮机转轮马氏体不锈钢铸件技术条件：NB/T 10828—2021. 北京：国家能源局，2021.

[8] Gysel W，Gerber E，Trautwein A. CA6NM：new developments based on 20 years' experience. Stainless steel castings ASTM，1982：403-435.

[9] ASTM A743-06. Standard specification for castings，iron-chromium，iron-chromium-nickel，corrosion resistant，for general application. United States：ASTM International，2006.

[10] 中华人民共和国国家质量监督检验检疫总局，中国国家标准化委员会. 工程结构用中、高强度不锈钢铸件：GB/T 6967—2009. 北京：中国标准出版社，2009.

[11] Wang P，Lu S P，Xiao N M，et al. Effect of delta ferrite on impact properties of low carbon 13Cr-4Ni martensitic stainless steel. Mat. Sci. Eng. A，2010，527：3210-3216.

[12] Wang C，Ma R，Zhou Y，et al. Effects of rare earth modifying inclusions on the pitting corrosion of 13Cr4Ni martensitic stainless steel. J. Mater. Sci. Technol.，2021，93：232-243.

[13] 孙凤先，王培，康秀红. 三峡大型水轮机转轮下环铸造工艺模拟设计. 铸造，2010，59（11）：1195-1198.

[14] Wang P，Xiao N M，Li D Z，et al. Numerical simulation of deformation during hot procedure for large hydraulic turbine runner blade. Mater. Sci. Forum，2010，654-656：1565-1569.

[15] 王培，陆善平，李殿中，等. 低加热速率下 ZG06Cr13Ni4Mo 低碳马氏体不锈钢回火过程相变研究. 金属学报，2008，44：681-685.

[16] Wang P, Xiao N M, Lu S P, et al. Investigation of the mechanical stability of reversed austenite in 13%Cr-4%Ni martensitic stainless steel during the uniaxial tensile test. Mat. Sci. Eng. A, 2013, 586: 292-300.

[17] Nakada N, Tsuchiyama T, Takaki S, et al. Temperature dependence of austenite nucleation behavior from lath martensite. ISIJ Int., 2011, 51 (2): 299-304.

[18] Zhang Y. On α′-γ transformation in a maraging stainless steel 00Cr13Ni6MoNb. Acta Metall. Sin., 1982, 18: 395-401.

[19] Zhang S, Wang P, Li D, Li Y. Investigation of the evolution of retained austenite in Fe-13%Cr-4%Ni martensitic stainless steel during intercritical tempering. Mater. Des. 2015, 84: 385-394

[20] Morris E F. Martensite Transformation. New York: Academic Press, 1978.

[21] Zhao J, Mesplont C, Cooman B D. Kinetics of phase transformations in steels: A new method for analysing dilatometric results. ISIJ Int., 2001, 41 (5): 492-497.

[22] Lee D S, Lee Y D, Jun J H, et al. Amount of retained austenite at room temperature after reverse transformation of martensite to austenite in an Fe-13%Cr-7%Ni-3%Si martensitic stainless steel. Scr. Mater., 2001, 45(7): 767-772.

[23] Murayama M, Hono K, Katayama Y. Microstructural evolution in a 17-4 PH stainless steel after aging at 400℃. Metall. Mater. Trans. A, 1999, 30 (2): 345-353.

[24] Farooque M, Ayub H, Haq A U, et al. The formation of reverted austenite in 18%Ni 350 grade maraging steel. J. Mater. Sci., 1998, 33 (11): 2927-2930.

[25] Song Y, Ping D, Yin F, et al. Microstructural evolution and low temperature impact toughness of a Fe-13%Cr-4%Ni-Mo martensitic stainless steel. Mat. Sci. Eng. A, 2010, 527 (3): 614-618.

[26] Fultz B, Kim J, Kim Y, et al. The stability of precipitated austenite and the toughness of 9Ni steel. Metall. Trans. A, 1985, 16 (12): 2237-2249.

[27] Dmitrieva O, Ponge D, Inden G, et al. Chemical gradients across phase boundaries between martensite and austenite in steel studied by atom probe tomography and simulation. Acta Mater., 2011, 59 (1): 364-374.

[28] Garcia-Mateo C, Caballero F G, Miller M K, et al. On measurement of carbon content in retained austenite in a nanostructured bainitic steel. J. Mater. Sci., 2012, 47 (2): 1004-1010.

[29] Song Y, Li X, Rong L, et al. Formation of the reversed austenite during intercritical tempering in a Fe-13%Cr-4%Ni-Mo martensitic stainless steel. Mater. Lett., 2010, 64 (13): 1411-1414.

[30] Jacques P J, Furnemont Q, Godet S, et al. Micromechanical characterisation of TRIP-assisted multiphase steels by in situ neutron diffraction. Philos. Mag., 2006, 86 (16): 2371-2392.

[31] Jung J, Kim H, De Cooman B. Yielding behavior of Nb micro-alloyed C-Mn-Si TRIP steel studied by In-situ synchrotron X-ray diffraction. ISIJ Int., 2010, 50 (4): 620-629.

[32] Raabe D, Sandlöbes S, Millán J, et al. Segregation engineering enables nanoscale martensite to austenite phase transformation at grain boundaries: a pathway to ductile martensite. Acta Mater., 2013, 61 (16): 6132-6152.

[33] 张盛华, 王培, 李殿中, 等. ZG06Cr13Ni4Mo 马氏体不锈钢中 TRIP 效应的同步辐射高能 X 射线原位研究. 金属学报, 2015, 51 (11): 1306-1314.

[34] Harjo Y T S, Likas P, Neov D, et al. In situ neutron diffraction study of α-γ Fe-Cr-Ni alloys under tensile deformation. Acta Mater., 2001, 49 (13): 2471-2479.

[35] Zhang S, Wang P, Li D, et al. In situ investigation on the deformation-induced phase transformation of metastable austenite in Fe-13%Cr-4%Ni martensitic stainless steel. Mat. Sci. Eng. A, 2015, 635: 129-132.

[36] Tomota Y, Kuroki K, Mori T, et al. Tensile deformation of two-ductile-phase alloys: flow curves of α-γ Fe-Cr-Ni alloys. Mat. Sci. Eng., 1976, 24 (1): 85-94.

[37] Harjo S, Tomota Y, Lukáš P, et al. *In situ* neutron diffraction study of α-γ Fe-Cr-Ni alloys under tensile deformation. Acta Mater., 2001, 49 (13): 2471-2479.

[38] Fu B, Yang W, Wang Y, et al. Micromechanical behavior of TRIP-assisted multiphase steels studied with *in situ* high-energy X-ray diffraction. Acta Mater., 2014, 76: 342-354.

[39] Maxwell P, Goldberg A, Shyne J. Stress-assisted and strain-induced martensites in Fe-Ni-C alloys. Metall. Trans., 1974, 5 (6): 1305-1318.

[40] Jia N, Cong Z, Sun X, et al. An *in situ* high-energy X-ray diffraction study of micromechanical behavior of multiple phases in advanced high-strength steels. Acta Mater., 2009, 57 (13): 3965-3977.

[41] Bieler T, Eisenlohr P, Roters F, et al. The role of heterogeneous deformation on damage nucleation at grain boundaries in single phase metals. Int. J. Plasticity, 2009, 25 (9): 1655-1683.

[42] Friis W L, Noren T M I. Weldable corrosion-resisting steel: USA, 3378367. 1968-4-16.

[43] 中华人民共和国国家质量监督检验检疫总局, 中国国家标准化委员会. 不锈钢棒: GB/T 1220—2007. 北京: 中国标准出版社, 2007.

第5章

大型锻件制备

大型锻件作为大型成套装备的核心部件，在国民经济建设、国防装备和大科学装置中发挥着非常重要的作用。大型锻件质量要求高，热加工制造难度大，需要先进的制造技术和可靠的生产设备保障，其制造能力和技术水平是衡量一个国家综合实力的重要标志[1]。

大型锻件没有严格的定义，本书特指在 10 MN 以上锻压机上生产的，或重量相当于吨级以上，或尺寸超过 1 m 的锻件。大型锻件广泛应用于冶金、电力、石油、化工、矿山、交通运输和核工业等领域，用于制造高端装备的关键部件，如轧机支承辊、大型船用曲轴、核电机组中的容器部件等。大型锻件工作条件特殊，受力状况复杂，因此，必须具备可靠的质量和优良的性能才能确保设备的安全运行。近年来，随着工业设备向高性能、大型化方向发展，对锻件的技术条件和质量水平要求日益提高。因此，如何提高大型锻件的质量，保证其运行过程中的安全性和可靠性，已成为许多高端装备制造的核心技术问题。

大型锻件的国产化能力往往是决定国家重大装备领域持续健康发展的关键。以船舶领域为例，造船业是国民经济最为重要的支柱产业之一。根据 VesselValue 发布的 2025 年全球十大船东国榜单，我国已成为世界第一造船大国。10 万～30 万吨船舶装备的心脏——大型低速柴油机曲轴却长期依赖进口，使我国一直呈现"船等机、机等轴"的被动局面，严重制约了我国造船业的发展，曲轴的供给曾一度成为制约我国船舶工业发展的瓶颈问题。再以能源领域为例，核电作为一种技术成熟的清洁能源，在我国能源结构调整、实现"双碳"目标中发挥着积极重要的作用。根据国家核电发展规划，中国核电将会迎来世界核电建设史上前所未有的大发展。然而，以往核电装备所需要的压力容器和低压转子锻件等却不能自主生产，进口的锻件不但价格昂贵，而且交货不及时，甚至曾经出现了花钱也买不到的状况，严重制约了我国核电工程建设的发展。

大型锻件的制造工艺复杂，以火电的低压转子为例，如图 5-1 所示。其生产流程包括冶炼、铸锭、加热锻造、预备热处理、粗加工、性能热处理、破坏性检测/无损检测、精加工、成品检测等，不但工艺环节多，周期长，而且每一环节的执行情况都会对大型锻件的质量和性能产生重大影响。生产中必须通过有效手段控制这些过程，使材料的成分、组织和性能处于最佳状态。近几年来，随着世界范围内冶炼技术的发展和重型企业冶铸装备的技术改造，大型钢锭的气体含量、夹杂物等控制水平已有较大进步，钢锭的内在质量已得到大幅度提升。因此，锻造成形和热处理过程的组织性能控制就成为提高大型锻件质量的重要手段。

图 5-1 典型大型锻件（低压转子）的加工制造流程示意图[2]

经过多年的基础研究和工业实践，本书总结出大型锻件研制的基本技术流程，建立了可视化方法：①材料的热模拟试验。建立材料的本构关系，考察不同工艺参数如压下量、压下速率、变形温度等对组织和性能的影响，给出主要的参数指标，建立材料数据库。②开展模拟计算。基于初步的工艺设计进行计算机仿真，结合模拟结果，分析缺陷产生的原因，提出优化的工艺方案。③等比例或者等壁厚中试试验。检验模拟结果，探索工艺的可行性，考察组织性能是否满足要求，进而优化工艺参数。④1∶1 等比例试验。按照设计的工艺参数进行锻造成形和热处理，然后进行实物解剖，验证工艺参数的合理性。由于大型锻件的制造周期长、成本高，一旦报废，会显著影响主机的制造工期。按照上述大型锻件研制流程可以有效避免该问题。本章首先以大型低速船用柴油机曲轴为例，介绍其研制过程，重点阐述模拟计算和预制坯设计的重要性，然后进一步介绍核电大型锻件及低温工程用大型锻件的关键制备工艺过程。

5.1 大型船用曲轴的制备

大型半组合式船用曲轴（marine crankshaft）是低速大功率柴油发动机的核心部件之一，是大型船舶的"心脏"。大型船用曲轴体积巨大，长度可达 20 余米，重达 400 余吨，如图 5-2 所示。半组合式曲轴由曲拐（crank throw）、主轴颈（main journal）、推力轴（thrust journal）、法兰轴（flange journal）几部分采用红套（热胀冷缩）的方法连接而成，制备过程涉及钢液洁净化冶炼、真空浇注、锻造、红套组装和精加工等工序（图 5-3）。制造过程复杂，技术含量高，能否制造大型船用曲轴已成为衡量一个国家造船水平和热加工能力的重要标志。开展对大型船用曲轴的制造工艺研究，对于打破国外技术垄断，解决长期困扰我国造船业发展的瓶颈问题具有重要意义。

图 5-2　大型半组合式船用曲轴模型照片

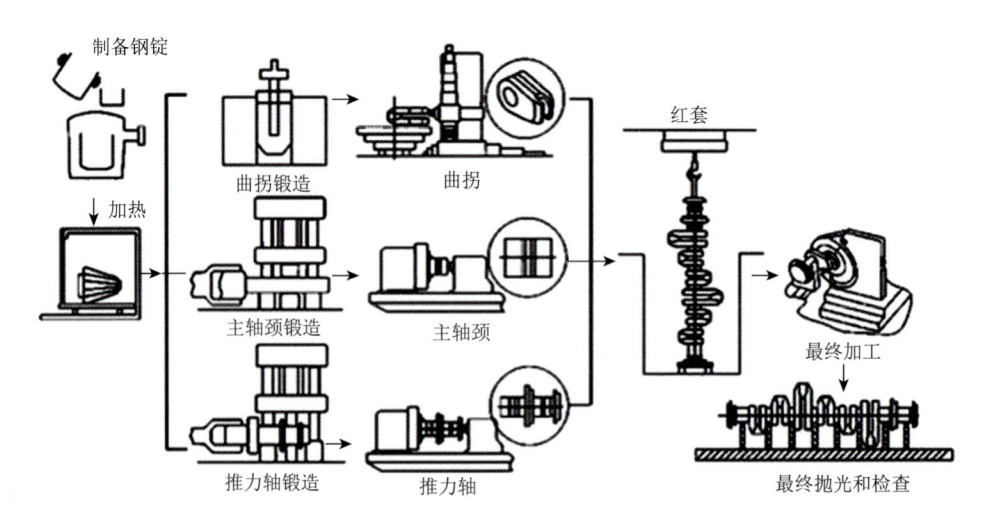

图 5-3　大型船用曲轴制造流程

鉴于我国船舶行业的中长期发展规划和大型船用曲轴在整个船舶制造链条中的重要地位，自20世纪60年代以来国内主要重机厂均试制过船用曲轴，但一直未能获得成功，其主要原因是企业未能掌握曲轴热加工过程的核心制造技术，也缺少相应的大型装备。

大型船用曲轴的核心制造环节是锻造、热处理和红套过程，即整个加工过程的核心是制造具有良好冶金质量的曲拐锻件，并精确地将曲拐、主轴等各部分通过红套方式连接在一起。

船用曲轴锻造成形的关键在于：曲拐锻件体积大、成形火次多，单凭锻造经验很难准确设计成形工艺，成形后的锻件往往整体加工余量大。此外，采用传统工艺进行曲拐弯锻时，容易在内开裆形成喇叭口和折叠裂纹等锻造缺陷，造成局部加工余量不足，导致零件报废。要想彻底解决这些问题，必须采用科学的手段优化设计锻造成形模具和预制坯的形状。

船用曲轴热处理的关键在于：曲拐锻件截面厚大，锻造时变形不均匀，将影响热处理前组织分布的均匀性。在热处理过程中，锻件不同位置升温/降温速度不同，最终得到的组织和性能存在较大差异。预测锻件热处理过程的组织变化、综合评价锻件的力学性能，以便为部件的安全使用提供参考，是曲轴产品制造过程中的一个重要问题。

本节将结合国家造船领域重大产业发展需求，介绍大型船用曲轴核心制造问题，重点讲述将有限元模拟和试验相结合，开展针对船用曲轴锻造、热处理的系统研究工作，旨在发现和总结曲轴热加工过程的成形和组织演化规律。在此基础上提出工艺优化设计方案，进而指导曲轴产品的生产，达到减少锻件加工余量、消除缺陷、提高力学性能、减少废品率、降低制造成本的目的。主要内容包括：大型船用曲轴的钢锭制备，大型船用曲轴曲拐弯锻过程模拟与工艺优化设计，以及热处理过程组织演化模拟和力学性能预测等。

5.1.1　大型船用曲轴所需钢锭制备

半组合式曲轴是由主轴和曲拐利用热胀冷缩原理，通过将曲拐加热，然后和主轴进行红套而成。曲轴制造需要解决材料研发、大型锻件制造、热处理、精密加工等难题，其中难度最大的当属曲拐弯锻成形[2]。曲拐所用钢锭单重小于 30 t，材料选用低合金钢 S34MnV。钢锭采用在常压气体保护下模铸的方式浇注，冶炼方式为电炉、炉外精炼、真空处理，以便控制气体和杂质含量。为了减少有害气体卷入，采用通入氩气的方式进行保护浇注。早期的钢锭设计采用传统方法，其特征是冒口大，高径比小，材料利用率低。近年来，我国大连重工起重集团有限公司、上海重型机器厂有限公司等企业相继解决了曲轴成品国产化的问题，但曲轴锻件所用钢锭的冒口去除率过高，影响了成材率，牺牲了成本优势。

钢锭的生产方法分为底注和上注两种。底注钢锭是指将钢液进行精炼后，采用底注的方式在大气下浇注，并在浇注过程中通氩气保护。上注钢锭是指将钢液进行精炼后，在真空室内采用上注方法进行浇注。这两种方法各有优缺点，底注钢锭模具耗损小，设备简单，但气体和夹杂物含量较高，一般用于对锻件质量要求不十分严格的锻件，并且主要是生产 60 t 以下的钢锭。上注钢锭是在真空条件下浇注，有利于获得较低的气体和夹杂物含量，但需要专用真空室，能源耗费高。由于厂家的真空室数量往往有限，而且上注钢锭的吨位一般都比较大，长时间占用真空室，生产效率较低。为保障钢锭生产效率，并解决国内底注钢锭难以达到曲拐质量要求的难题，团队主要开展了底注钢锭的工艺优化设计，以便为采用钢锭生产曲拐毛坯奠定技术基础。底注钢锭生产流程如图 5-4 所示。

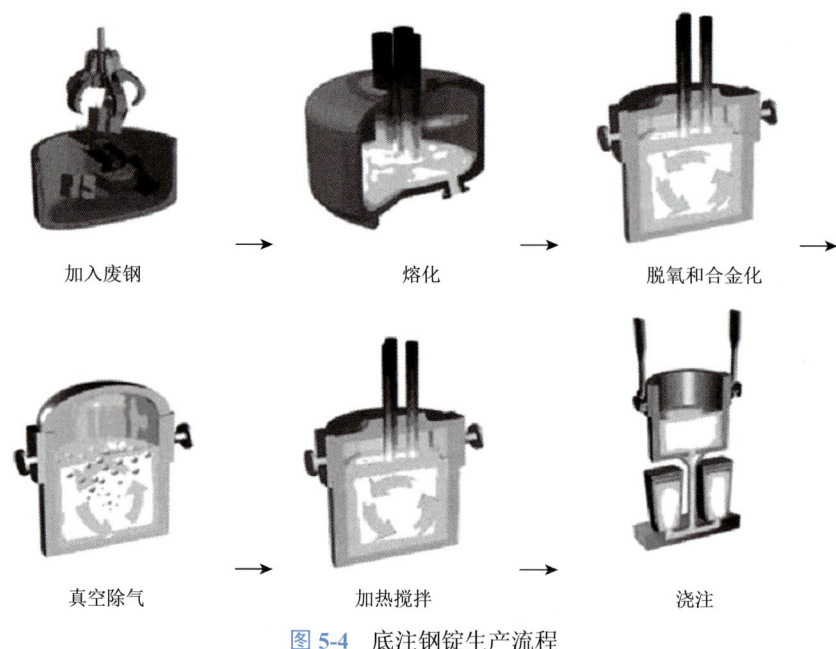

加入废钢 → 熔化 → 脱氧和合金化 →

真空除气 → 加热搅拌 → 浇注

图 5-4 底注钢锭生产流程

为了提高底注钢锭的冶金质量，主要从以下方面开展研究。

1. 冶炼工艺

采用电弧炉炼钢后，进行真空精炼，以降低氢、氧和氮等气体元素含量，同时降低硫、磷和残余元素含量，并减少非金属夹杂物，保障钢液具有良好的洁净度。

2. 钢锭模尺寸设计

钢锭模的形状既要满足锻件的要求，又要考虑大型钢锭的偏析、缩孔区合理的结晶条件以及生产成本等因素。在设计钢锭模时考虑了以下几个参数。

(1) 高径比（H/D_a）：减小高径比可以改善 V 型偏析和中心疏松。底注钢锭的高径比设置在 1.1～1.5。

(2) 锥度：习惯上用 $J=(D_1-D_2)/H$ 表示（D_1 为钢锭大端的直径，D_2 为钢锭小端的直径）。增大锥度可以改善钢锭中心缺陷，减轻甚至消除 V 型偏析，但锥度太大则会使柱状晶过分粗大而影响锻造性能。一般优选锥度在 9%～13%。

(3) 棱边：增加棱角可以减少棱角处偏析，使钢锭不易产生裂纹，但棱角过多使得钢锭制造的工艺过程烦琐。大型底注钢锭一般采用 16 棱边。

(4) 模锭比：钢锭模壁应有一定厚度，以保证其坚固耐用；同时钢锭的激冷层也需有一定厚度，以承受钢液静压力而不产生裂纹。一般钢锭模与钢锭的重量比 $G_{模}:G_{锭}=0.7\sim1.2$。

(5) 冒口：采用保温冒口，浇注结束后加保温覆盖剂。冒口的有效工作容积为钢锭空腔的 16%～20%，同时冒口的肩宽也要进行合理设计。

(6) 锭尾设计：大型钢锭的锭尾结构有球缺形和锥台形两种，为了便于放置保温剂及钢锭的吊运，一般锭尾采用锥台形结构，其容积取钢锭容积的 3%。

(7) 转角半径的设计关系到钢锭角部是否会产生裂纹。根据法国钢铁研究院的推荐：$R/D=0.0044L+0.113$（R 为钢锭的圆弧半径，D 为圆弧对应钢锭锭身的直径，L 为圆弧的长度）。

上述各项参数的设计需根据锻件质量要求和钢锭利用率等综合考虑确定。

3. 浇注工艺设计

浇注工艺参数主要包括浇注温度、浇注速度等。注速快、注温低容易引起中心缺陷、"角"偏析以及钢锭下部产生裂纹；注温低、注速慢易引起非金属夹杂和硬壳，使钢锭上部出现表面裂纹。

(1) 确定浇注温度：计算公式为 $T_{浇注}=T_{熔点}+T_{过热}$，底注钢锭的浇注温度过热度一般为 60～80℃。

(2) 确定出钢温度：计算公式为 $T_{出钢}=T_{浇注}+T_{出降}$。

(3) 确定速度：底注钢锭采用慢速浇注，浇注速度一般控制在约 2.5 t/min。

(4) 确定脱模时间：根据温度场模拟来确定脱模时间。

(5) 保护渣加入方法：浇注前先在上底盘内放置一定量的保护渣，注意避开模底注孔，其余在浇注过程中逐渐加入，防止钢液裸露在空气中。

4. 浇注系统设计

在设计底注钢锭时采用新型的无气隙平稳充型浇注系统。这种新型浇注系统根据伯努利方程和流量相等原则计算浇注系统的直浇道面积，并且考虑了金属液黏度和浇注系统结构等引起的能量损失。在这种新型浇注系统中，金属液在自然静水压力的作用下充型，能够保障金属液充满浇道，不给气体留下空间。这种新型浇注系统在小型铸件和大型铸钢支承辊的应用中获得了成功。

1）浇口杯设计

浇口杯是浇注系统的第一道防线，可以阻挡熔渣和浇包中最先流出的质量较差的金属液进入直浇道。大多数铸造厂都采用锥形浇口杯，其能够使金属液快速进入直浇道，充型过程只需要几秒钟，适用于质量要求不高的小型铸件。对于像底注钢锭这样质量要求严格的大型铸件，采用锥形浇口杯容易把气体卷入金属液中，产生的气泡和氧化物被直接带入直浇道，然后进入钢锭中，成为潜在裂纹和疏松源。而采用带有塞杆系统的偏心浇口杯可以有效避免上述问题。这种偏心浇口杯的特点是金属液的入口和出口均偏离浇包中心线，还设置一个凸台以阻挡浇注末期质量较差的金属液流入铸件，此外，还有一个塞杆系统。浇口杯的结构如图 5-5 所示。

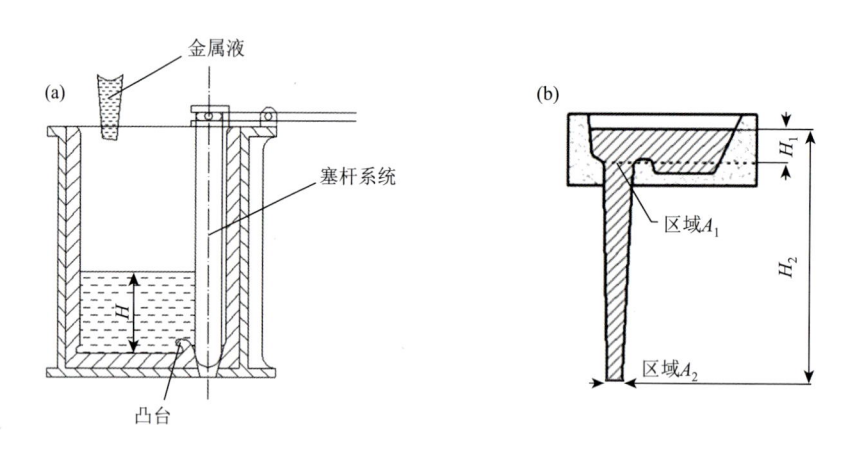

图 5-5 浇口杯结构设计
（a）浇口杯的结构示意图；（b）金属液流动情况

浇口杯在使用过程中，金属液从远离塞杆的一侧浇入，当浇口杯中的金属液达到设定的高度时，再打开塞杆，这样保证只有洁净的金属液进入铸件型腔。浇口杯的容量和塞杆打开时浇口杯中金属液的初始高度之间合理匹配是确保浇口杯发挥作用的关键因素。在浇注过程中，浇口杯既不能溢流，又不能流空。虽然底漏浇包在使用过程中可以控制水口的大小，进而控制金属液的流量，但往往操作比较困难，且金属液流容易发散，降低金属液的质量。在设计过程中，根据底漏浇包的工作状况和浇注系统的充型速度计算它们之间最大的流量差值，然后确定浇口杯的容量和高度。

2）直浇道设计

为实现顺利充型，大多数直浇道的尺寸往往都设计得过大，过大的直浇道不但会降低工艺出品率，更严重的是会卷入气体，产生氧化和冲砂而降低金属液质量。而采用无气隙平稳充型浇注系统，根据伯努利方程和流量相等原则计算直浇道尺寸，金属液在浇道中的下落情况如图 5-5（b）所示。

首先要确定浇注的平均流量 Q_a。通常根据铸件中最薄部位的模数推断其凝固时间，确定铸件的浇注时间，浇注金属液量除以浇注时间就可得到浇注的平均流量，单位一般为 kg/s。在下面的计算中，平均浇注流量的单位为 m^3/s。流量相等的方程如下：

$$Q_{in} = A_1 v_1 = A_2 v_2 \quad (5-1)$$

式中，Q_{in} 为初始流量，是平均浇注流量的 1.5 倍，m^3/s；A_1、A_2 为图 5-5（b）中所示的直浇道入口和出口面积，m^2；v_1、v_2 为金属液在直浇道入口和出口的速度，m/s。

速度由伯努利方程给出：

$$v = \mu \sqrt{2gh} \quad (5-2)$$

式中，μ 为流量损失系数；h 为金属液的静压头，m。

3）横浇道和内浇口设计

在计算得到直浇道尺寸之后，控制金属液进入钢锭模的速度小于 0.5 m/s，应用铸造模拟软件计算设计横浇道和内浇口的尺寸，计算本研究中 56 t 底注钢锭浇注系统的直浇道入口直径为 160 mm，出口直径为 48 mm，横浇道直径为 132 mm，内浇口直径为 136 mm。

5. 模拟结果分析

所设计的 56 t 底注钢锭的高径比为 1.13，锥度为 9.7°，棱边数为 16。应用铸造模拟软件 ViewCast 对所设计的 56 t 底注钢锭的凝固过程进行模拟。凝固过程的模拟主要计算温度场，可以预测钢锭凝固过程的温度变化，并预测缩孔疏松缺陷。图 5-6（a1）～（d1）是不同时刻温度场的模拟结果，图中标尺表示温度变化。蓝色区域表示该区域温度低于合金的固相线温度，即该区域已经完全凝固，白色区域表示该区域仍完全处于液态，而其他颜色表示该区域处于固液两相区。可以看出，钢锭完全实现了顺序凝固，最后凝固位置在冒口中，如图 5-6（d1）所示，经过 19h 后，钢锭的锭身已经完全凝固。

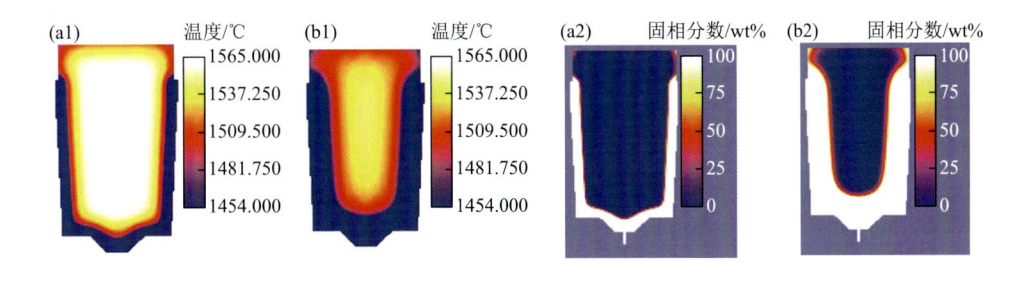

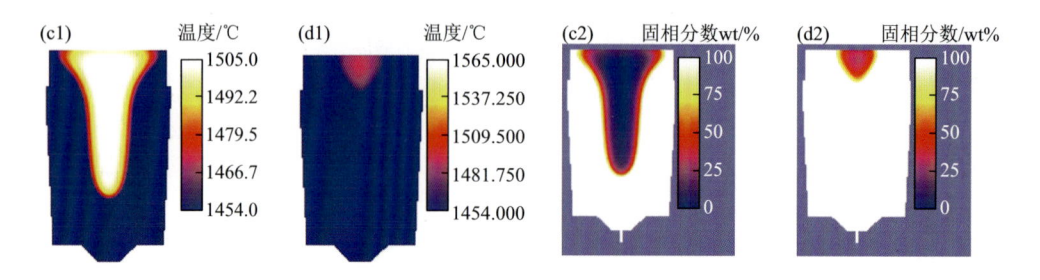

图 5-6 56 t 底注钢锭温度场模拟结果（a1～d1），以及固相分数模拟结果（a2～d2）
（a1，a2）1 h；（b1，b2）4 h；（c1，c2）10 h；（d1，d2）19 h

图 5-6（a2）～（d2）是 56 t 底注钢锭不同凝固时间固相分数的模拟结果，图中的标尺表示固相分数。白色表示完全凝固，蓝色表示完全是液相。固相分数结果同样表明钢锭实现了顺序凝固。

图 5-7（a）是 56 t 底注钢锭凝固时间，钢锭完全凝固时间约为 24 h。因此，该钢锭浇注结束后至少 24 h 才能脱模。图 5-7（b）是 56 t 底注钢锭缩孔模拟结果，缩孔完全处于冒口中，证明所设计的冒口结构合理。

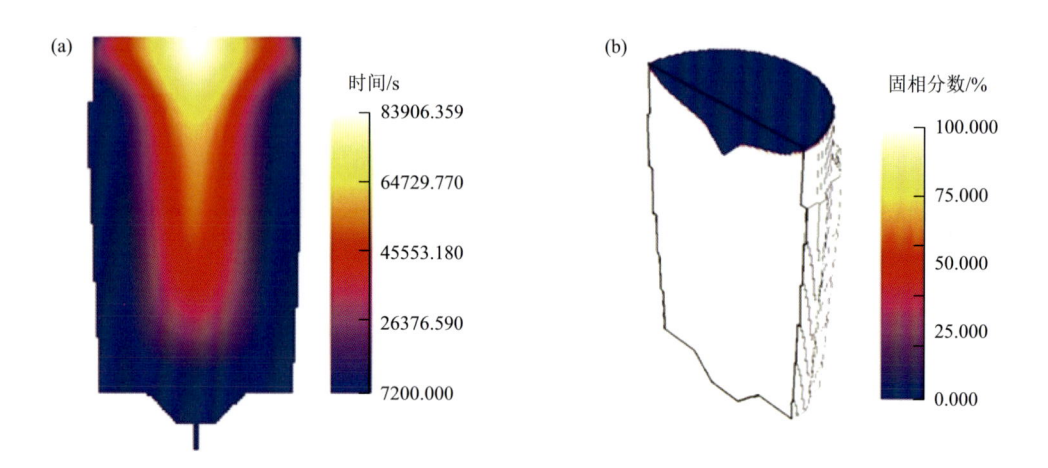

图 5-7 56 t 底注钢锭凝固时间（a）及缩孔（b）模拟结果

5.1.2 大型曲拐锻件的弯锻成形

曲轴是大型船用产品的核心部件，作为传递动力的主体，它是驱动船体的重要部分，大型船用曲轴采用半组合式制造，其中曲拐是曲轴生产的关键。随着柴油发动机功率的增大，船用曲轴的规格也发生了变化，其特点是曲臂长度增加、厚度减薄、曲柄销部位变小，采用闭式模锻很难生产出这种大型号的船用曲轴，因此曲拐均采用自由弯曲锻造的方法制造。

由于曲拐尺寸大，变形工序较为复杂，因此有必要采用数值模拟手段对其成形过程进行计算，以达到预测曲拐最终形状和尺寸、优化工艺的目的。对于厚板弯曲成形问题，国内外在金属变形机制、起皱问题以及坯料和模具形状对变形过程的影响等方面已有较多研究[3-7]，但曲拐形状较为复杂，不能简化为平面或轴对称等简单问题来近似处理。在成形过程中，既存在材料非线性，又有几何非线性，同时还存在边界条件非线性，变形机制十分复杂，并且接触边界和摩擦边界较难描述。Kakimoto 等[8]采用有限元方法对 RR 法锻造整体式曲轴进行了数值模拟，得到了预制坯的最佳形状；哈尔滨工业大学的王仲仁等[9]采用有限元模拟对 6160 型曲轴弯曲镦锻过程的塑性流动机制进行了研究；清华大学的王纪武等[10]采用弹塑性有限元方法对曲轴的 TR 成形方法进行了研究；中国一重集团有限公司的宋士丹等[11]按 1∶2 的比例对 L60 型曲轴曲拐自由弯锻过程进行了试验研究。上述研究工作虽然对曲轴锻件的成形过程及受力状况进行了分析，但未研究大型曲拐自由弯锻过程中产生缺陷的原因，也未详细阐述新工艺的思路。

根据上海重型机器厂有限公司试生产的船用曲轴曲拐的研制要求，作者团队对曲拐的弯锻工艺进行了三维热力耦合模拟，分析了曲拐的金属流动机制，对曲拐上典型位置的静水压力和表面拉/压应力的变化情况进行了重点研究，据此预测了该过程可能产生的缺陷及位置，模拟与试验相比较，验证了模拟结果的准确性，提出了改进毛坯和模具形状的意见，为锻造工艺参数的优化提供了参考。

1. 模拟方案和计算模型

曲拐的弯锻过程在万吨水压机上进行，坯料出炉温度为 1200℃，模具温度为 200℃。将坯料、模具摆好对中以后，上模匀速向下运动，速度为 50 mm/s，坯料随着上模的下行而发生弯曲，并沿着下模的边缘向下模底部滑动。当坯料的底部与下模接触时停止移动上模，然后将坯料卸下，插入舌板，用平砧将坯料从头到尾反复精整压扁，直至将其锻成所要求的尺寸。

在金属的塑性成形过程中，温度和应变速率是影响材料塑性和变形抗力的关键因素。为了准确模拟大型船用曲轴曲拐的弯锻过程，采用 Gleeble 3500 热力模拟试验机实测了 S34MnV 钢（其主要成分的质量分数为：C 0.34%，Mn 1.20%，Si 0.23%，S 0.002%，P 0.011%，V 0.08%），在温度为 800~1200℃、应变速率为 $0.005 \sim 0.5\ s^{-1}$ 时的应力-应变曲线。

基于 Jonas 提出的峰前理论模型和 Johnson-Mehl-Avrami 动态再结晶方程[12]，对试验数据进行回归处理，建立 S34MnV 钢的本构关系模型如下：

$$\sigma = \begin{cases} \left[\sigma_{sat}^2 + (\sigma_0^2 - \sigma_{sat}^2)\cdot\exp(-\Omega\varepsilon)\right]^{0.5}, & \varepsilon < \varepsilon_p \\ \sigma_{sat} - (\sigma_{sat} - \sigma_{ss})\cdot\left\{1-\exp\left[-k(\varepsilon-\varepsilon_p)^n\right]\right\}, & \varepsilon \geq \varepsilon_p \end{cases} \quad (5-3)$$

式中，σ_{sat} 和 σ_{ss} 分别为饱和应力和稳态应力；σ_0 为初始应力；Ω 为动态回复参数；ε_p 为峰值应力所对应的应变；n 和 k 为回归系数。

图 5-8 为采用建立的本构关系计算得到的应力-应变曲线和试验结果的比较。由图可见，测试数据与预测数据吻合较好，说明所建立的本构关系模型比较准确，可用于曲拐的弯锻成形过程模拟。

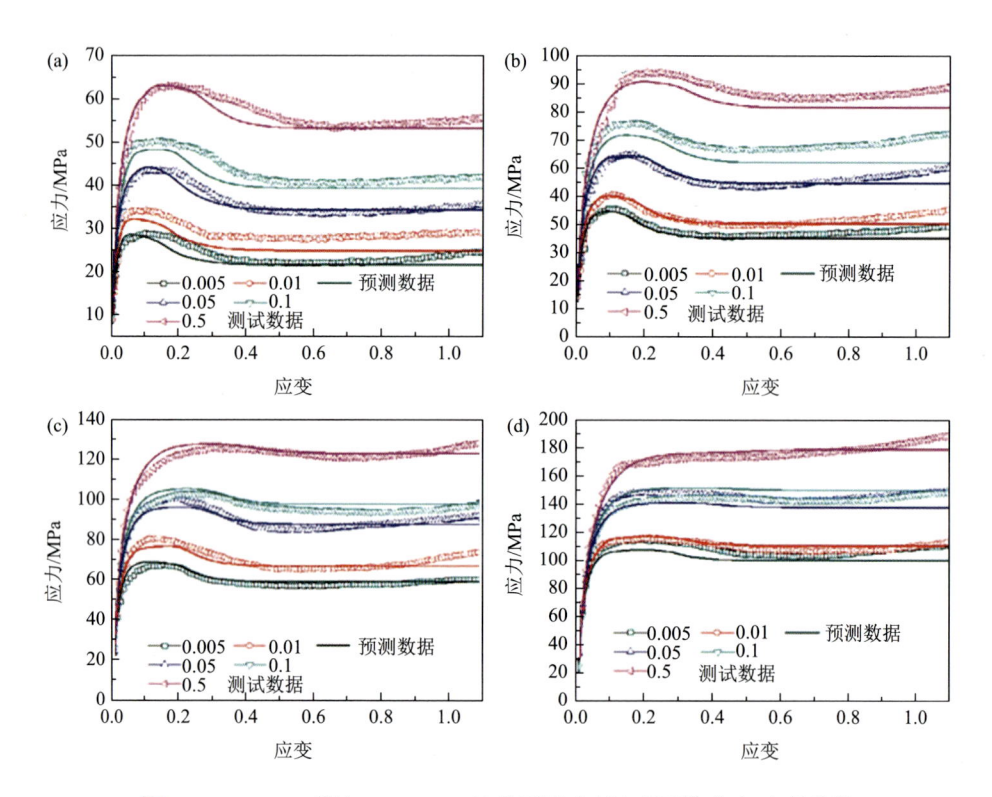

图 5-8 S34MnV 钢在 900~1200℃ 及不同应变速率下的应力-应变曲线
(a) 1200℃; (b) 1100℃; (c) 1000℃; (d) 900℃

在 ABAQUS/CAE 有限元软件中建立了传统工艺条件下坯料和模具的实体模型，如图 5-9 所示。针对坯料的外形特征以及与模具的接触条件对实体进行了不同密度的网格剖分，坯料和模具单元总数为 12420 个，采用线性减缩积分单元 C3D8RT，以适应变形过程大的网格旋转和扭曲特征。坯料和模具的基本热物性参数如表 5-1 所示。

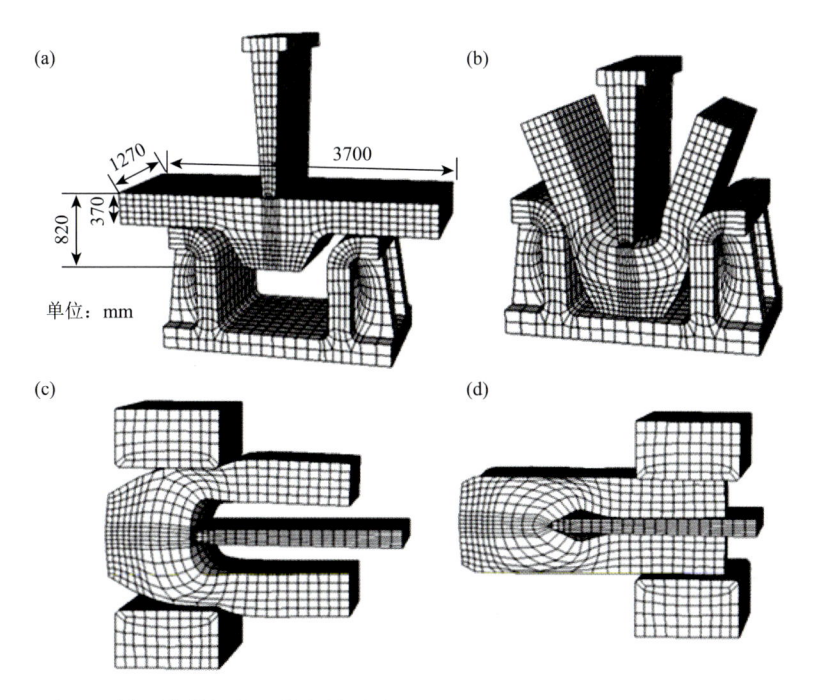

图 5-9　有限元模型中曲拐的网格初始分布（a）和弯曲（b）、压平（c）、精整工序（d）

表 5-1　坯料与模具的基本热物性参数

材料	热导率/[W/(m·K)]	密度/(kg/m³)	热容/[J/(kg·K)]	对流换热系数/[W/(m²·K)]	比辐射率
S34MnV	45	7800	440	4	0.9
25Mn	35	7800	450	3	—

为了更准确地描述表面的变形情况，在坯料的表面覆盖了一层膜单元，膜单元为二维单元形式，与基体三维单元共格，并且使用相同的材料属性，其主应力的数值大小和方向可更精确地反映坯料表面的受力情况，据此可计算坯料弯曲时表面的拉/压应力。

将模具和坯料分别定义为主控表面和从属表面，以防止坯料单元网格发生变形和扭转时穿透模具，使计算结果失真。设定主控表面和从属表面之间的滑动方式为有限滑动，使材料的几何非线性包含在滑动过程中。坯料与下模之间采用石墨润滑，其摩擦系数为 0.05；坯料与上模之间的摩擦系数为 0.15。坯料与模具之间的界面换热系数可根据文献[13]中的方法由试验结果拟合得到，将界面换热系数简化为

$$K_{W/M} = 10^4 - 2 \times 10^7 d_{W/M} \qquad (5-4)$$

式中，$K_{W/M}$ 为界面换热系数，W/(m²·K)；$d_{W/M}$ 为坯料与模具之间的接触缝隙，m。

由于上模与坯料接触的瞬间会使接触条件从"开"(正的间隙)到"闭"(间隙为零),接触压力发生剧烈变化,使接触模拟难以收敛。因此,在每次坯料与模具接触和分离之前均增加缓和接触压力突然变化的步骤,以减少收敛的困难,使计算结果更为准确。

2. 模拟结果分析

1) 曲拐弯曲部位的金属流动

图 5-9 (b) ~ (d) 所示为有限元模拟中曲拐弯曲和精整时的形态。从图 5-10 可见,在弯曲过程中,曲拐的塑性流动大致分为 3 个不同的区域,即曲臂末端部分 (A 区)、曲臂与曲柄销连接部分 (B 区) 以及曲柄销部分 (C 区)。曲臂末端部分随着上模的下移而自由旋转,变形量很小;曲柄销区受上模的压紧作用,随上模向下运动,除与上模接触的一小部分外,其余基本为无变形的刚体运动;曲臂与曲柄销的连接部分则是上述两刚性区的过渡区,产生侧向弯曲和横向镦粗的复合变形。由图 5-10 (a) 和 (b) 可知,该区域中间位置的弯曲程度最大,内表面和外表面分别受压应力和拉应力作用,两侧受邻近材质的挤压,所以应变量最大。如图 5-10 (c) 所示,金属流动比较剧烈的区域集中在内表面弯曲部位以及外表面发生拉伸的部位。由图 5-10 (d) 可见,曲臂外侧贴模部位温度下降较大,造成材质塑性下降,产生应力集中。

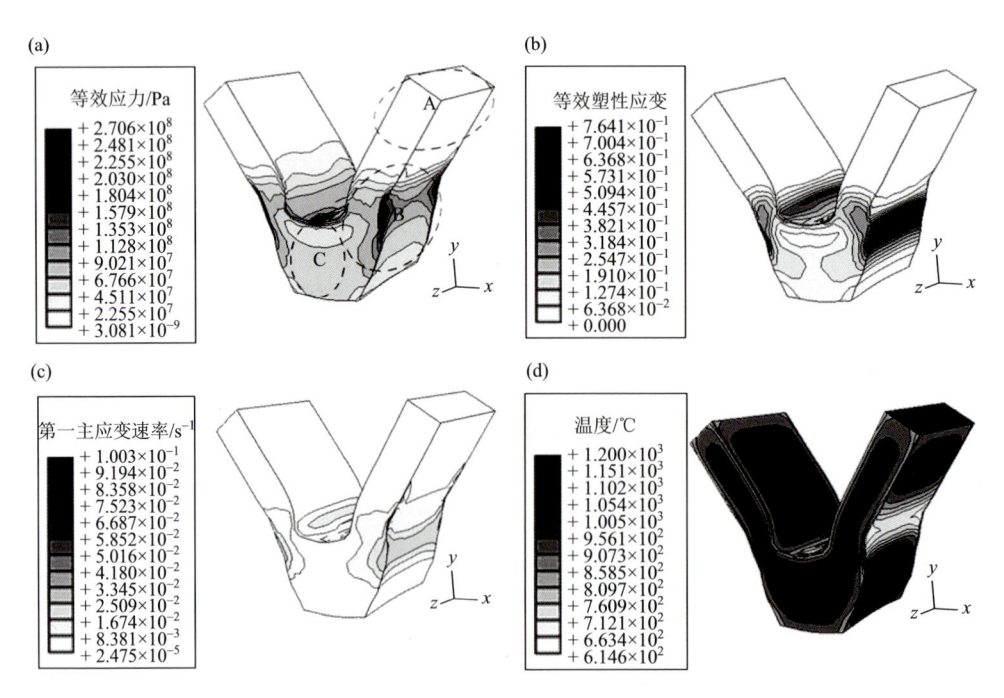

图 5-10 弯曲结束时曲拐的应力场 (a)、应变场 (b)、应变速率场 (c) 和温度场 (d) 的分布

2）曲拐与模具的接触状况分析

图 5-11 是上模行程为 0.415 m 时下模的温度场。由图可知，曲臂外侧贴模情况表现为两侧贴模紧密，中间贴模不牢，因此曲臂的外侧形成向内凹的曲面，造成贴模面积减小，导致了局部的应力集中。

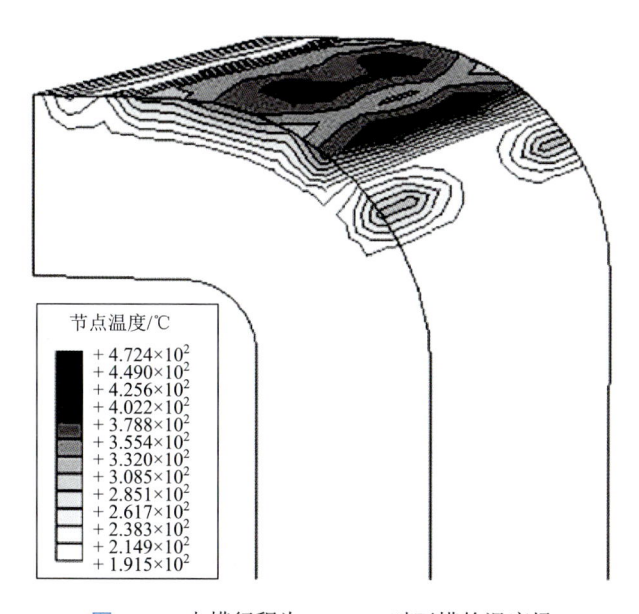

图 5-11 上模行程为 0.415 m 时下模的温度场

3）"细腰"形缺陷的产生机理

图 5-12 给出了曲拐外表面沿曲臂方向的应力张量分布情况。由图可见，在弯曲的过程中，由于曲臂与下模之间存在较大的摩擦力，外表面沿曲臂方向伸长，其变形过程类似单向拉伸。当塑性变形较大时，在中间部位发生颈缩，曲臂外表面受两向或三向拉应力作用，这样就形成了"细腰"形缺陷。"细腰"部位是整个曲拐上塑性变形最大的位置。这种"细腰"形缺陷在外表面最为严重，向内逐渐减轻。

4）"喇叭口"形缺陷的产生机理

在弯锻过程中，B 区 [图 5-10（a）] 沿 z 轴方向的两侧部位由于受中间材质与下模的挤压作用，沿 z 轴向两侧自由流动，带动曲柄销上部的材料也向这个方向流动，从而造成 B 区内表面材质向两侧凸起，这部分堆积的材质阻碍了 B 区材质的正常流动，内表面的压应力使得凸起部分的流动逐渐偏向两侧贴模方向，而不是完全沿着 z 轴方向，这样就造成曲臂根部的横截面尺寸减小，最终精整后形成"喇叭口"形状的缺陷。

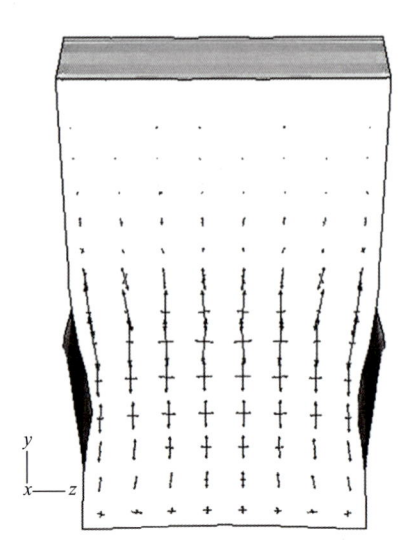

图 5-12　弯曲结束时曲臂外表面的应力张量分布

5）表面裂纹的产生机理

在材料的塑性变形过程中，影响塑性的主要因素有金属的化学成分、组织状态、变形温度、变形速度和应力状态等。锻件中夹杂物的变形速度与基体的变形速度不一致，夹杂物周围应力集中现象严重，从而产生孔洞，这些孔洞在应力的诱导下扩展，逐渐汇合到一起而产生微裂纹。通常认为，主应力中压应力越多，数值越大，即静水压力越大，则金属的塑性越高，越有利于微裂纹的愈合。应从曲拐弯曲过程中典型位置的静水压力和表面拉/压应力演化情况分析变形区域的受力情况和变形规律，预测裂纹缺陷产生的倾向及位置。

取曲拐上发生较大塑性变形的内表面单元 1292 和 1247、外表面单元 3257 和 3389 以及侧面表面单元 2231 和 2319 为研究对象，图 5-13 定性地给出曲拐上典型

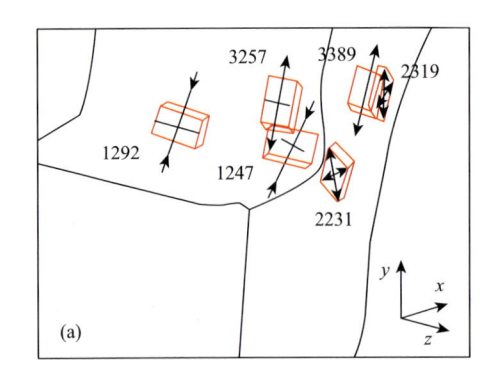

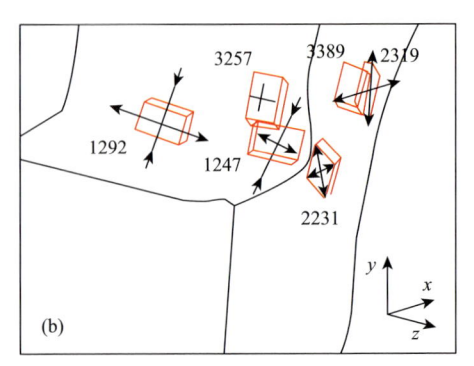

图 5-13　曲拐上典型位置单元的主应力（a）和主应变张量（b）情况

位置单元的主应力和主应变的大小及方向。由图可见，曲拐内表面主要受压应力影响，变形时约束少，可以沿 z 轴方向和垂直于坯料表面的方向变形；而外侧贴模部分主要受拉应力，并且由于温度下降，变形抗力增大，塑性变差。

（1）弯曲部位的内表面单元（中心位置单元 1292 和边缘位置单元 1247）。

由图 5-14（a）可见，该位置受两向压应力作用，表面积减小，表面已氧化的金属汇合在一起易形成折叠，使金属的承载面积减小，造成局部应力集中，而该位置的单元在垂直表面方向发生拉伸变形，金属向弯曲方向外侧流动［图 5-13（b）的单元 1292 和 1247］，因此有可能将折叠从表层带入坯料内部，折叠尾端有可能会扩展成裂纹，为零件的使用埋下隐患。但同时可以看到，该位置受三向压应力作用，静水压力一直在增大，致使该区域金属塑性增强，即使存在微观裂纹，在三向压应力的作用下也能够锻合。

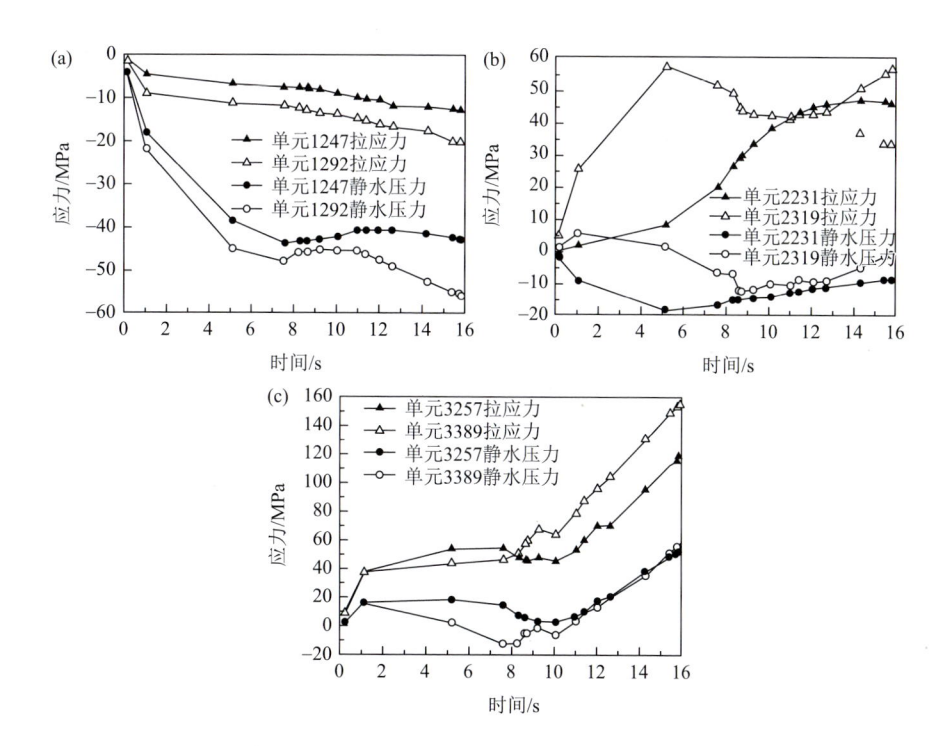

图 5-14 曲拐上典型位置的应力（静水压力和拉应力变化）分布
（a）单元 1247 和 1292；（b）单元 2231 和 2319；（c）单元 3257 和 3389

（2）弯曲部位的侧面单元（靠近内表面单元 2231 和靠近外表面单元 2319）。

由图 5-14（b）可见，该位置的静水压力较小，并在弯曲后期有转为正值的趋势。靠近内表面单元 2231 受拉应力作用，其值不断增大。该位置在变形过程中不断向外侧凸起,形成"鼓肚",因此一旦有表面裂纹产生,将在拉应力的作用下迅速向内部扩展,扩展的方向垂直于外侧表面;靠近外表面单元2319在变形初期受到较大的拉应力作用,之后由于外表面单元贴模而使其拉应力减小,脱模后又继续增大。

(3)弯曲部位的外表面单元(中心位置单元3257和边缘位置单元3389)。

由图5-14(c)可见,该位置由于与下模接触,温度降低、塑性下降,单元受两向或三向拉应力作用,静水压力出现正值,尤其是两侧部分,由于贴模紧密且温度下降较大,材料塑性大大下降,变形抗力增加,在弯曲结束时拉应力达到150 MPa。当弯曲进行到8~10 s时,单元3257和3389的静水压力均出现极大值,说明此时该位置与下模接触最紧密。值得注意的是,单元3389的静水压力出现极小值的时间较单元3257要早,这说明边缘位置单元较中心位置单元贴模早,到后期两位置的贴模程度才逐渐趋于一致。

由以上分析可知,曲臂外表面由于温度降低,并受较大的拉应力作用,因此塑性较差,产生裂纹的危险最大;曲臂侧面由于形成鼓肚,表面受拉应力,一旦形成裂纹,就很容易扩展;曲臂内表面受三向压应力作用,塑性较好,但易形成折叠缺陷。

6)精整后曲拐的形貌

在弯曲结束后,将舌板插入两个曲臂的开口中,放在砧板上进行自由精整,精整后曲拐的形状及累积等效应变分布如图5-15(a)所示。从整体上看,应变较

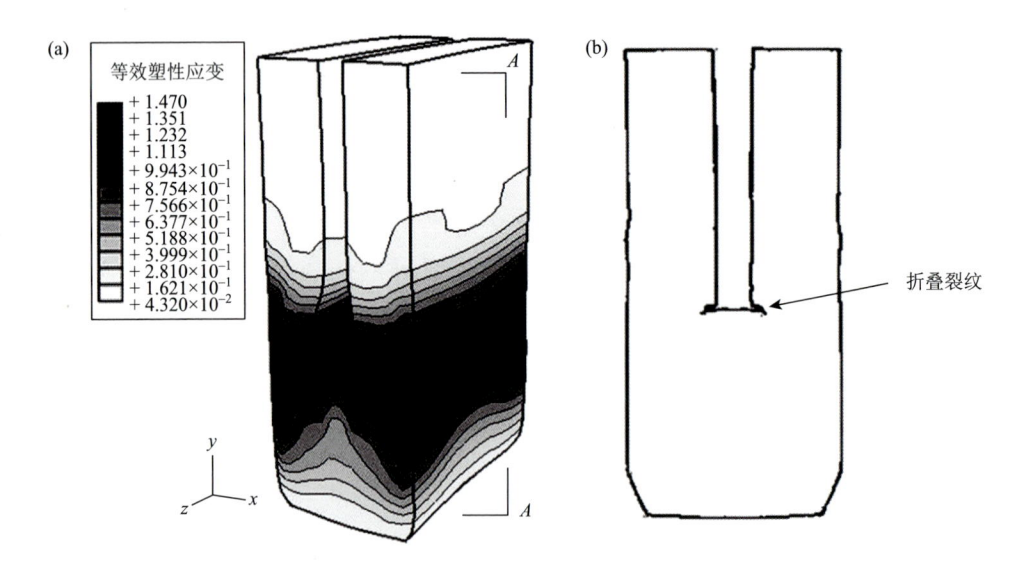

图 5-15 精整结束时曲拐的累积等效应变分布(a)和曲臂根部(A—A 截面)形成的折叠裂纹(b)

大的部位集中在弯曲部位内侧和外侧的"细腰"位置。经过反复锻压,"细腰"形缺陷得到减轻,但精整无法消除弯锻时形成的"喇叭口",精整后"喇叭口"的特征是外面大、里面小,并且在中心面 A—A 附近存在折叠裂纹,如图 5-15(b)所示,导致曲拐内侧开裆部位尺寸不足。

3. 传统工艺的计算机模拟与试验比较

图 5-16 是采用传统工艺锻造得到的曲拐毛坯的有限元模拟和实物比较。由图中的模拟结果与实物照片的对比可见,计算机模拟结果很好地反映了曲拐毛坯的成形情况和缺陷分布。从图 5-16(a)和(b)可以看出,曲拐的变形区域集中在曲臂与曲柄销的连接处。弯曲后的曲拐在该位置的材质减薄,曲臂根部尺寸 d 小于原始曲臂尺寸,而与下模接触的曲臂外表面产生"细腰"形缺陷,曲臂外表面形成向内凹的曲面。弯曲后毛坯内开裆尺寸 W_1 较大,这将给精整过程带来麻烦,因为内开裆越大,精整时曲柄销位置的材质越容易向两侧鼓胀,从而形成喇叭口缺陷,如图 5-16(c)和(d)的 M 区域所示。更严重的是,在喇叭口内部还会存在由于弯曲内表面折叠而产生的折叠裂纹。将锻件与零件进行比较发现(图 5-17),成形后的曲拐毛坯在喇叭口位置加工余量不足。

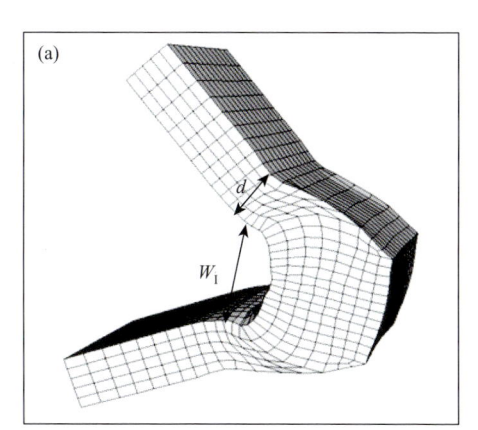

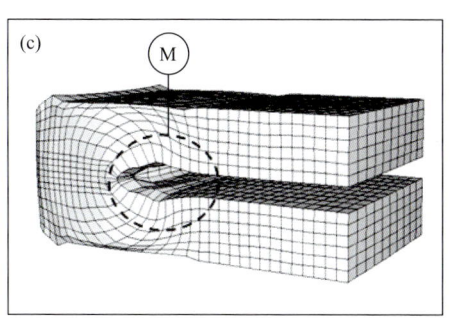

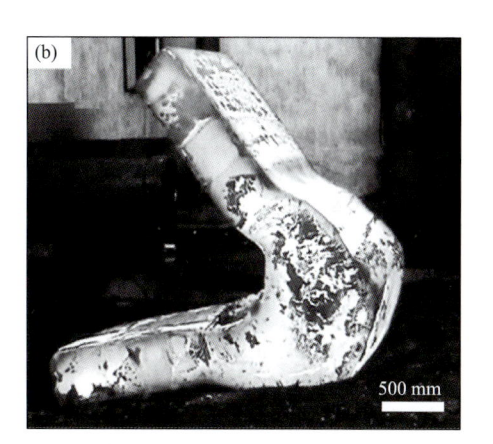

图 5-16 传统工艺弯曲结束(a,b)和精整结束(c,d)时毛坯的形状(模拟与实物比较)

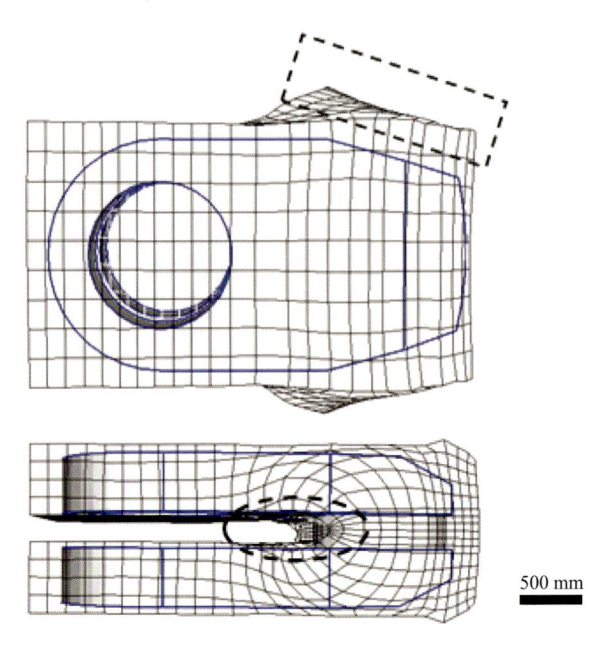

图 5-17 传统工艺精整结束后曲拐毛坯的加工余量（虚线区域表示精整后鼓胀出的多余金属）

由以上比较结果（表 5-2）可知，计算机模拟准确地预测了锻造缺陷产生的位置，因此可依靠该模型进行工艺优化设计。通过计算机模拟可以改变预制坯的尺寸因子，优化锻造模具形状，从而避免锻造成形缺陷。

表 5-2 试验和模拟得到的曲拐最终形状尺寸比较

结果	曲拐尺寸			曲臂厚度	喇叭口宽度
	长度	宽度	高度		
试验值/m	2.300	1.240	0.830	0.350	0.230
模拟值/m	2.315	1.256	0.837	0.345	0.237
相对误差/%	0.65	1.29	0.84	1.43	3.04

4. 反变形法优化曲拐预制坯

1）反变形方法的提出

由以上对传统工艺曲拐毛坯的成形结果分析可知，弯锻前毛坯的形状因子是决定产品最终成形质量的关键因素，预制坯各个部位的体积分配直接影响弯锻过程材质的流动方向。虽然一些学者[14]提出了逆向模拟的方法来获得预制坯的形状，但目前仅限于二维简单形状锻件的成形过程，无法应用于曲轴曲拐这类复杂的成形过程。针对曲拐锻件的成形特点，本书提出了反变形法来确定合理的预制坯形状。反变形法是指在体积成形模拟过程中，首先按照锻压经验所制定的初步锻压工艺进行计算机模拟，将得到的变形毛坯与加工零件进行比较，确定不同位置的加工余量；然后按零件图将毛坯上多余的加工余量去除，再将变形毛坯恢复到未变形状态，此时得到的毛坯应该是具有最佳形状的预成形坯料；在此基础上，对采用新预制坯的成形效果进行模拟验证，最后根据现场的操作方便程度制定新的锻压工艺，使之最大限度地满足能够制备这种最佳形状的预成形坯料。本书提出的反变形方法本质上仍是正向模拟，其优势在于不但能够定量确定毛坯不同位置的加工余量，而且能够据此直接得到优化后的预制坯形状和尺寸。应用该方法制备的最终成形后的毛坯不但加工余量小，而且金属流动顺畅，很少有成形缺陷产生。基于上述反变形方法和计算模拟结果，针对传统工艺出现的喇叭口、裂纹、"细腰"等缺陷分别提出了相应的解决方法。

2）喇叭口缺陷的解决方法

在曲拐的成形过程中，内开裆的喇叭口是困扰锻压工作者的最主要问题之一，喇叭口会使曲拐根部的加工余量减小，加之内开裆根部形成的折叠裂纹，往往会导致锻坯报废。有些研究者[11]曾经在弯曲毛坯上表面预先压一道压痕，试图减轻喇叭口缺陷，但事实表明，这种办法的效果并不显著，成形后的曲拐仍存在喇叭口缺陷。

在对传统的曲拐锻造工艺模拟过程中发现，如果在精整时不对曲拐毛坯侧面进行压平，那么曲拐两侧将会有大量的多余材质鼓胀出来。如图 5-17 的虚线矩形框区域所示，这部分材质是完全多余的，不但增加了毛坯的加工余量，而且使曲拐内开裆材质流动不畅，形成喇叭口和折叠裂纹缺陷，因此应在预成形阶段予以去除。在有限元模拟中，将已成形的毛坯上这部分多余的材质去除后，再将毛坯恢复到未变形状态，发现毛坯中部形状如图 5-18（b）的 B 区所示。因此，结合现场操作的方便性，决定在预成形过程中事先用 V 形砧在毛坯的两侧压出对称的 V 形槽，这样就消除了弯曲变形的多余材质，使金属流动更加顺畅。

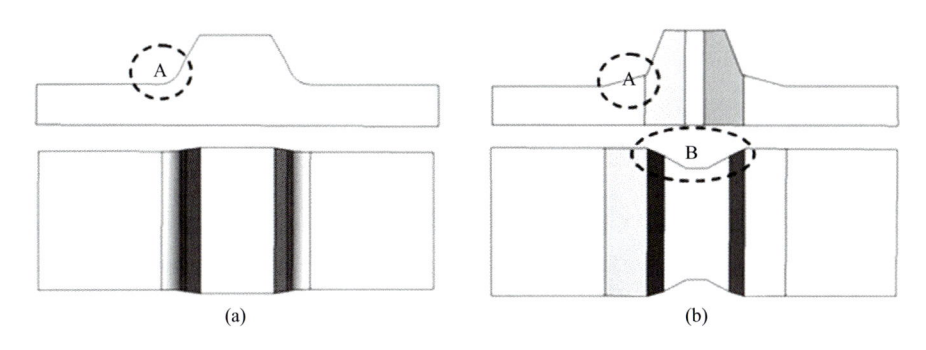

图 5-18　通过优化关键位置的形状因子改进预制坯形状

（a）传统的预制坯形状；（b）改进工艺的预制坯形状

3）曲臂侧面减薄和"细腰"形缺陷的解决方法

传统工艺成形后在曲臂根部易出现减薄和"细腰"现象，由图 5-18（a）可见，传统工艺的预制坯在曲臂与上凸台的连接处急剧过渡（即截面积梯度大），这将造成弯曲时产生局部的应变集中，使得图 5-18（a）中的 A 区域材质严重减薄，曲臂外表面发生缩腰，加上内开裆形成的喇叭口，将造成精整后的毛坯局部尺寸不足。因此，改进的工艺采用更加平缓的过渡方式，如图 5-18（b）的 A 区所示，这样，毛坯变形区域分布更加均匀，减少了应变集中的发生。另外，适当减小毛坯凸台位置截面积，可使变形抗力变小，毛坯外表面与模具之间的摩擦力也随之减小，曲臂外表面的缩腰和减薄现象将会得到明显缓解。

4）毛坯形状因子的优化

图 5-19 是改进工艺前后两种毛坯形状因子的比较，该图反映了沿预制坯长度方向截面积的变化。由图可见，改进工艺后的毛坯在弯曲部位过渡更为平缓，由于在中心面处设置了 V 形凹槽，改进工艺的截面积远小于原始工艺的截面积，这样不但能使该部位金属流动更加顺畅，变形区域向坯料中心转移，防止产生侧向鼓肚，而且大大减少了预成形坯料的体积。根据计算，改进工艺后的预制坯较传统工艺节省材料约 15%。

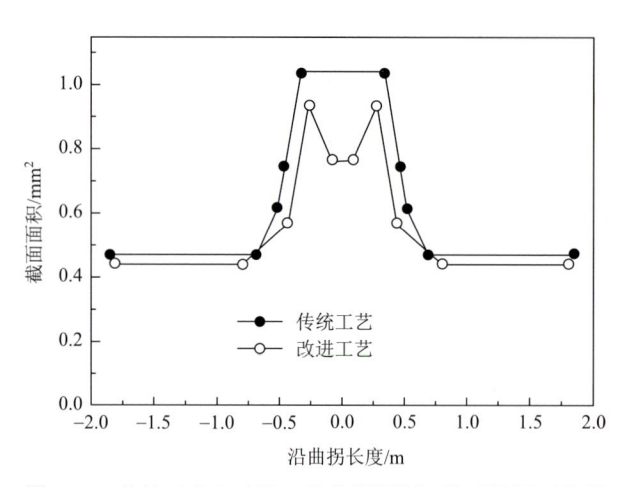

图 5-19 传统工艺和改进工艺曲拐预制坯的形状因子比较

5）优化预制坯前后的成形效果比较

比较图 5-20（a）和（c）两种工艺发生最大塑性应变的位置，可见改进工艺后弯曲的最大局部应变量小于传统工艺，并且发生最大变形的位置向下转移，这样就保证了内开裆尺寸较小，因此精整时不易出现喇叭口。由图 5-20（b）和（d）比较可见，改进的工艺内开裆部位成形质量良好，喇叭口消失，加工余量充足。通过计算发现，坯料对上模的反作用力呈抛物线趋势。由于坯料截面积减小，改进工艺后坯料的变形抗力远小于传统工艺的变形抗力,最大变形抗力仅为传统工艺的 72%,因此大大降低了弯曲成形过程对锻压设备和模具工装的要求。此外,毛坯件与零件外形吻合良好,加工余量比较均匀。

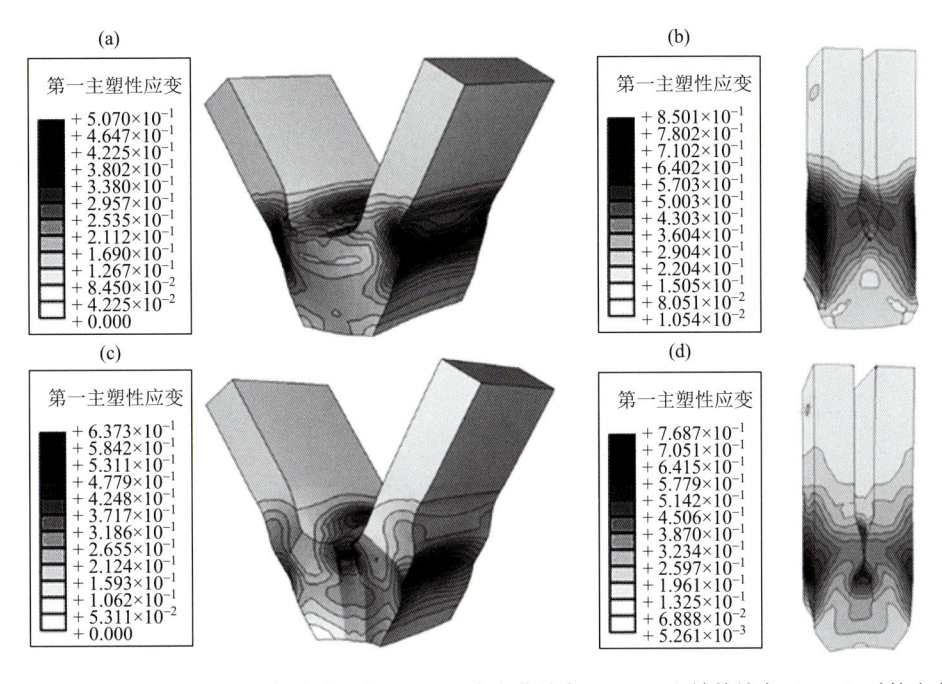

图 5-20 传统工艺(a,b)与改进工艺(c,d)在弯曲结束(a,c)和精整结束(b,d)时的应变

5. 模具形状对弯锻成形效果的影响及改进

图 5-21 标示了对曲拐成形质量起到关键作用的模具尺寸参数,上模前端宽度

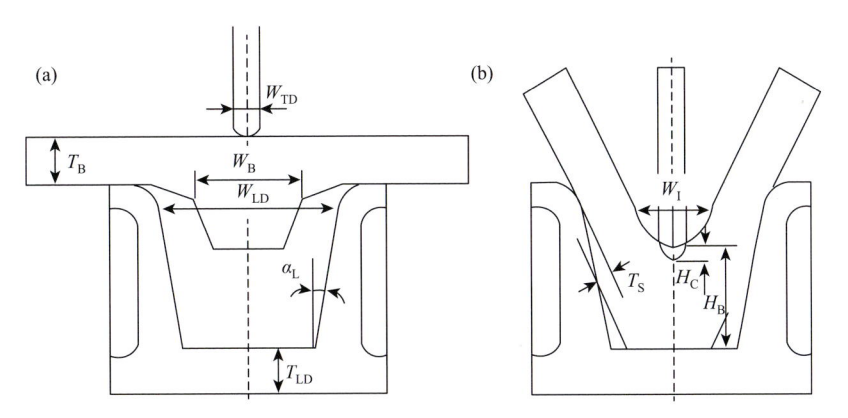

图 5-21 对曲拐成形质量起到关键作用的模具参数示意图
(a)弯曲前;(b)弯曲后

W_{TD} 和下模开口宽度 W_{LD} 是影响锻件是否形成喇叭口缺陷的关键参数，下模的开口宽度 W_{LD} 和内模腔倾斜角度 $α_L$ 是影响弯锻变形抗力的关键参数，上模和下模内模腔形状是实现近终形锻造的关键参数。

1）上模前端宽度和下模开口宽度对喇叭口缺陷的影响

弯曲后在曲臂根部的内开档宽度 W_I 是影响锻件最终是否形成喇叭口缺陷的关键参数，W_I 越大，最终锻件越容易形成喇叭口缺陷。上模前端宽度 W_{TD} 和下模开口宽度 W_{LD} 对弯曲后曲臂内开档宽度 W_I、上模切入毛坯的深度 H_C 有重要影响，W_{TD} 或 W_{LD} 过大会造成曲拐 W_I 增大，W_{TD} 或 W_{LD} 过小则会造成上模切入毛坯过多，即上模前端切入锻件深度 H_C 与曲柄销凸台高度 H_B 的比值 H_C/H_B 过大，为此必须选择合适的 W_{TD} 和 W_{LD} 才能保证成形质量。从模具的设计角度来讲，W_{TD} 的选择往往取决于曲臂的厚度 T_B，W_{LD} 的选择往往取决于毛坯凸台宽度 W_B。因此，分别定义 W_{TD} 和 T_B 的比值 W_{TD}/T_B 为上模宽度系数，W_{LD} 和 W_B 的比值 W_{LD}/W_B 为下模开口宽度系数。本节将分别考察当下模形状固定时，上模宽度系数 W_{TD}/T_B 的变化对弯曲后曲臂内开档宽度 W_I、上模前端切入锻件的切入率 H_C/H_B 的影响，以及当上模形状固定时，下模宽度系数 W_{LD}/W_B 的变化对弯曲后曲臂内开档宽度 W_I、上模前端切入锻件的切入率 H_C/H_B 的影响。

图 5-22 所示为 $W_{LD}/T_B = 1.7$ 时，W_{TD}/T_B 的取值对弯曲后曲臂内开档宽度 W_I 和上模前端切入率 H_C/H_B 的影响。由图可见，若 W_{TD} 过大，则上模与坯料之间接触部分的变形死区变大，造成弯曲后坯料内开档宽度 W_I 增大；如果 W_{TD} 过小，则会造成上模前端过度切入毛坯，切断金属纤维，影响锻件质量。综合考虑两方面的因素，选择 $W_{TD}/T_B = 0.4$ 比较合适，这样既能使弯曲后上模前端切入金属的量比较小，又能保证精整后在曲臂根部内开档处不形成喇叭口缺陷。

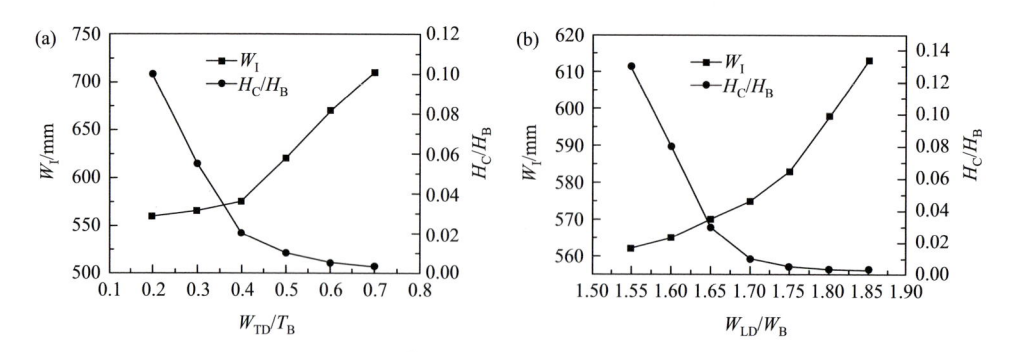

图 5-22 上模宽度系数 W_{TD}/T_B（a）及下模开口宽度系数 W_{LD}/W_B（b）对曲拐弯曲后内开档宽度 W_I 和上模前端切入率 H_C/H_B 的影响

下模的开口宽度 W_{LD} 对弯曲后曲臂内开档宽度 W_I 同样存在重要的影响。如

图 5-22（b）所示为 $W_{TD}/T_B = 0.4$ 时，W_{LD}/W_B 的取值对弯曲后曲臂内开档宽度 W_I 和上模前端切入率 H_C/H_B 的影响。由图可见，随着 W_{LD}/W_B 的增大，曲臂内开档宽度 W_I 也增大，尤其在 $W_{LD}/T_B > 1.7$ 时，W_I 增大速度加快，此时对锻件的成形质量不利。然而，也并非下模开口宽度越小越好，随着 W_{LD}/W_B 的减小，弯曲过程的变形抗力逐渐增大，上模前端切入毛坯的比率也增加，切入量在 $W_{LD}/T_B < 1.7$ 时增速加大，在 $W_{LD}/T_B = 1.55$ 时，切入量达到了 13%，将严重影响锻件质量。综合两方面因素考虑，选择 $W_{LD}/T_B = 1.7$ 比较合适。

2）上模和下模的模腔形状对成形质量的影响

曲臂弯曲结束时在曲臂外表面将形成一块凸起，厚度为 T_S，如图 5-21（b）所示，这是由于曲臂根部的变形向贴模一侧扭曲，该凸起也将造成曲臂内开档容易形成喇叭口缺陷，给后续的精整带来麻烦。模拟发现，可以采用改变下模内模腔倾斜角度的方法来减轻或消除凸起。图 5-23 所示为下模的模腔倾斜角度 α_L 对弯曲后曲拐侧面凸起厚度 T_S 和弯曲变形抗力 R_F 的影响。由图可见，随着 α_L 的增大，凸起厚度逐渐减小，同时变形抗力增加。在 α_L 为 12°时，凸起厚度为 10 mm，对形成喇叭口已基本不产生影响，并且该凸起厚度趋于稳定，此时变形抗力约为 18 MN。因此，选择下模的内模腔倾斜角度为 $\alpha_L = 12°$比较合适。

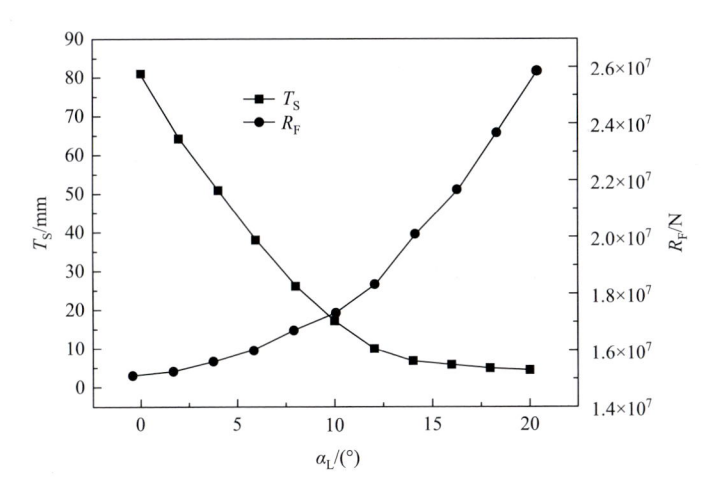

图 5-23 下模的模腔倾斜角度 α_L 对弯曲后曲拐侧面凸起厚度 T_S 和弯曲变形抗力 R_F 的影响

此外，传统工艺中将上模前端的形状设置为平面，这样虽然能够将曲臂弯曲成蝴蝶状，但最终锻件的中心面形状为矩形，而零件加工形状要求在曲柄销位置为圆柱形，这样锻件在曲柄销部位的加工余量很大，加工效率低。因此本研究中将上模前端的形状优化为圆弧形，并在下模底部设置半圆形凹槽，上下凹模可形成锻件在曲柄销中部的圆柱形结构，从而实现近终形锻造。

3）弯锻模具使用的安全性分析

从模具的设计角度来讲，弯曲下模基座厚度 T_{LD} 的选择往往取决于曲臂厚度 T_B，因此定义下模的基座厚度 T_{LD} 和曲臂厚度 T_B 的比值 T_{LD}/T_B 为下模基座厚度系数。在有限元模型中将坯料和模具均设置成变形体，模具材质为 ZG35CrMo，屈服强度 $\sigma_S = 400$ MPa，抗拉强度 $\sigma_T = 600$ MPa，取上模宽度系数 $W_{TD}/T_B = 0.4$，下模开口宽度系数 $W_{LD}/W_B = 1.7$，下模内模腔倾斜角度 $\alpha_L = 12°$，下模基座厚度系数 $T_{LD}/T_B = 0.7$。在此基础上对曲拐的弯锻过程进行了模拟，如图 5-24（a）所示。模拟结果显示，弯曲下模的基座是整套模具的最薄弱部位，随着弯曲过程的进行，下模基座发生塑性变形，底部逐渐向上拱起，弯曲结束时底部中心位置与台板之间的最大缝隙达到 55 mm。

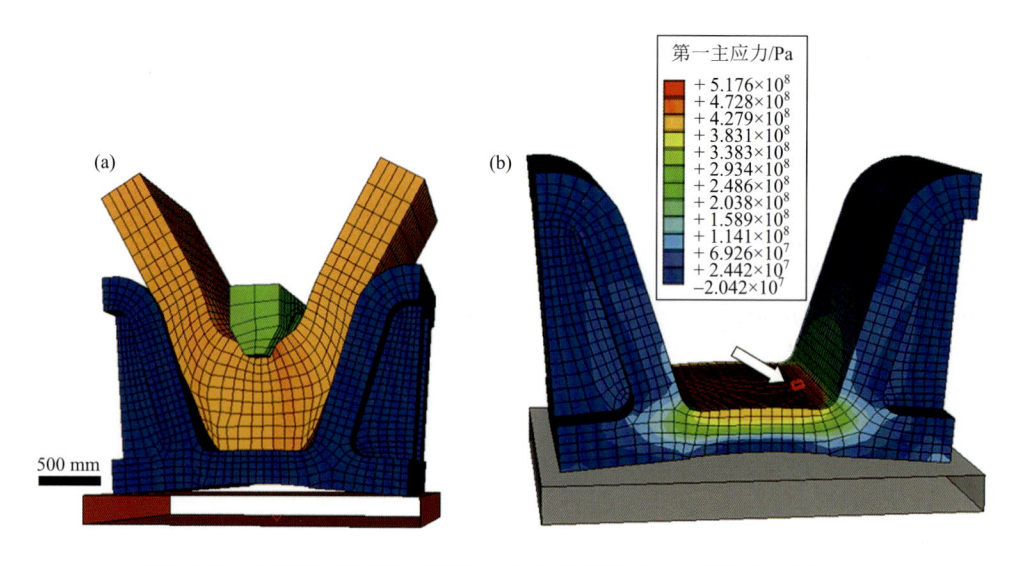

图 5-24 弯锻模具强度校核模拟（a）和弯锻结束时下模的应力场（b）

图 5-24（b）为弯曲结束时模具的应力场。由图可见，承受最大拉应力的位置在下模底部拐角圆弧处（图中箭头所指处），最大拉应力达到约 518 MPa，超过了材料的屈服强度，此时模具的使用不安全。图 5-25（a）为下模基座拐角圆弧处的应力随上模冲压行程的演化。由图可以看出，该位置承受的拉应力变化可分为三个阶段（Ⅰ~Ⅲ），开始锻压时应力增长缓慢，基座发生弹性变形，上模行程达到一定值后拉应力迅速增长，表现为材料迅速发生屈服，下模开始发生塑性变形，最后拉应力值趋于平稳，塑性变形已经形成。图 5-25（b）给出了下模基座厚度系数 T_{LD}/T_B 与下模承受最大拉应力之间的关系。由图可见，当 $T_{LD}/T_B \geqslant 1$ 时，基座承受的最大拉应力小于 250 MPa，此时模具才能安全使用。

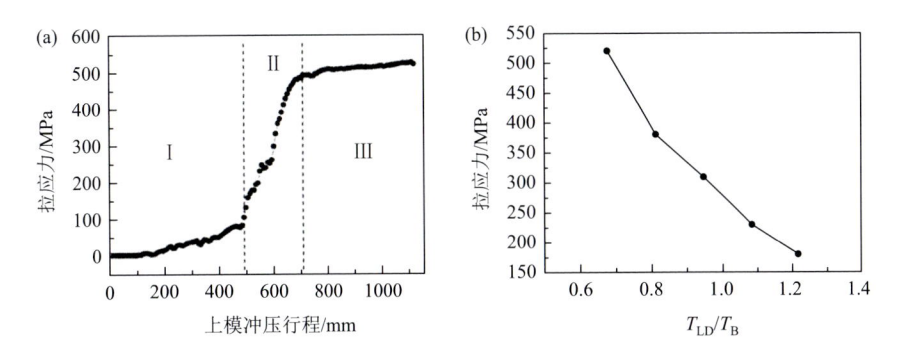

图 5-25　下模基座拐角圆弧处的应力随上模冲压行程的演化（a）以及下模基座厚度系数与模具承受最大拉应力的关系（b）

4）曲拐近终形锻造方案的提出、模拟和工业应用

根据有限元模拟和上述分析结果，提出了曲拐预制坯和模具的具体设计公式，根据零件图纸和公式就可以方便地设计出不同型号曲拐的锻造模具和锻造工艺，从而直接指导生产。

根据提出的近终形设计方案，设计了 S60MC-C 型号曲拐的锻造工艺，新的工艺方案在上模前端、下模的模腔内、插板前端均设有半圆形凹槽，以形成锻件在曲柄销位置的圆柱形结构。近终形工艺方案的有限元模拟结果如图 5-26（a）～(c) 所示，最终成形锻件的加工余量如图 5-27（a）和（b）所示。由图可见，新方案在锻件不同位置加工余量十分均匀，基本实现了近终形锻造。

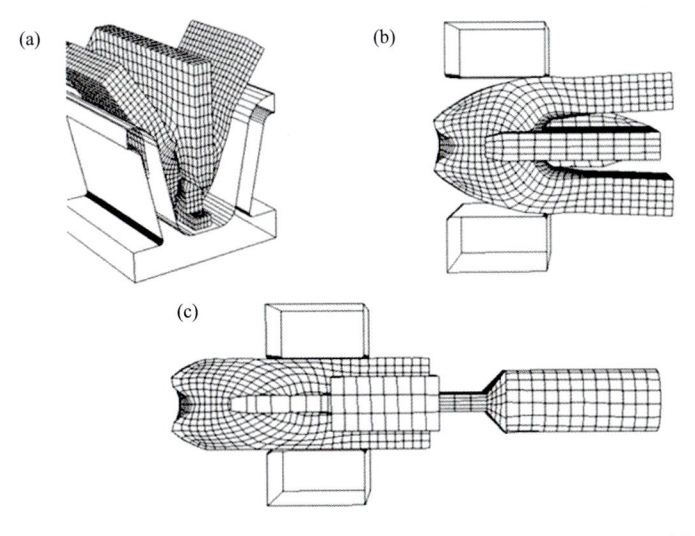

图 5-26　近终形方案的曲拐弯锻（a）、平整（b）和最终成形（c）模拟

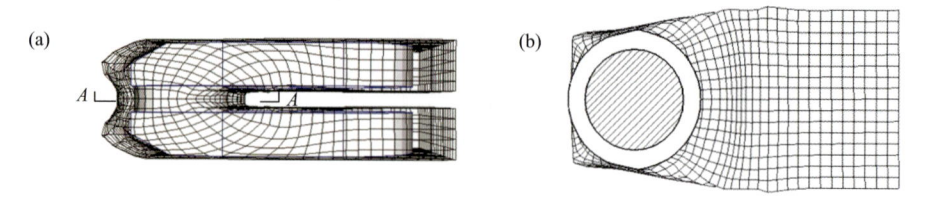

图 5-27　近终形曲拐锻件的加工余量（a）及其沿 A—A 剖面图（b）

曲拐近终形锻造的工业应用如图 5-28（a）和（b）所示，S60MC-C 型号曲拐的弯锻试验在 800MN 水压机上进行，锻件重 15 t，使用 30 t 钢锭锻造而成。弯锻之前将预制坯两侧压出 V 形槽，修整外形后重新入炉加热。在弯曲工序中，坯料加热至 1200℃出炉，将坯料和模具摆好对中后，上模以 50 mm/s 的速度将毛坯压弯。弯曲结束后将坯料放置在下平砧上，插入舌板，采用上平砧逐步将曲臂向舌板压靠，最后反复精整曲拐各侧面，直到锻压到工艺要求的尺寸，整个弯曲、精整过程历时约 60 min。实际弯曲后的毛坯内开档尺寸较小，由于两侧面 V 形槽的作用，金属流动顺畅，精整时内开档两侧无鼓肚产生，完全消除了喇叭口及周围的裂纹，曲臂外表面的"细腰"和减薄现象也大大缓解。现场试验结果与模拟预测结果吻合很好，毛坯锻件形状合理，加工余量均匀。

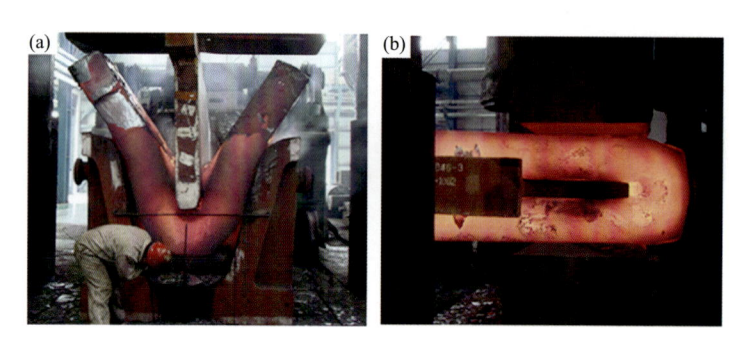

图 5-28　近终形曲拐弯锻（a）和精整过程（b）

5.1.3　大型曲拐锻件的热处理

大型曲拐锻件热处理的主要目的是减轻或消除锻造工序引起的晶粒粗大、混晶和内应力等，同时通过固态相变调整锻件组织状态，最终满足工件所要求的力学性能。单纯采用试验研究的方法很难反映锻件不同位置因变形、温度演化历程不同而造成的组织性能差异。本书对材料内部组织演变的过程进行数值模拟可从更深层次认识材料热加工过程的物理本质。

本节介绍了船用曲轴曲拐热处理过程的组织演化模型，模拟了 K90MC-C 型号曲拐锻件成形过程的晶粒粗化、热处理加热和冷却过程的奥氏体相变等组织演化现象，追踪了锻件上典型位置的温度和晶粒度的演化情况，预测了最终锻件热处理后的组织和力学性能分布。在此基础上，完成了实际锻件的试制，并对锻件进行了解剖验证，获得了锻件上不同位置的组织和力学性能分布数据，将实测与模拟数据进行了系统比较。

1. 曲拐热处理过程组织演化模型和程序的开发

K90MC-C 型号曲拐热处理过程有限元模型如图 5-29 所示，图中长度单位为 mm。曲拐弯锻模型的材料本构关系、边界条件、热物性参数的选取与 5.1.2 一节所述的 S60MC-C 型号曲拐弯锻模型相同。对于热处理过程，根据实测的连续冷却转变（continuous cooling transformation，CCT）曲线确定图 5-30 所示的锻后热处理制度。

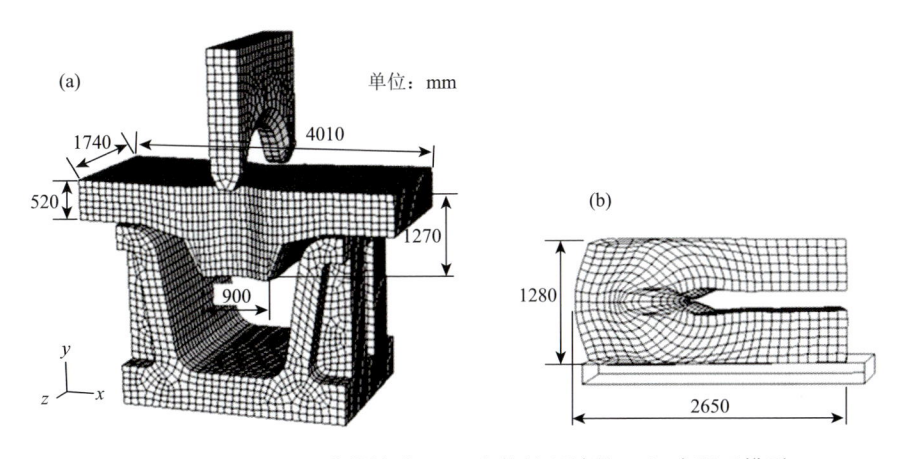

图 5-29　K90MC-C 曲拐锻造（a）和热处理过程（b）有限元模型

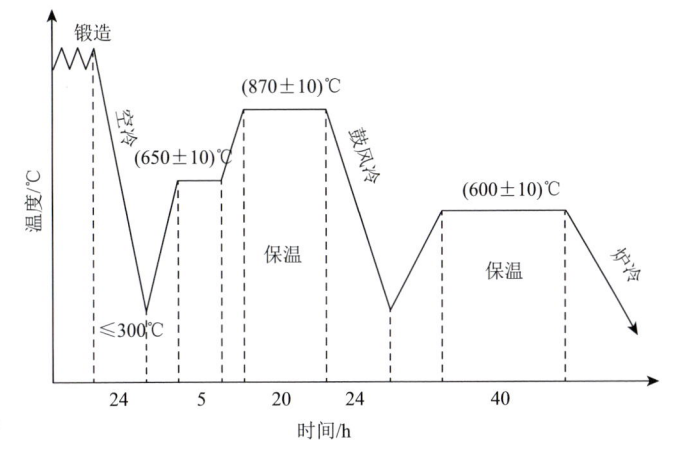

图 5-30　K90MC-C 型号曲拐正回火热处理曲线

2. 曲拐正火热处理过程组织演化模型

曲拐锻件在最后一火锻造结束后，一般空冷到 $T \approx 200 \sim 300^{\circ}\mathrm{C}$，然后将锻件放入加热炉中加热至奥氏体化温度，使锻件充分奥氏体化，即当 $T > A_{c1}$ 时，发生 $F + P \longrightarrow \gamma$ 的转变，描述材料奥氏体化过程的关系式为[15]

$$X_\gamma = 1 - \exp(-7 \times 10^{-5} t^{1.5}) \tag{5-5}$$

式中，X_γ 为奥氏体的转变分数；t 为发生奥氏体转变的时间。

完全奥氏体化后的初始晶粒度与加热速度、原始组织状态有关，目前尚无统一的模型描述，根据 S34MnV 钢小试样（锻后退火态，室温组织为铁素体和珠光体，初始晶粒度约为 50 μm）的奥氏体化试验得出：S34MnV 钢在 870℃奥氏体化刚刚结束时新生成的晶粒尺寸 $d_{\gamma 0} = 10 \sim 15$ μm。

奥氏体化结束后晶粒的粗化过程规律为[16]

$$d_\gamma^{0.411} = d_{\gamma 0}^{0.411} + 1.71 \times 10^{21} \exp\left(-\frac{38400}{RT}\right) \cdot t \tag{5-6}$$

式中，d_γ 为粗化后的奥氏体晶粒度；$d_{\gamma 0}$ 为初始奥氏体晶粒度；t 为奥氏体晶粒的粗化时间。

材料升温过程的奥氏体晶粒粗化模型可采用累积法则确定[17]。锻件加热结束后，出炉鼓风冷却，当 $T < A_{r1}$ 时，发生奥氏体分解转变。本节测试了 S34MnV 钢的 CCT 曲线，如图 5-31 所示。将 CCT 曲线模型化，根据临界冷却速度判断曲拐锻件正火过程将发生 $\gamma \longrightarrow F + P$ 转变，建立各相最大转变分数函数及铁素体、珠光体转变开始和终了温度函数表达式。

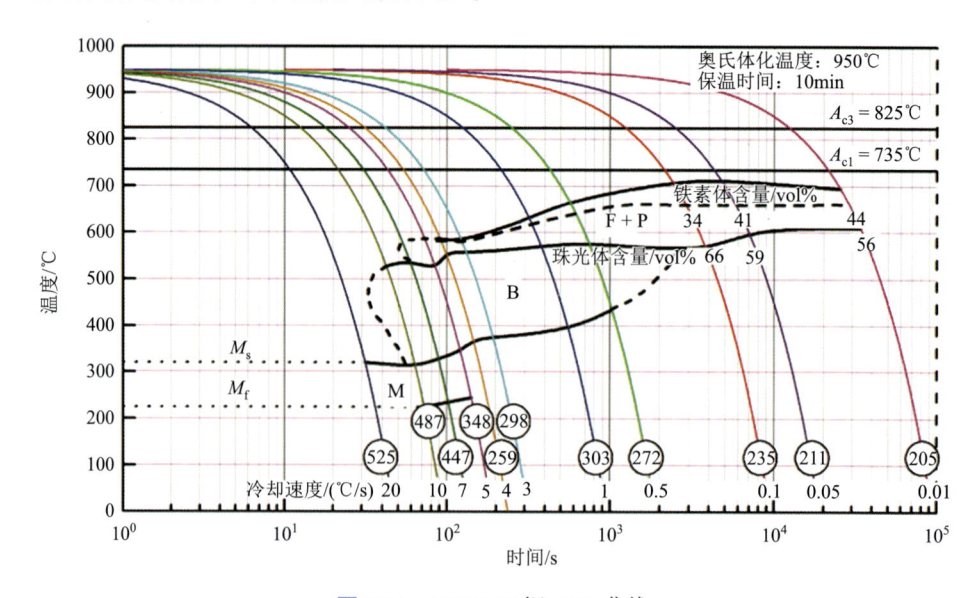

图 5-31 S34MnV 钢 CCT 曲线

描述奥氏体分解后得到的铁素体晶粒度 d_α 和珠光体片层间距 S_0 的关系式可表达为

$$d_\alpha = (22.6 - 57C_{eq}) + 2v^{-0.5} + 30[1 - \exp(0.015d_\gamma)] \text{ (μm)} \quad (5\text{-}7)$$

$$\log S_0 = -2.212 + 0.0514[\text{Mn}] - 0.0396[\text{Cr}] + 0.0967[\text{Ni}] - 0.002[\text{Si}] - 0.4812[\text{Mo}]$$
$$- \lg\left(\frac{T_E - T}{T_E}\right) \text{ (μm)}$$
$$(5\text{-}8)$$

式中，C_{eq} 为碳当量；v 为通过铁素体区的平均冷却速度；d_γ 为相变前奥氏体的晶粒度；T 为通过珠光体区的平均温度；T_E 为奥氏体分解的平衡转变温度。

3. 曲拐锻件最终力学性能预测模型

根据 CCT 曲线及硬度值，建立了预测锻件最终力学性能的模型为

$$\sigma_S = 62.6 + 26.1[\text{Mn}] + 60.2[\text{Si}] + 759[\text{P}] + 212.9[\text{Cu}] + 3286[\text{N}] + 19.7d_\alpha + \sigma_{ppn} \text{ (MPa)}$$
$$(5\text{-}9)$$

$$\sigma_T = 164.9 + 634.7[\text{C}] + 53.6[\text{Mn}] + 99.7[\text{Si}] + 651.9[P] + 472.6[\text{Ni}]$$
$$+ 3339.4[\text{N}] + 11d_\alpha + \sigma_{ppn} \quad (5\text{-}10)$$

$$\sigma_{ppn} = 30\lg v + 700[\text{V}] + 7800[\text{N}] + 19 \quad (5\text{-}11)$$

$$\text{HV} = (\text{TS} - 80)/2.8 \quad (5\text{-}12)$$

式中，σ_S 为屈服强度，MPa；σ_T 为抗拉强度，MPa；σ_{ppn} 为含 V 钢中由于碳氮化合物析出对强度的贡献，MPa；HV 为维氏硬度，MPa。

4. 锻造和热处理过程组织演化模型

基于以上关系式，在 ABAQUS/Standard 的用户子程序 USDFLD 中建立了描述曲拐锻造和热处理过程的组织演化模型。根据热加工流程和组织演化模型，将整个程序划分为 6 个模块，包括初始条件模块、变形过程的动态再结晶模块、变形间隙的静态再结晶和伪动态再结晶模块、再结晶后的晶粒生长模块、加热过程的奥氏体化模块，以及冷却过程的奥氏体分解和力学性能预测模块。

对于组织模拟的初始条件，不同材料在高温下奥氏体晶粒的粗化程度存在较大差异。由 S34MnV 钢高温保温试验结果可知，S34MnV 钢在 1200℃保温 10 h（实际锻件的锻前加热保温时间）的晶粒度为 350～450 μm，因此在模拟中假设变形前奥氏体晶粒度为 400 μm。

5. 热处理过程组织演化分析及最终性能预测

曲拐锻后空冷 24 h 降至约 200℃，然后开始正火热处理，热处理工艺曲线如图 5-30 所示。曲拐锻件正火加热和冷却过程 A～F 区域的温度演化情况如图 5-32（a）所示，在加热过程中，锻件表层升温速度较快，心部升温速度较慢，表层和心部最大温差可达 250℃，因此各部分区域进入奥氏体相变区的时间也相差较大。

图 5-32（b）给出了锻件加热过程中 A~F 区域的奥氏体化进程，材料在到达相变温度后约 30 min 完成奥氏体化过程，锻件上不同区域最早和最晚进入奥氏体相区的时间可相差 7 h，因此在实际操作中必须保证足够的均温时间。奥氏体化结束后，晶粒将发生粗化，根据粗化时间的不同，最终奥氏体晶粒的分布也不均匀，图 5-33 所示为加热结束时锻件上奥氏体晶粒度的分布情况，锻件表层由于加热时间长，奥氏体晶粒比心部粗大，锻件表层和心部的晶粒尺寸相差约 40 μm。

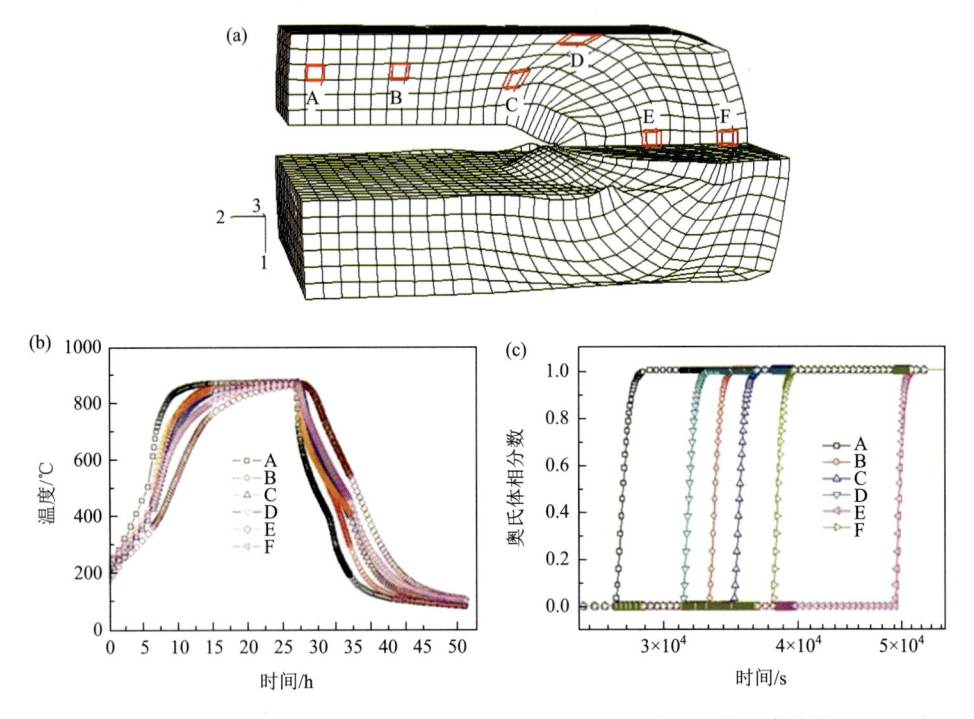

图 5-32 正火过程锻件上 3/4 个曲拐上典型位置取点（a）及对应位置的温度演化（b）及奥氏体化进程（c）

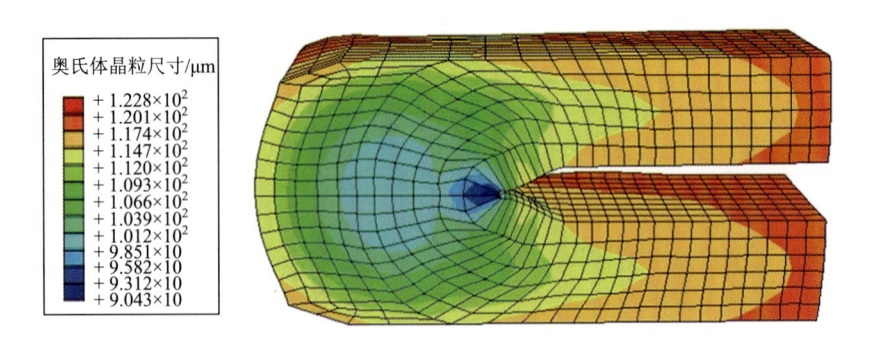

图 5-33 加热结束时的奥氏体晶粒度

锻件加热结束后出炉鼓风冷却，冷却过程 A~F 区域的温度下降情况如图 5-32（a）所示。锻件不同部位的奥氏体分解情况如图 5-34（a）~（f）所示。由模拟结果可见，虽然每个区域奥氏体开始分解的时间不同，但在相变区间冷却速度相差不大，因此在锻件上大部分区域奥氏体分解得到的铁素体和珠光体分数基本一致。

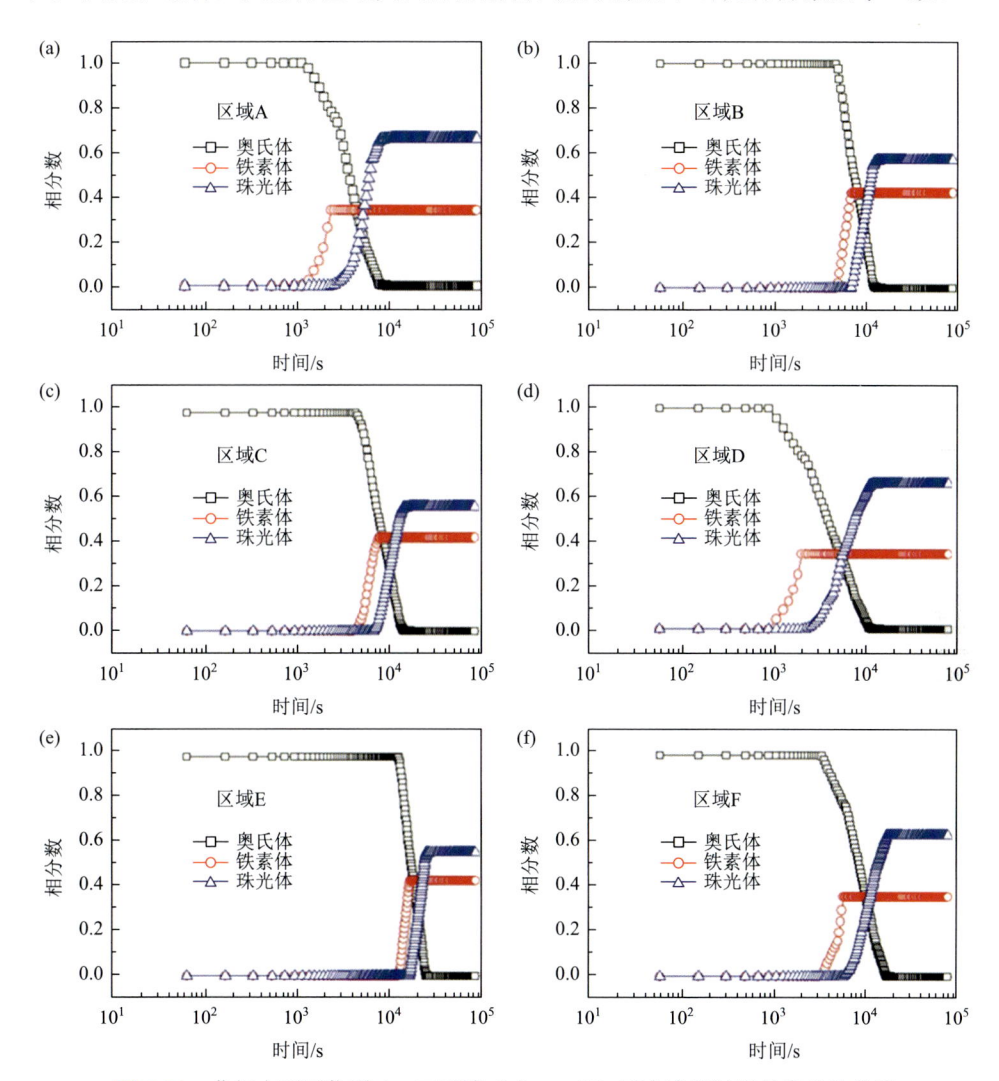

图 5-34　曲拐上不同位置 A~F 区域（a）~（f）正火冷却过程的奥氏体分解

最终锻件上铁素体相（其余相为珠光体）、铁素体晶粒尺寸和珠光体片层间距的分布情况如图 5-35（a）~（c）所示。由图可见，整个锻件热处理后铁素体含量分布在 33%~44%，铁素体晶粒尺寸为 22~28 μm，珠光体片层间距为 0.75~0.85 μm。锻件上的组织分布规律为曲柄销部分铁素体含量高，晶粒较粗大，珠光体含量低，片层间距较大；曲臂部分铁素体含量低，晶粒较细小，珠光体含量高，片层间距较小。从整体来看，锻件的组织分布比较均匀，锻件边角部分由于冷却速度较快，组织与其他部分相差较大，但边角区域均在加工余量范围内，对零件的使用不会产生影响。

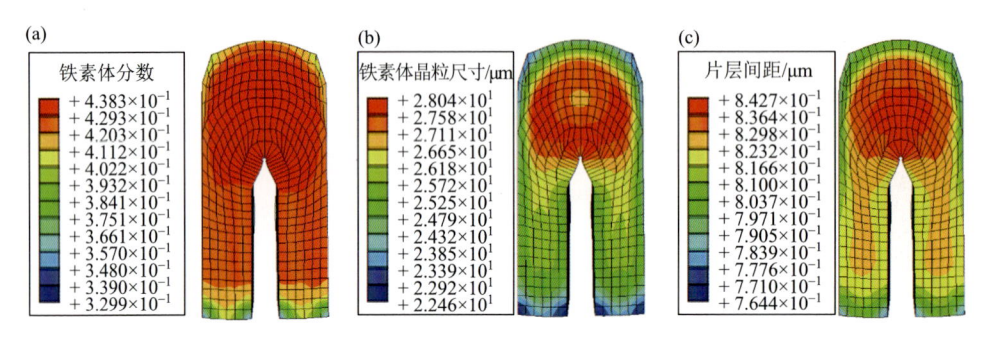

图 5-35 热处理后曲拐锻件中心剖面的组织分布
(a) 铁素体分数；(b) 铁素体晶粒尺寸；(c) 珠光体片层间距

根据锻件上不同区域的组织分布和冷速，获得了最终锻件上的力学性能分布情况如图 5-36 所示。模拟结果显示，最终锻件的屈服强度分布在 390~440 MPa，抗拉强度分布在 660~740 MPa，布氏硬度为 196~205 HB。强度较高的区域分布在曲臂的边角部分和锻件的表层，强度较低的区域分布在曲柄销的中心部位。值得注意的是，强度较低的区域形成环形结构，这是由于考虑了冷却前初始晶粒分布不均匀。

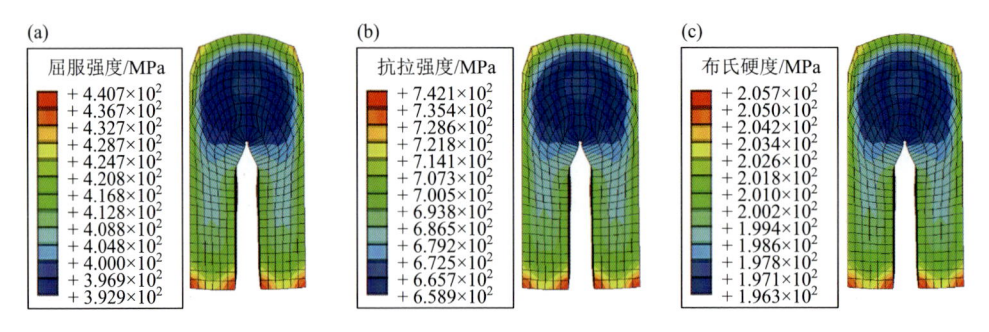

图 5-36 热处理后曲拐锻件中心剖面的力学性能分布预测
(a) 屈服强度；(b) 抗拉强度；(c) 布氏硬度

6. 曲拐锻件解剖试验及最终组织和性能表征

1) 锻件解剖试验条件

实际 K90MC-C 型号曲拐的锻造过程在 800MN 水压机上进行，锻件重 38 t，采用 69 t 钢锭经 5 火锻造而成，成形后的曲拐锻件如图 5-37 (a) 所示。实际锻件正火过程如图 5-37（b）所示，锻件出炉后采用鼓风机进行冷却。热处理结束后，将锻件粗加工并进行了解剖检测，其中拉伸和冲击试样选取在锻件的曲柄销、曲臂内外侧的典型位置，疲劳试样选取在零件实际工作状态承受最大交变应力载荷的曲柄销根部圆角位置，锻件的详细解剖取样位置如图 5-38 所示。

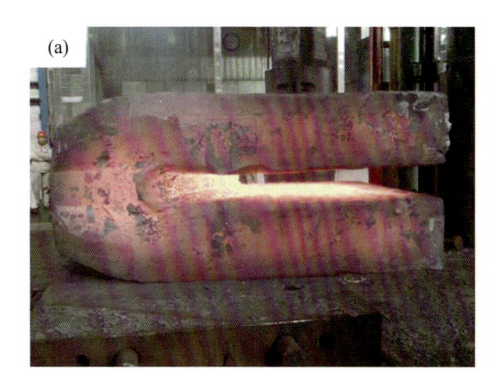

图 5-37　实际 K90MC-C 型号曲拐的锻造（a）和热处理过程（b）

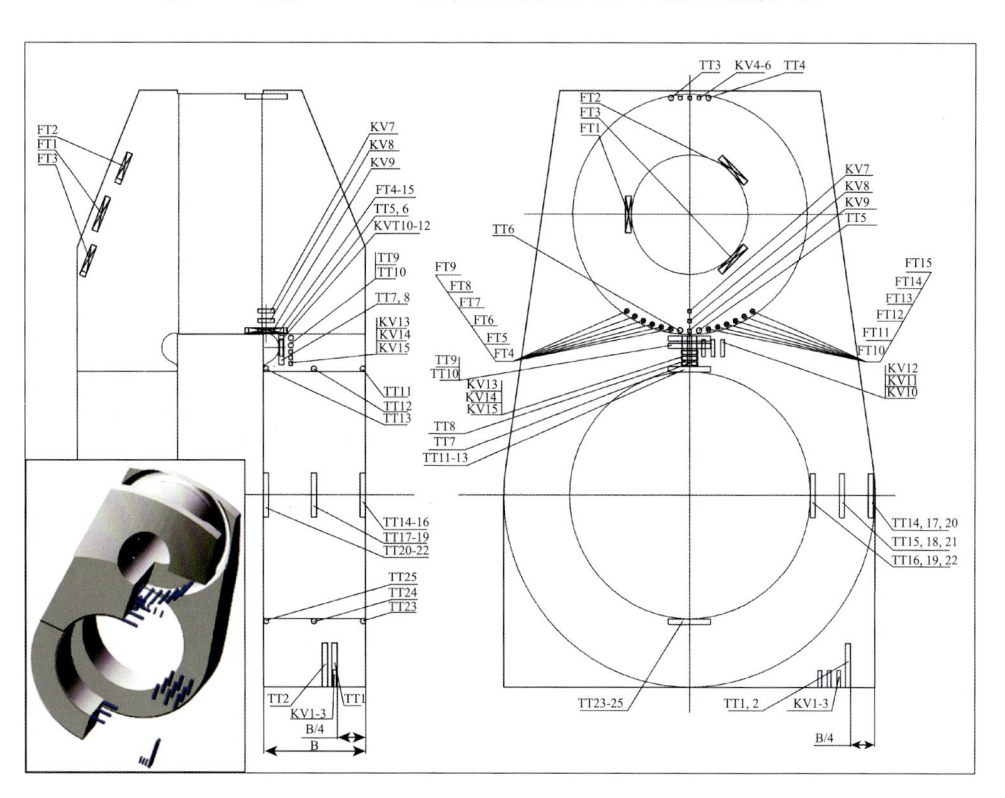

图 5-38　曲拐锻件取样位置图

2）锻件各部分组织、性能表征以及试验和模拟结果的比较

曲拐锻件上不同位置的实测和模拟得到的屈服强度、抗拉强度分布如图 5-39 和图 5-40 所示，实测的屈服强度基本分布在 390~465 MPa，抗拉强度基本分布在 670~735 MPa。从锻件强度的分布情况来看，基本遵循靠近锻件表层强度较高、心部强度较低，曲臂区域强度较高、曲柄销区域强度较低的规律。通过模拟与实测值的比较发现，模拟预测的强度值与实测结果吻合很好，平均误差在 5%以下，仅 TT24 试样的模拟和实测误差较大，实测的强度偏低。由于 TT24 试样的位置处于 TT23 和 TT25 之间，锻造成形和热处理工艺条件也应在 TT23 和 TT25 之间，但 TT24 试样的实测强度明显低于 TT23 和 TT25 试样，因此可认为此数据不能反映该区域的正常性能，为异常数据。

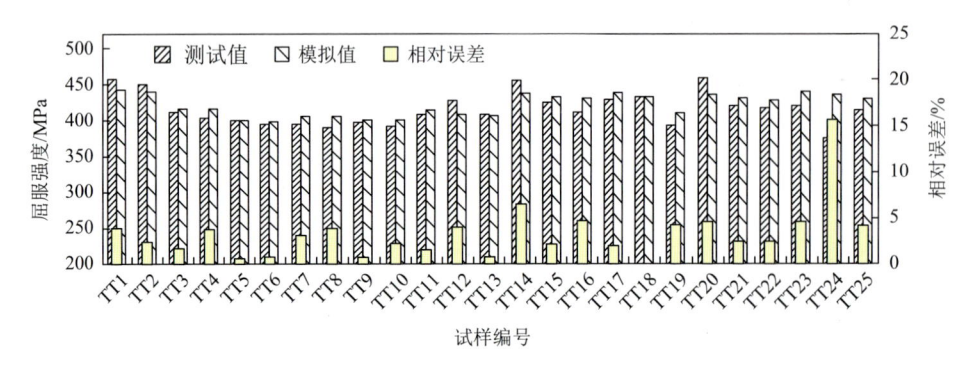

图 5-39　曲拐锻件不同位置的屈服强度（模拟和实测比较）

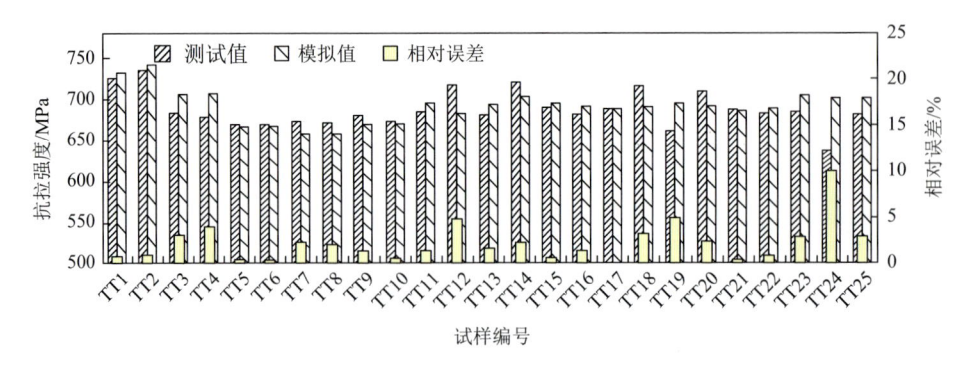

图 5-40　曲拐锻件不同位置的抗拉强度（模拟和实测比较）

锻件不同位置的冲击性能如图 5-41 所示，冲击吸收功基本分布在 15~30 J，其中 KV10 试样冲击性能较低，仅为 11 J。KV10 试样位于曲柄销根部，

该位置在热处理过程中冷却速度较慢，容易形成粗大的晶粒，会降低材料的冲击韧性。

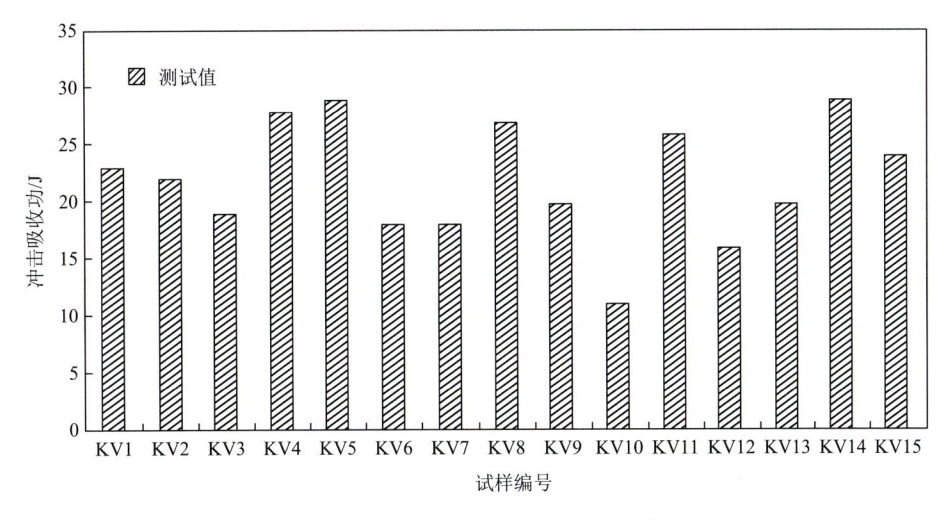

图 5-41 曲拐锻件不同位置的冲击吸收功

正常区域（试样 KV4）的金相组织如图 5-42 所示，最终组织为块状铁素体和珠光体，珠光体片层间距为 0.6～1.0 μm，与模拟结果吻合良好。

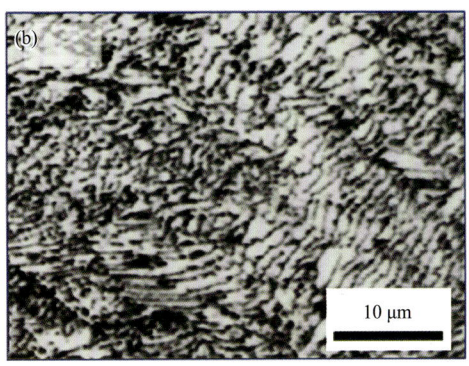

图 5-42 最终曲拐锻件的金相组织（a）及其珠光体区域的放大图（b）

曲拐锻件上四个典型区域的金相照片和模拟结果的比较如图 5-43 所示，通过对最终晶粒度和相分数的比较发现，热处理后曲拐锻件的整体晶粒度为 6.0～6.5 级，其中曲柄销心部由于加热和冷却速度慢，因此晶粒尺寸较为粗大，铁素体相含量相对较高，曲臂区域加热和冷却速度快，晶粒相对细小，珠光体含量相对较高。由模拟与实测的组织比较可见，组织模拟较好地反映了实际组织的演化规律。

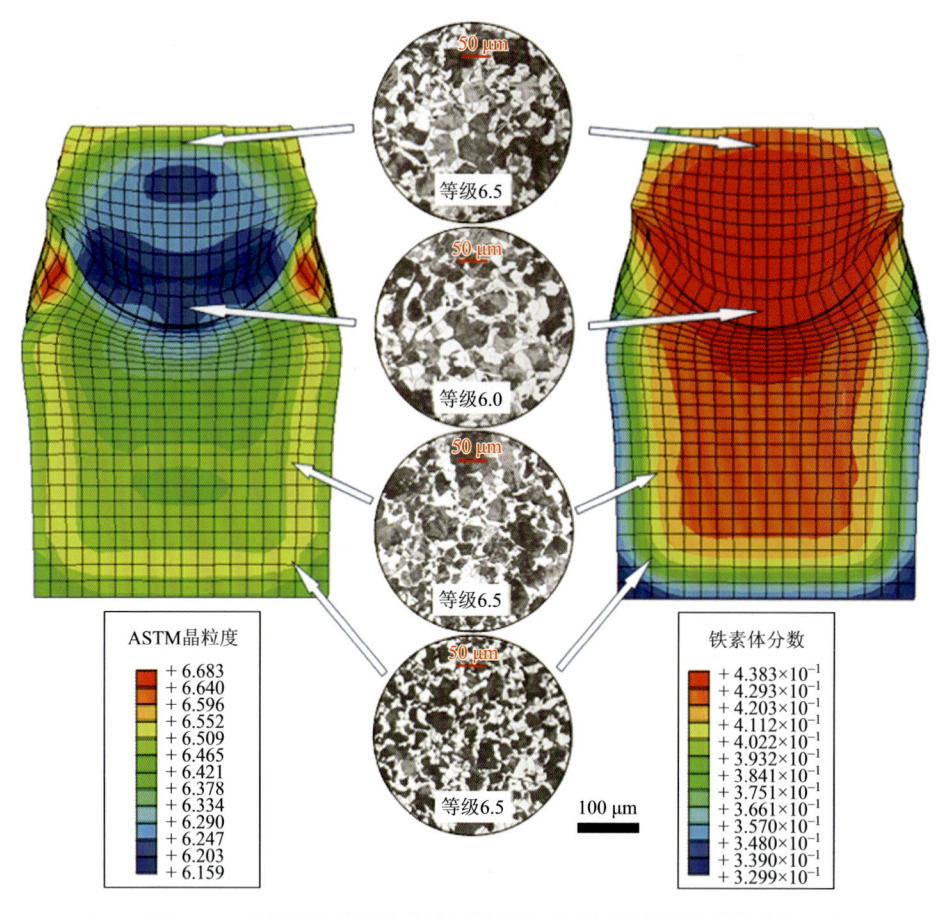

图 5-43　曲拐锻件组织分布模拟结果和典型区域实测结果的比较

5.2　核电大型锻件的制备

随着国家"双碳"战略的制订，发展清洁能源对节能环保具有重要意义。核电是典型的清洁能源，是国家能源领域的优先发展方向。在核电装备中，大型锻件是最重要的特殊钢部件，关乎核电的运行安全。核电大型锻件的热加工主要包括大钢锭的制造、大型锻件的制造和均质化热处理三大关键环节。

5.2.1　核电大钢锭的制备

核电大型锻件对大钢锭提出了极高的质量要求，而钢锭的质量在很大程度上决定了锻件的质量。对缩孔疏松缺陷、宏观偏析缺陷具有严格要求，超声波探伤条件下要求孔缺陷的当量尺寸不超过 0.8 mm，这是国际上要求的最高缺陷等级。

在宏观偏析方面，碳含量的控制值要求不超过±0.02 wt%。同时，氢、氧含量都有很高的要求，为了控制偏析和洁净度，氧含量控制在1×10^{-3} wt%以内；氢含量控制到小于1×10^{-4} wt%，主要是为了防止氢脆缺陷[1, 18]。在冶炼、浇注和凝固过程中应严格控制氢含量，这也引起了制造企业和研究院所、高校的高度重视。

长期以来，核电大型锻件中氢的测量评价一直是个难题，不同企业给出了差异非常大的测量结果。例如，华东地区天气潮湿，控氢尤为困难，但测量结果给出的氢含量达到了2×10^{-5} wt%的超低值，这显然与事实不符。为了准确测试氢的含量，作者团队专门研究了氢的准确测量问题[19]，发现了导致定氢结果离散的根本原因是试样表面存在不同程度的氢吸附，如表 5-3 所示。有相应的理论计算表明，当样品表面粗糙度为 Ra 6.3 μm 时，表面吸附对定氢影响最大，氢含量可达10^{-2} wt%。因此，在进行定氢检测前对样品表面进行有效预处理是获得准确数据的关键。相应地，作者提出定氢样品处理方法，其关键控制环节主要包括：一是样品的慢加工，车加工速度小于 80 r/min，避免发热导致氢逃逸而使测量的氢含量人为降低；二是采用超声波清洗，这是最简单且有效的表面预处理手段，经该方法处理的样品氢含量测定结果稳定、可靠，且不受表面粗糙状况的影响。在此基础上，团队与中国科学院金属研究所分析测试部合作，编写了《定氢试样取制过程操作规范》，使氢的测量结果准确、可靠。采用该规范，表征了 100 t 大型核电转子用铸锭中的氢分布规律。氢含量测试结果（图 5-44）表明，经双真空浇注的铸锭整体氢含量比较低，仅在中心缺陷附近和局部区域出现氢含量大于 8×10^{-5} wt%的情况，该结果对后续锻后扩氢热处理工艺的合理设计具有指导意义。

核电大型锻件主要包括低压转子、高中压转子、管板、上下封头、锥形筒体等，钢锭单重达 100 t 以上，甚至数百吨，最大钢锭单重达到了 715 t，是用 6 包钢液合浇而成的，这也是世界上最大的钢锭，充分说明我国装备能力已达到了国际先进水平。在浇注过程中，通常采用多包合浇的方案，在合浇工艺中，可以通过改变每包的成分来控制宏观偏析。团队进行了多包合浇的系统模拟计算，模拟和试验结果表明多包合浇中每包成分呈梯度变化是有效的，钢包成分逐步递减，这样可以有效地减少钢锭中自然对流导致的正偏析，如图 5-45 所示。可以看出，当采用多包合浇工艺后，锭身处的最大正偏析处碳含量从 0.24%降低到了 0.22%，完全处于标准要求范围内。为了衡量偏析的改善效果，引入钢锭中心轴线上的碳含量

表 5-3 表面质量对 SA508-3 钢定氢结果的影响

样品编号	加工工序	表面粗糙度（Ra）/μm	测得的氢含量/($\times10^{-4}$wt%)
1	线切割 + 80 r/min 车削	6.3	~1.5
2	线切割 + 磨床磨制	0.6	~0.3
3	线切割 + 磨床磨制 + 80 r/min 车削	6.3	~1.5

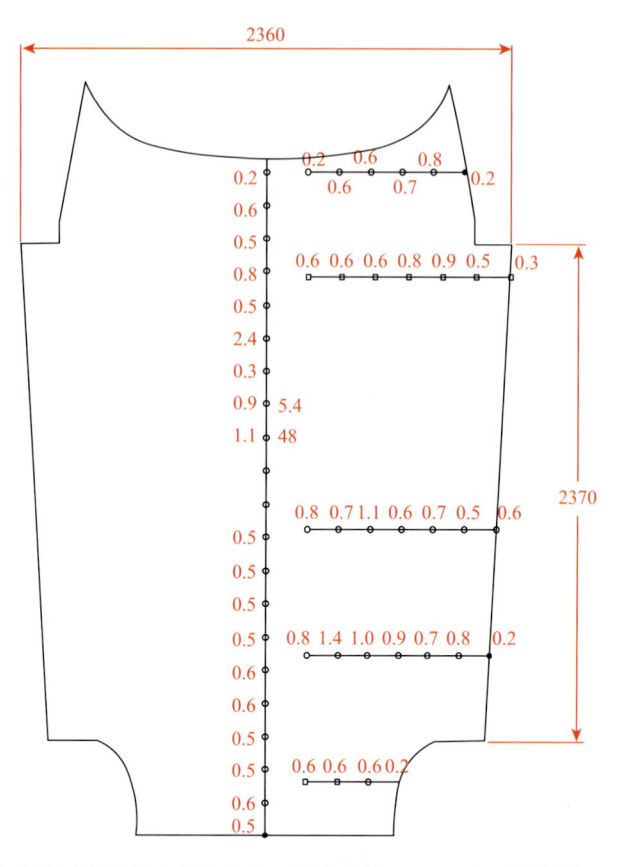

图 5-44　典型百吨级钢锭中的氢分布（长度单位：mm，氢含量单位：10^{-4} wt%）

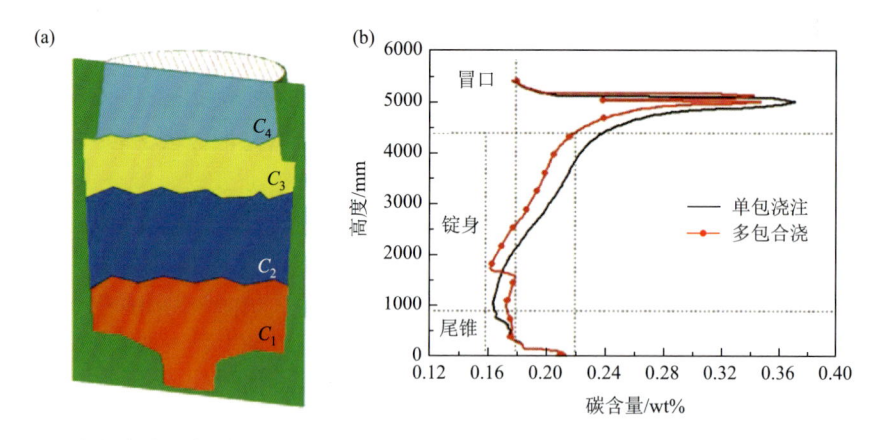

图 5-45　多包合浇示意图（a）和 360 t 钢锭单包、多包浇注碳偏析分布模拟结果（b），其中 $C_1 \sim C_4$ 分别代表 1~4 钢包中的碳含量，一般 $C_1 > C_2 > C_3 > C_4$

分布曲线与名义成分直线 $C_0 = 0.18$ wt%的积分面积 S。积分面积 S 的值越大，则碳的偏析程度越大。计算显示，实施多包合浇后，积分面积 S 从 78.4 变化到 47.5，降低了 40%，碳含量控制在允许范围内，同时避免了较大的成分波动，偏析分布得以改善。

关于气体含量的控制，主要是在精炼和浇注过程中，防止增氧、增氢，因此耐火材料、钢锭模表面清理都非常重要，这样将显著降低氢含量，一般优质钢锭氢含量控制往往小于 1×10^{-4} wt%。为了控制正偏析，冒口的补缩高度也非常重要，如果冒口高度不足，偏析缺陷会随钢锭凝固收缩进入锭身。国内核电站建设中曾经大量从国外进口大型锻件，其中在上封头中发现了顶部正偏析。研究发现，这些缺陷产生的主要原因是钢液浇注量不足，导致冒口体积不够大，在凝固过程中，顶部正偏析下沉到锭身，成形时没有去除掉而保留在大型锻件中。同时，在上封头的解剖结果中，也发现了通道偏析缺陷，说明国外对氧含量与偏析关系的认识不够深，工业上对氧的控制不足。为了解决实心钢锭浇注钢液量不足的问题，以及改善中心偏析和心部缺陷的需要，国外企业研发了空心钢锭制备技术，其中法国克鲁索将空心钢锭制造技术应用于核电大型锻件中，有效控制了通道偏析，提高了材料利用率。

作者团队也对空心钢锭进行了系统研究，先后与中国一重集团有限公司、二重（德阳）重型装备有限公司和鞍钢重型机械有限责任公司等合作，试制了单重 26 t、50 t 和 100 t 的大钢锭。采用外部铁模冷却、心部混合气体冷却的方式，使内外凝固速度基本一致。模拟与试验结果表明，空心钢锭显著改善了偏析和中心缩孔疏松等缺陷。然而，空心钢锭并没有大量推广，主要是大气浇注时难以控制氢含量，造成了增氢现象，这需要改进浇注系统、进行保护浇注来解决。在合金成分的影响方面，前文介绍了氧致通道偏析的机制，绝大多数偏析是由氧化物夹杂上浮驱动的，但在含硅的核电用钢中，硅是为数不多的主元素驱动偏析的例子。通过模拟发现，硅是引发偏析的主要元素，高硅钢会导致本征的通道偏析缺陷，因此应尽可能减少硅含量[20]。国外在核电大型锻件的制造中，率先去除了硅，将硅含量降低到 0.1 wt%以下。国内几大重机厂也都先后对硅含量进行了控制，大大改善了钢锭的偏析状态。

在硅含量较高的钢中，较大的密度差主要是由于轻元素硅等初始含量较高而又没有其他重元素来抵消这种密度差别。为了衡量不同合金元素的影响，通常采用瑞利数进行评价，它是一个常见的无量纲量，不仅包含了密度差的影响，还包含了枝晶臂间距、黏度和热场的影响，能够较为准确地反映流场的状态。图 3-14 给出了 500 kg 钢锭中 27SiMn 和 1045 钢的瑞利数 Ra 分布情况。

国内在钢锭偏析研究中，也开发了多项原创技术。团队研究表明，在冶炼过程中加入稀土元素，可以优先改善通道偏析，对正偏析、负偏析、中心偏析的控制也有作用，见图 5-46。稀土元素加入后，全氧含量的控制窗口更宽了。如果不加稀土元素，为了抑制通道偏析，就需要将全氧含量控制到 0.001 wt%以下，而加入稀土元素后，临界氧含量提高到了 1.6×10^{-5}[21]。这主要是因为稀土加入之后，夹杂物大多变为密度更大、尺寸更小的稀土氧硫化物，使得夹杂物扰动局部流场和糊状区失稳的动力降低，减小了通道偏析产生的可能性。因此，在稀土钢中，需要更高的氧含量才能诱发通道偏析的形成。实际生产中，稀土钢的氧含量不仅进一步降低，夹杂物尺寸也得到了明显改善，这些都为均质化技术实施奠定了基础。

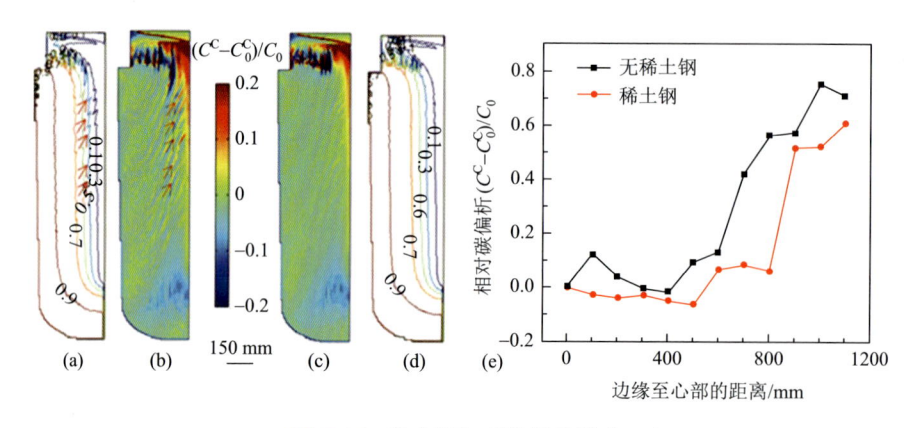

图 5-46　稀土添加对偏析的影响

氧化铝夹杂影响下的轴承钢固相分数（a）和碳偏析（b）分布；稀土添加影响下的轴承钢碳偏析（c）和固相分数（d）分布；（e）100 t 钢锭的 SiMn 钢冒口线上偏析测量结果

通过精炼，提高钢的洁净度进而改善钢锭的偏析是作者团队近年来的主要创新之一。在此基础上，发明了"以小制大"的金属构筑成形技术，原则上，无论对于大钢锭还是高合金钢种，构筑成形技术都可以有效解决钢锭的偏析问题。特别是对于高合金钢，如含钨、含钼、含钒的钢，以往采用粉末冶金来制备，制造成本高、流程控制难，而且氧、氮等其他元素也很难有效抑制。通过金属构筑成形技术的实施，可以采用多块小尺寸均质基材的组装和冶金结合来解决偏析问题。这种方法将偏析的控制技术延伸应用到高合金钢中，可以部分地替代粉末冶金。在大尺寸高合金钢中，重点是解决小尺寸基材的均质化问题，而不是构筑成形的界面愈合问题，这是在构筑成形技术上的拓展。

5.2.2　核电大型锻件的一体化成形

压力容器和蒸汽发生器均是核电机组最重要的结构部件之一，包含核反应堆和一回路、二回路中众多的蒸汽管道，体积十分庞大。以图 5-47（a）中的 AP1000 机组蒸发器为例，壳体高约 23 m，总重约 633 t，是由多个不同形状的大直径薄壁壳体焊接而成的。由于压力容器内部包含反应中的核燃料，中子从核燃料中辐射到压力容器上，使材料发生脆化，韧性降低，抵抗微小缺陷的能力降低，因此新一代核电设计对压力容器的安全性也提出了越来越高的要求。例如，为减少焊缝中显微缺陷对连接处材料持久性能的威胁，要求在一些截面过渡的位置采用一体化的锻件取代焊接式的结构，图 5-47（b）～（d）给出了蒸发器中锥形筒体锻件的结构发展历程：最初采用图 5-47（b）所示的三段式焊接结构，但使用过程中在焊缝处发现材料失效，随后更改为图 5-47（c）所示的整锻结构，但由于锻件外形与零件外形不一致，金属纤维在过渡处被切断，夹杂物和偏析等缺陷易暴露在筒体表面，造成材料的力学性能和耐蚀性能下降，最后更改为图 5-47（d）所示的全纤维结构，这种结构使锻件内部的金属纤维流线与零件外形一致，提升了零件沿受力方向（垂直于厚壁面）的力学性能，增加了部件的服役安全性。

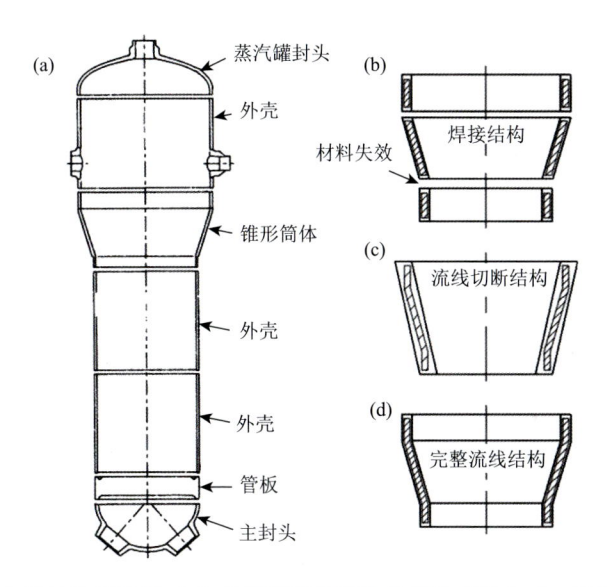

图 5-47 蒸汽发生器结构示意图（a）及锥形筒体锻件的三种成形方式：拼焊式（b），机械加工式（c），整体式（d）

由于锥形筒体锻件非常大，直径超过 5 m，锥度为 16°，重达 120 t，翻转和测量都非常困难；更为重要的是，锻件的外形呈"米斗形"，传统方法是将锻件锻造成图 5-47（c）所示的结构，然后通过机械加工的方法获得两端带直边的锥形筒体。这样不但增加了锻件的加工余量，而且金属的锻造流线被切断，导致力学性能相对不稳定，严重影响使用安全。因此，开发锻件的一体化精确成形工艺具有非常重大的意义。

1. 锥形筒体锻件的一体化成形工艺和模具设计方案

为获得一体化的近终形锻件，设计锻造工艺流程如图 5-48 所示。钢锭经历拔长、镦粗、冲孔、芯棒拔长、马杠扩孔、型砧扩孔步骤。在马杠扩孔和型砧扩孔两个步骤当中，锻件的直径被扩大，锥度发生动态变化，此外，锻件两端的圆筒形结构在最后一个型砧扩孔过程形成，锻件的最终锥度、大小端的内外径、中间锥度段和两段圆筒段的直径与壁厚均需要在这一步骤内获得精确控制。为此，本节将重点探索锻件的马杠扩孔和型砧扩孔成形过程的变形规律。

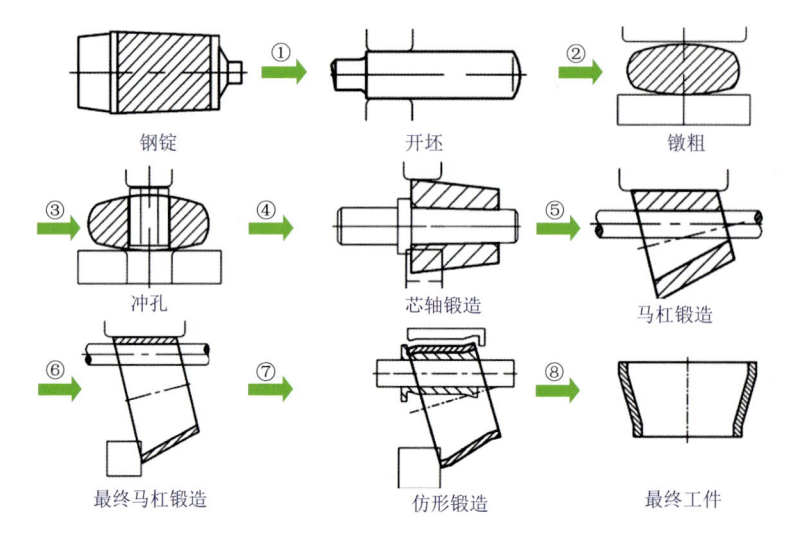

图 5-48 锥形筒体锻件的加工流程

2. 扩孔成形过程数学解析模型建立

马杠扩孔和型砧扩孔成形过程锻件截面的直径、锥度和高度演化如图 5-49（a）～（c）所示。锻件截面首先由不等壁厚的锥形筒体（绿色轮廓）演变为等壁厚的锥形筒体（红色轮廓），锻件大端直径增大，小端直径不变，锥度增大，即"不等壁厚扩孔过程"；然后锻件的壁厚均匀减薄，大小端直径均增大（蓝色轮廓），

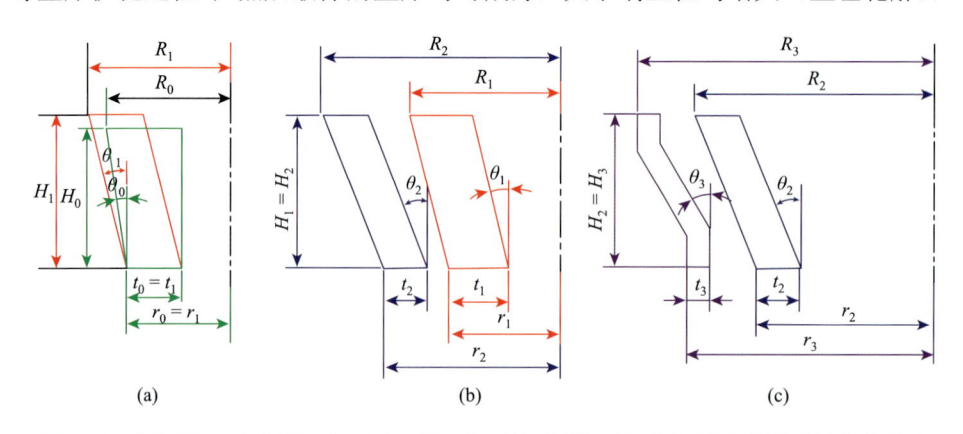

图 5-49 解析图 5-48 中第 5 步（a）、第 6 步（b）和第 7 步（c）扩孔成形后锻件的尺寸

即"等壁厚扩孔过程";最后锻件在型砧上进一步扩孔,两端直径增大,并形成两段直筒段、中间锥形筒段的结构(紫色轮廓),即"一体化扩孔成形过程"。

3. 有限元模型建立

首先,测试了 SA508-3 钢从室温到 1200℃的各项热物性参数,包括弹性模量、泊松比、线膨胀系数、比热容和热导率,这些数据为模拟锻件在成形过程的传热、变形提供了基础热物性参数数据。然后,基于该钢种在 700~1200℃实测的应力-应变曲线,建立了该钢种的高温本构关系模型作为反映材料应变-应力的依据。在此基础上,基于 ABAQUS 建立了锥形筒体多道次扩孔过程的有限元模型,模型包括 7000 个六面体实体 C3D8RT 单元,模具和坯料之间的界面换热系数采用拟合的数据。根据锻件的实际降温情况,设置马杠扩孔和型砧扩孔过程各经历一个火次,两个火次之间由于材料经过 1200℃高温保持 10 h,模型中认为材料已发生充分的高温蠕变,上一火次的变形应力已经得到充分的松弛,并且加热温度也足够均匀,因此在后续的型砧扩孔过程的初始条件认为应力场为零,并且温度场均匀控制为 1200℃。在马杠扩孔过程中,扩孔成形共 14 道次,马杠每次旋转 15°,总变形次数达 864 次。

4. 有限元模拟结果及分析

由图 5-50 和图 5-51 可知,在筒体锻件内表面存在较大的应变集中,并且锥形筒体小端承受更大的应变,这是因为马杠接触筒体内表面的面积要远远小于平砧接触筒体外表面的面积。

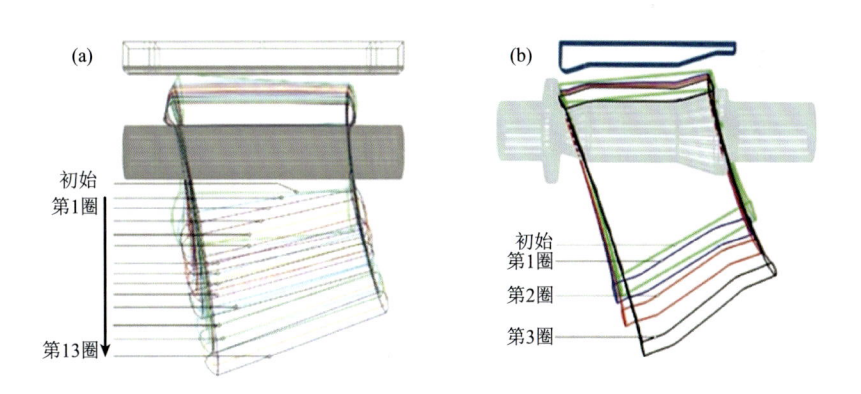

图 5-50 马杠扩孔过程锻件截面变化(a)及最终成形过程截面变化(b)

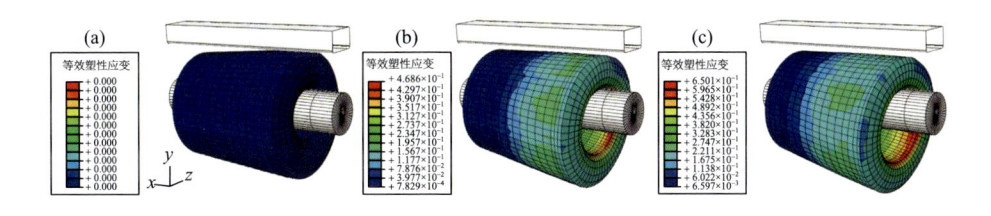

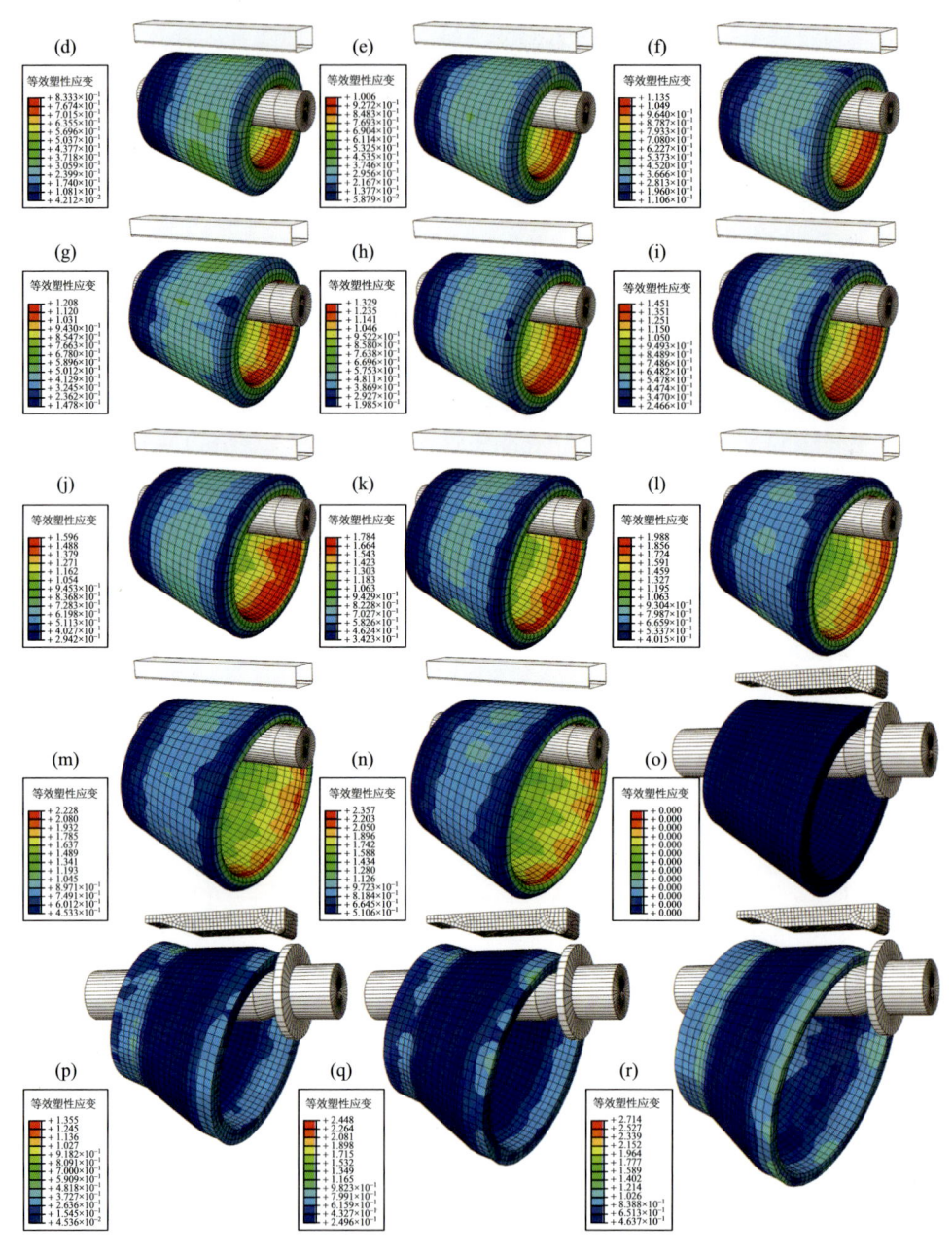

图 5-51 锥形筒体扩孔锻造过程应变分布模拟
（a）初始态；（b~q）中间态；（r）最终态

为了获得沿着筒体厚度方向更加均匀的变形，考察平砧宽度 W 和马杠直径之间的比值 W/R 对应变分布的影响规律。表 5-4 给出了 W/R 和 $\varepsilon_{inner}/\varepsilon_{outer}$ 之间的相互关系，其中 ε_{inner} 是筒体内表面的应变，ε_{outer} 是筒体外表面的应变。很显然，马杠直径越大，越容易获得沿厚度方向大的应变梯度。因此，需要选择具有恰当直径的马杠。然而，从对之前锻造步骤的影响来看，越大直径的马杠需要在坯料上冲越大的孔，这将造成比较大的材料浪费。并且，有限元模拟结果表明，直径较大的马杠会阻止金属沿着切向方向流动，降低马杠扩孔的效率。因此，根据研究结果，选择 $W/R = 1$ 的马杠和平砧配比，这样既能满足锻坯厚度方向比较均匀的应变分布，又可实现较高的材料利用率和扩孔效率。

表 5-4　W/R 与 $\varepsilon_{inner}/\varepsilon_{outer}$ 之间的关系

W/R	1.8	1.6	1.4	1.2	1.0	0.8
$\varepsilon_{inner}/\varepsilon_{outer}$	2.89	2.31	1.99	1.67	1.30	1.25

如图 5-52 所示，解析结果和有限元结果存在一定偏离，有限元模拟得到的锥度小于解析公式计算的锥度，这是由于解析公式中忽略了高度变化。更为重要的是，在扩孔过程中锥形筒体大端和小端存在差别，小端的应变量大于大端，这是由于锻件存在锥度，小端的周长小于大端的周长，芯棒每旋转一周，小端每个部位承受的变形次数大于大端，因此最终小端的应变量大于大端。

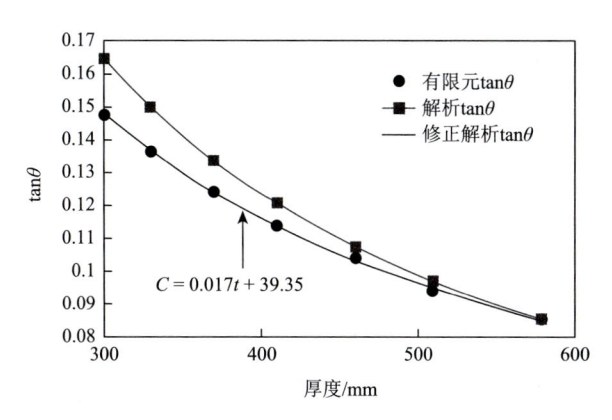

图 5-52　解析公式、有限元模拟和中试结果的比较（其中 t 为壁厚，$\tan\theta$ 为锥度变化，C 为一常数）

5. 中试验证

在 300MN 水压机上进行了 1∶2 比例的中试试验，通过比较发现，解析模型能够较好地反映锻件锥度的增加趋势，如图 5-53 所示，中试结果表明了有限元模拟的准确性。

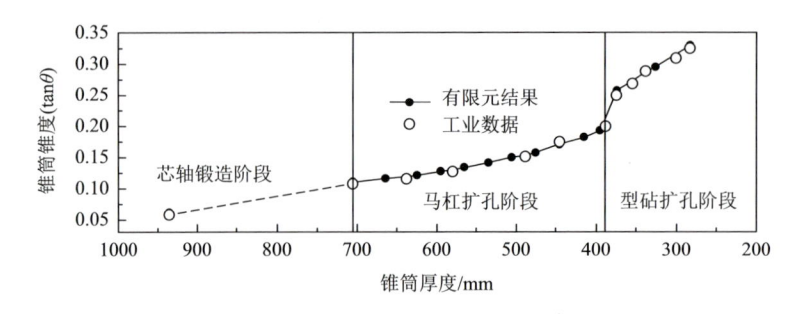

图 5-53 有限元和中试试验获得的锻件锥度随壁厚减少的变化对比

6. 工业应用

应用本研究的成果，在二重（德阳）重型装备有限公司实施了 CPR1000 和 AP1000 的一体化锥形筒体、接管段筒体锻件的研制，均获得成功，结果如图 5-54 所示。企业批产 24 件锥形筒体，合格率达 100%，锻件单面加工余量控制在 30～50 mm，实现了仿形锻造。

图 5-54 核电容器大型锻件的工业生产
锥形筒体成形过程（a）及实物（b），接管段筒体成形过程（c）及实物（d）

5.2.3 核电大型锻件的热处理

热处理是核电大型锻件最重要的工艺环节之一。热处理决定了大型锻件的组织性能，常规热处理工艺主要包括淬-回火工艺。在对某核电 SA508-3 钢大型锻件的实物解剖时发现，在锻件表层或次表层的局部位置出现了一种异常组织，如图 5-55 所示，这种组织呈大块状，常与传统贝氏体或马氏体共存，金相显微镜下呈亮白色，类似于先共析铁素体，重机行业通常称为"块状组织（Bc）"，易引起核电 SA508-3 钢低温冲击韧性偏低或不稳定问题[22]。

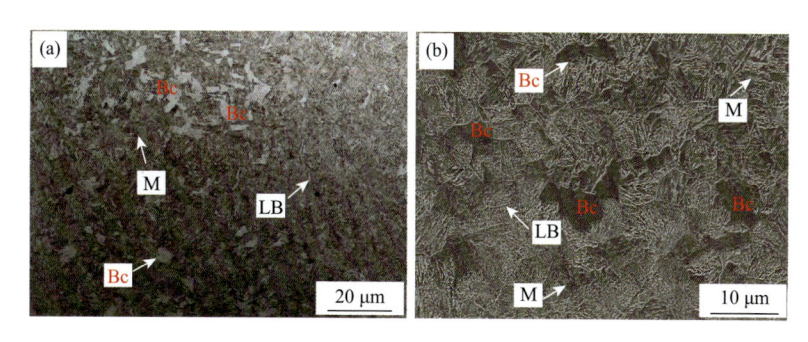

图 5-55　SA508-3 钢中 Bc 组织的 OM（a）和 SEM 像（b）
M：马氏体；Bc：块状组织；LB：贝氏体

首先对这种块状组织产生的机制和影响因素进行系统研究[23]。利用 Gleeble 热力模拟试验分别考察了等温温度、晶粒大小和施加应力等对 Bc 组织形成规律 OM 像的影响。其中，图 5-56（a）~（e）分别是核电 SA508-3 钢从 1050℃以 10℃/s 速度冷却至 600℃、550℃、450℃、400℃和 350℃等温度下保温 5 min，并施加 50 MPa 拉应力的条件下发生相变后的显微组织 OM 像。可见，在 600℃相变温度下，显微组织以粒状贝氏体为主，它由粒状贝氏体铁素体和 M-A 组元组成。在 550℃相变温度下，显微组织仍以粒状贝氏体为主，但局部位置开始出现少量的 Bc。当温度为 450℃时，显微组织由下贝氏体和 Bc 等组织组成，此时 Bc 含量最高，约为 30%，且 Bc 尺寸较 550℃下形成的 Bc 更为粗大。随着温度的进一步降低，Bc 的含量不断减少，其形貌由大块状变成细长条型。当相变温度降低至 400℃以下时，显微组织以板条状马氏体为主，在 350℃相变的试样中仅在局部位置含有少量细长的 Bc。由上述结果可知，核电 SA508-3 钢中 Bc 的相变温度应在 350~550℃范围内，它通常与粒状贝氏体、上贝氏体、下贝氏体或马氏体组成混合组织。值得注意的是，若核电 SA508-3 钢试样仅经过上述 450℃热过程，未施加 50 MPa 拉应力时，试样中不出现 Bc。由此可见，核电大型锻件中 Bc 的形成与应力密切相关。同时，随着奥氏体化温度的升高，核电 SA508-3 钢中原奥氏体晶粒发生粗化，在相同的外加 50 MPa 拉应力作用下，显微组织中 Bc 含量呈增加的趋势，且 Bc 的平均尺寸也将随之发生粗化。

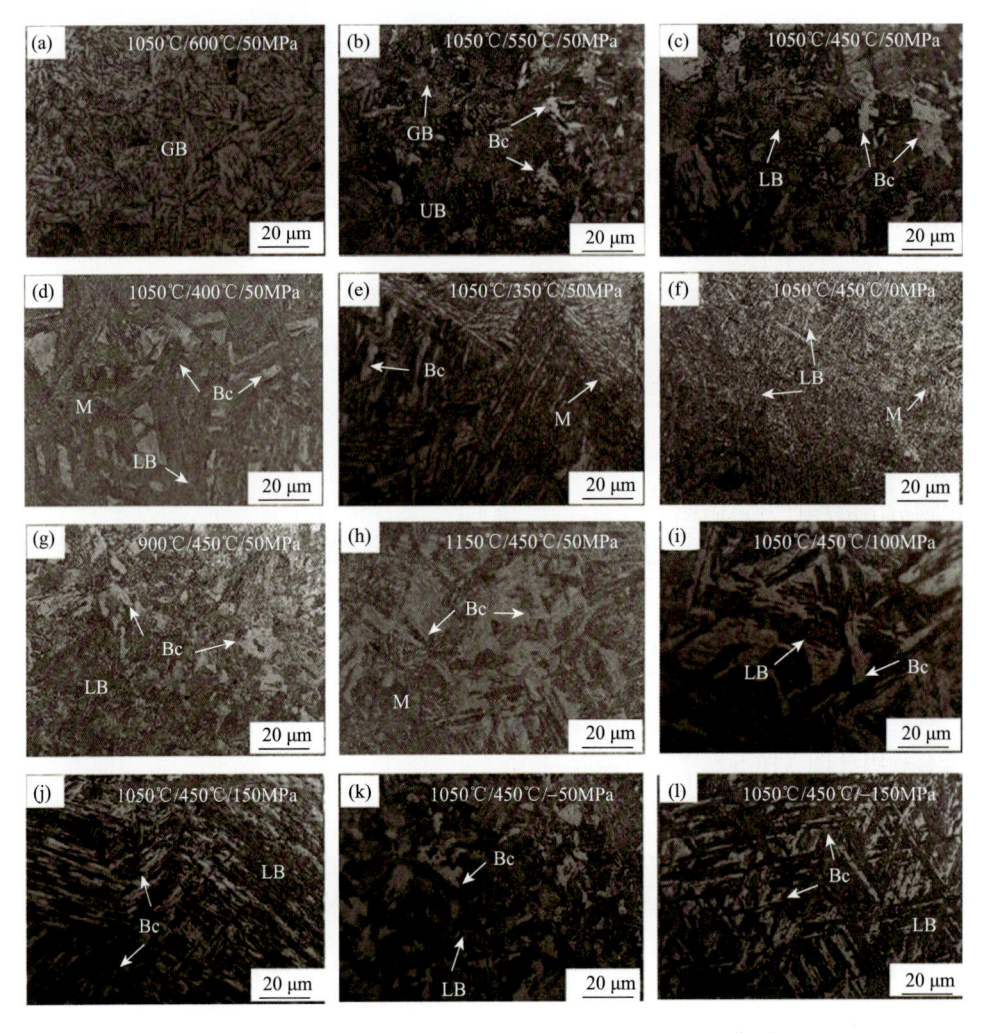

图 5-56　不同热力耦合条件下核电 SA508-3 钢中 OM 像结果

1050℃保温后在 50 MPa 应力下的 600℃（a）、550℃（b）、450℃（c）、400℃（d）及 350℃（e）等温处理；900℃（g）、1150℃（h）保温后在 50 MPa 应力下的 450℃等温处理；1050℃保温后在 100 MPa（i）、150 MPa（j）、0 MPa（f）、−50 MPa（k）及−150 MPa（l）应力下的 450℃等温处理

图 5-56（f）～（h）和（i）～（l）为核电 SA508-3 钢在 450℃等温相变过程中施加不同应力条件（应力大小和应力类型）下试样显微组织的 OM 像。可见，在 50～150 MPa 拉应力范围内，随着应力的增加，试样中 Bc 的含量增加，Bc 形态由大块状变成长条状。当应力达到 150 MPa 时，Bc 由随机分布变为沿滑移变形带分布的特征［图 5-56（j）］。同时不难发现，在大小相同（如 50 MPa 和 150 MPa）的拉应力和压应力条件下，试样中显微组织的类型和含量并无明显差异［图 5-56（c），（k），（j），（l）］。综上分析可知，应力是诱发核电 SA508-3 钢 Bc 形成的必

要条件，且 Bc 的含量、形貌和分布特征与施加应力大小、相变温度、晶粒尺寸等因素密切相关。

根据对 Bc 相变机理的研究可知，核电 SA508-3 钢大型锻件 Bc 的形成与粗大原奥氏体晶粒和较大的淬火应力密切相关。通常，可通过增加一道或多道次正火或降低淬火温度等方式，达到细化核电大型锻件原奥氏体晶粒尺寸的目的。通过适当降低核电锻件淬火温度或采用复相组织分割方法（如临界区构筑铁素体薄膜），降低在块状组织形成温度范围（350~550℃）内的淬火应力，进而可达到减少或消除大型锻件中 Bc 形成的目的。

除了核电大型锻件中出现异常的块状组织外，由于淬火冷却速度的限制，大壁厚锻件心部易出现粗大的富碳 M-A 岛，经过高温回火后易引起冲击韧性偏低或波动问题。作者团队尝试通过优化设计淬火热处理工艺，即通过控制奥氏体化前的碳化物析出溶解行为，调控奥氏体的形核和长大，期望在奥氏体中构筑薄膜状、弥散分布、适量的未溶铁素体。通过上述未溶铁素体薄膜的构筑，"局域化"淬火阶段过冷奥氏体向粒状贝氏体相变过程中碳的扩散，实现了在不改变淬火冷却速度的情况下减小粒状贝氏体中 M-A 岛尺寸，进而提高核电大型锻件低温冲击韧性。为了阐述构筑铁素体薄膜工艺对 M-A 岛形成及其力学性能影响的普适性，作者选用了一种 0.1 wt%C-1.7 wt%Mn-1.6 wt%Ni-0.3 wt%Mo 的模型低合金钢加以研究，从模型合金相组分图（图 5-57）可以看出，该材料完全奥氏体化温度（A_3）为 835℃，而奥氏体完全转变成铁素体和碳化物的温度（A_1）在 705℃左右，析出相主要在 700℃

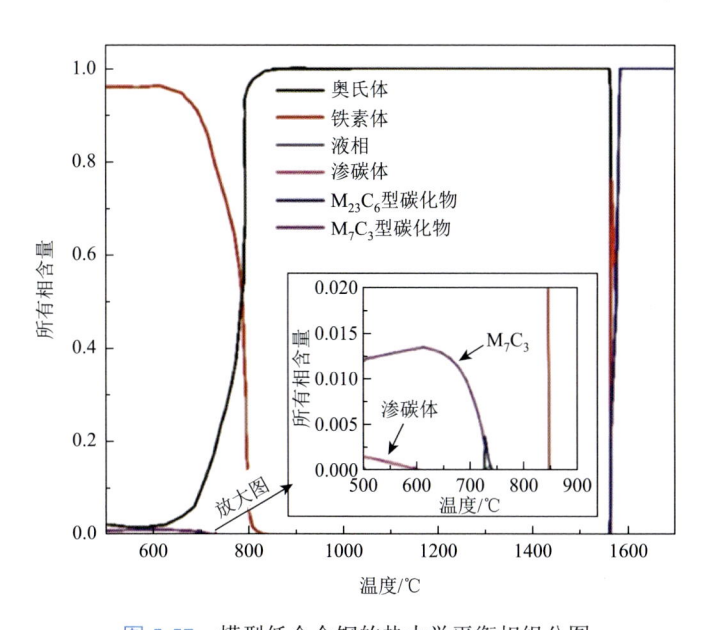

图 5-57　模型低合金钢的热力学平衡相组分图

以下析出，平衡态析出碳化物主要有 M_7C_3 和 M_3C 两种碳化物，其中在 650℃时析出碳化物总量达到最大（约 0.013 wt%）。在 A_3～A_1 温度区间范围内，随着温度的降低，铁素体含量先缓慢增加，接着迅速增加，直至完全转变成铁素体和碳化物，即在 A_3～800℃温度区间铁素体含量较少，其总含量不超过 10 vol%。当温度降至 800℃以下时，铁素体含量将随温度的降低而显著地增加，直至转变完全。

一般来讲，利用临界区热处理方法引入未溶铁素体时，临界区热处理前的初始组织状态和临界区热处理保温温度是影响未溶铁素体含量和形态的两个关键因素[24]。将常规正火的奥氏体化温度选择为 900℃，并在 745～850℃之间选取一系列温度研究奥氏体化温度对铁素体含量和形态的影响，进而考察引入的未溶铁素体对模型低合金钢粒状贝氏体 M-A 岛形成及其力学性能的影响。在此基础上，选取获得最优力学性能的临界热处理温度，探讨临界热处理前的两种初始组织：960℃均匀化处理 2 h 然后空冷至室温（简称 N 态），均匀化处理后在 660℃回火 4 h（简称 NT 态），对临界区正火组织（特别是未溶铁素体形态和粒状贝氏体中 M-A 岛的形成）及其力学性能的影响。

由图 5-58 可知，在 745～900℃正火温度区间，模型低合金钢 NT900 试样的屈服强度（σ_s）、抗拉强度（σ_T）和断后伸长率（A）分别在 428～464 MPa、718～758 MPa 和 22%～26%范围内变化，且随着正火温度降低，屈服强度和抗拉强度呈降低趋势，断后伸长率呈上升趋势，其中正火温度低于 800℃时这种变化趋势更为显著，这与 800℃以下未溶铁素体含量随正火温度降低而显著增加相关（图 5-58）。图 5-58（b）为正火温度对模型低合金钢室温冲击韧性的影响。由图可知，临界区正火均能在一定程度上改善模型低合金钢的室温冲击韧性，且随着正火温度的降低，平均冲击韧性呈先升高后降低的变化趋势，即采用 900℃常规正火，室温平均冲击吸收功最低，仅为 43.7 J，810℃临界正火使其平均冲击吸收功的值达到最大（158 J），当进一步降低临界正火温度至 745℃时，在抗拉强度下

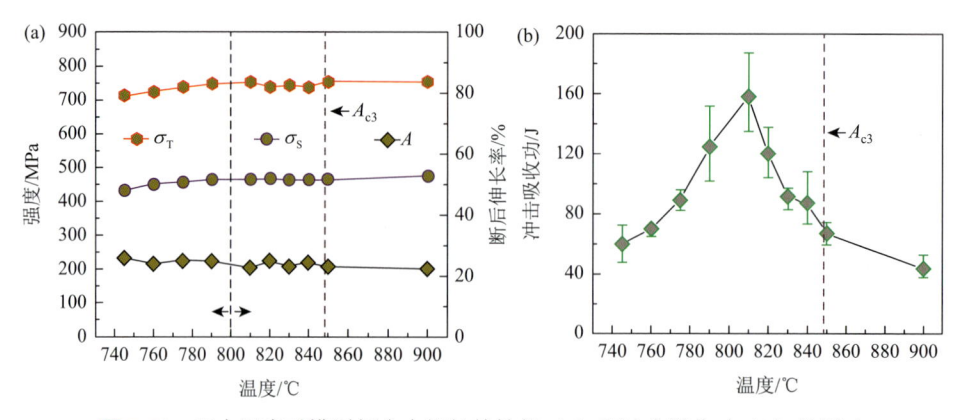

图 5-58　正火温度对模型低合金钢拉伸性能（a）和冲击吸收功（b）的影响

降的条件下，模型低合金钢室温平均冲击吸收功反而下降至 60.5 J，说明少量的未溶铁素体的引入，可以在不改变模型低合金钢强度条件下，大幅提高其冲击韧性。

图 5-59 为正-回火（NT）态试样经 810℃临界区保温 0.5 h 后水淬至室温的典型 TEM 明场像。可见，组织中含有一些白亮的薄膜状区域（箭头所指示），厚度约 500 nm 左右，该区域的位错密度较低，无板条亚结构，其薄膜状区域两侧均为典型的位错马氏体组织，EDS 能谱结果表明，该区域为贫 Mn 等奥氏体稳定化元素，由此可以确定该白亮区域为薄膜状的未溶铁素体。

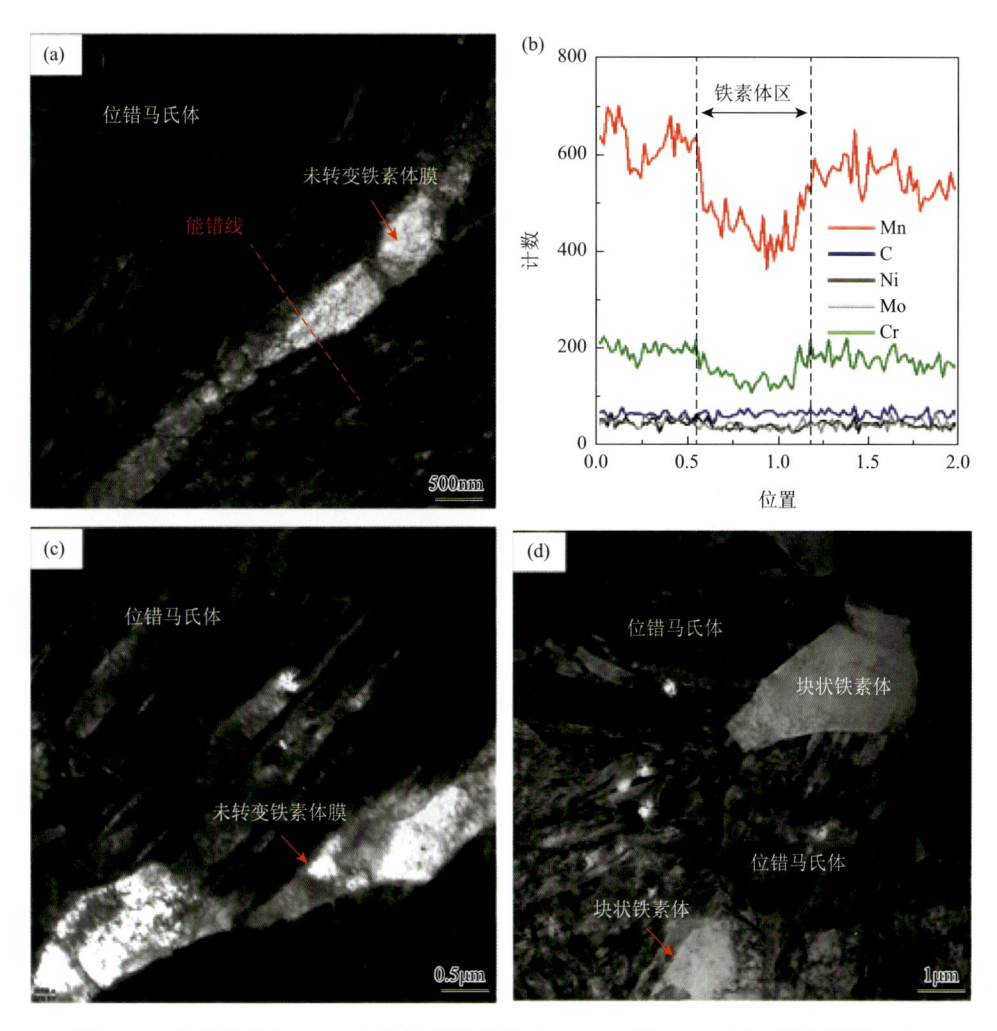

图 5-59　未溶铁素体（a，c）及块状铁素体（d）TEM 像，EDS 线扫描能谱图（b）

对于靠近 A_3 临界区正火（NT810）的试样，引入的未溶铁素体呈薄膜状，含量十分有限（<10%），初始组织几乎完全奥氏体化，新形成的奥氏体中的合金元

素无富集现象，使其在后续正火冷却得到的组织仍以粒状贝氏体为主。由于薄膜状未溶铁素体的引入可对新形成的奥氏体进行有效分割，其在连续冷却过程发生粒状贝氏体相变"局域化"，即粒状贝氏体相变过程 C 元素上坡扩散的有效区域减少，使高度富 C 的大块状的 M-A 岛不易形成，进而细化组织中 M-A 岛，最终达到提高模型低合金钢冲击韧性的目的[25, 26]。

在高温回火过程中，发现 M-A 组元中块状残余奥氏体（A_R）回火转变的多样性。在不高于 300℃低温回火时，A_R 部分转变为 M；当回火温度升高至 400℃时，A_R 将完全发生转变，其转变产物是由铁素体板条和渗碳体组成的细小贝氏体团；回火温度为 550℃时，A_R 转变为铁素体和渗碳体层状交替组成的珠光体团；经 650℃高温回火后，A_R 将转变成为铁素体和 M_3C 合金碳化物组成的析出相聚集区。基于上述研究，提出了 M-A 组元精细结构的调控思想，采用冷处理或低温预回火处理，使 M-A 组元中的残余奥氏体预转变成过渡型产物（内部获得更多的细小析出相或高密度的亚结构），然后经过合适的高温回火，可降低 M-A 组元高温回火分解产物对冲击韧性的危害。具体转变机制如图 5-60 所示。

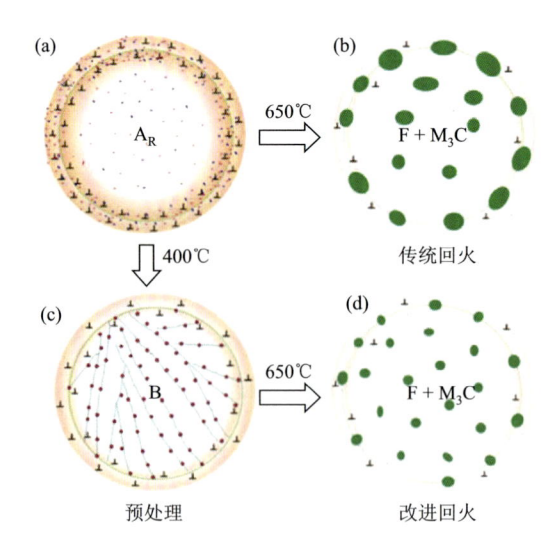

图 5-60 M-A 组元中块状残余奥氏体（a）经过传统（b）及预处理（c，d）回火转变机制示意图[27]

基于以上研究，作者团队与二重（德阳）重型装备有限公司合作，将全流程热处理工艺成功应用至我国首台"华龙一号"主泵泵壳锻件上，使合作企业同材质锻件最大壁厚显著提升。目前，也将该热处理工艺成功推广应用至压力容器等超大厚壁锻件上。实物解剖结果表明，采用上述全流程热处理工艺，超大壁厚锻件表层和次表层未发现异常的 Bc（图 5-61），心部形成的 M-A 组元及其分解产物得到有效调控，超大壁厚锻件各部位取样检测力学性能均满足设计要求。

图 5-61　核电泵壳淬火现场照片（a）及锻件表层（b）和次表层（c）显微组织

5.3　低温工程用大型锻件研制

低温工程（cryogenic engineering）是指研究营造低于 120 K 的微环境或物质状态的原理及方法、实现相关装置制造以及开展工程应用的学科。低温工程技术及装备在信息、能源、航天、生命科学以及大科学装置等领域得到日益广泛的应用[28, 29]。目前，我国较为成熟的低温工程应用包括大型液化天然气（liquified natural gas，LNG）低温运输船、热核聚变工程试验堆以及先进低温风洞等重大科学装置[30-32]。低温工程锻件在这些装置中起到结构支撑、机械传动等关键性作用。在极端低温环境及多工况载荷作用下[33, 34]，低温工程锻件需要具有良好的低温力学性能、尺寸稳定性、耐蚀性及满足特定工程学需求的性能。日益复杂的低温工程设计对锻件的综合性能也提出了更高的要求，其中尤以大型低温工程锻件的制造难度最大。这主要体现在：①尺寸效应。大尺寸钢锭凝固时间长、冷却速度慢，成分不均匀，易导致偏析、缩孔疏松等冶金缺陷[35]；另外，在热处理过程中厚大断面锻件表面至心部组织转变历程不同，使得性能出现不同程度衰减。②形性协同调控。传统大型锻件经历多火次锻造，环节多而成形历程长，锻件尺寸精度较难得到保证，易产生粗晶、混晶等问题，这会严重降低锻件的低温韧塑性及疲劳性能。

针对某低温工程大型锻件的需求，作者团队与企业合作，提出了"金属构筑成形＋热推弯成形＋新型热处理工艺"技术，制备出具有优良的强度、低温韧性及组织稳定性匹配的吨级马氏体时效不锈钢大型锻件样件，有效解决了尺寸效应问题，支撑了国家重大低温工程的建设。本节将从均质化制备及形性协同调控的角度阐述低温工程用典型核心大型锻件的制备原理及过程。

5.3.1 均质化大型锻件近净成形制备

00Cr12Ni10MoTi 马氏体时效不锈钢属于高合金化的一类特殊钢，其锻件最终的组织性能将受到钢锭洁净度、成分精确控制等因素的影响。其中，大尺寸铸锭的三联特冶工艺采用如下方式实现：①真空感应（VIM）+真空自耗（VAR）熔炼并制备单支小尺寸自耗电极棒；②利用电渣重熔（ESR）获得单支大尺寸 ESR 钢锭。该技术路线存在以下不足之处：①双真空自耗电极棒数量多，涉及的炉号及批次也较多，这必然导致增加最终 ESR 钢锭化学成分控制的难度；②长时间 ESR 过程将导致熔渣氧化性变强，这使得 Ti、Al 等重要合金化元素易发生烧损；③单重达百吨级的 ESR 钢锭内部化学成分偏析是较难避免的，锭身不同位置处的 Mo、Ti 及 N 元素含量极易出现偏差。

首先，为解决百吨级马氏体时效不锈钢大型锻件均质化制备问题，作者团队采用金属构筑成形技术［图 5-62（a）和（b）］，制备了 4 t 级 00Cr12Ni10MoTi 马氏体时效不锈钢模拟锻件。相比于三联冶炼工艺，由于构筑成形工艺所采用的基元均为高品质的双真空自耗锻坯，可显著降低初始坯料化学成分不均匀及冶金缺陷等风险。另外，该大型锻件形状复杂，直径大且薄，若采用传统自由锻制造板坯的工艺方案，将存在成形难度大、预留加工余量大等问题，很难确保一次顺利成形，导致制造成本大幅度提升。为此，提出以"热轧+热推弯成形"的近净成形工艺，具体实施过程如图 5-62（c）、（d）所示，表 5-5 分别给出模拟锻件实测截面尺寸分布，可以看出锻件内弧最大增厚量为 18%，外弧最大减薄量为 12%，在预期范围内，满足设计要求。上述结果表明，热推弯成形过程平稳、速度快且精度高，力学性能满足要求，并且所需毛坯吨位小，具有较大的技术和经济优势[36]。

图 5-62 4 t 级马氏体时效不锈钢"构筑成形 + 近净成形"制备工艺过程
（a）制备构筑坯；（b）开坯锻造；（c）轧制扁坯；（d）热推弯成形

表 5-5 马氏体时效不锈钢模拟件实测截面尺寸

圆弧上位置/(°)	宽度/mm				角度/(°)			
80	647	645	646	643	推制角度	82	推制角度	45
45	645	644	643	643	实测角度	82.3	实测角度	45.3
轴直径	内弧端实测：ϕ232.8/224.7；外弧端实测：ϕ224.0/224.2							

80°圆弧厚度/mm

编号	1	2	3	4	5	6	7	8	9	10
内	90.0	92.7	93.3	94.8	95.6	95.6	94.1	94.5	94.8	94.8
中	86.6	86.5	86.0	86.2	86.0	85.8	85.7	85.2	85.8	85.7
外	84.4	79.0	77.5	77.9	78.5	78.5	78.4	77.7	77.5	78.4
编号	11	12	13	14	15	16	17	18	19	
内	93.8	91.3	91.4	93.2	92.5	93.3	92.4	92.0	88.5	
中	83.5	87.6	84.5	85.2	84.9	85.2	85.0	84.8	88.5	
外	73.2	77.8	77.0	79.0	78.6	78.6	78.4	78.4	86.6	

45°圆弧厚度/mm

编号	1	2	3	4	5	6	7	8	9	10	11
内	88.0	94.7	94.2	94.2	98.2	96.4	95.7	94.5	91.3	91.8	90.6
中	87.9	86.0	86.0	85.7	85.1	86.3	85.6	85.0	84.8	84.6	84.5
外	87.6	78.9	77.9	78.1	76.5	79.4	79.1	77.2	77.2	78.1	77.5

5.3.2 新型热处理工艺原理及应用

金属构筑成形及热推弯近净成形技术可以实现均质化复杂形状薄壁支撑构件的高效制备。与此同时，该大尺寸运动构件需承受复杂气、热、循环载荷等多物理场耦合的载荷作用，对其强度及低温冲击韧性均提出了严格要求。前期已有大量文献报道了具有优良强韧性的低温结构材料[37-39]，包括 9Ni 钢、高/中熵合金等，然而受到"尺寸效应"制约，材料热处理过程中大截面锻件表面至心部各部位相变及再结晶过程复杂，极易产生不良特征组织，从而严重降低锻件的力学性能，威胁使役安全。虽然 00Cr12Ni10MoTi 钢具有良好淬透性，高屈服强度（约 1 GPa）及优良的超低温韧性，但常规"高温固溶+峰时效"工艺下奥氏体含量往往在 10 vol%以下，难以大幅提升材料的低温韧性；此外，提高时效温度能显著增加逆相变奥氏体含量，但这也面临着析出相溶解及大尺寸块状奥氏体相形成，使得强韧性均出现衰减的风险。

为此，作者提出"组织定制"思想：首先，改变传统全马氏体组织，通过引入适量残余奥氏体相作为形核质点促进逆变奥氏体生成[40,41]，并获得细化的马氏体基体(含细小亚结构及高密度位错缺陷)，进而促进时效过程中逆变奥氏体生长；另外，在避免析出强化颗粒粗化或溶解的前提下[42]，通过延长时效时间促进高稳定性奥氏体生成，也可进一步细化马氏体基体。

基于以上思想，作者团队提出了一种"两次低温固溶+中温过时效处理"方法[图 5-63（a）]，相比于传统工艺路线[图 5-63（b）]，制备出具有纳米强化相析出的超细晶马氏体+奥氏体（α'+γ）双相组织[43-45]。其中，图 5-64（a）和（b）显示平均马氏体板条束尺寸约为 0.5 μm，远小于传统工艺样品（约 4.5 μm），并且平均奥氏体晶粒尺寸范围为 0.5～0.7 μm。此外，过时效后奥氏体含量快速增加至 40 vol%～50 vol%，而传统工艺样品基本为全马氏体组织[图 5-64（c）]。对于过时效态样品，图 5-65（a）～（d）表明，η 析出相与 α'+γ 双相之间表现出共格或半共格关系，即在奥氏体长大过程中可接触到 η 析出相，并进一步将其包裹在内，而使得 η 析出相在奥氏体中也可呈高密度分布。

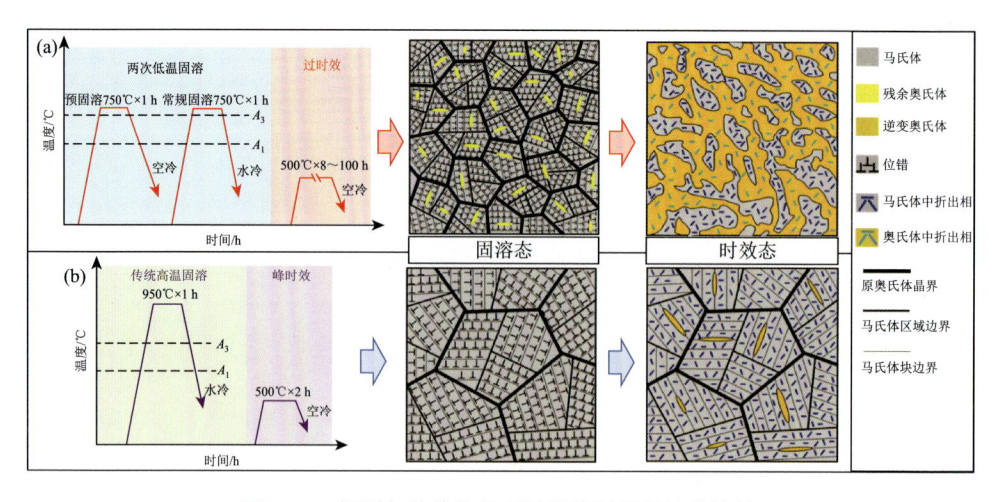

图 5-63 新型与传统热处理过程特征组织演化比较

（a）新型"两次低温固溶+中温过时效"工艺；(b)传统高温固溶+峰时效工艺路线及特征组织比较

图 5-64　新型与传统热处理工艺的组织演化

（a，b）新型热处理工艺的超细晶双相组织；（c）传统工艺单相组织分布

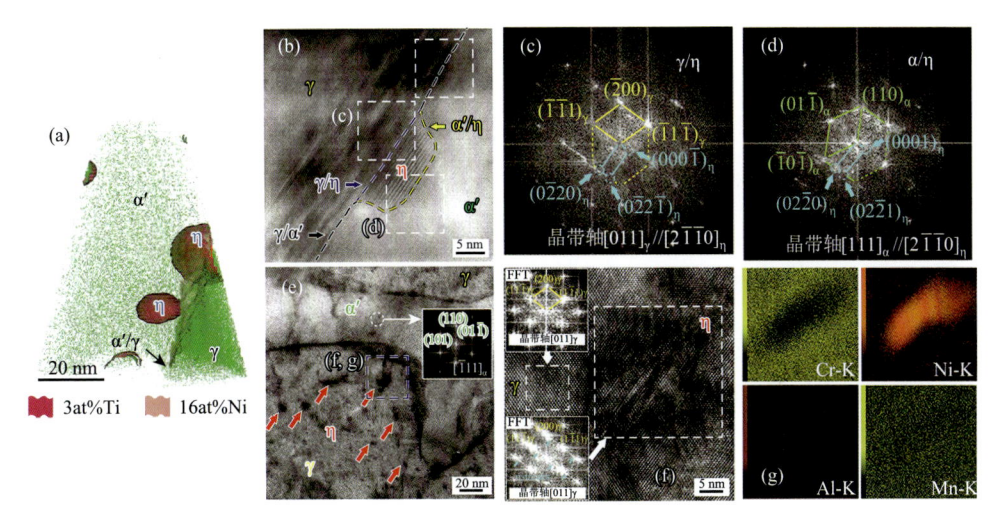

图 5-65　新型热处理工艺下纳米强化相在超细晶马氏体＋奥氏体（α'＋γ）组织中协同析出表征

三维原子探针结果（a）；析出相与 α'＋γ 共存的高分辨 TEM 结果（b）；γ/η 析出相（c）及 α/η 析出相（d）界面的电子衍射图；η 析出相存在于 γ 相中的明场 TEM 结果（e）；高分辨 TEM 结果（f）及 EDS 面扫描结果（g）

相比于传统热处理工艺，该新型热处理工艺使得不锈钢在不显著降低屈服强度的条件下，77 K 低温韧性（V 型缺口冲击吸收功：140 J）提升 12 倍，如图 5-66 (a) 所示，并且冲击韧性未随温度降低而显著衰减 [图 5-66（b）]。而图 5-66（c）表明新型工艺制备不锈钢实现了高强度及优异低温韧性的良好匹配，其低温下的综合力学性能显著优于当前的 7-9Ni 钢[46]、高锰孪生诱发塑性钢（twinning-induced plasticity steel，TWIP 钢）[47]、奥氏体不锈钢[48]和普通时效强化马氏体不锈钢[49, 50]。基于特征组织分析可知，其优异的低温韧性主要源于：高含量面心立方结构的奥氏体相，冲击过程中 TRIP 韧化效应以及双相超细晶结构；而 η 析出相在超细晶双相中同时具有高密度析出的特点，保证了高屈服强度。

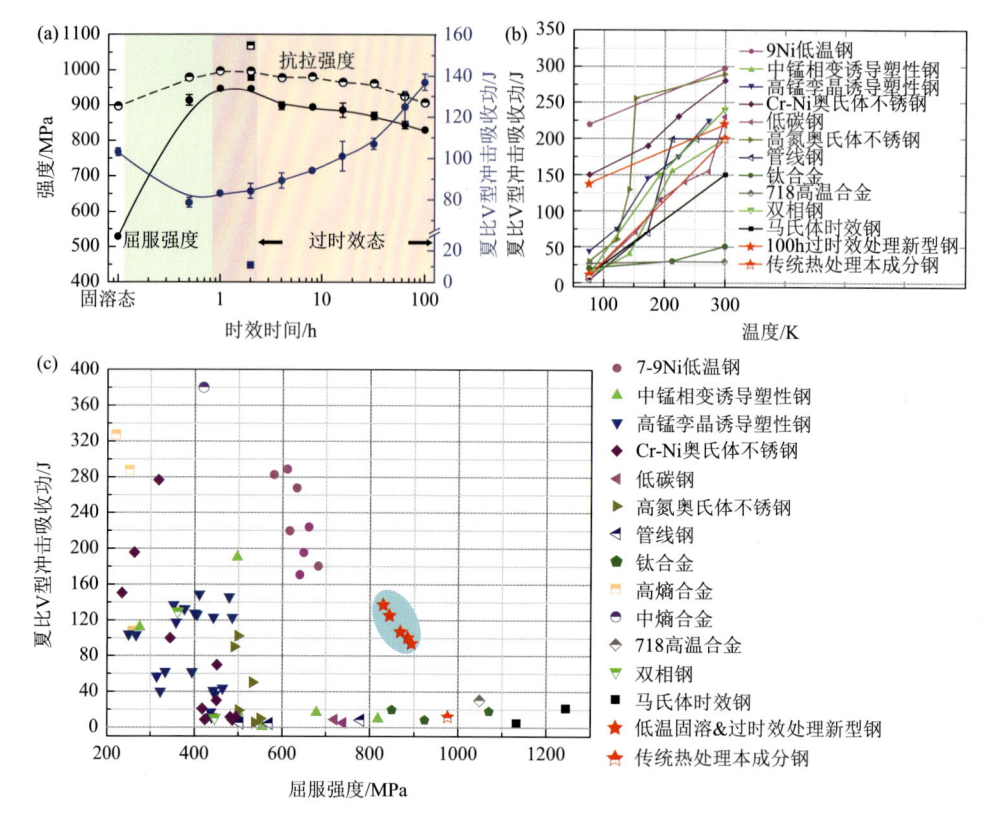

图 5-66 超细晶双相不锈钢优异的高强高韧性能

（a）室温强度，77 K 低温冲击吸收功随时效时间的变化及其与常见金属结构材料的性能比较；（b）不同温度下冲击吸收功；（c）室温屈服强度，77 K 低温冲击吸收功

值得强调的是，区别于"热/冷轧＋配分/回火"等形变热处理工艺[51,52]，该新型工艺更加适用于宽厚断面大型锻件的锻后及性能热处理，并以获得更加均匀一致的组织及性能为目标，可以有效克服材料的尺寸效应，为低温工程大型锻件制备提供了重要技术支撑。

参 考 文 献

[1] 康大韬，叶国斌. 大型锻件材料及热处理. 北京：龙门书局，1998.

[2] 孙明月. 大型船用曲轴热加工工艺模拟和组织性能控制. 北京：中国科学院研究生院，2009.

[3] Lange K, Herrmann M, Keck P, et al. Application of an elastoplastic finite-element code to the simulation of metal-forming processes. J. Mater. Process. Technol.，1991，(27)：239.

[4] Kong Y M, Ma Z E, Liu L Y. An simulation technology of sheet-metal forming with trial-and-error contact algorithm. J. Mater. Process. Technol.，2002，(1)：120.

[5] Kawka M, Olejnik L, Rosochowski A, et al. Simulation of wrinkling in sheet metal forming. J. Mater. Process.

Technol.，2001，(109)：283.

[6] Huang Y M，Chen T C. An elasto-plastic finite-element analysis of sheet metal camber process. J. Mater. Process. Technol.，2003，(140)：432.

[7] Gan W，Wagoner R H. Die design method for sheet springback. Int. J. Mech. Sci.，2004，(46)：1097.

[8] Kakimoto H，Choda T，Nakayama K，et al. RR forging finite element simulation. Kobe Steel Eng. Rep.，2005，(55)：3.

[9] 王仲仁，刘建生. 大型曲轴弯曲镦锻过程的热力耦合分析. 锻压机械，2001，(3)：16.

[10] 王纪武，刘庄，王本一，等. 曲轴 TR 法成形的三维有限变形弹塑性有限元模拟. 锻压技术，1999，(3)：16.

[11] 宋士丹，胡朝备. 特大型船用曲轴曲拐锻造工艺研究. 大型铸锻件，2001，(1)：11.

[12] Laasraoui A，Jonas J J. Prediction of steel flow stresses at high-temperatures and strain rates. Metall. Mater. Trans. A-Phys. Metall. Mater. Sci.，1991，(22)：1545.

[13] Kwon H C，Lee Y，Im Y T. Experimental and numerical prediction of austenite grain size distribution in round-oval shape rolling. ISIJ Int.，2003，(43)：1967.

[14] Park J J，Rebelo N，Kobayashi S. A new approach to perform design in metal forming with the finite element method. Int. J. Mach. Tools Manuf.，1983，(23)：71.

[15] Oliveira F L G，Andrade M S，Cota A B. Kinetics of austenite formation during continuous heating in a low carbon steel. Mater. Charact.，2007，(58)：256.

[16] Moon J，Lee J，Lee C. Prediction for the austenite grain size in the presence of growing particles in the weld HAZ of Ti-microalloyed steel. Mater. Sci. Eng. A-Struct. Mater. Prop. Microstruct. Process.，2007，(459)：40.

[17] Jiao S，Penning J，Leysen F，et al. The modeling of the grain growth in a continuous reheating process of a low carbon Si-Mn bearing TRIP steel. ISIJ Int.，2000，(40)：1035.

[18] Dayal R K，Parvathavarthini N. Hydrogen embrittlement in power plant steels. Sadhana-Acad. Proc. Eng. Sci.，2003，(28)：11.

[19] 郝露菡. 核电压力容器用 SA508-3 钢准确定氢及热处理组织研究. 北京：中国科学院研究生院，2012.

[20] Cao Y F，Chen Y，Fu P X，et al. The experimental characterization and numerical simulation of A-segregates in 27SiMn steel. Metall. Mater. Trans. A-Phys. Metall. Mater. Sci.，2017，(48A)：2260.

[21] Cao Y F，Miao Y Y，Li D Z，et al. On the mechanism of steel homogenization via rare earth addition：Experimental characterization and numerical simulation. Metall. Mater. Trans. B-Proc. Metall. Mater. Proc. Sci.，2022，(53)：1858.

[22] 蒋中华. 大型加氢反应器用 2.25Cr-1Mo-0.25V 钢显微组织度冲击功波动的影响. 北京：中国科学院研究生院，2015.

[23] 蒋中华. 厚壁低合金钢锻件冲击功波动机制及控制方法研究. 合肥：中国科学技术大学，2019.

[24] 王传雅. 亚温淬火时 α 相形态和 α 相量对钢的强韧性的影响. 金属热处理学报，1984，(1)：52.

[25] Jiang Z H，Wang P，Li D Z，et al. Effects of rare earth on microstructure and impact toughness of low alloy Cr-Mo-V steels for hydrogenation reactor vessels. J. Mater. Sci. Technol.，2020，(45)：1.

[26] Jiang Z H，Wang P，Li D Z，et al. The evolutions of microstructure and mechanical properties of 2.25Cr-1Mo-0.25V steel with different initial microstructures during tempering. Mater. Sci. Eng. A-Struct. Mater. Prop. Microstruct. Process.，2017，(699)：165.

[27] 蒋中华，杜军毅，王培，等. M-A 岛高温回火转变产物对核电 SA508-3 钢冲击韧性影响机制. 金属学报，2021，(57)：891.

[28] 中国科学技术协会. 制冷及低温工程学科发展报告. 北京：中国科学技术协会，2011.

[29] 宋烨. 低温工程和材料的发展现状. 中国战略新兴产业, 2018, (12): 19.
[30] 黄维, 张志勤, 高真凤. 石油及 LNG 储罐用钢现状及最新研究进展. 上海金属, 2016, 38 (2): 74.
[31] 黄传军, 李来凤, 吴智雄, 等. 固溶处理对 ITER TF 铠甲材料-316LN 低温断裂延伸率的影响. 低温物理学报, 2013, 35 (2): 117.
[32] 郭东明, 雒建斌, 方岱宁, 等. 大型风洞设计建设中的关键科学问题. 中国科学基金, 2017, 31 (5): 420.
[33] 廖达雄, 黄知龙, 陈振华, 等. 大型低温高雷诺数风洞及其关键技术综述. 实验流体力学, 2014, (2): 1.
[34] 何超峰, 郁欢强, 孙兴中, 等. 大型超流氦低温冷却系统的研究进展. 真空与低温, 2016, (22): 260.
[35] Sun M, Hao L H, Li S J, et al. Modeling flow stress constitutive behavior of SA508-3 steel for nuclear reactor pressure vessels. J. Nucl. Mater, 2011, 418 (1-3): 269.
[36] 马东平, 张洪林, 刘朝晖, 等. 某低温风洞 S03 钢弯刀热推弯成形工艺. 锻压技术, 2020, (45): 86.
[37] Li Y, Lu Y F, Li W, et al. Hierarchical microstructure design of a bimodal grained twinning-induced plasticity steel with excellent cryogenic mechanical properties. Acta Mater., 2018, (158): 79.
[38] Hou W, Liu Q D, Gu J F. Nano-sized austenite and Cu precipitates formed by using intercritical tempering plus tempering and their effect on the mechanical property in a low carbon Cu bearing 7Ni steel. Mater. Sci. Eng. A-Struct. Mater. Prop. Microstruct. Process., 2020, (780): 9.
[39] Fu X, Schuh C A, Olivetti E A. Materials selection considerations for high entropy alloys. Scr. Mater., 2017, (138): 145.
[40] Zhang H L, Ji X, Ma D P, et al. Effect of aging temperature on the austenite reversion and mechanical properties of a Fe-10Cr-10Ni cryogenic maraging steel. J. Mater. Res. Technol., 2021, 11: 98.
[41] Zhang H L, Sun M Y, Wang F T, et al. Exploring the relationship between the accelerated austenite reversion and two-steps solution treatment in a Cr-Ni-Mo cryogenic maraging stainless steel. Mater. Charact, 2023, 196: 112581.
[42] Zhang H L, Sun M Y, Ma D P, et al. Effect of aging temperature on the heterogeneous microstructure and mechanical properties of a 12Cr-10Ni-Mo-Ti maraging steel for cryogenic applications. J. Mater. Sci, 2021, 56: 11469.
[43] 张洪林. 低温工程用高强高韧不锈钢大锻件构筑成形与组织性能控制. 合肥: 中国科学技术大学, 2021.
[44] Zhang H L, Sun M Y, Ma D P, et al. Effect of aging temperature on the heterogeneous microstructure and mechanical properties of a 12Cr-10Ni-Mo-Ti maraging steel for cryogenic applications. J. Mater. Sci., 2021, (56): 11469.
[45] Zhang H L, Sun M Y, Liu Y X, et al. Ultrafine-grained dual-phase maraging steel with high strength and excellent cryogenic toughness. Acta Mater., 2021, (211): 14.
[46] Cao H W, Luo X H, Zhan G F, et al. Effect of intercritical quenching on the microstructure and cryogenic mechanical properties of a 7 pct Ni steel. Metall. Mater. Trans. A, 2017, 48A (9): 4403.
[47] Beladi H, Timokhina I B, Estrin Y, et al. Orientation dependence of twinning and strain hardening behaviour of a high manganese twinning induced plasticity steel with polycrystalline structure. Acta Materialia, 2011, 59 (20): 7787.
[48] Mitititsky M, Matlock D K, Regully A, et al. Impact toughness properties of nickel-free austenitic stainless steels. Mater. Sci. Eng. A-Struct. Mater. Prop. Microstruct. Process, 2008, 496 (1-2): 189.
[49] Hou H, Li H F, Jin Y C, et al. Effect of heat treatment temperature on the mechanical properties of low-temperature high strength maraging steel. Mater. Sci. Eng. A-Struct. Mater. Prop. Microstruct. Process, 2014, 601: 1.

[50] Anoop C R, Prakash A, Murty S, et al. Origin of low temperature toughness in a 12Cr-10Ni martensitic precipitation hardenable stainless steel. Mater. Sci. Eng. A-Struct. Mater. Prop. Microstruct. Process, 2018, 709: 1.

[51] Liu L, Yu Q, Wang Z, et al. Making ultrastrong steel tough by grain-boundary delamination. Science, 2020, 368 (6497): 1347.

[52] He B B, Hu B, Yen H W, et al. High dislocation density-induced large ductility in deformed and partitioned steels. Science, 2017, 357 (6335): 1029.

第6章 高品质轴承钢制备

以轴承钢为代表的特殊钢广泛应用于航空航天、海工装备、交通运输、石油化工、能源电力、国防军工等关乎国民经济及国防安全的重要领域，对服役性能指标要求极高，受到了广泛关注。轴承钢产品质量与冶炼、铸造、锻/轧、热处理全流程工艺控制密不可分。本章将着重从轴承钢洁净化冶炼、典型轴承钢制备、均质化热处理、残余应力演化以及轴承钢应用评价等方面展开介绍。

6.1 超低氧轴承钢冶炼

氧含量对提高轴承钢的性能至关重要，近年来已开展大量试验，通过优化不同冶炼工艺流程获得低氧含量轴承钢，以提升其品质。在本书第 2 章也做了相应介绍。当前，典型低氧轴承钢冶铸生产流程有：①GCr15、GCr15SiMn 等高品质轴承钢主要以转炉/电弧炉（electric arc furnace，EAF）-钢包精炼（ladle furnace，LF）-真空脱气（RH/VD）-模铸/连铸（moulded casting/continuous casting，MC/CC）生产流程为主，其氧含量可控制在 5×10^{-4} wt%以下。②为了满足航空、航天等高性能结构件技术指标要求，采用双真空（真空感应＋真空自耗方式）工艺实现低氧、低偏析高品质 M50 钢等坯料的制备。当前，以"LF + RH"以及双真空为代表的轴承钢生产工艺，都能够实现 5×10^{-4} wt%及以下超低氧轴承钢的制备，为高品质轴承钢的开发奠定了良好的基础。

6.1.1 氧对轴承钢影响

轴承钢号称"钢中之王"，是对钢的品质要求最高的钢。轴承钢的洁净度无疑也是所有钢种中要求最高的，而且还在不断提高。其中，氧含量是衡量轴承钢洁净度的一项重要指标，也代表了一个国家洁净钢的冶炼水平，氧含量达到

5×10^{-4} wt%是一个重要标志。在 2000 年前后，日本轴承钢中的氧含量已经达到了5×10^{-4} wt%。我国特殊钢企业轴承钢制备中的氧含量也相继达到了5×10^{-4} wt%，处于国际先进水平。氧含量直接对应夹杂物的尺寸和数量，高氧含量容易产生大尺寸的夹杂物。研究表明，当夹杂物尺寸超过 10 μm 时，对轴承钢疲劳性能有显著影响。近年来，日本特殊钢行业突破了如何通过控制夹杂物的数量和尺寸，将氧含量控制在 5×10^{-4} wt%以内的技术，轴承钢中最大夹杂物尺寸控制到 10 μm 以下，这项成果居于国际一流水平。日本、德国、瑞典等发达国家为了降低钢中夹杂物的尺寸，采用钙处理技术，显著变质细化了夹杂物，我国并没有掌握这项技术。但是，我国具有稀土的资源优势，作者团队成功开发了低氧稀土钢，用稀土深度脱氧、改性夹杂物，结果表明稀土钢夹杂物尺寸控制优于钙处理钢，显著提高了钢的疲劳性能，而且操作简单，基本不改变工艺流程。其中，在 GCr15 钢中，钢的拉压疲劳性能提高了 40 多倍。中国科学院金属研究所张哲峰课题组通过调整稀土轴承钢的强韧性，将钢的疲劳强度提高到 1 GPa 以上。据我们所知，这是迄今在国际上首次将高强钢的疲劳强度提高到 1 GPa 以上。事实上，在工业生产中，中高端轴承钢的氧含量控制到 1×10^{-3} wt%就可以满足性能要求。而对于顶级轴承钢，氧含量小于 7×10^{-4} wt%也可以满足要求。当然，如果能够控制到5×10^{-4} wt%以下，钢的性能更优、更稳定，但要牺牲一定的成本。值得一提的是，轴承钢中除氧含量外，残留 Ti 含量的控制也十分重要，因为 Ti 与 N 发生反应，形成 TiN，呈块状，有尖锐的棱角，容易产生应力集中，成为疲劳裂纹萌生的根源。在高端轴承钢中，Ti 含量通常要求控制到 1.5×10^{-3} wt%以下[1-3]。

6.1.2 低氧轴承钢精炼

本书低氧轴承钢指全氧含量（T.O.）≤7×10^{-4} wt%的钢，国内外广泛采用转炉/电弧炉（EAF）-钢包精炼炉（LF）-真空脱气（RH/VD）-模铸/连铸（MC/CC）冶炼流程进行 GCr15、GCr15SiMn 等轴承钢规模化生产，见图 6-1。当前，LF 与 RH 是规模化制备低氧轴承钢的主要精炼装备。

全氧含量（T.O.）是衡量洁净钢的一项重要指标，主要包括溶解氧与夹杂物中的氧含量，采用一流冶炼装备及先进冶炼工艺技术，降低钢液中溶解氧，去除脱氧形成的氧化物夹杂，将是工业界制备低氧超洁净轴承钢的主要控制方法。高碳铬轴承钢制备中的溶解氧主要来自电炉熔炼环节，在脱除杂质元素 P 的过程中会带来碳含量的降低。随着碳含量的降低，钢液中的溶解氧不断升高，当碳含量≤0.05 wt%后，钢液中的氧含量会急剧增加（图 6-2），将出现钢液过氧化现象，给后期钢包精炼脱氧带来巨大困难。图 6-3 为电炉熔炼过程中实测 C 与 P 的含量变化，在高配碳条件下，当 C 含量从 4.5 wt%降至 0.9 wt%时，P 含量从 0.15%降低到

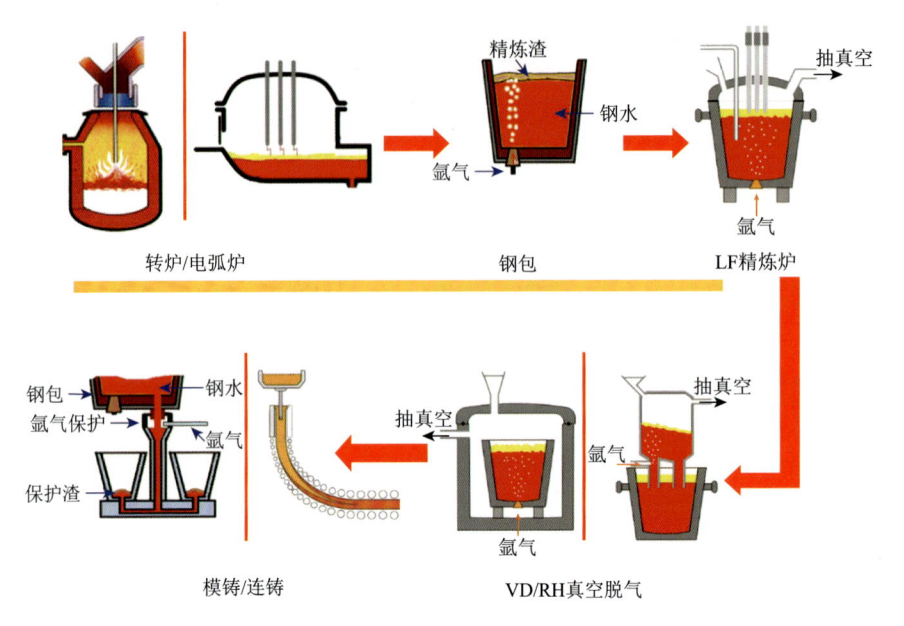

图 6-1　EAF-LF-RH/VD-MC/CC 低氧轴承钢冶炼生产流程

0.005 wt%，此时杂质元素 P 的含量已满足高端轴承钢技术要求，而钢液中的碳含量还非常高，保证了钢液中的溶解氧含量处于一个非常低的水平。因此电炉熔炼过程中深脱磷防过氧化操作至关重要，在轴承钢精炼过程中低氧控制方面起到关键作用。

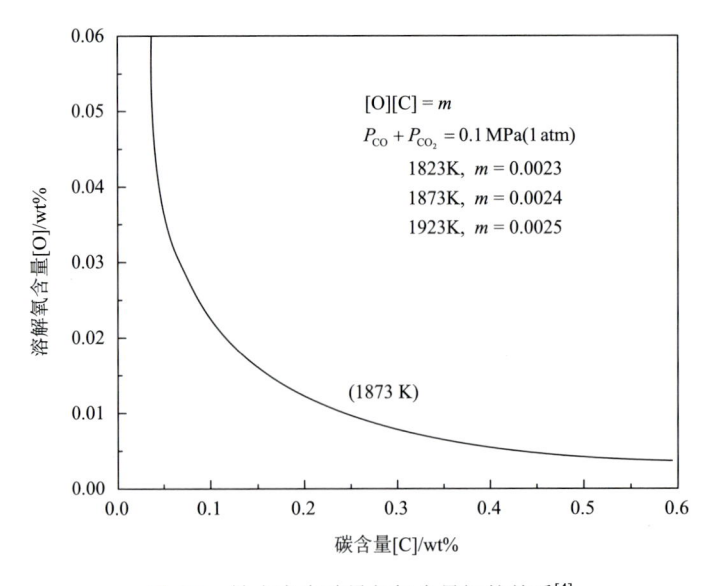

图 6-2　铁水中含碳量与氧含量间的关系[4]

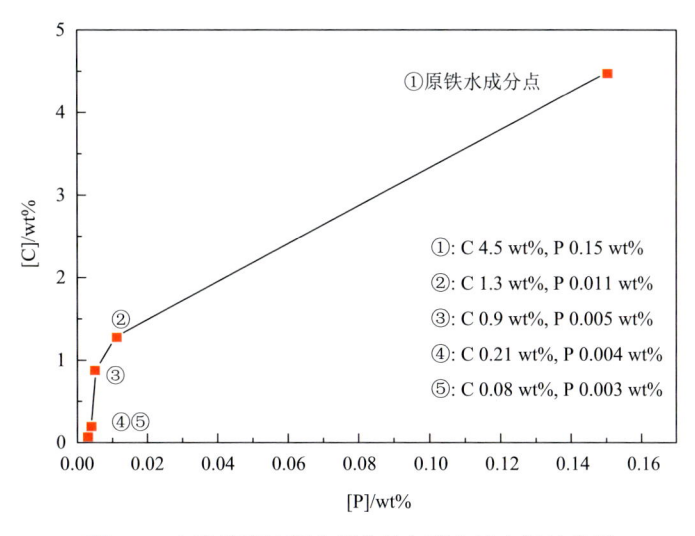

图 6-3 电炉熔炼过程中碳含量与磷含量之间的关系

在 LF 精炼环节,将通过还原气氛、精炼渣调整以及结合沉淀脱氧控制完成最佳钢液脱氧体系的创建。通过渣中添加粒状脱氧剂及粉状脱氧剂,营造还原气氛,使渣中氧化铁含量大量降低,防止钢液中铝烧损,以免形成大量氧化物夹杂。在降低渣中氧化铁含量的基础上,通过调控渣中 MgO、CaO、SiO$_2$、Al$_2$O$_3$ 组分含量,实现精炼渣流动性及组分活度控制,完成钢液深脱氧目的,精炼渣与钢液低氧控制的主要反应如下:

$$2[Al] + 3[O] = (Al_2O_3) \tag{6-1}$$

各组元之间平衡关系如下:

$$\lg K_{Al-O} = \lg \frac{a_{Al_2O_3}}{[Al]^2[O]^3 f_{Al}^2 f_O^3} \tag{6-2}$$

式中,K 为平衡常数;a 为活度;f 为活度系数。Al$_2$O$_3$ 活度随成分的变化如图 6-4 所示。

经过 LF 精炼环节处理后,将利用 RH 真空处理降低钢液中的夹杂物及气体含量,与 VD 设备相比,RH 不仅能够有效脱除氮、氢气体,而且显著降低钢液中夹杂物数量,最重要的是更易将大尺寸夹杂物脱除,在控制大尺寸夹杂物方面更具优势。为保证精炼脱氧效果,在钢液浇注过程中,采用全密封浇注理念,避免氧含量增加。

此外,为了获得低氧轴承钢,还可以采用双真空(真空感应 + 真空自耗)特种冶炼生产流程,见图 6-5。该双真空轴承钢具有优异的疲劳性能,且产品性能稳定性高,因此被广泛用来制造航空轴承。近年来,随着大量先进双真空熔炼装备更新及熔炼工艺提升,国内在双真空低氧轴承钢方面取得了一系列创新成果。

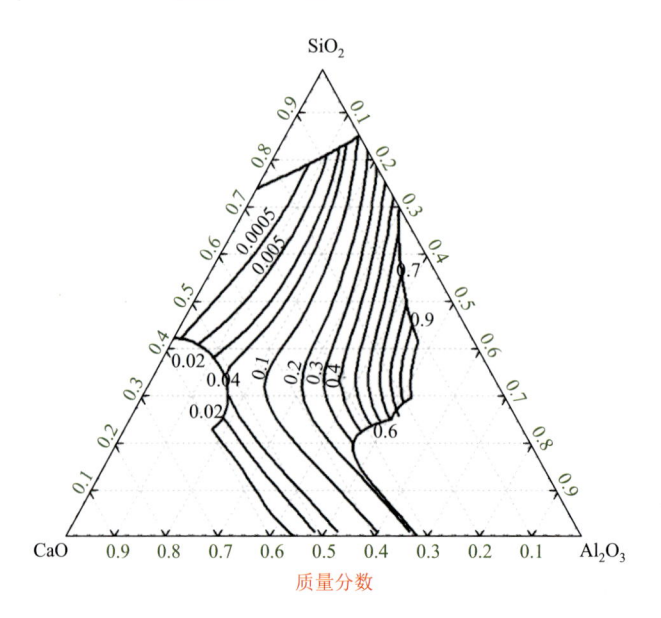

图 6-4 不同精炼渣成分中 Al₂O₃ 活度变化

双真空低氧轴承钢采用纯铁或铁基原材料，在 Ti、S、P 等杂质元素及低氧含量控制方面取得重大突破。纯铁或铁基原材料作为双真空轴承钢最主要的原材料，其杂质元素含量将最终影响双真空轴承钢洁净度水平。国内纯铁或铁基原材料在杂质元素控制方面已取得重要进步，通过短流程铁基原材料超洁净控制研究，取得的成果见表 6-1，这为低氧高纯净轴承钢制备打下了良好的基础。

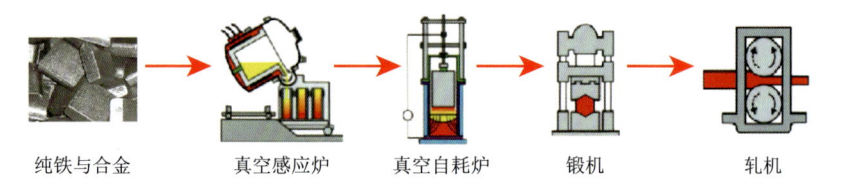

图 6-5 低氧轴承钢双真空特殊冶炼生产流程

表 6-1 国内纯铁或铁基原材料化学成分（单位：wt%）

元素	长流程高纯铁	短流程铁基原材料
T.O.	≤0.0030	≤0.0025
Ti	≤0.0010	≤0.0010
S	≤0.0020	≤0.0010
P	≤0.0040	≤0.0030

在高纯原材料的基础上，提升真空感应熔炼水平是获得低氧轴承钢的重要技术保障。如图 6-6 所示，随着真空度（P_{CO}）的不断提高，C 的脱氧能力不断增强，当真空度达到 10^{-2} bar（1 bar = 101325 Pa）时，C 的脱氧能力已经超过了 Al。在实际操作过程中，真空感应炉真空度可降到 2 Pa 以下，因此可以利用真空条件对含 Si、Al 较低的钢液进行碳脱氧。

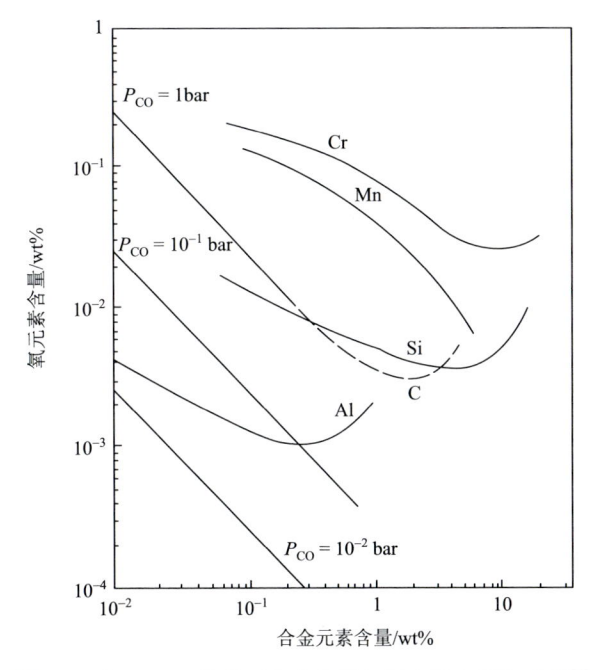

图 6-6　在 1600℃条件下合金含量与氧含量之间的关系[4]

但在真空碳脱氧时，控制[C]与[O]反应速率的主要环节，取决于[C]与[O]向气-液界面的传质速度。在 1600℃时，碳的扩散系数 $D_C = 3.85 \times 10^{-3}$ cm^2/s，而氧的扩散系数 $D_O = 1.93 \times 10^{-4}$ cm^2/s，因此[O]的扩散是限制环节，根据式（6-3），增加钢液接触的表面积，可以增强真空碳脱氧效果。

$$\lg \frac{w[O]}{w[O]^*} = -\frac{1}{2.3} \beta_O \times \frac{A}{V} \times t \tag{6-3}$$

式中，$w[O]$ 为钢液中的氧质量分数，wt%；$w[O]^*$ 为钢液初始氧质量分数，wt%；β_O 为传质系数，cm/s；A 为接触的表面积，cm^2；V 为接触的体积，cm^3；t 为所需时间。

由于钢液真空碳脱氧受成分、温度、搅拌、真空度以及耐材等多因素影响，在充分利用真空碳脱氧条件下，还需要结合沉淀脱氧以获得低氧条件。为进一步降低氧含量，在后续真空自耗熔炼中，将通过熔池形貌及金属液流动控制，实现夹杂物抛除路径设计，进一步减少自耗锭本体夹杂物含量，从而降低氧含量。采用双真空特种冶炼生产流程实现了 17-4PH、PH 13-8Mo、G102Cr18Mo、M50、CSS-42L 等系列低氧高品质航空轴承钢的制备,具备进口替代能力,可达到的洁净度水平如表 6-2 所示。

表 6-2　低氧高品质航空轴承钢（单位：wt%）

钢种	全氧含量	钛含量	硫含量	磷含量
17-4PH	≤0.0009	—	≤0.0010	≤0.0060
PH13-8Mo	≤0.0009	—	≤0.0010	≤0.0060
G102Cr18Mo	≤0.0006	—	≤0.0020	≤0.0060
CSS-42L	≤0.0006	≤0.0013	≤0.0010	≤0.0050
M50	≤0.0006	≤0.0013	≤0.0010	≤0.0050

6.1.3　稀土轴承钢冶炼

稀土轴承钢的冶炼与铝脱氧轴承钢的冶炼方式类似,在不改变工艺流程的情况下,只是在 VD 或者 RH 阶段,添加稀土处理,然后软吹氩气 30 min 左右,促使大的稀土夹杂物上浮,这有利于进一步深脱氧。在正常精炼的基础上,稀土处理可以将氧含量进一步减少 $(2\sim5)\times10^{-4}$ wt%。稀土轴承钢中的夹杂物细小、弥散、均匀,与基体匹配良好。通过淘洗法对钢中的夹杂物进行电解提取,然后收集到一起,在电子显微镜下观察其三维形貌和尺寸[5],如图 6-7 所示。目前看来,稀土轴承钢中夹杂物的尺寸、形貌和数量控制均达到国际领先水平。分析发现,稀土氧硫化物细小、呈椭球形、尺寸分布基本在微/亚微米级,最大不超过 9 μm。在洁净钢中,对夹杂物进行三维表征更有价值,它可以很好地观察稀土轴承钢与进口轴承钢的区别,也容易识别偶发性的大尺寸夹杂物。进口轴承钢尽管在二维下观察夹杂物很小,但在三维下,可以观察到很多大尺寸的氧化铝和硫化锰夹杂物,长度达到上百微米,如图 6-7（b）所示。而稀土夹杂物基本在 5 μm 以下,而且二维和三维形貌基本相似。上述结果充分证明了稀土夹杂物的优势,稀土钢也有望成为我国在轴承钢领域的撒手锏。

图 6-7　轴承钢中典型夹杂物形貌

（a）稀土轴承钢；（b）进口轴承钢

6.2 高均质轴承钢制备

我国轴承行业亟须解决的根本问题是从材料出发，贯通技术链、打造创新链、对接产业链，简而言之，就是贯通轴承钢生产全链条的问题。在单一环节上，我们具有多项特色技术，甚至达到国际领先水平，但在全流程的技术链条上总是出现短板，因此，亟须贯通技术链。

6.2.1 GCr15 轴承钢均质化制备

在热处理之前的工序中，轴承钢的制备要实现高洁净、低偏析，这是均质化的基础，其中高洁净是前提，否则难以做到低偏析，高洁净、低偏析构成了均质化的两大核心要素。GCr15 钢是普遍应用的轴承钢，它的冶炼方式分为两种，针对大吨位和高端轴承钢，主要采用模铸方式生产，其中质量要求特别高的轴承钢，采用真空感应加真空自耗方式生产；而对于量大面广的轴承钢，主要采用连铸方式生产，这主要是基于制造成本的考虑。即便在连铸中，高质量的轴承钢材也需要两火次轧制。模铸主要采用电炉、LF 加 VD 或者 RH 处理，最好采用 RH，因为气体和夹杂物去除效果好。在 VD 或者 RH 真空处理过程中，加入微量稀土，深度提高钢液的洁净度，改性夹杂物。之后采用惰性气体，如氩气进行保护性气氛浇注，防止增氧。如上文所述，以氧含量控制到 5×10^{-4} wt%作为重要标志。锭型的选择要有利于偏析控制，一般选择 1 t 级或者几吨级锭型，以便于很好地控制偏析、疏松、热裂等缺陷。对于制造大断面轴承滚子用钢，如大型盾构机轴承的滚子，断面尺寸达到 130 mm，这不但对淬透性要求高，而且需要提高硬度的均匀性。在成分设计时，在 GCr15 钢的基础上添加微量 Mo 和稀土（RE）进行共合金化。对于直径小于 100 mm 的滚子，团队开发了 GCr18MoRE；对于直径大于 100 mm 的滚子，开发了 GCr20MnMoRE。采用新设计的成分制造出的滚子全断面性能均匀，硬度均匀性控制达到±1 HRC，均质性达到了国际领先水平。使用该材料制造了 ϕ3 m、ϕ6 m、ϕ8 m 的盾构机主轴承用大型滚子。由于钢的硬度均匀性好，有利于高精度加工，采用切入法成功地加工了 G1 级精度的滚子，从而解决了我国不能加工 G1 级精度大型滚子的难题。为了控制成分均匀性，在洁净钢的基础上，主要从钢锭设计、凝固控制和锻轧入手。钢锭模的设计应有利于减少正负偏析和中心偏析，产生正负偏析的位置应切除。断面尺寸不易过大，否则偏析加重，一般锭型以直径不超过 500 mm 为宜。连铸坯最好使用两火成材，先开坯，然后轧制。

6.2.2 航空发动机用 M50 轴承钢均质化制备

航空发动机轴承对钢的要求高，不但需要具备常规的耐磨、抗疲劳等性能，还要具备承受 315℃高温的能力。M50（8Cr4Mo4V）是典型的航发轴承钢，它也是高速钢的一种，这是目前最主流的航发轴承用钢。这类钢以前主要依赖从美国 Carpenter 公司进口，因为对洁净度和均质性提出了极高的要求。即便从美国进口的钢材，也存在大尺寸的碳化物和微孔缺陷等，依靠后续锻轧和热处理难以消除。早些年，国产轴承钢的洁净度不足，国外一般氧含量能达到 7×10^{-4} wt%甚至更低，我国基本在 1×10^{-3} wt%左右。这些年，国内充分认识到氧含量的重要性，通过真空感应加真空自耗的方法，能够将氧含量控制到 7×10^{-4} wt%以内，甚至在工业生产中能够达到 5×10^{-4} wt%，而且不会显著增加成本，Ti 含量也能够准确控制。如果在精炼过程中，添加微量稀土，可以将 M50 轴承钢中的氧含量稳定控制到 5×10^{-4} wt%以下，而且能够形成细小、弥散、球形的夹杂物。在洁净度不再是主要矛盾的基础上，改善显微偏析从而有效控制粗大碳化物是难点也是重点，亟须解决。粗大碳化物主要以 MC 型和 M_2C 型为主。控制粗大碳化物是系统工程，仅靠单一环节难以解决，需要进行凝固端的锭型设计、凝固控制，锻轧和热处理协同控制。研究发现[6]，碳化物尺寸对锭型的设计很敏感，大断面铸锭对应粗大的碳化物，且粗大碳化物周围伴随微孔缺陷。M50 钢铸态碳化物尺寸与锭型密切相关，且在真空自耗后，由于收缩量很大，自耗锭补缩端需要切除来保证锭身无收缩缺陷。因此，选择合理断面尺寸的锭型是首要环节，之后钢锭可以通过加热进行高温扩散处理。通过对高温扩散工艺的研究发现，不同的扩散工艺对碳化物的转变和回溶具有显著影响。当扩散温度高于 1150℃时，M_2C 型碳化物开始逐步转变为 MC 型；当温度在 1180℃左右停留时，MC 型碳化物会发生球化和长大，而当温度高于 1200℃时，碳化物溶解加速，并在原碳化物位置留下柯肯达尔孔洞。MC 型碳化物的热稳定性比 M_2C 型高，因此 MC 型碳化物高温下回溶速度更慢。为了增加碳化物回溶效率，应当设法抑制 MC 型碳化物的形核和长大。但是如果初始的碳化物很大，回溶时间长，而且碳化物回溶后，留下微孔缺陷，也需要后续锻轧过程给予解决。一次高温扩散退火往往不够，需要多次高温扩散退火处理，才能使碳化物变少、变小。锻造开坯和轧制也是重要环节，通过多次墩拔，有利于进一步破碎碳化物，特别是 M_2C 型碳化物。碳化物变小后，再进行高温扩散退火更有利于碳化物回溶，显著减少碳化物数量，碳化物尺寸也会显著减小。归纳起来，M50 钢在洁净化基础上，通过合理的锭型选择、多次锻轧和高温扩散退火控制，可以显著改善碳化物的类型和尺寸，满足轴承钢超长疲劳寿命和高可靠性的要求。

M50 钢中添加了大量的 Cr、Mo、V 等合金元素以及碳元素，其在凝固过程中会沿晶界形成粗大的鱼骨状、片层状的共晶碳化物[7]。共晶碳化物具有高硬度和高脆性的特点，实际应用中通常通过锻造或轧制的方式破碎粗大的共晶碳化物，但是很难完全破碎，钢中残留的粗大碳化物会成为疲劳裂纹源，降低轴承使用寿命[6, 8]。另外，共晶碳化物破碎后通常具有尖锐的棱角，坚硬的共晶碳化物与基体之间变形不协调会导致碳化物割裂基体，在碳化物周围留下大量孔洞，这些孔洞的存在会导致疲劳裂纹快速萌生、扩展，大幅度降低轴承的疲劳寿命[9]。

热变形是细化 M50 轴承钢中共晶碳化物的重要手段，传统的热变形工艺包括锻造、轧制等，在变形过程中通常存在单方向或两个方向的拉应力，拉应力的存在会导致共晶碳化物割裂基体，形成孔洞等微缺陷。如果在热变形过程中能够施加三向压应力，那么可以在破碎粗大碳化物的同时抑制孔洞等微缺陷的形成，获得更加致密的基体组织。在热挤压变形过程中，坯料在出挤压筒之前的应力状态是典型的三向压应力。为了研究热挤压变形过程中三向压应力状态对 M50 钢中共晶碳化物及微观组织的影响，进行了系统研究和中试试验，结合模拟计算，优化了 M50 钢的热挤压参数，形成了成熟的 M50 钢热挤压工艺，其整体过程如图 6-8 所示。

图 6-8　热挤压工艺流程图

挤压后的 M50 管坯的表面形貌如图 6-9 所示，其表面质量良好，经超声检测，管坯中不存在尺寸超过 0.4 mm 的宏观缺陷，满足了 M50 轴承钢的使用要求。

图 6-9　M50 钢热挤压管坯

图 6-10 所示是挤压后 M50 管坯内壁、中心及外壁组织的原始奥氏体晶粒图片。管坯内壁组织变形量较小，晶粒度约为 7.5 级，管坯壁厚中心位置及外壁位置的晶粒度分别达到了 8.0 级与 9.5 级。综合来看，热挤压变形对 M50 钢的晶粒细化效果十分明显，即使变形量最小的内壁组织也能够保证晶粒度在 7.5 级以上。

图 6-10　挤压管坯内壁（a）、中心（b）及外壁（c）奥氏体晶粒度

图 6-11 所示是热挤压后 M50 管坯壁厚不同位置的共晶碳化物图片。铸态组织中呈网状分布的大尺寸共晶碳化物被完全打碎，但由于管坯内壁组织变形量相对较小，仍有部分碳化物呈半网状分布，管坯中心及外壁组织变形量相对较大，共晶碳化物基本呈平行分布。

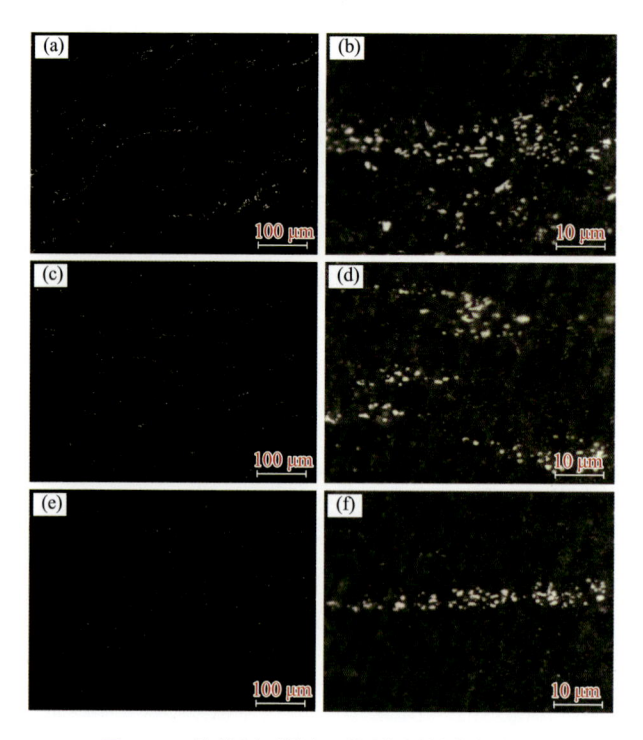

图 6-11　热挤压后管坯不同位置的金相组织
（a，b）内壁组织；（c，d）中心组织；（e，f）外壁组织

表 6-3 所示是热挤压 M50 管坯中共晶碳化物尺寸的统计结果，其中等效直径按照 $d = (a + b)/2$ 的计算方法统计。其中，a 代表碳化物长轴尺寸（最大直径），b 代表碳化物短轴尺寸。从表中可以看出，热挤压变形后 M50 钢中碳化物尺寸明显减小，变形量相对较大的外壁组织中未发现等效直径大于 10 μm 的共晶碳化物，碳化物最长直径（长轴尺寸）更是仅有 10.5 μm，与相同规格的 M50 棒材相比，热挤压变形对共晶碳化物的细化具有明显效果。

表 6-3 挤压管坯内壁、中心及外壁碳化物尺寸分布统计

$(a + b)/2$	碳化物个数		
	内壁	中心	外壁
10～15 μm	1	0	0
5～10 μm	67	18	11
3～5 μm	137	79	111
1～3 μm	343	335	344
碳化物总数	548	432	466
最大直径/μm	18.6	14.3	10.5
平均尺寸/μm	2.96	2.38	2.35

图 6-12（a）所示是热挤压 M50 钢中碳化物的 SEM 背散射检测结果，热挤压后的管坯组织中存在两种类型的共晶碳化物 MC（灰色）与 M_2C（白色），但无论是 MC 还是 M_2C，碳化物周围均未发现孔洞等缺陷，碳化物与基体结合相对较好。图 6-12（b）所示是国内某轴承厂提供的 M50 棒材的微观组织，锻造后的棒材组织不仅存在相对粗大的共晶碳化物，碳化物与基体之间更是存在大量的孔洞缺陷，这些孔洞在服役过程中会促进疲劳裂纹形核，严重影响轴承的使用寿命。这些孔洞的形成有两方面原因：一是大尺寸碳化物破碎后碳化物之间形成孔洞；

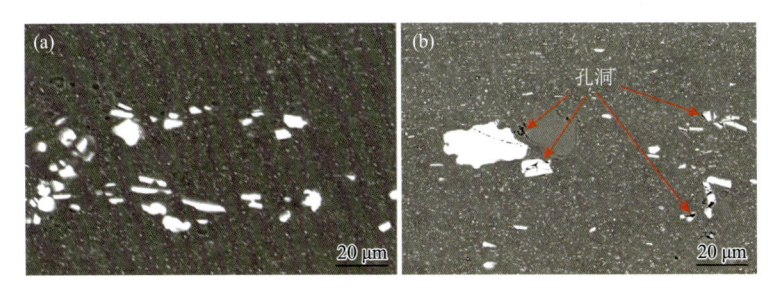

图 6-12 不同工艺生产的坯料微观组织分布

(a) M50 挤压管坯微观组织；(b) 国内某轴承厂 M50 棒材微观组织

二是共晶碳化物与基体之间变形不协调导致碳化物割裂基体形成孔洞，而热挤压变形独特的应力状态可以有效抑制缺陷的形成。图 6-13 所示为挤压过程与锻造过程坯料的受力状态示意图，挤压过程中坯料在出挤压筒之前会承受强烈的三向压应力，如图 6-13（b）所示，三向压应力一方面可以防止碳化物割裂基体形成裂纹，另一方面可以推动基体组织向破碎的碳化物之间流动，促进孔洞愈合。而在锻造拔长过程中基体组织的应力状态为单向压应力、两向拉应力，已存在的缺陷可能会进一步扩展，碳化物与基体的变形不协调也会产生新的孔洞，所以锻造棒材中通常会在碳化物周围形成显微孔洞。

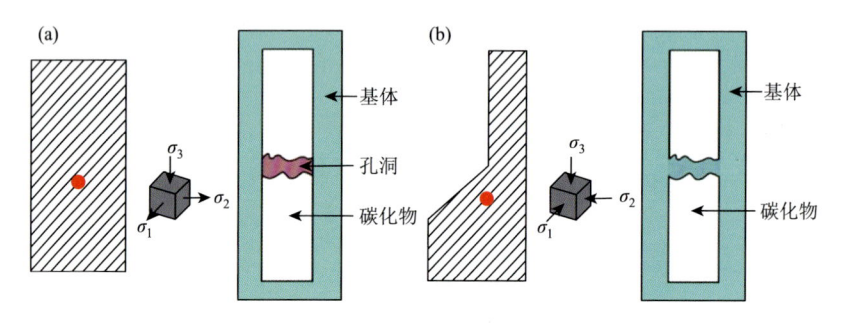

图 6-13 挤压变形与锻造拔长变形应力状态示意图
（a）锻造拔长时的应力状态；（b）挤压变形时的应力状态

综上所述，与常规锻造工艺相比，热挤压工艺有三方面优势：第一，坯料在出挤压筒之前会承受巨大的三向压应力，三向压应力可以保护基体组织不产生缺陷，并可以进一步愈合铸造缺陷，甚至愈合碳化物断裂或割裂基体形成的细小缺陷；第二，热挤压工艺省去了传统工艺中坯料拔长、冲孔工序，挤压后的管材经切割后可以直接进入辗环工序，生产效率提高、质量更加稳定；第三，挤压过程中坯料外侧组织承受巨大的塑性变形，特别是在进入挤压模具后巨大的切应力会导致坯料外侧组织产生径向流动，可以进一步破碎碳化物并细化组织，达到碳化物与基体组织双细化的效果。

6.2.3 盾构机用 CrMo 轴承钢均质化制备

大型盾构机轴承是一类典型的具备大型锻件属性的轴承，本节主要介绍套圈的均质化制造。毫无疑问，大型盾构机轴承套圈原则上采用模铸方式制造。所用材质是 CrMo 钢，为了增加钢的淬透性和均质性效果，在 CrMo 钢的基础上，添加了微量稀土，采用稀土、钒、硼共合金化（RE + V + B）技术制造。核心思想是通过 V、B、RE 综合微合金化，净化钢液、改性夹杂、细化晶粒、提高淬透性，如图 6-14 所示。套圈冶炼方法是电炉粗炼、钢包精炼、真空脱气加稀土处理，经模铸后直接锻轧,或者进行电渣重熔,进一步提高均质性。从成本和制造周期考虑,采用模铸钢锭加稀土处理的方式,替代电渣重熔。大型套圈用钢锭单重高达 60 t,氧含量控制在 1.2×10^{-3} wt%左右,以确保洁净化效果。铸造后,钢锭进行开坯锻造,然后进行轧环。基于对偏析控制技术的理解和应用,通过合理的锭型设计和计算机模拟,有效地控制了钢锭的正偏析、负偏析、通道偏析和中心偏析,CrMo 钢的均质性控制良好,碳偏析控制到±0.02 wt%以内。采用微量稀土添加,成功制造了高洁净、高均质大型盾构机轴承套圈。具体生产工艺流程按照图 6-15 进行,包括冲孔、扩孔以及辗环锻造工艺,生产过程如图 6-16 所示。

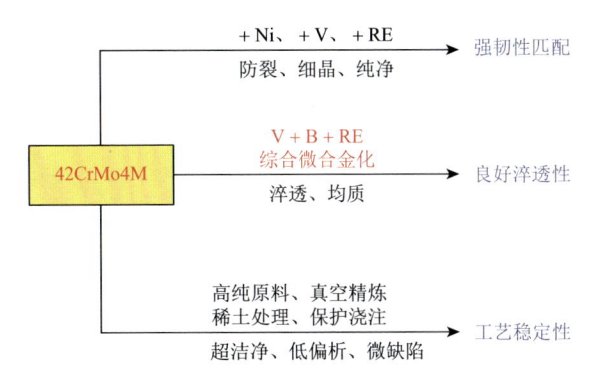

图 6-14 大型套圈材料的合金设计思想

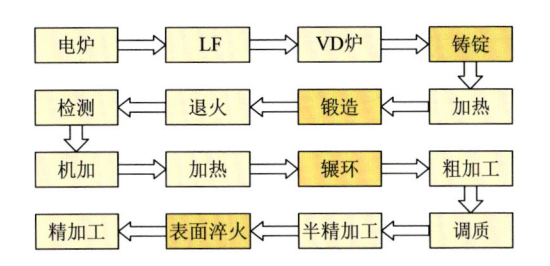

图 6-15 直径 3 m 级主轴承套圈的生产工艺路线

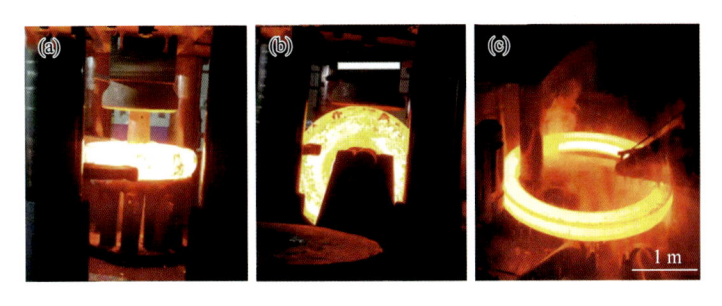

图 6-16 直径 3 m 级主轴承套圈热加工
(a) 冲孔;(b) 扩孔;(c) 辗环

辗环完成后,将套圈材料进行粗加工,之后采用如图 6-17 所示的锻后热处理工艺,消除大型盾构机主轴承的锻造应力,使组织更加均匀。性能热处理采用图 6-18 所示淬火加高温回火的调质处理,最后进行半精加工和精加工。

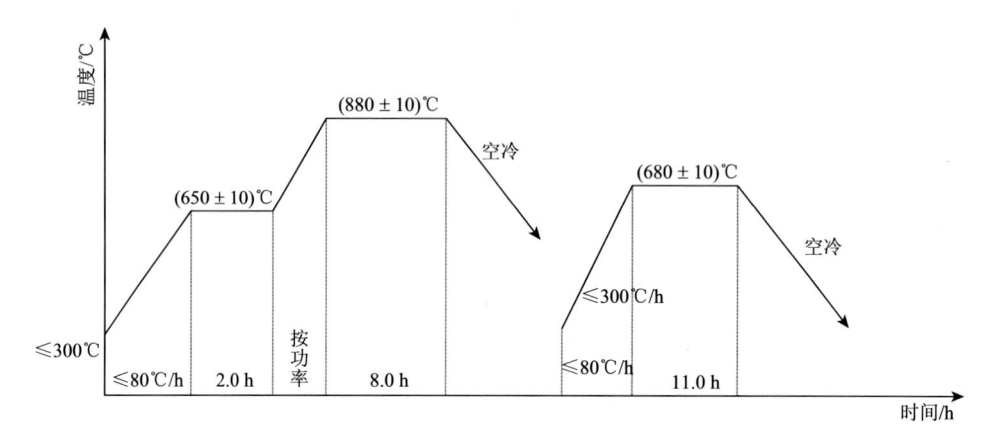

图 6-17　直径 3 m 级主轴承套圈锻后热处理工艺路线

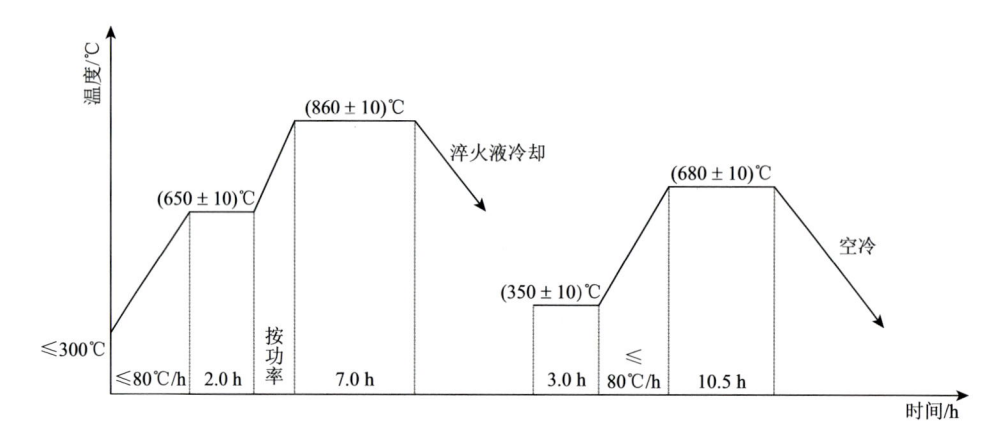

图 6-18　直径 3 m 级主轴承套圈性能热处理工艺路线

通过对自主研制的盾构机主轴承套圈解剖发现,自研套圈材料具有超洁净、高均质、大淬深的特点,达到国际领先水平。全氧含量为 8×10^{-4} wt%,明显优于国外进口套圈材料。自主研发材料中无大型的 A、C 以及 Ds 类夹杂物存在,B 类与 D 类夹杂物仅为 0.5 级,夹杂物等级之和小于 1.5 级。夹杂物平均直径和面积百分比显著优于国外,如表 6-4 和表 6-5 所示,表明自主研制套圈材料的整体夹杂物控制良好,达到甚至超过了进口水平,也充分证明了稀土处理提高材料洁净度的有效性。

表 6-4 自主研制直径 3 m 级主轴承套圈的夹杂物级别

| A || B || C || D || Ds | TiN |
粗	细	粗	细	粗	细	粗	细		
0	0	0	0.5	0	0	0.5	0.5	0	0

表 6-5 自主研制直径 3m 级主轴承套圈和国外进口套圈材料的夹杂物对比

类别	扫描面积/mm²	数量	平均直径/μm	最大直径/μm	数密度/(个/mm²)	面积百分比/%
国外	26	1611	2.63	26.69	61.96	0.023
自研	50.2	577	2.49	13.07	11.05	0.004

此外，按照图 6-19 所示的取样位置从热处理后的主轴承套圈上切取样品，力学性能的分析结果表明，通过微合金化制得的新型 42CrMo4M 钢在优化后的热处理工艺条件下具有良好的强韧性匹配（表 6-6 和表 6-7）。

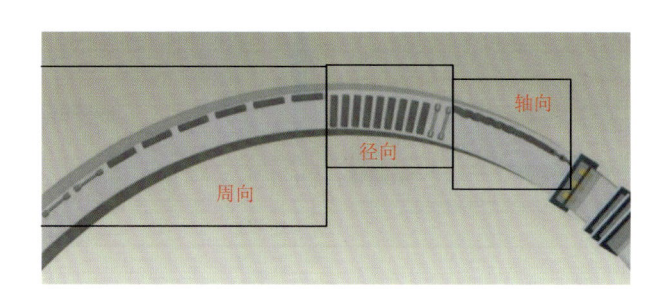

图 6-19 取样位置示意图

表 6-6 直径 3 m 级主轴承套圈不同位置的力学性能

取样方向	抗拉强度/MPa	屈服强度/MPa	断面收缩率/%	伸长率/%
周向	820	679.5	68.5	22.5
径向	852.5	691.5	66.5	20.5
轴向	796	663	61	23

表 6-7 直径 3 m 级主轴承套圈不同位置-20℃条件下的低温冲击吸收功

取样方向	值 1/J	值 2/J	值 3/J	平均值/J
周向	116.9	120.2	122.4	119.8
径向	126.9	118	124.7	123.2
轴向	122.4	124.7	122.4	123.1

此外，自主研制的套圈全断面解剖结果显示，套圈断面具有优异的硬度均匀性，其硬度均匀性控制在±9HBW以内，超越国外；滚道面的淬硬层深度为8～12 mm，达到同类进口产品的先进水平，如图6-20所示。

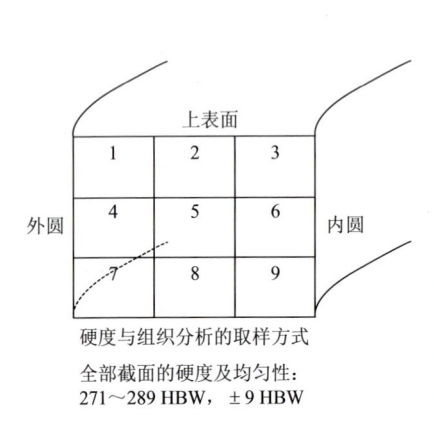

内齿套圈环件硬度分布/HBW					
上环0°位置					
内径					
上	287	289	288	下	287～289±1
	287	287	288		
外径					
上环120°位置					
内径					
上	271	275	271	下	271～274±1.5
	271	274	273		
外径					
上环240°位置					
内径					
上	276	278	281	下	277～282±2.5
	277	282	281		
外径					
下环0°位置					
内径					
上	287	289	288	下	287～289±1
	287	287	288		
外径					
下环120°位置					
内径					
上	284	283	281	下	278～284±3
	280	283	278		
外径					
下环240°位置					
内径					
上	276	278	281	下	276～282±3
	277	282	281		
外径					

硬度与组织分析的取样方式
全部截面的硬度及均匀性：
271～289 HBW，±9 HBW

图6-20　直径3 m级主轴承套圈的全断面硬度分布

采用最佳电压比和淬火扫描速度，套圈断面淬硬层深度达到了8～12 mm，如图6-21所示。对应的断面硬度分布和表面不同位置硬度分布如图6-22所示。图中

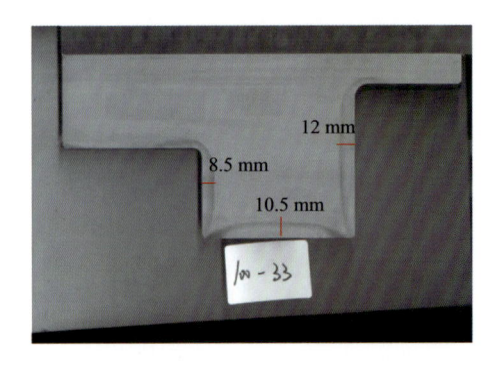

图6-21　直径3 m级主轴承内齿套圈断面解剖图

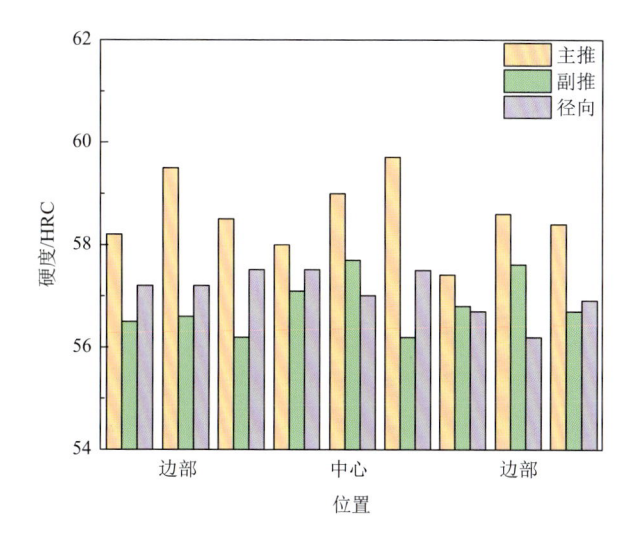

图 6-22 直径 3 m 级主轴承内齿套圈滚道面的表面硬度分布

分别为主推、副推、径向的边部-中心-边部表面洛氏硬度，可以看出套圈表面不同位置硬度均在 56 HRC 以上。

6.3 轴承钢热处理

轴承钢热处理是最重要的环节，这也是我国特殊钢行业的短板。国外在中国建立了多家轴承公司，甚至很多钢材都从国内直接采购，但是热处理基本由自己公司来做，不对外开放。热处理作为轴承制造中最重要的环节，亟须解决材料组织与性能调控问题，以及残余应力控制问题。轴承行业热处理没有做好，也是由于行业之间存在壁垒，冶金行业负责生产钢材，强项是钢的冶炼和棒线材制造，机械行业负责制造轴承，强项是精密加工和冷成形。热处理作为提升材料性能的桥梁，显然没有得到应有的重视，甚至脱节。再加上热处理本身工艺复杂，更需要扎实的基础理论、关键技术和装备能力。

6.3.1 M50 钢全流程热处理

M50 钢的热处理工艺复杂，链条长，变化环节多，必须明确工艺窗口，否则质量难以把控。热处理工艺主要包括高温扩散退火、淬火、深冷、多次回火，还有精密加工过程中的低温回火等。M50 钢热处理过程不但要调控性能，还要通过热处理进一步细化碳化物尺寸和调控形状，提高均质性。

M50 钢的全流程加工制备见图 6-23。由图可见，建立退火、淬火、回火工艺参数规范对轴承钢性能稳定化至关重要。研究表明，低于 880℃保温退火时，晶粒尺寸不发生明显粗化；在 850～880℃进行保温退火处理，碳化物球化度较好；基于碳化物分布、晶粒尺寸以及 CCT 相变点数据，确定了球化退火工艺方案，实现了 M50 钢退火态碳化物的均匀分布，如图 6-24 所示。

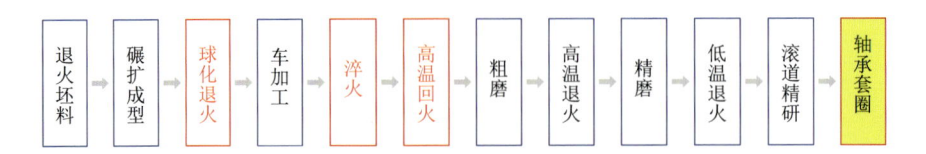

退火坯料 → 碾扩成型 → 球化退火 → 车加工 → 淬火 → 高温回火 → 粗磨 → 高温退火 → 精磨 → 低温退火 → 滚道精研 → 轴承套圈

图 6-23　轴承套圈全流程加工制备示意图

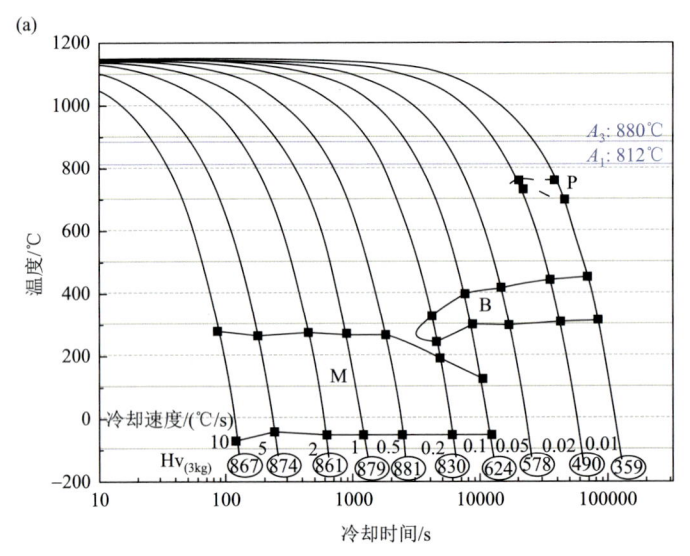

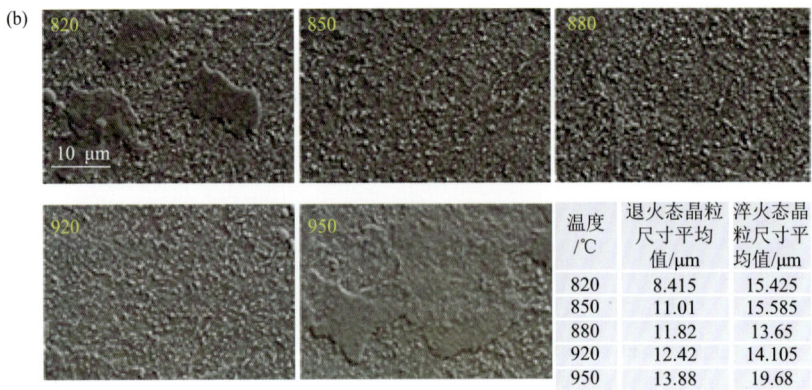

(a)

(b)

温度/℃	退火态晶粒尺寸平均值/μm	淬火态晶粒尺寸平均值/μm
820	8.415	15.425
850	11.01	15.585
880	11.82	13.65
920	12.42	14.105
950	13.88	19.68

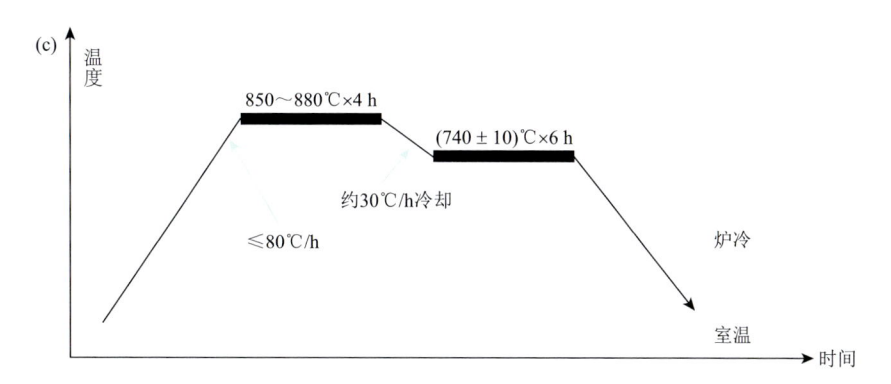

图 6-24　M50 钢 CCT 曲线数据（确定马氏体相变结束点 $M_f<-50$℃）（a）、不同退火温度 SEM 组织（b）以及退火工艺参数（c）

对 M50 钢不同温度淬火组织进行系统分析，结果表明，随着淬火温度升高，残余奥氏体含量增加、晶粒尺寸增大，硬度逐步降低；基于原始奥氏体晶粒尺寸控制，最佳淬火温度控制在 1080～1110℃；在研究中发现经淬火处理后，残余奥氏体（红色）呈块状和薄膜状分布，需进一步结合深冷工艺予以消除（图 6-25）。图 6-24 的 CCT 曲线数据表明，马氏体相变结束点 $M_f<-50$℃，可引入深冷工艺进行残余奥氏体的消除。

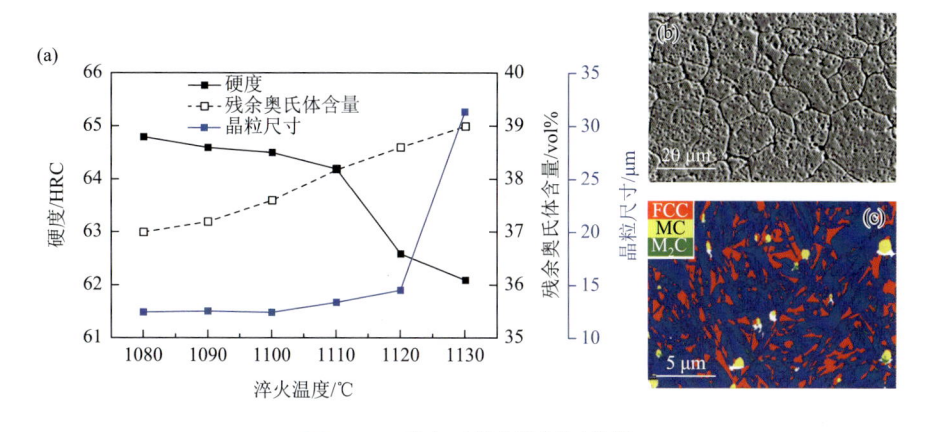

图 6-25　淬火工艺参数制订依据

（a）M50 钢淬火温度与硬度-残余奥氏体-晶粒尺寸的对应关系；（b）典型淬火态晶粒 SEM 形貌；（c）淬火组织相分布图

淬火后深冷处理可有效降低残余奥氏体含量，残余奥氏体在深冷过程中通过相变转变成马氏体，提升了基体硬度[10]。对 M50 钢不同深冷温度组织性能进行系统分析（图 6-26），结果表明，深冷处理后，洛氏硬度呈增加态势，残余奥氏体含量有一定程度降低；随着深冷温度的提高，大角度晶界占比逐渐降低，小角度晶界占比有一定程度的提升。进一步研究证实，残余奥氏体通过相变转变成马氏体板条，增加了小角度晶界占比。

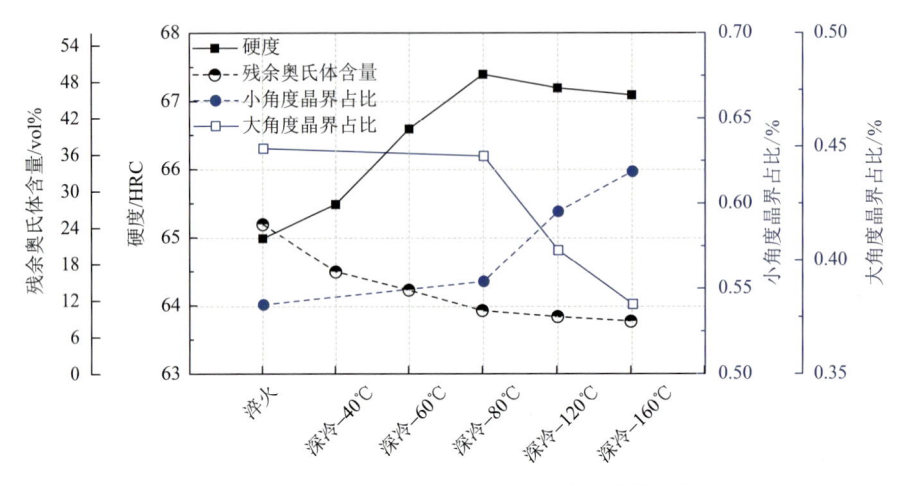

图 6-26 不同温度深冷对组织及硬度影响的评价

选取-80℃深冷处理的样品进行分析，发现与淬火态样品组织相比，小角度晶界与大角度晶界线密度均增加，其中小角度晶界线密度从 0.608 μm^{-1} 增至 0.769 μm^{-1}，大角度晶界线密度从 2.087 μm^{-1} 增加至 2.468 μm^{-1}，即残余奥氏体（红）除相变成小角度晶界马氏体板条外，也会形成大角度晶界，但增加比例低于小角度晶界。大角度晶界增加，可提高抑制裂纹扩展的能力，进一步提高韧性[11]；原位 EBSD 观察发现深冷处理导致残余奥氏体原位开裂、分解、相变，并诱导基体析出纳米级 M_2C 析出相，提供弥散强化（图 6-27）。

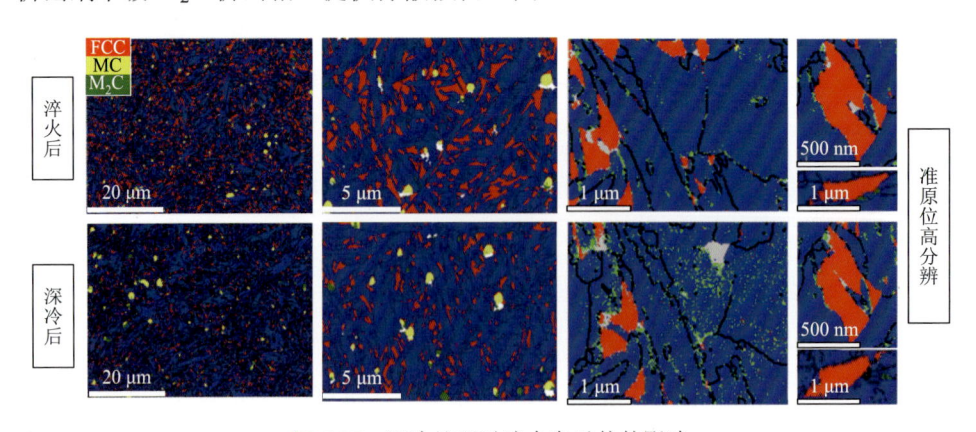

图 6-27 深冷处理对残余奥氏体的影响

通过对非深冷/深冷+不同温度回火处理后残余奥氏体与硬度的变化规律进

行分析发现，不同淬火温度下，M50 钢均存在明显二次硬化点（M_2C，如图 6-28 所示），确定最佳回火温度区间为（550±10）℃；深冷处理可有效减少残余奥氏体含量。因此，基于 M50 轴承钢开发淬火+深冷处理工艺，细化并减少了残余奥氏体含量，提升了大角晶界和小角晶界数量，有助于提升性能，并利用回火二次硬化规律确定了最佳回火温度。

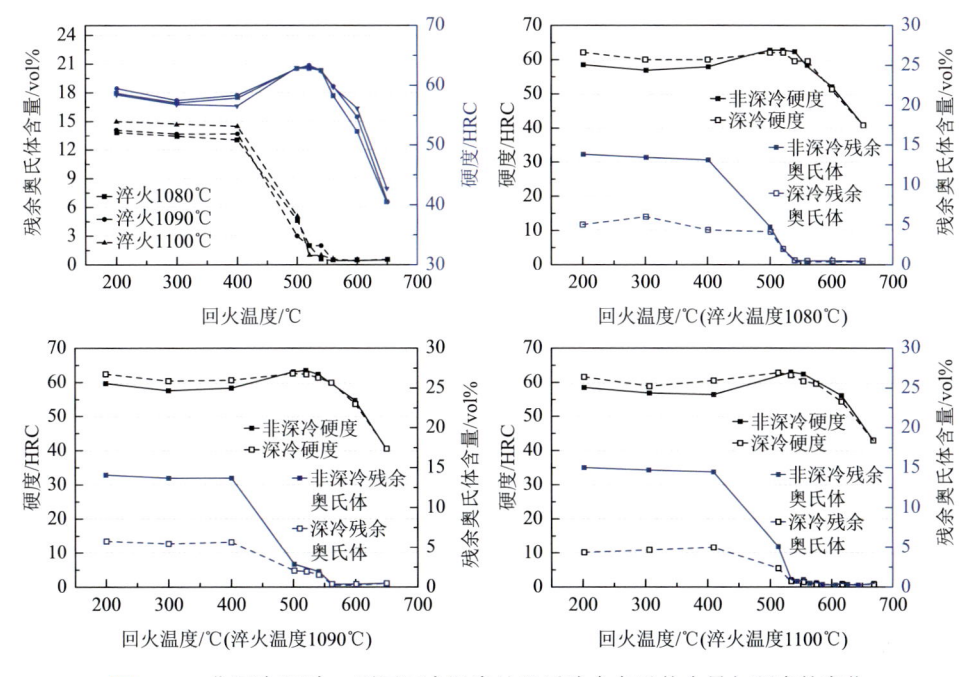

图 6-28 非深冷/深冷+不同回火温度处理后残余奥氏体含量与硬度的变化

通过对不同热处理状态的 M50 钢碳化物结构及形貌进行表征发现，球化退火态包含 4 类碳化物，主要包含 M_2C、MC、M_6C 及 $M_{23}C_6$；淬火态主要包含 M_2C 和 MC 两类碳化物，如图 6-29 所示，基体组织为回火马氏体。

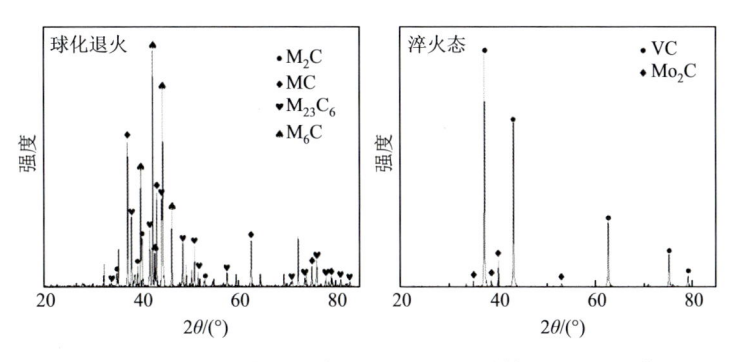

图 6-29 球化退火与淬火处理后析出相结构的 XRD 图谱

自研的 M50 轴承钢经淬火加三次回火工艺处理后，使用球棒疲劳试验机，在接触应力为 5 GPa 的条件下进行测试，其滚动接触疲劳寿命为 $L_{10} \geq 1 \times 10^8$（$L_{10}$ 是可靠性为 90% 的额定疲劳寿命），如图 6-30 所示。对试制的国产轴承进行分析，发现轴承材料经热处理后，硬度为 60.8~61.5 HRC，截面硬度差值为 0.7 HRC，残余奥氏体含量 <3 vol%，晶粒度大于 8 级。采用自研的深冷加回火的轴承钢制造轴承，装机考核发现，航发轴承试验器的服役寿命达到 2000 h。

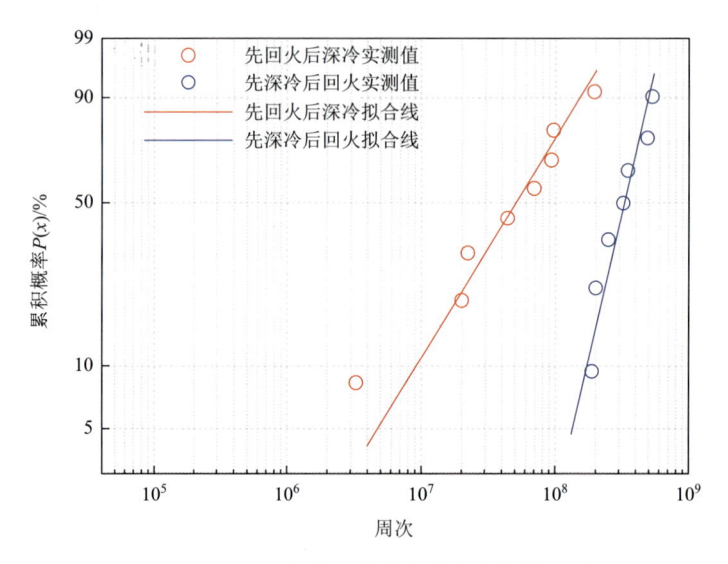

图 6-30 M50 钢滚动接触疲劳寿命的数据图

6.3.2　GCr15 钢全流程热处理

GCr15 钢的热处理主要包括球化处理、淬火、回火等几个环节。研究发现，对球化退火过程的优化显著提高了钢的均质性。如果不进行有效的球化处理，裂纹萌生后，会沿着贫碳化物区扩展；反之，如果经过球化处理获得均匀碳化物，裂纹扩展会受到碳化物的阻碍。团队根据精密轴承的性能要求，详细制订了热处理技术规范。甚至热处理过程采用不同类型的炉子，都有明显的影响，对其都做了详细规定。

在对国内外制造的多台套机床轴承/高铁轴承和盾构机主轴承滚子全流程解剖分析时发现，依据现有国家标准 GB/T 18254—2016 等对国内外高端轴承用高碳铬轴承钢的冶金质量、显微组织和力学性能检测发现并无显著差异。然而，我国在高端轴承的服役寿命（特别是精度寿命保持性）和稳定性方面存在不足。一个重要原因是，我国现有高碳铬轴承钢评价标准较为宽泛。例如，在对高碳铬轴承钢碳化物进行评价时，仅通过金相图谱对照法进行网状碳化物、带状碳化物和液析链状碳化物进行简单评价，而从日本 NTN 和山阳轴承制造企业布局的相关专利可看出，对高碳铬轴承钢中碳化物尺寸、间距及其分散性进行了明确规定，并强调这些碳化物统计参数将对高精密轴承加工性能和服役寿命产生重要影响。在高碳铬轴承钢中的残余奥氏体控制方面，仅对残余奥氏体含量进行简单限定，而对残余奥氏体的形貌、尺寸及其稳定性鲜有明确要求。可见，科学合理地制订高碳铬轴承钢的显微组织评价方法对于高端轴承稳定化制造具有重要意义。

在对高碳铬轴承钢碳化物进行评价时，借鉴"网格法"开展了碳化物均匀性分析。即针对轴承不同服役工况（如重载低速盾构机主轴承滚子、轻载高速的高精密机床轴承套圈），首先利用宏观有限元方法开展轴承运行过程受力情况分析，结合晶体塑性有限元模拟和力学评价试验科学地确定"网格区域"尺寸，具体思路如图 6-31 所示。为了使高碳铬轴承钢碳化物评价更方便、高效，开发了碳化物均匀性评价软件，如图 6-32 所示。

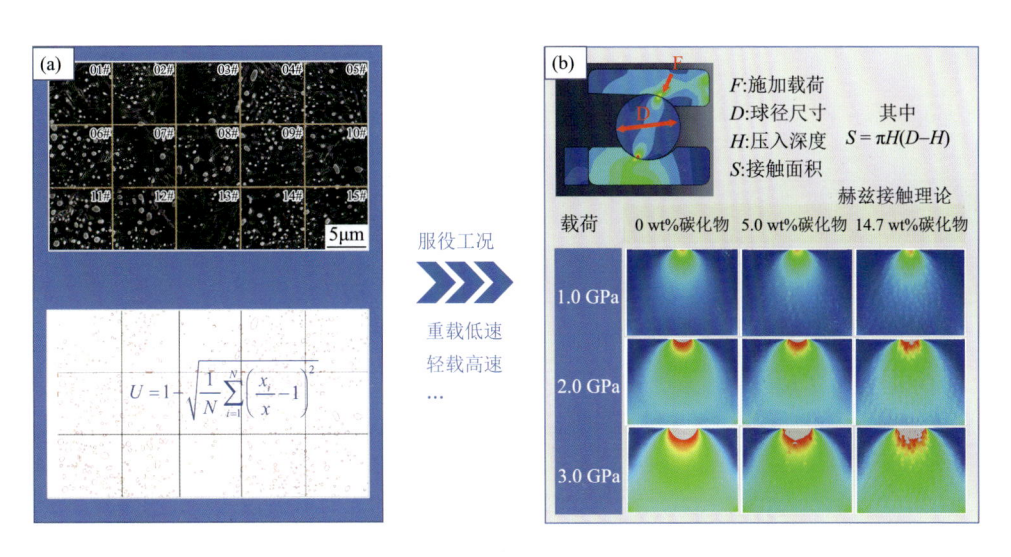

图 6-31 网格法评价碳化物均匀性及有限元模拟示意图
（a）网格法统计规范；（b）不同碳化物分布对轴承次表层应力变化的影响结果
U 表示碳化物均匀性定量统计结果值；N 为网格数；x_i 为第 i 个网格内碳化的数量或碳化物面积占比；x 为所有网格中平均的碳化物数量或碳化物面积占比

目前，该评价方法已在高精密机床轴承套圈碳化物均匀性评价上得到应用。如表 6-8 所示，若采用国标 GB/T 18254—2016 进行碳化物评级，国内外高端机床轴承碳化物评级差异不大；若采用团队研发的"网格法"评价方法，发现国产高精密机床轴承套圈碳化物均匀性较国外还存在一定的差距。

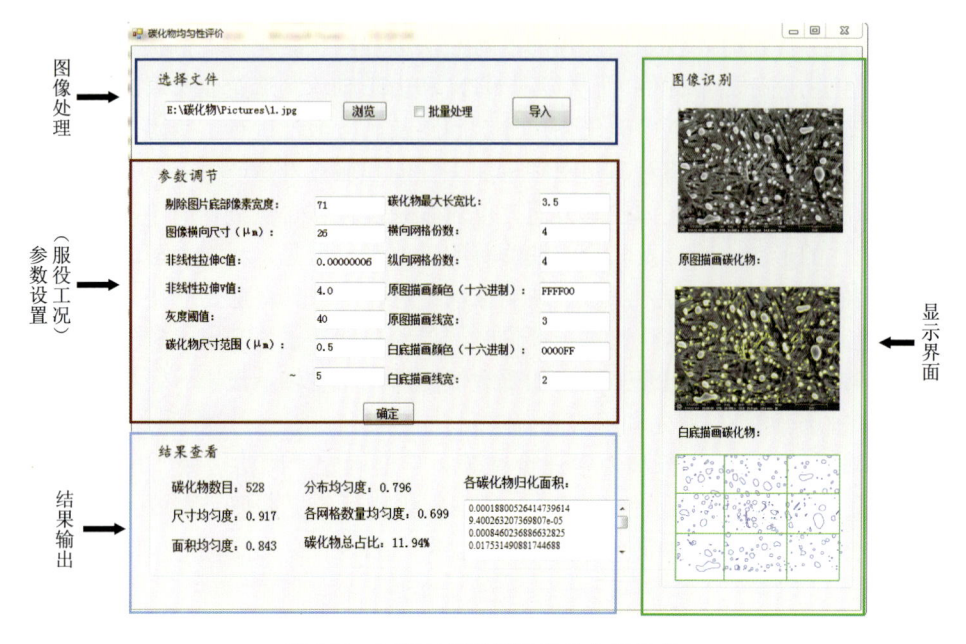

图 6-32 网格法评价碳化物均匀性软件

表 6-8 不同评价方法对国内外高端轴承碳化物均匀性评定的结果对比

评价方法	指标	进口 1	进口 2	进口 3	国内 1	国内 2	国内 3
国标 GB/T 18254—2016	网状碳化物	0.5	1.0	0.5	0.5	0.5	0.5
	带状碳化物	1.0	1.5	0.5	0.5	0.5	1.0
	液析碳化物	0	0	0	0	0	0
自研评级方法	含量	4.19	4.98	4.85	7.13	6.17	6.39
	U_N	0.79	0.82	0.72	0.57	0.73	0.67
	U_A	0.83	0.85	0.80	0.59	0.73	0.50
	U_D	0.85	0.92	0.86	0.72	0.84	0.76

注：U 值越接近 1 说明轴承钢碳化物均匀性越好，其中 U_N 代表数量均匀性，U_A 代表面积均匀性，U_D 代表尺寸均匀性。

高碳铬轴承钢中残余奥氏体对轴承强韧性、尺寸稳定性和摩擦磨损等性能具有重要影响。针对现有国家标准 GB/T 34891—2017 中仅对高碳铬轴承钢中残余奥氏体含量进行要求外，团队在开展残余奥氏体对高精密机床轴承和盾构机主轴承滚子精度寿命、耐磨性和尺寸稳定性进行研究时，提出了对残余奥氏体含量、尺寸、形态、分布和稳定性协同控制的要求。除了利用 X 射线衍射方法对残余奥氏体含量进行统计外，还需重点关注残余奥氏体中碳含量，并利用 EBSD 和 TEM 对高碳铬轴承钢中残余奥氏体形貌、尺寸和分布进行分析，避免高碳铬轴承钢中基体中分布大块残余奥氏体（图 6-33）。结合轴承零部件硬度与残余奥氏体含量之间倒置关系，可在高碳轴承钢中保持少量薄膜状、稳定性较好的残余奥氏体，这有利于提升高碳铬轴承零部件强韧性和摩擦磨损等力学性能。

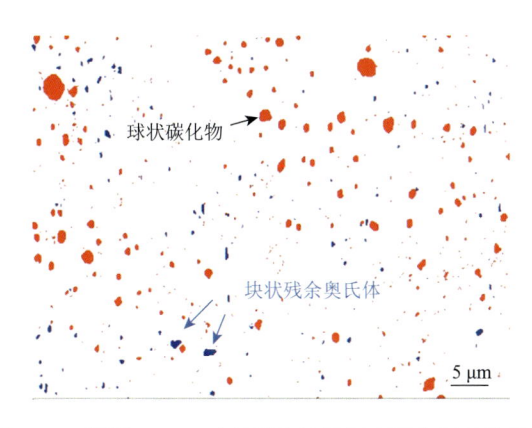

图 6-33　利用 EBSD 对高碳铬轴承钢中残余奥氏体解析

科学制定高碳铬轴承钢显微组织评价规范不仅可应用于轴承产品质量控制、产品检验以及失效分析等，如确定轴承锻造、球化退火和淬回火等关键工艺参数是否合适等，还能结合轴承具体服役工况开展高碳铬轴承钢显微组织靶向设计，最终实现高端轴承稳定可控制造。根据高精密机床轴承套圈和盾构机主轴承滚子服役工况和轴承生产企业实际情况，在现有国家标准 GB/T 34891—2017 的基础上，科学设计了精密机床轴承套圈和盾构机主轴承滚子用高碳铬轴承钢显微组织。

众所周知，轴承虽小，但牵涉的产业链条长，显微组织控制受到多个环节的影响。我国的轴承企业和特殊钢厂存在"界面"，特殊钢企业虽然具有深厚的研究实力，但通常只是给轴承厂提供热轧态或者球化退火态的 GCr15 轴承钢，因此只关注轴承钢的洁净度，而不重视其显微组织；而轴承厂侧重于轴承的结构设计，对于轴承钢的研究基础普遍较为薄弱，通常采用常规热处理工艺对不同尺寸规格、不同厂家、不同冷/热变形状态的轴承钢进行相同的性能热处理。团队走访调研国内多家轴承冷、热加工企业，并开展了国内企业生产的高碳铬轴承钢在各道工序下组织演化的解析。在该过程中发现，淬火及淬火前的各道冷热加工工序是决定高碳铬轴承钢显微组织中碳化物均匀性的关键。而目前轴承热处理企业仅针对生产效率、淬火变形和硬度指标等进行考核。以淬火过程为例，目前热处理企业仅关注淬火过程中的淬火温度、时间、冷却介质和淬火方式等热处理工艺参数（图 6-34），而基本上不关注淬火初始组织状态、加热过程和保温台阶设置等对高碳铬轴承钢显微组织和力学性能的影响。

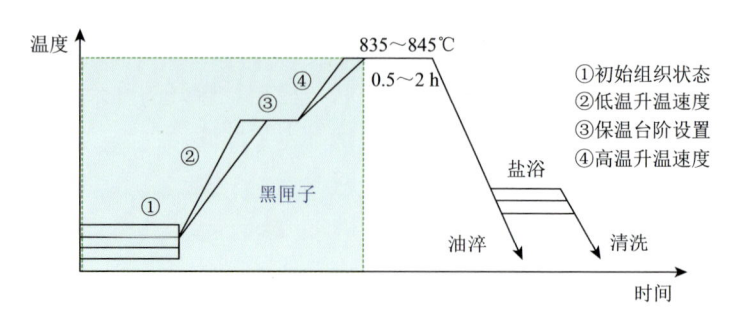

图 6-34 当前国内轴承热处理企业生产工艺示意图

因此，下文以最具代表性的 GCr15 高碳铬轴承钢为研究对象，针对国内外高端轴承用高碳铬轴承钢微观组织均匀性存在较大差距的问题，以提高高碳铬轴承钢显微组织均匀性和生产批次稳定性为目标，对球化退火-淬火-回火全流程热处理工艺进行优化，使高碳铬轴承钢达到不同服役工况的指标要求，具体研究思路如下。

1. 球化退火工艺

轴承钢的球化退火工艺旨在改善轴承的加工性能，得到组织均匀、球状碳化物尺寸适中且圆度良好的粒状珠光体组织。作为全流程热处理的前端工序，球化退火对高碳铬轴承钢碳化物的形貌、分布以及后续热处理显微组织的均匀性调控起到至关重要的作用。球化退火工艺一般分为两个阶段，即奥氏体化过程中碳化物溶解阶段和离异共析转变阶段。在第一阶段，样品在 A_{c1} 以上 30~50℃进行保温，碳化物发生溶解，细小的球状碳化物弥散地分布在奥氏体基体中。随后通过缓慢冷却或在略低于 A_{c1} 的温度下进行长时保温，使珠光体相变过程中发生离异共析转变，最终得到粒状珠光体。球化退火过程中碳化物的演化主要包括：奥氏体化中碳化物的大量溶解，碳化物发生 Ostward 熟化并粗化，碳化物的离异共析长大。为得到均匀细小、无明显网状碳化物的球化退火组织，轴承钢应当满足以下条件，如图 6-35 所示。首先缩短加热升温阶段后的保温台阶时间，加速片层渗碳体的溶解，并细化球化组织中碳化物的尺寸，有针对性地在球化退火的升温过程中添加一个保温或振荡温度台阶，以促使在不同区域同时发生奥氏体相变。在第一个保温台阶后，提高下一阶段的升温速度，以促进不同微区中碳化物的同时溶解。随后在奥氏体化过程中，未溶的碳化物颗粒易发生粗化现象，这会使最终的球化组织中存在过大的碳化物颗粒，并减少离异共析转变的形核质点。因此，第一阶段的保温温度应当控制在 790~810℃，保温时间不宜超过 4 h。在轴承钢离异共析转变过程中，保温时间的适当延长，钝化少量片层状碳化物，提高碳化物的圆度，但也促进了 Ostward 熟化，使碳化物尺寸更加粗大。因此，在球化退火的第二个保温台阶中，结合实际生产需求，采用等温球化退火工艺，在 700~720℃保温 4~6 h。

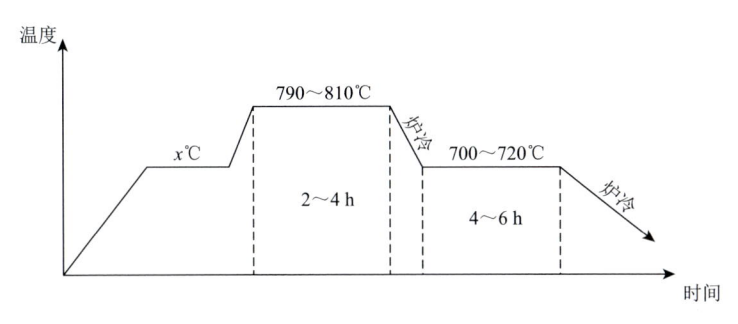

图 6-35　GCr15 轴承钢球化退火工艺

2. 淬火热处理工艺

为了改善 GCr15 轴承钢碳化物的分布均匀性，团队开发了一种台阶加热淬火工艺，如图 6-36 所示。在淬火升温过程中，根据高碳铬轴承钢不同的初始状态，有针对性地设计合理的保温台阶，以改变淬火过程中奥氏体的形核、长大与碳化物溶解过程，达到改善碳化物均匀分布的目的。如表 6-9 所示，经过设计保温台阶的改进型淬火工艺，在保证强度、硬度几乎不变的条件下，高碳铬轴承钢冲击韧性得到了显著提升。

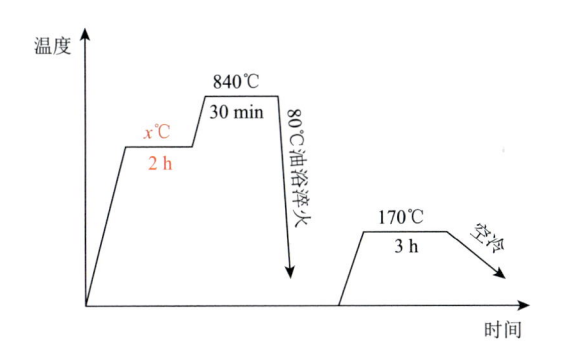

图 6-36　台阶加热淬火-回火热处理工艺

表 6-9　不同淬火和回火工艺后的 GCr15 钢力学性能与残余奥氏体含量

热处理工艺	屈服强度/MPa	抗拉强度/MPa	冲击吸收功/J	硬度/HRC	残余奥氏体含量/vol%
淬火回火	1813	2469	89.7	61.9	7.5
台阶淬火回火	1775	2532	123.3	61.6	9.0

如图 6-37（a）和（b）所示，在传统淬火工艺处理后的轴承钢中，碳化物分布不均匀，存在明显的碳化物富集区及贫碳化物区。与此同时，大尺寸的贫碳化物区往往包含一个或几个原奥氏体晶粒，这表明碳化物分布的不均匀性主

要存在于介观尺度（10 μm 级别），与奥氏体的形核和长大相关。台阶加热淬火工艺通过添加适当的保温台阶，如图 6-37（c）和（d）所示，改善了奥氏体化过程中不同区域间的碳化物溶解过程，避免大尺寸贫碳化物区的形成，进而提高了碳化物分布的均匀性。此外，台阶加热淬火工艺下的奥氏体趋于同时形核与长大，原奥氏体晶粒尺寸的均匀性同样得到了提升。因此，仅通过对淬火工艺的加热过程进行适当调整，高碳铬轴承钢中碳化物的分布均匀性得到了较为明显的改善。

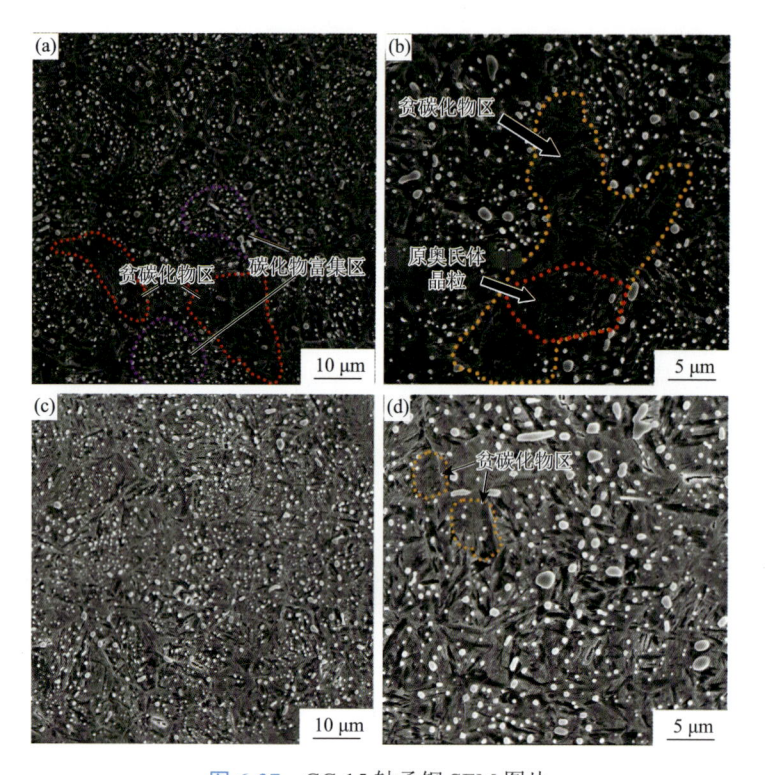

图 6-37 GCr15 轴承钢 SEM 图片

（a，b）传统淬火工艺；（c，d）台阶加热淬火工艺

图 6-38 为台阶淬火工艺提升高碳铬轴承钢韧性的机理分析示意图。在多数情况下，裂纹倾向于沿应力集中的原奥氏体晶界处发生扩展。与此同时，碳化物作为硬质相，在轴承服役或受力时，碳化物富集的区域易发生应力集中及微区塑性应变，当大量位错运动在碳化物周围受到阻碍时，该区域中产生的裂纹尖端成为裂纹萌生点。因此，密集分布的碳化物促进了裂纹的萌生。相反，由于碳化物具有更高的弹性模量，裂纹不能直接切过碳化物扩展，而是绕过碳化物发生扩展，碳化物对裂纹的扩展起到阻碍作用。

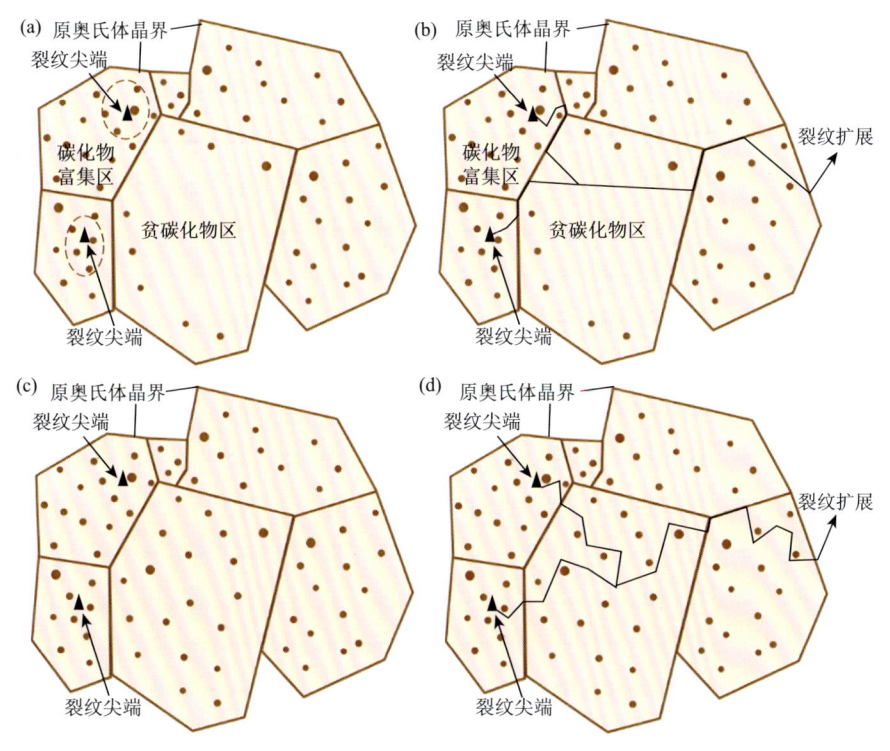

图 6-38 GCr15 轴承钢裂纹萌生（a, c）与扩展（b, d）机理图
（a, b）传统淬火工艺；（c, d）台阶加热淬火工艺

如图 6-38（a）和（b）所示，当碳化物分布均匀性较差时，密集分布的碳化物促进了裂纹的萌生，而在贫碳化物区，由于没有碳化物的阻碍，裂纹倾向于直接沿贫碳化物区快速扩展，这促进了裂纹的扩展，恶化了轴承材料的韧性。如图 6-38（c）和（d）所示，均匀分布的碳化物抑制裂纹在碳化物富集区萌生的同时，显著延长裂纹的扩展路径并抑制了裂纹的扩展。因此，均匀分布的碳化物对 GCr15 轴承钢的韧性提升起到了关键的作用。

3. 深冷-回火热处理工艺

为了消除 GCr15 轴承钢在淬火后产生的大量块状残余奥氏体，在淬火后通常采用深冷-回火热处理工艺。此外，通过深冷-回火工序调节能够有效调控最终服役轴承的硬度、残余奥氏体含量等。通过小批量深冷、回火工艺试验，测试了热处理后高碳铬轴承钢的硬度及残余奥氏体含量，完成相关的数据积累，得到了不同深冷-回火工艺下的硬度（H）和残余奥氏体体积分数（V_A）拟合公式 $\dfrac{H}{V_A} = y_0 + A\exp[-\exp(-Z) - Z + 1]$，如图 6-39 和图 6-40 所示。其中，在无深冷条件下残余奥氏体含量的拟合公式中，残余奥氏体含量 $y_0 = 15.2$ vol%，相关系数 $Z = (x-x_c)/w$，正常回火温度范围内（100～280℃）残余奥氏体完全消除、硬度区域稳定的临界温度 $x_c = 247.5℃$，拟合参数 $w = 71.1$, $A = -15.2$；而在硬度的拟合公式中，$y_0 = 64.37$HRC，$Z = (x-x_c)/w$，$x_c = 249.4℃$，$w = 74.26$，$A = -5.67$，其中该拟合公式适用于无深冷工艺、回火温度为 150～250℃ 的情况。

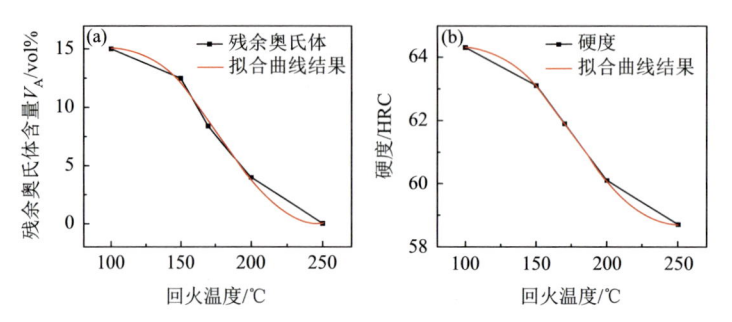

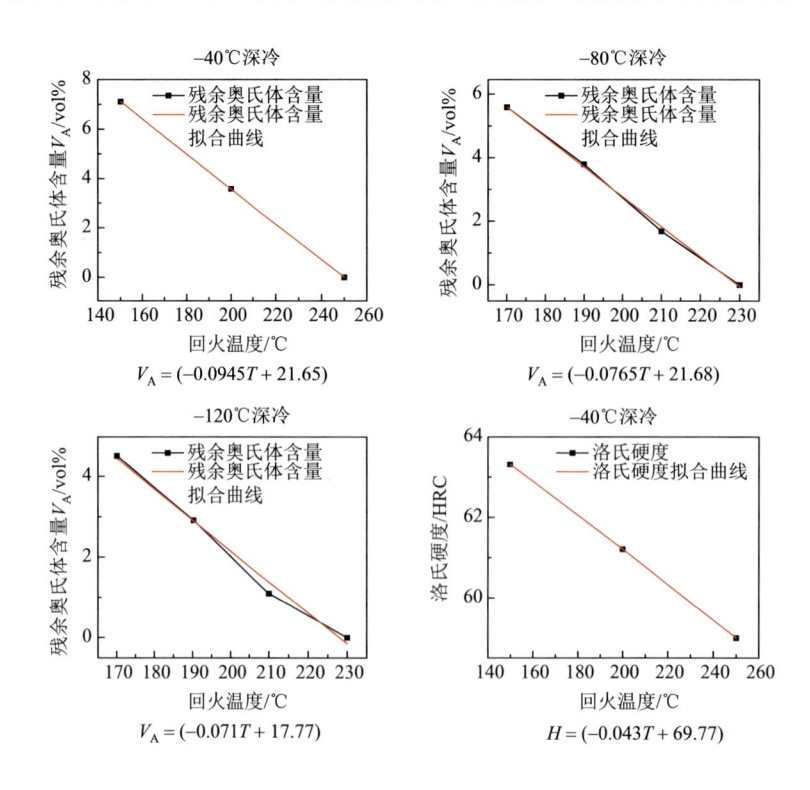

图 6-39　GCr15 轴承钢在无深冷条件下的残余奥氏体含量和硬度拟合曲线
（a）残余奥氏体拟合曲线；（b）硬度拟合曲线

此外，深冷工艺能够使轴承钢在淬火后进一步完成马氏体相变，部分残余奥氏体转变成新生马氏体，从而在回火后得到硬度更高、残余奥氏体含量更少的组织。在不同深冷、回火工艺下，轴承钢的残余奥氏体含量、硬度拟合曲线如图 6-40 所

$V_A = (-0.0945T + 21.65)$

$V_A = (-0.0765T + 21.68)$

$V_A = (-0.071T + 17.77)$

$H = (-0.043T + 69.77)$

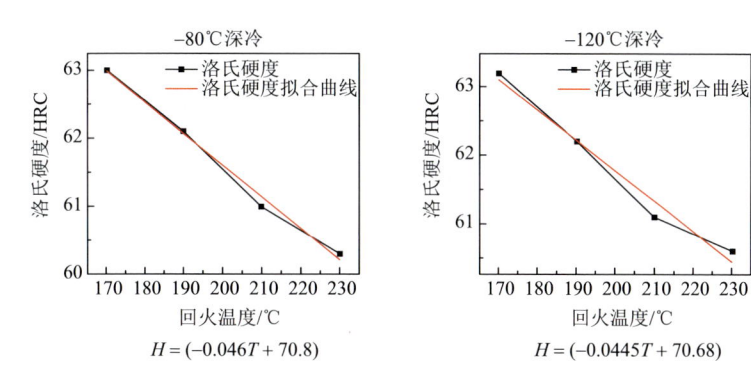

图 6-40 GCr15 轴承钢在不同深冷条件下的残余奥氏体、硬度拟合曲线

示。其中，H 代表轴承钢的洛氏硬度，HRC；V_A 代表轴承钢的残余奥氏体含量，vol%；T 代表轴承钢的回火温度，℃。

通过对不同深冷-回火条件下的轴承钢材料进行硬度及残余奥氏体含量的拟合，可以得到相同硬度和残余奥氏体含量时对应的深冷-回火工艺范围。如图 6-41 所示，相同残余奥氏体含量或硬度的条件下，深冷-回火工艺对应了一个条状的范围。将图 6-41（a）及图 6-41（b）中的范围进行重叠，即可得到相应硬度、残余奥氏体含量下的深冷-回火工艺。因此，图 6-41 能够在已知硬度和残余奥氏体含量的情况下反推深冷-回火工艺，也能够在进行指定深冷-回火工艺后预测轴承钢的硬度及残余奥氏体含量，这为工业生产提供了理论及数据支撑。

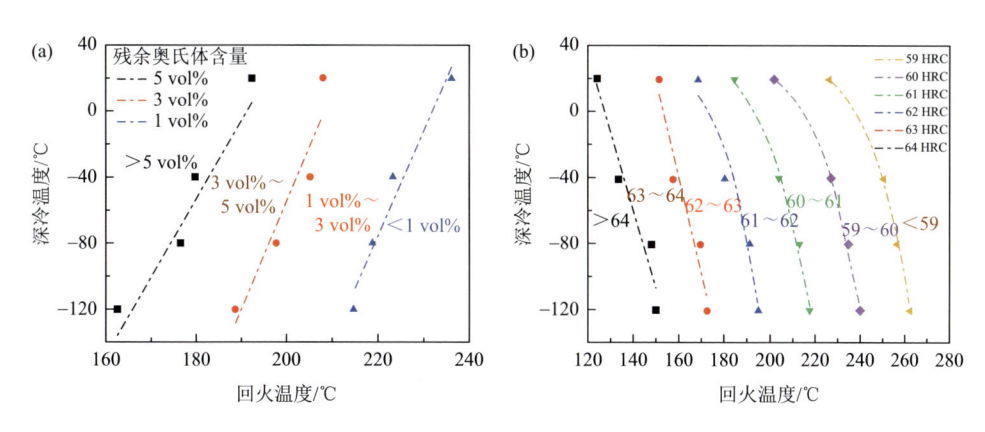

图 6-41 GCr15 高碳铬轴承钢深冷-回火工艺与残余奥氏体含量（a）以及硬度（b）的对应关系

4. 全流程热处理规范制定

高碳铬轴承钢热处理过程中的质量控制实际上是贯彻热处理相关标准规范的过程，包括热处理设备及仪表、工艺材料及槽液控制、工艺过程控制等。只有严格执行标准，加强工艺纪律，才能将热处理缺陷消灭在质量的形成过程中，

获得高质量的热处理轴承零部件。在实际轴承零部件热处理过程中，除了遵守相关热处理工艺及质量控制要求标准（如 GB/T 18254—2016《高碳铬轴承钢》、GB/T 38885—2020《超高洁净高碳铬轴承钢通用技术条件》、GB/T 34891—2017《滚动轴承　高碳铬轴承钢零件　热处理技术条件》），轴承热处理企业应根据生产设备先行条件和产品质量要求，针对轴承零部件热处理过程制定相应规范。针对高精密机床轴承服役工况特点，结合不同类型热处理生产线特点和高碳铬轴承钢显微组织评价规范，研发了相适配的全流程热处理工艺，在多家轴承热处理企业应用，现已建立了相应的热处理规范，为高精密机床轴承稳定化生产提供有力支撑。

6.3.3　高淬透性高碳铬轴承钢的全流程热处理

由于盾构机主轴承滚动体零件尺寸大、断面厚，普通 GCr15 高碳铬轴承钢系列的各牌号钢种均难以淬透。作者团队在 GCr15 高碳铬轴承钢的基础上添加了 Mn、Mo、稀土（RE）等元素进行合金化，对于直径小于 100 mm 的滚动体，开发了 GCr18MoRE 高碳铬轴承钢；对于直径大于等于 100 mm 的滚子，开发了 GCr20MnMoRE 高碳铬轴承钢。合金元素的加入大大提升了材料的淬透性，同时也对后续的热处理环节提出了更高要求。

首先对国外某厂商制造的 $\phi 3 \text{ m}$ 及 $\phi 7.55 \text{ m}$ 盾构机主轴承滚动体进行了详细解剖分析，研究了其距表层不同深度处显微组织特征，以及力学性能特点，并探讨了可能的热处理工艺，根据滚动体的不同尺寸规格，结合上述新开发的两种轴承钢的成分特点，确定了热处理后的最终性能指标参考范围，并设计全流程热处理工艺参数，主要包括如下内容。

1. 球化退火工艺

高淬透性高碳铬轴承钢的球化过程与 GCr15 相似，主要机制为离异共析，但由于 Mn、Mo 等合金元素的加入，增加了该过程的复杂性，需要考虑合金元素导致的碳化物溶解、析出动力学变化及不同温度条件下的碳化物种类选择性。以 GCr18MoRE 为例，使用热力学计算软件 Thermo-Calc 对其进行准平衡相图的计算，结果如图 6-42 所示，该钢种在球化温度区间平衡态存在多种类型，且不同温度下的碳化物种类具有选择性。同时，考虑到碳化物溶解及熟化效应，球化工艺设计为：高温段 800℃ 保温——→关闭所有热源使炉温尽可能快速降低至 730℃ 以下——→炉冷至 720℃ 左右再进行保温。

2. 淬火热处理工艺

因为以上两种新开发的高淬透性高碳铬轴承钢碳化物稳定性与 GCr15 高碳铬轴承钢差别很大，加之盾构机主轴承滚动体尺寸较大，所以淬火工艺参数需要重新调

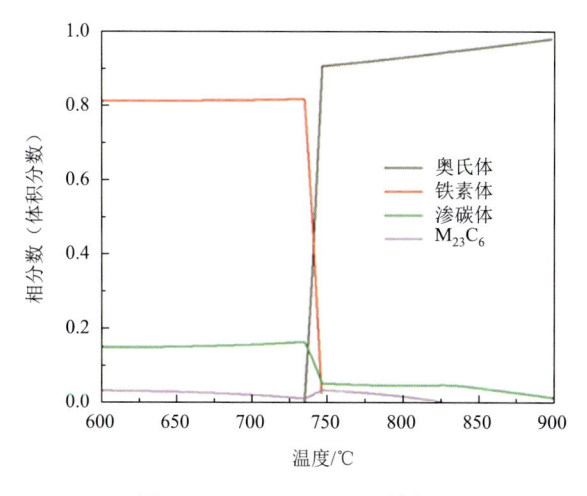

图 6-42　GCr18MoRE 计算相图

整。作者团队设计了不同奥氏体化参数和淬火冷却方式,通过组织观察,以及常规回火工艺后的性能变化规律,筛选出了较为优良的奥氏体化参数及淬火冷却方式。最终经过对各项指标进行对比分析,当 GCr18MoRE 奥氏体化温度设计为(860±10)℃、GCr20MnMo 奥氏体化温度设计为(870±10)℃时,未溶碳化物含量及形貌较为理想,力学性能优良。而不同壁厚工件保温时间需依据热处理工件有效壁厚及碳化物溶解速率动态设计。对于淬火冷却工艺,由于试样尺寸大,淬火时产生的体应力较大,对比油淬与盐浴淬火,盐浴淬火具有较高的高温段冷却速度,能够抑制轴承钢的高温段及中温段的珠光体及屈氏体相变;同时,恰当的低温区冷却速度也可减少淬火微裂纹的产生,因此最终选用盐浴淬火方式,淬火温度选为(170±10)℃。

3. 回火工艺

对于普通的 GCr15 轴承钢制成的轴承零件,低温回火温度多设置在 160～200℃范围内,而对于合金元素含量较高的高淬透性轴承钢制成的盾构机滚动体等,这一类大尺寸、大壁厚轴承零件,由于相变应力大,残余奥氏体含量和稳定性高,通常采用较高的回火温度及较长的回火时间,目的是尽量减小淬火过程中的相变应力,消除大块状残余奥氏体,仅保留少量薄膜状残余奥氏体,提升组织稳定性,延长服役寿命。在对固定奥氏体化及淬火工艺参数后的不同回火工艺下的残余奥氏体含量及洛氏硬度进行表征基础上,制定了回火工艺参数。以下是GCr18MoRE 的回火工艺(图 6-43)。

回火温度设定在 200～230℃区间,残余奥氏体大量分解,组织稳定性提高,硬度下降较为缓慢;若回火温度达到 250℃,则残余奥氏体含量几乎不变,硬度却损失较大。因此综合考虑后最终将 GCr18MoRE、GCr20MnMoRE 的回火温度分别设置为(240±10)℃与(250±10)℃,即获得了较高的组织稳定性,消除

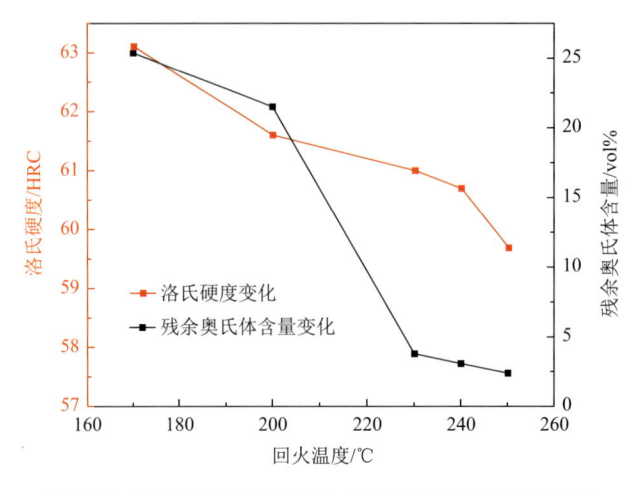

图 6-43 硬度及残余奥氏体含量随回火温度的变化趋势

了大块残余奥氏体，又保证了试样硬度达到服役要求。此外，对于直径超过 100 mm 的滚动体，可增加一道温度较低（较一次回火温度低 20~30℃）的二次回火工艺，进一步提升组织稳定性。

4. 热处理结果

以 GCr20MnMoRE 为例，将成分优化、全流程热处理调控后的盾构机主轴承 ϕ120 mm 滚动体与尺寸相近的进口某厂商盾构机主轴承 ϕ110 mm 滚动体进行组织、力学性能的对比。其中，自研的 ϕ120 mm 滚动体心部屈氏体明显少于进口轴承的 ϕ110 mm 滚动体（图 6-44）。由于回火温度较高，表层硬度略低于进口滚动体，但硬度均匀性、冲击韧性、强度等力学性能却明显好于进口产品（表 6-10），内外硬度差＜±1 HRC（图 6-45）。

图 6-44 自研滚动体的心部组织（a）和进口滚动体的心部组织（b）

表 6-10　自研的滚动体与进口滚动体力学性能对比

规格	取样位置	冲击吸收功/J	屈服强度/MPa	抗拉强度/MPa
自研 ϕ120 mm 滚动体	表层	131	2149	2437
	心部	94	1890	2318
进口 ϕ110 mm 滚动体	表层	73	1252	2077
	心部	51	1174	1819

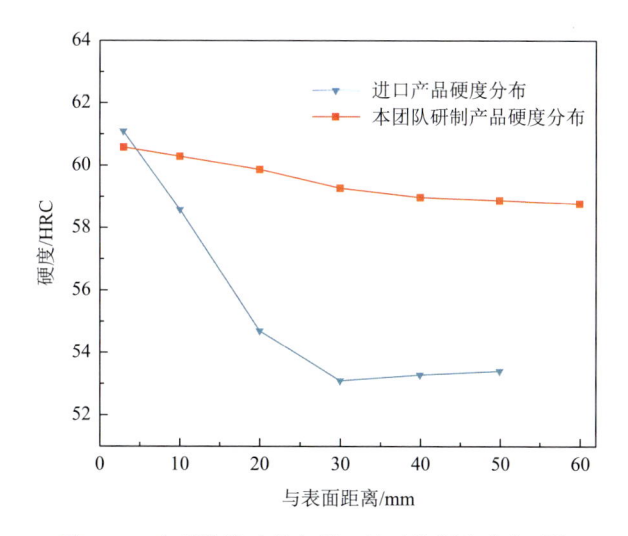

图 6-45　自研的滚动体与进口滚动体硬度分布对比

6.3.4　42CrMo4M 钢热处理

盾构机轴承套圈的热处理主要指淬火、回火和表面淬火（后文简称表淬）处理。淬火之前的炉温均匀性非常重要，如果炉温不均匀，将导致套圈的硬度出现明显偏差，甚至报废。对于这类重要的构件，最好采用电炉进行加热，确保炉温均匀，均匀性可以控制到±5℃，而燃气炉的温度偏差相比之下可控性差。钢只有保持洁净性和均质性，才能有效避免淬火裂纹。表淬处理是一项重要工艺，目的是增加 CrMo 钢的耐磨性，添加微量 V、B 和 RE，也主要是为了增加淬透性。对合金优化后的 42CrMo4M 钢进行热力学和动力学分析，热力学平衡相图表明，42CrMo4M 钢体系内共有六个平衡相，分别是液相、铁素体、奥氏体、M_7C_3 型碳化物、$M_{23}C_6$ 型碳化物和渗碳体（图 6-46）。CCT 曲线表明，42CrMo4M 钢的 A_{c1} 和 A_{c3} 分别为 737℃和 797℃。随着冷却速度的加快，42CrMo4M 钢依次发生过冷奥氏体向珠光体、贝氏体、马氏体三种类型的相变，如图 6-47 所示。

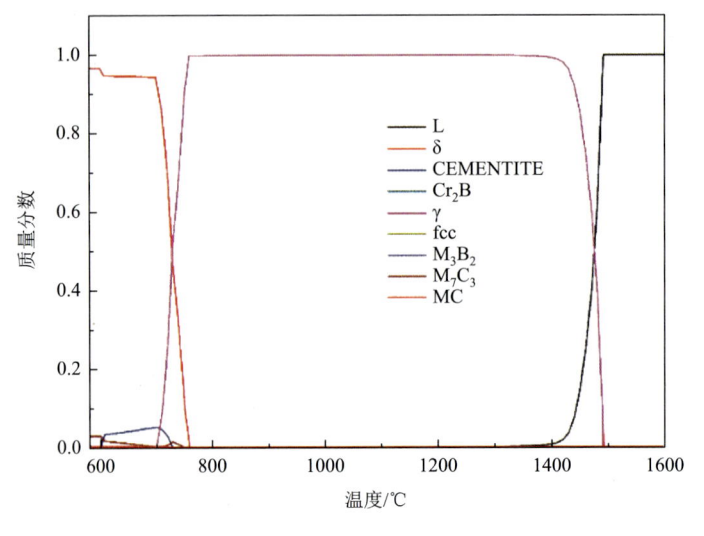

图 6-46 42CrMo4M 钢热力学平衡相图

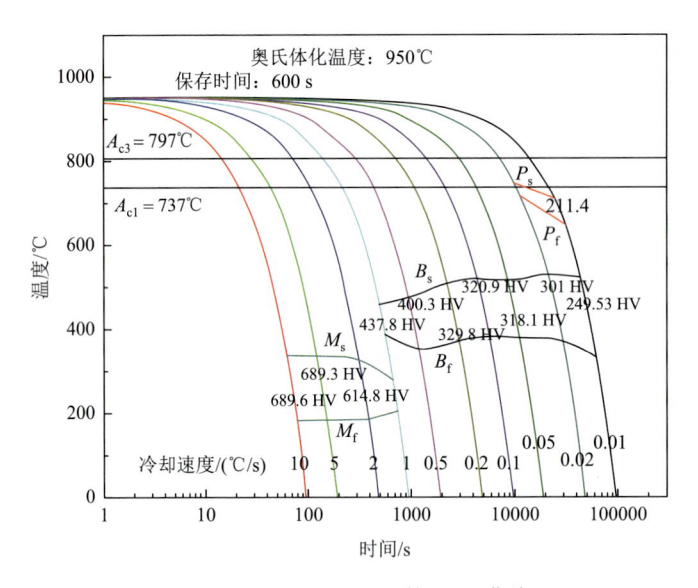

图 6-47 42CrMo4M 钢的 CCT 曲线

合理的热处理工艺是改善盾构机主轴承力学性能的重要途径。盾构机主轴承的热处理通常包括锻后热处理和最终性能热处理。锻后热处理一般为正火处理，其目的是消除锻造应力、细化组织、改善材料的加工性。而最终性能热处理一般包括调质热处理和表面热处理等。不同的热处理工艺因其加热方式和冷却速度不同，会产生不同的组织，最终导致合金钢的力学性能存在较大的差异。目前，在众多热处理工艺中，调质热处理，即淬火加高温回火是套圈材料最常用的热处理工艺。淬火保温时间和加热温度决定了套圈淬火后的微观组织形态，淬火温度过高或保温时间过长，容易导致奥氏体晶粒粗大，恶化回火后的组织和力学性能。合理的回火工艺能够有效降低套圈淬火组织中的内应力，促进二次碳化物的析出，进而改善材料的力学性能。通过不同淬火和回火工艺小批量试验，测试了不同热处理后 42CrMo4M 钢的力学性能（图 6-48 和图 6-49），完成相关数据积累，得到了满足盾构机主轴承套圈性能的 42CrMo4M 钢的热处理工艺，并进行了组织分析，如图 6-50 和图 6-51 所示。经 860℃淬火和 660～680℃回火后的 42CrMo4M 钢组织均匀，碳化物细小、均匀、弥散，强韧性匹配良好。

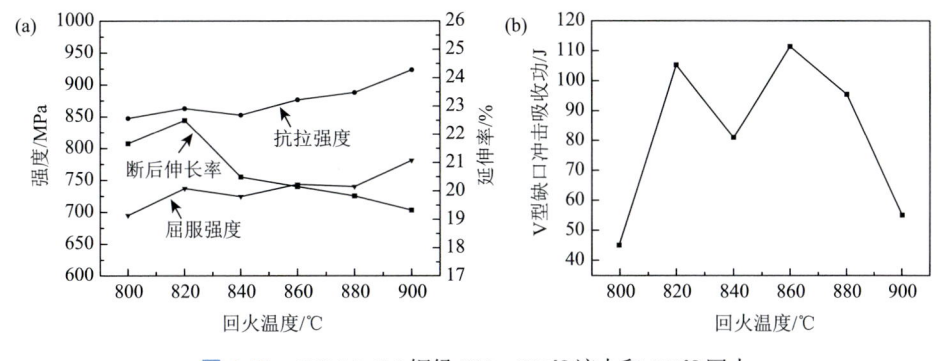

图 6-48　42CrMo4M 钢经 800～900℃淬火和 670℃回火
（a）拉伸性能；（b）-20℃低温冲击吸收功

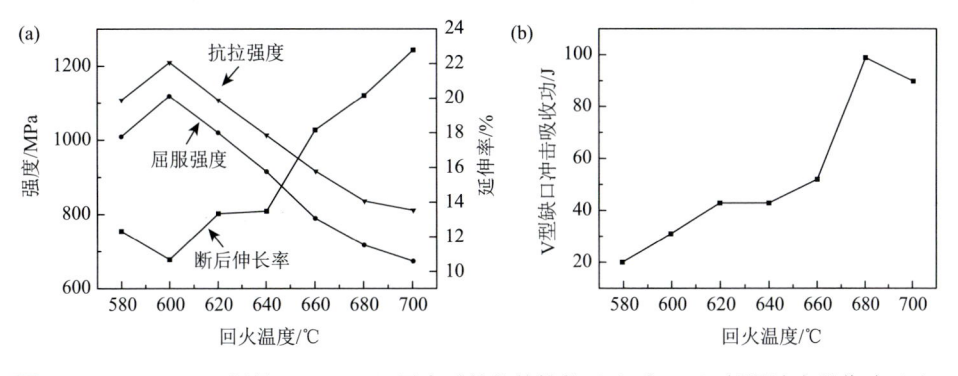

图 6-49　42CrMo4M 钢经 580～700℃回火后的拉伸性能（a）和-20℃低温冲击吸收功（b）

图 6-50　42CrMo4M 钢经不同温度淬火后和 670℃ 回火组织的 SEM 像
（a）800℃；（b）820℃；（c）840℃；（d）860℃；（e）880℃；（f）900℃

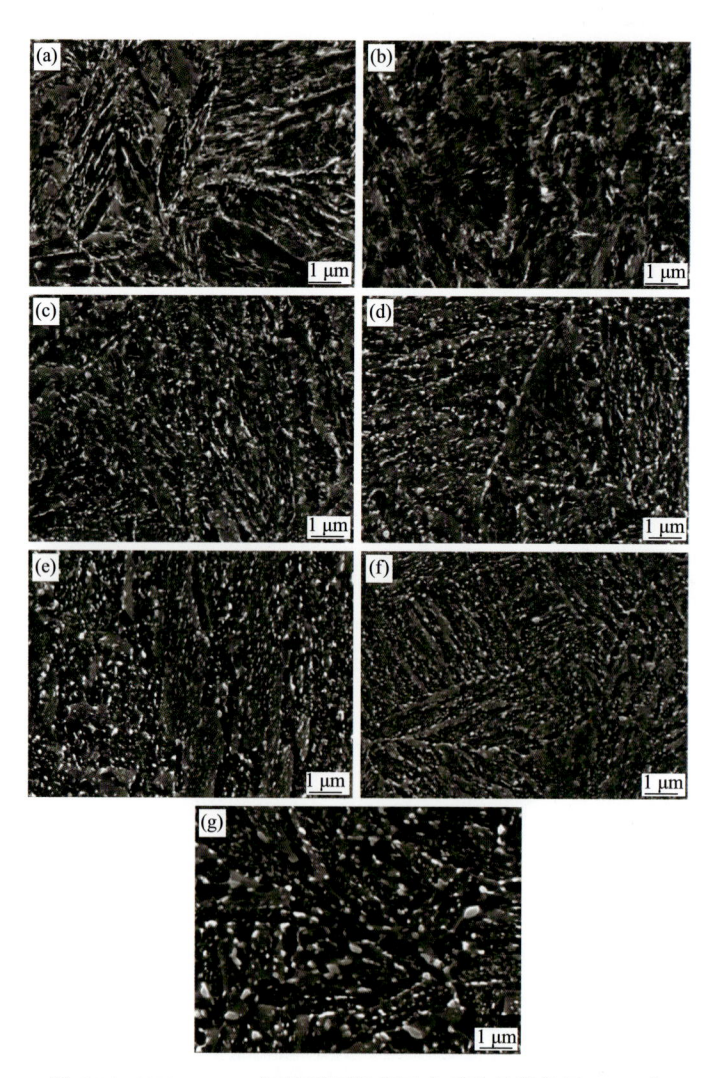

图 6-51　42CrMo4M 钢经不同温度回火后的显微组织 SEM 像
（a）580℃；（b）600℃；（c）620℃；（d）640℃；（e）660℃；（f）680℃；（g）700℃

表面感应淬火作为套圈材料表面强化的重要手段，不但能够提升套圈材料表面的硬度，而且能在心部保持一定的韧性。然而，当表淬工艺选择不当时，容易引起构件的开裂、过烧、变形等严重缺陷，导致套圈失效。调研发现，目前国内盾构机主轴承厚大断面构件的工业化产能有限，对主轴承表面感应淬火的研究较少。为了充分了解盾构机主轴承套圈的表淬工艺，突破当前国内企业在表淬工艺遇到的瓶颈，团队通过不同的表面感应淬火工艺、表淬后回火工艺、小批量试验室试验及实际工业表淬工艺参数的生产试制试验，测试了不同表淬工艺后 42CrMo4M 钢的硬度和淬硬层深度，得到了表淬工艺参数与淬硬层深度的关系。

表面淬火过程中的冷却非常重要，优良的冷却工艺是在中温区冷却快、在低温区冷却慢，这样既能得到马氏体组织，又能减小淬火产生的应力。实验室小批量试验的结果表明，选择冷却介质为循环水时，淬火后获得的马氏体组织更多，且向内分布的距离也较深，表面淬火的硬度和淬硬层深度高于冷却介质油和喷水，如图 6-52 所示。

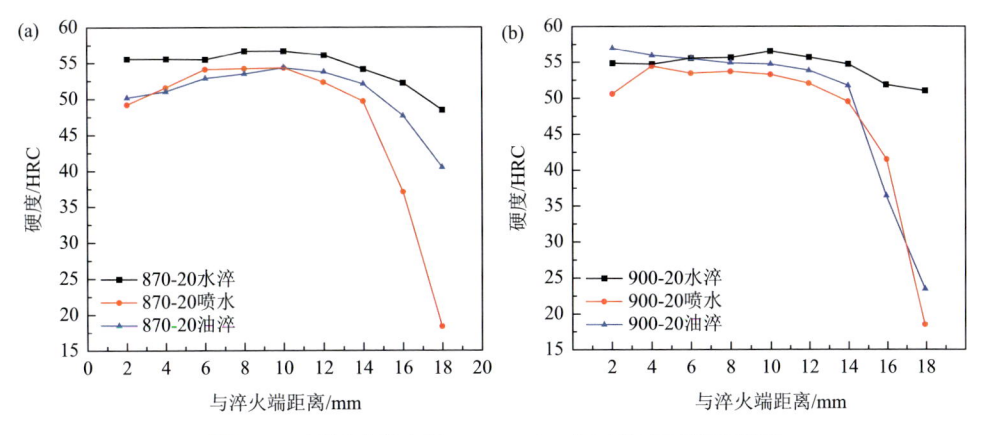

图 6-52 不同冷却介质 42CrMo4M 钢工件表层硬度梯度

（a）870℃淬火保温 20 s；(b) 900℃淬火保温 20 min

对于感应淬火常用的 42CrMo4M 钢，工业生产上一般采用含量为 5 wt%的聚合物水溶性淬火介质（PAG）冷却液，对于形状复杂、淬火变形小、壁厚小的工件，应选用含量更高的 PAG 冷却液。

此外，如图 6-53 所示（图中 870-20 表 870℃淬火保温 20s，此类余同），在不同加热温度下，达到相同淬硬层深度和硬度时，表面淬火所需要的保温时间不同。加热温度越高，热输入越大，需要更长时间保温才能使淬硬层深度加大，保温时间不足，则热量向内渗入不够，内部达不到马氏体相变温度，因此淬硬层较浅，硬度也较小。也就是说，保温时间不是独立的变量，应该搭配合理的加热温度。

例如,在 870℃加热时建议选择 20~40 s 的保温时间,在 900℃加热时建议选择 40~60 s 的保温时间,在 920℃加热时建议选择 60 s 的保温时间。

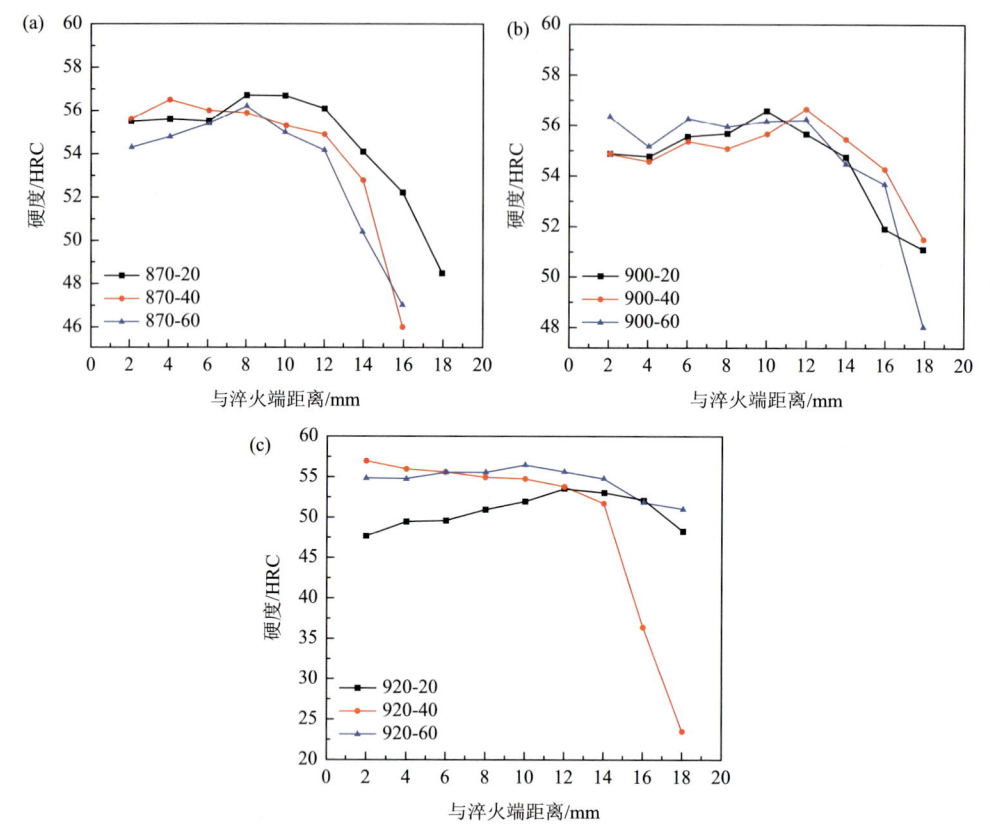

图 6-53 不同加热温度和保温时间对应的硬度梯度
(a) 870℃淬火;(b) 900℃淬火;(c) 920℃淬火

综合考虑硬度、淬硬层深度和加工效率,淬火温度设定为(900±10)℃、保温时间为 40 s、冷却介质选择水淬时,42CrMo4M 钢的表淬效果较好。表淬后淬硬层组织为马氏体,过渡层为下贝氏体和索氏体的混合物,基体为索氏体组织。结合不同回火工艺的结果,发现(210±10)℃回火淬硬层硬度较大,且残余应力值较低,选择该温度回火也能保证表面的硬度,如图 6-54 所示。

工业生产中主要影响表淬后性能的参数有淬火扫描速度、电压比及表淬后的回火温度和时间。针对实际生产中厚大断面主轴承套圈材料感应淬火的研究较少的问题,对表淬工艺参数进行了优化。通过设置不同的淬火扫描速度和电压比,对比主轴承主推、副推和径向套圈各个表淬参数下的淬硬层深度,得到不同表淬工艺参数与套圈断面淬硬层硬度和深度的关系,如图 6-55 所示。

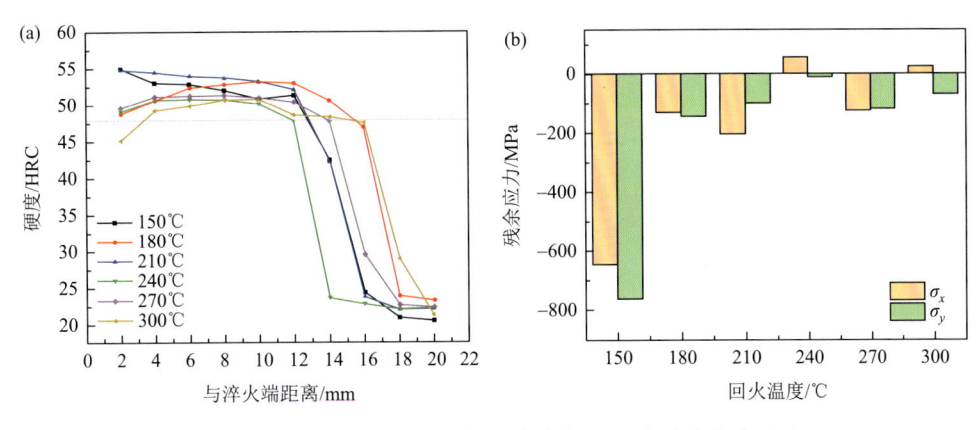

图 6-54 150～300℃回火后的硬度分布（a）和残余应力（b）

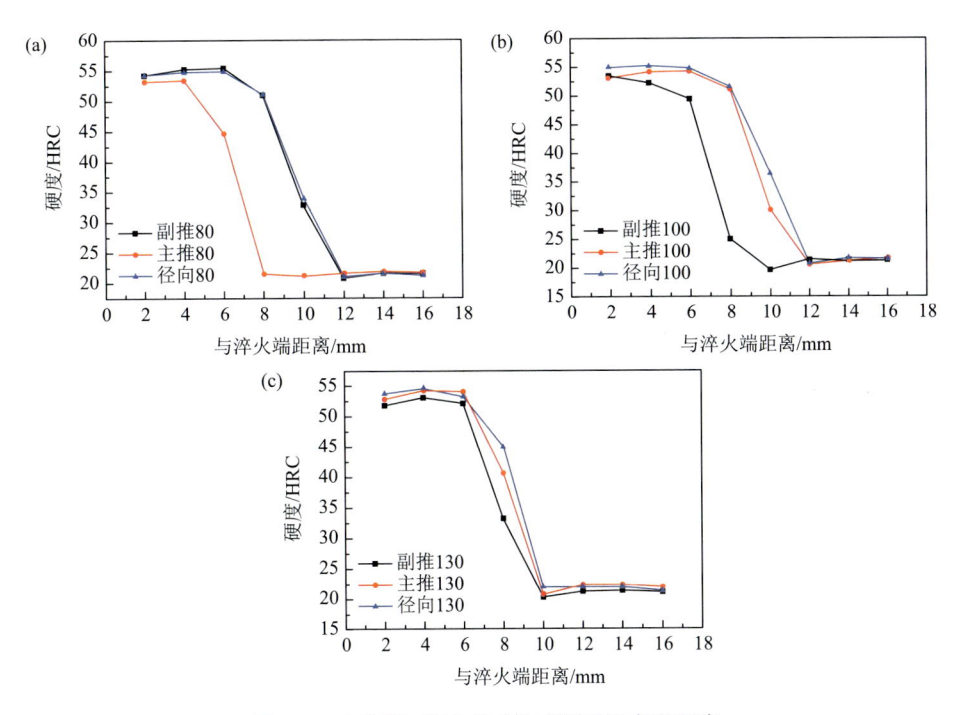

图 6-55 不同扫描速率下的淬硬层深度和硬度
（a）80 mm/min；（b）100 mm/min；（c）130 mm/min

测量不同表淬参数的淬硬层深度和硬度发现，不同淬火速度下，当选择 33% 电压比时，套圈能够获得最大的淬硬层深度和最高的硬度。由此，确定套圈的电压比为 33%。通过研究最佳电压比为 33% 时不同淬火速度对套圈淬硬层深度和硬度的影响，确定了套圈的淬火扫描速度为 100 mm/min。最佳表淬工艺下的副推套圈从淬硬层到基体内部组织变化为：马氏体—马氏体＋碳化物—马氏体＋碳化物＋下贝氏体—下贝氏体＋碳化物—碳化物＋索氏体—索氏体。其中淬硬层组织主要由马氏体构成，硬度最大。

为了消除表面淬火后的残余应力，提高套圈材料的强韧性匹配，在表面淬火后通常需要低温回火处理。通过对比工业生产中不同表面淬火参数对套圈断面淬硬层硬度和深度的影响，得到了不同淬硬层深度的硬度和低温回火的拟合公式，如图 6-56 所示。套圈材料实际服役时，磨损量大多在 4 mm 以内。其中，在淬硬层深度 2 mm 时的拟合公式为 $Y_{HRC} = -0.06\,T + 64.5$，淬硬层深度为 4 mm 时拟合公式为 $Y_{HRC} = -0.05\,T + 63.3$。从方程中能够看出，随着表淬层回火温度的升高，硬度呈现递减的趋势，通过方程也能推测出不同回火温度下的硬度。此外，低温回火能有效降低表面淬火的残余应力，且随着低温回火温度的升高，残余应力逐渐降低，如图 6-57 所示。

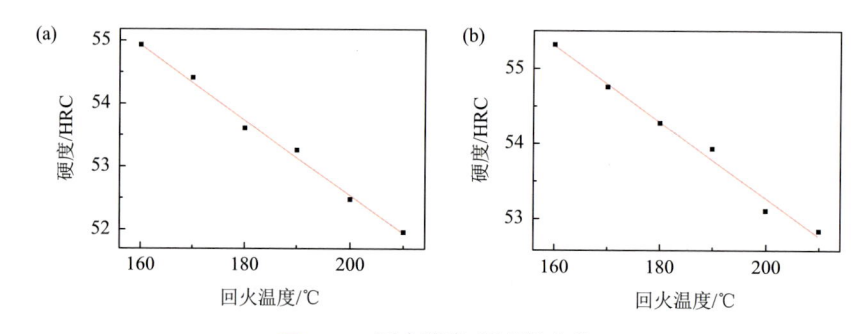

图 6-56 回火温度-硬度拟合线

（a）淬硬层 2 mm；（b）淬硬层 4 mm

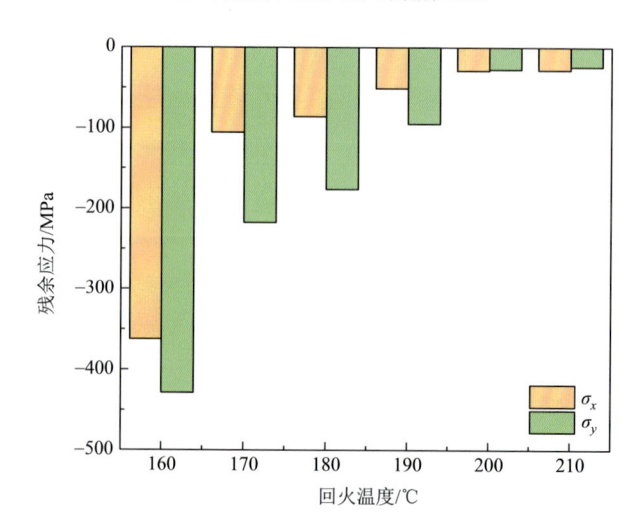

图 6-57 表面淬火后的套圈经不同温度回火后的残余应力分布

6.3.5 白蚀组织形成机制的新认识

轴承作为现代工业中承受载荷、传递运动的关键基础零部件之一，其重要性毋庸置疑，轴承失效机制仍是轴承设计制造中无法回避的经典问题[12-16]。通常滚动轴承的使用寿命要远超额定寿命（L_{10}），但特定应用中的轴承常常会发生"过早失效"，其使用寿命只能达到额定寿命的5%～10%。通过解剖分析发现，发生"过早失效"的轴承都有一个典型的特征，即出现了带"白蚀"形貌点缀的大面积裂纹网，通常将这种缺陷称为白蚀裂纹（white etching area，WEA）。白蚀裂纹通常发生在距轴承接触表面以下约 1 mm 处的位置，其裂纹网通常会扩散至接触表面，导致轴承滚道剥落（图 6-58），常见于风力发电机齿轮箱、汽车传动系统、交流发电机、船舶推进系统等应用领域的轴承中。白蚀裂纹在轴承使用寿命期间的任何时候都有可能发生，而且发生于接触表面的次表层，无法预测其发生，也不易探测其存在，失效前几乎无任何征兆，严重威胁轴承部件的可靠性和安全性。过去数十年，轴承产业界和学界从不同角度对这种缺陷的成因进行了广泛分析，但仍未达成共识。关于"白蚀是裂纹所导致的结果还是裂纹产生的根源"的争议也一直存在，仍留有大量问题未被解答，可以说"白蚀"是轴承业界及学界无法回避的问题，也属于悬而未决的经典科学问题。

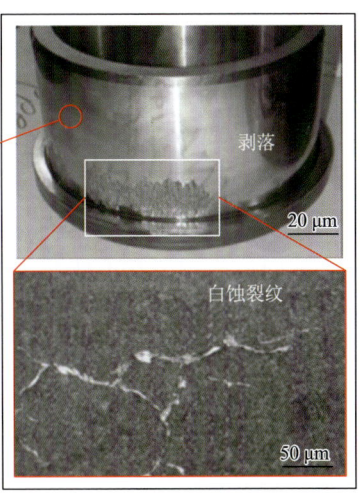

图 6-58　风电齿轮箱轴承中因"白蚀裂纹"所导致的表面剥落失效[17]

关于轴承滚动接触疲劳中白蚀缺陷的研究已历经 70 多年。得益于先进材料表征技术的发展，国际上对白蚀组织的表征解析已取得长足进步。对"白蚀"组织内部微观特征的理解也达成了一些共识[18]：①白蚀组织经硝酸乙醇腐蚀后金相下显示为亮白色，比回火马氏体基体耐腐蚀；②白蚀内部的硬度比回火马氏体基体的硬度高 10%～20%；③白蚀内部微观结构为直径 5～20 nm 的纳米晶铁素体晶粒，但晶粒尺寸分布不均匀；④白蚀的边缘存在主裂纹，且内部常存在微孔或微裂纹；⑤白蚀内部未发现原碳化物存在，通常认为白蚀内发生了原碳化物的分解，也有学者认为存在少量拉长的碳化物，但该结论未取得共识；⑥在白蚀边缘或内部孔洞界面发现有非晶相存在[19, 20]。相比于对白蚀微观特征的认识，对白蚀形成机理的认识尚未达成共识。目前对于白蚀形成机理的分析均是基于白蚀内部微观组织的典型特征，利用已有物理冶金学知识来阐述其内部相似微观结构的形成方式。但是在机理阐述中却忽视了所采用的物理冶金学原理的适用条件与滚动接触疲劳条件之间的不同，而且忽视了"白蚀与裂纹伴生出现"的事实，因此在机理阐述中忽视了裂纹在滚动接触疲劳中的潜在作用。于是，问题又回到了"究竟是白蚀区的产生诱导了白蚀裂纹，还是白蚀裂纹诱导了白蚀区"的学术争议上[21-23]。

对于此问题，作者团队基于材料学研究提出了一个新的观点，认为对"白蚀"机理及形成方式的阐释需回归至材料内因，应将外界各种复杂条件的影响剥离、归纳并溯本至微观组织层面，从材料学角度考察滚动接触疲劳复杂应力作用下的微观结构转变问题。基于此考虑，认为应将"白蚀"理解为轴承钢在滚动接触疲劳过程中发生的一种特殊的相变行为，也就是在滚动接触疲劳复杂力学作用下发生的由马氏体基体或碳化物向纳米晶铁素体转变的过程，这就需要从相变条件、相变过程及相变产物三个方面综合来审视"白蚀"组织形成的原因及作用因素，这也是阐明其微观机理的根本所在。从相变产物的角度来看，所形成的"白蚀"组织是与"裂纹"伴生的，这是"白蚀"的典型特征；但从相变条件的角度来看，形成纳米晶结构需要满足极高的相变驱动力条件。考虑到白蚀缺陷形成于接触表面次表层的事实，外界服役环境的影响（如摩擦磨损、润滑不足、异物压入等异常工况）不会直接作用于位于接触表面次表层处的内部材料，换之以"力"或"热"的形式间接作用于其内部微观组织，这就意味着形成白蚀组织中纳米晶形成的相变驱动力仍来自次表面局部区域的组织内部以及作用于这些区域的局部力学条件。

基于此考虑，对白蚀组织中的"主裂纹"进行重新解读。采用一种降低试样腐蚀程度的新腐蚀方法制备白蚀组织的表征试样。表征后发现，白蚀区"主裂纹"的结合面处存在微观结构或相 [图 6-59（b）]，这就表明裂纹面在滚动接触疲劳过程中彼此接触并发生了微观结构的转变，也就是说白蚀缺陷中的"裂纹"并非传统意义上的裂纹 [图 6-59（a）]，而是正在发生转变的"裂纹"，这就从微观上证实了"裂纹先于白蚀产生"的事实。而传统研究中因制样方法有误忽视了这种位于裂纹接触面处的微观结构的存在 [图 6-59（b）]，人为地将裂纹视为与白蚀区并列的微观结构，这就导致了"究竟是白蚀区产生诱导了白蚀裂纹，还是白蚀裂纹诱导了白蚀区"的争议。随后，进一步利用聚焦离子束（focused ion bean，FIB）制取表征试样，并利用 TEM 对其微观结构特征进行分析（图 6-60）。结果显示，白蚀区内部为纳米晶，其微观特征与文献报道的结果并无差异，但其内部纳米晶的尺寸分布非常不均匀。白蚀区与马氏体基体之间存在两种不同的界面：一种是白蚀区/基体界面，可以发现这种界面非常锐，界面结合良好，界面处未发现微观裂纹或孔洞形成，而且界面一侧的马氏体基体内部并无明显的位错增殖。由此可以判定传统研究认为的白蚀组织的主裂纹"由滚动接触疲劳中白蚀区与基体间因硬度差异所导致"的结论是不成立的。另一种界面是"裂纹面"，但此"裂纹"与传统意义上认为的"裂纹"明显不同，可以发现裂纹上下两表面发生了接触，存在界面"焊合"的现象。裂纹接触面内部存在物质，也就是说滚动接触疲劳中裂纹两表面可能会发生彼此接触，导致新微观结构或新相形成。进一步对裂纹接触面内部的微结构进行精细表征后发现，裂纹接触面的纳米晶层之间存在非晶层过渡区，如图 6-61 所示。裂纹接触面处的这一微观结构在传统研究中一直被忽视，这可能直接导致了对白蚀组织形成机理的错误解读。这也证明了我们所提出的学术思想的合理性。

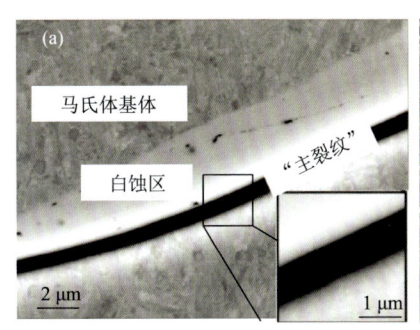

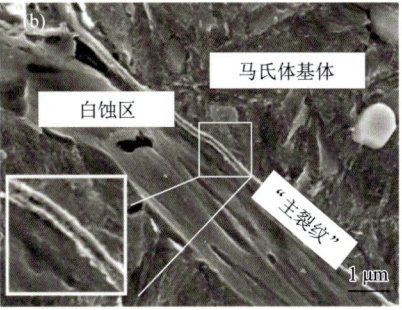

图 6-59 文献[24]报道中因腐蚀过重所观察到的 GCr15 轴承钢中的白蚀主裂纹形貌（a）和经轻腐蚀处理后观察到的白蚀"主裂纹"形貌（b）

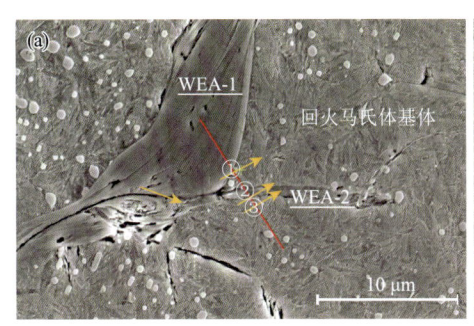

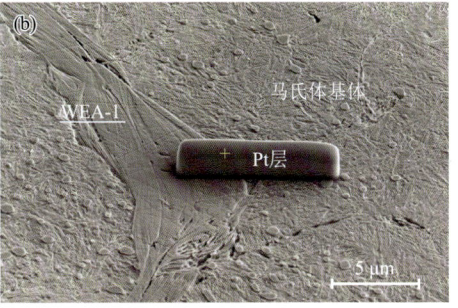

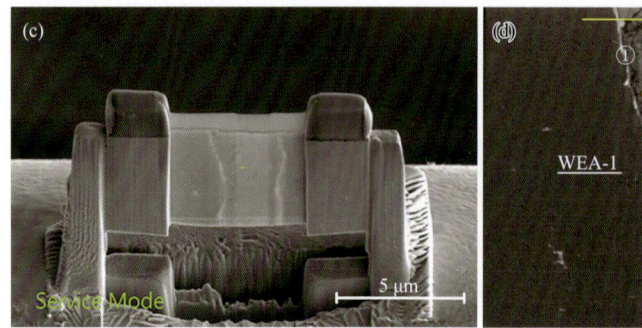

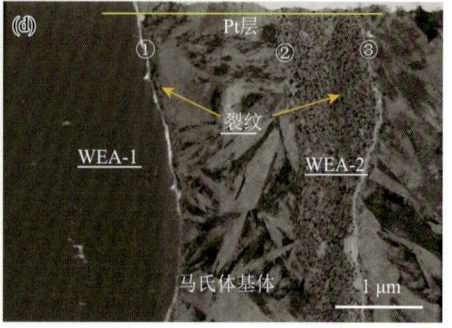

图 6-60　利用聚焦离子束（FIB）制备 GCr15 钢白蚀裂纹的 TEM 表征试样

（a）GCr15 钢白蚀裂纹的形貌；（b）FIB 制取 TEM 表征试样的过程图片；（c）表征试样的 SEM 形貌；（d）表征试样的 TEM 形貌，其中 WEA 为白蚀区

图 6-61　GCr15 钢白蚀裂纹接触面处微观结构的 TEM/高分辨 TEM 表征结果

对轴承钢在滚动接触疲劳中发生的白蚀缺陷形成的微观机理提出了新的理解，认为白蚀是轴承钢在滚动接触疲劳过程中发生的一种特殊的相变行为，从相变条件、相变过程及相变产物三个方面综合阐述白蚀组织形成的原因及作用因素。基于白蚀裂纹中"白蚀区与裂纹伴生出现"的事实，从滚动接触疲劳中微观裂纹处局部应力与微观结构转变之间相互作用的角度重新剖析其微观机理与形成方式，并阐述不同形貌白蚀组织形成的内在机制和影响因素。

6.4 轴承钢的应力解析与控制

通常情况下金属结构件在冷热加工过程中会无法避免地产生残余应力。尤其是对于特殊钢制备而成的结构件，机加工、辗制、热处理等过程均会产生残余应力。对于成品的结构件，残余应力的大小以及方向决定了其对于工件的服役是有利的还是有害的。例如，轴承钢的应力，或者加工后的套圈以及滚动体等的应力控制相当重要，它直接决定轴承服役时的精度保持状态，进而影响轴承寿命。但是残余应力看不见、摸不着，难以检测。因此，精确地检测残余应力是了解其在钢铁结构件中发挥作用的关键，进而通过检测的结果进一步控制残余应力，提高结构件服役性能。目前，我国对于高精密轴承中残余应力的认识仍然不够深刻，因此在部分高端轴承中无法精确控制产品的残余应力，使国产轴承服役性能不如进口轴承。

6.4.1 残余应力的检测

通过精确地检测残余应力，认识其在工程结构件中的作用，才能合理地控制残余应力，提高结构件的服役寿命。因此，精确地检测残余应力至关重要。目前常用的残余应力检测方法包括盲孔法、轮廓法、射线法、中子衍射法等[25-28]。这些方法从样品制备的角度也可以分为需要破坏样品的方法（简称破坏法）与不需要破坏样品的方法（简称非破坏法）。

破坏法测量残余应力需要通过破坏原有样品，而被破坏样品的表面由于残余应力的释放而发生变形，之后通过精确测量表面的变形进而推算残余应力。通过这种方法可以相对准确地测量工件的残余应力，并且具有较高的分辨率，但是破坏后的样品便无法继续使用。因此，破坏法适用于批量生产过程中对个别样品的抽检，进而定义整批次样品的残余应力状态。例如，轮廓法是测量残余应力的一种较好的方法，它通过慢走丝线切割对被测应力面进行破坏，应力释放后，通过拾取被切割面的形貌，随后借助材料应力-应变本构关系来测试，反推应力释放前的状态，最后构造切割前的原始三维应力分布[29]。团队对轴承套圈和滚动体都进行了轮廓法的应力检测，结果如图 6-62 所示。对高档机床主轴承的套圈进行应力检测，结果表明国内轴承的应力控制不够准确，也不稳定，说明对应力的认识不足。在采用轮廓法对机床主轴承的应力分布进行系统检测的基础上，提出了改进措施。在加工过程中注意到应力控制，并增加了去应力退火、炉温的均匀性控制等，从而保证了轴承套圈的应力均匀和尺寸稳定性，进而提高了精度寿命。

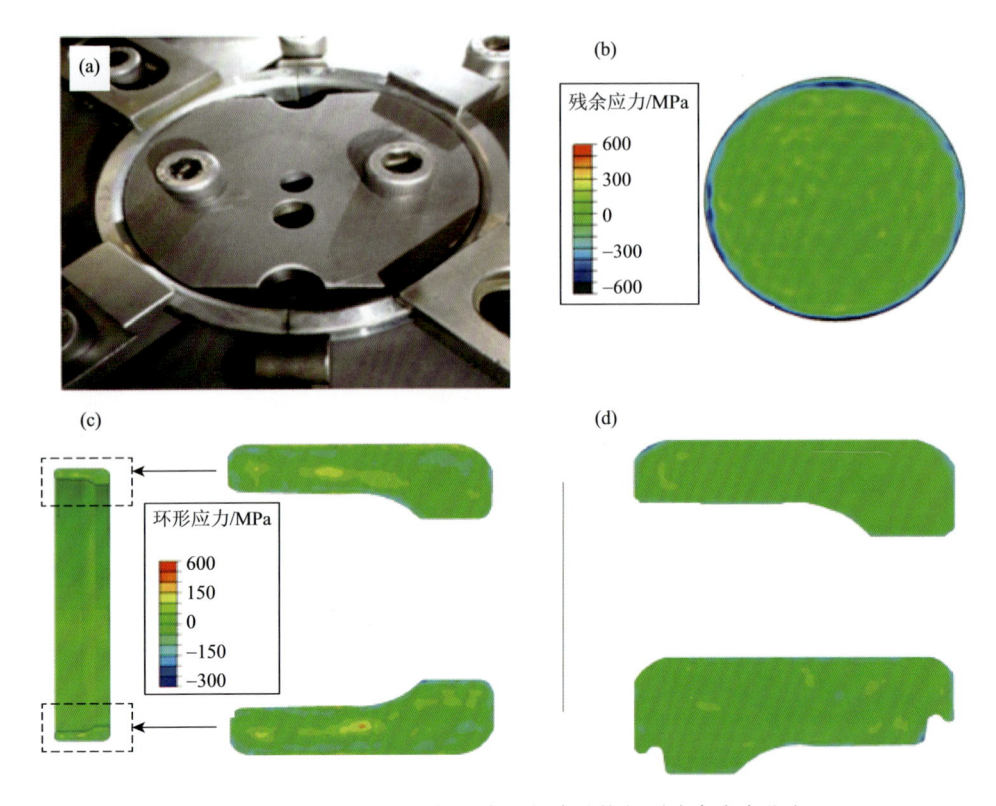

图 6-62 轮廓法测得的轴承套圈与滚动体断面残余应力分布

（a）轮廓法装夹；（b）钢球残余应力分布；（c）常规套圈残余应力分布；（d）优化工艺后的套圈残余应力分布

  非破坏法无需损坏即可检测样品中残余应力的大小与方向，该方法可以保护样品的完整性，检测后样品仍然可以使用。非破坏法通常利用 X 射线、中子等穿过样品，对样品进行无损检测[30,31]，其原理为利用布拉格衍射对样品进行残余应力检测。当入射波的波长符合布拉格衍射公式（6-4）时会产生特定的布拉格峰，即可测量材料不同晶面的晶面间距 d_{hkl}，其中 θ 为 hkl 晶面的布拉格角，λ 为入射波的波长，hkl 为晶面指数。

$$2d_{hkl}\sin\theta_{hkl} = \lambda \tag{6-4}$$

  便携式 X 射线检测比较简单，容易操作，可以在生产线上实时地对生产套圈的表面进行检测。利用中子衍射测量样品残余应力时首先需要对零应力样品进行检测，测得 d_{0hkl}，即零应力样品某个晶面的晶面间距。实测样品中由于存在残余应力，相同晶面的晶面间距 d_{hkl} 与 d_{0hkl} 不同。通过式（6-5）可以计算出在该状态下试样中的晶格应变 ε_{hkl}。衍射方法研究应力都是基于连续力学，因此可以利用胡克定律来计算应力值。对于各向同性的材料可以依照以下公式计算测量点三个方向的正应力 σ_{xx}、σ_{yy} 与 σ_{zz}：

$$\varepsilon_{hkl} = \frac{d_{hkl} - d_{0hkl}}{d_{0hkl}} \tag{6-5}$$

$$\sigma_{xx} = \frac{E_{hkl}}{(1+\nu_{hkl})(1-2\nu_{hkl})}[(1-\nu_{hkl})\varepsilon_{xx} + \nu_{hkl}(\varepsilon_{yy} + \varepsilon_{zz})]$$

$$\sigma_{yy} = \frac{E_{hkl}}{(1+\nu_{hkl})(1-2\nu_{hkl})}[(1-\nu_{hkl})\varepsilon_{yy} + \nu_{hkl}(\varepsilon_{xx} + \varepsilon_{zz})]$$

$$\sigma_{zz} = \frac{E_{hkl}}{(1+\nu_{hkl})(1-2\nu_{hkl})}[(1-\nu_{hkl})\varepsilon_{zz} + \nu_{hkl}(\varepsilon_{xx} + \varepsilon_{yy})] \tag{6-6}$$

式中，E_{hkl} 与 ν_{hkl} 为该晶面的弹性模量与泊松比。对于具有体心立方结构的钢铁材料，因为（211）晶面对晶间应变敏感性弱，可以利用（211）晶面计算材料的残余应力。通常情况下，可以利用原位加载的方式对该晶面进行弹性模量与泊松比的测试，也可以引用相关文献中的弹性模量与泊松比进行应力的计算。

对于中子衍射测量材料残余应力，其中零应力标样的制作是一个重要环节。通常可以利用回火或者对样品局部破坏进行残余应力的释放以得到零应力样品。回火可以相对简单并且有效地去除材料中的残余应力，但是对回火温度比较敏感的材料通常不适用这种方法。材料中的显微组织因回火而改变时可能会影响材料中各相元素的富集，这严重地影响显微组织的晶面间距，使计算出的晶面间距不再主要由残余应力引起，而是由元素固溶引起。在这种情况下局部破坏样品为更有效的制备零应力标样的方法。

团队在中国散裂中子源通用粉末衍射仪（GPPD）线站上测量了航发轴承内套圈的残余应力。航发轴承采用 M50 钢，其显微组织为铁素体与碳化物。利用局部破坏的方式制备了零应力标样。首先切割出一个截面为 4 mm×4 mm 的小棒，在小棒上每间隔 4 mm 进行一次横向线切割，但不要切断，每块中间相连接的区域小于 1.5 mm×1.5 mm，之后磨去表面线切割痕迹，并用丙酮和乙醇清洗。通过该方法便得到若干个相连的 4 mm×4 mm×4 mm 的小方块。可以认为每个小方块中的应力已经得到完全释放。

为了与线站的装置配合，设计了特殊的卡具，如图 6-63 所示。这样可以使样品定位更加精准，同时也可以节省测试时更换试样的时间。通过卡具可以使样品与线站装载台的相对位置固定，通过卡具两头的定位槽可以将样品待测位置的空间坐标与测试台的空间坐标相关联。这样可以准确且简单地找到测试样品位置在测试台上的空间坐标。

如图 6-64 所示，将样品装载至 GPPD 样品台上，通过调整样品的位置可以测得样品的径向、轴向与切向三个方向的应力状态。在 GPPD 线站上光源的左右各设有一个用于探测衍射信号的探测器。图 6-65 展示了样品在不同位置时两个探测器所测得的应力方向。

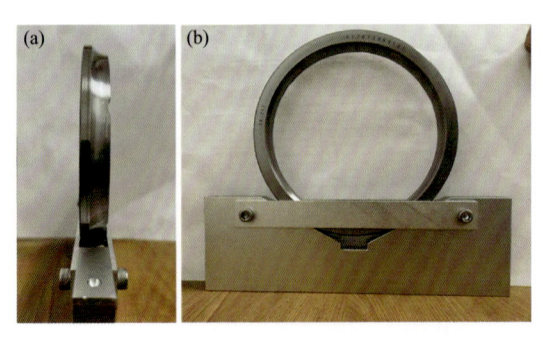

图 6-63　被测样品与特制卡具装配图
（a）侧视图；（b）主视图

图 6-64　被测样品装载至 GPPD 样品台上的示意图

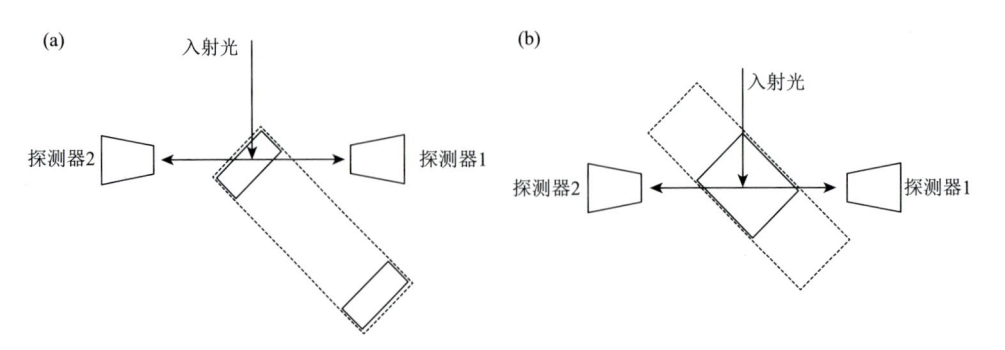

图 6-65　位置 1 样品光路图（a）与位置 2 样品光路图（b）

当在位置 1 时，如图 6-65（a）所示，衍射中心在轴承的侧边，此时探测器 1 测得轴承轴向的残余应力，而探测器 2 测得轴承径向的残余应力。当在位置 2 时，如图 6-65（b）所示，衍射中心在轴承的顶部，此时探测器 1 测得轴承轴向的残余应力，探测器 2 测得轴承切向的残余应力。通过这两个位置的测试就可以把轴承上某一点的三轴应力全部测出。测试轴承上三个位置的残余应力，每个位置均测量了三轴应力以判断轴承套圈圆周方向残余应力分布是否均匀。航发轴承为角接触球轴承，其内套圈主要承力点位于沟道处。因此，主要测量了沟道处的残余应力，同时也测量了沟底与挡边的残余应力作为对比，其测试位置示意图如图 6-66 所示。试验时采用 2 mm×2 mm×2 mm 光斑进行测量，因此最终测得应力状态为该范围内的平均应力值。

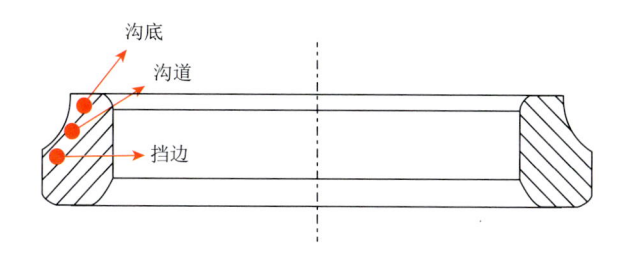

图 6-66 航发轴承内套圈应力测试位置示意图

测量数据后可以得到横坐标为 d、纵坐标为强度的谱线，如图 6-67（a）所示。对谱线的（211）晶面进行单峰拟合。经过拟合的数据如图 6-67（b）所示，对（211）峰的拟合良好，拟合曲线与测量曲线基本吻合。随后利用式（6-4）～式（6-6）计算材料中的残余应力，计算结果如图 6-68 所示。测量的未服役轴承的切向与径向平均应力均在 –50～0 MPa，呈现微小的压应力，误差棒表示轴承套圈不同位置上的应力波动。可以发现，该轴承套圈挡边、沟道与沟底的切向应力和径向应力控制均表现良好，各位置应力波动较小。三个位置的轴向平均应力也相对接近，在 100～150 MPa 波动，呈现较小的拉应力。随后测量了经过 1200 h 服役后的轴承沟道位置的残余应力，并与未服役轴承进行对比，结果如图 6-69 所示。经过服役后沟道三个方向的残余应力略有变化但变化不大，径向的压应力略有增大，轴向的拉应力略有减小，而切向应力基本保持不变。这表明经过 1200 h 服役后轴承的残余应力变化不大。从尺寸实测结果也可表明轴承的尺寸精度保持良好，轴承未发生塑性变形。以上结果表明，目前航发轴承生产工艺对于应力的控制以及所期望的材料力学性能均达到较高的水平，这使研发的航发轴承可在 1200 h 服役后仍然保持良好的尺寸精度，并且残余应力水平与未服役轴承基本持平。

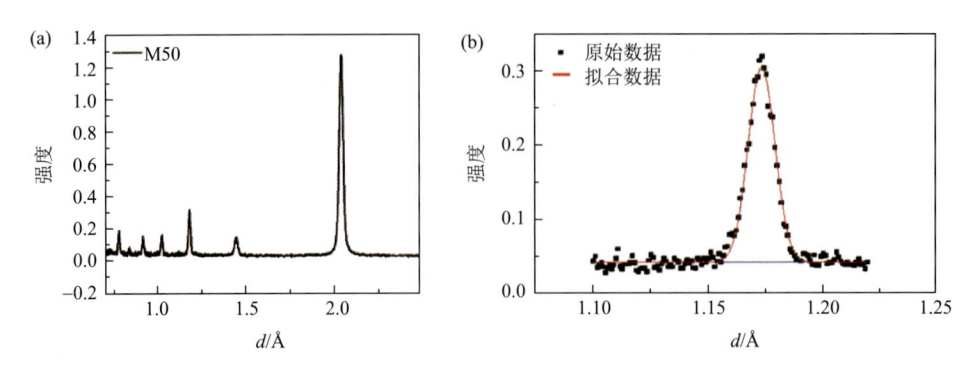

图 6-67　中子衍射数据图谱（a）以及数据拟合图谱（b）（其中 d 为晶面间距）

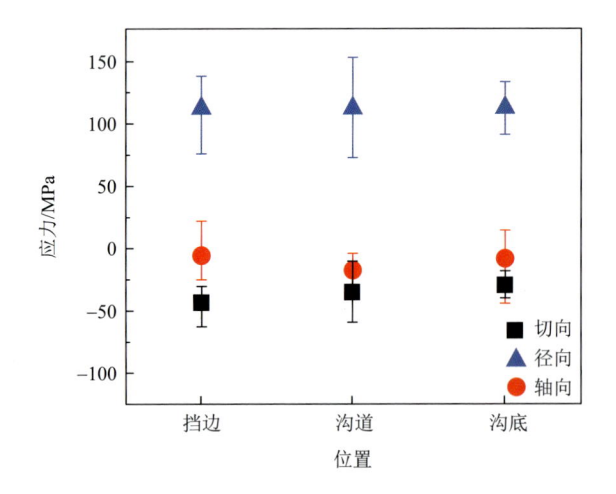

图 6-68　航发轴承内套圈不同位置残余应力情况

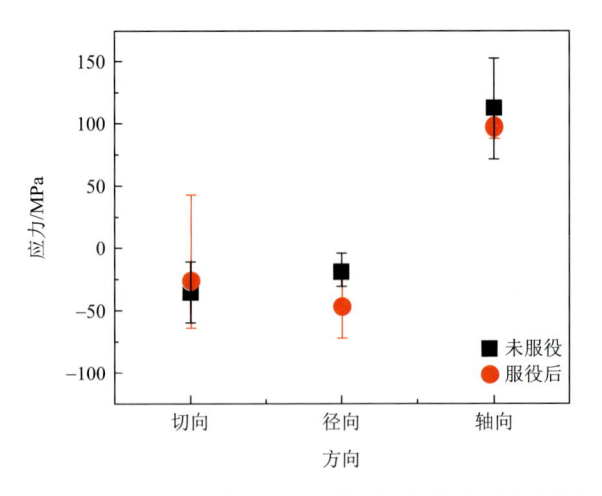

图 6-69　未服役轴承与经过 1200 h 服役轴承的内套圈残余应力对比

6.4.2 表面压应力的形成

众所周知，适当的表面压应力有利于提高轴承的疲劳寿命。轴承承受交变载荷，失效形式表现为滚动接触疲劳。轴承也承受剪切应力，最大应力区在次表层，大约距离表面 500 μm 以内。如何实现表面压应力，一种是通过精密加工，在表层自然形成压应力。另外一种有效方法是通过表面处理，如表面纳米化技术实现压应力控制[32-34]。压应力的形成对于轴承的精度保持也有重要意义，可以延迟表面剥落。团队分别采用激光冲击和滚压式方法实现了表面纳米化。结果表明，两种方法都不同程度地细化了表面组织，形成了表面压应力，提高了疲劳寿命。

作者团队与空军工程大学合作对高温轴承表面做了冲击强化，其硬度和残余应力沿深度方向的测量结果如图 6-70 所示。可以看出，强化层深度达到了 500 μm 以上，而且均匀分布，形成的压应力大于 500 MPa。表层硬度达到了 9.6 GPa，随着深度的增加，硬度呈下降趋势，但和未做强化的样品相比，表层下 1.5 mm 范围内都体现了硬度的增加。EBSD 结果显示，强化处理后，虽然没有起到细化大尺寸碳化物的作用，但马氏体基体组织发生了明显变化。例如，小角度晶界占比从 15%提高到了 20%。TEM 观察发现，由于塑性变形的引入，马氏体板条发生了弯曲、碎化，细化了马氏体板条间距。位错增殖引起的亚结构和界面增加，有效抑制了裂纹的萌生和扩展。此外，强化处理对小尺寸碳化物的细化和形貌改善具有积极影响。由于扩散通道的增加以及碳化物和基体变形不协调，MC 型碳化物发生了碎化现象，且取向接近，边界不规则，存在明显位错增殖。这一结果也会阻碍疲劳裂纹萌生和扩展。通过三点式球棒滚动接触疲劳试验，发现在 4.5 GPa 接触应力下，激光冲击强化样品的寿命提升了 5 倍，达到 3.0×10^8 循环周次。

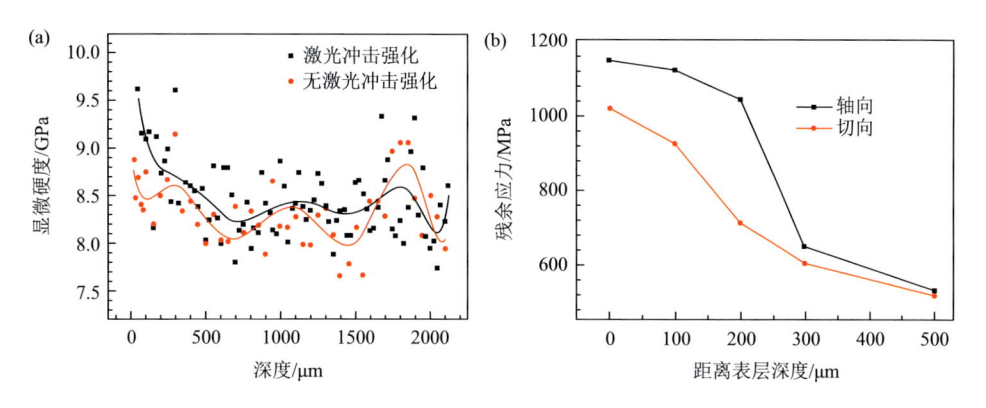

图 6-70 冲击强化后的高温轴承钢深度方向上的显微硬度（a）和残余应力分布（b）

王镇波研究员等采用表面机械滚压处理（surface mechanical rolling treatments，SMRT）进行了表面处理，强化层深度达到 800 μm，压应力超过了 1.5 GPa。如图 6-71 所示，机械滚压和热处理复合处理后的轴承钢表层组织热稳定性高，表层显微硬度峰值超过 9.0 GPa，梯度强化层厚度可达 1000μm 以上，表面性能显著提高。需要指出的是，压应力过高，容易使材料服役时失稳，通过退火处理后，处理工件表面马氏体亚结构界面弛豫，进而获得具有良好热稳定性、强度更高的梯度强化层，此时的表面残余压应力大于 500 MPa。类似地，通过三点式球棒滚动接触疲劳试验，发现在 6.5 GPa 接触应力下，机械滚压强化样品的寿命提升了 3～4 倍。

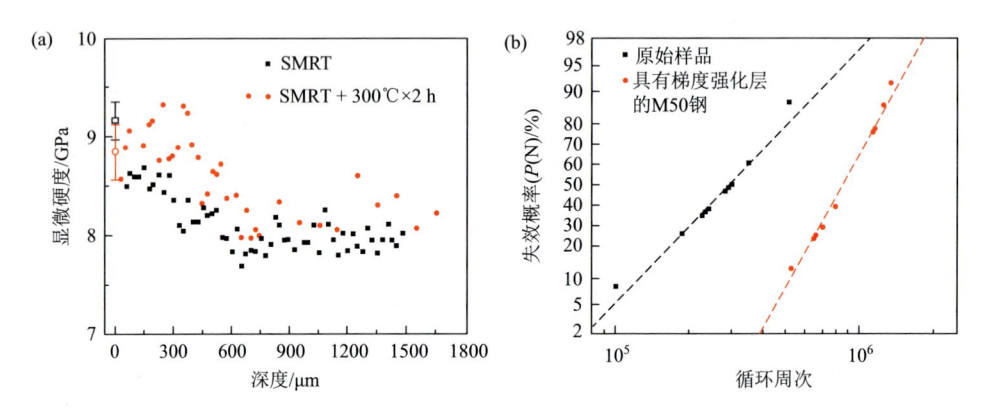

图 6-71 机械滚压加高温退火复合工艺下轴承钢深度方向上显微硬度分布（a）和 6.5 GPa 接触应力下疲劳寿命曲线（b）

6.4.3 残余应力的控制

残余应力的控制主要通过热处理和表面处理实现。对于盾构机轴承套圈，为了减少淬火变形，尽量做到同时入水。后续残余应力的消除主要通过加热和调整热处理制度来实现，同时增加退火环节。高精密轴承有时采用振动时效的方法减少残余应力，同时自然时效的方法虽然很原始但非常有效。经验表明，轴承在自然环境中放置一年后加工，精度保持能力很强，这充分说明了改善残余应力的重要性。对于高端精密轴承，如果条件允许，最好将套圈和滚动体进行自然时效，然后进行精加工和超精加工，这样制造出来的轴承有利于提高精度保持能力。例如，对于雕刻机等机床使用的高端轴承，这一点尤为重要。

6.5 轴承钢在高端轴承中的应用与评价

轴承钢是基础，是引发轴承失效的主要因素。在高品质轴承钢制备的基础上，制造高端轴承还包括轴承设计、加工、检测评价、服役寿命预测等。就材料而言，轴承材料除最关键的轴承钢之外，还包括陶瓷球、保持器、润滑油脂等。本节结合中国科学院战略性科技先导专项——高端轴承自主可控制造，介绍两大类代表性轴承的研发与制造，分别是高速高精密机床主轴承和大型重载盾构机主轴承。

6.5.1 轴承钢全生命周期研发与评价

轴承钢的质量好坏，本质上讲不能根据一个工艺环节的好坏来确定，而是从全链条、全生命周期做出评价。粗略来讲，研发评价轴承钢的质量包括轴承钢材、锻轧、热处理、精密加工、装配、服役等几个主要方面。从细节上涉及众多工艺环节，在钢材方面，首先是轴承钢的洁净化冶炼，包括气体含量、杂质含量、主元素、微量元素和五害元素控制等；在铸造方面，包括连铸和模铸两个方面，防止增氧，铸锭/铸坯的质量控制，主要是偏析控制、碳化物控制；在锻轧方面，涉及开坯锻造道次、压下量、成形温度等，主要是轧制工艺、内在质量、晶粒度控制等；钢材质量检测合格后，进入下游热加工企业，主要进行分料、锻轧、辗扩成形等，需要控制成形工艺和内在质量，滚动体涉及拉拔等工艺参数控制；热处理环节非常重要，包括高温扩散退火、球化处理、淬火、深冷、多次回火、去应力退火等；精密加工方面，涉及粗加工、精密加工、超精加工等参数控制，钢的表面完整性控制、应力控制等；装配方面，涉及游隙、表面粗糙度、圆度、热膨胀系数控制等；服役过程涉及精度保持能力、表面损伤、次表面剪切导致的疲劳、轴承精度寿命/疲劳寿命/剩余寿命预测、振动、温升等。只有在全生命周期基础上的研发和系统评价，才能提升钢的品质，进而抓住主要矛盾，进行迭代优化。

6.5.2 高端轴承的研发与应用

由于已经介绍了相关轴承钢与热加工，本节重点介绍轴承的精密加工、检测评价与应用。机床主轴承主要介绍机械主轴轴承和高转速的电主轴轴承。材料部分除轴承钢外，还包括润滑油脂、陶瓷球和保持器材料，国内都已突破且质量良好。机床主轴承的加工包括粗加工、精密加工、低温热处理、超精密加工等多道工序，加工精度是保证精密轴承性能的关键。在先导专项的支持下，研究团队全面贯通了机床用高速高精密主轴承的技术链。在材料热加工全链条工序控制的基础上，优化精密加工参数，掌握高精度轴承套圈加工的关键技术，并针对当前轴承套圈精密加工设备开展升级改造工作，大幅度提升轴承套圈尺寸精度。

高速高精密轴承为高档机床的核心部件，其服役特征在一定程度上决定了机床的服役性能。高效准确地评价精密轴承服役精度和精度保持性，对精密轴承性能迭代优化和服役寿命预测至关重要。

目前，高速高精密轴承测试台架主要包括以下两类。

（1）基于主轴系统的测试台架。如图 6-72 所示，此类测试台架主要依靠机械主轴、电主轴或者其他轴承服役系统，其轴承的装配方式与实际服役工况相同，但是主轴系统结构复杂，轴承与轴承间以及轴承与主轴间装配关系对轴承的测试影响很大。同时，台架测试过程所检测出来的信号一般为主轴系统整体信号，所表现出来的特征无法只反映轴承的服役状况，不能准确评价轴承的性能，只能依靠主轴系统测试性能来侧面反映轴承的好坏。

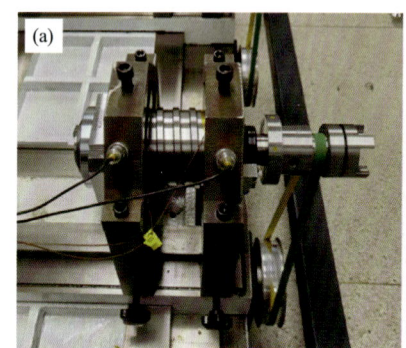

图 6-72　基于主轴系统的测试台架
（a）机械主轴测试；（b）电主轴测试

另外，在台架测试过程中，可分为无载荷模式和加载模式，其中大部分测试都为无载荷模式，仅测试轴承在装配预紧力（轴向力）作用下的性能，不能反映轴承实际的服役工况，在少部分加载模式测试中，其载荷也是通过外加陪试轴承施加轴向载荷和径向载荷，缺点为：①载荷为接触式分布，其载荷大小不可控，难检测；②陪试轴承的运行故障和寿命影响对被测轴承的评价。

（2）基于轴承结构的测试台架，如图 6-73 所示。此类台架将轴承从系统中分离出来，通过机械结构的设计，模拟轴承的服役工况，包括轴向/径向载荷和旋转速度。其被测轴承可为一套或者多套，如图 6-73（a）（被测轴承为 1 套）和（b）（被测轴承为 2 套）所示。此类台架被测轴承为一个或者服役工况相近的多套，台架测试反馈信号代表被测轴承的服役性能。但是，此类台架需要外部驱动系统，一般为电主轴，其电主轴的旋转驱动通过皮带或者联轴器传递至被测轴承，此结构设计导致驱动系统对轴承的测试影响很大。在轴承测试载荷施加方面，此类台架大部分通过陪试轴承施加，在一定程度上影响轴承的测试精度。

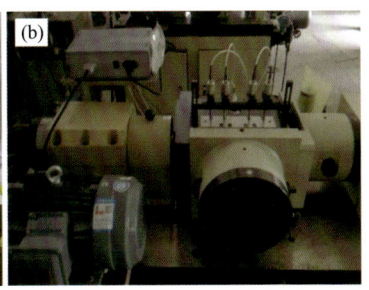

图 6-73 基于轴承结构的测试台架

(a) 轴承悬臂式；(b) 两点支撑式

另外，此类台架由于结构设计的局限性，其轴承装配精度与轴承的实际服役工况相差大，特别是对高速高精密轴承，其装配误差对轴承的服役性能评价影响大，很难反映轴承服役的真实精度寿命。

通常情况下，上述的轴承考核测试台架设计大部分都基于轴承的疲劳寿命，在测试过程中，台架跑合转速依靠电主轴（通过联轴器或者皮带驱动），轴承轴向/径向加载通过陪试轴承施加，导致台架整体结构干扰因素多，设置的载荷与实际服役工况相差大，检测出的信号不能反馈精密轴承真实的服役性能，轴承服役性能相对于初装状态，发生很大的变化后（轴承套圈滚道或者滚动体表面出现疲劳缺陷）才能表征出来，很难准确评价轴承的精度寿命。

在先导专项的支持下，基于精密轴承在服役系统内真实的工况环境，团队突破传统台架的设计思路，开发了台架非接触电磁驱动和非接触径向静液压加载方法，大幅减少了台架结构的干扰因素，基于此，研发了新型高速高精密机床轴承的精度寿命考核测试台架，如图 6-74 所示。

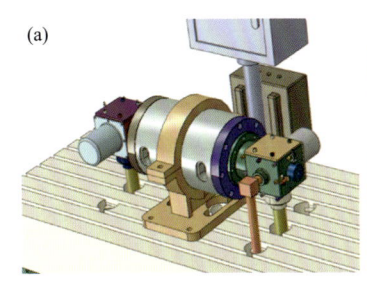

图 6-74 高速高精密机床轴承的精度寿命考核测试台架

(a) 测试台架设计方案；(b) 测试台架样机

同时，在台架有限空间内，在最靠近被测轴承区域，分别安置了高精度振动、噪声、温度（点/面温度）和跳动传感器，获取精密轴承在测试过程中微小的状态改变特征，采取同步采集的方法，对测试信号进行准确全面的分析，追踪轴承在近服役工况下精度演变历史，准确评价轴承在近服役工况下的服役精度和精度保持性，完成精密轴承高效高精度的测试评价，有效支撑了高速高精密轴承服役性能迭代优化和服役寿命的准确预测。

新型台架设计主要包括如下特征。

1）准对称结构设计

本测试台架采用对称结构设计，被测轴承分布在设备两端，其驱动、加载和检测传感器均对称排布，台架在运行过程中，其被测轴承服役工况相同，可横向准确对比两个被测轴承的服役性能。同时，此台架设计参考电主轴结构，其轴承在台架内装配精度高，大幅减小了由轴承的装配带来的测试误差。通过改变法兰和芯轴的结构尺寸，此台架适用于不同的轴承型号。

2）一体化电磁驱动

在轴承测试过程中，其近服役旋转速度对轴承的测试评价影响很大。本轴承测试台架驱动系统采用类电主轴式的一体化电磁驱动方法，驱动力通过非接触的磁力施加，去除了传统台架的联轴器和皮带干扰，可实现台架快速加减速的功能（0～30000 r/min，加速时间 2 s，减速时间 1 s），可以最大限度地模拟高速高精密轴承实际的服役工况。

3）非接触磁液加载

传统的轴承测试台架载荷施加一般采用陪试轴承施加的方法[35,36]，其载荷精度难以保证，带来的额外接触式干扰因素多，极大影响了轴承服役工况和测试信号。本台架设计采用非接触加载方式之一，即静液压未接触加载，其主要借鉴静压轴承芯轴支撑方法，通过在近密闭空间内带压循环流动的液体，对芯轴进行加载，此加载通过液体传导，无固体接触式干扰，载荷可控，干扰小。

在现阶段，有部分科研工作者使用过电磁的方法对芯轴进行载荷施加[37-40]，其效果较好，但存在一个致命的缺点，即高速旋转的芯轴在电磁场内切割磁力线，其芯轴会迅速发热，一方面温度的升高大幅降低了芯轴的磁导率，减小了施加径向载荷的大小；另一方面，芯轴温度的升高也影响被测轴承的服役工况。本台架设计在非接触液压加载模块的基础上，引入非接触电磁力加载，可实现芯轴在旋转过程不断地冷却，使电磁非接触加载成为可能，如图 6-75 所示，磁液耦合加载为本台架重要的特征，其中通过液压施加的载荷稳定可靠，通过电磁力施加的载荷变化可控。

4）全信号采集分析

本测试台架在结构设计中，两端被测轴承留有近 20 mm 的空间，在此空间内分别放置了噪声和热电堆温度传感器（24×32 阵列温度传感器，可实现轴承截面温度实时监测），结合台架法兰安装的接触式 PT100 温度传感器（接触到轴承外套圈）和振动传感器，以及芯轴外端非接触位移传感器，如图 6-76 所示。此台架

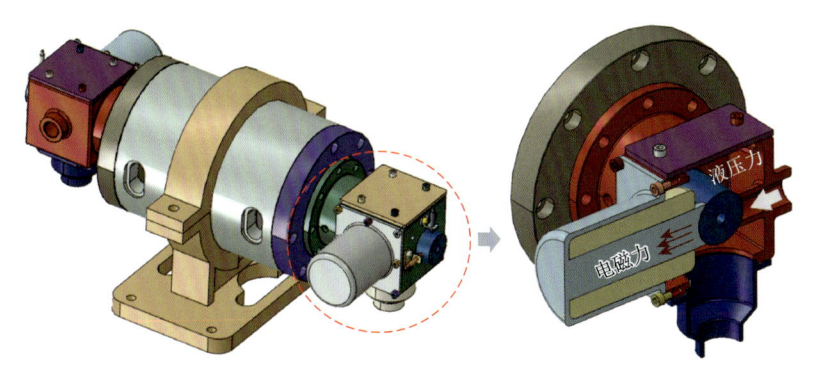

图 6-75　高速高精密机床轴承的磁液耦合径向非接触加载模块

完成了对轴承服役过程中温度、噪声、振动全信号模式的采集，最大限度上反馈轴承在近服役工况下的性能演变历史。

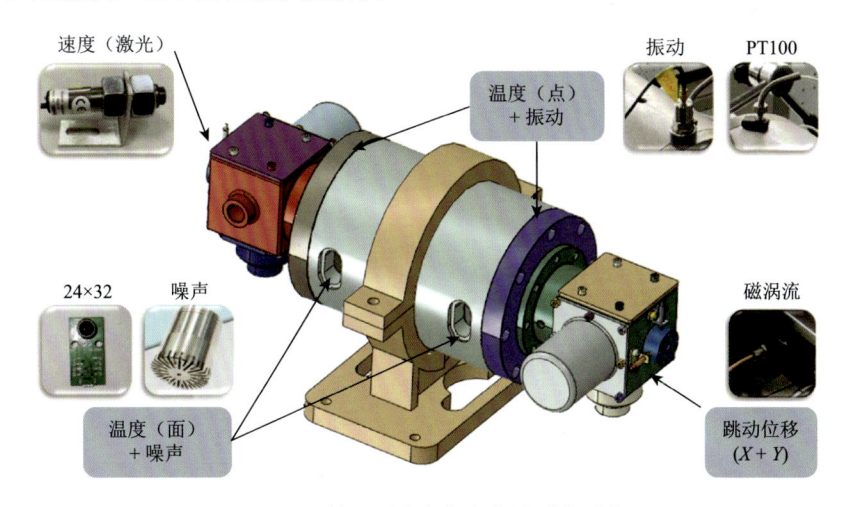

图 6-76　轴承测试台架全信号采集系统

温度采集结果如图 6-77 所示，其振动和噪声采集结果如图 6-78 所示。此外，本测试台架在旋转芯轴两端分别设置了动平衡调整模具，可对台架高速运行过程动态平衡性进行准确的调节，确保去除轴承在运行过程中由不平衡量带来的干扰；同时，通过预制可控的不平衡量，可实现轴承在给定不平衡量条件下的运行状况，评价轴承非正常服役工况下的服役性能。

目前，专项研发的机床主轴承如 7008、7014 等型号角接触球轴承已经获得行业内多家主轴企业和机床企业的认证许可，对国内外轴承旋转精度和振动数据进行对比，如表 6-11 所示。轴承的旋转精度结果表明，7008 型号的国产和进口高档精密机床轴承内圈和外圈的径向跳动均不超过 0.5 μm，轴向跳动为 0.5~1.0 μm，自

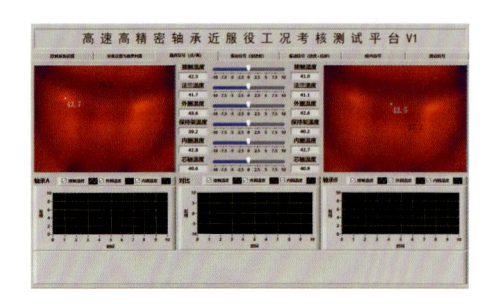

图 6-77　轴承测试台架温度采集结果 　　图 6-78　轴承测试台架的振动和噪声采集结果

研 IMR7008 轴承旋转精度略优于进口品牌；7014 型号的国产和进口高档精密机床轴承内圈和外圈的径向跳动 1.0~2.0 μm，轴向跳动 1.0~2.0 μm，自研 IMR7014 轴承的旋转精度均为 1 μm，与进口品牌数据一致。比对 GB/T 307.1—2017 文件，测试轴承旋转精度均达到国标规定的对应型号 P2 级。根据 GB/T 32333—2015 标准和轴承的振动测试结果，国产和进口高档精密机床轴承的振动等级也均达到最高的 Z4 等级。检测结果表明，国产轴承的初始加工精度与性能指标能够对标进口轴承（P4＋级或 P4S 级）。高端轴承厂家生产的精密轴承产品，其主要关键技术指标已远高于国家标准与国际标准，具有更高的技术指标。

表 6-11　轴承旋转精度和振动数据对比

型号	品牌	球尺寸	球粒数	内圈/μm 径向跳动	内圈/μm 轴向跳动	外圈/μm 径向跳动	外圈/μm 轴向跳动	振动/dB	振动等级
7008	进口	7.938	18	0.5	1.0	0.5	1.0	34	Z4
7014	进口	9.525	24	1.0	2.0	1.0	2.0	41	Z4
7014	进口	11.906	21	1.0	1.0	1.0	1.0	39	Z4
7008	国产 1	7.938	18	0.5	1.0	0.5	1.0	32	Z4
7008	国产 2	7.938	18	0.5	0.5	0.5	1.0	32	Z4
7008	国产 3	7.144	19	0.5	0.5	0.5	0.5	33	Z4
7008	国产 1	11.906	21	1.0	2.0	2.0	2.0	41	Z4
7008	IMR	7.938	18	0.5	0.5	0.5	1.0	32	Z4
7014	IMR	11.906	21	1.0	1.0	1.0	1.0	39	Z4

轴承精度与轴承套圈加工工艺密切相关。由于轴承套圈加工工序繁多，技术细节复杂，团队在梳理现有加工参数的基础上，特别针对轴承套圈精加工设备升级改造，包括工件轴、砂轮轴、修整器、导轨、丝杠轴承、支撑卡盘、机床床身等多个方面进行特殊设计和调整，大幅度提升轴承套圈尺寸精度。其中 7008 电主轴轴承成品套圈圆度（2~500 波）可稳定控制在 0.2 μm 以内，最精密套圈圆度（2~

500 波）可达 0.09 μm，远优于进口轴承 0.25 μm 的水平，结果如图 6-79 所示。对比自研 IMR 轴承与进口轴承的圆度、沟型误差（Pt）和粗糙度等数据，自研轴承的相关数据均优于进口轴承，结果如表 6-12 所示。

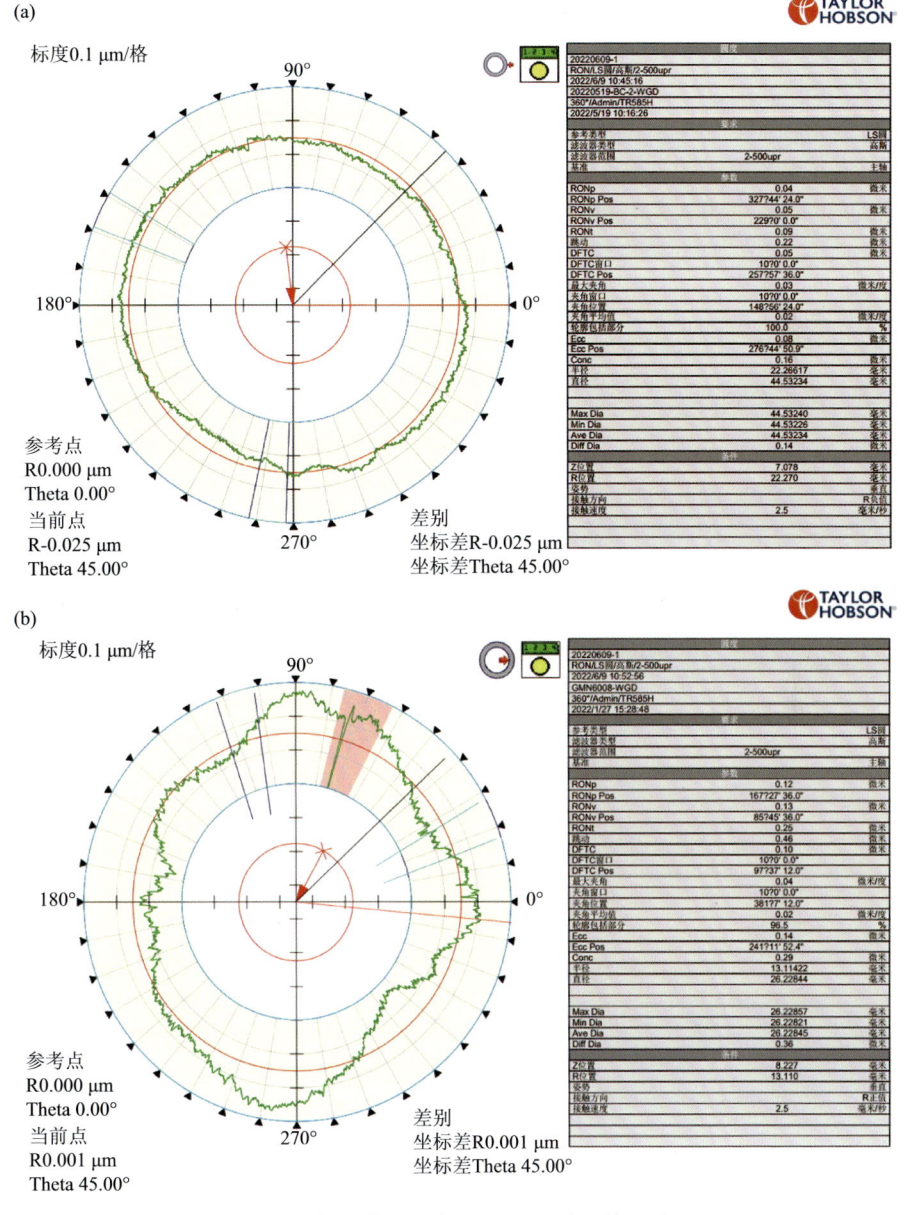

图 6-79　轴承套圈圆度（2～500 波）检测结果

（a）自研轴承；（b）进口轴承

表 6-12　IMR 轴承与进口轴承的套圈圆度、沟型误差（Pt）和粗糙度数据对比

型号：7008	内圈/μm			外圈/μm		
	圆度	Pt	粗糙度	圆度	Pt	粗糙度
IMR 轴承	0.12	0.15	0.0074	0.09	0.11	0.0075
进口轴承	0.37	0.38	0.0165	0.25	0.13	0.0226

在轴承安装到主轴上的测试方面，对比进口德国、日本和自研轴承的装轴性能指标（数据量不低于 100 组），结果如表 6-13 所示。BT30 机械主轴的测试对比结果表明，相同装配工艺参数条件下，自研轴承刚性更高；在测试棒偏摆、主轴温升、振动（速度和加速度）等指标上，均远优于主轴厂家内控标准，相关指标能够对标进口轴承，甚至某些指标更优；7×24 h 空载运转后的测试结果表明，自研轴承精度保持性更好，其性能更加适合精密加工领域的需求。7014 角接触球轴承的装轴测试结果如表 6-14 所示，整体特点与 7008 轴承的测试结果相近，不再赘述。

表 6-13　精密角接触球轴承 7008 型号的装轴测试结果（取测试数据中位数）

轴承品牌	轴承型号	轴承刚度/(N/μm)	锥孔静态偏摆/μm	300 测棒偏摆/μm	跑合环境温度/℃	前端跑合温度/℃	后端跑合温度/℃	前端振动速度/(mm/s)	前端振动加速度/g	后端振动速度/(mm/s)	后端振动加速度/g	7×24 h 空载运转后精度保持性/μm
进口 1	HYKH6008CTA	130.4	1	3.5	26.8	42.92	44.91	0.475	0.188	0.502	0.191	4.9
进口 2	40BNR10H	131.5	1	3.0	26.8	44.15	45.5	0.416	0.193	0.53	0.179	4.2
IMR	IMR-7008C	132.9	1	3.2	26.8	43.37	44.87	0.466	0.189	0.518	0.235	3.8
标准范围	—	125～135	≤2	≤6	25～28	≤48	≤48	≤0.6	≤0.6	≤0.6	≤0.6	≤8

注：BT30 机械主轴，最高转速 24000 r/min，轴承采用油脂润滑。

表 6-14　精密角接触球轴承 7014 型号的装轴测试结果（取测试数据中位数）

轴承品牌	轴承型号	轴承刚度/(N/μm)	锥孔静态偏摆/μm	300 测棒偏摆/μm	跑合环境温度/℃	前端跑合温度/℃	后端跑合温度/℃	前端振动速度/(mm/s)	前端振动加速度/g	后端振动速度/(mm/s)	后端振动加速度/g	7×24 h 空载运转后精度保持性/μm
进口 1	HYKH6014CTA	257.4	1	3.4	26.8	40.92	41.91	0.275	0.218	0.252	0.211	4.1
进口 2	70BNR10H	239.5	1	3.1	26.8	41.15	42.5	0.216	0.293	0.289	0.279	4.0

续表

轴承品牌	轴承型号	轴承刚度/(N/μm)	锥孔静态偏摆/μm	300测棒偏摆/μm	跑合环境温度/℃	前端跑合温度/℃	后端跑合温度/℃	前端振动速度/(mm/s)	前端振动加速度/g	后端振动速度/(mm/s)	后端振动加速度/g	7×24 h空载运转后精度保持性/μm
IMR	IMR-7014C	255.5	1	3.11	26.8	40.2	40.56	0.259	0.217	0.274	0.223	3.9
标准范围	—	230~270	≤2	≤6	25~28	≤46	≤46	≤0.6	≤0.6	≤0.6	≤0.6	≤8

注：BT40机械主轴，最高转速12000 r/min，轴承采用油脂润滑。

7008、7014机床主轴承在钻攻机、加工中心等高档机床上取得了良好应用，装机应用近万套。经过近13个月的用户考核评价，目前尚无返修案例，专项自研轴承的质量稳定性以及精度寿命可与日本、瑞典、德国的知名品牌对标。

结合盾构机大型主轴承"大受力、厚断面、高可靠"的特点，提出了"超洁净、高均质、低应力、大淬深、高精度"的研制思路，形成了符合国内工业化条件的稀土综合微合金化材料体系，突破了洁净化制备、均质化控制、低应力调控、大淬深处理、铜/钢复合焊接、高精度加工等材料及其零件的系列关键技术，制定了大型主轴承零件与成套产品的技术条件并得到了相应的各类加工、装配图纸，开发了大型主轴承在线服役实时监测系统，构建了大型主轴承设计、材料、制备、加工、评价等全链条自主技术体系，实现了ϕ3 m级大型主轴承的自主研制，如图6-80所示。自主研制的ϕ3 m级大型主轴承各项性能指标达到了国际先进水平，已经顺利通过装机验收，并且成功在沈阳地铁一号

图 6-80　首台套盾构机用ϕ3 m级大型主轴承

线东延线示范应用,使用效果良好,如图 6-81 所示。研制的国际上最大直径等级 8 m 级、重达 59 t 的主轴承已成功交付,将首次应用到直径 16 m 级大型盾构机上,如图 6-82 所示。其中,主轴承套圈全断面硬度差小于 1 HRC,直径 100 mm 以上大型滚子加工精度为 G1 级,达到国际领先水平。以钱七虎院士为首的专家组评价:"基于双低氧技术生产的稀土钢材料有原始创新……,国产 ϕ8.01 m 主轴承的冶金质量、组织性能等各项指标达到同类进口主轴承的先进水平,其中部分指标达到国际领先……,ϕ8.01 m 主轴承的成功研制,是交通强国建设的支撑成果,是关键科技自立自强的重大成果,是世界水平的重大成果,对于盾构隧道和装备制造领域具有里程碑意义"。这为后续超大型主轴承攻关奠定了扎实的工作基础,也为全面实现大型主轴承进口替代和重大装备自主可控制造打下了坚实基础。

图 6-81 首台套装有 ϕ3 m 级主轴承的盾构机在沈阳地铁示范应用

图 6-82　国内首台套盾构机用 ϕ8 m 级主轴承

盾构机主轴承的组成除了钢的滚动体和内外套圈外，还包括润滑油脂和铜/钢复合的保持器。为了提高保持器的刚度和耐磨性，使用铜/钢复合焊接。采用三排滚子结构，滚子的加工非常重要，为了达到 G1 级精度，需要保持材料的均质性，采用切入式进行精密加工。大型滚子加工质量良好，指标均达到国际先进水平。套圈的外径达到 8 m，在粗加工的基础上，采用国产的精密加工磨床进行精度控制。加工的直径 3 m 的主轴承成功应用于沈阳地铁工程的盾构机上，而 8 m 级盾构机主轴承率先应用于过江、过湖隧道的挖掘上，这也是世界上直径等级最大的主轴承。

参 考 文 献

[1] Lund T，Akesson J. Oxygen Content，Oxidic Microinclusions and Fatigue Properties of Rolling Bearing Steels. Philadelphia：ASTM Special Technical Publication，1988：308.

[2] 魏果能，许达，俞峰. 高质量轴承钢的需求、生产和发展//中国特殊钢年会 2005 论文集，北京：冶金工业出版社，2005：106.

[3] Lund T，Ölund L. Improving Production，Control and Properties of Bearing Steels Intended for Demanding Applications. Philadelphia：ASTM Special Technical Publication，1999：32.

[4] Binder P，Pulvermacher W，Stolte G，et al. Stream degassing and ladle degassing. Ironmaking and Steelmaking，1986，(13)：267.

[5] Li D Z，Wang P，Chen X Q，et al. Low-oxygen rare earth steels. Nat. Mater.，2022，21（10）：1137.

[6] Du N Y，Liu H H，Cao Y F，et al. Formation mechanism of MC and M_2C primary carbides in as-cast M50 bearing steel. Mater. Charact.，2021，(174)：1.

[7] 周丽娜. 淬火-碳分配-回火对 M50 钢微观组织及性能影响研究. 哈尔滨：哈尔滨工业大学，2019.

[8] 王燕，俞峰，曹文全，等. 热变形对高温轴承钢中碳化物的均质化与细质化影响规律研究. 热加工工艺，2015，44（13）：35.

[9] 关健. 航空滚动轴承用 M50 钢的接触疲劳损伤行为研究. 哈尔滨：哈尔滨工业大学，2019.

[10] Kang C P, Liu F B, Jiang Z H, et al. Effect of cryogenic treatment on microstructure evolution and mechanical properties of high nitrogen plastic die steel. J. Mater. Res. Technol., 2021, (15): 5128.

[11] Liu H H, Fu P X, Liu H W, et al. Effect of vanadium micro-alloying on the microstructure evolution and mechanical properties of 718H pre-hardened mold steel. J. Mater. Sci. Technol., 2019, 35 (11): 2526.

[12] 刘斌, 牛玉周, 郭长建. 发电机轴承中白色组织剥落现象的探讨. 轴承, 2012, (9): 33.

[13] 原田久, 杨琪. 轴承钢在滚动接触中白色组织的发生过程. 失效分析与预防, 2005, 26 (3): 22.

[14] Evans M H, Richardson A D, Wang L, et al. Effect of hydrogen on butterfly and white etching crack formation under rolling contact fatigue. Wear, 2013, 306 (1): 226.

[15] Evans M H, Richardson A D, Wang L, et al. Serial sectioning investigation of butterfly and white etching crack formation in wind turbine gearbox bearings. Wear, 2013, 302 (2): 1573.

[16] Bhadeshia H K D H. Recent developments in bearing steels. Mater. Sci. Tech., 2016, 32 (11): 1059.

[17] Kotzalas M N, Doll G L. Tribological advancements for reliable wind turbine performance. Philos. Trans., 2010, 368 (1929): 4829.

[18] Evans M H. White structure flaking in wind turbine gearbox bearings: Effects of butterflies and white etching cracks (WECs). Mater. Sci. Technol., 2012, 28 (1): 3.

[19] Solano-Alvarez W, Bhadeshia H K D H. White-etching matter in bearing steel. Part II: Distinguishing cause and effect in bearing steel failure. Metal. Mater. Trans. A, 2014, 45 (11): 4916.

[20] Harada H, Mikami T, Shibata M, et al. Microstructural changes and crack initiation with white etching area formation under rolling/sliding contact in bearing steel. ISIJ Int., 2005, 45 (12): 1897.

[21] Paladugu M, Hyde R S. White etching matter promoted by intergranular embrittlement. Scripta Mater., 2017, (130): 219.

[22] Gould B, Greco A, Stadler K, et al. Using advanced tomography techniques to investigate the development of white etching cracks in a prematurely failed field bearing. Tribol. Int., 2017, (116): 362.

[23] Richardson A D, Evans M H, Wang L, et al. The evolution of white etching cracks in rolling contact fatigue-tested 100Cr6 steel. Tribol. Lett., 2018, 66 (1): 6.

[24] Morsdorf L, Mayweg D, Li Y, et al. Moving cracks form white etching areas during rolling contact fatigue in bearings. Mater. Sci. Eng. A, 2020, (771): 138659.

[25] 李向东, 涂春磊, 伍昊, 等. 材料内应力的检测方法. 理化检验: 物理分册, 2020, 56 (6) 15.

[26] 徐春广, 李焕新, 王俊峰, 等. 残余应力的超声横纵波检测方法. 声学学报, 2017, 42 (2): 195.

[27] 陈尧, 陈昌华, 汤志贵, 等. 锻件表面残余应力的盲孔法测试与分析. 物理测试, 2015, 33 (6): 24.

[28] 沈军, 林波, 迟永刚, 等. 残余应力物理法测量技术研究现状. 材料导报: 纳米与新材料专辑, 2012, 26 (1): 120.

[29] 侯晓东, 叶晋, 黄照文, 等. 轮廓法测量残余应力研究进展. 焊接, 2022, (8): 1.

[30] 贡志锋, 张书彦, 马艳玲, 等. 中子成像技术应用. 中国科技信息, 2021, (8): 84.

[31] 张书彦, 高建波, 温树文, 等. 中子衍射在残余应力分析中的应用. 失效分析与预防, 2021, 16 (1): 60.

[32] 朱有利, 王燕礼, 边飞龙, 等. 金属材料超声表面强化技术的研究与应用进展. 机械工程学报, 2014, 50 (20): 35.

[33] 贺琼瑶, 吴桂林, 刘聪, 等. 表面纳米化技术制备梯度纳米结构金属材料的研究进展. 表面技术, 2021, 50 (1): 267.

[34] 程国锋, 钟蜀晖, 黄彦森. 316L 不锈钢表面纳米化残余应力对材料性能的影响. 科学之友, 2011, (6): 5.

[35] Chang C F, Chen J J. Vibration monitoring of motorized spindles using spectral analysis techniques.

Mechatronics, 2009, 19 (5): 726.

[36] Chen S C, Juan Y L, Tang C H, et al. Analysis of the harmonics losses and bearing load for motorized high speed spindle part I: Modeling//International Conference on Industrial Engineering and Engineering Management, Macao, 2010: 772.

[37] 邱荣华. 高速电主轴非接触电磁加载及可靠性试验研究. 陕西: 西安理工大学, 2014.

[38] Rantatalo M, Aidanpaa J O, Goransson B, et al. Milling machine spindle analysis using FEM and non-contact spindle excitation and response measurement. Mach. Tool. Manu., 2007, (47): 1034.

[39] Young K H, Choon M L. Development of a newly structured variable preload control device for a spindle rolling bearing by using an electromagnet. Mach. Tool. Manu., 2010, (50): 253.

[40] 康辉民. 高速电主轴静动态特性分析与实验检测技术. 重庆: 重庆大学, 2010.

第7章 多尺度模拟计算

多尺度模拟计算对于高品质特殊钢和大型构件制备必不可少，从机理的揭示到成分设计、工艺优化、缺陷演化、组织演化、性能预测等，模拟计算都发挥了十分重要的作用。本章重点介绍利用多尺度模拟计算方法，以及针对凝固与固态相变等过程开展的系列研究工作。以氧致通道偏析形成的机理探究为例，展示多尺度模拟计算在特殊钢生产领域发挥的重要作用。首先，在原子尺度上，通过第一性原理计算，发现氧化物和硫化物结合形成的团簇是通道偏析的根源；其次，在介观尺度上，通过相场模拟计算，发现在绝大多数钢种中只有考虑夹杂物团簇的影响，枝晶间富集溶质的流动速度才能大于枝晶尖端生长速度，从而具备了诱导通道偏析的形成条件；最后，在宏观尺度上，通过两相流计算，发现夹杂物扰动凝固界面，导致界面失稳，从而诱发通道偏析。多尺度计算完美地揭示出通道偏析的形成主要由夹杂物驱动，这为偏析新机制的建立提供了理论指导。美国两院院士、经典凝固偏析理论的创始人、麻省理工学院的 Flemings 教授认为团队发现了驱动宏观偏析形成的第四种力，即以氧化物为基底的夹杂物浮力流[1]。此外，在介观尺度上，介绍固液/固固相变过程中组织演变模拟计算。

7.1 第一性原理计算

本节主要通过第一性原理计算，介绍钢液在凝固过程中原子间的交互作用，如 S 与 Mn 的交互作用，Al_2O_3 的晶体结构计算及其表面与 S、Mn 原子的交互作用，从而揭示钢锭通道偏析区域内存在大量 Al_2O_3 与 MnS 复合夹杂物团簇的根本原因，在原子层面揭示通道偏析形成的机制。进一步针对稀土钢，通过第一性原理计算讨论钢中固溶稀土与空位、C 原子的交互作用，阐述固溶稀土阻碍碳扩散的机制等。

7.1.1 氧致偏析的第一性原理计算

在铝脱氧的钢中，钢锭浇注、凝固完毕后，通常在通道偏析区域存在大量的以 Al_2O_3 为基，周围包裹着 MnS 的复合夹杂物团簇，这种复合类型的团簇是推动钢锭中通道偏析形成的主要驱动力。通过第一性原理计算发现，Al_2O_3（0001）极易吸附 S 原子，S 原子进一步与 Mn 原子结合形成 MnS，进而形成以 Al_2O_3 为基底的夹杂物团簇[2]。此外，通过计算发现，Al_2O_3 吸附 MnS 存在临界值，小于临界值时两者结合形成一个团簇，超过临界值时 MnS 会脱离氧化铝。这也是在工程实践中，经常看到 MnS 单独存在的原因，但事实上，它们在形成的初始阶段往往会与氧化物紧密结合在一起。

1. 第一性原理计算模型

钢液中夹杂物元素之间作用的第一性原理计算主要聚焦在 S 与 Mn + nS 之间的团簇，以及钢液中固体 Al_2O_3 的表面。为了建立计算模型，首先需要两个假设：一是以 S 原子和 Mn + nS 原子簇形式存在；二是忽略 Al_2O_3、S 和 Mn + nS 的原子簇与钢液之间的界面作用。以常见的具有六方结构的 α-Al_2O_3 为研究对象，计算显示，以 AlO 为终端的（0001）面能量最低，只有 1.68 J/m^2。因此，后续的所有计算都是基于这个非偶极子且以 AlO 为终止的（0001）面。这种结构致使最上层和次上层的原子层间距显著减小（$\Delta l \approx 0.738 Å$）。这也就意味着最上层的 Al 几乎与次上层中的 O 处于同一个层次。这主要是因为最上层的 Al 原子的配位数要比整个晶体少很多。为了模拟在 α-Al_2O_3 表面上的吸附过程，沿着[0001]方向建立了一个 18 层的原子并附加 15 Å 真空的计算模型。在所有计算中，底部的 9 层原子保持在冷冻状态，另外 9 层保持松弛状态。在 Al_2O_3 上的 S 原子和 Mn + nS 原子簇的吸附能 E_{ads} 可以分别通过下面两个表达式计算：

$$E_{ads} = E(nS + alumina) - [nE(S) + E(alumina)] \quad (7\text{-}1)$$

$$E_{ads} = E(Mn_xS_y + alumina) - [E(Mn_xS_y) + E(alumina)] \quad (7\text{-}2)$$

式中，$E(nS + alumina)$ 为 S 原子吸附在 Al_2O_3 上时的能量；$E(S)$ 为单个 S 原子的能量；$E(alumina)$ 是 Al_2O_3 表面的能量；$E(Mn_xS_y + alumina)$ 是 Mn + nS 原子簇吸附在 Al_2O_3 上的能量；$E(Mn_xS_y)$ 是 Mn+nS 原子簇的能量。而单个 S 原子与 Mn + nS 原子簇的结合能 E_{bind} 可以利用下面公式计算：

$$E_{bind} = E(Mn_xS_{y+1} + alumina) - [E(Mn_xS_y + alumina) + E(S)] \quad (7\text{-}3)$$

式中，$E(Mn_xS_{y+1} + alumina)$ 和 $E(Mn_xS_y + alumina)$ 分别是 Al_2O_3 表面吸附 Mn_xS_{y+1} 和 Mn_xS_y 原子簇后的总能量。

2. α-Al_2O_3 表面吸附 S 原子的计算

试验中观察到 Al_2O_3 附近有 S 的富集，因此计算了 α-Al_2O_3 对 S 原子的吸附。

表面的弛豫过程计算显示 S 在 α-Al$_2$O$_3$ 上有两个稳定的吸附位点。最稳定位置的吸附能大约为 –2.0 eV。在这种最小吸附能的结构中，被吸附的 S 原子紧密地与周围最邻近的 Al 原子和 O 原子通过 S—Al 键和 S—O 键束缚在一起，如图 7-1（a）所示。另外一个吸附位点的稳定吸附能大约是 –0.82 eV。在这个吸附位点，吸附的 S 原子只是与周围的 Al 原子通过 S—Al 键束缚在一起，如图 7-1（b）所示。为了进一步阐明 S 原子在 α-Al$_2$O$_3$ 表面上的吸附机制，同样分析了电子结构，如图 7-2 所示。计算得到的电子能带结构表明，S 原子在 AlO 终端吸附是绝缘的，在 Γ 点的直接带隙是 2.1 eV [图 7-2（a）]。价带顶由 S 原子的 p 轨道主导构成，而导带底由一个空的 S 原子 d 轨道和一小部分 S 原子的 p 轨道主导构成。重要的是，在键合区域能量从 –2.0 eV 到 –1.2 eV 的变化范围内，在吸附的 S 原子与表面最邻近 O 原子的 p 轨道之间存在杂化，证明了 S—O 键合作用 [图 7-2（b）]。另外，在低位能带（–6.3～–8.0 eV），吸附的 S 原子的 s 轨道与最邻近 Al 原子的 s 轨道也表现出相似的原子间作用。这种相似的态密度形状揭示了在吸附的 S 原子和最邻近的 Al 原子之间存在键合作用。因此，S 原子在 AlO 终端上的吸附可以归结为由 S 原子与最邻近 O 原子和 Al 原子的强键合作用所致。为了进一步说明这种键合作用，又采用 Bader 技术[3, 4]计算了表面上所有原子电荷的聚集和贫化。为了更好地比较，也计算了干净的 AlO 终端的电荷分布。根据在 200×200×300 致密网格上的投影缀加波（projected augmented wave，PAW）计算，发现在干净表面上的 Al 原子和 O 原子拥有的电荷数分别是 0.55 e 和 7.6 e。但是，一旦 S 原子吸附至表面后，其吸附位点周围电荷的聚集与贫化就发生了明显的变化：①最邻近 O 原子的电荷是 7.3 e，要比吸附之前少了 0.3 e；②最邻近 Al 原子的电荷只有 0.53 e，与吸附之前差别不大；③S 原子自己拥有的电荷是 6.29 e，这也就意味着 S 原子得到了 0.29 e 的电荷。

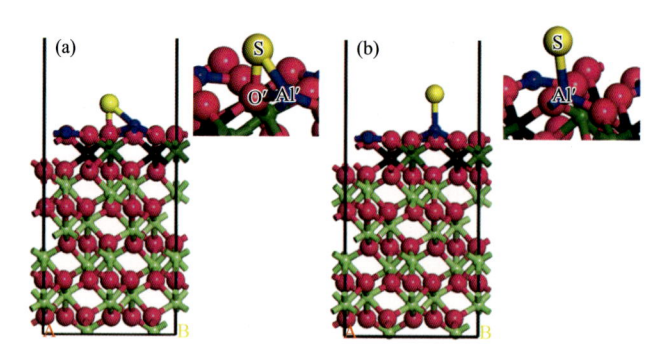

图 7-1 单个 S 原子在 α-Al$_2$O$_3$ 上的吸附位点

（a）S 原子最稳定的吸附位点是 S 原子与最邻近的 O 原子和 Al 原子束缚在一起，稳定的吸附能是 –2.0 eV；（b）另外一个稳定的吸附位点是 S 原子与最邻近的 Al 原子束缚在一起，此时的吸附能是 –0.82 eV。上部右侧的图片是 S 原子吸附位点附近原子结构的放大图。此外，用 O'和 Al'来标记与吸附 S 原子最邻近的 O 原子和 Al 原子

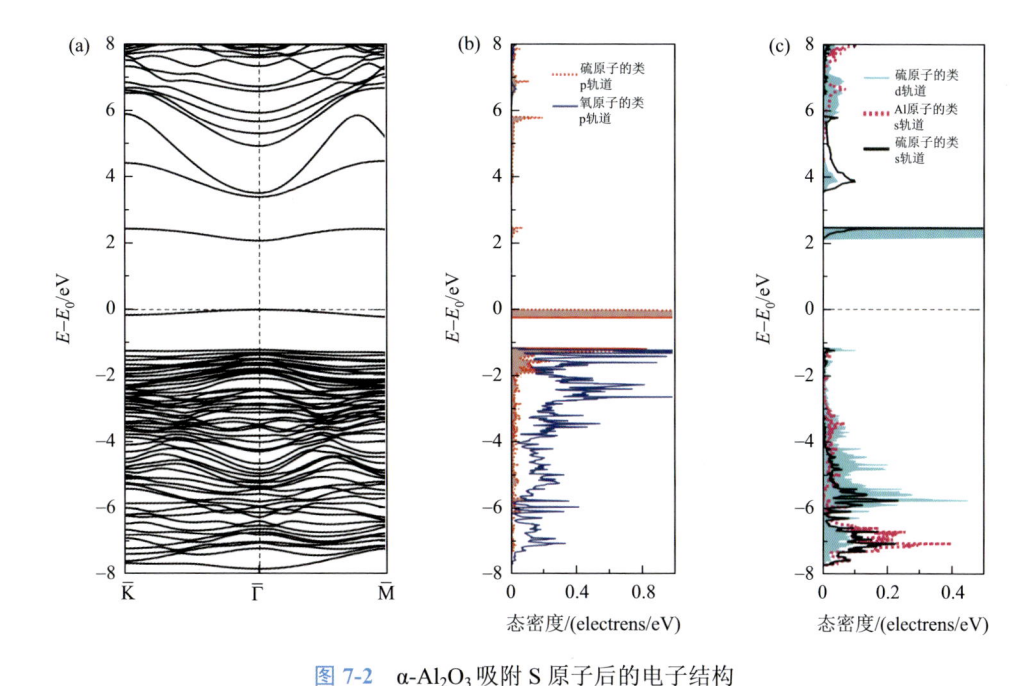

图 7-2 α-Al$_2$O$_3$ 吸附 S 原子后的电子结构

(a) 在 α-Al$_2$O$_3$ 表面最稳定吸附位点的电子结构;(b,c) 吸附 S 原子后计算得到的 S 原子及其最邻近 Al 和 O 原子的态密度投影

与干净表面的电荷相比,可以推断 S 原子的吸附导致电荷从最邻近 Al 原子上不仅转移到了 O 原子(1.3 e)上,而且也转移到吸附的 S 原子(0.29 e)上。因此,S—Al 键合性质是离子键合。尽管没有发生电荷从 S 原子向最邻近 O 原子的转移,但是在 S 原子与 O 原子之间却存在强的杂化,并且计算表明 S—O 键合是一种共价键性质的杂化。此外,其他远离 S 原子的 O 原子和 Al 原子的电荷在吸附前后几乎保持不变。

3. α-Al$_2$O$_3$ 表面吸附 Mn + nS 原子簇的计算

根据试验中观察到的 MnS 与 Al$_2$O$_3$ 的共存现象,计算在 α-Al$_2$O$_3$ 表面吸附 Mn + nS 原子簇的过程。计算结果显示,最低吸附能是-1.97 eV。Mn 原子到最邻近 O 原子和 Al 原子的距离分别是 2.17 Å 和 2.88 Å,并且 O—Mn—O 的角度是 73.6°,且 Mn 原子处在距离晶胞表面 1.673 Å 的位置。根据吸附的 Mn 原子,进一步计算 AlO 终端吸附 Mn + nS 原子簇的吸附能,给出吸附能与吸附的 S 原子数(n)的函数关系,显示稳定的吸附是 Mn + 1S 和 Mn + 2S 的原子簇,吸附能分别是-0.71 eV 和-0.23 eV。吸附后的原子几何结构如图 7-3 所示。可以看出,由于 S 原子的存在,Mn 原子与两个最邻近的 O 原子键合,并且 $n = 1$ 和 $n = 2$ 时的 Mn—O 键长分别为 2.15 Å 和 2.10 Å。这些键长要比仅吸附 Mn 原子时形成的键长(2.17 Å)短很多。而且还需要注意的是,吸附的 S 原子与 Al 原子形成的键长在两种情况下都是 2.26 Å。除此之外,

S 原子也与 Mn 原子之间形成很强的键，$n=1$ 时键长为 2.24 Å，$n=2$ 时键长为 2.22 Å。在 $n=2$ 时，另外一个 S 原子只与 Mn 原子成键，键长减小为 2.09 Å。无论如何，一旦第三个 S 原子加入与 Mn 原子形成键后，吸附就变得很不稳定。最明显的变化就是两个 Mn—O 键长的增加，削弱了吸附能力。对于吸附的 Mn + 4 S 原子簇，这种键长变得更大，吸附能几乎接近 0，这也就意味着从 $n=4$ 开始，Mn + 4 S 原子簇就不能被 α-Al$_2$O$_3$ 吸附。进一步地，计算了在吸附 Mn + $(n-1)$S 原子簇后再额外吸附 S 原子后的结合能，表明在吸附 Mn + $(n-1)$S 原子簇后，一个额外 S 原子与 Mn + $(n-1)$S 原子簇的结合能力也随着 n 的增大而变弱。

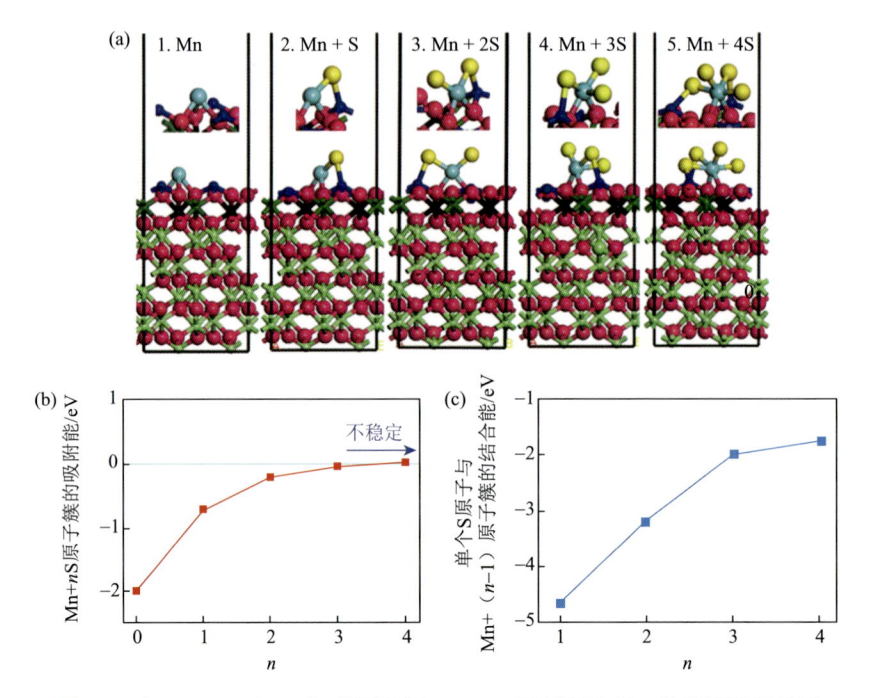

图 7-3　在 α-Al$_2$O$_3$（0001）表面吸附 Mn + nS 原子簇的第一性原理计算结果

（a）随着 Mn + nS 原子簇中 S 的引入，Mn 与最邻近 O 原子的键长在 $n=0$ 到 $n=2$ 时略微减小，然后在 $n=3$ 到 $n=4$ 时又增加。这种现象主要是 $n\leqslant 2$ 时对应 Mn 与 O 之间有很强的吸引力，产生对 Mn 的稳定吸附。而 $n>2$ 时，吸附减弱。（b）吸附能随吸附 S 原子个数 n 的变化关系。（c）在吸附了 Mn + $(n-1)$S 原子簇后，额外 S 原子与 Mn + $(n-1)$S 原子簇的结合能

有趣的是，Al$_2$O$_3$ 表面也能吸附 Mn 原子，如图 7-4 所示，计算得到的态密度显示 Mn 原子与最邻近的 3 个 O 原子之间有很强的电子杂化。而且，发现 Mn 原子带有局部自旋磁矩，大约为 4.0 μ_B（玻尔磁子），也就意味着 Mn 原子的磁性事实上也对 Mn 原子的稳定吸附起着非常重要的作用。以上理论计算确认 Al$_2$O$_3$ 表面能够稳定地吸附 Mn + S 和 Mn + 2S 原子簇，但是吸附能却分别降低至 –0.7 eV

和 –0.2 eV，这可以从图 7-4 中清晰地看出。在费米能级至 –4 eV 的能量区间 Mn 原子与 S 原子之间有很强的电子杂化，但是 Mn 原子与最邻近 O 原子之间的杂化要比只吸附 Mn 原子时的杂化弱。这一事实表明，Mn—O 的键合取决于和 Mn 原子结合的 S 原子数量。这样，在 Al_2O_3 表面形成的大 Mn + nS 原子簇会促使自身从 AlO 终端脱离，这也就解释了试验中观察到一些 MnS 单独存在的原因。

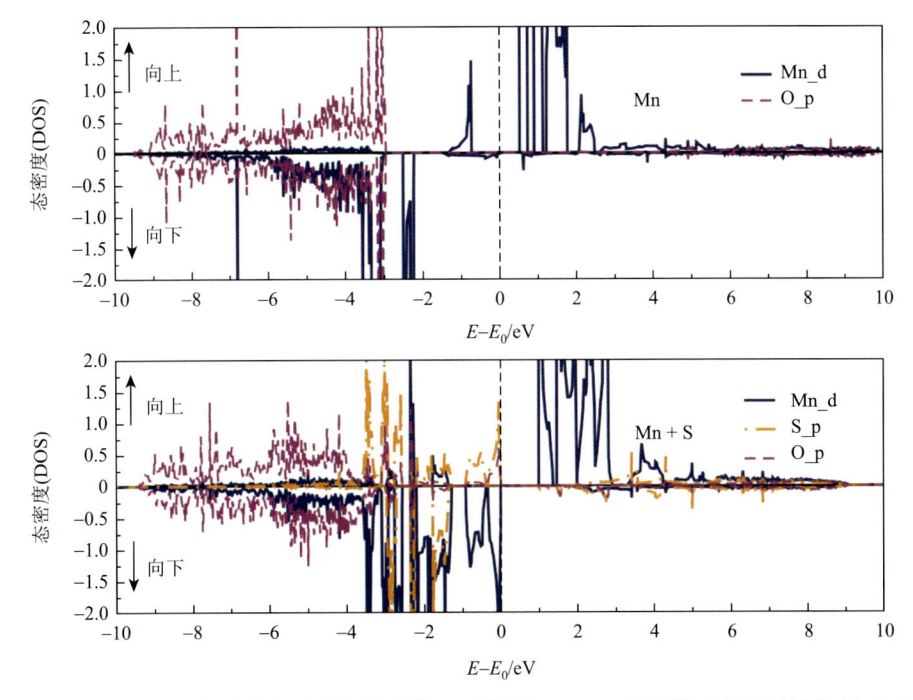

图 7-4　α-Al_2O_3 表面在最稳定吸附位置吸附 Mn 原子和 Mn + S 原子簇后的电子结构（向上和向下的箭头分别表示自旋向上和自旋向下的态密度投影）

7.1.2　固溶稀土作用机制的第一性原理计算

工程实践表明，在精炼后期，当将钢液中的氧含量控制在一个较低的数值时，向特殊钢中加入少量的稀土，就可以显著提升特殊钢的性能。这一方面是由于稀土细化变质夹杂物和深脱氧的作用，钢液中夹杂物变得更小更少；另一方面，当钢液洁净度很高的情况下，为稀土在钢中固溶提供了有利的条件。稀土通常在钢中难以固溶，因为稀土的原子半径大于铁原子。稀土金属镧、铈的原子半径分别为 2.74 Å 和 2.70 Å，显著大于 Fe 的原子半径 1.24 Å。但事实上，当钢中氧含量很低时，稀土能够在钢中少量固溶，试验也间接证明了这种固溶稀土起到了微合金化的作用。长期以来，固溶稀土的准确表征一直是个难题，而且固溶量也很难确定。研究人员通过球差校正电子显微镜，首次观察到了稀土的固溶现象[5]。通过无水电解加二次离子质谱，初步确定了稀土的固溶量[6]。计算表明，在大多数的钢中，稀土的固溶量只有 $(10\sim100)\times10^{-6}$。不过需要注意的是，含镍的钢除外，因为镍促进了稀土固溶。正是这些固溶的微量稀土对钢的性能影响很大，显著影响相变、碳扩散、氢扩散、耐热、耐磨、耐蚀、抗冲击和提高疲劳性能等。既然稀土很难固溶，那么稀土是如何实现固溶的呢？研究表明，钢中存在大量缺陷，如空位等，正是这些缺陷与稀土原子结合，促进了稀土的固溶。通过模拟计算发现：一个空位周围最多可以吸附 14 个稀土原子，通过空位的吸附作用，稀土固溶在钢中[5]。

1. 第一性原理计算模型

对稀土固溶的第一性原理计算主要聚焦在稀土钢中合金元素以及空位缺陷等对稀土在铁晶格中固溶的影响上。计算选取 $3\times3\times3$ 的超晶胞，以减小周期性边界条件带来的影响。对于 γ-Fe，由于密度泛函计算不易考虑顺磁态，考虑了无磁、反铁磁、双层反铁磁、铁磁低自旋/高自旋等磁组态，最终选择铁磁高自旋作为参考磁态。为了模拟稀土与合金元素/空位等点缺陷的相互作用，考虑稀土元素 La 与 Ce 在缺陷近邻位置处相对纯相中的固溶焓变化及稀土元素与点缺陷间的结合能。稀土元素固溶焓、稀土元素在点缺陷作用下的固溶焓（ΔH_{sol}^{REX}）与稀土元素-点缺陷结合能（E_b^{REX}）分别由下式计算：

$$\Delta H_{sol}^{RE} = E_{tot}^{RE} - E^{RE} - (N-1)\cdot E^{Fe} \quad (7\text{-}4)$$

$$\Delta H_{sol}^{REX} = E_{tot}^{REX} - E_{tot}^{X} - E^{RE} + E^{Fe} \quad (7\text{-}5)$$

$$E_b^{REX} = E_{tot}^{X} + E_{tot}^{RE} - E_{tot}^{REX} - NE^{Fe} \quad (7\text{-}6)$$

式中，E_{tot}^{REX} 为包含固溶稀土元素及点缺陷的超胞总能量；E_{tot}^{X}、E_{tot}^{RE} 为仅包含点缺陷或固溶稀土元素的超胞总能量；E^{RE}、E^{Fe} 为稀土元素及铁的单质基态参考能量；N 为超胞总原子数。

2. 稀土元素在铁基体中的固溶

从热力学的观点来看，固溶焓可以反映元素固溶的难易程度，正的固溶焓对应吸热过程，元素固溶为不稳定状态，反之对应放热过程，可以自发固溶于基体中。如图 7-5 所示，所有计算的稀土元素固溶焓均为较大的正值，表明稀土元素不易固溶于铁基体中。例如，添加到稀土钢中的 La、Ce 元素，在体心立方 Fe 和面心立方 Fe 中的固溶焓都是很大的正值，La、Ce 在体心立方 Fe 中的固溶焓分别为 2.79 eV 和 1.47 eV，在面心立方 Fe 中分别为 3.39 eV 和 1.73 eV。同时第一性原理计算结果显示出稀土元素固溶焓与稀土元素原子半径变化的趋势基本一致，表明稀土元素固溶焓强烈依赖于元素原子半径。稀土元素与铁原子半径的巨大差异导致稀土元素在铁基体中的固溶焓极高，使得固溶稀土成为能量不稳定的状态。

作者计算了合金钢中常见的 Ni、Cr、Mo、Nb 等合金元素对稀土固溶的影响。

结果如图 7-6 所示。合金元素 Ni 使得稀土元素 La 与 Ce 固溶焓在两相中均降低了约 0.25 eV，而 Cr、Mo、Nb 均使得稀土元素固溶焓升高，这使得含 Ni 钢具有更高的稀土固溶量。

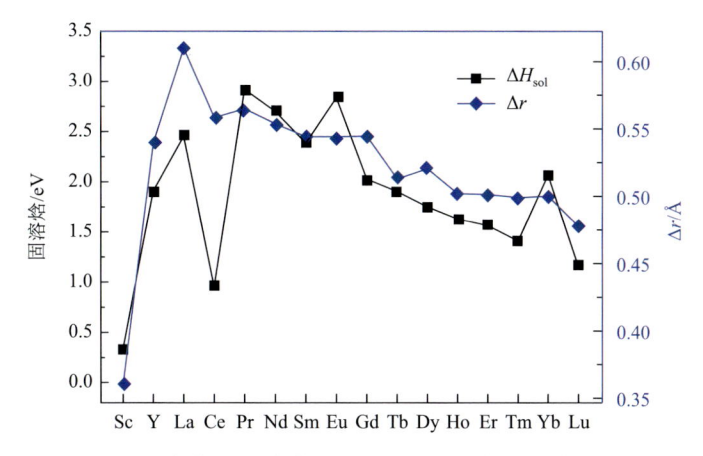

图 7-5　稀土元素在 α-Fe 中的固溶焓及稀土元素与 Fe 的原子半径差

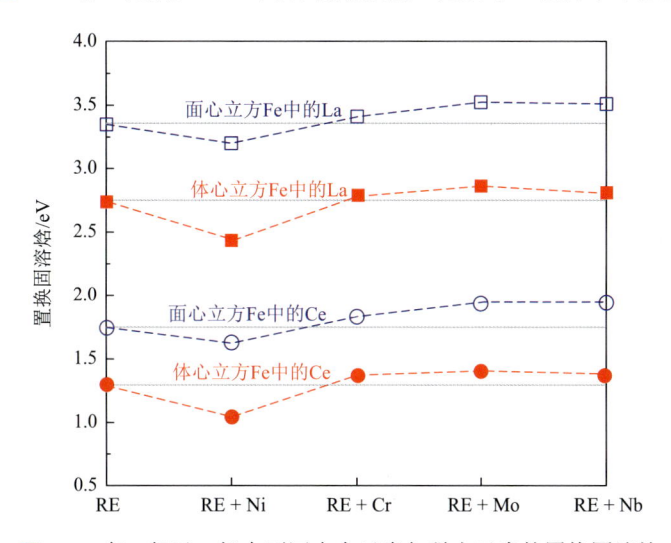

图 7-6　在 α 相及 γ 相中不同合金元素与稀土元素的置换固溶焓

3. 点缺陷对稀土元素固溶的影响

对稀土-空位相互作用，考虑了在晶格空位缺陷近邻位置固溶稀土元素的情况，计算结果如图 7-7（a）所示，图中蓝色线为纯相中的稀土固溶焓。可见空位的存在大幅度降低了稀土元素的固溶焓（对镧系超过 1.5 eV）。还注意到稀土元素-空位结合能为负值，在体心立方 Fe 中，空位与 La、Ce 的结合能分别为 −1.84 eV

和 –1.56 eV，表明稀土元素与空位间存在较强的结合作用。并且计算发现，空位促进了稀土原子团簇的形成，一个 Fe 原子空位最多可以稳定住由 14 个稀土原子组成的团簇。不同稀土元素的计算显示，稀土与空位的结合能随着稀土原子半径的增大而增大。图 7-7（b）和（c）展示了稀土-近邻空位构型弛豫前后的结构变化，由于稀土原子具有较大的半径，其固溶于基体中会导致附近较大的晶格畸变，而在近邻位置引入空位后，稀土原子向空位位置填充，形成两个较小的"半空位"，该过程能够松弛一部分由原子半径错配带来的晶格畸变，使得稀土在基体中固溶的难度降低。类似地，也计算了稀土在晶界处的偏聚能。结果表明，稀土优先在 $\Sigma 5 \langle 100\rangle (013)$ 晶界处偏聚，这与钇元素作为杂质在 Al_2O_3 晶界处偏聚类似[7]。在晶界的最邻近原子层，La 和 Ce 都表现出较低的负偏聚能，都在 –1.5～–2.0 eV 变化，这一能量比其他合金元素，如 Nb、Mo、Ti、Mn、Cr、V 和 Co 等在晶界的偏聚能都要低［图 7-8（b）和（c）］。

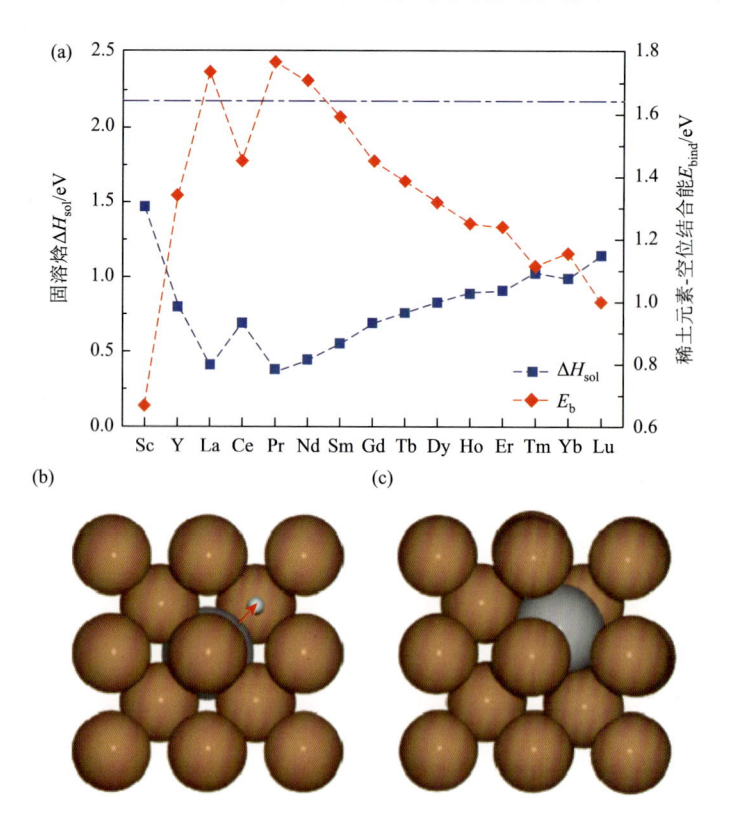

图 7-7 稀土在钢中与空位交互作用计算

（a）α 相中不同稀土元素在存在近邻空位情况下的固溶焓及稀土元素-空位结合能，蓝色线为纯相中的稀土固溶焓；
（b，c）稀土元素与空位弛豫前后构型变化，棕色为铁原子，灰色为稀土原子，白色为标记空位位置

上述计算结果表明稀土原子在晶粒内倾向于优先与空位结合在一起或者偏聚在

空位浓度较高的区域，如晶界。这一理论计算与通过透射电子显微镜球差校正成像试验表征结果非常一致，在图 7-8（d）高分辨率高角度环形暗场（high-angle annular dark-field，HAADF）中，可以清晰地观察到一个高亮、半径为 2~4 nm 的富含稀土的纳米团簇［在图 7-8（d）中用圆圈 A 标识的区域］。正如图 7-8（e）所示，这些纳米团簇的结构与 bcc-Fe 同构，但是与 Fe 基体相比，又有明显的晶格畸变［图 7-8（f）］。

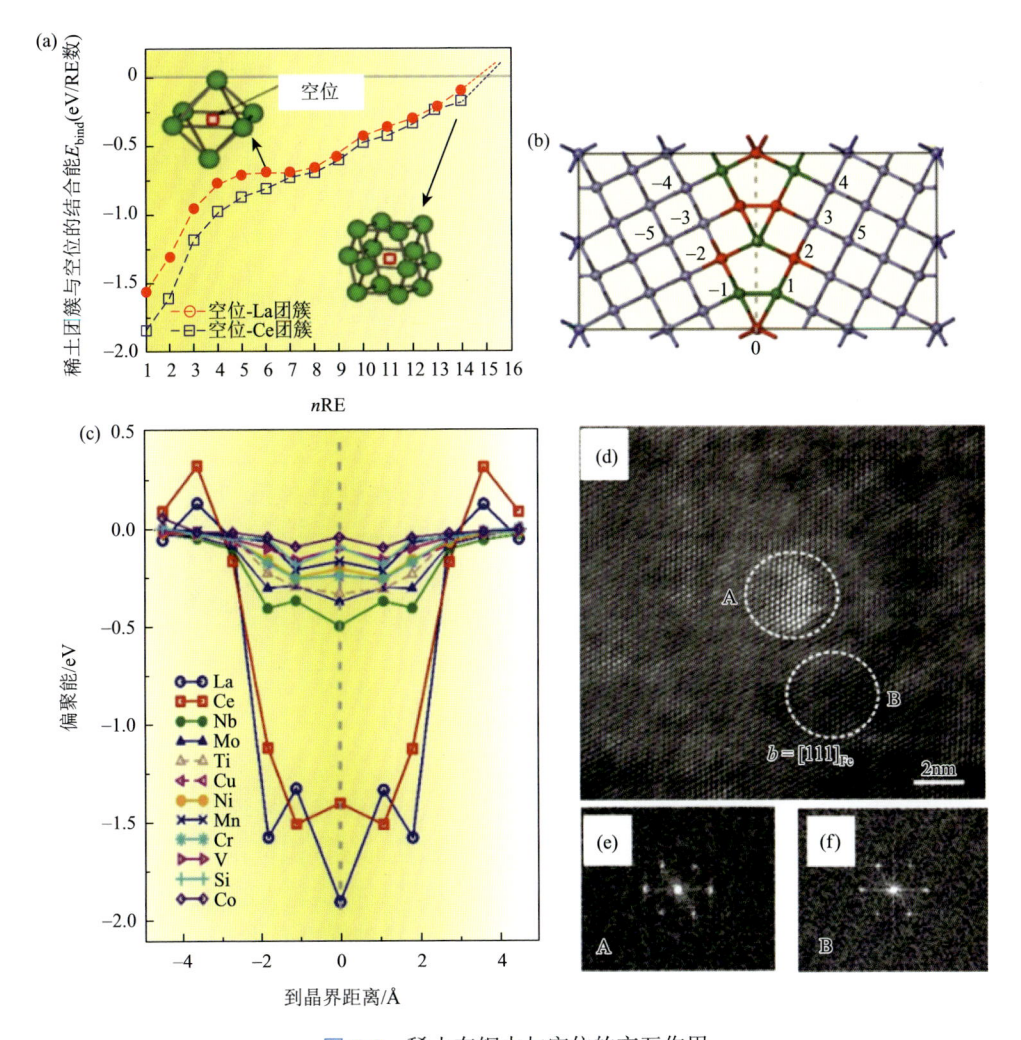

图 7-8 稀土在钢中与空位的交互作用

（a）理论计算得到的 Fe 基体中稀土原子团簇与空位的相互作用；（b）∑5（100）（013）晶界在二维平面上的投影，数字表示的是稀土原子在晶界上的置换位置；（c）计算得到的不同 La、Ce 在晶界上的偏聚能及与其他合金化元素的对比；（d）添加 3.6×10^{-2} wt%稀土的 Q345 低碳钢沿着[111]方向的高角度环形暗场-扫描透射电子显微镜（HAADF-STEM）像。由于稀土原子序数比 Fe 高很多，因此，在 HAADF 像中，一些高亮对比度的纳米原子团簇应该是富集了稀土原子所致；（e）在图（d）中 A 区傅里叶变换后的图像；（f）在图（d）中 B 区傅里叶变换后的图像

7.1.3 稀土与碳交互作用的第一性原理计算

第一性原理计算结果表明，稀土在钢中与碳呈现强交互作用，稀土添加显著提高了碳的扩散激活能，使碳原子难以移动。换句话说，稀土钉扎碳，使碳既不易远离，也不易靠近。稀土抑制碳扩散，但不吸附碳。通过 Fe-0.14 wt%C 的碳扩散试验，发现稀土添加降低碳扩散系数 30%以上，这也证实了模拟结果的正确性[5]。通常情况下，化学势的改变是碳扩散的驱动力，但计算结果表明，微量稀土添加没有影响固溶焓，因而也没有显著影响化学势。通过设计一端加稀土、另一端不加稀土的扩散偶对比试验，两侧的碳浓度没有发生变化，说明微量镧、铈稀土的添加没有影响碳在钢中的化学势。在低碳钢的研究中，发现稀土使钢的相变温度降低达 40℃。在进行脱碳行为的研究中，发现稀土降低钢的脱碳速率[5]。

1. 稀土钢中碳扩散的第一性原理计算模型

对碳原子的扩散计算，两相均采用 3×3×3 的超胞，研究碳原子从固溶稀土最近邻位连续扩散到第三近邻位置的过程。迁移反应路径及迁移能垒通过微动弹性带（nudged elastic band，NEB）方法计算，在两个近邻位置间插入 5 个中间结构进行优化得到。对于 γ 相，不同磁态下计算得到的碳元素扩散能垒差异巨大。经测试在铁磁高自旋、反铁磁、双层反铁磁等不同磁性组态下，计算得到的碳扩散能垒分别为 0.96 eV、2.62 eV 及 2.74 eV。根据 Jiang 等[8]的研究，采用扩散性质与试验吻合相对较好的高自旋组态。对于碳原子固溶焓，计算方式如下：

$$\Delta H_{sol}^{C} = E_{tot}^{REC} - E_{tot}^{RE} - E^{C} \tag{7-7}$$

式中，E_{tot}^{REC} 为体系总能量；E_{tot}^{RE} 为只固溶稀土的体系总能量；E^{C} 为碳原子基态单质（金刚石）参考能量。

2. 碳在稀土钢中的固溶及扩散行为

在 α-Fe 中，四面体间隙半径约为 0.36 Å，八面体间隙半径约为 0.19 Å，间隙大小远小于碳原子半径（共价半径 0.77 Å）。虽然四面体间隙位相对较大，但八面体间隙位变形相对容易，由顶角的两个原子位移即可提供较大的体积变化，因而试验观察到碳原子主要固溶于八面体间隙位置，计算过程也据此进行建模。在 γ-Fe 中，八面体间隙位大小约为 0.53 Å，远大于四面体间隙位的 0.29 Å，碳原子也倾向于占据八面体间隙位。

表 7-1 列出了在 α 相中不同稀土元素固溶情况下不同近邻位置碳元素的固溶焓。在 α 相中由于晶格间隙较小，碳固溶焓均为正值。稀土元素固溶后最近邻间隙位置碳固溶焓大幅度增加。La、Ce 元素固溶对次近邻碳原子固溶焓影响较小，三近邻位置碳原子固溶焓呈较大幅度降低，其余元素对次近邻、三近邻间隙位碳固溶焓均有较大幅度的降低，所有稀土元素对更远的四近邻位置碳固溶焓影响较

小。进一步对最近邻-次近邻-三近邻的迁移能垒进行计算分析，如表 7-2 所示。表中 D12 代表最近邻迁移到次近邻间隙位方向的迁移能垒，D21 代表相反方向迁移能垒，以此类推。可以看到，D21 及 D34 方向迁移能垒远高于纯相中的 0.92 eV，而 D12、D23、D32 及 D43 迁移能垒较低，结合次近邻、三近邻位置较低的固溶焓，可知固溶稀土元素可在次近邻及三近邻间隙位置形成碳势阱，将碳原子束缚在两个近邻位置上。

表 7-1　α-Fe 中不同稀土元素固溶时不同近邻位置碳的固溶焓

元素	不同近邻位置碳的固溶焓/eV			
	1 nn	2 nn	3 nn	4 nn
Fe	0.770	—	—	—
Sc	1.503	0.342	0.339	0.625
Y	1.936	0.306	0.207	0.586
La	2.045	0.622	0.340	0.627
Ce	1.836	0.719	0.447	0.637
Pm	2.100	0.524	0.301	0.638
Sm	2.049	0.443	0.253	0.593
Gd	1.979	0.389	0.244	0.593
Tb	1.782	0.191	0.062	0.415
Dy	1.945	0.354	0.240	0.597
Ho	1.928	0.340	0.241	0.599
Er	1.908	0.330	0.244	0.602

表 7-2　α-Fe 中不同稀土元素固溶时的碳迁移能垒

元素	能垒/eV					
	D12	D21	D23	D32	D34	D43
Fe	0.920	—	—	—	—	—
Sc	0.610	1.771	0.567	0.570	1.060	0.774
Y	0.468	2.098	0.424	0.523	1.027	0.648
La	0.471	1.916	0.402	0.677	1.047	0.760
Ce	0.573	1.693	0.448	0.716	0.990	0.800
Pm	0.446	2.040	0.357	0.580	1.002	0.665
Sm	0.443	2.049	0.379	0.569	1.009	0.669
Gd	0.472	2.062	0.402	0.547	1.025	0.676
Tb	0.471	2.063	0.414	0.543	1.041	0.688
Dy	0.471	2.062	0.425	0.539	1.047	0.690
Ho	0.470	2.058	0.436	0.535	1.059	0.701
Er	0.471	2.049	0.446	0.532	1.065	0.707

在 γ 相中，碳原子易于固溶，在稀土元素固溶后，最近邻间隙位置固溶焓变为正值，如表 7-3 所示。La 元素固溶使次近邻间隙位碳固溶焓降低，Ce 元素固溶使得次近邻间隙位碳固溶焓升高，两者均使三近邻位碳固溶焓升高，但稀土元素固溶下次近邻、三近邻位碳固溶焓数值变化相对较小。碳原子迁移最低能量路径如图 7-9 所示，La、Ce 固溶使得碳扩散能垒由 0.96 eV 升高至 2.0 eV 以上，可见稀土元素对近邻位置碳扩散有明显的阻碍作用。类似于 α-Fe 中的情况，尽管在次近邻间隙位形成类似势阱的情况，但由于固溶焓变化相对较小，且两侧迁移能垒过高（＞2.0 eV），难以形成碳原子捕获位点，稀土原子主要起到抑制碳原子扩散的作用。

表 7-3　γ-Fe 中不同稀土元素固溶时的碳固溶焓

元素	不同间隙位的固溶焓/eV		
	1 nn	2 nn	3 nn
Fe	−0.294	—	—
La	0.082	−0.384	−0.140
Ce	0.045	−0.236	−0.181

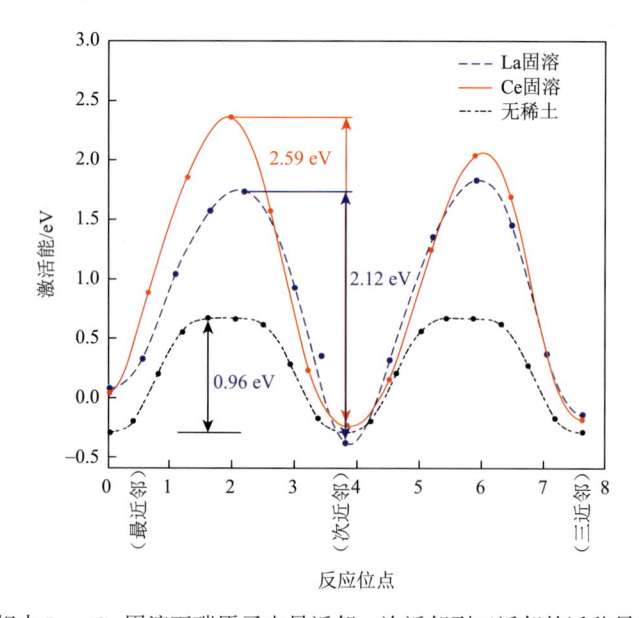

图 7-9　γ 相中 La、Ce 固溶下碳原子由最近邻、次近邻到三近邻的迁移最低能量路径

7.2　介观尺度组织演化模拟计算

本节介绍的介观尺度模拟计算主要是在微观组织层面上的建模与模拟，包括

采用相场方法进行的大尺度多晶凝固显微偏析演化模拟计算，耦合固液两相流的枝晶间通道偏析形成过程的模拟计算，以及采用元胞自动机方法进行钢的固态相变过程组织演化模拟计算等。

7.2.1 凝固组织演化的介观尺度模拟计算

在凝固组织演化模拟方面，采用相场方法对合金的凝固过程枝晶生长进行了系统模拟研究，结合界面前沿追踪方法，开发了除多相场模型、向量相场模型之外的第三种多晶凝固相场模型。相比传统多晶相场，该模型的计算效率显著提高，可模拟的晶粒数量和尺度都大幅增加[9]。同时，采用数学非线性预条件处理，将相场模型的序参量在扩散界面处的非线性变化转化为线性变化，弱化了相场模型对界面处网格尺寸的依赖性，并结合开发的二维/三维自适应网格有限元方法，计算效率进一步提升了 2~3 个数量级，并把模拟从二维扩展到三维[9,10]。基于上述快速计算模型和数值算法，通过不同冷速下不同扩散过程的多晶凝固模拟，揭示了凝固显微偏析的动力学演化行为，并建立了一个比经典 Scheil 方程和 Lever 法则更加准确的显微偏析新模型，尤其是对凝固末期的液相成分预测，新模型预测结果与实际更为接近。

1. 相场模型的数学非线性预条件处理

Karma 和 Rappel[11]在 2001 年通过引入薄界面近似和反溶质陷落流提出了稀溶液二元合金等温凝固定量相场模型，在不考虑界面能各向异性的前提下，一维形式的相场控制方程可以表示为

$$\tau_0 \frac{\partial \phi}{\partial t} = [\phi - \lambda U(1-\phi^2)](1-\phi^2) + W_0^2 \frac{\partial^2 \phi}{\partial x^2} \tag{7-8}$$

相场变量 ϕ 在固相中为 1，在液相中为 –1，在界面区域连续变化。λ 为相场和无量纲成分场 U 之间的耦合系数；W_0 为界面层宽度。式（7-8）在 $U = 0$ 时的稳态解为

$$\phi(x) = -\tanh\left(\frac{x}{\sqrt{2}W_0}\right) \tag{7-9}$$

式中，$x = -\infty$ 表示固相；$x = +\infty$ 表示液相；固-液界面位置为 $x = 0$。式（7-9）描述的相场值分布如图 7-10 所示[12]。

在界面区域相场变量 ϕ 的值连续非线性地变化，因此需要非常小的界面网格尺寸来保证计算结果准确可靠，这使得整个计算网格格点数目显著增加，从而导致计算量的增加和计算效率的降低。为了解决这一问题，借鉴 Glasner[13]对扩散界面模型的数学非线性预条件处理的思想，通过变量代换将原始非线性变

化的相场变量 ϕ 转换为一个新的线性变化的序参量 ψ，两个相场变量之间存在如下转换关系：

$$\phi(x) = \tanh\left[\frac{\psi(x)}{\sqrt{2}}\right] \tag{7-10}$$

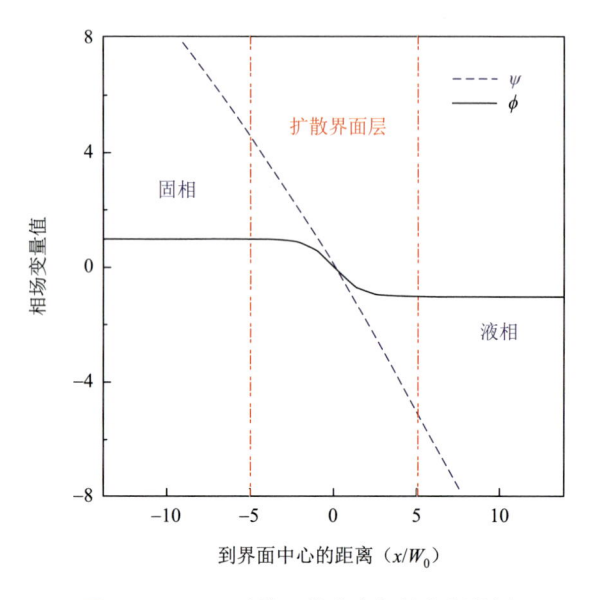

图 7-10 $U=0$ 时的一维稳态相场方程的解

以新相场变量 ψ 表示的一维稳态相场方程的解为 $\psi(x) = \operatorname{arctanh}[\phi(x)] = -x/W_0$，其值的分布也绘制在图 7-10 中。可以明显看出，新相场变量 ψ 在整个计算域内呈现线性变化，这样就可以适当地增大界面网格的尺寸，从而能够极大地减少整个计算网格格点数目以达到提高计算效率的目的。对于一般的情形，原始相场变量 $\phi(r,t)$ 和非线性预条件处理后的新相场变量 $\psi(r,t)$ 之间的关系可表示为

$$\phi(r,t) = \tanh\left[\frac{\psi(r,t)}{\sqrt{2}}\right] \tag{7-11}$$

Karma 和 Rappel[11]提出的稀溶液二元合金等温凝固定量相场模型中，相场 ϕ 和无量纲溶质成分场 U 的控制方程分别表示为

$$\tau_0 a_s^2(\boldsymbol{n})\frac{\partial \phi}{\partial t} = [\phi - \lambda U(1-\phi^2)](1-\phi^2) + W_0^2 \nabla \cdot \left[a_s^2(\boldsymbol{n})\nabla \phi\right]$$
$$+ W_0^2 \sum_{i=x,y,z} \partial_i \left[|\nabla \phi|^2 a_s(\boldsymbol{n})\frac{\partial a_s(\boldsymbol{n})}{\partial(\partial_i \phi)}\right] \tag{7-12}$$

$$\frac{(1+k)-(1-k)\phi}{2}\frac{\partial U}{\partial t} = \nabla \cdot \left\{ D\frac{1-\phi}{2}\nabla U + \frac{W_0}{2\sqrt{2}}[1+(1-k)U]\frac{\partial \phi}{\partial t}\frac{\nabla \phi}{|\nabla \phi|} \right\}$$
$$+ \frac{1+(1-k)U}{2}\frac{\partial \phi}{\partial t} \tag{7-13}$$

2. 多晶凝固过程中的晶界能与晶粒取向计算

前述的 Karma 稀溶液二元合金等温凝固定量相场模型只适用于单晶凝固过程模拟，并没有考虑不同晶粒的取向不同，以及不同取向的晶粒相互接触时由取向差引起的过剩自由能（影响晶界的形成和迁移），也就是晶界能。Karma[14]和 Warren 等[15-17]通过引入一个额外的取向场控制方程，提出了一种向量相场模型来研究多晶凝固，以及凝固后期晶粒相互接触并形成晶界的过程，其中晶界能表示为取向梯度的函数。同样地，在 Karma 模型[14]中可以采取类似的方式引入晶界能项，即在式（7-12）左侧引入如下两项：

$$\tau_0 a_s^2(\boldsymbol{n})\frac{\partial \phi}{\partial t} \longrightarrow \tau_0 a_s^2(\boldsymbol{n})\frac{\partial \phi}{\partial t} + \frac{\partial g(\phi)}{\partial \phi}s|\nabla \theta| + \frac{\partial h(\phi)}{\partial \phi}\frac{e^2}{2}|\nabla \theta|^2 \tag{7-14}$$

式中，θ 为二维空间中的标量角度，而在三维问题中晶粒取向需要用较为复杂的欧拉角来表示。$g(\phi)=h(\phi)=(1+\phi)^2$ 为单调递增的插值函数，参数 s 和 e 为与晶界行为有关的取向梯度系数[17]。

如前所述，在二维空间中使用一个简单的标量角度来表示晶粒取向是可行的，而处理三维空间中的晶粒取向就要复杂得多。Pusztai 等[18]使用四个对称欧拉参数来定义三维空间中的晶粒取向，这在数学上等价于 Kobayashi 和 Warren 等[17, 19]采用两个 3×3 正交矩阵之间的变换来表示取向差。取向梯度的模表示为

$$|\nabla P| = \sqrt{|\nabla P|^2} = \sqrt{\sum_{i,j=1}^{3}|\nabla p_{ij}|^2} \tag{7-15}$$

式中，$p_{ij}=[P]_{ij}$，正交矩阵 P 的各元素用三个欧拉角（α、β 和 θ）表示。将式（7-14）中的原始相场变量替换为非线性预条件处理后的新相场变量，可得

$$\tau_0 a_s^2(\boldsymbol{n})\frac{\partial \psi}{\partial t} \longrightarrow \tau_0 a_s^2(\boldsymbol{n})\frac{\partial \psi}{\partial t} + \frac{\sqrt{2}\left[1+\tanh\left(\frac{\psi}{\sqrt{2}}\right)\right]}{1-\tanh^2\left(\frac{\psi}{\sqrt{2}}\right)}\left[2s|\nabla P| + e^2|\nabla P|^2\right] \tag{7-16}$$

在传统的向量相场模型[17, 19]中，额外取向场控制方程的求解给模拟带来了极大的不便。为此，提出了一种高效的晶粒取向界面前沿追踪法[20]，极大地提高了多晶相场模拟的计算效率。为了进一步优化式（7-16）中取向梯度的计算，引入一个额外的参数 $\varXi$ 来分辨存在取向差的位置是否处于固-固界面（也就是晶界）处。

参数 E 的作用是仅在存在取向差的两个固相相互接触的区域对相场控制方程中的晶界能项进行计算,从而避免了在固-液界面区域中由于也存在取向差而错误地计算晶界能项。

3. 二元合金凝固过程显微偏析动力学

显微偏析指的是合金在凝固过程中,由于固-液界面处的溶质分配而引起的晶粒尺度上化学成分不均匀分布的现象,按其形式可分为晶内偏析和晶界偏析。在实际铸造条件下,由于冷却速度快,液相中的溶质尚未充分扩散时,固-液界面便已经向前推移结晶出新成分的固相,致使每个晶粒内部的化学成分存在差异,称为晶内偏析。而在凝固末期固相分数较高时,溶质元素和非金属夹杂物富集于残余液相中,致使最后凝固的晶界与晶粒内部的化学成分也存在差异,称为晶界偏析。显微偏析使材料的物理和化学性能在晶粒尺度上产生差异,影响构件的力学性能和腐蚀性能等[21, 22]。同时,偏析导致的低熔点共晶组织在晶界处的形成增加了构件在收缩过程中热裂的倾向,从而降低了铸件的塑性。此外,显微偏析也决定着宏观偏析的产生。因此,研究显微偏析的形成机制和调控方法,对于提高构件服役性能具有重要意义。

为了研究合金凝固过程中的显微偏析,相关研究基于不同的假设和简化条件发展出了一系列解析模型,其中最为简单常用的就是描述平衡凝固的杠杆定律[23]。平衡凝固,指的是在无限缓慢的冷却条件下进行的凝固过程,固相和液相中的溶质原子扩散充分且保持成分均匀,在每一时刻都能达到完全的相平衡。杠杆定律虽然简单,但其描述的平衡凝固是极难实现的。对于大多数具有置换型溶质元素的合金体系,如 Al-Cu 合金等,溶质在固相中的扩散往往要比其在液相中的扩散缓慢得多,因此杠杆定律的预测结果往往不够准确。与杠杆定律相对应的另一个简单的显微偏析模型是考虑了非平衡凝固的 Gulliver-Scheil 模型(简称为 Scheil 方程)[23]。Scheil 方程仍旧假设液相中溶质扩散充分且成分均匀($D_L \rightarrow \infty$),但与杠杆定律不同的是 Scheil 方程忽略了固相中的溶质扩散($D_S = 0$)。杠杆定律和 Scheil 方程的形式虽然简单,但由于其在推导过程中应用了大量简化条件并忽略了很多实际凝固过程中的复杂因素,因此实际凝固过程往往偏离杠杆定律或 Scheil 方程的预测。

为了更加准确全面地认识实际凝固过程,利用所开发的快速计算多晶定量相场模型,以 Al-Cu 模型合金为例开展了模拟研究。计算模拟了连续冷却条件下的多晶凝固过程,并分析了晶粒细化、冷却速度对溶质偏析动力学演化的影响。同时,基于定量相场模拟结果,在经典的杠杆定律和 Scheil 方程的基础上构建了一个新的显微偏析模型,可以更加准确地预测凝固末期固相分数较大时液相中的溶质成分,同时保留了与经典模型一致的简单易用性,便于植入 CALPHAD 软件和铸件宏观偏析模型中进行相平衡计算、析出相预测以及宏观偏析模拟[12]。

快速凝固一直被认为是减轻溶质偏析的有效方法,提高冷却速度不仅可以缩短溶质扩散时间,还可以细化晶粒。为了分析冷却速度对显微偏析的影响,模拟不同冷却速度(0.01~0.2 K/s)下 Al-1 wt% Cu 合金的凝固过程,结果如图 7-11 所示。可以看到,在晶粒数量较少($N=36$)时,晶粒形貌为典型的树枝状且具有明显的二次枝晶臂,随着冷却速度的提高,二次枝晶臂越来越发达。而在晶粒数目较多($N=324$)时,晶粒形貌为近似的球形且没有发达的二次枝晶臂,因此冷却速度对其形貌并没有显著的影响。

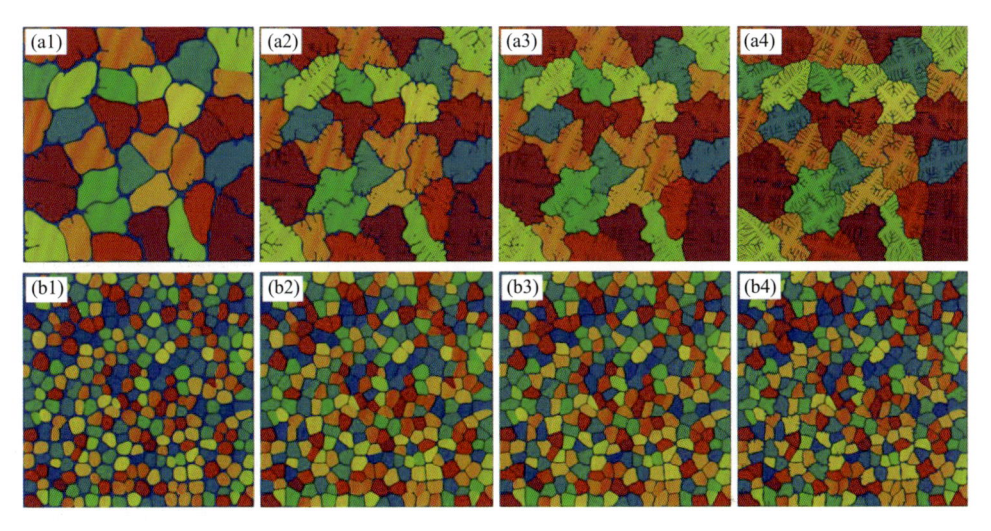

图 7-11 不同冷却速度下,晶粒数量为 $N=36$(a1~a4)和 $N=324$(b1~b4)时的 Al-1 wt% Cu 合金二维相场模拟的等轴晶形貌

(a1,b1)0.01 K/s;(a2,b2)0.05 K/s;(a3,b3)0.1 K/s;(a4,b4)0.2 K/s。不同颜色表示不同的晶粒取向

图 7-12 显示了冷却速度(R_c)对凝固过程中液相平均溶质成分的影响。当晶粒数量较少时($N=36$),较快冷却速度将导致较低的液相平均成分 C_L;然而,当晶粒数量较多时($N=324$)则出现相反的规律,即较快冷却速度的模拟中 C_L 较高。晶粒数量不同时,冷却速度对液相平均溶质成分影响不同的原因可以归结于晶粒形貌的差别。当晶粒数量较少时,相邻晶粒间的距离足够大,导致一次和二次枝晶臂均较为发达。随着冷却速度的提高,二次枝晶臂也更加发达,不仅减小了二次枝晶臂间距,也减轻了偏析[24],从而导致较低的液相平均溶质成分。但是对于晶粒数目较多的情况,由于晶粒之间距离较近,强烈的溶质相互作用阻碍了枝晶臂的生长,使得晶粒形貌接近球形,此时冷却速度的提高对晶粒形貌没有明显的影响;另外,冷却速度的提高缩短了溶质扩散时间,不利于残余液相中溶质成分的均匀化,从而加剧了溶质偏析,导致了较高的液相平均溶质成分。虽然不

同冷却速度下的 C_L 略有差异，但整体上看，这种差异不是十分显著，并且不同冷却速度和不同晶粒数量的模拟中 C_L 均处于杠杆定律和 Scheil 方程预测之间。需要注意的是，图 7-12（b）中晶粒数 $N = 324$ 和冷却速度 $R_c = 0.01$ K/s 时的液相平均溶质成分较好地符合了杠杆定律的预测，这是因为此时的晶粒形貌近似为简单的球形并且生长缓慢，因此接近杠杆定律所描述的平衡凝固过程。

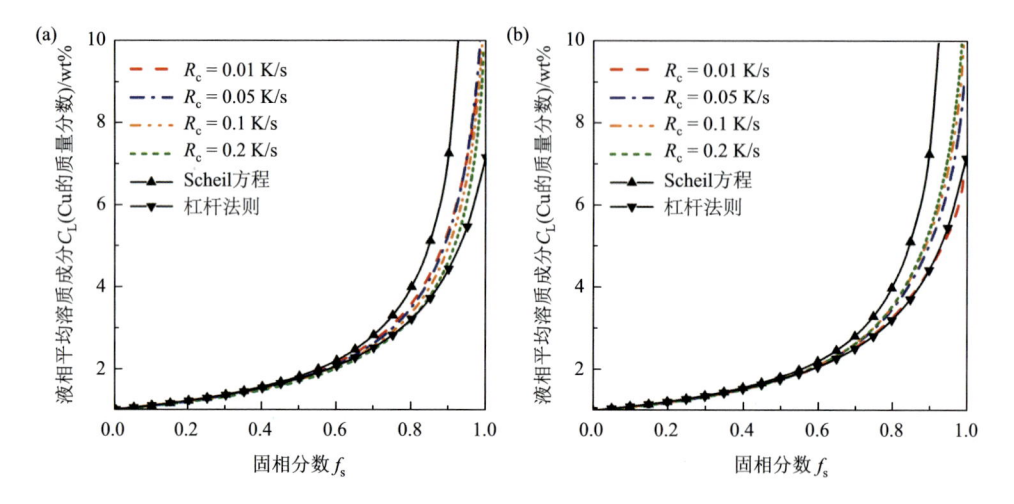

图 7-12 采用相场模拟的冷却速度对 Al-1 wt% Cu 合金液相平均溶质成分 C_L 的影响

(a) $N = 36$；(b) $N = 324$

通过前述模拟和分析可以发现，对于凝固速度较慢的一般凝固过程（快速凝固除外），晶粒尺寸和形貌、冷却速度等并不是影响液相平均溶质成分 C_L 的关键因素。此外，模拟中的 C_L 均处于杠杆定律和 Scheil 方程的预测之间。这两个简单的显微偏析模型分别描述了平衡凝固和非平衡凝固的两个极限，但在预测实际凝固过程溶质分布时的结果往往不够准确。因此，有必要构建一个新的显微偏析模型，实现对合金凝固末期的溶质成分进行更加准确的预测。

杠杆定律和 Scheil 方程分别描述了平衡凝固和非平衡凝固的两个极限，因此很自然地联想到可以用这两个简单解析模型预测结果，即 C_L^{Lever} 和 C_L^{Scheil}，作为实际凝固过程中 C_L 的下限和上限（$C_L^{Lever} < C_L < C_L^{Scheil}$）。但是，Scheil 方程在 $f_s \rightarrow 1$ 时的预测结果趋于无限大，因此不能直接使用 C_L^{Scheil}。液相平均溶质成分 C_L 始终都不会超过其最大成分 C_{max}，因此选择 C_{max} 作为 C_L 的上限（$C_L^{Lever} < C_L < C_{max}$）比 C_L^{Scheil} 更加合理。通过前面的模拟可以发现，在低固相分数时，C_L 与杠杆定律和 Scheil 方程预测结果重合，而在高固相分数时，枝晶间距很小，液相成分差别也很小，C_L 趋于 C_{max}。根据这种变化规律，最终推导出一个新的显微偏析模型[9]，即

$$C_L = C_0 \left[\frac{1-f_s}{1-(1-k)f_s} + \frac{af_s}{a+2f_s} \right] \quad (7\text{-}17)$$

式中，拟合参数 a 正比于 $1/(k-1)$，而溶质分配系数 k 本质上反映了溶质在固相中溶解度的大小，因此溶质在固相中较大的溶解度将导致较高的 k 和较小的 a。不同 k 时对应 a 的取值可以参考文献[9]。

图 7-13 是新模型与传统模型之间的对比。可以看出，相较于杠杆定律、Scheil 方程、Clyne-Kurz 模型和 Won-Thomas 模型，新模型的预测结果与相场模拟结果吻合更好，尤其是在凝固末期固相分数较大时。因此，新显微偏析模型的提出，为钢锭宏观尺度的凝固模拟计算提供了更准确的微观理论基础。

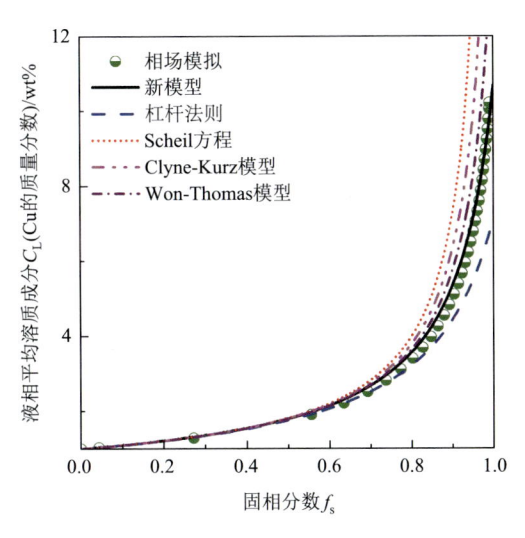

图 7-13 在 $R_c = 0.1$ K/s 和 $N = 36$ 时二维相场模拟的液相平均溶质成分 C_L，以及与采用新模型和经典显微偏析模型的预测结果的比较

7.2.2 氧致偏析的介观尺度模拟计算

为进一步揭示显微偏析及氧化物夹杂对宏观偏析的影响，在相场模型中同时考虑了自然对流和异质颗粒运动对液体流动和枝晶生长的作用。在介观尺度的模拟中，从两个角度揭示氧致通道偏析中氧的关键作用，一是按照经典的自然对流主导偏析理论，详细计算了凝固过程中枝晶间流动速度与尖端生长速度的竞争关系。研究发现，枝晶尖端生长速度在通常情况下大于枝晶间的液体流动速度，所以难以驱动通道偏析形成。但是如果考虑轻质夹杂物漂浮运动的影响，模拟发现，夹杂物会主导枝晶间的液体流动，致使枝晶间的流动速度大于枝晶尖端的生长速

度，诱发富集夹杂物和溶质的通道萌生。这种由轻质氧化物夹杂诱发的通道形成过程还进一步在更大尺度的计算模拟中得以佐证，明确了钢中通道偏析形成的临界条件。基于这些模拟确定了驱动通道偏析的夹杂物体积分数、尺寸范围和临界氧含量的数值。

为了考虑液相流动对溶质输运过程的影响，在 Karma 二元稀溶液合金等轴晶等温凝固定量相场模型基础上[14]，将黏性不可压缩流体的 Navier-Stokes（N-S）方程通过 Beckermann 等[25]提出的方法耦合到相场模型中。相场控制方程不变，与方程（7-12）一样，而无量纲的溶质成分场控制方程需要考虑液体流动对溶质传输的影响，因此在方程（7-13）中加入对流项，其形式如下：

$$\frac{(1+k)-(1-k)\phi}{2}\frac{\partial U}{\partial t}+V_1\cdot\left[\frac{(1+k)-(1-k)\phi}{2}\nabla U-\frac{1+(1-k)U}{2}\nabla\phi\right]$$
$$=\nabla\cdot\left\{D\frac{1-\phi}{2}\nabla U+\frac{1}{2\sqrt{2}}W_0[1+(1-k)U]\frac{\partial\phi}{\partial t}\frac{\nabla\phi}{|\nabla\phi|}\right\}+\frac{1+(1-k)U}{2}\frac{\partial\phi}{\partial t}$$

（7-18）

式中，U 为无量纲溶质浓度；V_1 为液体流动速度。假设液体是牛顿流体且流动是层流，则液体流动速度可通过求解黏性不可压缩流体的 N-S 方程获得。

首先，利用所建立的耦合自然对流的凝固相场模型，在一个很大的计算域内，使用移动计算域的方法模拟计算了不同冷却速度时类似钢锭侧壁处定向凝固柱状晶区的枝晶生长和自然对流的作用过程，如图 7-14 所示。从图中可以看出，液体

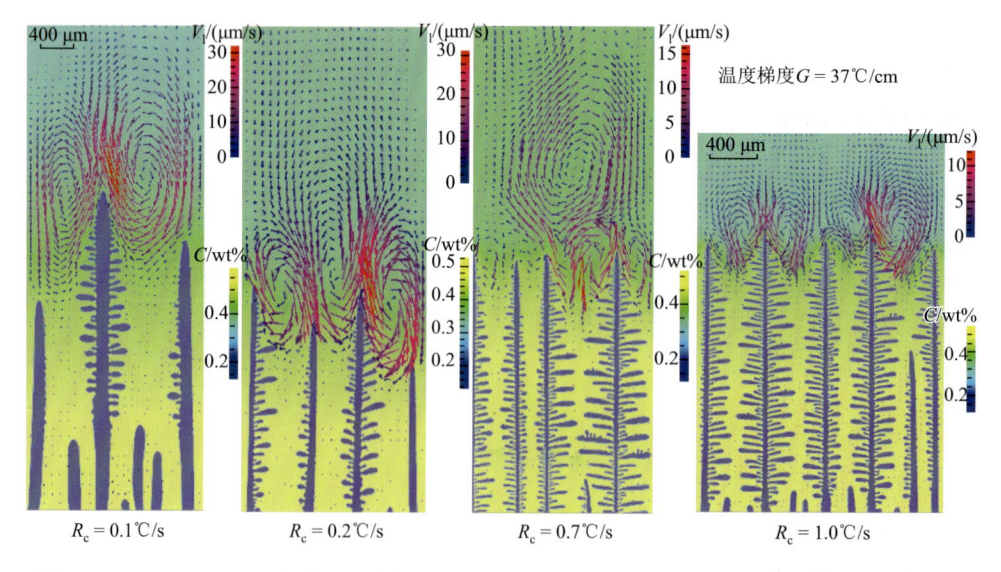

图 7-14 Fe-0.36 wt% C 合金不同冷却速度（R_c）定向凝固过程中枝晶间的自然对流情况（V_1 为液体速度；C 为碳含量）

中的自然对流都比较弱，流动速度一般都不超过 30 μm/s，冷却速度加快，枝晶间距减小，自然对流受到阻碍更多，流速就相对较慢。此外，枝晶间的自然对流主要是轻的碳溶质向上流动所致，因此垂直向上的凝固过程是能够最大化溶质流的过程。而在钢锭侧壁，柱状晶主要沿水平方向倾斜向上生长，此时，枝晶臂会阻碍自然对流的发展。由此根据模拟结果，可以推测在实际钢锭侧壁处柱状晶间的流动速度应不会很快。

因此，通过上述仅考虑热溶质自然对流的相场模拟可以看出，一般钢中虽然 Fe 与 C 之间的密度差很大，但是钢中的碳含量都很低，多数在 1 wt%以下，因此由这种轻溶质引起的自然对流是非常弱的。在钢锭两侧柱状晶区，不会引起柱状晶生长的失稳，进而也就不会出现一些区域柱状晶生长快，而另外一些区域柱状晶生长慢的情况，宏观上的固相分数表现出明显的起伏弯曲而产生通道偏析。此外，特殊钢中合金元素的添加，有密度高于 Fe 的元素，也有密度低于 Fe 的元素。对于含有大量轻合金元素的特殊钢，如 27SiMn、38CrMoAl 等钢种，Si 和 Al 元素含量特别高。因此，在凝固过程中这些轻合金元素与碳一样，被从固相中排出，聚集在固-液界面前沿，同时也与碳一样，产生向上的浮力流。而这些合金元素含量高，在熔体内产生的密度差自然就很大，液体上浮作用力就很大，就会在枝晶间引起很强的自然对流，此时就非常有可能使凝固界面发生失稳，使低熔点的溶质富集并重熔已凝固的枝晶，形成高富集溶质的流动通道。

当钢的熔体中存在氧化铝类轻质夹杂物时，在自然对流较弱的钢中，凝固时枝晶间的自然对流又会发生怎样的变化呢？为此，基于前面建立的定量凝固相场模型，同时同步耦合液固两相流模型，模拟了 Fe-C 熔体中存在一定量夹杂物时的枝晶间液体对流情况。根据 Stokes 定律，单个颗粒在液体中的运动速度与颗粒的尺寸有关，颗粒尺寸越大，运动速度越大。在存在多个不同尺寸的液固两相流模拟中，尺寸较大的颗粒运动较快，主导了液体流动，而尺寸较小的颗粒运动较慢，在大尺寸颗粒主导的对流中，往往随流运动。根据钢锭中通道偏析位置检测到的夹杂物尺寸范围（5～50 μm），开展了多个不同尺寸的氧化铝球形颗粒通过两个相对生长枝晶间过程的二维模拟，如图 7-15 所示。在模拟中同时考虑了枝晶生长、热溶质对流和夹杂物运动。可以看出，随着轻质氧化铝颗粒连续不断地从底部上浮通过枝晶间，液体流动速度比图 7-14 中快出很多。颗粒的上浮运动完全主导了枝晶间的自然对流。夹杂物颗粒在上浮过程，除主导液体流动外，还存在另外两种作用模式：一是在缓慢通过枝晶的过程中阻碍局部枝晶界面的生长，留下明显的尾槽；二是完全被固-液界面包围，使枝晶形貌发生明显的改变，甚至会诱发二次枝晶臂产生或者使一次枝晶臂生长方向发生偏转。

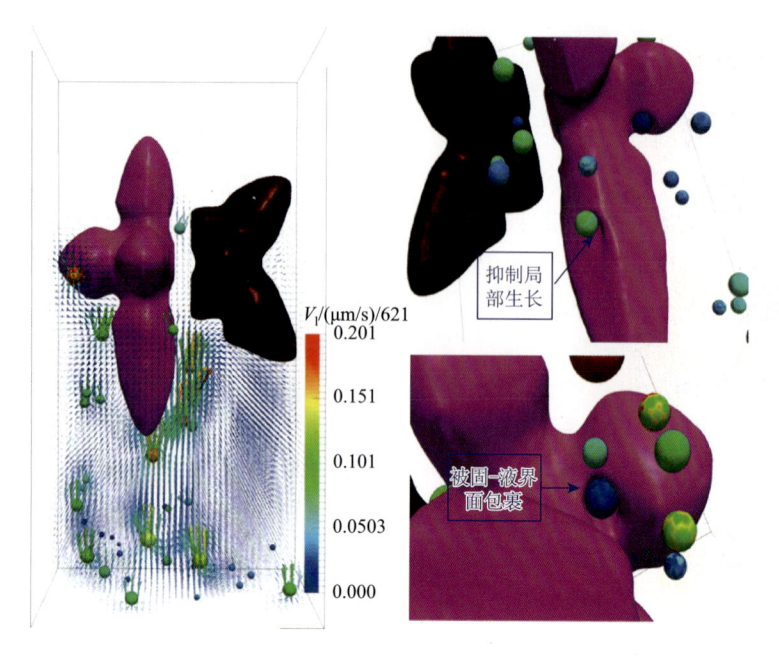

图 7-15 耦合液体流动、轻质氧化铝夹杂物颗粒上浮运动的三维枝晶生长过程模拟,以及夹杂物漂浮对枝晶间自然对流的改变情况及其与枝晶的作用方式

为进一步在枝晶尺度揭示夹杂物漂浮驱动通道偏析的微观机制,利用上述模型在二维空间计算了多个氧化铝夹杂物颗粒连续不断地通过多个等轴枝晶的生长过程,如图 7-16 所示。从模拟中可看出,在枝晶不是很大很发达时,夹杂物很容易穿过枝晶。在大尺寸夹杂物的带动下,多数夹杂物从其他位置沿着大尺寸夹杂物上浮的轨迹通过枝晶间区域,逐渐形成流动通道,这一点在液体和夹杂物运动速度的分布上尤为明显,可以看到一个明显流动速率快于周围其他区域的通道。进而当枝晶生长尺寸越来越大、枝晶越来越发达时,这些夹杂物的上浮运动受阻,多数夹杂物将被它们流动通过的区域周围的枝晶捕获,形成一个明显的富集夹杂物区域,同时由于大量溶质也被液体流动带入这个区域,最终会成为钢锭中通道偏析萌生的主要机制。

为了在更大尺度上研究夹杂物对钢中通道偏析形成的影响,开展了样品级尺度的计算模拟。与 3.2 节重点介绍氧致偏析的萌生和长大机制不同,此处采用侧向凝固标准件进行夹杂物驱动通道偏析条件的模拟计算。在模拟中所用体系仍然为 Fe-0.36 wt% C 合金,初始给定不同尺寸和数量的夹杂物进行计算。首先,采用经典的侧向凝固 HH 标准件(100 mm×60 mm)研究夹杂物的尺寸和含量对偏析的影响,钢液从右侧单向散热,其他三个方向绝热。初始温度为钢的液相线温度,即过热度为零。型腔壁和空气之间的界面换热系数为 300 W/(m^2·K)。经过

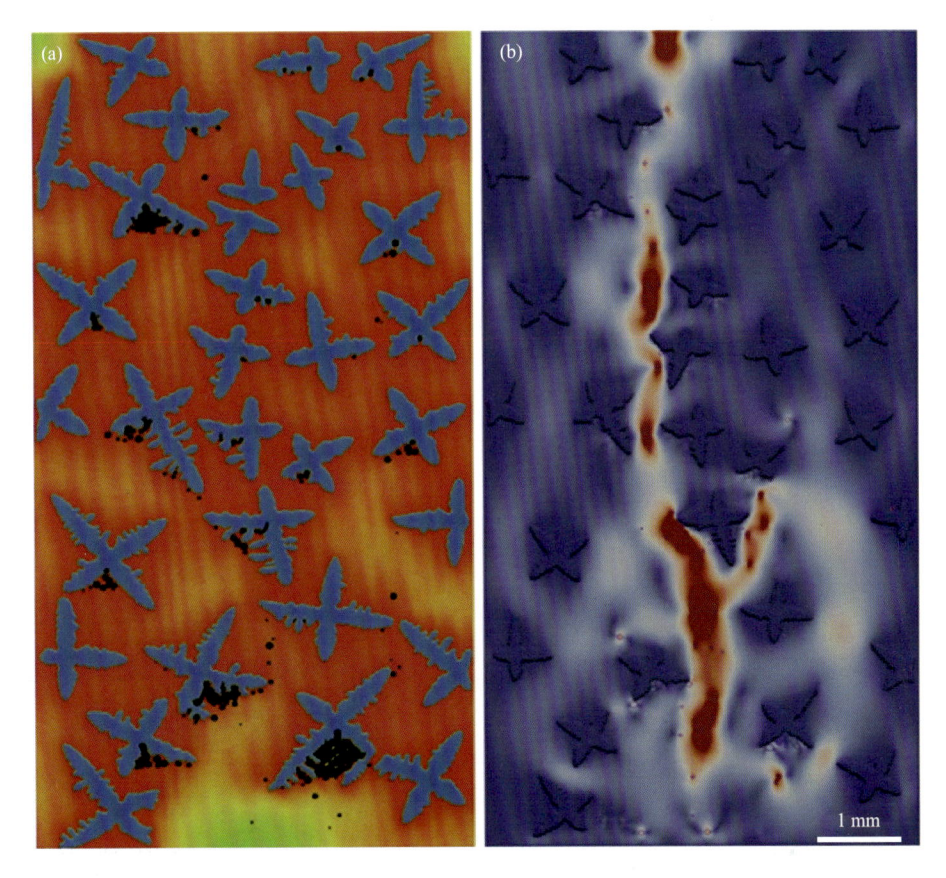

图 7-16　二维模拟的多个氧化铝夹杂物颗粒连续不断地漂浮通过多个枝晶的生长过程，在枝晶尺度揭示了夹杂物漂浮驱动通道偏析形成的起始机制

(a) 枝晶的形貌与夹杂物分布；(b) 模拟的液体和夹杂物运动速率分布

一系列的网格无关性检验发现，目前的模拟结果和所用的网格尺寸基本无关，因此，为了缩短计算时间并节约资源，网格尺寸选择相对较粗的 1 mm×1 mm。

当夹杂物颗粒直径在 2~50 μm 变化时，凝固结束后的碳元素分布和通道偏析产生情况如图 7-17 所示。当夹杂物颗粒太小时，没有明显的通道偏析产生，只出现了一些小的孤岛状区域，且在型腔内呈无序、离散分布，而这些区域碳元素含量稍微高于名义成分。随着夹杂物颗粒尺寸的增大，这些小的孤岛区域倾向于在凝固初期聚集，呈线性分布，且相互连接在一起。而当颗粒尺寸增加到 10 μm 时，在型腔的右上部便出现了清晰的链条状偏析条带，即通道偏析。然而，当夹杂物颗粒增加到足够大的尺寸后，如直径大于 30 μm，这些偏析的通道又逐渐减少甚至消失，以至于在整个型腔范围内均未出现明显的溶质富集区域，如图 7-17 (g) 所示。

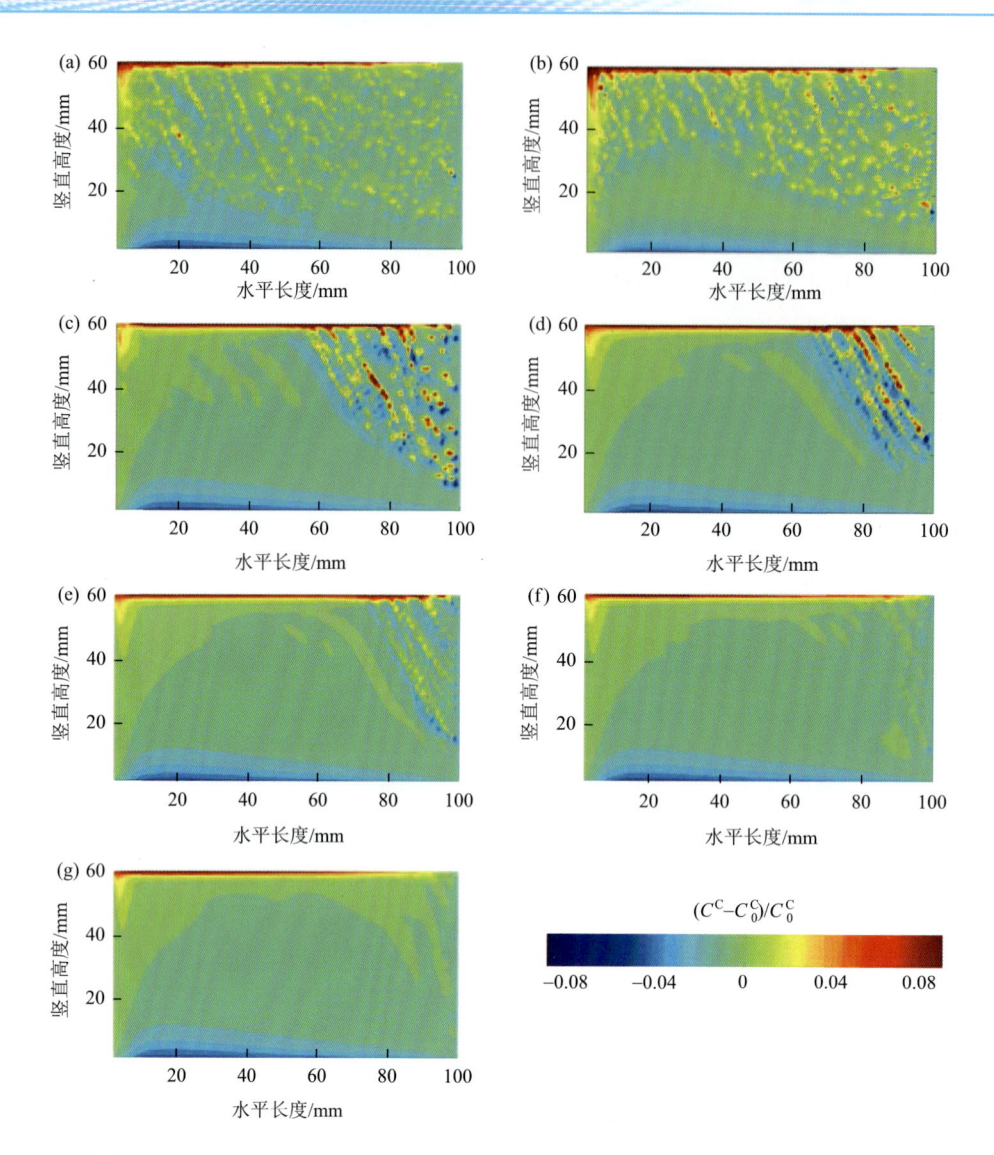

图 7-17　不同夹杂物颗粒直径下凝固结束时的碳元素分布和通道偏析产生情况
(a) $d_p = 2\ \mu m$；(b) $d_p = 5\ \mu m$；(c) $d_p = 10\ \mu m$；(d) $d_p = 15\ \mu m$；(e) $d_p = 20\ \mu m$；(f) $d_p = 30\ \mu m$；(g) $d_p = 50\ \mu m$

　　进一步模拟计算发现，只有当夹杂物颗粒直径处于 5～30 μm 时，它们才能有效驱动通道偏析的形成。这是因为当颗粒太小时（如 $d_p < 5\ \mu m$），由于缺乏足够大的驱动力，夹杂物只能缓慢上浮并随热溶质自然对流流动，又或者极易被快速（相对于小夹杂物颗粒的极慢运动而言）凝固的连续相所捕获。最终，绝大部分初始放置的小夹杂物颗粒将会无规则地、随机地分布在型腔内。即便如此，需要说明的是，当凝固进行到一定程度之后，向上的溶质浮力能够主导型腔糊状区的自

然对流,与轻质夹杂物颗粒在糊状区的运动趋势一致,从而使得自然对流增强,改变局部溶质成分。因此,在距离型腔底部不远处,就开始出现大量小岛状分布的溶质富集区域 [图7-17(a)和(b)]。

另外,当颗粒尺寸太大时(如 $d_p>30\ \mu m$),由于自身较强的浮力,这些颗粒将会快速向型腔顶部漂浮。例如,通过模拟发现,当夹杂物颗粒尺寸达到 50 μm 时 [图 7-17(g)],凝固开始 15 s 后,几乎所有的夹杂物颗粒便全部聚集在型腔顶部,被上部型壁捕获,而此时,已凝固区域仅占了 5%。这也就意味着,尽管由于夹杂物漂浮拖拽引起的局部液体流动速度远大于热溶质浮力引起的自然对流,这些颗粒漂浮速度太快使得颗粒运动对熔体流动的扰动效应存在时间相当短,并在被扰动的熔体开始或者继续凝固之前就已经很快消失。并且,这些大的夹杂物颗粒对糊状区的瞬间影响也只能停留在凝固早期阶段,因为此时夹杂物颗粒还未来得及快速漂浮至顶部区域 [图 7-17(e)和(g)的最右端]。当凝固前沿进一步向左推进时,熔体内已经无其他夹杂物颗粒,因此也就不存在夹杂物与糊状区的连续作用,从而无法驱动通道偏析的产生。对比发现,模拟得到的夹杂物驱动通道偏析的有效尺寸为 5～30 μm,这与钢中通道区域夹杂物的表征结果基本吻合,证明了耦合夹杂物多相流偏析模型和计算结果的准确性。

此外,模拟发现,通道偏析的产生不仅取决于夹杂物的尺寸,还与夹杂物的数量密切相关。为了定量阐明夹杂物数量的影响,初始颗粒数量分别设置为 100 个、500 个和 1000 个,夹杂物颗粒直径固定为 10 μm 或者 15 μm,凝固结束后的碳元素分布如图 7-18 所示。

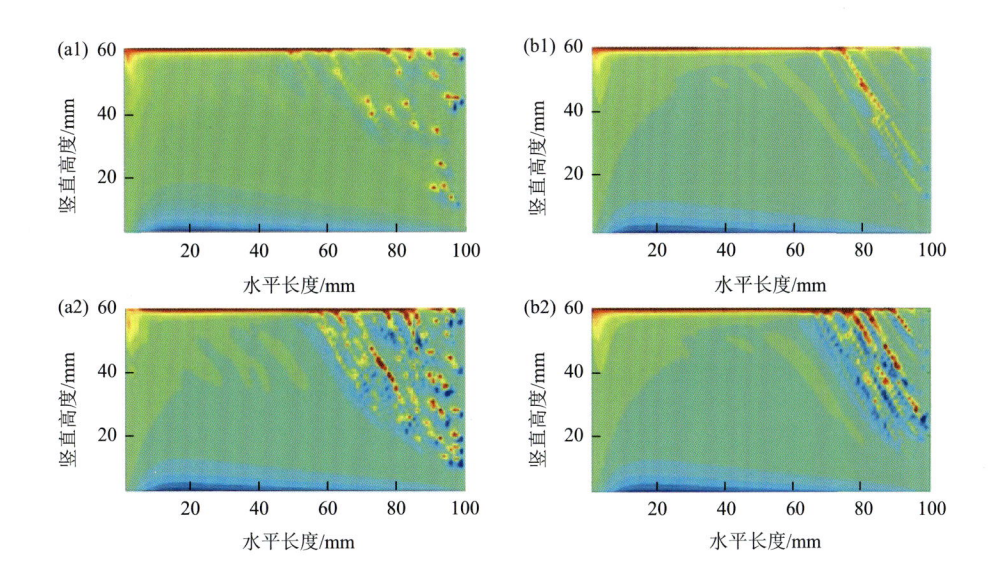

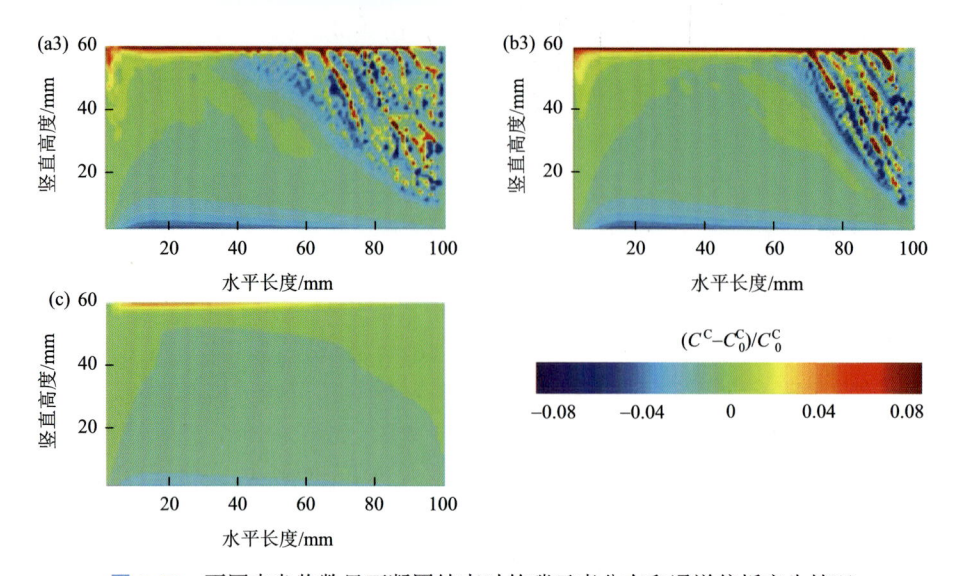

图 7-18 不同夹杂物数目下凝固结束时的碳元素分布和通道偏析产生情况

（a1，b1）$n_0=100$；（a2，b2）$n_0=500$；（a3，b3）$n_0=1000$；（c）不考虑夹杂物作用；（a1）～（a3）和（b1）～（b3）中夹杂物颗粒直径分别为 10 μm 和 15 μm

从图 7-18（a1）可以看出，当把直径 10 μm 的 100 个夹杂物颗粒随机放置在型腔时，凝固结束后没有形成通道偏析，只出现了一些局部富含碳元素的孤立区域。随着夹杂物数量的进一步增加，通道偏析形成且程度加深，通道的数目也明显增多。直径为 15 μm 的不同颗粒数目的模拟也得到了相似的规律，即随着夹杂物数量的增加，通道偏析不但变得严重，而且数目增多。进一步地，通过对比不同夹杂物直径的一系列模拟结果发现，当夹杂物尺寸增加后，引起通道偏析所需的夹杂物数量减少。这一结果主要由两方面因素所导致：一方面，随着初始夹杂物颗粒尺寸的增大，相同数量的夹杂物在糊状区富集后会对局部熔体产生更大的相互作用力，更加强烈地扰动枝晶间对流。相对于其他不存在夹杂物的区域，夹杂物引起的局部强烈对流会引起更多的碳元素偏析富集。除这些漂浮的夹杂物和周围的溶质富集液外，通道发展过程中部分邻近的夹杂物颗粒也会向激发的初始通道内逐渐富集，从而进一步增强流场扰动和凝固失稳。另一方面，随着初始夹杂物数量的增加，糊状区失稳的可能性大大提高，因为糊状区失稳现象可以在更多的位置同时诱发，最终导致凝固结束后出现更多的偏析通道。进一步计算发现，当宏观尺度上的通道偏析形成时，所需的局部夹杂物体积分数大约在 0.01% 量级，这一计算结果与 500 kg 普碳钢钢锭通道起始位置的夹杂物三维高分辨透射 X 射线表征结果一致[26]。

作为对比，图 7-18（c）进一步给出了不考虑夹杂物作用时凝固结束后的碳元素分布图。可以明显地看出，当仅考虑热溶质自然对流影响时，并没有观察到通道偏析的产生。而且,由于夹杂物效应的存在,型腔底部的负偏析和顶部的正偏析均得到了加强,这一点已经被试验和计算多次证实[26]。

除了夹杂物数量和尺寸这两个主要影响因素外,进一步分析了不同冷却条件对通道偏析形成的影响,如图 7-19 所示,模拟为 1045 碳钢中采用砂模冷却和铁模冷却下的偏析预测结果。可以看出,当冷却速度提高后,通道偏析大幅减轻。这主要是由糊状区和夹杂物的相互作用时间缩短所导致的。

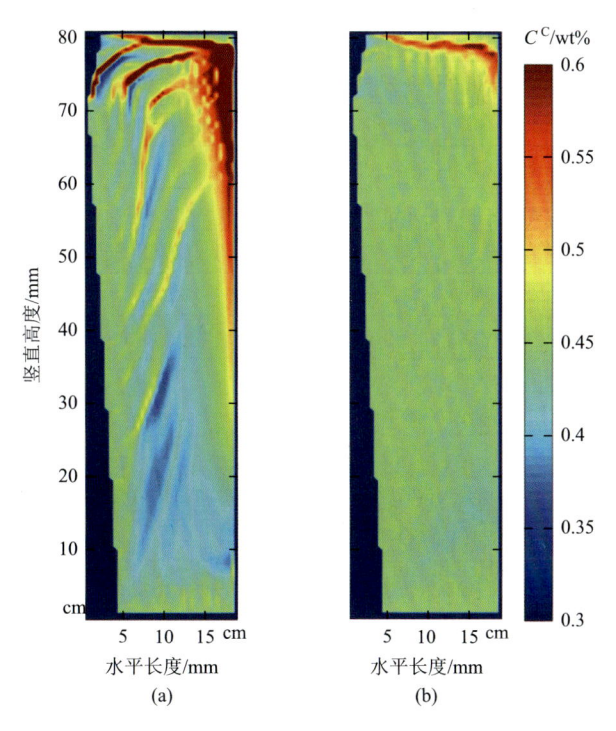

图 7-19 不同冷却速度对碳元素分布的影响(对应不同的夹杂物与糊状区相互作用时间)
(a)砂模冷却;(b)铁模冷却

通过归纳和对比不同夹杂物尺寸、数量和冷却方式下钢锭的通道偏析模拟结果,进一步总结出夹杂物诱发通道偏析形成的内在条件。发现通道启动时,需满足以下四个条件。第一,夹杂物体积分数大于 0.01%。体积分数也可以看成数量和尺寸的乘积,反映了两者的耦合作用结果。第二,夹杂物与自然对流引起的动量之比大于 3.5%。这意味着夹杂物漂浮力不能太小,但也无须大过热溶质浮力,只要能够充分扰动即可。第三,夹杂物扰动的空间条件为糊状区固相分数处于 0.2~0.5。这是因为固相分数太少时,夹杂物上浮的阻力太小,会很快上浮;而夹杂物上浮的阻力太大时,会使得夹杂物被包裹,无法有效实现长距离上浮。第四,夹杂物扰动局部糊状区的持续时间大于 3 s。这使得夹杂物不仅可以诱发通道偏析，还保证了夹杂物颗粒与糊状区之间较长的作用时间，促使微通道能够得到充分发展，从而演化为宏观通道。

在上述夹杂物诱发通道偏析的基础上，结合第一性原理计算和复合夹杂物的三维表征，建立了均质钢制备的临界氧含量控制模型。这一部分内容在 3.2 节中进行了详细介绍，此处不再赘述，仅简要说明多尺度模拟方法在临界氧含量模型构建中的关键作用。

首先，采用原子尺度第一性原理计算，研究不同氧化铝晶面对典型结构硫化锰的吸附过程，从而明确两者吸附的择优取向。通过对不同层数的硫化锰吸附行为的计算对比，得到了氧化铝吸附硫化锰的临界吸附状态和临界吸附尺寸。

其次，为了实现氧化铝/硫化锰复合状态的清晰观察，需要对其进行剥离以得到真实的三维形貌，获取的氧化铝和硫化锰的典型复合模式存在两种，根据观察得到的并列式和包裹式复合关系，分别建立复合夹杂物的简化模型。单位质量钢中的氧化铝夹杂物的含量可以通过两种方式获得：第一，氧化铝/硫化锰复合夹杂物总的体积分数以及构建的简化模型几何关系；第二，结合全氧含量与溶解氧之差以及与氧化铝的化学对应关系。将这两种方式联合后，得到氧含量的归一化表达式。

最后，结合第一性原理计算得到的钢中溶解氧含量，以及通过样品尺度模拟得到的夹杂物诱发通道偏析的临界体积分数，可以建立由夹杂物体积分数、夹杂物密度、夹杂物摩尔质量以及临界吸附比组成的均质钢总氧含量模型［式（3-15）］，从而为高均质特殊钢氧含量的控制提供科学依据。

7.2.3　固态相变介观尺度模拟计算

在过去二十年，作者团队针对特殊钢生产过程中最基本的奥氏体到铁素体固态相变以及再结晶微观组织演化，开展了一系列介观尺度组织演化的模拟计算。此外，还针对单相和多相组织材料变形过程中各微区力学响应，开展了晶体塑性有限元计算，并在此基础上研究了介观尺度形变配分对相变及再结晶的影响。

1. 奥氏体到铁素体相变的介观尺度模拟计算

1）奥氏体到铁素体相变溶质拖曳效应的元胞自动机模拟计算

奥氏体-铁素体相变是钢中一种常见的物理冶金现象，临界区发生的奥氏体-铁素体相变中形成的微观组织和元素再分配对后续冷却过程的相变产物及最终力学性能起到了至关重要的作用。奥氏体-铁素体相变包含两个重要的物理过程：①奥氏体-铁素体晶体点阵结构变化，即奥氏体-铁素体相界面移动；②溶质原子在铁素体相与奥氏体相间的再分配，即奥氏体相内的溶质原子扩散。特殊钢中添加的多种合金元素，在相转变过程中会发生再分配。但由于置换型合金元素的扩散速率远低于间隙型元素碳的扩散速率,关于合金元素配分扩散的问题,目前学术界仍存在较大争议。

为探究置换型合金元素对奥氏体-铁素体相变过程的影响,采用元胞自动机方法建立了铁素体形核、铁素体生长及粗化的计算模型[27]。通过将 Purdy 和 Brechet 等提出的溶质拖曳(solute drag,SD)理论引入元胞自动机模型[28],描述了相界面迁移过程中置换型锰元素对相界面的拖曳作用。根据溶质拖曳理论,由于置换型元素与界面的交互作用,锰在界面内的偏聚会造成一个如图 7-20 所示的楔形能量势阱。其中,μ_{Mn}^{α} 和 μ_{Mn}^{γ} 分别为锰在铁素体和奥氏体相中的化学势。$2\Delta E = \mu_{Mn}^{\alpha} - \mu_{Mn}^{\gamma}$ 是锰在界面两侧的化学势差,E_0 是锰与界面的结合能,2δ 为界面厚度。在相变过程中,界面偏聚的锰原子会倾向于跟着相界面迁移,而其扩散速率跟不上界面迁移的速率,从而会对迁移的相界面产生一个拖曳作用。这个拖曳作用的强度可由吉布斯自由能的耗散 ΔG^{diss} 来描述:

$$\Delta G^{\text{diss}} = -\int_{-\delta}^{+\delta} \left(C_{Mn} - C_{Mn}^0 \right) (\mathrm{d}E/\mathrm{d}x) \mathrm{d}x \tag{7-19}$$

式中,x 为与相界面的距离;C_{Mn}^0 为基体的锰浓度;C_{Mn} 为界面上各位置的锰浓度;E 为图 7-20 所示的界面附近锰元素的化学势。当界面以一定速度迁移时,界面内锰浓度分布可表示为

$$\frac{\partial}{\partial x}\left(D_{Mn}^{\text{int}} \frac{\partial C_{Mn}}{\partial x} + \frac{C_{Mn} D_{Mn}^{\text{int}}}{kT} \frac{\partial E}{\partial x} + v C_{Mn} \right) = 0 \tag{7-20}$$

式中,D_{Mn}^{int} 为锰在界面内的扩散系数;v 为界面迁移速率。图 7-21 所示为不同界面迁移速率下界面宽度 2δ 内的锰元素分布,其中 V 为无量纲界面迁移率,可表示为

$$V = \frac{vD}{\Lambda} \tag{7-21}$$

式中,v 为界面迁移速率;D 为碳在界面处的扩散系数;Λ 为界面宽度。可以看到,相界面以较快速率迁移时,界面内基本没有锰的浓度尖峰,置换型锰元素基本不发生配分。随着界面迁移速率的降低,界面内锰逐渐累积并形成浓度尖峰。

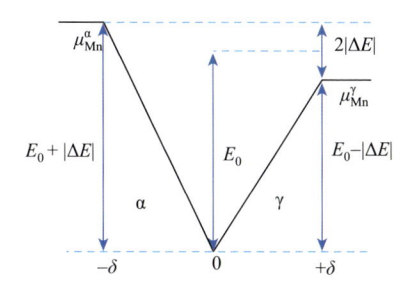

图 7-20 相界面内楔形化学势阱示意图

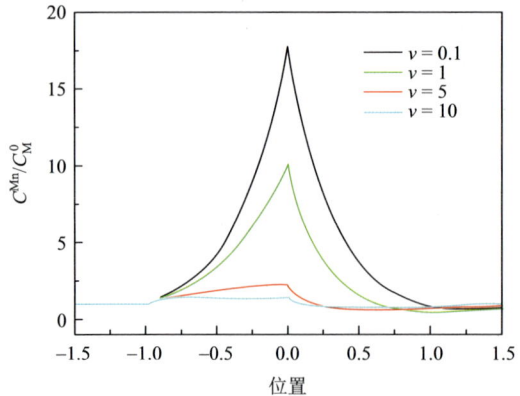

图 7-21 相界面不同迁移速率时界面内的锰浓度（实际锰含量与名义锰含量之比 C^{Mn}/C_M^0 （质量比））尖峰

相变过程中，总的化学驱动力由界面迁移结构变化和置换型溶质原子在界面内的扩散两部分共同消耗。相变驱动力与消耗的能量需满足自由能平衡关系[29]：

$$\Delta G^{chem} = \Delta G^{diss} + \Delta G^{friction} \tag{7-22}$$

式中，ΔG^{chem} 为总化学驱动力；ΔG^{diss} 为溶质拖曳导致的能量消耗；$\Delta G^{friction}$ 为相界面迁移导致的能量消耗。

为了研究置换型元素界面处局部配分对相变动力学及微观组织演化的影响，将准平衡思想引入元胞自动机模型中，建立准平衡模式下的奥氏体-铁素体相变元胞自动机模型（cellular automaton para equilibrium，CA-PE），并以此作为参考。该模型不考虑置换原子在相界面的配分与扩散，仅考虑碳在两相中的再分配。

在奥氏体到铁素体相变元胞自动机求解过程中，为准确描述钢中奥氏体到铁素体的相变，需首先将真实材料的连续微观组织离散成小的元胞单元，每个元胞单元代表一定体积的真实材料空间。然后，需合理定义元胞间交互作用的作用域范围，也就是元胞自动机模型的邻域。图 7-22 所示为离散连续组织的元胞网格示意图及其常用的两种邻域。

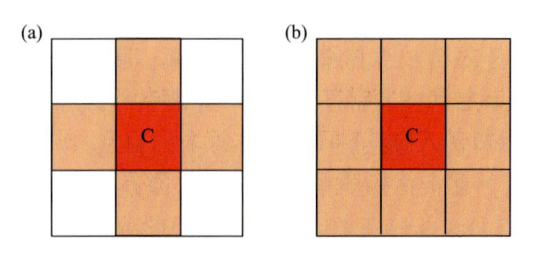

图 7-22 元胞自动机模型中邻域示意图
（a）冯·诺伊曼邻域；（b）摩尔邻域

为了能够描述奥氏体-铁素体相变的组织演化，每个元胞单元上定义了 6 个状态变量，分别为：①晶粒取向变量，该变量被赋予不同的整数值用来代表元胞单元的不同晶粒取向。在本书元胞自动机模型中，具有相同取向状态变量值的相邻元胞单元组成一个晶粒，而晶界假设存在于具有不同取向状态变量值的相邻元胞单元之间，晶界厚度为零，即无限薄界面。②相状态变量，该变量用来区分元胞单元所属的相：整数 0 代表奥氏体相 γ，整数 2 代表铁素体相 α，整数 1 代表该元胞单元中同时存在奥氏体和铁素体两相，即存在奥氏体-铁素体相界面 γ/α。③铁素体相碳浓度变量，该变量在界面胞表示该界面胞单元中铁素体区域的碳浓度，在奥氏体相胞中值为零，在铁素体相胞中为铁素体相的平衡碳浓度 $X_C^{\alpha,eq}$（质量浓度）。④奥氏体相碳浓度变量，该变量在界面胞表示该界面胞单元中奥氏体区域的碳浓度（质量浓度），在铁素体相胞中值为零，在奥氏体相胞中为非零有限值，表示该单元中奥氏体相的碳浓度。⑤平均碳浓度变量，该变量在界面胞表示该界面胞单元中的平均碳浓度，在铁素体相胞中等于该单元的铁素体相碳浓度，在奥氏体相胞等于奥氏体相碳浓度。⑥铁素体相体积分类状态变量，如果铁素体相体积分数状态变量为 0，则表明该元胞单元中还未发生铁素体相变；如果为 1，则表示该元胞单元中铁素体相变已经完成；如果为 0~1 间的一个值，则表示该元胞单元中正在发生铁素体转变，且新产生的铁素体相的体积分数等于这个状态变量值。奥氏体-铁素体相变过程中的组织演化就可以通过每个元胞单元上这 6 个状态变量值的变化来进行模拟。

当铁素体核心在奥氏体元胞单元中形成后，该晶核就会吞并周围的奥氏体相并逐步长大。从 t_0 时刻开始，到 t 时刻为止，铁素体元胞单元（i, j）向其邻近的界面元胞单元（k, l）生长的距离 $l_{i,j}^t$ 可表示为

$$l_{i,j}^t = \int_{t_0}^t v_\alpha \mathrm{d}t \tag{7-23}$$

式中，v_α 为铁素体相的生长速度，其值大小由该元胞内的局部溶质浓度决定。由铁素体元胞单元（i, j）向相界面元胞单元（k, l）生长所导致的铁素体体积分数可表示为

$$f_{k,l}^t = l_{i,j}^t / L_{CA} \tag{7-24}$$

式中，L_{CA} 为相邻元胞单元间的距离，即图 7-22 中正方形元胞中心之间的距离。相界面元胞单元（k, l）中 t 时刻时总的铁素体体积分数 $F_{k,l}^t$ 为（k, l）近邻所有铁素体元胞单元向其生长所造成的铁素体体积分数之和。在相界面元胞单元（k, l）中，铁素体碳浓度状态变量 $C_{k,l}^{\alpha,t}$ 的值为铁素体相平衡碳浓度。由于铁素体相的生长，相界面元胞单元（k, l）中铁素体区域过饱和的碳原子会向该单元中奥氏体区域转移，其奥氏体碳原子浓度状态变量 $C_{k,l}^{\gamma,t}$ 会不断升高。

相界面元胞单元处碳原子的转移分为两个过程：一方面，铁素体元胞单元中

的碳原子会随着相界面的推移不断析出并向相界面单元中的奥氏体区域聚集，其流量为 $J_{\alpha\to\gamma}=\left(\left.C^{\gamma}\right|_{\gamma/\alpha}-\left.C^{\alpha}\right|_{\gamma/\alpha}\right)v_{\alpha}$；另一方面，相界面元胞单元中奥氏体区域的碳原子也会不断地向奥氏体相内部扩散，该碳原子扩散流为 $J_{\mathrm{Diff}}=-D_{\gamma}\left.\dfrac{\partial C^{\gamma}}{\partial x}\right|_{\gamma/\alpha}$。相界面元胞单元中奥氏体区域的碳原子浓度变化由净碳原子扩散流 $J=J_{\alpha\to\gamma}-J_{\mathrm{Diff}}$ 决定。而奥氏体相元胞单元的碳原子浓度可通过求解以下二维扩散偏微分方程获得。

$$\frac{\partial C^{\gamma}}{\partial t}=\frac{\partial}{\partial x}\left(D_{\gamma}\frac{\partial C^{\gamma}}{\partial x}\right)+\frac{\partial}{\partial y}\left(D_{\gamma}\frac{\partial C^{\gamma}}{\partial y}\right) \tag{7-25}$$

团队建立的溶质拖曳元胞自动机（cellular automaton solute drag，CA-SD）模型可很好地描述 Fe-0.1 wt%C-1.5 wt% Mn 三元合金在 760℃保温过程中的相变动力学，整体相变动力学呈现经典的 S 形特征，如图 7-23 所示。与假设置换型合金元素"冻结"在相界面的准平衡元胞自动机模型 CA-PE 相比，CA-SD 模型计算的相变动力学明显较为缓慢。两种相变模式下最终铁素体体积分数存在较大差异，CA-SD 模型的相变分数（体积分数）远小于 CA-PE 模式下铁素体相变分数。这是由于当相变时奥氏体-铁素体界面以一定速率迁移，在界面富集的溶质原子 Mn 会对界面迁移产生拖曳作用，从而消耗一定的化学驱动力，使得作用于相界面迁移的有效自由能 $\Delta G^{\mathrm{friction}}$（$\Delta G^{\mathrm{friction}}=\Delta G^{\mathrm{chem}}-\Delta G^{\mathrm{diss}}$）减小，并且相变未达到平衡分数时提前发生"相变停滞"。总体来说，置换型元素导致的自由能耗散不仅减慢了铁素体相变速率，也降低了最终铁素体相的体积分数。

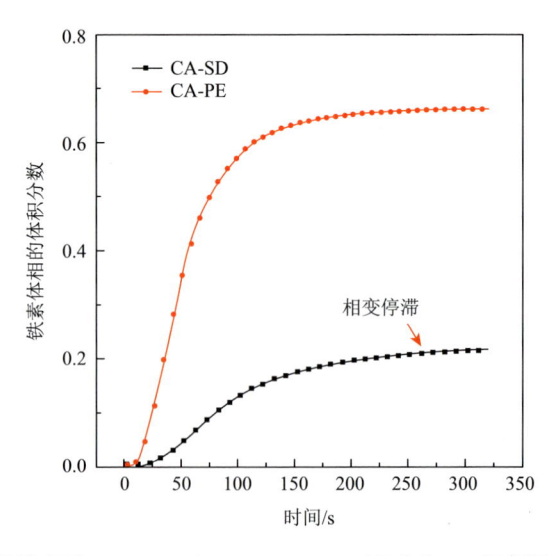

图 7-23 不同相变模式下 Fe-0.1 wt% C-1.5 wt% Mn 三元合金 760℃保温过程中相变动力学

图 7-24 所示为元胞自动机模拟 Fe-0.1 wt% C-1.5 wt% Mn 三元合金在 760℃ 保温过程中不同时刻的显微组织和碳浓度场演化情况。可以看到，灰色的新生相铁素体沿奥氏体晶界分布。由于界面作为碳元素的快扩散通道，铁素体沿晶界方向较长，而垂直于奥氏体晶界方向尺寸较小，呈纺锤状。图 7-24（a）所示的准平衡相变模式下，快的相变动力学导致碳原子由铁素体侧快速排出相界面，在相变初期奥氏体中就产生了较大的溶质梯度，这种情况下相变速率由碳在奥氏体中的扩散速率决定。铁素体晶粒在很短时间内就长得很大，达到准平衡相变分数。相变后期 200 s 时，相界面基本达到平衡状态，界面迁移速率极慢，如图 7-24（b）所示，奥氏体中碳浓度有足够的时间扩散均匀。而在考虑置换元素在相界面扩散的情况下，如图 7-24（c）和（d）所示，相界面受到慢扩散元素的拖曳效应迁移非常慢，碳原子持续不断地从新生相铁素体中排出。由于界面迁移速率较小，由铁素体中排出的碳原子在奥氏体中扩散较为充分，因此相界面前沿奥氏体中碳浓度梯度一直保持在较低水平。

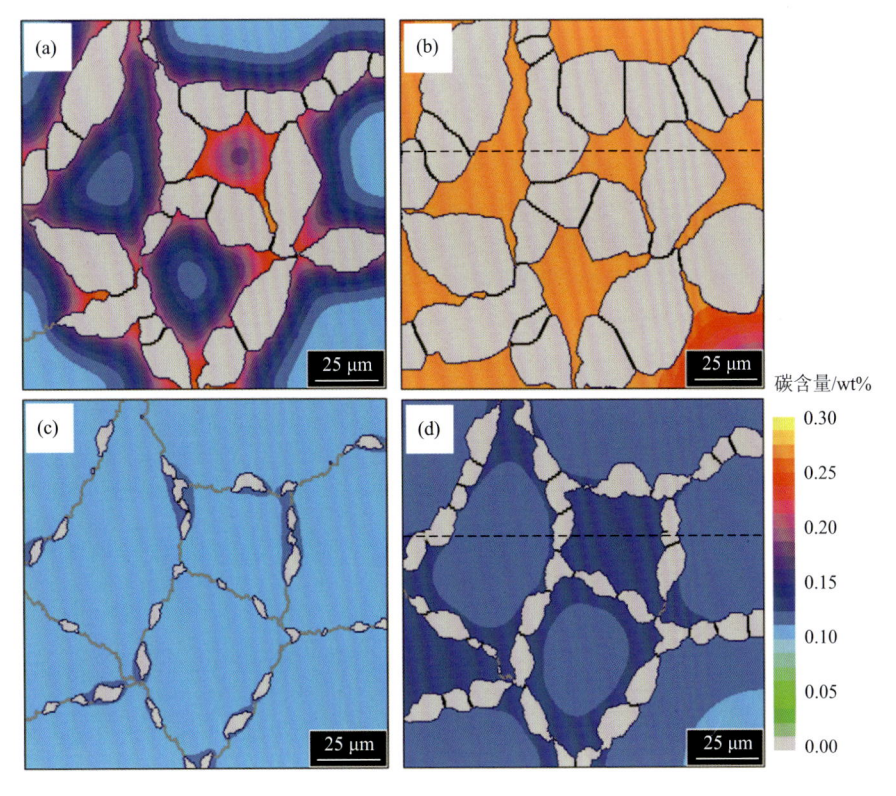

图 7-24　Fe-0.1C-1.5 Mn 合金在 760℃ 保温过程中显微组织场和碳浓度场演化
（a）CA-PE 模式下 50 s；（b）CA-PE 模式下 200 s；（c）CA-SD 模式下 50 s；（d）CA-SD 模式下 200 s

为进一步深入探究奥氏体中碳浓度场演化情况，输出了计算域中图 7-24（b）和（d）中黑色虚线上不同时刻的碳元素分布（从左到右），如图 7-25 所示。准平衡模式下，相变初期 200 s 之内铁素体晶粒长大非常快，而这一阶段也对应着奥氏体中极大的碳浓度梯度。200 s 之后相变快达到准平衡模式下两相平衡状态，此时相界面基本不发生迁移，奥氏体中碳浓度场也基本实现均匀化。而当置换型元素在界面处发生配分时，相变全程均保持着缓慢的界面迁移速率。奥氏体中碳浓度梯度始终保持较平缓的状态。

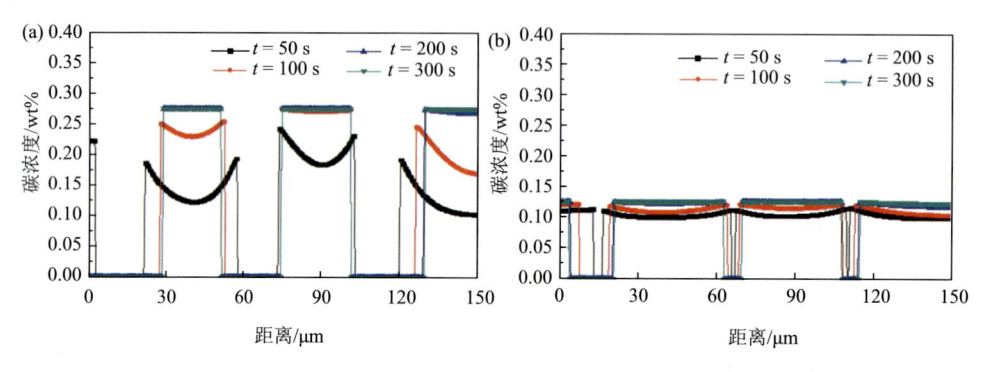

图 7-25 沿着图 7-24 中黑色虚线处的碳元素分布
（a）图 7-24（b）中浓度截面；（b）图 7-24（d）中浓度截面

2）形变诱导铁素体动态相变的元胞自动机模拟计算

在钢铁材料中，细化晶粒是同步提高强度和韧性的一种重要手段。研究表明，当普通铁素体结构钢中铁素体晶粒由 5 μm 细化至 1 μm 时，其屈服强度将提高 350 MPa。因此，人们一直对细晶粒钢或超细晶粒钢的研发寄予厚望。早在 20 世纪 80 年代，有研究者发现在奥氏体未再结晶区的较低变形温度区间（一般在 $A_{e3} \sim A_{r3}$ 温度）实施变形时，C-Mn 钢的铁素体晶粒尺寸可细化至 5 μm 以下，并提出了形变诱导铁素体相变（dynamic strain induced transformation，DSIT）的学术思想[30]。形变诱导相变有两个明显的特点：①相变发生于热变形过程中，而不是变形之后的冷却过程中；②相变结果是形成超细铁素体晶粒。

形变诱导相变中的相转变发生在变形过程中，塑性变形和相变同步进行。相变消耗了形变储存能，与此同时变形又造成新能量的积累和晶体缺陷的产生，整个过程完全是动态的，因此对于模拟和工艺控制都是一个巨大挑战。在发生 DSIT 的过程中，材料内部发生了一系列复杂的变化，如位错密度的演化、碳原子的扩散、奥氏体-铁素体相变，再加上可能出现的铁素体动态再结晶等过程，这些物理冶金现象会同时发生并互相影响，这无疑增加了 DSIT 模拟的复杂性。作者团队则建立了同步模拟热变形与组织演变的二维元胞自动机模型，实现了两者之间交互作用的定量描述。模型中包含对奥氏体-铁素体相转变、位错密度演化、动态变形引起的晶粒拓扑变化和铁素体动态再结晶等物理冶金过程的模拟。

在上述奥氏体-铁素体相变元胞自动机模型的基础上，通过将形变储存能作为附加驱动力引入铁素体形核和长大模型，描述了奥氏体形变与铁素体相变之间的强相互作用。图 7-26 为 780℃时变形对奥氏体-铁素体相变驱动力的影响。可以看出，变形引起储存能的增加显著增大了相变驱动力。从这个意义上讲，变形与增大过冷度对奥氏体-铁素体相变的影响是一致的，变形同时也提高了平衡碳浓度。

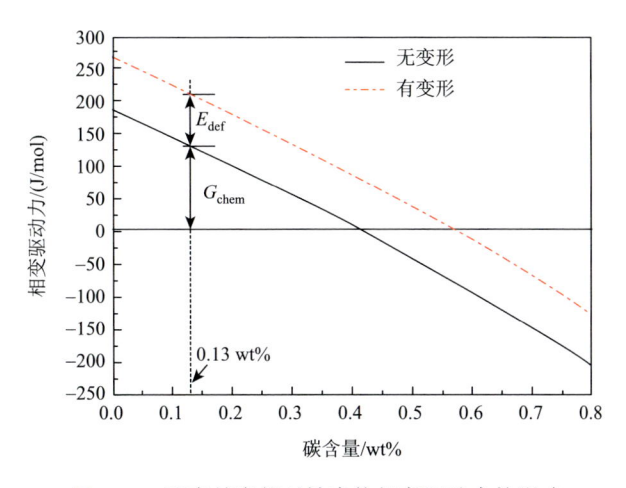

图 7-26 形变储存能对铁素体相变驱动力的影响

对于奥氏体基体的热塑性变形，将其分为三部分进行计算：首先采用 Mecking 和 Kocks[31]提出的模型来描述热变形过程中位错密度的演化，并根据位错密度计算形变储存能；然后确定变形晶粒内部形变储存能的离散不均匀分布；最后通过一个基于矢量运算的拓扑变换模型来模拟晶粒压缩变形的形貌。

通常，塑性变形在晶粒层次上的空间分布非常不均匀，从前期奥氏体热变形的晶体塑性有限元方法（crystal plasticity finite element method，CPFEM）计算模拟[32]可以看出，晶界或三叉晶界附近的储存能较高，变形易于在晶界处集中，无论是 CPFEM 的模拟结果还是 EBSD 的试验结果均证明了这一点。因此，可以合理地假设，储存能在靠近晶界处出现最大值，而在晶内出现最小值。此处采用简化的解析模型来描述变形晶粒内储存能的空间分布，模型的详细描述可参见文献[33]。图 7-27 为本模型所描述的形变储存能在微观组织内的分布示意图。

本部分工作所采用的等温奥氏体-铁素体相变元胞自动机模型，相较于前述章节的等温相变模型不同之处在于：本模型可同时考虑热变形过程对奥氏体-铁素体动态相变行为的影响，可同步耦合模拟变形和相变之间的交互作用。该元胞自动

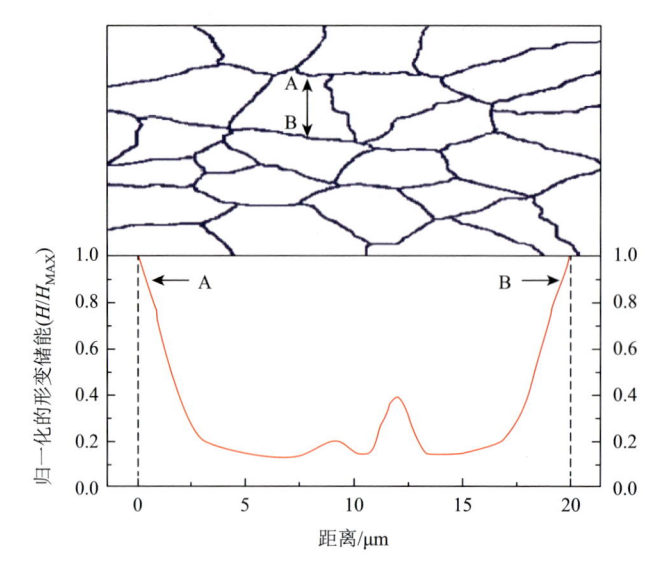

图 7-27　晶粒内形变储存能的分布示意图

机采用正六边形单元离散所模拟的区域，元胞单元间的近邻关系为冯·纽曼近邻关系。为了模拟形变诱导铁素体相变组织演变的完整过程，元胞自动机模型中的每个单元被赋予 6 个变量：①相状态变量；②铁素体动态再结晶状态变量；③晶粒取向变量；④位错密度变量；⑤铁素体转变分数变量；⑥铁素体动态再结晶转变分数变量。定义了状态变量和元胞单元间的相互作用后，形变诱导铁素体相变组织演化就是通过每个元胞单元的状态变量值的变化来进行模拟的。

针对 0.13 wt% C-0.19 wt% Si-0.49 wt% Mn 低碳钢，首先计算其平衡转变温度（A_{e3} 温度）为 848℃。为了研究该低碳钢在 780℃ 的形变诱导铁素体动态相变行为，在该温度下将样品施加 70%压下率的单轴热压缩变形，变形时总的真应变为 $\varepsilon = 1.4$。初始模拟区域离散成 600×1200 的规则元胞自动机网格，代表 120 μm×240 μm 的真实材料区域。初始奥氏体晶粒形貌采用正常的元胞自动机晶粒长大模型计算得到。

图 7-28 所示为不同应变时形变诱导铁素体相变微观组织的模拟结果[图 7-28（a）～（c）]与金相结果[图 7-28（d）～（f）]的对比。在模拟结果中，灰色区域代表残余奥氏体相，蓝色区域为发生动态再结晶的铁素体晶粒，剩下的白色区域为未再结晶的形变诱导铁素体晶粒。而在金相观察中，相变的淬火组织由形变诱导铁素体（图中白色区域）和板条状马氏体或珠光体（图中黑色区域）组成。由图中的结果可以发现，在形变诱导铁素体相变初期，铁素体晶粒优先在原始奥氏体晶界形成，随着变形的进行，铁素体晶粒在铁素体/奥氏体相界面前沿形核。无论是在模拟中还是在试验观察中均能发现形变诱导铁素体相变的这个形核特征，如图 7-28 中的箭头所

指处。变形量越大，铁素体的转变分数也越大。形变诱导铁素体相变微观组织演变的模拟结果与高温淬火试样中观察到的结果相一致。

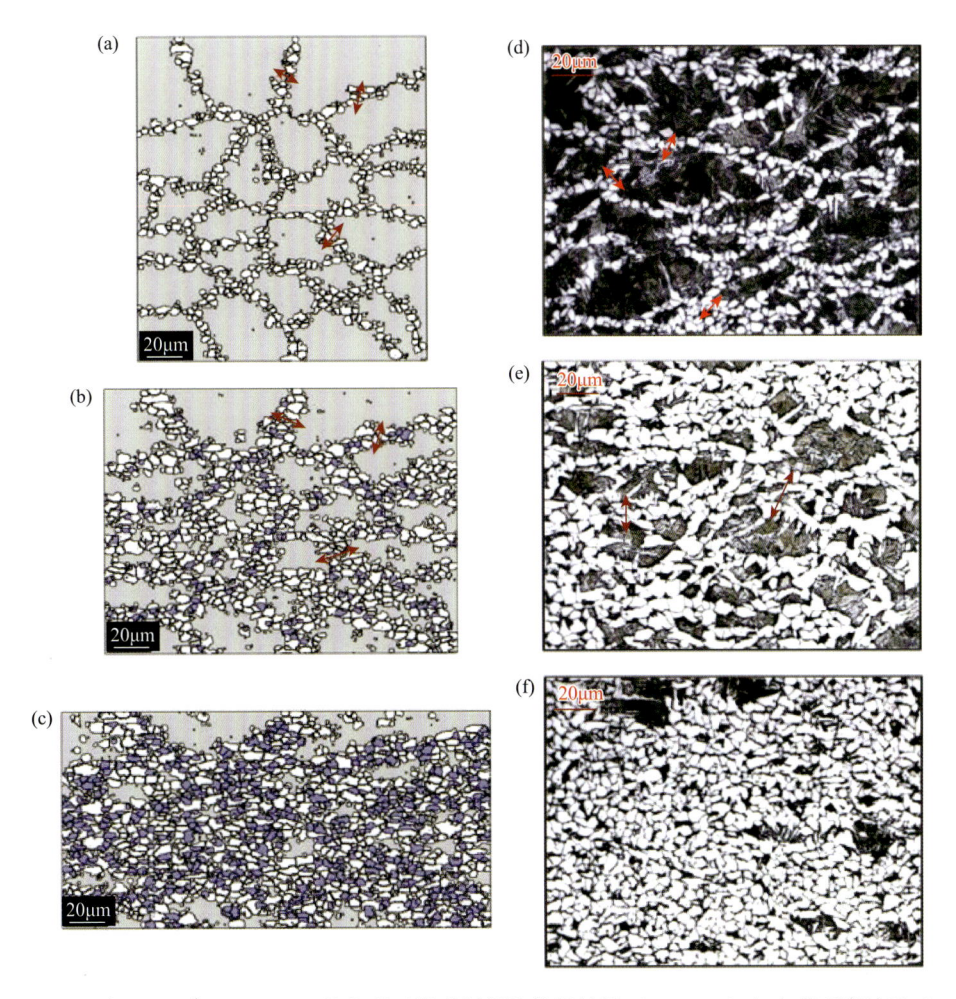

图 7-28　$\dot{\varepsilon}=10\ \mathrm{s}^{-1}$，$T = 780℃$的变形下微观组织的模拟结果（a，b，c）与金相观察结果（d，e，f）的对比

由于晶界处形核所需形核功低，在未变形奥氏体等温分解时，铁素体晶核优先在原始奥氏体晶界产生。随着相变的进行，当原始奥氏体晶界被新形成的铁素体晶粒完全覆盖后，铁素体形核位置被完全消耗，此时铁素体形核"饱和"，其后相变的转变动力学主要由铁素体晶粒的生长控制。与未变形奥氏体等温分解相变相比，新形成的铁素体/奥氏体界面由于相界面能和高储存能的共同作用，也会成为铁素体优先形核的位置。因此，形变诱导铁素体相变不仅会在原始奥氏体晶界形核，还会在新形成的铁素体相界面形核。于是在形变诱导铁素体动态相变过程

中，随着变形的进行，铁素体晶粒在 γ/α 界面前沿形核，并以层状不断向奥氏体晶粒内部延伸。与此同时，变形在奥氏体晶粒内部引入了高能缺陷，如变形带等，这些高能量缺陷为铁素体晶粒在奥氏体晶粒内部形核提供了有利位置。由于变形是持续进行的，γ/α 界面前沿不断累积位错而成为铁素体晶粒形核的有利位置，铁素体晶粒在 γ/α 界面不断形核并呈现出以项链状形式向奥氏体晶粒内部推进的特点。因此，与等温析出相变相比，形变诱导相变中铁素体晶粒的形核变得"不饱和"，这种"不饱和"的形核机制引入了更多铁素体晶核，使得铁素体形核密度大大提高，从而使铁素体晶粒细化。"不饱和"形核是造成形变诱导铁素体晶粒细化的重要原因之一。

图 7-29（a）和（b）描述了形变诱导铁素体相变与未变形奥氏体等温分解相变在某一时刻碳浓度场的模拟结果对比，图 7-29（c）和（d）为图 7-29（a）和（b）中碳原子浓度沿直线的分布情况。可以看出，未变形奥氏体等温分解相变中，碳原子不断由铁素体相析出并转移至 γ/α 界面侧的奥氏体相当中，同时这些碳原子又不断向奥氏体晶粒内部扩散，由于相变时间长，碳原子扩散相对充分，铁素体晶粒能逐渐长大。而在形变诱导相变中，由于形变储能的作用，在相变初期 γ/α 移动界面就获得了较快的迁移速率，这同时意味着会有更大量的碳原子转移至 γ/α 界面；然而，由于诱导相变的转变时间很短，碳原子不能充分扩散到奥氏体晶粒内部，碳原子大部分都聚集在 γ/α 界面前沿区域，形成碳浓度非常高的富碳区，而且该区域非常窄，γ/α 界面前沿的碳浓度非常高，这种高碳浓度分布反过来会大大降低 γ/α 界面

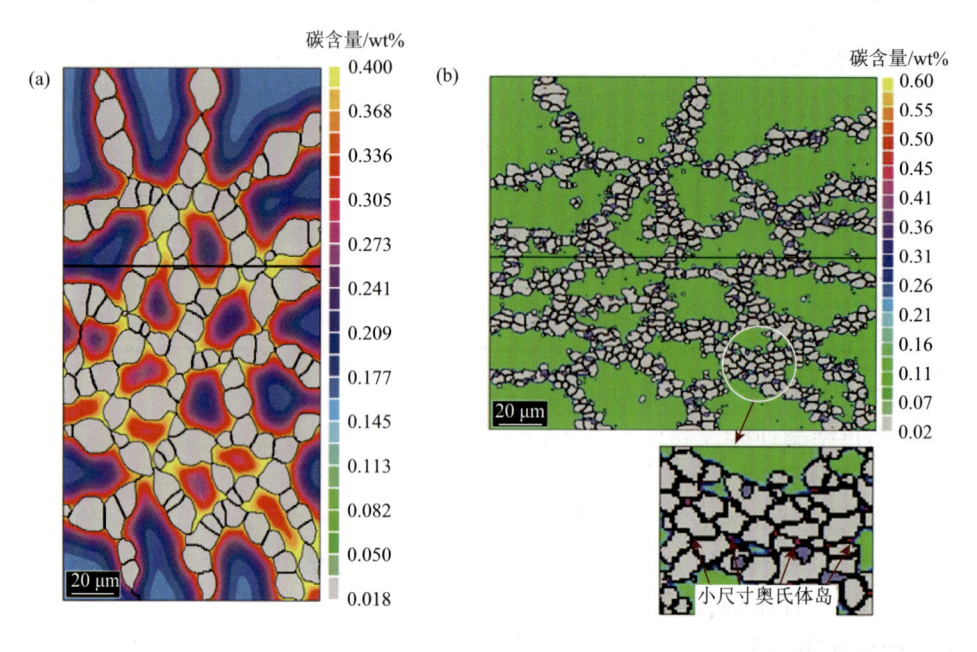

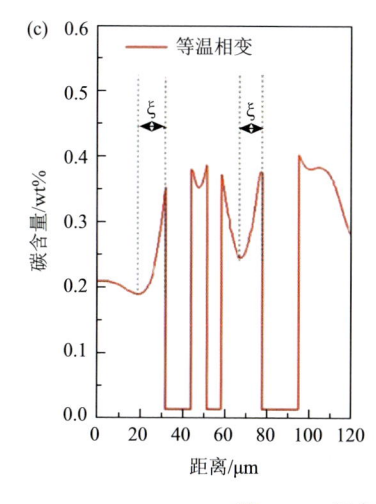

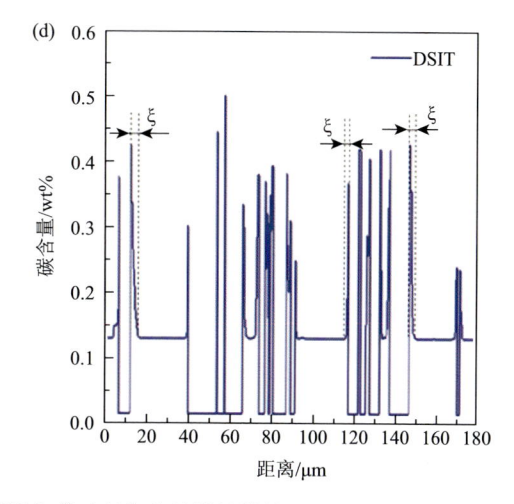

图 7-29 相变过程中碳元素分布的模拟结果

（a）等温析出相变 $t = 10$ s，$T = 780$℃；（b）形变诱导相变 $\varepsilon = 0.4$，$\dot{\varepsilon} = 10$ s^{-1}；（c，d）图（a）和（b）所示浓度场中碳元素沿直线的分布情况

迁移的驱动力。随着相变的进行，γ/α 界面处的碳浓度会不断累积升高，当相变进行到一定程度时，γ/α 界面处的碳浓度升至某一值，诱导铁素体晶粒的生长会因驱动力的降低而受到限制，这种生长模式使得形变诱导铁素体在相变过程中得不到充分长大，因此"限制生长"也是晶粒细化的可能原因。

"动态"相变是本部分工作的主题，本章用形变-相变同步耦合模拟的方法描述了低碳钢热变形过程中变形与奥氏体-铁素体动态相变之间的作用。在形变诱导铁素体相变中，在奥氏体晶内的铁素体形核在晶内位错亚结构上充分快速发生，这对铁素体晶粒细化起着非常重要的作用。

2. 形变与组织演化耦合的介观尺度模拟

1）奥氏体热变形和静态再结晶的耦合模拟

现代钢铁工业中，奥氏体再结晶控制轧制是调节钢铁材料微观组织的重要手段，通常通过控制奥氏体再结晶来达到细化晶粒的目的。奥氏体再结晶是钢铁材料热变形中的一种普遍现象。针对 Fe-0.2 wt%C 低碳钢，用晶体塑性有限元（CPFEM）-元胞自动机（CA）耦合的方法模拟了热变形奥氏体在热轧变形之间发生的静态再结晶过程。CPFEM 的计算结果在介观尺度上定量描述了奥氏体形变储能的不均匀分布，这为随后再结晶的元胞自动机模拟提供了初始参数状态，为再结晶形核及生长提供了判断依据及驱动力分布信息。

基于图 7-30 所示的工艺流程，研究低碳钢在奥氏体区热变形后奥氏体的静态再结晶过程。首先将材料在完全奥氏体化温度下保温 10 min，然后迅速冷却至 880℃的奥氏体单相区并对其实施等温热变形，之后以 10.0 s^{-1} 的应变速率对试样进行不同变形量的平面应变压缩变形。变形结束后，在该温度保持等温直到奥氏体静态再结晶完全发生。

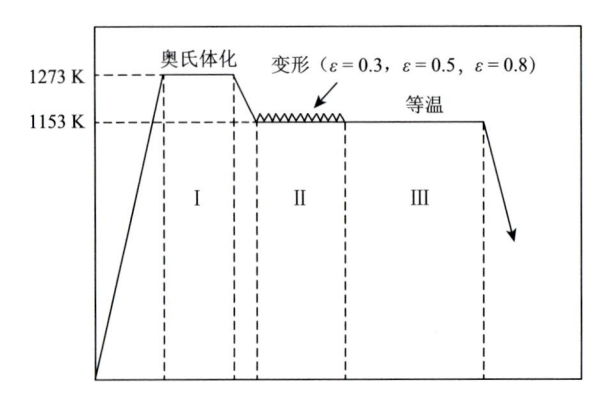

图 7-30　热变形奥氏体静态再结晶的工艺示意图

本工作首先采用 Sarma 等提出的晶体塑性有限元模型计算普碳钢的热压缩行为。在晶体塑性变形理论中，晶体变形可分为弹性和塑性两部分：

$$F = F^e F^p \tag{7-26}$$

晶体塑性的基本本构关系为

$$\tau^\alpha = C : D - \sum_{\alpha=1}^{n} \dot{\gamma}^\alpha R^\alpha \tag{7-27}$$

式中，C 为各向异性的弹性模量的四阶张量；D 为变形率张量；R^α 为与当前滑移系 α 有关的张量。本工作的剪切应变速率 $\dot{\gamma}^\alpha$ 采用率相关形式表达为

$$\dot{\gamma}^\alpha = \dot{\gamma}_0^\alpha \left[\frac{\tau^\alpha}{\tau_0^\alpha} \right]^{\frac{1}{m}} \operatorname{sign} \tau^\alpha \tag{7-28}$$

式中，$\dot{\gamma}_0^\alpha$ 为参考剪切应变速率；τ_0^α 为参考剪切应力；m 为应变速率敏感指数。当 $\gamma^\alpha = 0$ 时，令 τ^α 的初值为 τ_0^α，τ^α 的演化由式（7-29）确定：

$$\dot{\tau}^\alpha = \sum_{\beta=1}^{N} h_{\alpha\beta} \left| \dot{\gamma}^\beta \right| \tag{7-29}$$

其中，

$$h_{\alpha\beta} = q_{\alpha\beta} h_\beta, \quad h_\beta = h_0 \left(1 - \frac{g_\alpha}{\tau_s} \right)^\beta \tag{7-30}$$

式中，$q_{\alpha\beta}$ 为描述潜在硬化的矩阵系数；h_β 为单一滑移系的硬化率；h_0 为本征硬化系数；g_α 与 τ_s 为经验系数。对低碳钢来说，储存能分布与滑移系之间的潜在硬化关系不大，所以假设只考虑滑移系的自身硬化。

热压缩变形过程中，部分变形功以位错的形式储存在材料中，因此材料内的位错密度在热变形过程中会增加。Mecking 等[31]指出：变形过程中，各单元积分点的平均剪切应力 $\bar{\tau}$ 与位错密度 ρ 间的关系可表示为

$$\bar{\tau} = M\alpha Gb\rho^{1/2} \tag{7-31}$$

式中，M 为多晶体 Taylor 因子；α 为一常数；G 为剪切模量，b 为伯格斯矢量。

根据位错理论，每摩尔奥氏体的形变储能和平均剪切应力的关系为

$$E_{\text{def}} = \frac{\bar{\tau}^2 V_\gamma}{M^2 \alpha^2 G} \tag{7-32}$$

式中，V_γ 为奥氏体相摩尔体积；G 为剪切模量。

在 CPFEM 每个有限元单元中计算出来的剪切应力是每个滑移系上的分剪切应力，对所有滑移系上的剪切应力求和再取平均值，可以得到每个单元的剪切应力，即

$$\bar{\tau} = \frac{1}{N}\sum_{\alpha=1}^{N}\tau^\alpha \tag{7-33}$$

本节利用商业化有限元软件 ABAQUS 的二次开发功能将上述本构方程的离散形式编入用户子程序 UMAT 中，从而实现晶体塑性变形的有限元模拟。图 7-31 为 CPFEM 模拟得到的在不同应变量下形变储存能在各个奥氏体晶粒内的分布图，图中黑色曲线代表原始奥氏体晶界。图 7-31 的结果显示形变储存能在晶粒尺度上的分布非常不均匀，在严重变形区域与轻微变形区域之间存在明显的储存能分布梯度。

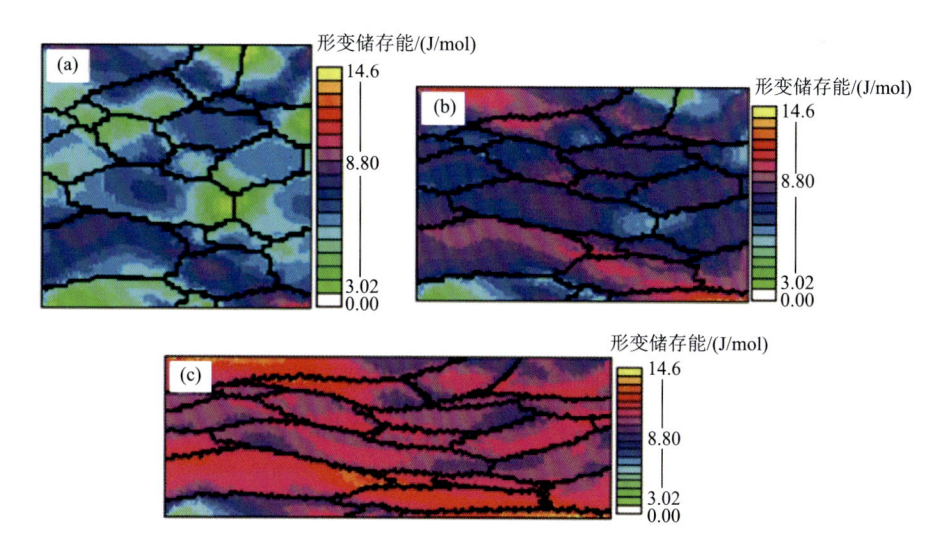

图 7-31　CPFEM 模拟得到的不同应变量下的储存能场分布

(a) $\varepsilon = 0.3$；(b) $\varepsilon = 0.5$；(c) $\varepsilon = 0.8$。图中黑线代表原始奥氏体晶界

图 7-32 为不同应变量下储存能的统计分布结果。可以看出，不同应变量下的储存能统计分布有着类似的规律，曲线形状大致相同，均沿某一中间值呈近似对称分布，大部分位置的储存能都处于中间值附近。随着变形量的增加，整个曲线沿着能量轴向右移动，这说明随着应变量的增加，试样内的储存能逐渐升高。可见，变形量越大，位错的塞积越严重，其加工硬化也越明显。

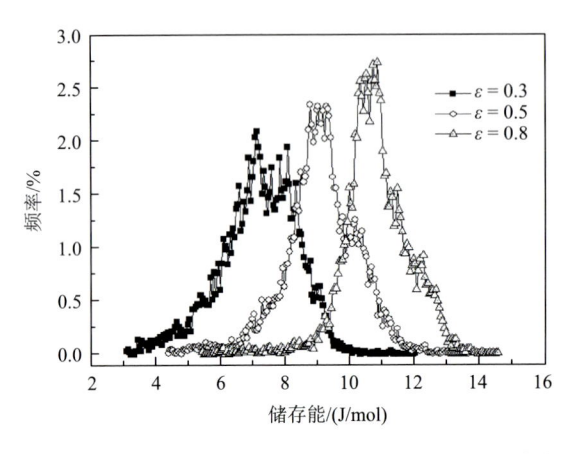

图 7-32　不同应变量下热变形储存能的统计分布曲线

热变形奥氏体静态再结晶耦合模拟中，储存能的计算来自晶体塑性有限元的模拟结果，也就是说元胞自动机再结晶模拟需要热变形结束时模拟区域内的空间位置、晶粒取向和以位错形式储存的形变储存能。有限元单元网格在塑性变形过程中会发生扭曲，因此热变形晶体塑性有限元模拟结果给出的是扭曲有限单元上各积分点处的坐标、晶粒取向和储存能。然而，为了保证元胞自动机转换规则的空间均匀性，元胞自动机模型中所使用的离散网格由一系列尺寸相等且形状规则的单元组成。显然，晶体塑性有限元模型中的不规则扭曲网格与元胞自动机模型中的规则网格不匹配，两种模型中的数据不能直接传输，因此必须将热变形晶体塑性有限元模型中不规则积分点上的坐标值、晶粒取向和形变储存能数据按照某种规则传输到元胞自动机模型中的规则单元点上。

由于塑性变形的不均匀分布特征，再结晶形核位置分布不均已形成共识。再结晶晶核的不均匀分布会影响再结晶的转变动力学，但是通过解析模型描述再结晶的动力学很难将该因素考虑在内。由于缺少预变形空间分布的详细信息，诸多 CA 模拟中不得不对此进行简化处理，如再结晶晶核随机分布假设[32,33]、周期性分布假设[34]等。本节中，利用 CPFEM 模拟的结果（$\varepsilon = 0.5$ 时的储能分布），结合元胞自动机模拟结果对变形分布不均匀对再结晶动力学的影响进行了讨论。考察了两种再结晶模式：①根据储存能分布选择形核位置（选择形核再结晶）；②在模拟区域内随机选择形核位置（随机形核再结晶）。采用位置饱和形核方式，模拟区域内共包含 117 个再结晶晶核，模拟中假设再结晶晶核的生长速度相同。

图 7-33 所示为两种形核机制再结晶过程中不同时刻微观组织演变情况的模拟结果。其中，图 7-33（a）～（c）为随机形核再结晶的结果，图 7-33（d）～（f）为选择形核再结晶的结果。可以看出，基于非均匀储存能分布的再结晶选择形核导致微观组织的空间分布非常不均匀，再结晶晶核主要集中在形变储能较高的变形带上形核，并呈现出明显的团簇状分布。与随机形核的情况相比，选择形核模式的晶粒尺寸分布明显更不均匀。这是因为选择形核非常容易形成再结晶并在局部呈簇状形核，在某一局部区域集中形核使得再结晶晶核在该区域内的可生长空间变小，再结晶晶核在生长过程中非常容易发生碰撞而结束生长，造成局部区域的再结晶晶粒细小。与此同时，其他一些区域再结晶晶核密度较小，再结晶晶核的生长空间大，再结晶晶核在该区域内生长充分，导致再结晶晶粒粗大，如图 7-33（d）～（f）中所示，于是造成总体再结晶晶粒尺寸分布不均匀。

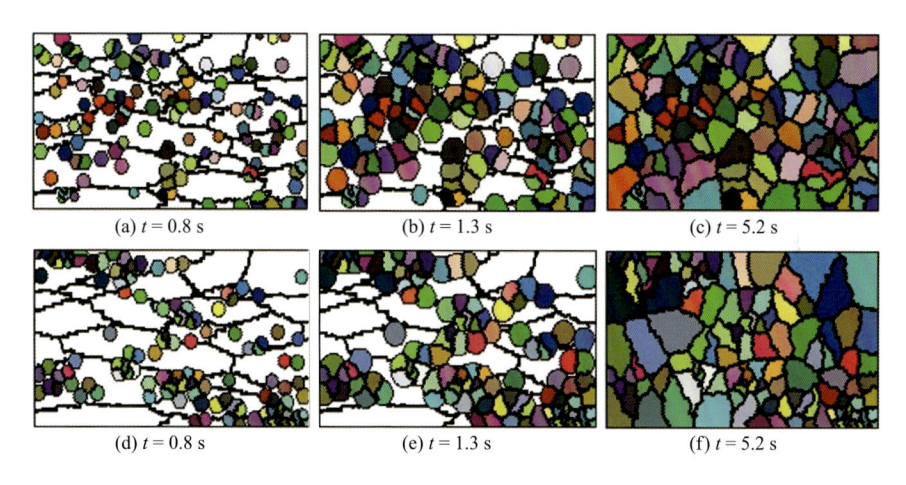

(a) t = 0.8 s　　　　(b) t = 1.3 s　　　　(c) t = 5.2 s

(d) t = 0.8 s　　　　(e) t = 1.3 s　　　　(f) t = 5.2 s

图 7-33　不同时刻再结晶微观组织演变的模拟结果

（a～c）随机形核；（d～f）选择形核

图 7-34 所示为两种形核模式下的再结晶转变动力学。可以发现，在再结晶的初期阶段，两种再结晶模式的转变曲线是重合的，其后两曲线分离，选择形核再结晶模式下的再结晶转变速率比随机形核再结晶的转变速率明显缓慢。这是由储能分布不均匀所引起的团簇状形核导致的，团簇状形核使得再结晶晶粒在生长过程中过早发生碰撞，使得单位面积再结晶可动晶界长度减小，因此再结晶分数 F_{rex} 的增长率也会随之减小。

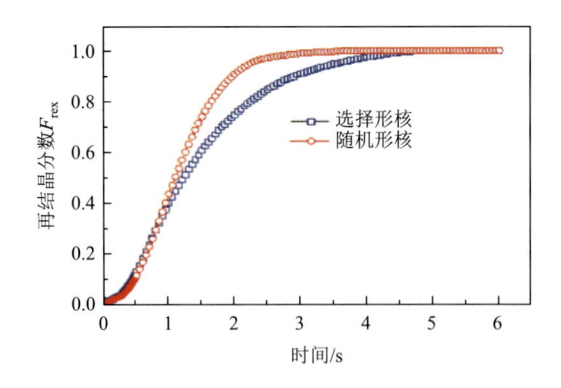

图 7-34　再结晶分数随时间的演化情况

总体来说，本部分工作将模拟多晶体塑性变形的晶体塑性有限元模型和静态再结晶微观组织演变的元胞自动机模型耦合起来，模拟了低碳钢奥氏体在变形后的间隙时间内的静态再结晶行为。晶体塑性有限元的模拟结果提供了热变形奥氏体组织中晶粒取向和形变储存能的空间分布等定量信息。将晶体塑性有限元模型中不规则单元积分点上的这些定量信息，通过插值映射到元胞自动机模型中元胞的规则阵列上，作为模拟铁素体相变的初始条件。模拟结果展示了变形不均匀性对再结晶微观组织演变及动力学的影响。

2）双相组织变形不均匀性和再结晶行为的耦合模拟

双相钢作为第一代先进高强钢的代表，其具有优异的综合力学性能，在现代汽车制造业中应用广泛。工业生产中冷轧双相钢通常采用连续退火工艺，前期冷轧过程微结构会在载荷作用下发生演化。后期连续退火过程中，冷轧的不均匀组织将在热作用下发生静态再结晶转变。国内外许多研究者对双相组织临界区热处理过程中的微观组织演化及其对最终力学性能的影响进行了系统的研究[35]。针对双相钢临界区热处理时铁素体再结晶过程中微观组织演化的模拟研究，研究者大都侧重于再结晶转变行为的建模[35]。而对于静态再结晶这种形变储存能驱动的组织演化行为，再结晶转变前组织变形的准确描述必不可少。前人为解决这一问题，大都假设变形组织中应力或应变呈概率分布[36-38]。实际上，多晶多相材料中，介观尺度的变形行为存在极大的不均匀性。已有相关报道说明通过调节晶界和相界密度及排布，可有效调控多晶材料的力学性能[39, 40]。为探究初始变形不均匀性对后续再结晶行为的影响，部分学者尝试将试验结果进行定量分析。例如，将采用电子背散射衍射试验数据处理转化为介观尺度的形变储存能[41]，部分学者采用晶体塑性理论计算微观组织力学行为及其变形储存能累积[42-45]。

本节针对一种典型的铁素体-马氏体双相（dual phase，DP）钢，采用晶体塑性有限元-元胞自动机耦合模型，研究了冷轧双相钢介观尺度变形及其对后续热处理过程中再结晶微观组织演变行为的影响。耦合模拟主要分为以下几个步骤进行：①构建初始组织，根据 Madej 等提出的 digital morphology representative（DMR）方法将试验所得金相组织照片转化为 ABAQUS 的变形输入条件[46, 47]，如图 7-35 所示。②采用晶体塑性模型计算双相钢介观尺度的冷变形；③将不同应变量的 CPFEM 结果映射到 CA 模型的网格上作为输入的状态变量；④采用 CA 模型对冷变形双相钢静态再结晶组织演变进行模拟。

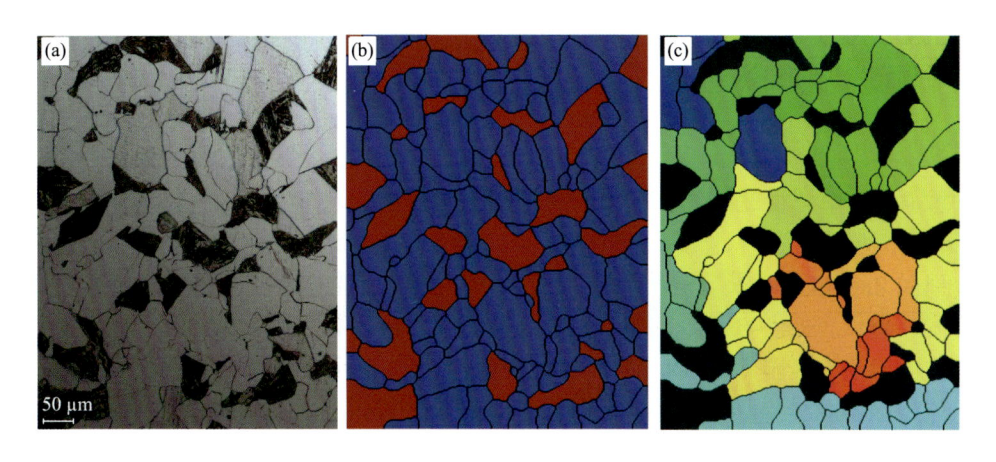

图 7-35 计算所用的双相钢初始微观组织

(a) 光学显微镜图片；(b, c) CPFEM 模型所用的相组分图和晶粒取向图

对双相钢组织进行平面应变压缩变形至 70%变形量，研究应变局域化行为。图 7-36 所示为晶体塑性有限元计算所得的应变量为 0.69 时双相钢微观组织中剪切应变和米泽斯应力云图。从图中可以看到，硬的马氏体相承担较大的应力，而延展性较好的铁素体相则承担较小的应力。图 7-36 中还可观察到马氏体晶粒内的塑性应变均显著低于铁素体晶粒。

图 7-37 所示为晶体塑性有限元计算所得到的双相钢微观组织中不同宏观应变量情况下剪切应变的演化情况及其统计值分布。铁素体和马氏体相界面设置为红色以有效区别相信息。可以看到，在较小的应变量下［(图 7-37 (a)]，应变最大处为马氏体块之间较窄的区域。这些区域一般认为是剪切带最初形成的有利位置。随着应变量逐渐增大，剪切带逐渐变多，并且这些剪切带沿着与加载方向呈 45°的方向逐渐扩展延伸至整个变形区域。一般认为，剪切带在生长过程中面临的障碍较少，因此剪切带会沿着最大剪切应力方向来扩展。而且剪切带总会贯穿整个铁素体晶粒并在几个晶粒中同时出现。

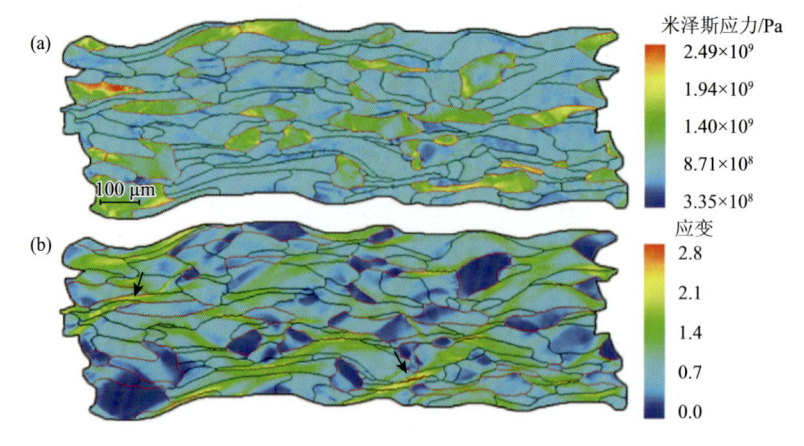

图 7-36 计算初始应变量为 0.69 时冷轧双相钢应力应变分布
（a）米泽斯应力分布；（b）总剪切应变分布

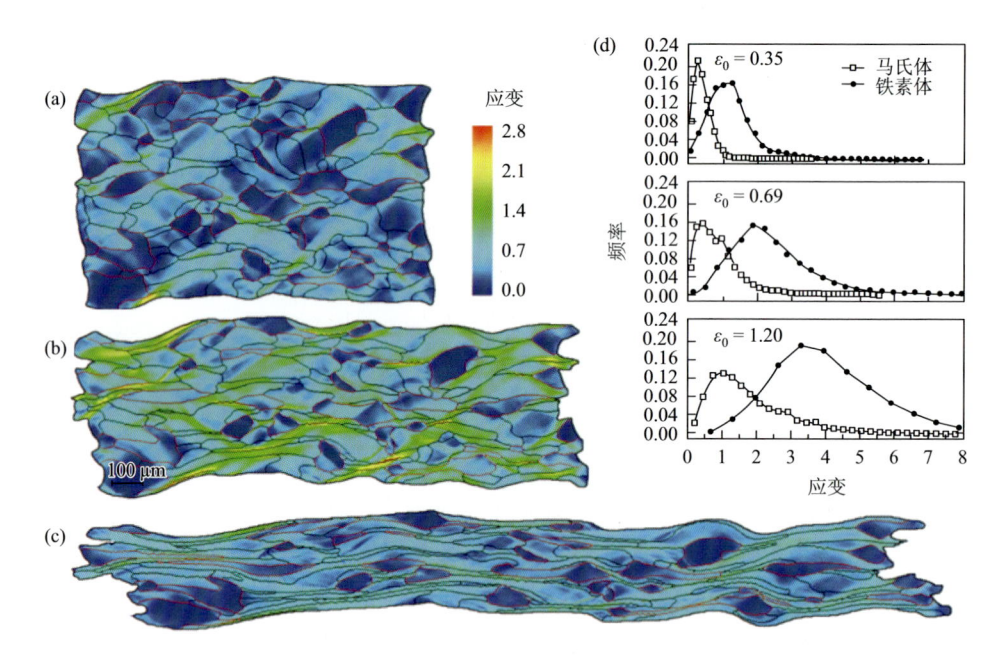

图 7-37 CPFEM 计算所得冷轧双相钢在不同变形量下的总剪切应变演化
（a）$\varepsilon = 0.35$；（b）$\varepsilon = 0.69$；（c）$\varepsilon = 1.20$；（d）不同变形量下铁素体和马氏体中总剪切应变的统计分布

双相钢变形过程中微区的不均匀性会影响后续退火过程中铁素体再结晶行为。因此，本节采用晶体塑性有限元计算所得的双相钢变形微区的应力应变信息通过最近邻耦合算法引入后续元胞自动机模型中，作为计算再结晶行为的输入条件。图 7-38 所示为初始应变量为 0.69 的双相钢在 700℃ 保温过程中铁素体再结晶的微观组织演化行为。铁素体再结晶优先在剪切带内形核。而对于应变累积较少的区域，再结晶初期，铁素体晶粒的形核可基本忽略不计。这种剪切带内的优先非均匀形核极易形成再结晶晶粒的团簇。而对于铁素体基体中的低应变区域，由于缺乏足够的铁素体再结晶晶核，这些区域仅能通过已形核位置的晶粒长大来消耗变形储能，这也会导致低应变区域充斥着较为粗大的铁素体再结晶晶粒。因此，双相钢中铁素体完全再结晶后的显微组织会呈现非常不均匀的晶粒尺寸分布特征。

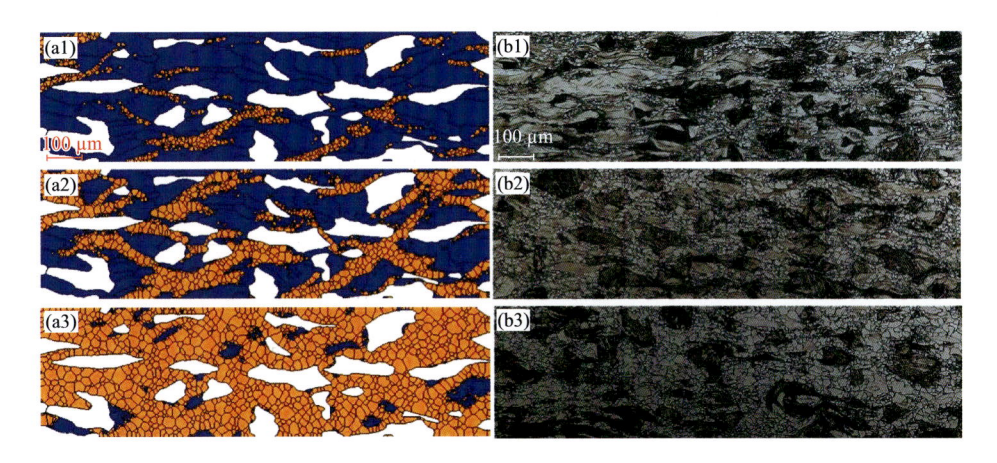

图 7-38　初始应变量 $\varepsilon = 0.69$ 的冷轧双相钢组织在 700℃ 保温不同时间的再结晶微观组织演化模拟与试验结果对比

（a1，b1）$t = 5$ s；（a2，b2）$t = 10$ s；（a3，b3）$t = 20$ s

本节工作采用 CPFEM-CA 耦合模型，研究了冷轧双相钢介观尺度的变形不均匀性及其对后续再结晶行为的影响。首先对材料显微组织进行数字化处理，基于双相钢真实的金相照片构建微观组织几何模型。将其作为晶体塑性有限元模拟的初始条件，计算冷轧过程中介观尺度双相组织力学行为及形变储能分布。将微观组织变形特征采用近邻插值算法耦合至元胞自动机模型中，进行再结晶微观组织演化的模拟。本节建立的 CPFEM-CA 耦合模型可以有效地描述双相组织变形不均匀性对其后续临界区退火再结晶行为的影响。

参考文献

[1] Flemings M C. Fluid and semi-solid flow in casting processes//Shi Changxu Lecture Series，Shenyang，2013.

[2] Li D Z, Chen X Q, Fu P X, et al. Inclusion flotation-driven channel segregation in solidifying steels. Nat. Commun.，2014，（5）：5572.

[3] Tang W, Sanville E, Henkelman G. A grid-based Bader analysis algorithm without lattice bias. J. Phys. Condens. Matter., 2009, 21 (8): 084204.

[4] Sanville E, Kenny S D, Smith R, et al. Improved grid-based algorithm for Bader charge allocation. J. Comput. Chem., 2007, (28): 899-908.

[5] Li D Z, Wang P, Chen X Q, et al. Low-oxygen rare earth steels. Nat. Mater., 2022, (21): 1137-1143.

[6] 郭飞. 固溶稀土元素对钢中铁素体相变和显微组织的影响研究. 合肥: 中国科学技术大学, 2022.

[7] Buban J P, Matsunaga K, Chen J, et al. Grain boundary strengthening in alumina by rare earth impurities. Science, 2006, 311 (5758): 212-215.

[8] Jiang D E, Carter E A. Carbon dissolution and diffusion in ferrite and austenite from first principles. Phys. Rev. B, 2003, (67): 214103.

[9] Gong T Z, Chen Y, Li S S, et al. Revisiting dynamics and models of microsegregation during polycrystalline solidification of binary alloy. J. Mater. Sci. Technol., 2021, (74): 155-167.

[10] Gong T Z, Chen Y, Li D Z, et al. Quantitative comparison of dendritic growth under forced flow between 2D and 3D phase-field simulation. Int. J. Heat Mass Transfer, 2019, (135): 262-273.

[11] Karma A, Rappel W J. Quantitative phase-field modeling of dendritic growth in two and three dimensions. Phy. Rev. E, 1998, 57 (4): 4323-4349.

[12] 巩桐兆. 合金凝固组织大尺度定量相场模拟与原位观察. 合肥: 中国科学技术大学, 2020.

[13] Glasner K. Nonlinear preconditioning for diffuse interfaces. J. Comput. Phys., 2001, 174 (2): 695-711.

[14] Karma A. Phase-field formulation for quantitative modeling of alloy solidification. Phys. Rev. Lett., 2001, 87(11): 115701.

[15] Kobayashi R, Warren J A, Carter W C. Vector-valued phase field model for crystallization and grain boundary formation. Phys. D, 1998, 119 (3-4): 415-423.

[16] Kobayashi R, Warren J A, Carter W C. A continuum model of grain boundaries. Phys. D, 2000, 140 (1-2): 141-150.

[17] Warren J A, Kobayashi R, Lobkovsky A E, et al. Extending phase field models of solidification to polycrystalline materials. Acta Mater., 2003, 51 (20): 6035-6058.

[18] Pusztai T, Bortel G, Granasy L. Phase field theory of polycrystalline solidification in three dimensions. Europhys. Lett., 2005, 71 (1): 131-137.

[19] Kobayashi R, Warren J A. Modeling the formation and dynamics of polycrystals in 3D. Phys. A, 2005, 356 (1): 127-132.

[20] Chen Y, Qi X B, Li D Z, et al. A quantitative phase-field model combining with front-tracking method for polycrystalline solidification of alloys. Comput. Mater. Sci., 2015, (104): 155-161.

[21] Schneider M C, Beckermann C. A numerical study of the combined effects of microsegregation, mushy zone permeability and flow, caused by volume contraction and thermosolutal convection, on macrosegregation and eutectic formation in binary alloy solidification. Int. J. Heat Mass Transfer, 1995, (38): 3455-3473.

[22] Thevik H J, Mo A. The influence of micro-scale solute diffusion and dendrite coarsening upon surface macrosegregation. Int. J. Heat Mass Transfer, 1997, 40 (9): 2055-2065.

[23] Battle T P. Mathematical-modeling of solute segregation in solidifying materials. Int. Mater. Rev., 1992, 37 (6): 249-270.

[24] He S Y, Li C J, Guo R, et al. Microsegregation formation in Al-Cu alloy under action of steady magnetic field. ISIJ Int., 2018, 58 (5): 899-904.

[25] Beckermann C, Diepers H J, Steinbach I, et al. Modeling melt convection in phase-field simulations of solidification. J. Comput. Phys., 1999, 154（2）: 468-496.

[26] Cao Y F, Chen Y, Li D Z. Formation mechanism of channel segregation in carbon steels by inclusion flotation: X-ray microtomography characterization and multi-phase flow modeling. Acta Mater., 2016,（107）: 325-336.

[27] 李依依, 李殿中, 朱苗勇. 金属材料制备工艺的计算机模拟, 北京: 科学出版社, 2007.

[28] Purdy G R, Brechet Y J M. A solute drag treatment of the effects of alloying elements on the rate of the proeutectoid ferrite transformation in steels. Acta Metall. Mater., 1995,（43）: 3763-3774.

[29] Chen H, Borgenstam A, Odqvist J, et al. Application of interrupted cooling experiments to study the mechanism of bainitic ferrite formation in steels. Acta Mater., 2013,（61）: 4512-4523.

[30] 翁庆宇. 超细晶钢-钢的组织细化理论与控制技术. 北京: 冶金工业出版社, 2003.

[31] Mecking H, Kocks U F. Kinetics of flow and strain-hardening. Acta Metall., 1981, 29（11）: 1865-1875.

[32] 郑成武, 兰勇军, 肖纳敏, 等. 热变形低碳钢中奥氏体静态再结晶介观尺度模拟. 金属学报, 2006, 42（5）: 474-480.

[33] Ivasishin O M, Shevchenko S V, Vasiliev N L, et al. A 3-D Monte-Carlo（Potts）model for recrystallization and grain growth in polycrystalline materials. Mater. Sci. Eng. A, 2006, 433（1-2）: 216-232.

[34] Hesselbarth H W, Gobel I R. Simulation of recrystallization by cellular automata. Acta Metall. Mater., 1991, 39（9）: 2135-2143.

[35] Dewri R, Chakraborti N. Simulating recrystallization through cellular automata and genetic algorithms. Modell. Simul. Mater. Sci. Eng., 2005, 13（2）: 173-183.

[36] Rollett A D. Overview of modeling and simulation of recrystallization. Prog. Mater. Sci., 1997, 42（1-4）: 79-99.

[37] Bos C, Mecozzi M G, Sietsma J. A microstructure model for recrystallisation and phase transformation during the dual-phase steel annealing cycle. Comput. Mater. Sci., 2010, 48（3）: 692-699.

[38] Zhu B, Zhang Y S, Wang C, et al. Modeling of the austenitization of ultra-high strength steel with cellular automation method. Metall. Mater. Trans. A, 2014, 45（7）: 3161-3171.

[39] Zheng C W, Raabe D. Interaction between recrystallization and phase transformation during intercritical annealing in a cold-rolled dual-phase steel: a cellular automaton model. Acta Mater., 2013, 61（14）: 5504-5517.

[40] Tasan C C, Diehl M, Yan D, et al. Integrated experimental-simulation analysis of stress and strain partitioning in multiphase alloys. Acta Mater., 2014,（81）: 386-400.

[41] Tasan C C, Hoefnagels J P M, Diehl M, et al. Strain localization and damage in dual phase steels investigated by coupled in-situ deformation experiments and crystal plasticity simulations. Int. J. Plast., 2014,（63）: 198-210.

[42] Chun Y B, Semiatin S L, Hwang S K. Monte Carlo modeling of microstructure evolution during the static recrystallization of cold-rolled, commercial-purity titanium. Acta Mater., 2006,（54）: 3673-3689.

[43] Raabe D, Becker R C. Coupling of a crystal plasticity finite-element model with a probabilistic cellular automaton for simulating primary static recrystallization in aluminium. Modell. Simul. Mater. Sci. Eng., 2000, 8（4）: 445-462.

[44] Zhang Y Q, Jiang S Y, Hu L, et al. Investigation of primary static recrystallization in a NiTiFe shape memory alloy subjected to cold canning compression using the coupling crystal plasticity finite element method with cellular automaton. Modell. Simul. Mater. Sci. Eng., 2017, 25（7）: 075008.

[45] Kim D K, Woo W, Park W W, et al. Mesoscopic coupled modeling of texture formation during recrystallization considering stored energy decomposition. Comput. Mater. Sci., 2017,（129）: 55-65.

[46] 申刚. 双相钢连续退火过程组织演变的计算模拟. 上海: 上海交通大学, 2018.

[47] Madej Ł, Kuziak R, Mroczkowski M, et al. Development of the multi-scale model of cold rolling based on physical and numerical investigation of ferritic-pearlitic steels. Arch. Civ. Mech. Eng., 2015, 15（4）: 885-896.

关键词索引

C

产业链 1
超洁净均质钢 18
齿轮钢 9
创新链 1

D

大型锻件 197
大型构件 24
大型铸锻件 23
低氧洁净钢 45
低氧洁净化 48
低氧稀土钢 51
低氧轴承钢 259
底注钢锭 200
短流程炼钢 18
多尺度模拟计算 326

F

反变形法 215

G

钢包精炼 47
高碳铬不锈轴承钢 5

高碳铬轴承钢 3
高温轴承钢 5

H

宏观偏析 83

J

技术链 1
洁净化 2
金属构筑成形 132

L

冷作模具钢 7

M

模锻 2
模具钢 6
母材 1

N

凝固自补缩 130

Q

全氧含量 43

R

热作模具钢 8

S

上注钢锭 200
渗碳轴承钢 4
双超钢 21
双低氧 71
塑料模具钢 6

T

弹簧钢 12
特定性能 2
特殊钢 1
特种生产工艺 2
特种冶炼 49
梯度材料 20
通道偏析 86
同步辐射原位拉伸 179

W

五害元素 2

X

稀土元素 52

Y

氧致偏析 105

Z

增材制造 20
真空精炼 48
真空自耗 2
智能定制 20
轴承 2
轴承钢 2
自然对流 85
自由锻 2
铸锻一体化 130
组织定制 19
组织调控 18